单片机应用与实践指导

杨振江 刘 男 杨 璐 韩宏刚 编著

西安电子科技大学出版社

2010

内 容 简 介

本书重点介绍了 MCS-51、MSP430 和 AVR 系列单片机的器件应用选型指南、硬件资源、工作原理和实践指导,并从应用角度出发详细介绍了三种单片机的应用特点、C 语言编程规则、中断系统、串口技术、接口电路、系统扩展和低功耗设计等内容。实践指导部分都是经过作者精心设计、从科研工作与长期教学活动中优选出来的、对学习和掌握单片机具有指导性的实验例子,包括基本实践指导、综合实践指导和应用系统等实例。利用某些实例可直接解决工作中的实际问题。

本书可作为高等院校计算机、自动化、电子信息和机电类专业的教材,也可作为从事智能仪器设计、数据采集、自动控制、数字通信与计算机接口设计等工作的科技人员和广大电子技术爱好者的参考书。

图书在版编目(CIP)数据

单片机应用与实践指导 / 杨振江等编著. —西安:西安电子科技大学出版社,2010.3
ISBN 978-7-5606-2389-4

Ⅰ. 单… Ⅱ. 杨… Ⅲ. 单片微型计算机—高等学校—教学参考资料 Ⅳ. TP368.1

中国版本图书馆 CIP 数据核字(2010)第 012014 号

策　　划　云立实
责任编辑　阎　彬　云立实
出版发行　西安电子科技大学出版社(西安市太白南路 2 号)
电　　话　(029)88242885　88201467　　　邮　编　710071
网　　址　www.xduph.com　　　　电子邮箱　xdupfxb001@163.com
经　　销　新华书店
印刷单位　陕西华沐印刷科技有限责任公司
版　　次　2010 年 3 月第 1 版　　2010 年 3 月第 1 次印刷
开　　本　787 毫米×1092 毫米　1/16　印　张　31
字　　数　741 千字
印　　数　1～3000 册
定　　价　44.00 元

ISBN 978-7-5606-2389-4/TP·1200

XDUP 2681001-1

如有印装问题可调换

本社图书封面为激光防伪覆膜,谨防盗版。

前　言

单片机具有体积小、功能强、价格低、可靠性高等特点，在许多领域获得了广泛的应用，特别是在工业控制、智能化仪器仪表、产品自动化、分布式控制系统中，单片机已取得了可喜的成果，其技术发展水平已经成为工业发展水平的标志之一，是产品更新换代、发展新技术、改造老产品的主要手段。目前，在众多的单片机产品中，MCS-51 系列、MSP430 系列、AVR 系列的单片机仍然是主流机种。

本书以 MCS-51 系列单片机以及 MSP430、AVR 系列单片机为主介绍单片机的原理、应用和实践指导，其特点是由浅入深，突出所选内容的准确性、典型性和实用性。

本书内容融入了作者多年教学、科研实践的经验与应用实例，从应用角度出发详细介绍了单片机器件选型指南、C 语言编程规则、中断系统、串口技术、系统扩展、接口电路、应用系统和实践指导等内容。特别是实践内容，都是经过作者精心设计、优选出来的、对学习和掌握单片机具有指导性的实用例子。利用某些例子可以直接解决工作中的实际问题。

编写本书的主要目的除了用于单片机教学之外，还有就是要帮助那些从事智能仪器设计、数据采集板设计、自动化控制、数字通信和计算机接口编程的科技人员和其他电子技术爱好者尽快掌握单片机在各个领域的应用。书中所选例子都是经验证和使用过的，可直接应用于新产品的设计和开发。

在单片机系统设计中，除了要有可靠的硬件设计外，程序设计也是重要的一环，它的质量直接影响到整个系统的性能。本书中的全部程序均采用 C 语言设计，读者可以借鉴所介绍的实例和某些典型电路，方便地解决编写程序中的问题，减少不必要的重复性工作。

全书共分 7 章，主要内容包括概述、典型单片机应用选型指南、51 系列单片机应用基础、AVR 系列单片机应用基础、MSP430 系列单片机应用基础、单片机的 C 语言程序设计和单片机的实践指导。

本书主要由杨振江编著，刘男、杨璐、韩宏刚和王曙梅同志也参加了部分章节的编写工作。在本书编写过程中得到了云立实编辑的大力支持和帮助，在此表示衷心的感谢。

由于编者水平有限，书中难免存在不妥之处，恳请读者提出宝贵意见。

编　者
2009 年 12 月

目 录

第1章 概　述

单片机诞生于20世纪70年代。单片机利用大规模集成电路技术把中央处理单元(Center Processing Unit，CPU)和数据存储器、程序存储器及其他 I/O 通信口集成在一块芯片上，构成一个最小的计算机系统，再加上中断单元、定时单元及 A/D 转换等更复杂、更完善的电路，使其功能越来越强大，应用越来越广泛。现在单片机几乎应用于人类生活的各个角落。

本章对单片机的发展趋势、特点、应用领域、学习要点、学习方法等作了简要的介绍，希望读者对单片机知识有一个全面的了解。

1.1　单片机的发展趋势

伴随着半导体技术的发展和成熟，面对广泛增长的需求，单片机产品市场出现了百花齐放的局面。世界上各大芯片制造公司都推出了自己的单片机，有8位、16位和32位的，有与主流51系列兼容的，也有不兼容的，但它们各具特色、互为补充，为单片机的应用提供了广阔的天地。

用于工业现场以测量控制为主要目的的单片机和用于以处理大量数据为主要目的的高性能单片机，因为它们的应用领域和应用目的有很大的不同，所以它们的发展方向也不尽相同。因此，新一代的单片机并不急于增加数据总线的宽度，而是大力发展其控制功能和控制运行的可靠性。由于8位、16位单片机的价格低，适用范围广，因此它们在智能化测控仪表领域有着十分广阔的应用前景。

现在更多单片机的发展已经进入了嵌入式系统时代，由于制造工艺的进步，VHDL、RTOS、CPLD、FPGA、DSP、ARM 等一系列可编程器件的体积越来越小、成本越来越低，而功能也越来越能满足人们的需要。自 20 世纪 80 年代以来，单片机技术在我国各个控制领域得到了广泛应用，各半导体公司都因非常看好中国这个庞大的市场而纷纷到中国来投资建厂，如在苏州就有日本的瑞萨、松下，美国的快捷等半导体公司的生产厂家。同时面对这一技术的不断发展，我国大部分高校都已经把单片机方面的课程作为学生的必修课，这为我国近些年来在科技、工业控制等方面的发展培养了大量人才，而且社会对此方面人才的需求还在不断增加。纵观单片机的发展历程，其发展趋势大致有以下几种。

1. SOC 化趋势

SOC(System On Chip)技术是一种高度集成化、固体化的系统集成技术。SOC 技术的设计核心思想是把整个应用电子系统全部集成在一个芯片中(除了无法集成的外部电路或机械部分之外)。例如,在普通的单片机上再集成大容量的 RAM、多路 A/D 转换器、D/A 转换器、PWM 控制器、USB 主从控制器、多用途看门狗定时器、多线 LCD 驱动、CCD 控制器等模块电路;有的还将模拟放大器、比较器、滤波器等电路混合集成在一个单一的单片机芯片上,以适应嵌入式系统的需要。单片机厂商甚至还可以根据用户的要求量身定做,制造出具有自己特色的专用单片机芯片。因此,专用单片机的发展自然形成了 SOC 化趋势。随着微电子技术、IC 设计、EDA 工具的发展,基于 SOC 的单片机应用系统设计会有较大的发展。因此,对单片机的理解可以从单片微型计算机、单片微控制器延伸到单片应用系统。

2. 低功耗趋势

早期的单片机功耗高达 630 mW 以上,而现在的功耗普遍都在 50 mW 左右。随着对单片机低功耗要求的进一步提高,现在的单片机制造商基本上都采用了新的制造工艺(如 CMOS 工艺),而且许多单片机都使用了较低的电源电压(一般从 3~6 V 范围下降到 1~2 V),有的厂商甚至正在推出 0.5 V 供电的单片机。除此之外,几乎所有的单片机都有多个掉电和省电模式。像 MSP430 系列单片机就具有 5 种低功耗模式,可实现无可匹敌的超低功耗性能,其正常待机的耗电量可低至 0.8 μA。这些特征使单片机更适合于干电池供电的应用场合。因此,要研发新的单片机,低功耗肯定是厂家今后要考虑的问题。

3. 高速处理化趋势

这一趋势要求进一步改进单片机的性能,加快单片机的指令运算速度,加强位处理能力,提高系统控制的可靠性。采用 RISC(Reduced Instruction Set Computer)结构和流水线技术的单片机,可以大幅度提高运算速度。这类单片机的运算速度比标准的单片机高出 10 倍以上。有的系列还集成有硬件乘法器、DMA(Direct Memory Access)功能,大大增强了数据处理能力和运算能力。由于这类单片机具有极高的指令运算速度,因而可以用软件模拟串口等功能,由此引入了虚拟外设的新概念。

4. I/O 口的功能增强

为了提高单片机接口的驱动和抗干扰能力,单片机厂商已经在原有 I/O 口可以复用、高速的基础上,增加了多个外部中断、强上拉、推挽、高阻等设置功能,使得单片机在灌电流、直接输出大电流和抗电磁干扰方面都有了提高。随着对单片机更深层次的使用,这种对 I/O 口的驱动和功能要求将会更高。

5. 主流与多品种共存

虽然单片机的品种繁多,各具特色,但以 51 结构为内核的单片机仍会占主流。目前,兼容 MCS-51 结构和指令系统的有 ST、Philips、Atmel、Winbond、STC、Silicon Labs 等著名公司的产品。另外,像 TI 公司的 MSP430 系列单片机和 Microchip 公司的 PIC 系列单片机,因性能卓越、功耗极低,也有着强劲的发展势头。此外还有 Motorola 公司的产品、日本几大公司的专用单片机等。在一定的时期内,多品种单片机走的将是依存互补、相辅相成、共同发展的道路。

6. 低成本小型化趋势

设计现代电子产品往往要求体积和整体成本较小。所以,在选用单片机时,除功能、成本符合要求外，还要考虑体积。现在的许多单片机都具有多种封装形式，其中 SSOP、TSSOP、SOP(表面封装)越来越受欢迎，使得由单片机构成的系统正朝着微型化的方向发展。

1.2 单片机的结构特点与应用

1.2.1 单片机的结构特点

由于单片机把多种功能的模块电路集成于一体，内部采用地址总线、数据总线和控制总线结构，减少了电路之间的连接，因此其干扰小、功能强。

目前，单片机有两种基本的结构形式：一种是在通用微型计算机中广泛采用的程序存储器和数据存储器合用一个存储空间的结构，称为普林斯顿(Princeton)结构或冯·诺依曼结构；另一种是将程序存储器和数据存储器截然分开而分别寻址的结构，称为哈佛(Harvard)结构。通常单片机多采用哈佛结构。

内部数据总线的宽度一般分为 4 位、8 位、16 位及 32 位等。单片机的中央处理器(CPU)和通用微处理器基本相同，只是增设了"面向控制"的处理功能，例如位处理、查表、多种跳转、乘除法运算、状态检测、中断处理等功能，增强了控制的实用性和灵活性。

单片机内部均有丰富的指令系统，能够实现各种复杂的计算与控制。除了内部特有的总线结构外，对外，单片机有多种接口方式，可以适应各种需求。

单片机具有以下特点：

(1) 体积虽小，但五脏俱全，系统配置典范，易于产品化，能方便地设计成各种智能化仪器仪表。

(2) 面向控制，能针对性地解决从简单到复杂的各类控制任务，因此能获得最佳性价比。

(3) 抗干扰能力强，可在各种恶劣环境下可靠工作。

(4) 可以很方便地实现多机控制，使整个应用系统的效率大为提高。

(5) 改变控制对象时基本不用改变硬件电路，只要重新编写相关程序就能获得满意结果。

1.2.2 单片机的应用

由于单片机具有功能强大、体积小、价格低、I/O 线多、指令丰富、逻辑操作能力强等卓越的性能，因此它在小到玩具、路灯、家电，大到分析仪表、工业控制、国防建设等各个领域都得到了广泛的应用。按其特点，单片机的应用一般分为单机应用和多机应用。

1. 单机应用

单机应用一般只使用一片单片机，是目前应用最多的一种形式。

在工业测控中，单片机的应用相当广泛。如将单片机技术应用到各种仪器仪表(可以测量温度、湿度、流量、流速、电压、频率、功率、厚度、角度、硬度、元件等)中，能够使仪器仪表数字化、智能化、微型化，功能大大提高。如将单片机技术应用到工业控制(包括工业控制器、自适应控制系统、机电一体化设计、调制解调器、电机控制器、航天导航、变速控制器、防滑控制器等)中，能够使整个控制系统的结构大大简化，可靠性提高。

在日常生活中，单片机的应用更加灵活多样。如将单片机技术应用到家电产品(包括手机、照相机、家用报警器、MP3、遥控器、录像机、彩电、洗衣机、空调、电饭锅、音像设备、玩具、电子秤等)中，可使产品更加人性化、智能化。

2. 多机应用

单片机在多机应用方面性能优越。由于集成有多种通信接口，因此多个单片机很容易共同完成一个复杂的控制与运算。如在打印机、绘图机、机器人控制系统、网络通信中，往往都需要多个单片机协调工作。在小型背负式电台中采用多单片机技术，能够很方便地完成频率合成、系统监控、信道搜索及自动调谐等任务，电台不但工作可靠，性能提高，而且体积也大大缩小。

总之，单片机几乎在人类生活的各个领域都表现出强大的生命力，使单片机的应用范围达到了前所未有的广度和深度。单片机技术的应用尤其对电路工作者产生了观念上的冲击。过去采用模拟电路、脉冲电路、组合逻辑实现的电路系统，现在相当一部分可以用各种单片机予以取代，传统的设计方法正在演变成软件和硬件相结合的方法，许多电路设计将转化为程序设计问题。

1.3　常用单片机系列简介

在单片机近30年的发展中，有众多的单片机产品系列相继诞生。目前世界上单片机的生产厂商很多，如Intel、Motorola、Philips、Siemens、NEC、AMD、Zilog、TI、HOLTEK、FUJITSU、ST、Atmel、Winbond、Dallas、STC、Silicon Labs等公司，其主流产品有几十个系列，几百个品种。Intel公司的MCS-51系列单片机是目前世界上用量最大的几种单片机之一。由于Intel公司在嵌入式应用方面将重点放在186、386、奔腾等与PC机类兼容的高档芯片的开发上，而渐渐放弃了微控制器的生产，因此以MCS-51技术核心为主导的微控制器技术已被Atmel、Philips、三星、华邦等公司所继承，并且在原有基础上又进行了新的开发，从而产生了和MCS-51兼容而功能更加强劲的微控制器系列。这些公司都在保持与8051单片机兼容的基础上，改善了8051单片机的许多性能，如在提高速度、增加功能、降低功耗、放宽电源电压动态范围及降低产品的价格等方面都做了大量的研发工作。另外，美国德州仪器(TI)推出的16位超低功耗单片机针对实际应用需求，把许多模拟电路、数字电路和微处理器集成在一个芯片上，以提供"单片"解决方案。

1. Atmel 单片机

Atmel公司所生产的Atmel 89系列单片机(简称AT89系列单片机)，就是基于Intel公司的MCS-51系列而设计的，该公司的技术优势在于Flash存储器技术。随着业务的发展，在20世纪90年代初，Atmel公司一跃成为全球最大的E^2PROM技术供应商。该公司以E^2PROM技术与Intel公司的80C31单片机核心技术进行交换，从而获得80C31核心技术的使用权。Atmel公司把自身的Flash存储器技术和80C31核心技术相结合，生产出了Flash单片机AT89C51系列。由于其内部含有大容量的Flash存储器，因此在产品开发及生产便携式商品、手提式仪器等方面有着十分广泛的应用，也是目前取代传统的 MCS-51 系列单片机的主流单片机之一。

另外，Atmel 公司除生产 51 系列单片机外，又推出了一种具有双总线结构精简指令集的高性能 AVR 单片机。它相对于传统的复杂指令集单片机而言，具有较短的指令周期和较快的运行速度。片内集成有 Flash、看门狗定时器、同步/异步串行接口、定时器/计数器、A/D 转换器等多种资源。根据不同需求，AVR 系列单片机有多种产品供用户选择，如 ATtiny11L～ATtiny28L、AT90S2323～AT90S8535、ATmega8～ATmega323L 等。

2. Philips 单片机

荷兰飞利浦(Philips)电子公司是国际上生产 MCS-51 兼容单片机种类最多的厂家之一。Philips 公司的单片机都属于 MCS-51 系列兼容的单片机，型号有上百种。从内部结构看，Philips 公司的单片机可以划分为两大类：8 位机与 80C51 兼容系列和 16 位机 XA 系列。Philips 公司的 8 位机的主要产品型号有 P80Cxx、P87Cxx 和 P89Cxx 系列，16 位机的主要产品型号有 PXACxx、PXAGxx 和 PXASxx 等。

Philips 公司的 P8xCxx 兼容系列单片机都是在 80C51 的基础上研发而来的，并且做了不同程度的改进和增强。其中 P8xC552 单片机除了提供 80C51 的全部功能外，还增加了很多硬件资源，例如，增加了 I^2C、CAN 总线接口、A/D 转换单元、PWM 输出等新的功能，是专为仪器仪表、工业过程控制、汽车发动机与传动控制等实时应用场合而设计的高性能单片机，且其指令系统与 80C51 系列完全兼容。总之，用户总能在 Philips 公司的单片机产品中找到一款满足自己需要的型号，使其适合各种不同的应用场合。

Philips 公司的 16 位机 XA 系列单片机是 8 位机的升级产品，和 80C51 系列在源代码上保持兼容，即通过简单的变换就可以使原来 80C51 的程序在 XA 单片机中应用。这使用户不必重新学习就可以使用新一代的 16 位单片机。XA 系列单片机除了采用 16 位内核外，还增加了不同的功能，使其适用于不同场合。例如，PXAC37 型号中集成了 CAN 2.0B 控制器，可以在基于现场总线的应用中作为主控结点；在 PXAH40 中集成了 4 个高速 UART，使其更适合于组网应用。

3. WinBond 单片机

台湾 WinBond(华邦)公司生产的单片机大致分为 5 大类：4 位单片机、8 位与 MCS-51 兼容单片机、监控专用单片机、片内集成 Flash 存储器的单片机和电话应用单片机。

8 位与 MCS-51 兼容单片机又分为 4 个系列：标准系列、宽电压范围系列、Turbo-51 系列和工业温度范围系列。标准系列的型号以 W78 为前缀，主要产品有 W78C32、W78C51D 等；宽电压范围系列的型号以 W78L 为前缀，主要产品有 W78L32、W78L51D 等；Turbo-51 系列是增强型的，型号以 W77 为前缀，主要产品有 W77C32、W77C58、W77C516 等；工业温度范围系列单片机适合于工业温度范围，在型号中以字母"I"为标记，主要型号有 W78IE52、W78IE54、W77IC32 和 W77IE58 等。

监控专用单片机特别适合于监控应用场合，主要产品有 W78C374、W78C378 和 W78E378。

与其他公司的单片机相同，WinBond 兼容单片机也在功能上有很大的加强，如增加了看门狗定时器、双数据指针、A/D 转换、PWM 输出、掉电复位、I^2C 和 CAN 总线控制器等。

4. Motorola 单片机

Motorola 生产的 MC6805 系列单片机是具有多种专用用途的单片机大家族，在家用电器及一些专用控制场合中的应用最为广泛。在 8 位机方面，Motorola 有 68HC05 和升级产品68HC08。68HC05 有 30 多个系列，200 多个品种，产量已超过 20 亿片。8 位增强型单片机有 30 多个品种，年产量在 1 亿片以上。16 位机有 10 多个品种。32 位单片机有几十个品种。Motorola 单片机的特点之一是，在同样速度下，所用的时钟频率较 Intel 类单片机低很多，因而其高频噪声低，抗干扰能力强，更适合于工控领域及恶劣的环境。

5. Maxim-Dallas 单片机

Maxim-Dallas 公司生产的与 MCS-51 系列兼容的单片机是在 Dallas 公司原有的单片机产品基础上发展而来的。该公司的单片机产品主要可以分为两大类：高速单片机和安全单片机。高速单片机的机器周期只包含 1 个时钟周期，而不是 12 个时钟周期，指令的执行速度要比 8051 提高很多倍，主要产品型号有 DS80Cxxx、DS87Cxxx、DS89Cxxx 系列和MAX765x 系列。安全单片机的最大特点是使用非易失 RAM(NVRAM)作程序存储器，而不是使用 EPROM 或 ROM，因此，可以采用自举程序加载控制器将 NVRAM 的程序加载，用40 位或 80 位的加密密钥对地址和数据进行加密，使得任何装载到芯片内部的程序或数据都是经过加密处理的，以防止程序和数据被窃取，为增强系统的安全性提供了新手段。安全单片机的主要产品有 DS5xxx 和 DS225x 系列。2002 年 Dallas 公司发布的最新款安全单片机DS5240 提供了目前等级最高的安全性能。这种单片机采用 4 个时钟机器周期内核，增加了加强型存储器加密逻辑、侵入探测器和片内篡改检测器，有一个内部的微型探针屏蔽层可以防止对芯片的篡改，一旦检测到有篡改发生，就自动擦除存储器。

Maxim-Dallas 公司的单片机除了具有与 8051 兼容的内核外，片内还增加了新的功能，例如看门狗定时器、双数据指针、A/D 转换、PWM 输出、PMM、CAN 控制器等。它以 8位单片机的价格提供了 16 位机的性能。

6. Silicon Labs 单片机

美国 Silicon Labs 公司推出的 C8051F 系列单片机把 80C51 系列单片机从 MCU(微控制器)推向 SOC(片上系统)时代。而今兴起的片上系统，从广义上讲，也可以看做是一种高级单片机。它使得以 8051 为内核的单片机技术又上了一个新台阶。其主要特点是在保留 80C51系列单片机的基本功能和指令的基础上，以先进的技术改进 8051 的内核，采用流水线指令结构，70%指令的执行时间为一个或两个系统时钟周期，使其指令运行速度比一般的 51 单片机快 15 倍以上；有多达 22 个的矢量中断源，有 5 个通用的 16 位计数器/定时器。

C8051F 系列除了具有标准 8051 机的数字外设部件外，片内还集成了数据采集与控制系统中常用的模拟部件和其他数字外设及功能部件，主要包括模拟多路选择器、可编程增益放大器、ADC、DAC、电压比较器、电压基准、温度传感器、SMBus/I^{2}C、UART、SPI、可编程计数器/定时器阵列、定时器、I/O 端口、电源监视器、看门狗定时器和时钟振荡器等，且该单片机内部具有 JTAG 接口和调试电路，通过 JATG 接口可以使用安装在最终应用系统产品上的单片机进行非侵入、全速及在系统调试。

C8051F 单片机系列的 I/O 接口配置由一般 51 单片机的固定方式改变为由软件自由设定的灵活方式，所有的输入/输出口线均能承受 5 V 电平。另外，其时钟系统更加完善，有多种复位功能等。根据不同需求，C8051F 系列单片机有多种产品供用户选择，如 C8051F120/1/2/3、C8051F130/1/2/3、C8051F124/5/6/7、C8051F02x 等。引脚有 20 脚 SOP 封装、32 脚、64 脚及 100 脚 TQFP 封装。

7. μPSD3xx 系列单片机

μPSD3xx(μPSD32xx/μPSD33xx/μPSD34xx)系列单片机是 ST(意法半导体)公司推出的一款新型单片机。它以增强型 MCS-51 内核单片机 8032 为基础，集成了可编程外围器件 PSD(Programmable System Device)模块。该单片机系列含有大量的 Flash 和 RAM 存储器、I^2C 和 USB 接口电路、A/D 变换、PWM 控制、独立的显示数据通道(DDC)、可编程逻辑器件(PLD)，是一个典型的具有 SOC 特征的单片机。5 V μPSD3xx 器件的最高工作频率达 40 MHz，3.3 V 器件的最高工作频率达 24 MHz；有两个 UART 接口，可独立设置波特率；有 3 个 16 位定时器/计数器；有两块 Flash 存储器，当擦除和编程一块存储器时，可以从另一块存储器内读数据，很容易实现在应用编程(IAP)时远程更新数据的功能。主 Flash 容量高达 256 KB，次 Flash 容量达 32 KB；可选带后备电池的大容量 SRAM，其容量可高达 8 KB，适于高级语言的程序设计和实时操作系统(RTOS)以及通信缓冲、堆栈等高级应用。

该系列单片机除具有一般 51 功能外，片内还集成有可编程的地址译码 PLD，为所有的存储器提供灵活的地址映射。每个 Flash 和 SRAM 的地址范围都可任意设置。内置的页存储器打破了传统 8051 单片机最多只有 64 KB 的寻址空间限制。多功能的 I/O 配置不需要外部锁存和逻辑电路。

μPSD3xx 系列单片机有多种产品供用户选择，如 μPSD3251、μPSD3234/3、μPSD3212 等。引脚有 52 脚 TQFP 封装及 80 脚 TQFP 封装。由此可见，该单片机是一种性能先进、功能齐全、开发容易的 SOC 单片机，适合于功能复杂且控制对象多的应用系统。

8. STC 系列单片机

STC 系列单片机是美国 STC 公司最新推出的一种新型 51 内核的单片机。片内含有 Flash 程序存储器、SRAM、E^2PROM、UART、SPI、A/D、PWM、看门狗定时器等模块。该器件的基本功能与普通的 51 单片机完全兼容，但二者的最大区别是：① STC 系列的单片机都具有在线可编程(ISP)特性，因而不用再购买通用烧写器，用户只要通过 STC 公司的下载软件工具，用 RS232 串口就能很好地下载用户代码，特别方便实用；② STC 系列单片机对每一个 I/O 引脚都做了特殊处理，使其具有强抗静电、强抗干扰性能，适合工业控制；③ STC 系列单片机内部均有 E^2PROM 存储器，有的容量较大，对存储固定的常量数据非常便利；④ 型号齐全，适合各种用途，有十几种普通的 STC89Cxx 5 V 供电的，有十几种 STC89Lxx 3 V 供电的，有 STC12Cxx、STC12Lxx、STC12C5410xx、STC10xx 和 STC11xx 等高速的几十种器件；⑤ STC 系列单片机的性价比高，很适合学生等用户使用。

STC12xx 系列单片机是高速/低功耗的新一代机型，采用全新的流水线/精简指令集结构，工作频率为 0～35 MHz，相当于普通 8051 的 0～420 MHz，内部集成 R/C 振荡器，I/O 口可设置成准双向/弱上拉、推挽/强上拉、仅为输入/高阻和开漏四种模式。

STC 系列单片机在掉电模式下，功耗小于 0.1 μA；在正常模式下，功耗为 2～4 mA，适合干电池供电。

9. TI 公司的单片机

美国 TI 公司生产的单片机主流是 MSP430 系列 16 位单片机。该器件集多种领先技术于一体，以 16 位 RISC 处理器、超低功耗、高性能模拟技术及丰富的片内设置、JTAG 仿真调试定义了新一代单片机的概念，给人以耳目一新的感觉。

在超低功耗方面，其处理器功耗(1.8～3.6 V，0.1～400 μA，250 μA/MIPS)和口线输入漏电流(最大 50 nA)在业界都是最低的，远远低于其他系列产品，特别适合干电池长时间供电。

在运算性能上，其 16 位 RISC 结构使 MSP430 单片机在 8MHz 晶振工作时，指令速度高达 8MIPS。同时，MSP430 单片机中采用了一般只有 DSP 中才有的 16 位多功能硬件乘法器、硬件乘加功能、DMA 等一系列先进的体系结构，大大增强了它的数据处理和运算能力，可以有效地实现一些数字信号处理的算法(如 FFT、DTMF 等)。

在开发工具上，MSP430 系列单片机支持先进的 JTAG 调试，其硬件仿真工具只是一个非常简单的并口转接器，一般个人都可以制作和熟练使用。

在系统整合方面，MSP430 系列单片机结合 TI 的高性能模拟技术，根据其不同产品，集成了多种功能的模块，包括定时器、模拟比较器、多功能串行接口、LCD 驱动器、硬件乘法器、10/12/16 位 ADC、12 位 DAC、看门狗定时器(WDT)、I/O 端口(P0～P6)、DMA 控制器、2～16 KB 的 RAM 以及丰富的中断功能，使用户可以根据需求，选择最合适的 MSP430 系列产品来实现。另外，大部分 MSP430 系列单片机采用 Flash 技术，支持在线编程，并有保密熔丝。其 BOOTSTRAP 技术为系统软件的升级提供了又一种方便的手段。MSP430 系列单片机均为工业级产品，性能稳定，可靠性高，可用于各种用途。

10. PIC 单片机

PIC 系列单片机是全球领先的单片机和模拟半导体供应商——美国 Microchip 公司推出的高性能的单片机系列，适合各种需求。

其主要特点是：

(1) PIC 不搞单纯的功能堆积，而是从实际出发，重视产品的性价比，靠发展多种型号来满足不同层次的应用要求。就实际而言，不同的应用对单片机功能和资源的需求也是不同的。PIC 系列从低到高有几十个型号，可以满足各种需要。其中，PIC12C508 单片机仅有 8 个引脚，该型号有 512 B ROM、25 B RAM、一个 8 位定时器、一根输入线、5 根 I/O 线，价格很低。PIC 的高档型号，如 PIC16C74 有 40 个引脚，其内部资源为 4 KB ROM、192 B RAM、8 路 A/D、3 个 8 位定时器、2 个 CCP 模块、三个串行口、1 个并行口、11 个中断源、33 个 I/O 脚。

(2) 采用精简指令使其执行效率大为提高。PIC 系列 8 位 CMOS 单片机具有独特的 RISC 结构，使指令具有单字长的特性，且允许指令码的位数多于 8 位的数据位数，速度很高。

(3) PIC 有优越的开发环境。OTP 单片机开发系统的实时性是一个重要的指标。PIC 在推出一款新型号的同时推出相应的仿真芯片，所有的开发系统由专用的仿真芯片支持，实时性非常好。

(4) 其引脚具有防瞬态高压能力，可直接与继电器控制电路相连，无需光电耦合器隔离，给应用带来极大方便。

(5) 彻底的保密性。PIC 以保密熔丝来保护代码，用户在烧入代码后熔断熔丝，保密性极好。

(6) 自带看门狗定时器，可以用来提高程序运行的可靠性。

(7) 功耗极低，适合干电池供电。

11. 凌阳单片机

凌阳公司掌握 IC 电路设计及应用软件设计技术，运用次微米技术、多媒体影音、单晶片微处理器、数字信号处理器(DSP)等核心技术，发展出多样化的产品线，目前主要产品包括液晶 IC，微控器 IC，多媒体 IC，语音、音乐 IC 及各式 ASICs，并逐年扩增。在通用单片机方面，凌阳公司开发出以 SPMC65、SPMC75 为代表的 8 位和 16 位系列工业级单片机，其可靠性和抗干扰能力在同类产品中已达到领先水平。

凌阳公司的 SPCE062A 采用高性能 μ'nSP 微处理器内核，具有 4 级流水线结构，最高可运行在 49 MHz 时钟频率下。内置的专用 MIC 接口和双路 16 位 DAC 使之非常适合于开发具备语音功能的产品，可编程 I/O 端口可直接驱动 LED 负载，可方便灵活地实现高品质语音录制、语音播放等功能。此外，SPCE062A 具有 8 通道 12 位 ADC 和丰富的定时器、时基、PWM、红外发射模块以及多种串行通信方式，可以直接完成载波信号的合成等功能。

SPMC75 系列 16 位单片机具有很强的运算能力，支持乘除法、内积运算、位操作等，可完成许多复杂运算，能产生变频电机驱动的 PWM 控制、多功能捕获比较等功能。

凌阳单片机在语音处理方面独具特色，可作为通用微控制器，广泛应用于家用电器、工业控制、家居安防、智能家电等领域。

12. 其他公司的单片机

(1) NEC 单片机。NEC 单片机自成体系，以 8 位单片机 78K 系列产量最高，也有 16 位、32 位单片机。16 位以上的单片机采用内部倍频技术，以降低外部时钟频率。有的 NEC 单片机采用内置操作系统。NEC 的销售策略是着重于服务大客户，并投入相当的技术力量帮助大客户开发产品。

(2) 东芝单片机。东芝单片机的特点是从 4 位机到 64 位机，门类齐全。4 位机在家电领域仍有较大的市场。8 位机主要有 870 系列、90 系列等。东芝的 32 位单片机采用 MIPS3000ARISC 的 CPU 结构，面向 VCD、数码相机、图像处理等方面。

(3) Epson 单片机。Epson 公司以擅长制造液晶显示器著称，故 Epson 单片机主要为该公司生产的 LCD 配套。其单片机的特点是 LCD 驱动部分做得特别好，在低电压、低功耗方面有很多特点。目前 0.9 V 供电的单片机已经上市。不久之后，以 LCD 为显示器的手表类单片机将使用 0.5 V 供电。

1.4　单片机系统的设计方法与要点

通常，单片机系统将硬件和软件合理地结合起来，构成一个完整的系统装置，来完成特定的功能或任务。该系统工作在与外界发生数据交换或无人干预的情况下，进行实时的测控。其中，软件是用以实现有关功能的"思想或灵魂"；硬件是保证这种工作进程的"平台或介质"。

　　单片机系统的设计与硬件提供的支持(包括开发工具、手段、环境)和软件技术的发展紧密相关。如果应用选择先进的硬件技术和好的硬件开发平台，则不但可以获得所需的性能，而且还能缩短开发周期、降低成本、提高可靠性。软件的设计也离不开硬件的支持(特别是单片机的性能)。多功能的硬件可以提高软件开发效率，保证软件的质量。而软件设计技术和开发手段也可以充分发挥硬件的作用，提高系统的整体性能。在保证系统性能的前提下，单片机系统的设计要综合考虑硬件和软件的任务分工(包括考虑用硬件代替软件，或用软件置换硬件)。因此，硬件和软件的协同设计在单片机的应用开发中占有重要地位。

　　在设计新的应用系统时，要按需求的功能把硬件和软件分成若干个模块，对各个模块采用"自顶向下"的顺序分别进行设计和调试，最后将各模块连接起来进行总调。首先要进行总体设计，确定总体任务和功能。例如，系统是用于过程控制还是用于数据采集的处理，要求的精度如何；仪器输入信号的类型、范围如何；是否需要进行隔离；仪器的输出采用什么形式，是否需要进行打印输出；仪器是否需要具有通信功能，采用并行还是串行通信；仪器的成本应控制在什么范围之内等等。另外还要对整台系统装置的结构、外形、面板布置、使用环境等给予充分的考虑。在总体设计中要绘制出系统装置的总图及各功能模块的流程图，并拟定详细的工作计划。完成总体设计后，再根据这些计划按流程图对各部分硬件和软件进行具体的设计。

　　在单片机应用系统中，单片机是核心，因此在硬件设计时首先要考虑单片机的选择，然后再确定与之配套的外围芯片。在选择单片机时，要考虑的因素有字长(即数据总线宽度)、寻址能力、指令功能、执行速度、中断能力以及市场对该种单片机的软、硬件支持力度等。

　　在充分考虑各种因素并正确选择了单片机之后，还要进行输入和输出接口及其他功能组件的设计。输入/输出接口是单片机应用系统，特别是智能化测控仪表与外部设备交换信息的通道，它包括 A/D 和 D/A 转换接口、键盘显示器接口、打印机接口以及各种通信接口等。在进行上述各种接口设计过程中，要画出详细电路图并进行参数计算，标出各个芯片的型号、器件参数值，然后根据电路图在试验板上进行调试，发现设计不当之处后随时修改。调试成功之后再制作印刷电路板，因为在试验板上改动硬件设计比在印刷板上改动要容易得多。最后还应指出，在硬件电路设计时还应考虑系统的可维修性，即在电路上适当增加若干故障检查手段，如各种短路点及跳线等，这样做虽然会增加一些成本，但可节省今后产品维修的费用。

　　软件设计也是一个很重要的内容。设计者不仅应能熟练地进行各种硬件电路的设计，同时还必须掌握软件的设计方法。通常的软件设计方法是先画出程序流程图，然后根据流程图写出程序。常用的程序设计技术有下面三种。

1. 模块法

　　模块法把一个长的程序分成若干个较小的程序模块分别进行设计和调试，然后再把各个模块连接起来。智能仪器仪表监控程序总的可分为三大模块，即监控主程序、接口管理程序和命令处理子程序。命令处理子程序通常又可分为测试、数据处理、输入/输出、显示等子程序模块。由于程序被分成一个个较小的独立模块，因而方便了编程、纠错和调试。

2. 自顶向下设计方法

研制软件有两种截然不同的方式，一种叫做"自顶向下"法，另一种叫做"自底向上"法。所谓"自顶向下"法，概括地说，就是从整体到局部，最后到细节。即先考虑整体目标，明确整体任务，然后把整体任务分为一个个子任务，子任务再分成子任务，同时分析各子任务之间的关系，最后拟订各子任务的细节。这犹如要建造一座房子，先要设计总体图，再绘制详细的结构图，最后一块砖一块砖地建造起来。所谓"自底向上"法，就是先解决细节问题，再把各个细节结合起来，就完成了整体任务。"自底向上"是传统的程序设计方法，这种方法有严重的缺点：由于是从某个细节开始的，对整体任务没有进行透彻的分析与了解，因而在设计某个模块程序时很可能会出现原来没有预料到的新情况，以至于要修改并重新设计已经设计好的程序模块，造成返工，浪费时间。目前，大家都趋向于采用"自顶向下"法。但事情不是绝对的，不少程序设计者认为，这两种方法应该结合起来使用。一开始在比较"顶上"的时候，应该采用"自顶向下"法，但"向下"到一定的程度，有时需要采用"自底向上"法。例如，对某个关键的细节问题，先编制程序，并在硬件上运行，取得足够的数据后再回过头来继续设计。

3. 结构化程序设计

结构化程序设计不仅在许多高级语言中应用，而且其基本结构同样适用于汇编语言的程序设计。结构化程序设计的目的是使程序易读、易查、易调试，并提高编制程序的效率。在结构化程序设计中不用或严格限制使用转移语句。结构化程序设计的一条基本原则是每个程序模块只能有一个入口、一个出口。这样一来，各个程序模块就可以单独设计，然后用最小的接口组合起来，控制明确地从一个程序模块转移到下一个模块，使程序的调试、修改或维护都要容易得多。大的复杂程序可由这些具有一个入口和一个出口的简单结构组成。

理论和实践证明：结构化程序设计具有许多优点，但也有缺点。如用结构化程序设计的程序，其运行速度较慢，占用的存储器较多，使某些任务难于处理等。

当然，除了以上方法外，选用合理的开发工具与平台也是至关重要的。

1.5 单片机的学习方法

学习单片机不能只用传统的方法，因为单片机这门课是一门非常重视动手实践的课程。从传统的单片机学习方法来看，教材和教学均是以单片机的结构为主线，从单片机的硬件结构到指令，再到软件编程，然后介绍单片机系统的扩展和各种外围器件的应用，最后再讲一些实例。按照这种方法，学习的都是枯燥的理论知识，没有开发平台，没有动手实践，学生和广大的单片机初学者普遍感到抽象、神秘和难学。特别是对于没有模拟和数字电路知识的初学者来说，要他去理解单片机的内部结构，理解那么多细节和术语，实在不是一件容易的事。

那么，怎样学习单片机知识呢？怎样才能掌握单片机知识呢？作者根据多年的教学经验，提出了一套全新的学习方法，该方法以实践为基础，以51系列单片机或MSP430学习实验板作为一个学习开发平台，打破原有界限，不管硬件结构、指令、编程的先后顺序，而将各部分内容分解成一个个知识点，融合在各实验之中并加以组合，用 C 语言编程方法提供参考的源程序和机器代码程序，让初学者领略软件的编程风格。当完成全部实验后，也就自然地掌握了单片机的知识。

对于自学者来说，学习单片机最好从 51 系列开始，理由是书多、资料多，而且掌握 51 系列单片机技术的人多，碰到问题能请教的老师也就多了。学习的第一步是看书。单片机是一个知识密集的集成电路，不看书是绝对不行的。应该比较系统地学习 51 系列单片机的基础知识。学习的第二步是熟悉开发工具，因为单片机必须借助编程器或下载工具才能写入程序。学习单片机的第三步是通过必要的实验板反复编程实践。对单片机进行编程可以采用汇编语言或者 C 语言。汇编语言的特点是代码紧凑，上手快，但程序编写工作量大；也可用专用于 51 系列单片机的 C 语言编程，它的特点是编写效率高。当然，还可以通过仿真器来练习掌握。

MSP430 系列单片机虽然推出的时间不是很长，但其性能卓越，在短短几年时间里发展极为迅速，应用也日趋广泛。从 TI 公司的 MSP430 网站(www.msp430.com)可以得到丰富的学习资源，包括各种最新的 MSP430 器件资料、MSP430 开发工具软件、各类文档、免费的仿真软件等。其中既有面向初学者的入门资料，也有供高级用户参考的设计信息。

学习单片机技术有一定的难度，不下功夫是很难学会的，但是只要不断努力，就一定能成功。

1.6　单片机开发技能的提高

在学会单片机的一般应用以后，怎样才能进一步提高单片机产品的开发水平？怎样实现"从入门到提高、从知识到技能"呢？在学习技能方面，要获得哪些方面的知识才能从事相关的职业？

针对不同的技能培养，学习的方法和内容是不同的，而只有掌握了好的学习方法，才能达到预期的效果。

掌握单片机产品的应用开发不只是单片机本身的问题。首先必须掌握模拟电路、数字电路、传感器技术、接口技术、C 语言编程方法等知识，其次还必须熟悉有关计算机辅助设计方面的知识。也就是说，开发一个单片机类型的产品，除学好单片机的原理、使用方法外，还应该掌握和了解与产品相关的其他应用学科的内容。

在提高技能方面，必须对以下开发平台或工具有所掌握：

(1) 以硬件电路设计辅助软件为工具。硬件设计主要是将相关电路按照电性能把所有的元器件进行连接组合。目前，Protel 99 是设计硬件电路板很好的软件之一。利用该软件可以设计出原理图、印刷电路板图(PCB 图)、加工图并生成相关元件清单等。当然在画图时，一定要具备模拟电路、数字电路、单片机等硬件知识，同时还要了解每个元件(器件)的封装等内容。

(2) 以软件设计平台为工具。软件设计贯穿整个系统的设计过程，主要包括任务分析、资源分配、模块划分、流程设计和细化、代码调试等内容。一般软件设计的主要工作量都集中在程序调试和仿真上。目前,好的软件平台有 Keil μVision2、Wave600 及 IAR Embedded Workbench 等。前二者为 51 系列单片机所用,后者为 MSP430 系列单片机所用。

(3) 以串口调试软件为工具。在开发过程中,要经常修改硬件和软件。对于没有设计显示器的产品,其调试就很困难,此时可以串口调试工具为助手,将中间数据(或部分结果)通过串口与 PC 机通信,实现人机对话。

(4) 以嵌入式操作系统为工具。在开发大型系统时,可以嵌入式操作系统(EOS)为工具。EOS 是一种功能强大、应用广泛的实时多任务系统软件,其内核短小精悍、开销小、实时性强、可靠性高,还提供各种设备的驱动程序和 TCP/IP 协议。用户可通过应用程序接口(API)调用函数来实现对各种资源的管理,使开发效率大大提高。

(5) 以 EDA 设计平台为工具。随着微电子技术的发展,硬件设计现在可以利用可编程逻辑器件来实现。通过这种设计平台,能把许多数字电路或模拟电路设计在一个芯片中,从而提高硬件电路的整体性能。EDA(Electronic Design Automation,电子设计自动化)技术正是为了适应现代电子产品设计的要求,吸收多学科最新成果而形成的一门新技术。EDA 技术具有以下特点:

① 用软件的方法设计硬件。

② 用软件方式设计的系统到硬件系统的转换是由相关软件平台自动完成的。

③ 设计过程中可用相关软件进行各种仿真。

④ 系统可现场编程,在线升级。

⑤ 整个系统可集成在一个芯片上,体积小、功耗低、可靠性高。

总之,在单片机开发平台上开发单片机产品不同于传统的开发模式。开发平台集成了大量专业技术人员的优秀设计思想,通过它可使技术人员迅速成长,彻底免除产品开发中一些低水平的重复工作。平台的知识集成减少了企业对个别技术人员的依赖性。平台最大限度的包容性大大缩短了产品的开发周期。平台的可靠性积累保证了基于平台开发的产品具有良好的性能。

第2章 典型单片机应用选型指南

随着微电子技术与计算机技术的迅猛发展，8位、16位、32位等单片机的研发、生产日新月异。器件品种繁多，有高速度型、低功耗型、大容量存储型、混合(模拟与数字)处理型、可编程门阵列灵活型、多时钟和多I/O口型等，令人目不暇接。

为了使读者(用户)在了解单片机的功能、特点和性能的同时，能较快地、更好地选择出适合自己产品的单片机，本章重点介绍选择单片机的基本方法，并以51系列、AVR系列和MSP430系列单片机为主介绍其应用选型。

2.1 单片机的选择方法

单片机的种类很多，在实际设计和工作中如何选择单片机呢？答案是要根据实际情况来确定，没有一个固定的模式。不同的单片机，其片内程序存储容量、数据存储器、E^2PROM的大小、模块功能、I/O引脚都有差异。选择时一般要考虑下列问题。

1. 了解被开发产品的需求和任务

搞清楚被开发产品的使用环境、供电方式、功耗要求、功能要求、成本要求、开发周期等需求非常重要。只有充分了解了产品的需求任务，才能选择到最合适的单片机。

2. 根据任务选机型

(1) 使用环境。单片机的使用环境很重要。在所有单片机系列中，商业级(民品级)产品的工作温度为 0～70℃。工业级产品的工作温度为–40～+85℃。军品级产品的工作温度为–40～+125℃。除了要考虑工作温度之外，还要考虑抗电磁干扰等问题。

若所设计的产品是在恶劣环境下使用，则要选择工业级或军品级产品，可考虑STC公司、Philips公司、ST公司和WinBond公司的系列单片机。

若在常规环境下使用，可选择民品级产品。民品级产品多，选择范围大，只考虑功能就可以了。

(2) 耗电问题。 在要求干电池供电或功耗要求低的应用场合中，单片机各个生产厂商几乎都能提供耗电较小的品种。一般耗电小的单片机的执行速度和供电电压都较低(3.3V的居多)。在这类应用中，可优先考虑TI公司的MSP430系列、Microchip 公司的PIC系列、STC公司的L系列等单片机。

(3) 速度问题。在某些高速应用场合，如果要求计算速度高，就要选择16位或32位的单片机。如果要求控制速度高，就要选择8位单片机。Silicon Labs公司的C8051F系列、

STC 公司的 10、11、12 系列和 Atmel 公司的 AVR 系列等单片机都是不错的选择。

(4) 功能问题。在考虑了环境温度、耗电等问题后，选择单片机的功能至关重要。最好在一个芯片中能包含更多的外围模块功能，如 A/D、D/A、PWM、SPI、I²C、USB 和 UART 等。通常，在单片机内部包含的模块比外围器件的可靠性要高。像 Silicon Labs 公司的 C8051F 系列、ST 公司的 μPSD32xx/33xx/34xx 等系列、WinBond 公司的 W77xx、W78xx 等系列都有合适的器件。如果有语音方面的合成处理，那就要选择凌阳系列的单片机了。

(5) 成本问题。如果设计的产品功能单一、成本要低，可优先考虑 STC 公司、Atmel 公司的 AVR 系列及 WinBond 公司的单片机。

3. 综合性能的考虑

对于产品的设计，在选择单片机时要充分利用片内的存储空间，如果片内空间不够，可以通过扩展片外存储器的方法来达到要求，或者更换为其他的大容量单片机。一般引脚相同的 51 单片机基本上是兼容的(可以互换)，如 WinBond 公司、Atmel 公司、STC 公司的绝大部分产品都能兼容。但如果程序太大，超过了一般的 64 KB，则只好选择 ST 公司的 μPSD3xx 和 Silicon Labs 公司的 C8051F12xx 系列产品了。μPSD3xx 系列单片机不但集成的外围模块多、I/O 口多，且程序存储空间可达 288 MB 之多，内部的 SRAM 可达 32 KB。另外单片机的接口能力、接口方式、I/O 口的多少也得考虑。

4. 开发环境的考虑

在选用单片机时，还要注意有没有配套的开发系统(软件怎样编、怎样调、怎样下载等)。由于单片机的应用系统一般比较紧凑小巧，不像其他微机系统有较多的外设(如 CRT、键盘、USB、光驱等)，软件也很简单，多数不具备调试功能，因此，在自行设计组装时，必须利用专门的工具来进行单片机的开发应用。早期的产品只能通过专门的硬件设备来调试和固化程序(如 WinBond 公司、Atmel 公司、Philips 公司、Intel 公司等的单片机)。现在新出的产品，如 STC 公司的所有单片机，都可方便地通过 RS232 串口把软件下载到单片机中，μPSD3xx 系列、C8051F 系列、MSP430 系列、AVR 系列单片机都可通过专门的 JTAG 调试口仿真和下载软件。

选择单片机时，如果对其开发环境、调试手段等因素考虑不周，可能会给产品的开发周期和工作进度等带来极大影响。

5. 其他因素的考虑

在单片机的选择中，对其封装形式也得考虑。DIP(双列直插)、PLCC(有对应插座)适合产品开发阶段或学习时使用。SOP、QFP、SSP、TSSP 等表贴封装，更适合用于最终产品。

2.2　51 系列单片机介绍

由于在 8 位单片机中性能突出，8051 已成为事实上的工业标准。目前它仍是我国单片机应用的主流。标准的 51 单片机一般都有 4 个 8 位的并行 I/O 口、1 个全双工的串行接口、2 个 16 位的定时器/计数器、5 个中断源、2 个中断优先级、21 个特殊功能寄存器、1 个数据指针和 1 个程序指针等资源。下面按不同的分类方法进行说明。

(1) 按存储器的结构特点，可将 8 位单片机分为片内 ROM 型、EPROM 型和 E^2PROM 型三种。

① 片内 ROM 型有 8031、8051、8052、80C51、80C52 等型号。其中，80x1 型的片内 ROM 为 4KB，RAM 为 128 B；80x2 型的片内 ROM 为 8KB，RAM 为 256 B(有低 128 B 和高 128 B 之分)。在使用时，片内 ROM 型 8 位单片机均要外扩程序存储器。

② 片内 EPROM 型有 875x、87C5x 等型号。其中，875x1 型的片内 EPROM 为 4 KB，RAM 为 128 B；875x2 型的片内 EPROM 为 8KB，RAM 为 256 B(有低 128 B 和高 128 B 之分)。在使用时，可用内部的程序存储器空间，但要通过紫外线擦除和烧写程序代码。内部空间不够时可外扩程序存储器。

③ 片内 E^2PROM 型有 89C5x 系列、89S5x 系列、P89C5x 系列、DS89C x 系列、W78E5x、W78LE5x 系列、STC89C5x 系列、µPSD3xx 系列和 C8051Fx 系列等。其中，xxx1 型的片内 E^2PROM 为 4 KB，RAM 为 128 B；xxx2 型以上系列的片内 E^2PROM 为 8 KB、16 KB、32 KB，RAM 为 256 B(有低 128 B 和高 128 B 之分，除 µPSD3xx 系列和 C8051Fx 系列外)。这类单片机都可电擦除片内程序区，烧写代码也容易。它们有外部数据总线，内部代码区不够时，均可通过外部数据总线外扩程序存储器。

(2) 按功能和性能特点，可将 8 位单片机分为基本型、低功耗型、增强型、多模块型、高速型、高级型和专用型等几类。

① 基本型有 8031、805x、875x、DS89 x 系列等型号。这些型号的差别在于片内程序区的大小不同和烧写代码的方法不同。

② 低功耗型有 89C5x、89S5x、P89C5x、W78LE5x、STC89Cx、STC89Lx、STC12C 和 STC12Lx 等型号。其中，带"C"的表示使用了 CMOS 工艺，功耗较低；带"L"的表示是低压供电，使用 CMOS 工艺，功耗更低。这些型号的不同点在于片内程序区的大小不同和烧写代码的方法不同。

③ 增强型有 STC12xx/11xx/10xx、C8051Fx、83C51FA/B、80C51FA 等型号。这些器件具有可编程计数阵列，其比较/捕捉模块和多机通信模块较多。

④ 多模块型有 83C51GA、W78LE516、STC89CxxAD、STC12CxxAD、STC12LxxAD 等型号。这些器件具有多路 A/D 转换器、多路 PWM 控制器、16 位监视器等功能。

⑤ 高速型有 C8051Fx、STC12xx/11xx/10xx、83C152JA、80C152JA、83C452 等型号。这些器件具有 DMA 高速缓存器、单周期控制模块、高速 A/D 及 D/A、USB 接口、多 I/O 口和大于 256 B 的高速 RAM 等功能。

⑥ 高级型有 µPSD3xx、C8051F12x 系列器件。这些器件具有大于 64 KB 程序代码区的页寻址、多路 A/D 转换、USB 接口、EDA 编程、PWM 控制、多 I/O 口等功能。

⑦ 专用型有 STC12140、STC12310 等型号。这些器件是专为某些功能设计的。

2.3　51 系列单片机应用选型指南

由于 Intel 公司的技术开放和 8051 具有的经典体系结构及良好的兼容性，众多的半导体厂商都热衷于 8051 及其兼容单片机的开发。特别是近几年来，生产厂商各施绝技，生产出各具特色的新品种。概括来说，该系列有如下的特点或功能：

(1) 高速度(或低速与高速兼容)。

(2) 混合(模拟与数字)信号处理。

(3) 低功耗和多种省电模式。

(4) 大容量存储器。

(5) 大量的 I/O 口和灵活的驱动配置。

(6) 多时钟源和实时时钟系统。

(7) 基于串口或 JTAG 结构的在线调试系统。

(8) 多种复位源(包括看门狗电路)。

(9) 片内可编程门阵列和多模块配置。

(10) 多种串口(包括 USB 接口)。

(11) DMA 功能。

(12) 视频(电视)信号处理与控制。

(13) 网络接口等。

鉴于 51 单片机的多机型，本书以生产厂商为对象列出相关 51 单片机的主要选型信息以供开发者(用户)选型时参考(查找)。

2.3.1 Atmel 系列单片机选型

Atmel 51 系列单片机是应用较早、较广的机型，最兼容 MCS-51 单片机。尤其是 AT89xx 系列，在 Flash 存储方面是最好的器件之一。Atmel 51 产品比较齐全，Flash 有 1K 到 64K 系列、扩展 RAM 有 256 B 到 1280 B 系列，有 A/D 转换器、双串口及在系统编程(ISP)系列。Atmel 51 器件兼容型好，能与大部分同类单片机互换。其主要型号及性能简介如表 2-1 和表 2-2 所示。

表 2-1　AT8xxx 系列 51 单片机主要型号

主要型号	主要功能、性能、特点、封装等描述
AT89Cx051 (宽电压)	AT89Cx051 系列器件有 AT89C1051/2051/4051。其特点如下： (1) 全静态 CMOS 控制器，内置 51 内核，工作频率为 0～24 MHz； (2) 有 2 个 16 位定时器/计数器，6 个中断源； (3) 片内存储器(RAM)：64 B/128 B/128 B； (4) 片内 Flash 程序存储器：1 KB/2 KB/4 KB； (5) 1 个全双工异步通信串口(UART)； (6) 15 个可编程的 I/O 口； (7) 芯片上有 1 个模拟比较器(P1.0、P1.1)； (8) I/O 口可直接驱动 LED 发光管； (9) 有低功耗的睡眠和掉电模式； (10) 电源电压：2.7～6.0 V； (11) 外形有 20 脚 PDIP、20 脚 SOIC 等封装(见附录 A 中图 A-1)

主要型号	主要功能、性能、特点、封装等描述
AT89C5x	AT89C5x 系列器件有 AT89C51/52/55。其特点如下： (1) 全静态 CMOS 控制器，标准 51 内核，工作频率为 0~24 MHz； (2) AT89C51 具有 2 个 16 位定时器/计数器，AT89C52/55 有 3 个 16 位定时器/计数器； (3) 32 个可编程的 I/O 口； (4) AT89C51 具有 6 个中断源，AT89C52/55 有 8 个中断源； (5) AT89C51 具有 128 B RAM，AT89C52/55 有 256 B RAM； (6) 片内 Flash 程序存储器：4 KB/8 KB/20 KB； (7) 1 个全双工异步通信串口(UART)； (8) 有低功耗的睡眠和掉电模式； (9) 编程电压：11.5~12.5 V； (10) 工作电压：4.0~5.5 V； (11) 外形有 40 脚 PDIP，44 脚 PQFP/TQFP、PLCC 等封装(见附录 A 中图 A-2)
AT89C51RC	AT89C51RC 的特点如下： (1) 静态 CMOS 控制器，标准 51 内核，工作频率为 0~33 MHz； (2) 具有 3 个 16 位定时器/计数器； (3) 32 个可编程的 I/O 口； (4) 具有 8 个中断源，3 级程序存储器锁存； (5) 512 B RAM； (6) 片内 Flash 程序存储器：32 KB； (7) 1 个全双工异步通信串口(UART)； (8) 有低功耗的睡眠和掉电模式； (9) 具有硬件看门狗定时器和双数据指针(DPTR)； (10) 编程电压：11.5~12.5 V； (11) 工作电压：4.0~5.5 V； (12) 外形有 40 脚 PDIP，44 脚 PQFP/TQFP、PLCC 等封装(见附录 A 中图 A-2)
AT89C51RC2 AT89C51RB2	AT89C51RC2/RB2 系列器件的特点如下： (1) 静态 CMOS 控制器，标准 80C52 内核，具有在线编程功能(ISP)； (2) 具有 3 个 16 位定时器/计数器； (3) 32 个可编程的 I/O 口； (4) 具有 9 个中断源，4 级程序存储器锁存； (5) 1280 B RAM； 片内 Flash 程序存储器：32 KB/16 KB； (7) P1 具有键盘中断输入接口和高速 SPI 接口； (8) 2 个全双工异步通信串口(UART)； (9) 有低功耗的睡眠和掉电模式； (10) 具有硬件看门狗定时器和双数据指针(DPTR)； (11) 工作频率：在标准模式 2.7~5.5 V 供电时为 0~40 MHz，在 4.5~5.5 V 供电时为 0~60 MHz； (12) 工作电压：2.7~3.6 V(3 V)，2.7~5.5 V(5 V)； (13) 外形有 40 脚 PDIL，44 脚 PLCC、VQFP 等封装(见附录 A 中图 A-3)

主要型号	主要功能、性能、特点、封装等描述
AT89C51RD2 AT89C51ED2	AT89C51RD2/ED2 系列器件的特点如下： (1) 静态 CMOS 控制器，标准 80C52 内核，具有在线编程功能(ISP)； (2) 具有 3 个 16 位定时器/计数器； (3) 48/32 个可编程的 I/O 口； (4) 具有 9 个中断源，4 级程序存储器锁存； (5) 具有 2048 B RAM，AT89C51ED2 还有 2048 B E²PROM； (6) 片内 Flash 程序存储器：64 KB； (7) P1 具有键盘中断输入接口和高速 SPI 接口； (8) 1 个全双工异步通信串口(UART)，兼容普通的 51 单片机串口； (9) 有低功耗的睡眠和掉电模式及低的 EMI； (10) 具有硬件看门狗定时器和双数据指针(DPTR)； (11) 工作频率：在标准模式 2.7～5.5 V 供电时为 0～40 MHz，在 4.5～5.5 V 供电时为 0～60 MHz； (12) 工作电压：2.7～5.5 V； (13) 外形有 44 脚 PLCC、VQFP，68 脚 PLCC，64 脚 VQFP 封装(见附录 A 中图 A-3 和图 A-4)
AT89C51AC2	AT89C51AC2 器件的特点如下： (1) 静态 CMOS 控制器，标准 80C51 内核； (2) 具有 3 个 16 位定时器/计数器； (3) 34 个可编程的 I/O 口； (4) 具有 14 个中断源，4 级程序存储器锁存； (5) 具有 1280 B RAM 和 2 KB E²PROM； (6) 片内 Flash 程序存储器：32 KB； (7) 具有 5 通道 16 位 PCA(8 位 PWM)； (8) 1 个全双工异步通信串口(UART)，兼容普通的 51 单片机串口； (9) 有低功耗的睡眠和掉电模式； (10) 具有 21 位硬件看门狗定时器和双数据指针(DPTR)； (11) 具有 8 通道 10 位 A/D 转换器； (12) 工作频率：0～40 MHz； (13) 工作电压：3～5.5 V； (14) 外形有 44 脚 VQFP、PLCC 等封装(见附录 A 中图 A-5)

主要型号	主要功能、性能、特点、封装等描述
AT87F5x	AT87F5x 系列器件有 AT87F51/52/55WD/51RC。其特点如下： (1) 全静态 CMOS 控制器，标准 51 内核，工作频率为 0～24 MHz； (2) AT87F51 具有 2 个 16 位定时/计数器，AT87F52/55WD/51RC 有 3 个 16 位定时器/计数器； (3) 32 个可编程的 I/O 口； (4) AT87F51 具有 6 个中断源，AT87F52/55WD/51RC 有 8 个中断源； (5) AT87F51 具有 128 B RAM，AT87F52/55WD 有 256 B RAM，AT87F51RC 有 512 B RAM； (6) AT87F51RC 具有双数据指针(DPTR)和硬件看门狗定时器； (7) 片内 ROM 程序存储器：4 KB/8 KB/20 KB/32 KB； (8) 1 个全双工异步通信串口(UART)； (9) AT87F55WD 有看门狗定时器，工作频率可达 0～33 MHz； (10) 有低功耗的睡眠和掉电模式； (11) 工作电压：4.0～5.5 V； (12) 外形有 40 脚 PDIP，44 脚 PQFP/TQFP、PLCC 等封装(见附录 A 中图 A-2)
AT89S5x	AT89S5x 系列器件有 AT89S51/52/53。其特点如下： (1) 全静态 CMOS 控制器，标准 51 内核，工作频率为 0～33 MHz，可在线编程(ISP)； (2) AT89S51 具有 2 个 16 位定时器/计数器，AT89S52/53 有 3 个 16 位定时器/计数器； (3) 32 个可编程的 I/O 口； (4) AT89S51 具有 6 个中断源，AT89S52 有 8 个中断源，AT89S53 有 9 个中断源； (5) AT89S51 具有 128 B RAM，AT89S52/53 具有 256 B RAM； (6) 具有双数据指针(DPTR)和硬件看门狗定时器； (7) 片内 Flash 程序存储器：4 KB/8 KB/12 KB(可在线编程)； (8) 1 个全双工异步通信串口(UART)； (9) 工作电压：4.0～5.5 V； (10) 外形有 40 脚 PDIP，44 脚 TQFP、PLCC 等封装(见附录 A 中图 A-6)
AT89S8252	AT89S8252 的特点如下： (1) 全静态 CMOS 控制器，标准 51 内核，工作频率为 0～24 MHz，可在线编程(ISP)； (2) 有 3 个 16 位定时器/计数器； (3) 32 个可编程的 I/O 口； (4) 有 9 个中断源； (5) 具有 256 B RAM，2 KB E^{2}PROM； (6) 具有双数据指针(DPTR)和可编程的硬件看门狗定时器； (7) 片内 Flash 程序存储器：8 KB(可在线编程)； (8) 可编程的全双工异步通信串口(UART)； (9) 有 SPI 串行接口； (10) 工作电压：4.0～6.0 V； (11) 外形有 40 脚 PDIP，44 脚 TQFP、PLCC 等封装(见附录 A 中图 A-7)

主要型号	主要功能、性能、特点、封装等描述
AT89Lx5x (宽电源)	AT89Lx5x 系列有 AT89LS51/LS52/LS53/LV51/LV52/LV55。该系列器件的性能基本上与 AT89C51/52/55 相同。不同点是: (1) 在线编程器件(ISP),空间大小为 4 KB/8 KB/12 KB/4 KB/8 KB/20 KB; (2) 有看门狗定时器; (3) 电源电压: 2.7~6.0 V; (4) 工作频率为 0~12 MHz; (5) 外形有 40 脚 PDIP, 44 脚 PQFP/TQFP、PLCC 等封装(见附录 A 中图 A-2)
AT8xC5103	AT8xC5103 系列有 AT83C5103/AT87C5103 两种。其特点如下: (1) 为标准的 51 内核; (2) AT83C5103 的程序存储器为 12 KB OTP 型(掩膜),AT87C5103 的程序存储器为 12 KB ROM 型; (3) 片内有 512 B RAM 和 6 个中断源; (4) 有 2 个 16 位定时器/计数器和看门狗定时器; (5) 有 SPI、PCA 和 UART 接口,工作频率为 0~16 MHz; (6) 工作电压: 3.0~5.5 V; (7) 外形有 16 脚 SSOP 和 24 脚 SSOP 封装(见附录 A 中图 A-8)
AT8xC5111	AT8xC5111 系列有 AT83C5111/ AT87C5111 两种。其特点如下: (1) 为标准的 51 内核,工作频率为 0~33 MHz; (2) AT83C5111 的程序存储器为 4 KB OTP 型(掩膜),AT87C5111 的程序存储器为 4 KB ROM 型; (3) 片内有 256 B RAM 和 8 个中断源; (4) 有 2 个 16 位定时器/计数器和看门狗定时器; (5) 有 SPI 和 UART 接口; (6) 有 8 通道 10 位 A/D 转换器; (7) 工作电压: 2.7~5.5 V; (8) 外形有 24 脚 SOP、DIL 和 24 脚 SSOP 封装(见附录 A 中图 A-9)
AT8xC5112	AT8xC5112 系列有 AT80C5112/ AT83C5112/AT87C5112三种。其特点如下: (1) 为标准的 51 内核,工作频率为 0~33 MHz; (2) 程序存储器为 8 KB ROM 或 OTP 型; (3) 片内有 256 B RAM 和 8 个中断源; (4) 有 2 个 16 位定时器/计数器和看门狗定时器; (5) 有 SPI、UART 接口和多个编程 I/O 口; (6) 有 8 通道 10 位 A/D 转换器; (7) 工作电压: 2.7~5.5 V; (8) 外形有 48 脚 LQFP 和 52 脚 PLCC 封装(见附录 A 中图 A-10)

主要型号	主要功能、性能、特点、封装等描述
AT89C5115	AT89C5115 器件的特点如下: (1) 为标准的 51 内核,工作频率为 0～20 MHz; (2) 程序存储器为 16 KB Flash; (3) 片内有 512 B RAM 和 2 KB E^2PROM; (4) 14 个中断源,4 级程序存储器锁存; (5) 有 3 个 16 位定时器/计数器、双通道 16 位 PCA 和看门狗定时器; (6) 有 UART 接口、多个编程 I/O 口和双数据指针(DPTR); (7) 有 8 通道 10 位 A/D 转换器; (8) 工作电压:3.0～5.5 V; (9) 外形有 28 脚 SOIC、PLCC,24 脚 SOIC 和 32 脚 VQFP 等封装(见附录 A 中图 A-11)

表 2-2　　Txxx 系列 51 单片机主要型号

主要型号	主要功能、性能、特点、封装等描述
T8xC5101/02	T8xC5101/02 系列有 T83C5101/T87C5101/T83C5102。其特点如下: (1) 为标准的 51 内核,工作频率为 0～40 MHz; (2) 程序存储器为 16 KB ROM /16 KB EPROM 或 OTP/8KB ROM; (3) 片内有 512 B RAM 和双数据指针(DPTR); (4) 有 3 个 16 位定时器/计数器和看门狗定时器; (5) 有全双工串口(UART)和多个编程 I/O 口; (6) 工作电压:2.7～5.5 V; (7) 外形有 24 脚 SOP、DIL、SSOP 和 28 脚 SOP 等封装(见附录 A 中图 A-12)
T89C5115	T89C5115 的性能同 AT89C5115,外形有 28 脚 SOIC、24 脚 SOIC、28 脚 PLCC 和 32 脚 VQFP 等封装(见附录 A 中图 A-11)
T89C51AC2	T89C51AC2的性能同 AT89C51AC2,外形有 44 脚 VQFP 和 44 脚 PLCC 等封装(见附录 A 中图 A-5)
T89C51RB2 T89C51RC2	T89C51RB2/RC2 的性能同 AT89C51RB2/RC2,外形有 40 脚 PDIL、44 脚 PLCC 和 44 脚 VQFP 等封装(见附录 A 中图 A-3)
T89C51RD2	T89C51RD2的性能同 AT89C51RD2/ED2,外形有 44 脚 PLCC、VQFP,68 脚 PLCC,64 脚 VQFP 等封装(见附录 A 中图 A-3 和图 A-4)
TS80C5xX2	TS80C5xX2 系列有 TS80C52X2/54X2/58X2 和 TS87C52X2/54X2/58X2。其特点如下: (1) 为标准的 51 内核,工作频率为 0～40 MHz/0～60 MHz; (2) 程序存储器为 8 KB/16 KB/32 KB ROM 或 OTP 型; (3) 片内有 256 B RAM 和双数据指针(DPTR); (4) 6/8 个中断源,4 级程序存储器锁存; (5) 有 3 个 16 位定时器/计数器和看门狗定时器; (6) 有全双工串口(UART)和多个编程 I/O 口; (7) 工作电压:2.7～5.5 V; (8) 外形有 40 脚 PDIL,44 脚 PLCC、VQFP 等封装(参见附录 A 中图 A-3)

主要型号	主要功能、性能、特点、封装等描述
TS83C51RD2	TS83C51RD2的特点如下： (1) 为标准的 51 内核，工作频率为 0～60 MHz； (2) 程序存储器为 64 KB ROM 型； (3) 片内有 1024 B RAM 和双数据指针(DPTR)； (4) 7 个中断源，4 级程序存储器锁存； (5) 有 3 个 16 位定时器/计数器和看门狗定时器； (6) 有全双工串口(UART)和多个编程 I/O 口； (7) 工作电压：2.7～5.5 V； (8) 外形有 40 脚 PDIL，44 脚 PLCC、VQFP，68 脚 PLCC 和 64 脚 VQFP 封装(参见附录 A 中图 A-3 和图 A-4)

2.3.2 WinBond 系列单片机选型

WinBond 系列单片机完全兼容 MCS-51 指令系统。其主要产品有 W78xx 和 W77xx 系列。W78xx 系列的性能与标准的 51 单片机基本相同。W77xx 系列属增强型，其机器周期为 4 个振荡周期，大多数有双串口(UART)、双数据指针(DPTR)、WDT 和 PWM 等功能。Flash 存储器有 4 KB 到 64 KB 系列，数据存储器有 256 B 到 1280 B 系列。器件兼容性好，能与大部分同类单片机互换。价格低廉。有 OTP 型、Flash 型、低功耗型和工业级等产品。其主要型号及性能简介如表 2-3 和表 2-4 所示。

表 2-3　W78xx 系列 51 单片机主要型号

主要型号	主要功能、性能、特点、封装等描述
W78C32C	W78C32C 的特点如下： (1) 8 位 CMOS 微控制器,标准的 51 内核,有外扩的数据总线(8 根)和地址总线(16 根)； (2) 片内无程序区(只能外扩程序存储器)； (3) 有 256 B SRAM； (4) 3 个 16 位定时器/计数器； (5) 1 个全双工 UART 串口； (6) 6 个中断源/2 级优先中断级； (7) 32 根 I/O 口； (8) 工作频率：0～40 MHz； (9) 工作电压：4.5～5.5 V； (10) 外形有 40 脚 PDIP、44 脚 PLCC 和 VQFP 等封装(参见附录 A 中图 A-2 和图 A-3)
W78E5xB	W78E5xB 系列有 W78E51B/52B/54B/58B/516B/565 B 六种。该系列的性能与 W78C32C 基本相同。不同点是： (1) 内部有 Flash 程序存储器，分别为：4 KB/8 KB/16 KB/32 KB/64 KB/64 KB； (2) 内部存储器 SRAM 分别为 128 B/256 B/256 B/256 B/512 B/1280 B； (3) W78E565 有看门狗定时器、5 通道 PWM 控制器和能软件复位； (4) 外形有 40/32 脚 PDIP、44 脚 PLCC 等封装(见附录 A 中图 A-13)

主要型号	主要功能、性能、特点、封装等描述
W78E378	W78E378 的性能与 W78C32C 基本相同。不同点是： (1) 片内有 32 KB Flash 程序存储器，576 B RAM，不能外扩程序存储器； (2) 有 24 根 I/O 口，2 个 16 位定时器/计数器，5 个中断源； (3) 有 2 个 12 mA LED 驱动输出； (4) 有 A/D、D/A 转换器，看门狗定时器，PWM 控制器和 UART 串口； (5) 工作频率：0～10 MHz；工作电压：4.5～5.5 V； (6) 外形有 40/32 脚 PDIP、44 脚 PLCC 等封装(见附录 A 中图 A-13)
W78E858	W78E858 的性能与 W78C32C 基本相同。不同点是： (1) 片内有 32 KB Flash 程序存储器，768 B RAM 和 128 B E^{2}PROM； (2) 有 32/36 根 I/O 口和 8 个中断源； (3) 有 17 位看门狗定时器和 4 通道 8 位 PWM 控制器； (4) 外形有 40 脚 PDIP、44 脚 PLCC 和 PQFP 等封装(参见附录 A 中图 A-14)
W78ERD2	W78ERD2 的性能与 W78C32C 基本相同。不同点是： (1) 片内有 64 KB Flash 程序存储器，1280 B RAM 和 4 KB E^{2}PROM； (2) 有 32/36 根 I/O 口、9 个中断源、2 个数据指针(DPTR)； (3) 有看门狗定时器、PWM 控制器和软件复位； (4) 外形有 40 脚 PDIP、44 脚 PLCC 和 PQFP 等封装(参见附录 A 中图 A-14)
W78L32	W78L32 的性能与 W78C32C 基本相同。不同点是：其工作电压为 1.8～5.5 V
W78L5x	W78L5x 系列有 W78L51/52/54 三种，其性能与 W78E51B/52B/54B 系列基本相同。不同点是： (1) 内部存储器为 OTP(掩膜型)； (2) 工作电压：1.8～5.5 V
W78L801 (宽电源)	W78L801 的性能与 W78C32C 基本相同。不同点是： (1) 内部存储器为 4 KB OTP 程序区(掩膜型)，工作电压为 1.8～5.5 V； (2) 有 12 个中断源和硬件看门狗定时器
W78LE5x (宽电源)	W78LE5x 系列有 W78LE51/52/54/58/516 五种，其性能与 W78E5xB 系列基本相同。不同点是：工作电压为 2.4～5.5 V，工作频率为 0～24 MHz
W78LE365 (宽电源)	W78LE365 的性能与 W78C32C 基本相同。不同点是： (1) 片内有 64 KB Flash 程序存储器； (2) 有 1280 B RAM 和 8 个中断源； (3) 有看门狗定时器(WDT)、软件复位和 PWM 控制器； (4) 工作频率：0～20 MHz； (5) 工作电压：2.4～5.5 V

主要型号	主要功能、性能、特点、封装等描述
W78LE812	W78LE812 的性能与 W78C32C 基本相同。不同点是： (1) 片内有 8 KB Flash 程序存储器； (2) 有 256 B RAM 和 14 个中断源； (3) 有看门狗定时器(WDT)、软件复位、PWM 控制器和 LED 驱动输出； (4) 工作频率：0～24 MHz； (5) 工作电压：2.4～5.5 V
W78IE5x (工业级)	W78IE5x 系列有 W78IE52/54，其性能与 W78C32C 基本相同。不同点是： (1) 为工业级器件(环境温度：−40～+85℃)； (2) 片内有 8 KB/16 KB Flash 程序存储器； (3) 工作频率：0～40 MHz； (4) 工作电压：2.4～5.5 V
W78IRD2 (工业级)	W78IRD2 的性能与 W78C32C 基本相同。不同点是： (1) 为工业级器件(环境温度：−40～+85℃)； (2) 片内有 64 KB Flash 程序存储器，可在线编程(ISP)； (3) 片内有 1280 B RAM； (4) 有 2 个串口(UART)和 PWM 控制器； (5) 有看门狗定时器、9 个中断源和双数据指针(DPTR)； (6) 工作频率：0～24 MHz； (7) 工作电压：2.4～5.5 V
W78IE58 (工业级)	W78IE58 的性能与 W78C32C 基本相同。不同点是： (1) 为工业级器件(环境温度：−40～+85℃)； (2) 片内有 32 KB Flash 程序存储器； (3) 片内有 1280 B RAM； (4) 有 2 个串口(UART)和 PWM 控制器； (5) 有看门狗定时器、13 个中断源和双数据指针(DPTR)； (6) 工作频率：0～24 MHz； (7) 工作电压：2.4～5.5 V

表 2-4 W77/79xx 系列 51 单片机主要型号

主要型号	主要功能、性能、特点、封装等描述
W77C32	W77C32 的特点如下： (1) 8 位 CMOS 微控制器，标准的 80C52 内核，有外扩的数据总线(8 根)和地址总线(16 根)； (2) 片内无 ROM，只能外扩程序存储器； (3) 4 时钟/机器周期(高速型)； (4) 片内 RAM：1280 B； (5) 可编程 I/O 口：32/36 个； (6) 片内定时器/计数器：16 位，3 个； (7) 全双工串口(UART)：2 个； (8) 中断源：12 个； (9) 有看门狗定时器(WDT)、软件复位和双数据指针(DPTR)； (10) 工作频率：0～40 MHz； (11) 工作电压：4.5～5.5 V； (12) 外形封装：40 脚 PDIP、44 脚 PLCC 和 PQFP 等封装(见附录 A 中图 A-14)
W77L32	W77L32 的性能与 W77C32 基本相同，只是工作电压为 2.7～5.5 V
W77E58	W77E58 的特点如下： (1) 8 位 CMOS 微控制器，标准的 80C52 内核，有外扩的数据总线(8 根)和地址总线(16 根)； (2) 4 时钟/机器周期(高速型)； (3) 片内 Flash 程序存储器：32 KB， (4) 片内 RAM：1280 B； (5) 可编程 I/O 口：32/36 个； (6) 片内定时器/计数器：16 位，3 个； (7) 全双工串口(UART)：2 个； (8) 中断源：12 个； (9) 有可编程看门狗定时器(WDT)和双数据指针(DPTR)； (10) 工作频率：0～40 MHz； (11) 工作电压：4.5～5.5 V； (12) 外形封装：40 脚 PDIP、44 脚 PLCC 和 PQFP 等封装(见附录 A 中图 A-14)
W77LE58	W77LE58 的性能与 W77E58 基本相同。只是工作电压为 2.7～5.5V，工作频率为 0～25 MHz
W77E516	W77E516 的特点如下： (1) 8 位 CMOS 微控制器，标准的 80C52 内核，有外扩的数据总线(8 根)和地址总线(16 根)； (2) 4 时钟/机器周期(高速型)； (3) 片内有可在线编程 Flash 程序存储器(ISP)：64 KB； (4) 有 4 KB Flash 辅助程序区(用于存储装载程序)； (5) 片内 RAM：1280 B；

主要型号	主要功能、性能、特点、封装等描述
W77E516	(6) 可编程 I/O 口：32/36 个； (7) 片内定时器/计数器：16 位，3 个； (8) 全双工串口(UART)：2 个； (9) 中断源：12 个； (10) 有可编程看门狗定时器(WDT)和双数据指针(DPTR)； (11) 工作频率：0～40 MHz； (12) 工作电压：4.5～5.5 V； (13) 外形封装：40 脚 PDIP、44 脚 PLCC 和 PQFP 等封装(见附录 A 中图 A-14)
W77LE516	W77LE516 的性能与 W77E516 基本相同。只是工作电压为 2.7～5.5V，工作频率为 0～24 MHz
W77E532	W77E532 的特点如下： (1) 8 位 CMOS 微控制器，标准的 80C52 内核，有外扩的数据总线(8 根)和地址总线(16 根)； (2) 4 时钟/机器周期(高速型)； (3) 片内有可在线编程 Flash 程序存储器(ISP)：128 KB(2 个 64 KB)； (4) 有 4 KB Flash 辅助程序区(用于存储装载程序)； (5) 片内 RAM：1280 B； (6) 可编程 I/O 口：32/36 个； (7) 片内定时器/计数器：16 位，3 个； (8) 全双工串口(UART)：2 个； (9) 中断源：12 个； (10) 有可编程看门狗定时器(WDT)、软件复位和双数据指针(DPTR)； (11) 工作频率：0～40 MHz； (12) 工作电压：4.5～5.5 V； (13) 外形封装：40 脚 PDIP、44 脚 PLCC 和 PQFP 等封装(见附录 A 中图 A-14)
W77LE532	W77LE532 的性能与 W77E532 基本相同。只是工作电压为 2.7～5.5V，工作频率为 0～24 MHz
W79E532	W79E532 的性能与 W77E532 基本相同。不同点是： (1) 全双工串口(UART)：1 个； (2) 有 6 通道 8 位 PWM 控制器； (3) 中断源：7 个
W79E201	W79E201 的性能与 W79E532 基本相同。不同点是： (1) 片内有可在线编程 Flash 程序存储器(ISP)：16 KB； (2) 片内 RAM：256 B； (3) 中断源：8 个； (4) 有 6 通道 8 位 PWM 控制器； (5) 有 8 通道 10 位 A/D 转换器； (6) 外形封装：44 脚 PLCC、PQFP 和 48 脚 LQFP 等封装(见附录 A 中图 A-14、图 A-15)

2.3.3 STC 系列单片机选型

STC 单片机是一代增强型 8051 单片机系列，完全兼容 MCS-51 指令系统。有普通型的 STC89xx 系列和高速型的 STC12xx、STC10xx 及 STC11xx 系列。其最大特点是：

(1) 运行速度快，特别是 STC12xx/11xx/10xx 系列采用 1 个时钟周期为 1 个机器周期的设计技术，运行速度比典型 51 单片机快 10 倍之多。

(2) 内部电路采用特殊处理，一般 I/O 口线能承受较大电磁干扰。

(3) 通过禁止 ALE 输出和降低振荡器增益，可有效降低对外部的电磁辐射。

(4) 采用超低功耗设计(L 系列)，在掉电模式时，消耗电流小于 0.1 μA；在空闲模式时，消耗电流小于 2 mA；在正常工作模式时，消耗电流为 2～7 mA。

(5) 宽电源，不怕电源电压波动。

(6) 器件有 ISP/IAP 功能，可方便地通过串口(UART)下载用户程序。

(7) 兼容性好。STC89xx 系列一般都可与 Atmel、华邦等单片机互换。

(8) 价格低廉。

该系列器件种类很多，大部分都扩充有 SRAM(256～1280 B)、Flash 程序存储器(4～64 KB)、A/D 变换器(8～10 位)、E^2PROM、PWM、I^2C、SPI、WDT 和 UART 等功能。特别是 STC10/11 系列的 40/44 脚封装和 STC12x5Ax 系列的 40/44 脚封装的单周期器件，完全可以与普通的 51 单片机互换，且 STC12x5AxS2 系列还比普通 51 单片机多了一个串口。

STC 系列单片机主要型号及性能简介如表 2-5～表 2-12 所示。

表 2-5 STC89xx 系列 51 单片机主要型号

主要型号	主要功能、性能、特点、封装等描述
STC 89C5xRC	STC89C5xRC 系列器件有 STC89C51RC/52RC/53RC 三种。其特点如下： (1) 内置标准 51 内核，机器周期：增强型为 6 时钟，普通型为 12 时钟； (2) 工作频率范围：0～40 MHz(可达 48MHz)，相当于普通 8051 的 0～80 MHz； (3) STC89C5xRC 对应 Flash 空间：4 KB/8 KB/15 KB； (4) 内部存储器(RAM)：512 B； (5) 内部 E^2PROM 存储器：2 KB(STC89C53RC 无 E^2PROM)； (6) 定时器/计数器：3 个 16 位(T0 可以作为 2 个 8 位)； (7) 通用异步通信口(UART)：1 个； (8) 中断源：8 个； (9) 有 ISP(在系统可编程)/IAP(在应用可编程)，无需专用编程器/仿真器(可通过 UART 接口下载用户程序)； (10) 有看门狗定时器和双数据指针(DPTR)； (11) 通用 I/O 口：32/36 个； (12) 工作电压：3.8～5.5 V； (13) 外形封装：40 脚 PDIP、44 脚 PLCC 和 PQFP 等(见附录 A 中图 A-16)

主要型号	主要功能、性能、特点、封装等描述
STC 89C5xRD+	STC89C5xRD+系列器件有 STC89C54RD+/55RD+/58RD+/516RD+ 四种。其特点如下： (1) 内置标准 51 内核，机器周期：增强型 6 时钟/普通型 12 时钟； (2) 工作频率范围：0～40 MHz(可达 48 MHz)，相当于普通 8051 的 0～80 MHz； (3) STC89C5xRD+对应 Flash 空间：16 KB/20 KB/32 KB/63 KB； (4) 内部存储器(RAM)：1280 B； (5) 内部 E^2PROM 存储器：16 KB(STC89C516RD+无 E^2PROM)； (6) 定时器/计数器：3 个 16 位(T0 可以作为 2 个 8 位)； (7) 通用异步通信口(UART)：1 个； (8) 中断源：8 个； (9) 有 ISP(在系统可编程)/IAP(在应用可编程)，无需专用编程器/仿真器(可通过 UART 接口下载用户程序)； (10) 有看门狗定时器和双数据指针(DPTR)； (11) 通用 I/O 口：32/36 个； (12) 工作电压：3.8～5.5 V； (13) 外形封装：40 脚 PDIP、44 脚 PLCC 和 PQFP 等(见附录 A 中图 A-16)
STC 89LE5xRC (低功耗)	STC89LE5xRC 系列器件有 STC89LE51RC/52RC/53RC 四种。其性能与 STC89C5xRC 系列基本相同，不同点只是工作电压为 2.4～3.6 V
STC 89LE516AD (低功耗)	STC89LE516AD 的性能与 STC89LE516RD+基本相同。不同点是： (1) 程序存储器(Flash)：64 KB； (2) 内部存储器(RAM)：512 B； (3) 工作频率：0～90 MHz； (4) 中断源：6 个； (5) 有 8 路 8 位 A/D 转换器； (6) 无 E^2PROM
STC 89LE516x2 (低功耗)	STC89LE516x2 的性能与 STC89LE516RD+基本相同。不同点是： (1) 程序存储器(Flash)：64 KB； (2) 内部存储器(RAM)：512 B； (3) 工作频率：0～90 MHz； (4) 中断源：6 个； (5) 有 8 路 8 位 A/D 转换器； (6) 运行速度不能加倍，也无 E^2PROM

表 2-6   STC12xx52 系列 51 单片机主要型号

主要型号	主要功能、性能、特点、封装等描述
STC 12Cx52 (宽电源)	STC12Cx52 系列有 STC12C0552/1052/2052/3052/4052/5052 六种。其特点是： (1) 高速：1 个时钟/机器周期，增强型 8051 内核，速度比普通 8051 快 5~12 倍，工作频率：0~35 MHz，相当于普通 8051 标准 0~420 MHz； (2) 低功耗设计：有空闲模式、掉电模式(可由外部中断唤醒)； (3) 先进的指令集结构，兼容普通 8051 指令集； (4) 时钟：外部晶体或内部 RC 振荡器可选，在 ISP 下载程序时设置； (5) 内存：有 256 B RAM 和不同空间的 E^2PROM； (6) 片内 Flash 程序存储器的对应空间是 512 B/1 KB/2 KB/3 KB/4 KB/5 KB； (7) 有硬件看门狗定时器和高速 SPI 通信口(主从结构)； (8) 有 4 个 16 位定时器/计数器(2 个 T0/T1 和 4 路由 PCA 组成的 16 位定时器)； (9) 1 个全双工异步串行口(UART)，兼容普通 8051； (10) 通用 I/O 口：27/23/15，复位后自动设为准双向/弱拉(相当于普通 8051)，并能设为准双向口/弱拉、推挽/强上拉、仅为输入/高阻和开路四种方式，每个 I/O 口的驱动能力均可达到 20 mA，但整个芯片不得超过 55 mA； (11) 内部有专用的可靠复位电路，不须外接复位电路； (12) 工作电压：3.5~5.5 V； (13) 外形有 20 脚 SOP/TSSOP/PDIP 等封装(见附录 A 中图 A-17)
STC 12Cx52AD (宽电源)	STC12Cx52AD 系列有 STC12C0552AD/1052AD/2052AD/3052AD/4052AD/5052AD 六种。该系列器件的性能与 STC12C0552/1052/2052/3052/4052/5052 基本相同。不同点是：每个器件内部集成有 8 通道 8 位 A/D 变换器
STC 12LEx52 (低功耗)	STC12LEx52 系列有 STC12LE0552/1052/2052/3052/4052/5052 六种。该系列器件的性能与 STC12C0552/1052/2052/3052/4052/5052 基本相同。不同点是：每个器件的工作电压为 2.4~3.8 V
STC 12LEx52AD (低功耗)	STC12LEx52AD 系列有 STC12LE0552AD/1052AD/2052AD/3052AD/4052AD/5052AD 六种。该系列器件的性能与 STC12C0552/1052/2052/3052/4052/5052 基本相同。不同点是：每个器件内部集成有 8 通道 8 位 A/D 转换器且器件的工作电压为 2.4~3.8 V

表 2-7 STC12x54x 系列 51 单片机主要型号

主要型号	主要功能、性能、特点、封装等描述
STC 12C54x (宽电源)	STC12C54x 系列有 STC12C5402/04/06/08/10/12 六种。其特点是: (1) 高速: 1 个时钟/机器周期,增强型 8051 内核,速度比普通 8051 快 5~12 倍,工作频率: 0~35 MHz,相当于普通 8051 标准 0~420 MHz; (2) 低功耗设计: 有空闲模式、掉电模式(可由外部中断唤醒); (3) 先进的指令集结构,兼容普通 8051 指令集; (4) 时钟: 外部晶体或内部 RC 振荡器可选,在 ISP 下载程序时设置; (5) 内存: 有 512 B RAM 和不同空间的 E^2PROM; (6) 片内 Flash 程序存储器的对应空间是 2 KB/4 KB/6 KB/8 KB/10 KB/12 KB; (7) 有硬件看门狗定时器和高速 SPI 通信口(主从结构); (8) 有 6 个 16 位定时器/计数器(2 个 T0/T1 和 4 路由 PCA 组成的 16 位定时器); (9) 1 个全双工异步串行口(UART),兼容普通 8051; (10) 通用 I/O 口: 27/23/15,复位后自动设为准双向/弱拉(相当普通 8051),并能设为准双向口/弱上拉、推挽/强上拉、仅为输入/高阻和开路四种方式,每个 I/O 口的驱动能力均可达到 20 mA,但整个芯片不得超过 55 mA; (11) 内部有专用的可靠复位电路,不须外接复位电路; (12) 工作电压: 3.5~5.5 V; (13) 外形有 20 脚 SOP/TSSOP/PDIP、28 脚 SOP/SKDIP 和 32 脚 SOP/LQFP 封装(见附录 A 中图 A-17 和图 A-18)
STC 12C54xAD (宽电源)	STC12C54xAD 系列有 STC12C5402AD/04AD/06AD/08AD/10AD/12AD 六种。该系列的性能与 STC12C5402/04/06/08/10/12 基本相同。不同点是: 每个器件增加有 8 通道 10 位 A/D 变换器
STC 12LE54x (低功耗)	STC12LE54x 系列有 STC12LE5402/04/06/08/10/12 六种。该系列的性能与 STC12C5402/04/06/08/10/12 基本相同。不同点是: 每个器件的工作电压为 2.2~3.8 V
STC 12LE54xAD (低功耗)	STC12LE54xAD 系列有 STC12LE5402AD/04AD/06AD/08AD/10AD/12AD 六种。该系列的性能与 STC12C5402/04/06/08/10/12 基本相同。不同点是: 每个器件增加有 8 通道 10 位 A/D 变换器且工作电压为 2.2~3.8 V

表 2-8　STC12x52x 系列 51 单片机主要型号

主要型号	主要功能、性能、特点、封装等描述
STC 12C52x (宽电源)	STC12C52x 系列有 STC12C5201/02/04/05/06 五种。其特点是： (1) 高速：1 个时钟/机器周期，增强型 8051 内核，速度比普通 8051 快 5～12 倍，工作频率：0～35 MHz，相当于普通 8051 标准 0～420 MHz； (2) 增加第二复位功能(可任意调整复位门槛电压，频率小于 12 MHz 时无此功能)； (3) 增加掉电检测电路(外部低压检测 P1.2，可在掉电时及时将数据存入 E^2PROM)； (4) 低功耗设计：有空闲模式、掉电模式(可由外部中断唤醒)； (5) 先进的指令集结构，兼容普通 8051 指令集； (6) 时钟：外部晶体或内部 RC 振荡器可选，在 ISP 下载程序时设置； (7) 内存：有 256 B RAM 和不同空间的 E^2PROM； (8) 片内 Flash 程序存储器的对应空间是 1 KB/2 KB/4 KB/5 KB/6 KB； (9) 有硬件看门狗定时器； (10) 有 4 个 16 位定时器/计数器(2 个 T0/T1 和 2 路由 PCA 组成的 16 位定时器)； (11) 可编程时钟输出：T0 在 P3.4 输出时钟，T1 在 P3.5 输出时钟； (12) 1 个全双工异步串行口(UART)，兼容普通 8051； (13) 通用 I/O 口：27/23/15，复位后自动设为准双向/弱拉(相当普通 8051)，并能设为准双向口/弱上拉、推挽/强上拉、仅为输入/高阻和开路四种方式，每个 I/O 口的驱动能力均可达到 20 mA，但整个芯片不得超过 55 mA； (14) 内部有专用可靠复位电路，不须外接复位电路； (15) 工作电压：3.5～5.5 V； (16) 外形有 16 脚 SOP/DIP、18 脚 DIP、20 脚 SOP/LSSOP/DIP、28 脚 SOP/SKDIP、32 脚 SOP/LQFP 等封装(见附录 A 中图 A-19 和图 A-18)
STC 12C52xAD (宽电源)	STC12C52xAD 系列有 STC12C5201AD/02AD/04AD/05AD/06AD 五种。该系列的性能与 STC12C5201/02/04/05/06 基本相同。不同点是：内部集成有 8 路 8 位 A/D 转换器。STC12C5206AD 无 E^2PROM
STC 12C52xPWM (宽电源)	STC12C52xPWM 系列有 STC12C5201PWM/02PWM/04PWM/05PWM/06PWM 五种，该系列的性能与 STC12C5201/02/04/05/06 基本相同。不同点是：内部集成有 2 路 16 位 PCA(8 位 PWM)和 E^2PROM。STC12LE5206PWM 无 E^2PROM
STC 12LE52x (低功耗)	STC12LE52x 系列有 STC12LE5201/02/04/05/06 五种。该系列的性能与 STC12C5201/02/04/05/06 基本相同。不同点是：工作电压范围为 2.2～3.6 V
STC 12LE52xAD (低功耗)	STC12LE52xAD 系列有 STC12LE5201AD/02AD/04AD/05AD/06AD 五种。该系列的性能与 STC12C5604/08/12/16/20/24/28/30 基本相同。不同点是：内部集成有 8 路 8 位 A/D 转换器、2 路 16 位 PCA(8 位 PWM)和 E^2PROM；工作电压范围为 2.2～3.6 V。STC12LE5206AD 无 E^2PROM
STC 12LE52xPWM (低功耗)	STC12LE52xPWM 系列有 STC12LE5201PWM/02PWM/04PWM/05PWM/06PWM 五种。该系列的性能与 STC12C5201/02/04/05/06 基本相同。不同点是：内部集成有 2 路 16 位 PCA(8 位 PWM)和 E^2PROM；工作电压范围为 2.2～3.6 V。STC12LE5206PWM 无 E^2PROM

表 2-9 STC12x56x 系列 51 单片机主要型号

主要型号	主要功能、性能、特点、封装等描述
STC 12C56x (宽电源)	STC12C56x 系列有 STC12C5604/08/12/16/20/24/28/30 八种。其特点是: (1) 高速度: 1 个时钟/机器周期,增强型 8051 内核,速度比普通 8051 快 8~12 倍,工作频率为 0~35 MHz,相当于普通 8051 标准 0~420 MHz; (2) 低功耗设计: 有空闲模式、掉电模式(可由外部中断唤醒); (3) 先进的指令集结构,兼容普通 8051 指令集; (4) 时钟: 外部晶体或内部 RC 振荡器可选,在 ISP 下载程序时设置; (5) 内存: 768 B RAM; (6) 片内 Flash 程序存储器的对应空间是 4 KB/8 KB/12 KB/16 KB/20 KB/24 KB/28 KB/ 30 KB; (7) 有硬件看门狗定时器(WDT)和高速 SPI 通信接口; (8) 有 6 个 16 位定时器,兼容普通 8051 的 T0/T1,4 路 PCA 16 位(PWM 8 位)也是定时器; (9) 可编程时钟输出: T0 在 P1.0 输出时钟,T1 在 P1.1 输出时钟; (10) 1 个全双工异步串行口(UART),兼容普通 8051; (11) 通用 I/O 口: 27/23/15,复位后自动设为准双向/弱拉(相当普通 8051),并能设为准双向口/弱上拉、推挽/强上拉、仅为输入/高阻和开路四种方式,每个 I/O 口的驱动能力均可达到 20 mA,但整个芯片不得超过 55 mA; (12) 内部有专用的可靠复位电路,不须外接复位电路; (13) 工作电压: 3.5~5.5 V; (14) 外形有 20 脚 SOP/TSSOP/DIP、28 脚 SOP/SKDIP 和 32 脚 SOP/LQFP 封装(见附录 A 中图 A-18 和图 A-19)
STC 12C56xAD (宽电源)	STC12C56xAD 系列有 STC12C5604AD/08AD/12AD/16AD/20AD/24AD/28AD/30AD 八种。该系列的性能与 STC12C5604/08/12/16/20/24/28/30 基本相同。不同点是: 内部集成有 8 路 10 位 A/D 转换器
STC 12LE56x (低功耗)	STC12LE56x 系列有 STC12LE5604/08/12/16/20/24/28/30 八种。该系列的性能与 STC12C5604/08/12/16/20/24/28/30 基本相同。不同点是: 工作电压范围为 2.2~3.6 V
STC 12LE56xAD (低功耗)	STC12LE56xAD 系列有 STC12LE5604AD/08AD/12AD/16AD/20AD/24AD/28AD/30AD 八种。该系列的性能与 STC12C5604/08/12/16/20/24/28/30 基本相同。不同点是: 内部集成有 8 路 10 位 A/D 转换器且工作电压范围为 2.2~3.6 V

表 2-10　STC12x5Ax 系列 51 单片机主要型号

主要型号	主要功能、性能、特点、封装等描述
STC 12C5AxS2 (宽电源)	STC12C5AxS2 系列有 STC12C5A08S2/16S2/20S2/32S2/40S2/48S2/52S2/56S2/60S2/62S2 共 10 种。其特点是： (1) 高速度：1 个时钟/机器周期，增强型 8051 内核，速度比普通 8051 快 8～12 倍，工作频率为 0～35 MHz，相当于普通 8051 标准 0～420 MHz； (2) 增加第二复位功能脚(可任意调整门槛电压，频率小于 12 MHz 时，无需此功能)； (3) 增加掉电检测电路(P4.6)，可在掉电时及时将数据保存在 E^2PROM 中； (4) 1280 B RAM 和不同空间的 E^2PROM； (5) 内部 Flash 存储器的对应空间为 8 KB/16 KB/20 KB/32 KB/40 KB/48 KB/52 KB/56 KB/60 KB/62 KB； (6) 低功耗设计，可由外部中断唤醒； (7) 有 4 个 16 位定时器，兼容普通 8051 的 T0/T1，2 路 PCA 16 位(PWM 8 位)也是定时器； (8) 可编程时钟输出：T0 在 P3.4 输出时钟，T1 在 P3.5 输出时钟，BRT 在 P1.0 输出； (9) 2 个全双工异步串行通信口(UART)，兼容普通 8051 的串口； (10) 集成有 8 路 10 位 A/D 转换器； (11) 有硬件看门狗定时器(WDT)； (12) 内部有专用的可靠复位电路，不需要外部复位电路； (13) 通用 I/O 口(36/40/44 个)，复位后自动设为准双向口/弱上拉，并能设置成准双向口/弱上拉、推挽/强上拉、仅为输入/高阻和开路。每个 I/O 口的驱动能力均为 20 mA，但整个芯片不能超过 55 mA； (14) 40/44 引脚的可以与 STC89Cxx 系列互换(硬件兼容)； (15) 工作电压为 3.3～5.5 V； (16) 外形有 40 脚 PDIP、44 脚 LQFP 和 48 脚 TQFP 封装(见附录 A 中图 A-20)
STC 12C5AxAD (宽电源)	STC12C5AxAD 系列有 STC12C5A08AD/16AD/20AD/32AD/40AD/48AD/52AD/56AD/60AD/62AD 共 10 种。该系列性能同 STC12C5A08S2/16S2/20S2/32S2/40S2/48S2/52S2/56S2/60S2/62S2。不同点是：只有 1 路串口(UART)
STC 12C5AxPWM (宽电源)	STC12C5AxPWM 系列有 STC12C5A08PWM/16PWM/20PWM/32PWM/40PWM/48PWM/52PWM/56PWM/60PWM/62PWM 共 10 种。该系列的性能与 STC12C5A08S2/16S2/20S2/32S2/40S2/48S2/52S2/56S2/60S2/62S2 基本相同。不同点是：只有 1 路串口(UART)且无 A/D 转换器
STC 12LE5AxS2 (低功耗)	STC12LE5AxS2 系列有 STC12LE5A08S2/16S2/20S2/32S2/40S2/48S2/52S2/56S2/60S2/62S2 共 10 种。该系列的性能与 STC12C5A08S2/16S2/ 20S2/32S2/40S2/48S2/52S2/56S2/ 60S2/62S2。不同点是：工作电压范围为 2.2～3.6 V
STC 12LE5AxAD (低功耗)	STC12LE5AxS2 系列有 STC12LE5A08AD/16AD/20AD/32AD/40AD/48AD/52AD/56AD/ 60AD/62AD 共 10 种。该系列的性能与 STC12C5A08S2/16S2/20S2/32S2/40S2/48S2/52S2/56S2/60S2/62S2 基本相同。不同点是：工作电压范围为 2.2～3.6 V
STC 12LE5AxPWM (低功耗)	STC12LE5AxS2 系列有 STC12LE5A08PWM/16PWM/20PWM/32PWM/40PWM/48PWM/52PWM/56PWM/60PWM/62PWM 共 10 种。该系列的性能与 STC12C5A08S2/16S2/ 20S2/32S2/40S2/48S2/52S2/56S2/60S2/62S2 基本相同。不同点是：工作电压范围为 2.2～3.6 V 且无 A/D 转换器

表 2-11　STC10xx 系列 51 单片机主要型号

主要型号	主要功能、性能、特点、封装等描述
STC 10Fxx (宽电源)	STC10Fxx 系列有 STC10F02/04/06/08/10/12/14 七种。其特点是： (1) 高速度：1 个时钟/机器周期，增强型 8051 内核，速度比普通 8051 快 8～12 倍，工作频率为 0～35 MHz，相当于普通 8051 标准 0～420 MHz； (2) 低功耗设计：可由任意一个外部中断唤醒，可支持下降沿/低电平和远程唤醒； (3) 有 2 个 16 位定时器/计数器，兼容普通 8051 的 T0/T1； (4) 可编程时钟输出：T0 在 P3.4 输出时钟，T1 在 P3.5 输出时钟，BRT 在 P1.0 输出时钟； (5) 有 256 B RAM； (6) 片内 Flash 程序存储器的对应空间是 2 KB/4 KB/6 KB/8 KB/10 KB/12 KB/14 KB； (7) 有 1 个独立的波特率发生器(无需传统 T2 作为波特率发生器)； (8) 全双工串行口(UART)，兼容普通 8051，可作为 2 个串口(串口在 P3 与 P1 口之间自由切换)； (9) 有硬件看门狗定时器(WDT)和内部复位电路； (10) 通用 I/O 口(36/40 个)，复位后自动设为准双向口/弱上拉，并能设置成准双向口/弱上拉、推挽/强上拉、仅为输入/高阻和开路四种模式，每个 I/O 口的驱动能力均为 20 mA，但整个芯片不能超过 100 mA； (11) 40/44 引脚的可以与 STC89xx 器件互换(引脚兼容)； (12) 工作电压：3.3～5.5 V； (13) 外形有 16 脚 DIP/SOP、18 脚 DIP/SOP、20 脚 DIP/SOP、40 脚 PDIP 和 44 脚 LQFP、PLCC 封装(见附录 A 中图 A-21)
STC 10FxxX (宽电源)	STC10FxxX 系列有 STC10F02X/04X/06X/08X/10X/12X/14X 七种。该系列的性能与 STC10F02/04/06/08/10/12/14 基本相同。不同点是：内部存储器增加到 512 B
STC 10FxxXE (宽电源)	STC10FxxXE 系列有 STC10F02XE/04XE/06XE/08XE/10XE/12XE 六种。该系列的性能与 STC10F02/04/06/08/10/12/14 基本相同。不同点是：内部存储器增加到 512 B，集成有 E^2PROM，对应大小为 5 KB/5 KB/5 KB/5 KB/3 KB/1 KB
STC 10Lxx (低功耗)	STC10Lxx 系列有 STC10L02/04/06/08/10/12/14 七种。该系列的性能与 STC10F02/04/06/08/10/12 基本相同。不同点是：工作电压范围为 2.1～3.6 V
STC 10LxxX (低功耗)	STC10LxxX 系列有 STC10L02X/04X/06X/08X/10X/12X/14X 七种。该系列的性能与 STC10F02/04/06/08/10/12/14 基本相同。不同点是：工作电压范围为 2.1～3.6 V，内部存储器增加到 512 B
STC 10LxxXE (低功耗)	STC10LxxXE 系列有 STC10L02XE/04XE/06XE/08XE/10XE/12XE 六种。该系列的性能与 STC10F02/04/06/08/10/12 基本相同。不同点是：工作电压范围为 2.1～3.6 V；内部存储器增加到 512 B；集成有 E^2PROM，对应大小为 5 KB/5 KB/5 KB/5 KB/3 KB/1 KB

表 2-12 STC11xx 系列单片机主要型号

主要型号	主要功能、性能、特点、封装等描述
STC 11F0x (宽电源)	STC11F0x 系列有 STC11F01/02/03/04/05/06 六种。其特点是: (1) 高速度:1 个时钟/机器周期,增强型 8051 内核,速度比普通 8051 快 8~12 倍,工作频率为 0~35 MHz,相当于普通 8051 标准 0~420 MHz; (2) 低功耗设计:可由任意一个外部中断唤醒,可支持下降沿/低电平唤醒、远程唤醒和通过内部专用掉电唤醒定时器唤醒; (3) 有 2 个 16 位定时/计数器,兼容普通 8051 的 T0/T1; (4) 可编程时钟输出:T0 在 P3.4 输出时钟,T1 在 P3.5 输出时钟,BRT 在 P1.0 输出时钟; (5) 有 1 个独立的波特率发生器(无需传统 T2 作为波特率发生器); (6) 全双工串行口(UART),兼容普通 8051,可作为 2 个串口(串口在 P3 与 P1 口之间自由切换); (7) 有硬件看门狗定时器(WDT)和内部复位电路; (8) 有 256 B RAM; (9) 内部 Flash 存储器的对应空间是 1 KB/2 KB/3 KB/4 KB/5 KB/6 KB; (10) 通用 I/O 口(12/14/16/36/40 个),复位后自动成准双向口/弱上拉,并能设置成准双向口/弱上拉、推挽/强上拉、仅为输入/高阻和开漏四种模式,每个 I/O 口的驱动能力均为 20 mA,但整个芯片不能超过 100 mA; (11) 40/44 引脚的可以与 STC89xx 器件互换(引脚兼容); (12) 工作电压:3.3~5.5 V; (13) 外形有 16 脚 DIP/SOP、18 脚 DIP/SOP、20 脚 DIP/SOP、40 脚 PDIP 和 44 脚 LQFP、PLCC 封装(见附录 A 中图 A-21)
STC 11F0xE (宽电源)	STC11F0xE 系列有 STC11F01E/02E/03E/04E/05E 五种。该系列的性能与 STC11F01/02/03/04/05 基本相同。不同点是:内部增加有 2 KB/2 KB/2 KB/1 KB/1 KB E^2PROM
STC 11L0x (低功耗)	STC11L0x 系列有 STC11L01/02/03/04/05/06 六种。该系列的性能与 STC11F01/02/03/04/05/06 基本相同。不同点是:工作电压范围为 2.1~3.6 V
STC 11L0xE (低功耗)	STC11L0xE 系列有 STC11L01E/02E/03E/04E/05E 五种。该系列的性能与 STC11F01/02/03/04/05 基本相同。不同点是:内部集成有 E^2PROM,对应大小为 2 KB/2 KB/2 KB/1 KB/1 KB;工作电压范围为 2.1~3.6 V
STC 11Fxx (宽电源)	STC11Fxx 系列有 STC11F60/56/52/48/40/32/20/16/08/62 共 10 种。该系列的性能与 STC11F01/02/03/04/05/06 基本相同。不同点是:I/O 口为 36 或 40 个;外形为 40 脚 PDIP 和 44 脚 LQFP、PLCC 封装;Flash 存储器分别为 60 KB/56 KB/52 KB/48 KB/40 KB/32 KB/20 KB/16 KB/8 KB/62 KB

主要型号	主要功能、性能、特点、封装等描述
STC 11FxxX (宽电源)	STC11FxxX 系列有 STC11F60X/56X/52X/48X/40X/32X/20X/16X/08X/62X 共 10 种。该系列的性能与 STC11F01/02/03/04/05/06 基本相同。不同点是：I/O 口为 36 或 40 个；内部存储器(RAM)增加到 1280 B；外形为 40 脚 PDIP 和 44 脚 LQFP、PLCC 封装；Flash 存储器分别为 60 KB/56 KB/52 KB/48 KB/40 KB/32 KB/20 KB/16 KB/8 KB/62 KB
STC 11FxxXE (宽电源)	STC11FxxXE 系列有 STC11F60XE/56XE/52XE/48XF/40XF/32XE/20XE/16XE/08XE/62XE 共 10 种。该系列的性能与 STC11F01/02/03/04/05/06 基本相同。不同点是：I/O 口为 36 或 40 个；内部存储器(RAM)增加到 1280 B；外形为 40 脚 PDIP 和 44 脚 LQFP、PLCC；内部集成有 E^{2}PROM，对应大小为 1 KB/5 KB/9 KB/13 KB/21 KB/29 KB/29 KB/32 KB/32 KB/32 KB；Flash 存储器分别为 60 KB/56 KB/52 KB/48 KB/40 KB/32 KB/20 KB/16 KB/8 KB/62 KB
STC 11Lxx (低功耗)	STC11Lxx 系列有 STC11L60/56/52/48/40/32/20/16/08/62 共 10 种。该系列的性能与 STC11F60/56/52/48/40/32/20/16/08/62 基本相同。不同点是：工作电压为 2.1～3.6 V
STC 11LxxX (低功耗)	STC11LxxX 系列有 STC11L60X/56X/52X/48X/40X/32X/20X/16X/08X/62X 共 10 种。该系列的性能与 STC11F60X/56X/52X/48X/40X/32X/20X/16X/08X/62X 基本相同。不同点是：工作电压为 2.1～3.6 V
STC 11LxxXE (低功耗)	STC11LxxXE 系列有 STC11L60XE/56XE/52XE/48XE/40XE/32XE/20XE/16XE/08XE/62XE 共 10 种。该系列的性能与 STC11F60XE/56XE/52XE/48XE/40XE/32XE/20XE/16XE/08XE/62XE 基本相同。不同点是：工作电压为 2.1～3.6 V

2.3.4 Philips 系列单片机选型

Philips 系列单片机完全兼容 MCS-51 指令系统。除具有与标准 51 单片机基本相同的功能和资源外，该系列的机器周期还有 12 时钟或 6 时钟可选的高速机型，且在串口性能上增加了帧错误检测和多机通信中的从机地址自动识别功能。4 个中断优先级 IPH 和 IP 结合使用，决定了每个中断优先级的排列次序。双 DPTR 指针可用于寻址外部数据存储器，以实现对 2 个 16 位 DPTR 寄存器的切换。通过对 AUXR.0 的置位，可禁止 ALE 的信号输出，从而达到降低单片机本身 EMI 电磁干扰的作用。

另外该系列产品在功能上增加有 A/D 转换器、CAN 2.0B 控制器、看门狗定时器、PWM 控制器和适合日历时钟的 P89LPC900 系列器件。该系列产品包括 Flash 型、OTP 型和无 ROM 型等几十种，产品类型完善、抗干扰性能强、互换性好，其主要型号及性能简介如表 2-13～表 2-15 所示。

表 2-13 P87x(OTP 型)系列 51 单片机主要型号

主要型号	主要功能、性能、特点、封装等描述
P87C 5xX2	P87C5xX2 系列器件有 P87C51X2/52X2/54X2/58X2 四种。其特点如下: (1) 内置标准 51 内核,机器周期为 12 时钟或 6 时钟(通过软件设置); (2) P87C5xX2 对应的 EPROM 程序空间(OTP 型):4 KB/8 KB/16 KB/32 KB; (3) P87C5xX2 对应的 RAM 存储器:128 B/256 B/256 B/256 B; (4) 工作频率范围:0~33 MHz(6 时钟,5 V 供电),0~30 MHz(12 时钟,5 V 供电); (5) 定时器/计数器:3 个 16 位(T0、T1 和 T2); (6) 中断源:8 个; (7) 全双工增强型(帧错误检测和自动地址识别)异步通信口(UART):1 个; (8) 双数据指针(DPTR)和可编程时钟输出; (9) 低 EMI(禁止 ALE 输出); (10) 掉电模式,可通过外部中断唤醒; (11) 通用 I/O 口:32 个; (12) 工作电压:4.0~5.5 V(在 2.7~5.5 V 时,时钟频率可达 16 MHz); (13) 外形封装:44 脚 PLCC 和 PQFP 等(见附录 A 中图 A-3)
P87C L5xX2	P87CL5xX2 系列器件有 P87CL51X2/52X2/54X2/58X2 四种。其基本特性与 P87C5xX2 系列基本相同,只是工作电压为 1.8~3.3 V(OTP 低功耗型)
P87C51Rx2	P87C51Rx2 系列器件有 P87C51RA2/RB2/RC2/RD2 四种。其特性与 P87C5xX2 系列基本相同。主要差别是: (1) 内部 OTP 程序空间:8 KB/16 KB/32 KB/64 KB; (2) 内部存储器(RAM):512 B/512 B/512 B/1024 B; (3) 有 PWM、PCA 和 UART 接口; (4) 有看门狗定时器; (5) 中断源:9 个
P8xC591	P8xC591 系列器件有 P83C591/P87C591 两种,其特性与 P87C5xX2 系列基本相同。主要差别是: (1) 内部 ROM(或 OTP)程序空间:16 KB; (2) 内部存储器(RAM):512 B; (3) 有 6 路 8 位 A/D 转换器和 I^2C(主从)控制器; (4) 全双工增强型 UART,带有可编程波特率发生器; (5) 有 CAN 2.0B 控制器接口(64 B 接收 FIFO,13 B 发送缓冲区); (6) 中断源:15 个; (7) 封装:44 脚 PLCC 和 TQFP(见附录 A 中图 A-22)
P87C552	P87C552 的性能与 P87C5xX2 系列基本相同。主要差别是: (1) 内部 ROM(或 OTP)程序空间:8 KB; (2) 有 8 路 10 位 A/D 转换器、I^2C(主从)和 PWM 控制器; (3) 中断源:15 个; (4) 工作电压:2.7~5.5 V

主要型号	主要功能、性能、特点、封装等描述
P87C5x	P87C5x 系列器件有 P87C51/2/4/8 四种，其特点是： (1) 标准的 51 单片机内核，12 个时钟为 1 个机器周期； (2) 内部程序区(OTP 型)空间：4 KB/8 KB/16 KB/32 KB； (3) 内部存储器(SRAM)：128 B/256 B/256 B/256 B； (4) 有串口、定时器/计数器等资源，与标准的 8051 完全兼容
P87LPC778	P87LPC778 的特性与 P87C5xX2 系列基本相同，但速度比普通 8051 快 2 倍。主要差别是： (1) 内部 ROM(或 OTP)程序空间：8 KB； (2) 内部存储器(RAM)：128 B； (3) 有4路8位A/D转换器、4路10位PWM、I^2C(主从)和UART控制器； (4) 8个键盘中断输入，附加2个外部中断输入； (5) 看门狗定时器具有独立的片内振荡器，无需外接元件； (6) 封装：20 脚 TSSOP(见附录 A 中图 A-23)
P87LPC779	P87LPC779 的特性与 P87C5xX2 系列基本相同，但速度比普通 8051 快 2 倍。主要差别是： (1) 内部 ROM(或 OTP)程序空间：8 KB； (2) 内部存储器(RAM)：128 B； (3) 有 4 路 8 位 A/D 转换器、2 路 8 位 D/A、I^2C(主从)和 UART 控制器； (4) 8 个键盘中断输入，附加 2 个外部中断输入； (5) 看门狗定时器具有独立的片内振荡器，无需外接元件； (6) 封装：20 脚 TSSOP(见附录 A 中图 A-24)

表 2-14   P89x 系列 51 单片机主要型号

主要型号	主要功能、性能、特点、封装等描述
P89C 5xX2	P89C5xX2 系列器件有 P89C51X2/52X2/54X2/58X2 四种。其特点是： (1) 内置标准 51 内核，机器周期为 12 时钟或 6 时钟(通过软件设置)； (2) P89C5xX2 对应的 E^2PROM 程序空间为 4 KB/8 KB/16 KB/32 KB； (3) P89C5xX2 存储器(RAM)：256 B； (4) 工作频率范围：0～20 MHz(6 时钟，5 V 供电)，0～33 MHz(12 时钟，5 V 供电)； (5) 定时器/计数器：3 个 16 位(T0、T1 和 T2)； (6) 中断源：8 个； (7) 全双工增强型(帧错误检测和自动地址识别)异步通信口(UART)：1 个；

主要型号	主要功能、性能、特点、封装等描述
P89C 5xX2	(8) 双数据指针(DPTR)和可编程时钟输出； (9) 低 EMI(禁止 ALE 输出)； (10) 掉电模式，可通过外部中断唤醒； (11) 通用 I/O 口：32 个； (12) 工作电压：4.0～5.5 V(在 2.7～5.5 V 时，时钟频率可达 16 MHz)； (13) 外形封装：40 脚 PDIP 和 44 脚 PLCC、PQFP 等(见附录 A 中图 A-3)
P89LV 51RD2	P89LV51RD2 的性能与 P89C5xX2 系列基本相同。主要差别是： (1) 内部 E^2PROM 的程序空间：64 KB； (2) 具有 ISP(在系统编程)和 IAP(在应用中编程)功能； (3) 内部存储器(RAM)：1024 B； (4) 有 SPI、UART 接口和 PWM 控制器； (5) 有看门狗定时器； (6) 中断源：9 个； (7) 工作电压：2.7～3.6 V
P89V51RB2 P89V51RC2 P89V51RD2	P89V51RB2/RC2/RD2 的性能与 P89C5xX2 系列基本相同。主要差别是： (1) 内部 E^2PROM 的程序空间：16 KB/32 KB/64 KB； (2) 具有 ISP(在系统编程)和 IAP(在应用中编程)功能； (3) 内部存储器(RAM)：1024 B； (4) 工作频率：0～40 MHz(5 V 供电)； (5) 有 SPI、UART 接口和 PWM 控制器； (6) 有看门狗定时器和双数据指针(DPTR)； (7) 工作电压：4.5～5.5 V
P89C60X2 P89C61X2	P89C60X2/61X2 的性能与 P89C5xX2 系列基本相同。主要差别是： (1) 内部 E^2PROM 的程序空间：64 KB； (2) 具有 ISP(在系统编程)和 IAP(在应用中编程)功能； (3) 内部存储器(RAM)：512 B(P89C60X2)、1024 B(P89C61X2)； (4) 工作频率：0～20 MHz(6 时钟)，0～33 MHz(12 时钟)； (5) 有 SPI、UART 接口和 PWM 控制器； (6) 有看门狗定时器和双数据指针(DPTR)； (7) 工作电压：4.5～5.5 V
P89C66x	P89C66x 系列的器件有 P89C660/2/4/8 四种，其性能与 P89C5xX2 系列基本相同。主要差别是： (1) 内部 E^2PROM 的程序空间：16 KB/32 KB/64 KB/64 KB； (2) 具有 ISP(在系统编程)和 IAP(在应用中编程)功能； (3) 内部存储器(RAM)：512 B/1 KB/2 KB/8 KB； (4) 工作频率：0～20 MHz(6 时钟)，0～33 MHz(12 时钟)； (5) 有 I^2C、PCA(PWM)和 UART 接口； (6) 有看门狗定时器和双数据指针(DPTR)； (7) 工作电压：4.5～5.5 V(工业级工作电压：4.75～5.5 V)

主要型号	主要功能、性能、特点、封装等描述
P89C669	P89C669 的特点如下： (1) 完全兼容 80C51 控制器，但机器周期为 6 时钟； (2) 地址线：23 位(23 位程序空间和 23 位数据空间)，线性地址可扩展至 8 MB； (3) 片内 Flash 空间(可实现 ISP 和 IAP)：96 KB； (4) 片内 SRAM 空间：2 KB； (5) 增强型异步通信串口(UART)：2 个； (6) 有 I^2C(字节型高速接口)和可编程计数阵列(PCA)； (7) 可编程 I/O：32 个； (8) 16 位定时器/计数器：3 个； (9) 工作频率：0～24 MHz(6 时钟)； (10) 工作电压：4.5～5.5 V； (11) 封装：44 脚 PLCC 和 LQFP(见附录 A 中图 A-25)
P89C51RB+ P89C51RC+ P89C51RD+	P89C51RB+/RC+/RD+的性能与 P89C5xX2 系列基本相同。主要差别是： (1) 内部 E^2PROM 程序空间：16 KB/32 KB/64 KB； (2) 具有 ISP(在系统编程)和 IAP(在应用中编程)功能； (3) 内部存储器(RAM)：1024 B； (4) 工作频率：0～20 MHz(6 时钟)，0～33 MHz(12 时钟)； (5) 有 I^2C、PCA(PWM)和 UART 接口； (6) 有看门狗定时器和双数据指针(DPTR)； (7) 工作电压：4.5～5.5 V

表 2-15　P89LPC900 系列(含有实时日历时钟)51 单片机主要型号

主要型号	主要功能、性能、特点、封装等描述
P89LPC903	采用了高性能的处理器结构，指令执行时间只需 2～4 个时钟周期，6 倍于标准的 80C51 器件。其特点如下： (1) 内部 Flash 程序存储器：1 KB； (2) 内部数据存储器(SRAM)：128 B； (3) 串行 Flash 在电路编程(ICP)和在应用中编程(IAP)； (4) 有 2 个 16 位定时器/计数器、2 个模拟比较器、3 个键盘中断输入和看门狗定时器； (5) 有实时日历时钟(RTC)； (6) 实时时钟可作为系统定时器； (7) 增强型 UART，具有波特率发生器等功能； (8) 可编程 I/O 口输出(6 个 I/O)，可设为准双向口、开漏输出、推挽和仅为输入功能； (9) 所有口线均有 LED 驱动能力(20 mA)； (10) 工作电压：2.4～3.6 V； (11) 工作频率：0～12 MHz； (12) 总线不能扩展； (13) 封装：8 脚 SOP(见附录 A 中图 A-26)

主要型号	主要功能、性能、特点、封装等描述
P89LPC904	P89LPC904 的性能与 P89LPC903 基本相同。主要差别是： (1) 有 4 路 8 位 A/D 转换器和 1 路 D/A 转换器； (2) 封装：8 脚 SOP(见附录 A 中图 A-27)
P89LPC912 P89LPC913 P89LPC914	P89LPC912/913/914 的性能与 P89LPC903 相同。主要差别是： (1) I/O 口 12 个、模拟比较器 2 个、有 SPI 接口，P89LPC912 无 UART 接口； (2) P89LPC912/913/914 的中断分别为 9/11/11 个； (3) 封装：14 脚 TSSOP(见附录 A 中图 A-28)
P89LPC915 P89LPC916 P89LPC917	P89LPC915/916/917 的性能与 P89LPC903 基本相同。主要差别是： (1) 内部 Flash 存储器对应空间为 2 KB，内存(SRAM)为 256 B； (2) P89LPC915/16/17 对应 I/O 口：12/14/14； (3) 有 2 个模拟比较器、SPI 接口和 11 个中断源； (4) 有 4 路 A/D 转换器和 1 路 D/A 转换器； (5) 封装：14 脚 TSSOP(P89LPC915)、16 脚 TSSOP(见附录 A 中图 A-29)
P89LPC924 P89LPC925	P89LPC924/925 的性能与 P89LPC903 基本相同。主要差别是： (1) 内部 Flash 存储器对应空间为 4 KB/8 KB 字节，内存(SRAM)为 256 B； (2) I/O 口：18 个； (3) 有 2 个模拟比较器、SPI 接口和 16 个中断源； (4) 有 4 路 A/D 转换器和 1 路 D/A 转换器； (5) 封装：20 脚 TSSOP(见附录 A 中图 A-30)
P89LPC933 P89LPC934 P89LPC935 P89LPC936	P89LPC933/934/935/936 的性能与 P89LPC903 基本相同。主要差别是： (1) 内部 Flash 存储器对应空间为 4 KB/8 KB/8 KB/16 KB，内存(SRAM)为 256 B； (2) I/O 口：26 个； (3) 有 2 个模拟比较器、SPI 接口和 18 个中断源； (4) 有 4 道(935/936 为 8 道)A/D 和 1 道(935/936 为 2 道)D/A 转换器； (5) 封装：28 脚 TSSOP(见附录 A 中图 A-31)

2.3.5 C8051(Silicon Labs)系列单片机选型

C8051 系列单片机是高集成的数字/模拟混合信号系统级器件，采用流水线结构的 8051 增强型微控制器内核(可达 100 MHz 的频率)，与 MCS-51 指令集完全兼容。除了具有标准 8051 功能外，C8051 单片机片内还集成了数据采集和控制系统中常用的模拟、数字外设及其他功能部件。C8051 片内有模拟多路选择器(MUX)、可编程增益放大器(PGA)、模/数转换器(A/D)、数/模转换器(D/A)、电压比较器、电压基准、温度传感器、I^2C、标准的异步串口(UART)、USB、SPI、定时器、可编程计数器、定时器阵列(PCA)、数字 I/O 端口、电源监视器、看门狗定时器(WDT)、时钟振荡器、JTAG 调试接口等部分。所有器件都有内置的 Flash(或 ROM)程序存储器(4～128 KB)和 256 B 的内部 RAM，大部分器件内部还有位于外部数据存储器空间的 RAM(1~8 KB)。

用户软件对所有外设具有完全的控制，可以关断任何一个或所有外设以节省功耗。片内 Silicon Labs 二线(C2)开发接口允许使用安装在最终应用系统上的产品 MCU 进行非侵入式(不占用片内资源)、全速在系统调试。调试逻辑支持观察和修改存储器和寄存器，支持断点、单步、运行和停机命令。在使用 C2 进行调试时，所有的模拟和数字外设都可全功能运行。两个 C2 接口引脚可以与用户功能共享，使在系统调试功能不占用封装引脚。每种器件都可在工业温度范围(−45~+85℃)内用 2.7~3.6 V 的电压工作。端口 I/O 和 $\overline{RST}$ 引脚都容许 5 V 的输入信号电压。

C8051 系列单片机供选择的有上百种，有 OTP 型、普通 Flash 型、USB 型、汽车专用型和低功耗型等，引脚从 10 脚到 100 脚均有。其主要型号及性能简介如表 2-16~表 2-23 所示。

表 2-16　C8051Tx(OTP 型)系列 51 单片机主要型号

主要型号	主要功能、性能、特点、封装等描述
C8051T600	C8051T600 的特点如下： (1) 高速 8051 内核：流水线指令结构(速度达 25 MHz)和扩展的中断系统； (2) 存储器：256 B RAM 和 8 KB OTP 程序区； (3) 数字外设：8 线 I/O，1 个 UART、I^2C，3 个定时器/计数器和 3 通道 16 位 PCA； (4) 模拟外设：8 通道 10 位 A/D 转换器，转换速率为 500 K/s，内部集成有温度传感器和 1 个模拟比较器； (5) 时钟源：来自内部振荡器(24.5 MHz，±%2 精度)或来自外部振荡器； (6) 工作电压：1.8~3.6 V，环境温度：−40~+85℃； (7) 封装：11 脚 QFN 和 14 脚 SOIC(见附录 A 中图 A-32)
C8051T601	C8051T601 的性能与 C8051T600 基本相同，但无 A/D 转换器和温度传感器
C8051T602	C8051T602 的性能与 C8051T600 基本相同，但 OTP 程序区只有 4 KB
C8051T603	C8051T603 的性能与 C8051T600 基本相同，但无 A/D 转换器和温度传感器
C8051T604	C8051T604 的性能与 C8051T600 基本相同，但 OTP 程序区只有 2 KB
C8051T605	C8051T605 的性能与 C8051T600 基本相同，但无 A/D 转换器和温度传感器
C8051T610	C8051T610 的特点如下： (1) 高速 8051 内核：流水线指令结构(速度达 25 MHz)和扩展的中断系统； (2) 存储器：1280 B RAM 和 16 KB OTP 程序区； (3) 数字外设：29 线 I/O，1 个 UART、SPI，4 个定时器/计数器和 5 通道 16 位 PCA； (4) 模拟外设：21 通道 10 位 A/D 转换器，转换时间为 2 μs，内部集成有温度传感器和 2 个模拟比较器； (5) 时钟源：来自内部振荡器(24.5 MHz，±%2 精度)或来自外部振荡器； (6) 工作电压：1.8~3.6 V，环境温度：−40~+85℃； (7) 封装：32 脚 LQFP(见附录 A 中图 A-33(a))
C8051T611	性能与 C8051T610 基本相同，但 I/O 为 25 个，封装为 QFN28(见附录 A 中图 A-33(b))
C8051T612	性能与 C8051T610 基本相同，但 OTP 程序区为 8 KB

主要型号	主要功能、性能、特点、封装等描述
C8051T613	性能与 C8051T610 基本相同，但 OTP 程序区为 8 KB，I/O 为 25 个，封装为 QFN28
C8051T614	性能与 C8051T610 基本相同，但 OTP 程序区为 8 KB，无 A/D 转换器
C8051T615	性能与 C8051T610 基本相同，但 OTP 程序区为 8 KB，I/O 为 25 个，无 A/D 转换器，封装为 QFN28
C8051T616	性能与 C8051T610 基本相同，但有 17 通道 10 位 A/D，I/O 为 21 个，封装为 QFN24(见附录 A 中图 A-33(c))
C8051T617	性能与 C8051T610 基本相同，但无 A/D 通道，I/O 为 21 个，封装为 QFN24
C8051T630	C8051T630 的特点如下： (1) 高速 8051 内核：流水线指令结构(速度达 25 MHz)和扩展的中断系统； (2) 存储器：768 B RAM 和 8 KB OTP 程序区； (3) 数字外设：17 线 I/O、UART、SPI、4 个定时器/计数器和 3 通道 16 位 PCA； (4) 模拟外设：16 通道 10 位 A/D 转换器，转换时间为 2 μs，有内部基准源，1 通道 D/A 转换器，2 个模拟比较器，内部集成有温度传感器； (5) 时钟源：来自内部振荡器(24.5 MHz，±%2 精度)或来自外部时钟； (6) 工作电压：1.8～3.6 V，环境温度：−40～+85℃； (7) 封装：QFN20(见附录 A 中图 A-34)
C8051T631	性能与 C8051T630 基本相同，但无 A/D、D/A 通道
C8051T632	性能与 C8051T630 基本相同，但 OTP 程序区为 4 KB
C8051T633	性能与 C8051T630 基本相同，但 OTP 程序区为 4 KB，且无 A/D、D/A 通道
C8051T634	性能与 C8051T630 基本相同，但 OTP 程序区为 2 KB
C8051T635	性能与 C8051T630 基本相同，但 OTP 程序区为 2 KB，且无 A/D、D/A 通道

表 2-17　C8051F2x/4x(Flash，普通型)系列 51 单片机主要型号

主要型号	主要功能、性能、特点、封装等描述
C8051F206	C8051F206 的特点如下： (1) 高速 8051 内核：流水线指令结构(速度高达 25MHz)和扩展的中断系统； (2) 存储器：1280 B RAM 和 8 KB Flash 程序区； (3) 数字外设：32 线 I/O、UART、SPI 和 3 个定时器/计数器； (4) 模拟外设：32 通道 12 位 A/D 转换器，转换时间为 10 μs，2 个模拟比较器； (5) 时钟源：25 MHz(内部振荡器 24.5 MHz，±%2 精度，或由外部晶振提供)； (6) 具有在线编程(ISP)与调试功能； (7) 工作电压：2.7～3.6 V，环境温度：−40～+85℃； (8) 封装：TQFP48(见附录 A 中图 A-35)
C8051F220	性能与 C8051F206 基本相同，但 SRAM 有 256 B，A/D 为 32 通道 8 位，封装为 TQFP48
C8051F221	性能与 C8051F206 基本相同，但 SRAM 有 256 B，I/O 有 22 线，A/D 为 32 通道 8 位，封装为 LQFP32

主要型号	主要功能、性能、特点、封装等描述
C8051F226	性能与 C8051F206 基本相同，但 A/D 为 32 通道 8 位，封装为 TQFP48
C8051F230	性能与 C8051F206 基本相同，但 SRAM 有 256 B，无 A/D，封装为 TQFP48
C8051F236	性能与 C8051F206 基本相同，但无 A/D，封装为 TQFP48
C8051F410	C8051F410 的特点如下： (1) 高速 8051 内核：流水线指令结构(速度高达 50 MHz)和扩展的中断系统； (2) 存储器：2304 B RAM 和 32 KB Flash 程序区； (3) 数字外设：24 线 I/O、UART、SPI、I²C、4 个定时器/计数器和 6 通道 PCA； (4) 模拟外设：24 通道 12 位 A/D 转换器，转换时间为 5 μs，有内部基准源，2 通道 12 位 D/A 转换器，2 个模拟比较器，内部集成有温度传感器； (5) 时钟源：50 MHz(内部振荡器 24.5 MHz，±%2 精度，或由外部晶振提供)； (6) 具有在线编程与调试功能； (7) 工作电压：2.7～3.6 V，环境温度：−40～+85℃； (8) 封装：LQFP32(参见附录 A 中图 A-33(a))
C8051F411	性能与 C8051F410 基本相同，但 I/O 为 20 线，A/D 12 位有 20 通道，封装为 QFN28
C8051F412	性能与 C8051F410 基本相同，但 Flash 有 16 KB，封装为 LQFP32
C8051F413	性能与 C8051F410 基本相同，但 Flash 有 16 KB，I/O 为 20 线，A/D 12 位有 20 通道，封装为 QFN28

表 2-18　C8051F3x(Flash，普通型)系列 51 单片机主要型号

主要型号	主要功能、性能、特点、封装等描述
C8051F360	C8051F360 的特点如下： (1) 高速 8051 内核：流水线指令结构(速度高达 100 MHz)和扩展的中断系统； (2) 存储器：1280 B RAM 和 32 KB Flash 程序区； (3) 数字外设：39 线 I/O、UART、SPI、I²C、4 个定时器/计数器和 6 通道 PCA； (4) 模拟外设：16 通道 10 位 A/D 转换器，转换时间为 5 μs，有内部基准源，1 通道 10 位 D/A 转换器，2 个模拟比较器，内部集成有温度传感器； (5) 时钟源：100 MHz(内部振荡器 24.5 MHz，±%2 精度，或由外部晶振提供)； (6) 具有在线编程与调试功能； (7) 工作电压：2.7～3.6 V，环境温度：−40～+85℃； (8) 封装：TQFP48(见附录 A 中图 A-35)
C8051F361	性能与 C8051F360 基本相同，但 I/O 为 27 线，封装为 LQFP32
C8051F362	性能与 C8051F360 基本相同，但 I/O 为 24 线，封装为 QFN28
C8051F363	性能与 C8051F360 基本相同，但无 A/D、D/A、温度传感器和基准，封装为 TQFP48
C8051F364	性能与 C8051F360 基本相同，但无 A/D、D/A、温度传感器和基准，I/O 为 27 线，封装为 LQFP32

主要型号	主要功能、性能、特点、封装等描述
C8051F365	性能与 C8051F360 基本相同，但无 A/D、D/A、温度传感器和基准，I/O 为 24 线，封装为 QFN28、
C8051F366	性能与 C8051F360 基本相同，但时钟为 50 MHz，I/O 为 29 线，封装为 LQFP32
C8051F367	性能与 C8051F360 基本相同，但时钟为 50 MHz，I/O 为 25 线，封装为 QFN28
C8051F368	性能与 C8051F360 基本相同，但时钟为 50 MHz，Flash 为 16 KB，封装为 LQFP32
C8051F369	性能与 C8051F360 基本相同，但时钟为 50 MHz，Flash 为 16 KB，I/O 为 25 线，封装为 QFN28
C8051F310	C8051F310 的特点如下： (1) 高速 8051 内核：流水线指令结构(速度高达 25 MHz)和扩展的中断系统； (2) 存储器：1280 B RAM 和 16 KB Flash 程序区； (3) 数字外设：29 线 I/O、UART、SPI、I^{2}C、4 个定时器/计数器和 5 通道 PCA； (4) 模拟外设：21 通道 10 位 A/D 转换器，转换时间为 5 μs，2 个模拟比较器，内部集成有温度传感器； (5) 时钟源：25 MHz(内部振荡器 24.5 MHz，±%2 精度，或由外部晶振提供)； (6) 具有在线编程与调试功能； (7) 工作电压：2.7～3.6 V，环境温度：−40～+85℃； (8) 封装：LQFP32(参见附录 A 中图 A-33(a))
C8051F311	性能与 C8051F310 基本相同，但 I/O 为 25 线，A/D 10 位有 17 通道，封装为 QFN28
C8051F312	性能与 C8051F310 基本相同，但 Flash 有 8 KB，封装为 LQFP32
C8051F313	性能与 C8051F310 基本相同，但 Flash 有 8 KB，I/O 为 25 线，A/D 10 位有 17 通道，封装为 QFN28
C8051F314	性能与 C8051F310 基本相同，但 Flash 有 8 KB，无 A/D，封装为 LQFP32
C8051F315	性能与 C8051F310 基本相同，但 Flash 有 8 KB，I/O 为 25 线，无 A/D，封装为 QFN28
C8051F316	性能与 C8051F310 基本相同，但 I/O 为 21 线，A/D 10 位有 13 通道，封装为 QFN24
C8051F317	性能与 C8051F310 基本相同，但 I/O 为 21 线，无 A/D，封装为 QFN24
C8051F336	C8051F336 的特点如下： (1) 高速 8051 内核：流水线指令结构(速度高达 25 MHz)和扩展的中断系统； (2) 存储器：768 B RAM 和 16 KB Flash 程序区； (3) 数字外设：17 线 I/O、UART、SPI、I^{2}C、4 个定时器/计数器和 3 通道 PCA； (4) 模拟外设：16 通道 10 位 A/D 转换器，转换时间为 5 μs，1 通道 10 位 D/A 变换器，1 个模拟比较器； (5) 时钟源：25 MHz(内部振荡器 24.5 MHz，±%2 精度，或由外部晶振提供)； (6) 具有在线编程与调试功能； (7) 工作电压：2.7～3.6 V，环境温度：−40～+85℃； (8) 封装：QFN20(参见附录 A 中图 A-34)

主要型号	主要功能、性能、特点、封装等描述
C8051F337	性能与 C8051F336 基本相同，但无 A/D、D/A，封装为 QFN20
C8051F338	性能与 C8051F336 基本相同，但 I/O 为 21 线，封装为 QFN24
C8051F339	性能与 C8051F336 基本相同，但 I/O 为 21 线，无 A/D、D/A，封装为 QFN24
C8051F300	C8051F300 的特点如下： (1) 高速 8051 内核：流水线指令结构(速度高达 25 MHz)和扩展的中断系统； (2) 存储器：256 B RAM 和 8 KB Flash 程序区； (3) 数字外设：8 线 I/O、UART、I²C、3 个定时器/计数器和 3 通道 PCA； (4) 模拟外设：8 通道 8 位 A/D 转换器，转换时间为 2 μs，1 个模拟比较器，内部集成有温度传感器； (5) 时钟源：25 MHz(内部振荡器 24.5 MHz，±%2 精度，或由外部晶振提供)； (6) 具有在线编程与调试功能； (7) 工作电压：2.7～3.6 V，环境温度：−40～+85℃； (8) 封装：QFN11(参见附录 A 中图 A-32)
C8051F301	其性能与 C8051F300 基本相同，但无 A/D 和温度传感器，封装为 QFN11
C8051F302	其性能与 C8051F300 基本相同，封装为 QFN11
C8051F303	其性能与 C8051F300 基本相同，但无 A/D 和温度传感器，封装为 QFN11
C8051F304	其性能与 C8051F300 基本相同，但 Flash 有 4 KB，无 A/D 和温度传感器，封装为 QFN11
C8051F305	其性能与 C8051F300 基本相同，但 Flash 有 2 KB，无 A/D 和温度传感器，封装为 QFN11
C8051F330	C8051F330 的特点如下： (1) 高速 8051 内核：流水线指令结构(速度高达 25 MHz)和扩展的中断系统； (2) 存储器：768 B RAM 和 8 KB Flash 程序区； (3) 数字外设：17 线 I/O、UART、I²C、SPI、4 个定时器/计数器和 3 通道 PCA； (4) 模拟外设：16 通道 10 位 A/D 转换器，转换时间为 5 μs，1 通道 10 位 D/A 转换器，1 个模拟比较器，内部集成有温度传感器； (5) 时钟源：25 MHz(内部振荡器，可倍频，或由外部晶振提供)； (6) 具有在线编程与调试功能； (7) 工作电压：2.7～3.6 V，环境温度：−40～+85℃； (8) 封装：QFN20(参见附录 A 中图 A-34)
C8051F331	其性能与 C8051F330 基本相同，但无 A/D、D/A 和温度传感器，封装为 QFN20
C8051F332	其性能与 C8051F330 基本相同，但 Flash 有 4 KB，无 D/A，封装为 QFN2
C8051F333	其性能与 C8051F330 基本相同，但 Flash 有 4 KB，无 A/D、D/A，封装为 QFN20
C8051F334	其性能与 C8051F330 基本相同，但 Flash 有 2 KB，无 D/A，封装为 QFN20
C8051F335	其性能与 C8051F330 基本相同，但 Flash 有 2 KB，无 A/D、D/A，封装为 QFN20

表 2-19　C8051F1x(Flash，普通型)系列 51 单片机主要型号

主要型号	主要功能、性能、特点、封装等描述
C8051F120	C8051F120 的特点如下： (1) 高速 8051 内核：流水线指令结构(速度高达 100 MHz)和扩展的中断系统； (2) 存储器：8448 B RAM 和 128 KB Flash 程序区； (3) 数字外设：64 线 I/O、2 个 UART、I^2C、SPI、5 个定时器/计数器和 6 通道 PWM/PCA 控制器； (4) A/D 转换1：8通道12位A/D转换器，转换速率为100 K/s(有编程增益16、8、4、2、1和0.5)； (5) A/D 转换 2：8 通道 8 位 A/D 转换器，转换时间为 2 μs(有编程增益 4、2、1、和 0.5)； (6) D/A 转换：2 通道 12 位 D/A 转换器； (7) 有内部基准源、温度传感器和 2 个模拟比较器； (8) 时钟：100 MHz(内部振荡器，可倍频，或由外部晶振提供)； (9) 具有在线编程与调试功能； (10) 工作电压：3.0~3.6 V，环境温度：−40~+85℃； (11) 封装：TQFP100(见附录 A 中图 A-36)
C8051F121	性能与 C8051F120 基本相同，但 I/O 为 32 线，封装为 TQFP64(见附录 A 中图 A-37)
C8051F122	性能与 C8051F120 基本相同，但 A/D 转换 1 为 10 位 8 通道，封装为 TQFP100
C8051F123	性能与 C8051F120 基本相同，但 A/D 转换 1 为 10 位 8 通道,I/O 为 32 线,封装为 TQFP64
C8051F124	性能与 C8051F120 基本相同，但时钟为 50 MHz，封装为 TQFP100
C8051F125	性能与 C8051F120 基本相同，但时钟为 50 MHz，I/O 为 32 线，封装为 TQFP64
C8051F126	性能与 C8051F120 基本相同，但时钟为 50 MHz，A/D 转换 1 为 10 位 8 通道，封装为 TQFP100
C8051F127	性能与 C8051F120 基本相同，但时钟为 50MHz，A/D 转换 1 为 10 位 8 通道，I/O 为 32 线，封装为 TQFP64
C8051F130	C8051F130 的特点如下： (1) 高速 8051 内核：流水线指令结构(速度高达 100 MHz)和扩展的中断系统； (2) 存储器：8448 B RAM 和 128 KB Flash 程序区； (3) 数字外设：64 线 I/O、2 个 UART、I^2C、SPI、5 个定时器/计数器和 6 通道 PWM/PCA 控制器； (4) A/D转换1：8通道10位A/D转换器，转换时间为10 μs(有编程增益16、8、4、2、1和0.5)； (5) 有内部基准源、温度传感器和 2 个模拟比较器； (6) 时钟：100 MHz(内部振荡器，可倍频，或由外部晶振提供)； (7) 具有在线编程与调试功能； (8) 工作电压：3.0~3.6 V，环境温度：−40~+85℃； (9) 封装：TQFP100(见附录 A 中图 A-36)
C8051F131	性能与 C8051F130 基本相同，但 I/O 有 32 线，封装为 TQFP64(见附录 A 中图 A-37)
C8051F132	性能与 C8051F130 基本相同，但 Flash 有 64 KB，封装为 TQFP100
C8051F133	性能与 C8051F130 基本相同，但 Flash 有 64 KB，但 I/O 有 32 线，封装为 TQFP64

表 2-20　C8051F0x(Flash，普通型)系列 51 单片机主要型号

主要型号	主要功能、性能、特点、封装等描述
C8051F060	C8051F060 的特点如下： (1) 高速 8051 内核：流水线指令结构(速度高达 25 MHz)和扩展的中断系统； (2) 存储器：4352 B RAM 和 64 KB Flash 程序区； (3) 数字外设：59 线 I/O、2 个 UART、I²C、SPI、CAN2.0、5 个定时器/计数器、DMA 和 6 通道 PWM/PCA 控制器； (4) A/D 转换 1：1 通道 16 位 A/D 转换器，转换时间为 1 μs； (5) A/D 转换 2：1 通道 16 位 A/D 转换器，转换时间为 1 μs； (6) D/A 转换：2 通道 12 位 D/A 转换器； (7) 有内部基准源、温度传感器和 3 个模拟比较器； (8) 时钟：25 MHz(内部振荡器，可倍频，或由外部晶振提供)； (9) 具有在线编程与调试功能； (10) 工作电压：2.7～3.6 V，环境温度：−40～+85℃； (11) 封装：TQFP100(参见附录 A 中图 A-36)
C8051F061	性能与 C8051F060 基本相同，但 I/O 有 24 线，封装为 TQFP64
C8051F062	性能与 C8051F060 基本相同，封装为 TQFP100
C8051F063	性能与 C8051F060 基本相同，但 I/O 有 24 线，封装为 TQFP64
C8051F064 (高速 A/D)	C8051F064 特点如下： (1) 高速 8051 内核：流水线指令结构(速度高达 25 MHz)和扩展的中断系统； (2) 存储器：4352 B RAM 和 64 KB Flash 程序区； (3) 数字外设：59 线 I/O、2 个 UART、I²C、SPI、5 个定时器/计数器、DMA 和 6 通道 PWM/PCA 控制器； (4) A/D 转换1：1通道16位A/D转换器，转换时间为1 μs； (5) A/D 转换 2：1 通道 16 位 A/D 转换器，转换时间为 1 μs； (6) 有内部基准源和 3 个模拟比较器； (7) 时钟：25 MHz(内部振荡器，可倍频，或由外部晶振提供)； (8) 具有在线编程与调试功能； (9) 工作电压：2.7～3.6 V，环境温度：−40～+85℃； (10) 封装：TQFP100(见附录 A 中图 A-36)
C8051F065	性能与 C8051F064 基本相同，但 I/O 为 24 线，封装为 TQFP64
C8051F066	性能与 C8051F064 基本相同，但 Flash 为 32 KB，封装为 TQFP100
C8051F067	性能与 C8051F064 基本相同，但 Flash 有 32 KB，I/O 为 24 线，封装为 TQFP64
C8051F020	C8051F020 的特点如下： (1) 高速 8051 内核：流水线指令结构(速度高达 25 MHz)和扩展的中断系统； (2) 存储器：4352 B RAM 和 64 KB Flash 程序区； (3) 数字外设：64 线 I/O、2 个 UART、I²C、SPI、5 个定时器/计数器和 5 通道 PWM/PCA 控制器；

主要型号	主要功能、性能、特点、封装等描述
C8051F020	(4) A/D 转换1：8通道12位A/D转换器，转换时间为10 μs； (5) A/D 转换2：8 通道 8 位 A/D 转换器，转换时间为 2 μs； (6) D/A 转换：2 通道 12 位 D/A 转换器； (7) 有内部基准源、温度传感器和 2 个模拟比较器； (8) 时钟：25MHz(内部振荡器，可倍频，或由外部晶振提供)； (9) 具有在线编程与调试功能； (10) 工作电压：2.7～3.6 V，环境温度：–40～+85℃； (11) 封装：TQFP100(参见附录 A 中图 A-36)
C8051F021	性能与 C8051F020 基本相同，但 I/O 为 32 线，封装为 TQFP64
C8051F022	性能与 C8051F020 基本相同，但 A/D 变换 1 为 8 通道 10 位，封装为 TQFP100
C8051F023	性能与 C8051F020 基本相同，但 I/O 为 32 线，封装为 TQFP64
C8051F040	C8051F040 的特点如下： (1) 高速 8051 内核：流水线指令结构(速度高达 25 MHz)和扩展的中断系统； (2) 存储器：4352 B RAM 和 64 KB Flash 程序区； (3) 数字外设：64 线 I/O、2 个 UART、CAN2.0、I²C、SPI、5 个定时器/计数器和 6 通道 PWM/PCA 控制器； (4) A/D转换1：13通道12位A/D转换器，转换时间为10 μs； (5) A/D 转换2：8 通道 8 位 A/D 转换器，转换时间为 2 μs； (6) D/A 转换：2 通道 12 位 D/A 转换器； (7) 有内部基准源、温度传感器、±60 PGA 和 3 个模拟比较器； (8) 时钟：25 MHz(内部振荡器，可倍频，或由外部晶振提供)； (9) 具有在线编程与调试功能； (10) 工作电压：2.7～3.6 V，环境温度：–40～+85℃； (11) 封装：TQFP100(参见附录 A 中图 A-36)
C8051F041	性能与 C8051F040 基本相同，但 I/O 有 32 线，封装为 TQFP100
C8051F042	性能与 C8051F040 基本相同，但 A/D 转换 1 为 13 通道 10 位，封装为 TQFP100
C8051F043	性能与 C8051F040 基本相同，但 A/D 转换 1 为 13 通道 10 位，I/O 为 32 线，封装为 TQFP64
C8051F044	C8051F044 的特点如下： (1) 高速 8051 内核：流水线指令结构(速度高达 25 MHz)和扩展的中断系统； (2) 存储器：4352 B RAM 和 64 KB Flash 程序区； (3) 数字外设：64 线 I/O、2 个 UART、CAN2.0、I²C、SPI、5 个定时器/计数器和 6 通道 PWM/PCA 控制器； (4) A/D转换1：13通道10位A/D转换器，转换时间为10 μs； (5) 有内部基准源、温度传感器、±60 PGA 和 3 个模拟比较器； (6) 时钟：25 MHz(内部振荡器，可倍频，或由外部晶振提供)； (7) 具有在线编程与调试功能； (8) 工作电压：2.7～3.6 V，环境温度：–40～+85℃； (9) 封装：TQFP100(参见附录 A 中图 A-36)

主要型号	主要功能、性能、特点、封装等描述
C8051F045	性能与 C8051F044 基本相同，但 I/O 为 32 线，封装为 TQFP100
C8051F046	性能与 C8051F044 基本相同，但 Flash 为 32 KB，封装为 TQFP100
C8051F047	性能与 C8051F044 基本相同，但 Flash 为 32 KB，I/O 为 32 线，封装为 TQFP64
C8051F000	C8051F000 的特点如下： (1) 高速 8051 内核：流水线指令结构(速度高达 20 MHz)和扩展的中断系统； (2) 存储器：256 B RAM 和 32 KB Flash 程序区； (3) 数字外设：32 线 I/O、UART、I^2C、SPI、4 个定时器/计数器和 5 通道 PWM/PCA 控制器； (4) A/D变换1：8通道12位A/D转换器，转换时间为10 μs； (5) D/A变换：2通道12位D/A转换器； (6) 有内部基准源、温度传感器和 2 个模拟比较器； (7) 时钟：20MHz(内部振荡器，可倍频，或由外部晶振提供)； (8) 具有在线编程与调试功能； (9) 工作电压：2.7～3.6 V，环境温度：−40～+85℃； (10) 封装：TQFP64(参见附录 A 中图 A-37)
C8051F001	其特性与 C8051F000 基本相同，但 I/O 为 16 线，封装为 TQFP48
C8051F002	其特性与 C8051F000 基本相同，但 A/D 变换为 4 通道 12 位，比较器为 1 个，I/O 为 8 线，封装为 LQFP32
C8051F005	其特性与 C8051F000 基本相同，但时钟为 25 MHz，SRAM 为 2304 B，封装为 TQFP64
C8051F006	其特性与 C8051F000 基本相同，但时钟为 25 MHz，I/O 为 16 线，SRAM 为 2304 B，封装为 TQFP64
C8051F007	其特性与 C8051F000 基本相同，但 I/O 为 8 线，封装为 LQFP32
C8051F010	其特性与 C8051F000 基本相同，但 A/D 变换为 8 通道 10 位，封装为 TQFP64
C8051F011	其特性与 C8051F000 基本相同，但 A/D 变换为 8 通道 10 位，I/O 为 16 线，封装为 TQFP48
C8051F012	其特性与 C8051F000 基本相同，但 A/D 变换为 4 通道 10 位，I/O 为 8 线，封装为 LQFP32
C8051F015	其特性与 C8051F000 基本相同，但 A/D 变换为 8 通道 10 位，SRAM 为 2304B，封装为 TQFP64
C8051F016	其特性与 C8051F015 基本相同，但 A/D 变换为 8 通道 10 位，I/O 为 16 线，封装为 TQFP48
C8051F017	其特性与 C8051F015 基本相同，但 A/D 变换为 4 通道 10 位，I/O 为 8 线，封装为 LQFP32
C8051F018	其特性与 C8051F016 基本相同，但 Flash 为 16 KB，SRAM 为 1280 B，I/O 为 32 线，无 D/A，封装为 TQFP64
C8051F019	其特性与 C8051F016 基本相同，但 Flash 为 16 KB，SRAM 为 1280 B，I/O 为 16 线，无 D/A，封装为 TQFP48

表 2-21 C8051F3x(Flash，USB 型)系列 51 单片机主要型号

主要型号	主要功能、性能、特点、封装等描述
C8051F340	C8051F340 的特点如下： (1) 高速 8051 内核：流水线指令结构(速度高达 48MHz)和扩展的中断系统； (2) 存储器：4352 B RAM 和 64 KB Flash 程序区； (3) 数字外设：40 线 I/O、USB 2.0、2 个 UART、SPI、I^2C、4 个定时器/计数器和 5 通道 PCA； (4) 模拟外设：17 通道 10 位 A/D 转换器，转换时间为 5 μs，有内部基准源、温度传感器和 2 个模拟比较器； (5) 时钟：48 MHz(内部振荡器，可倍频，或由外部晶振提供)； (6) 具有在线编程与调试功能； (7) 工作电压：2.7～5.25 V，环境温度：−40～+85℃； (8) 封装：TQFP48(参见附录 A 中图 A-35)
C8051F341	性能与 C8051F340 基本相同，但 Flash 有 32 KB，SRAM 有 2304 B，封装为 TQFP48
C8051F342	性能与 C8051F340 基本相同，但 I/O 有 25 线，封装为 LQFP32
C8051F343	性能与 C8051F340 基本相同，但 Flash 有 32 KB，SRAM 有 2304 B，I/O 有 25 线，封装为 LQFP32
C8051F344	性能与 C8051F340 基本相同，但时钟为 25 MHz，封装为 TQFP48
C8051F345	性能与 C8051F340 基本相同，但时钟为 25 MHz，Flash 有 32 KB，SRAM 有 2304 B，封装为 TQFP48
C8051F346	性能与 C8051F340 基本相同，但时钟为 25 MHz，I/O 有 25 线，封装为 LQFP32
C8051F347	性能与 C8051F343 基本相同，但时钟为 25 MHz，封装为 LQFP32
C8051F348	性能与 C8051F345 基本相同，但无 A/D，封装为 TQFP48
C8051F320	C8051F320 的特点如下： (1) 高速 8051 内核：流水线指令结构(速度高达 25 MHz)和扩展的中断系统； (2) 存储器：2304 B RAM 和 16 KB Flash 程序区； (3) 数字外设：25 线 I/O、USB 2.0、2 个 UART、SPI、I^2C、4 个定时器/计数器和 5 通道 PCA； (4) 模拟外设：17 通道 10 位 A/D 转换器，转换时间为 5 μs，有内部基准源、2 个模拟比较器和温度传感器； (5) 时钟：25 MHz(内部振荡器，可倍频，或由外部晶振提供)； (6) 具有在线编程与调试功能； (7) 工作电压：2.7～5.25 V，环境温度：−40～+85℃； (8) 封装：LQFP32(参见附录 A 中图 A-33)
C8051F321	性能与 C8051F320 基本相同，但 I/O 有 21 线，封装为 QFN28
C8051F326	性能与 C8051F320 基本相同，但 I/O 有 15 线，SRAM 为 1536 B，无 SPI、I^2C，封装为 QFN28
C8051F327	性能与 C8051F320 基本相同，但 I/O 有 15 线，SRAM 为 1536 B，无 SPI、I^2C，封装为 QFN28

主要型号	主要功能、性能、特点、封装等描述
C8051F350	C8051F350 的特点如下： (1) 高速 8051 内核：流水线指令结构(速度高达 50 MHz)和扩展的中断系统； (2) 存储器：768 B RAM 和 8 KB Flash 程序区； (3) 数字外设：17 线 I/O、UART、SPI、I^{2}C、4 个定时器/计数器和 3 通道 PWM/PCA； (4) 模拟外设：8 通道 24 位 A/D 转换器，转换时间为 1 ms，有内部基准源、2 通道 8 位 D/A 转换器，有 2 个模拟比较器和温度传感器； (5) 时钟：50 MHz(内部振荡器，可倍频，或由外部晶振提供)； (6) 具有在线编程与调试功能； (7) 工作电压：2.7～3.6 V，环境温度：−40～+85℃； (8) 封装：LQFP32(参见附录 A 中图 A-33)
C8051F351	性能与 C8051F350 基本相同，封装为 QFN28
C8051F352	性能与 C8051F350 基本相同，但有 8 通道 16 位 A/D，封装为 LQFP32
C8051F352	性能与 C8051F350 基本相同，但有 8 通道 16 位 A/D，封装为 QFN28

表 2-22 C8051F5x(Flash，汽车级)系列 51 单片机主要型号

主要型号	主要功能、性能、特点、封装等描述
C8051F500 (宽电压)	C8051F500 的特点如下： (1) 高速 8051 内核：流水线指令结构(速度高达 50 MHz)和扩展的中断系统； (2) 存储器：4096 B RAM 和 64 KB Flash 程序区； (3) 数字外设：40 线 I/O、CAN2.0、LIN2.0、UART、SPI、I^{2}C、4 个定时器/计数器和 6 通道 PWM/PCA 控制器； (4) 模拟外设：32 通道 12 位 A/D 转换器，转换时间为 5 μs，有内部基准源、温度传感器和 2 个模拟比较器； (5) 时钟：50 MHz(内部振荡器，可倍频，或由外部晶振提供)； (6) 具有在线编程与调试功能； (7) 工作电压：1.8～5.25 V，环境温度：−40～+125℃； (8) 封装：TQFP48/LQFP48(参见附录 A 中图 A-35)
C8051F501	性能与 C8051F500 基本相同，但无 CAN2.0、LIN2.0，封装为 QFP48/QEN48
C8051F502	性能与 C8051F500 基本相同，但 I/O 有 25 线，封装为 QFP32/QEN32
C8051F503	性能与 C8051F502 基本相同，但无 CAN2.0、LIN2.0，封装为 QFP32/QEN32
C8051F504	性能与 C8051F500 基本相同，但 Flash 有 32 KB，封装为 QFP48/QEN48
C8051F505	性能与 C8051F504 基本相同，但无 CAN2.0、LIN2.0，封装为 QFP48/QEN48
C8051F506	性能与 C8051F500 基本相同，但 Flash 有 32 KB，I/O 为 25 线，A/D 为 25 通道 12 位，封装为 QFP32/QEN32

主要型号	主要功能、性能、特点、封装等描述
C8051F507	性能与 C8051F506 基本相同，但无 CAN2.0、LIN2.0，封装为 QFP32/QEN32
C8051F520A (宽电压)	C8051F520A 的特点如下： (1) 高速 8051 内核：流水线指令结构(速度高达 25 MHz)和扩展的中断系统； (2) 存储器：256 B RAM 和 8 KB Flash 程序区； (3) 数字外设：6 线 I/O、LIN2.0、UART、SPI、3 个定时器/计数器和 3 通道 PWM/PCA； (4) 模拟外设：6 道 12 位 A/D 转换器，转换时间为 5 μs，有内部基准源、温度传感器和 1 个模拟比较器； (5) 时钟：25 MHz(内部振荡器，可倍频，或由外部晶振提供)； (6) 具有在线编程与调试功能； (7) 工作电压：1.8～5.25 V，环境温度：−40～+125℃； (8) 封装：QFN10(见附录 A 中图 A-38)
C8051F521A	性能与 C8051F520A 基本相同，但无 LIN2.0，封装为 QFN10
C8051F523A	性能与 C8051F520A 基本相同，但 Flash 有 4 KB，封装为 QFN10
C8051F524A	性能与 C8051F523A 基本相同，但无 LIN2.0，封装为 QFN10
C8051F526A	性能与 C8051F520A 基本相同，但 Flash 有 2 KB，封装为 QFN10
C8051F527A	性能与 C8051F526A 基本相同，但无 LIN2.0，封装为 QFN10
C8051F531A (宽电压)	C8051F531A 的特点如下： (1) 高速 8051 内核：流水线指令结构(速度高达 25 MHz)和扩展的中断系统； (2) 存储器：256 B RAM 和 8 KB Flash 程序区； (3) 数字外设：16 线 I/O、SPI、UART、3 个定时器/计数器和 3 通道 PWM/PCA； (4) 模拟外设：16 道 12 位 A/D 变换器，转换时间为 5 μs，有内部基准源、温度传感器和 1 个模拟比较器； (5) 时钟：25 MHz(内部振荡器，可倍频，或由外部晶振提供)； (6) 具有在线编程与调试功能； (7) 工作电压：1.8～5.25 V，环境温度：−40～+125℃； (8) 封装：QFN20/TSSOP20(参见附录 A 中图 A-34)
C8051F533A	性能与 C8051F531A 基本相同，但 Flash 有 4 KB，有 LIN2.0，封装为 QFN20/TSSOP20
C8051F534A	性能与 C8051F531A 基本相同，但 Flash 有 4 KB，封装为 QFN20/TSSOP20
C8051F536A	性能与 C8051F531A 基本相同，但 Flash 有 2 KB，有 LIN2.0，封装为 QFN20/TSSOP20
C8051F537A	性能与 C8051F531A 基本相同，但 Flash 有 2 KB，封装为 QFN20/TSSOP20

表 2-23　C8051F9x(Flash，低压/低功耗型)系列 51 单片机主要型号

主要型号	主要功能、性能、特点、封装等描述
C8051F930	C8051F930 的特点如下： (1) 高速 8051 内核：流水线指令结构(速度高达 25 MHz)和扩展的中断系统； (2) 存储器：4352 B RAM 和 64 KB Flash 程序区； (3) 数字外设：24 线 I/O、UART、2 个 SPI、I^2C、EMIF、4 个定时器/计数器和 6 通道 PWM/PCA 控制器； (4) 模拟外设：23 通道 10 位 A/D 转换器，转换时间为 3.3 μs，有内部基准源、温度传感器和 2 个模拟比较器； (5) 时钟：50 MHz(内部振荡器，可倍频，或由外部晶振提供)； (6) 具有在线编程与调试功能； (7) 工作电压：0.9～3.6 V，环境温度：−40～+85℃； (8) 功耗：小于 65 mW(在 1.8～3.3 V)； (9) 封装：QFN32/LQFP32(参见附录 A 中图 A-33)
C8051F931	性能与 C8051F930 基本相同，但无 EMIF，I/O 为 16 线，15 通道 A/D 10 位，封装为 QFP24
C8051F920	性能与 C8051F930 基本相同，但 Flash 有 32 KB，封装为 QFN32/LQFP32
C8051F921	性能与 C8051F930 基本相同，但 Flash 有 32 KB，I/O 为 16 线，15 通道 A/D 10 位，封装为 QFN24

2.3.6　μPSD3xx(ST)系列单片机选型

μPSD3xx(ST)系列单片机以增强型 8032 为基础，集成了 PSD(Programmable System Device，可编程系统器件)模块，避免了系统扩展中各种芯片混合在一起所造成的匹配问题，简化了硬件电路设计。PSD 器件集 Flash ROM、E^2PROM、RAM、I/O、PLD 等多功能于一体，其中程序存储器的容量最大可达 288 KB，分成 8 块，通过译码电路和页寄存器实现存储器的寻址，还包括 2～32 KB 的 SRAM。可编程逻辑电路(PLD)具有 16 个输出宏单元和 24 个输入宏单元，可以实现各种逻辑电路设计。其 Flash、SRAM、功能模块的地址范围和引脚属性均可由下载软件自由定义。

该系列除含有大容量的 Flash 和 RAM 存储器外，还集成有 I^2C、SPI、PWM、双 UART、USB 和 A/D 转换器等部件，是一个典型的具有 SOC(System On Chip)特征的单片机。

μPSD3xx 系列分 μPSD32x、μPSD33x 和 μPSD34x 三大类。后两类的运行速度比前者至少快 3 倍。该系列的主要型号及性能简介如表 2-24 所示。

表 2-24　μPSD3xx 系列 51 单片机主要型号

主要型号	主要功能、性能、特点、封装等描述
μPSD32x	μPSD32x 系列器件有 μPSD3212/3233/3234/3253/3254 五种，其特点如下： (1) 高速标准 8032 内核，12 时钟为一个机器周期，5 V 器件速度达 40 MHz，3 V 器件速度达 24 MHz； (2) 器件内含可编程系统模块(PSD)； (3) 内置可编程的地址译码器 PLD，打破了 8032 的 64 KB 寻址空间限制； (4) 两块 Flash 存储器，分主 Flash 和次 Flash，总空间为 80～288 KB； (5) 内置大容量存储器(SRAM)为 2～32 KB，适应实时操作系统(RTOS)及高级应用； (6) 带有 16 个宏单元的 3000 门 PLD，可方便构建 74HCxx 数字电路； (7) 通过 JTAG 在系统编程(ISP)； (8) 拥有独立的显示数据通道(DDC)，提供监视设备信号； (9) 所用空间范围和 I/O 功能可由下载软件设置； (10) 该系列对应的总 Flash 容量为 80 KB/160 KB/288 KB/160 KB/288 KB； (11) 该系列对应总的 SRAM 容量为 2048 B/8192 B/8192 B/32768 B/32768 B； (12) 可编程 I/O 口(52 脚/80 脚)：37/46； (13) 有 10 个中断源； (14) 支持 USB 1.1 低速模式，传输速度为 1.5 Mb/s(μPSD323x)； (15) 有 4 通道 8 位高速 A/D 转换器，转换时间为 10 μs，模拟参考电压由外引脚提供； (16) 有 2 个全双工串口(UART)、3 个定时器/计数器、I^2C、PWM、USB 接口和 WDT 等功能； (17) 工作电压：4.5～5.5 V(5 V 器件)，3.0～3.6 V(3 V 器件)； (18) 工作温度：−40～+85℃； (19) 封装：TQFP52(无总线输出)和 TQFP80(见附录 A 中图 A-39)
μPSD33x	μPSD33x 系列器件有 μPSD3312/3333/3334/3354 四种，其功能与 μPSD32x 系列基本相同，但主要差别有： (1) 指令周期为 4 个机器周期(传统的是 12 个机器周期)； (2) 该系列对应的总 Flash 容量：80 KB/160 KB/288 KB/288 KB； (3) 该系列对应的总 SRAM 容量：2048 B/8192 B/8192 B/32768 B； (4) A/D 转换器为 8 通道 10 位，转换时间为 6 μs； (5) 有 8/10/16 位的 PWM 控制器、11 个中断源和 SPI 接口； (6) 无 USB 接口； (7) 封装：TQFP52(无总线输出)和 TQFP80(见附录 A 中图 A-39)
μPSD34x	μPSD34x 系列器件有 μPSD3422/3433/3434/3454 四种，其功能与 μPSD32x 系列基本相同，但主要差别有： (1) 指令周期为 4 个机器周期(传统的是 12 个机器周期)； (2) 该系列对应的总 Flash 容量：80 KB/160 KB/288 KB/288 KB； (3) 该系列对应的总 SRAM 容量：4096 B/8192 B/8192 B/32768 B； (4) A/D 转换器为 8 通道 10 位，转换时间为 6 μs； (5) 有 8/10/16 位的 PWM 控制器、12 个中断源和 SPI 接口； (6) 支持 USB 2.0 模式，传输速度为 12 Mb/s； (7) 封装：TQFP52(无总线输出)和 TQFP80(见附录 A 中图 A-39)

2.4 AVR 系列单片机介绍

AVR 单片机是 Atmel 公司利用其 Flash 新技术研发的带有 RISC(精简指令集)的高速 8 位单片机。它吸收了 DSP 双总线的特点，采用 Harvard 总线结构，因此单片机的程序存储器和数据存储器是分开的，并且可对具有相同地址的程序存储器和数据存储器进行独立寻址。

在 AVR 单片机中，CPU 执行当前指令时取出将要执行的下一条指令并放入指令寄存器中，从而可以避免传统 MCS-51 系列单片机中多指令周期的出现。传统 MCS-51 系列单片机所有的数据处理都是基于一个累加器的，因此累加器与程序存储器、数据存储器之间的数据交换就成了单片机的瓶颈。而在 AVR 单片机中，寄存器由 32 个通用工作寄存器组成，并且任何一个寄存器都可以充当累加器，从而有效地避免了累加器的瓶颈效应，提高了系统的性能。

AVR 单片机有以下特点：

(1) 速度快。AVR 采用 RISC，可在一个时钟周期内执行一条指令来访问两个独立的寄存器，代码效率比常规 CISC 微控制器快 10 倍。AVR 单片机在执行前一条指令时就取出下一条指令，然后用一个周期执行指令(与 DSP 类似)，是 8 位单片机中真正的 RISC 单片机。

(2) 集成度高。AVR 单片机内部资源丰富，包括 1～128 KB 可下载的 Flash 存储器、64 B～4 KB 的 E^2PROM、128 B～8 KB 的 RAM、5～32 条通用的 I/O 线、32 个通用工作寄存器、模拟比较器、定时器/计数器、实时日历定时器(RTC)、可编程异步串行口、内部及外部中断、带内部晶振的可编程看门狗定时器、为下载程序而设计的 SPI 串行口、多通道 10 位 A/D 转换器以及闲置和掉电的省电模式等电路。

(3) 串口通信功能强。ARV 增强型的高速同步/异步串口，具有硬件产生校验码、硬件检测、校验侦错、两级接收缓冲、波特率自动调整定位(接收时)和屏蔽数据帧等功能，提高了通信的可靠性，方便程序编写，更便于组成分布式网络和实现多机通信系统的复杂应用，串口功能大大超过 MCS-51/96 单片机的串口，加之 AVR 单片机速度高，中断服务时间短，故可实现高波特率通信。

(4) I/O 口驱动能力强。AVR 单片机的 I/O 口能正确反映 I/O 口输入/输出的真实情况。其工业级产品具有大驱动电流(灌电流，10～40 mA)，可直接驱动可控硅 SSR、继电器和 LED 等器件。

(5) 支持在系统编程(ISP)。AVR 单片机内嵌高质量的 Flash 程序存储器，擦写方便，支持 ISP 和 IAP，便于产品的调试、开发、生产和更新。

(6) 编程开发容易。AVR 单片机除具有 ISP/IAP 功能外，还支持 Basic、C 等高级语言编程。采用高级语言对单片机系统进行开发是单片机应用的发展趋势。

(7) 保密性能好。AVR 单片机具有高度保密性，具有不可破解的位加密锁 Lock Bit 技术，保密位单元深藏于芯片内部，保密性极好。

(8) 工作电压范围宽。AVR 单片机的一般器件的电源电压在 2.7～5.5 V 内能可靠工作，有的器件在工作电压低到 1.8 V 时仍可工作。

(9) 功耗低。AVR 单片机采用低功率、非挥发的 CMOS 工艺制造，功耗较低，在看门狗定时器(WDT)关闭时耗去的电流仅为 100 nA 左右，适用于干电池供电场合。

(10) 价格低廉。AVR 单片机在同类产品中价格是较低的。

2.5 AVR 系列单片机应用选型指南

AVR 单片机具有多个系列，包括 ATtiny、AT90 和 Atmega，每个系列又包括多个产品，它们在功能、引脚、封装和存储容量等方面有很大的差别，但基本结构和原理都类似，而且编程方法也相同。其主要型号及性能简介如表 2-25～表 2-27 所示。

表 2-25 ATtiny 系列 AVR 单片机主要型号

主要型号	主要功能、性能、特点、封装等描述
ATtiny 11/11L	ATtiny11/11L 的特点如下： (1) 为 AVR 高速低功耗(RISC 结构)8 位中档处理器，有 90 条指令,32 个工作寄存器； (2) 在线编程 Flash 存储器容量：1 KB； (3) 有 1 个 8 位定时器/计数器和 1 个模拟比较器； (4) 有看门狗定时器和 4 个中断源； (5) 可编程 I/O 口：6 个； (6) 工作频率：0～2 MHz(ATtiny11L)，0～6 MHz(ATtiny11)； (7) 工作电压：2.7～5.5 V(ATtiny11L)，4.0～5.5 V(ATtiny11)； (8) 外形有 8 脚 PDIP、SOIC 和 SSOP 等封装(见附录 B 中图 B-1)
ATtiny 12/12L	ATtiny12/12L 的特点如下： (1) 为 AVR 高速低功耗(RISC 结构)8 位中档处理器，有 90 条指令,32 个工作寄存器； (2) 在线编程 Flash 存储器容量：1 KB； (3) 内部有 64 B E^2PROM； (4) 有 1 个 8 位定时器/计数器和 1 个模拟比较器； (5) 有看门狗定时器和 5 个中断源； (6) 可编程 I/O 口：6 个； (7) 工作频率：0～4 MHz(ATtiny12L)，0～1 MHz(ATtiny12)； (8) 工作电压：2.7～5.5 V(ATtiny12L)，1.8～5.5 V(ATtiny12)； (9) 外形有 8 脚 PDIP、SOIC 和 SSOP 等封装(见附录 B 中图 B-2)
ATtiny15L	ATtiny15L 的特点如下： (1) 为 AVR 高速低功耗(RISC 结构)8 位中档处理器，有 90 条指令,32 个工作寄存器； (2) 在线编程 Flash 存储器容量：1 KB； (3) 内部有 64 B E^2PROM； (4) 有 2 个 8 位定时器/计数器和 1 个 8 位高速 PWM 输出(150 kHz)； (5) 有 4 通道 10 位 A/D 转换器和 1 个模拟比较器； (6) 有看门狗定时器和 8 个中断源； (7) 可编程 I/O 口：6 个； (8) 工作频率：0～1.6 MHz； (9) 工作电压：2.7～5.5 V； (10) 外形有 8 脚 PDIP 和 SOIC 等封装(见附录 B 中图 B-3)

主要型号	主要功能、性能、特点、封装等描述
ATtiny 28/28L	ATtiny28/28L 的特点如下： (1) 为 AVR 高速低功耗(RISC 结构)8 位中档处理器，有 90 条指令，32 个工作寄存器； (2) Flash 存储器容量：2 KB(无 ISP)； (3) 有 1 个 8 位定时器/计数器和 1 个模拟比较器； (4) 有看门狗定时器和 5 个中断源； (5) 可编程 I/O 口：11 个，其中有 8 个输入和 1 个大电流 LED 驱动； (6) 工作频率：0～1 MHz(ATtiny28)，0～4 MHz(ATtiny28L)； (7) 工作电压：2.7～5.5 V(ATtiny28)，1.8～5.5 V(ATtiny28L)； (8) 外形有 28 脚 PDIP 和 32 脚 TQFP、MLF 等封装(见附录 B 中图 B-4)
ATtiny 2313/2313 V	ATtiny2313/2313V 的特点如下： (1) 为 AVR 高速低功耗(RISC 结构)8 位中档处理器，有 120 条指令，32 个工作寄存器； (2) 在线 Flash 存储器容量：2 KB； (3) 内部有 128 B E^{2}PROM 和 128 B SRAM； (4) 有 1 个 8 位定时器/计数器、1 个模拟比较器和 4 个 PWM； (5) 有 1 个全双工 UART 接口； (6) 可编程 I/O 口：18 个； (7) 工作频率：0～4 MHz(ATtiny2313V)，0～10 MHz(ATtiny2313)； (8) 工作电压：1.8～5.5 V(ATtiny2313V)，2.7～5.5 V(ATtiny2313)； (9) 外形有 20 脚 PDIP、SOIC、SSOP 等封装(参见附录 B 中图 B-5)

表 2-26 AT90xx 系列 AVR 单片机主要型号

主要型号	主要功能、性能、特点、封装等描述
AT90S 1200x	AT90S1200x 系列器件有 AT90S1200-4/12 两种。其特点如下： (1) 为 AVR 高速低功耗(RISC 结构)8 位中档处理器，有 89 条指令，32 个工作寄存器； (2) 在线编程 Flash 存储器容量：1 KB； (3) 内部有 64 B E^{2}PROM； (4) 有 1 个 8 位定时器/计数器和 1 个模拟比较器； (5) 有看门狗定时器； (6) 可编程 I/O 口：15 个； (7) 工作频率：0～4 MHz(AT90S1200-4)，0～12 MHz(AT90S1200-12)； (8) 工作电压：2.7～6.0 V(AT90S1200-4)，4.0～6.0 V(AT90S1200-12)； (9) 外形有 20 脚 PDIP、SOIC 和 SSOP 等封装(见附录 B 中图 B-5)
AT90S 2313x	AT90S2313x 系列器件有 AT90S2313-4/10 两种。其特点如下： (1) 为 AVR 高速低功耗(RISC 结构)8 位中档处理器，有 118 条指令，32 个工作寄存器； (2) 在线编程 Flash 存储器容量：2 KB； (3) 内部有 128 B E^{2}PROM 和 128 B SRAM； (4) 有 1 个 8 位定时器/计数器和 1 个 16 位定时器/计数器； (5) 有 1 个 8～10 位 PWM 和 1 个模拟比较器； (6) 有 1 个全双工串口(UART)；

主要型号	主要功能、性能、特点、封装等描述
AT90S 2313x	(7) 有可编程看门狗定时器； (8) 可编程 I/O 口：15 个； (9) 工作频率：0～4 MHz(AT90S2313-4)，0～10 MHz(AT90S2313-10)； (10) 工作电压：2.7～6.0 V(AT90S2313-4)，4.0～6.0 V(AT90S2313-10)； (11) 外形有 20 脚 PDIP 和 SOIC 等封装(见附录 B 中图 B-6)
AT90x 2323/2343	AT90x2323/2343 系列器件有 AT90S2323/LS2323/S2343/LS2343 四种。其特点如下： (1) 为 AVR 高速低功耗(RISC 结构)8 位中档处理器，有 118 条指令，32 个工作寄存器； (2) 在线编程 Flash 存储器容量：2 KB； (3) 内部有 128 B E^{2}PROM 和 128 B SRAM； (4) 有 1 个 8 位定时器/计数器； (5) 有可编程看门狗定时器； (6) 可编程 I/O 口：对于 AT90S/LS2323 有 3 个，对于 AT90S/LS2343 有 5 个； (7) 工作频率：0～4 MHz(AT90LS2323/LS2343)，0～10 MHz(AT90S2323/S2343)； (8) 工作电压：2.7～6.0 V(AT90LS2323/ LS2343)，4.0～6.0 V(AT90S2323/S2343)； (9) 外形有 8 脚 PDIP 和 SOIC 等封装(见附录 B 中图 B-7)
AT90x 4433	AT90x4433 系列器件有 AT90S4433/LS4433 两种。其特点如下： (1) 为 AVR 高速低功耗(RISC 结构)8 位中档处理器，有 118 条指令，32 个工作寄存器； (2) 在线编程 Flash 存储器容量：4 KB； (3) 内部有 256 B E^{2}PROM 和 128 B SRAM； (4) 有 1 个 8 位定时器/计数器和 1 个 16 位定时器/计数器； (5) 有 1 个 8～10 位 PWM 和 1 个模拟比较器； (6) 有 1 个全双工串口(UART)和 SPI 接口； (7) 有 6 通道 10 位 A/D 转换器； (8) 有可编程看门狗定时器； (9) 可编程 I/O 口：20 个； (10) 工作频率：0～4 MHz(AT90LS4433)，0～8 MHz(AT90S4433)； (11) 工作电压：2.7～6.0 V(AT90LS4433)，4.0～6.0 V(AT90S4433)； (12) 外形有 28 脚 PDIP 和 32 脚 TQFP 等封装(见附录 B 中图 B-8)
AT90S 8515x	AT90S8515x 系列器件有 AT90S8515-4/8 两种。其特点如下： (1) 为 AVR 高速低功耗(RISC 结构)8 位中档处理器，有 118 条指令，32 个工作寄存器； (2) 在线编程 Flash 存储器容量：8 KB； (3) 内部有 512 B E^{2}PROM 和 512 B SRAM； (4) 有 1 个 8 位定时器/计数器和 1 个 16 位定时/计数器； (5) 有 2 个 8～10 位 PWM 和 1 个模拟比较器； (6) 有 1 个全双工串口(UART)和 SPI 接口； (7) 有可编程看门狗定时器； (8) 可编程 I/O 口：32 个； (9) 工作频率：0～4 MHz(AT90S8515-4)，0～8 MHz(AT90S8515-8)； (10) 工作电压：2.7～6.0 V(AT90S8515-4)，4.0～6.0 V(AT90S8515-8)； (11) 外形有 40 脚 PDIP 和 44 脚 PLCC、TQFP 等封装(见附录 B 中图 B-9)

主要型号	主要功能、性能、特点、封装等描述
AT90x 8535	AT90x8535 系列器件有 AT90S8535/LS8535 两种。其特点如下： (1) 为 AVR 高速低功耗(RISC 结构)8 位中档处理器，有 118 条指令，32 个工作寄存器； (2) 在线编程 Flash 存储容量：8 KB； (3) 内部有 512 B E^2PROM 和 512 B SRAM； (4) 有 2 个 8 位定时器/计数器和 1 个 16 位定时器/计数器； (5) 有 8 通道 10 位 A/D 转换器； (6) 有 2 个 8～10 位 PWM 和 1 个模拟比较器； (7) 有 1 个全双工串口(UART)和 SPI 接口(主从结构)； (8) 有可编程看门狗定时器； (9) 有实时时钟(RTC)、上电复位、外部中断源和 3 个休眠模式； (10) 可编程 I/O 口：32 个； (11) 工作频率：0～4 MHz(AT90LS8535)，0～8 MHz(AT90S8535)； (12) 工作电压：2.7～6.0 V(AT90LS8535)，4.0～6.0 V(AT90S8535)； (13) 外形有 40 脚 PDIP 和 44 脚 PLCC、TQFP、MLF 等封装(见附录 B 中图 B-10)
AT90CAN 32/64/128	AT90CAN32/64/128 器件的特点如下： (1) 为 AVR 高速低功耗(RISC 结构)8 位中档处理器，有 133 条指令，32 个工作寄存器； (2) 在线编程 Flash 存储器容量：32 KB/64 KB/128 KB； (3) 内部 E^2PROM 有 1 KB/2 KB/4 KB 字节，SRAM 有 2 KB/4 KB/4 KB 字节； (4) 有 JTAG 和 CAN 接口； (5) 有 8 通道 10 位 A/D 转换器； (6) 有 3 通道 PWM 和 1 个模拟比较器； (7) 有 2 个全双工串口(UART)和 SPI 接口(主从结构)； (8) 可编程 I/O 口：53 个； (9) 工作频率：0～16 MHz； (10) 工作电压：2.7～5.5 V； (11) 外形有 64 脚 TQFP、QFN 封装(见附录 B 中图 B-11)
AT90USB 646/647/ 1286/1287	AT90USB646/647/1286/1287 器件的特点如下： (1) 为 AVR 高速低功耗(RISC 结构)8 位中档处理器，有 135 条指令，32 个工作寄存器； (2) 在线编程 Flash 存储器容量：32 KB/64 KB/128 KB； (3) 内部 E^2PROM 有 1 KB/2 KB/4 KB，SRAM 有 2.5 KB/4 KB/8 KB； (4) 有 JTAG 和 USB 2.0 接口； (5) 有 8 通道 10 位 A/D 转换器； (6) 有 4 通道 PWM 和 1 个模拟比较器； (7) 有 1 个全双工串口(UART)； (8) 可编程 I/O 口：48 个； (9) 工作频率：0～16 MHz； (10) 工作电压：2.7～5.5 V； (11) 外形有 64 脚 TQFP 封装(参见附录 B 中图 B-12)

表 2-27　ATmega 系列 AVR 单片机主要型号

主要型号	主要功能、性能、特点、封装等描述
ATmega 161/161L	ATmega161/161L 的特点如下： (1) 为 AVR 高速低功耗(RISC 结构)8 位处理器，有 130 条指令，32 个工作寄存器； (2) 在线编程 Flash 存储器(ISP)：16 KB； (3) 内部有 512 B E^{2}PROM 和 1 KB SRAM； (4) 有 2 个 8 位定时器/计数器和 1 个 16 位定时器/计数器； (5) 2 个 8～10 位 PWM 和 1 个模拟比较器； (6) 有 2 个全双工串口(USART)和 SPI 接口(主从结构)； (7) 有可编程看门狗定时器； (8) 有上电复位、外部中断源和 3 个休眠模式； (9) 可编程 I/O 口：35 个； (10) 工作频率：0～4 MHz(ATmega161L)，0～8 MHz(ATmega161)； (11) 工作电压：2.7～6.0 V(ATmega161L)，4.0～6.0 V(ATmega161)； (12) 外形有 40 脚 PDIP 和 44 脚 TQFP 等封装(见附录 B 中图 B-13)
ATmega 163/163L	ATmega163/163L 的特点如下： (1) 为 AVR 高速低功耗(RISC 结构)8 位处理器，有 130 条指令，32 个工作寄存器； (2) 在线编程 Flash 存储器容量：16 KB； (3) 内部有 512 B E^{2}PROM 和 1 KB SRAM； (4) 有 2 个 8 位定时器/计数器和 1 个 16 位定时器/计数器； (5) 有 3 通道 PWM 和 1 个模拟比较器； (6) 有 8 通道 10 位 A/D 转换器； (7) 有 1 个全双工串口(USART)和 SPI 接口(主从结构)； (8) 有可编程看门狗定时器； (9) 有实时(RTC)时钟、上电复位、外部中断源和 3 个休眠模式； (10) 可编程 I/O 口：32 个； (11) 工作频率：0～4 MHz(ATmega163L)，0～8 MHz(ATmega163)； (12) 工作电压：2.7～6.0 V(ATmega163L)，4.0～6.0 V(ATmega163)； (13) 外形有 40 脚 PDIP 和 44 脚 TQFP 等封装(见附录 B 中图 B-14)
ATmega 323/323L	ATmega323/323L 的特点如下： (1) 为 AVR 高速低功耗(RISC 结构)8 位处理器，有 130 条指令，32 个工作寄存器； (2) 在线编程 Flash 存储器容量：32 KB； (3) 内部有 1024 B E^{2}PROM 和 2048 B SRAM； (4) 有 JTAG 接口； (5) 有 2 个 8 位定时器/计数器和 1 个 16 位定时器/计数器； (6) 有 4 通道 PWM 和 1 个模拟比较器； (7) 有 8 通道 10 位 A/D 转换器； (8) 有 1 个全双工串口(USART)和 SPI 接口(主从结构)； (9) 有可编程看门狗定时器； (10) 有实时(RTC)时钟、上电复位、外部中断源和 3 个休眠模式； (11) 可编程 I/O 口：32 个； (12) 工作频率：0～4 MHz(ATmega323L)，0～8 MHz(ATmega323)； (13) 工作电压：2.7～6.0 V(ATmega323L)，4.0～6.0 V(ATmega323)； (14) 外形有 40 脚 PDIP 和 44 脚 TQFP 等封装(见附录 B 中图 B-15)

主要型号	主要功能、性能、特点、封装等描述
ATmega 103/103L	ATmega103/103L 的特点如下： (1) 为 AVR 高速低功耗(RISC 结构)8 位处理器，有 121 条指令，32 个工作寄存器； (2) 在线编程 Flash 存储器容量：128 KB； (3) 内部有 4 KB E^{2}PROM 和 4 KB SRAM； (4) 有 2 个 8 位定时器/计数器和 1 个 16 位定时器/计数器； (5) 有 4 通道 PWM 和 1 个模拟比较器； (6) 有 8 通道 10 位 A/D 转换器； (7) 有 1 个全双工串口(USART)和 SPI 接口(主从结构)； (8) 有可编程看门狗定时器； (9) 有实时(RTC)时钟、上电复位、外部中断源和 3 个休眠模式； (10) 引脚：8 个输出、8 个输入和 32 个可编程 I/O 口； (11) 工作频率：0～4 MHz(ATmega103L)，0～8 MHz(ATmega103)； (12) 工作电压：2.7～6.0 V(ATmega103L)，4.0～6.0 V(ATmega103)； (13) 外形有 64 脚 TQFP 等封装(见附录 B 中图 B-16)
ATmega 8/8L	ATmega8/8L 的特点如下： (1) 为 AVR 高速低功耗(RISC 结构)8 位处理器，有 130 条指令，32 个工作寄存器； (2) 在线编程 Flash 存储器容量：8 KB； (3) 内部有 512 B E^{2}PROM 和 1 KB SRAM； (4) 有 2 个 8 位定时器/计数器和 1 个 16 位定时器/计数器； (5) 有 3 通道 PWM 和 1 个模拟比较器； (6) 有 8 通道 10 位 A/D 转换器(在 TQFP 封装)，6 通道 10 位 A/D 转换器(在 PDIP 封装)； (7) 有 1 个全双工串口(USART)和 SPI 接口(主从结构)； (8) 有可编程看门狗定时器； (9) 有实时(RTC)时钟、上电复位、外部中断源和 3 个休眠模式； (10) 可编程 I/O：23 个； (11) 工作频率：0～4 MHz(ATmega8L)，0～8 MHz(ATmega8)； (12) 工作电压：2.7～6.0 V(ATmega8L)，4.0～6.0 V(ATmega8)； (13) 外形有 28 脚 PDIP 和 32 脚 TQFP、QFN/MLF 等封装(见附录 B 中图 B-17)
ATmega 16/16L	ATmega16/16L 的特点如下： (1) 为 AVR 高速低功耗(RISC 结构)8 位处理器，有 131 条指令，32 个工作寄存器； (2) 在线编程 Flash 存储器容量：16 KB； (3) 有 JTAG 接口； (4) 内部有 512 B E^{2}PROM 和 1 KB SRAM； (5) 有 2 个 8 位定时器/计数器和 1 个 16 位定时器/计数器； (6) 有 4 通道 PWM 和 1 个模拟比较器； (7) 有 8 通道 10 位 A/D 转换器(8 个单通道，7 个差分，2 个差分通道具有增益×1、×10、×200)； (8) 有 1 个全双工串口(USART)和 SPI 接口(主从结构)； (9) 有可编程看门狗定时器； (10) 有实时(RTC)时钟、上电复位、外部中断源和 3 个休眠模式； (11) 可编程 I/O：32 个；

主要型号	主要功能、性能、特点、封装等描述
ATmega 16/16L	(12) 工作频率：0～8 MHz(ATmega16L)，0～16 MHz(ATmega16)； (13) 工作电压：2.7～6.0 V(ATmega16L)，4.0～6.0 V(ATmega16)； (14) 外形有 40 脚 PDIP 和 44 脚 TQFP、QFN/MLF 等封装(见附录 B 中图 B-18)
ATmega 32/32L	ATmega32/32L 的性能与 ATmega16/16L 基本相同。不同点是： (1) 在线编程 Flash 存储器容量：32 KB； (2) E^{2}PROM 有 1 KB，SRAM 有 2 KB
ATmega32U6	ATmega32U6 的性能与 ATmega32/32L 基本相同。不同点是： (1) 有 USB 2.0 接口； (2) I/O 口：48 个； (3) 外形有 64 脚 TQFP 和 QFN 封装(见附图 B 中图 B-12)
ATmega 48/ 88/ 168	ATmega48/88/168 系列的特点是： (1) 为 AVR 高速低功耗(RISC 结构)8 位处理器，有 131 条指令，32 个工作寄存器； (2) 在线编程 Flash 存储器容量：4 KB/8 KB/16 KB； (3) 内部 E^{2}PROM：256 B/512 B/512 B； (4) 内部 SRAM：512 B/1024 B/1024 B； (5) 有 2 个 8 位定时器/计数器和 1 个 16 位定时器/计数器； (6) 有 6 通道 PWM 和 1 个模拟比较器； (7) 有 8 通道 10 位 A/D 转换器(TQFP、QFN/MLF 封装)，6 通道 10 位 A/D 转换器(PDIP 封装)； (8) 有 1 个全双工串口(USART)和 SPI 接口(主从结构)； (9) 有可编程看门狗定时器； (10) 有实时(RTC)时钟、上电复位、外部中断源和 3 个休眠模式； (11) 可编程 I/O：23 个； (12) 工作频率：0～4 MHz(V 型)，其他 0～10 MHz； (13) 工作电压：2.7～6.0 V； (14) 外形有 28 脚 PDIP、32 脚(或 28 脚)TQFP、QFN/MLF 等封装(见附录 B 中图 B-19)
ATmega 128/128L	ATmega128/128L 的性能与 ATmega16/16L 基本相同。不同点是： (1) 在线编程 Flash 存储器容量：128 KB； (2) E^{2}PROM 有 4 KB，SRAM 有 4 KB，可编程 I/O 是 53 个； (3) 串口(USART)是 2 个； (4) 外形封装：64 脚 TQFP、QFN/MLF(见附录 B 中图 B-20)
ATmega 64/64L	ATmega64/64L 的性能与 ATmega16/16L 基本相同。不同点是： (1) 在线编程 Flash 存储器容量：64 KB； (2) E^{2}PROM 有 2 KB，SRAM 有 4 KB，可编程 I/O 是 54 个； (3) 串口(USART)是 2 个； (4) 外形封装：64 脚 TQFP、QFN/MLF(见附录 B 中图 B-20)
ATmega 128/128L	ATmega128/128L 的性能与 ATmega16/16L 基本相同。不同点是： (1) 在线编程 Flash 存储器容量：128 KB； (2) E^{2}PROM 有 4 KB，SRAM 有 4 KB，可编程 I/O 是 53 个； (3) 串口(USART)是 2 个； (4) 外形封装：64 脚 TQFP、QFN/MLF(见附录 B 中图 B-20)

主要型号	主要功能、性能、特点、封装等描述
ATmega640/ 128x/256x	ATmega640/128x/256x 系列器件有 ATmega640/1280/1281/2560/2561 五种。其特点如下： (1) 为 AVR 高速低功耗(RISC 结构)8 位高档处理器，有 135 条指令，32 个工作寄存器； (2) 在线编程 Flash 存储器容量：64 KB/128 KB/256 KB； (3) 有 JTAG 接口； (4) 内部有 4 KB E^{2}PROM 和 8 KB SRAM； (5) 有 2 个 8 位定时器/计数器和 5 个 16 位定时器/计数器； (6) 有 4 通道 PWM、1 个模拟比较器和 SPI 接口(主从结构)； (7) 有 8/6 通道 10 位 A/D 转换器(ATmega1281/2561，ATmega640/1280/2560)； (8) 有 2/4 个串型 USART 口(ATmega1281/2561，ATmega640/1280/2560)； (9) 有可编程看门狗定时器； (10) 有实时(RTC)时钟、上电复位、外部中断源和 3 个休眠模式； (11) 可编程 I/O：54/58 个(ATmega1281/2561，ATmega640/1280/2560)； (12) 工作频率：0～4 MHz(V 型)，其他 0～8 MHz； (13) 工作电压：1.8～5.5 V(V 型)，其他 2.7～5.5 V； (14) 外形有 64 脚 QFN/MLF、TQFP 封装(对于 ATmega1281/2561，见附录 B 中图 B-20)， 100 脚 TQFP、CBGA 封装(对于 ATmega640/1280/2560)
ATmega 169V/169	ATmega169V/169 的特点如下： (1) 为 AVR 高速低功耗(RISC 结构)8 位高档处理器，有 130 条指令，32 个工作寄存器； (2) 在线编程 Flash 存储器容量：16 KB； (3) 有 JTAG 接口； (4) 内部有 512 B E^{2}PROM 和 1 KB SRAM； (5) 有 2 个 8 位定时器/计数器和 1 个 16 位定时器/计数器； (6) 有 4 通道 PWM 和 1 个模拟比较器； (7) 有 8 通道 10 位 A/D 转换器； (8) 有 1 个全双工串口(USART)和 SPI 接口(主从结构)； (9) 有 4×25 段 LCD 驱动； (10) 可编程 I/O：53 个； (11) 工作频率：0～4 MHz(ATmega169 V)，0～8 MHz(ATmega169)； (12) 工作电压：1.8～5.5 V(ATmega169 V)，2.7～5.5 V(ATmega169)； (13) 外形有 64 脚 TQFP、QFN/MLF 等封装(见附录 B 中图 B-21)
ATmega 329 V/ 3290 V/ 649 V/ 6490 V	ATmega329V/3290V/649V/6490V 的特性与 ATmega169V/169 基本相同。不同点是： (1) 在线编程 Flash 存储器容量：32 KB/64 KB； (2) 内部 E^{2}PROM：1 KB/2 KB； (3) 内部 SRAM：2 KB/4 KB； (4) 有 4×25 段 LCD 驱动(ATmega329 V/649 V)，4×40 段 LCD 驱动(ATmega3290 V/6490 V)

2.6 MSP430 系列单片机介绍

MSP430 系列单片机是德州仪器(TI)公司推出的一种超低功耗 16 位工业级混合信号处理器。设计人员利用 MSP430 能够容易地连接传感器、模拟信号与数字组件，并同时保持无与伦比的低功耗优势。MSP430 系列单片机针对各种不同的应用需求，有一系列不同型号的器件，其主要特点有：

(1) 超低功耗。MSP430 单片机之所以有超低的功耗，是因为它在芯片的电源电压控制及灵活而可控的运行时钟方面都有独到之处。

首先，MSP430 系列单片机的电源电压采用的是 1.8～3.6 V 电压，因而当它在 1 MHz 的时钟条件下运行时，芯片的电流会在 200～400 μA 左右，时钟关断模式的最低功耗只有 0.1 μA。

其次，MSP430 灵活的时钟系统可实现无可匹敌的超低功耗性能。在 MSP430 系列中有基本时钟系统和锁频环时钟系统(或 DCO 数字振荡器时钟系统)两个不同的时钟系统。有的使用一个晶体振荡器(频率为 32 768 Hz)，有的使用两个晶体振荡器。由系统时钟产生 CPU 和各功能所需的时钟，并且这些时钟可以在指令的控制下打开和关闭，从而实现对总体功耗的控制。

由于系统运行时打开的功能模块不同(即采用不同的工作模式)，因此芯片的功耗有着显著的不同。在系统中共有 1 种活动模式(AM)和 5 种低功耗模式(LPM0～LPM4)。在等待方式下，耗电为 0.7 μA；在节电方式下，最低可达 0.1 μA。

(2) 丰富的片内外设及其多样化的组合。MSP430 系列单片机的各器件都集成了较丰富的片内外设，它们分别是看门狗定时器(WDT)、模拟比较器 A、定时器 A(Timer_A)、定时器 B (Timer_B)、串口 0/1(UART0/ UART1)、硬件乘法器、液晶驱动器、10/12/16 位 ADC、12 位 DAC、I^2C 总线、直接数据存取(DMA)、端口 0～6(P0～P6)、基本定时器(Basic Timer)、SPI、红外线控制器(IrDA)、温度传感器等许多外围模块的不同组合。其中，看门狗可以在程序失控时迅速复位；16 位定时器(Timer_A 和 Timer_B)具有捕获/比较功能；大量的捕获/比较寄存器可用于事件计数、时序发生、PWM 等；有的器件可实现异步、同步及多址访问串行通信接口等应用；P0、P1、P2 端口能够接收外部上升沿或下降沿的中断输入。MSP430 系列单片机的这些片内外设，在目前所有单片机中是非常突出的，这为系统的单片解决方案提供了极大的便利。

(3) 强大的处理能力。MSP430 系列单片机是一个 16 位的单片机，采用了精简指令集(RISC)结构，具有丰富的寻址方式(7 种源操作数寻址、4 种目的操作数寻址)、简洁的 27 条内核指令以及大量的模拟指令；具有的大量寄存器以及片内数据存储器都可参加多种运算；还有高效的查表处理指令；有较高的处理速度，在 8 MHz 晶体驱动下的指令周期为 125 ns。这些特点保证了其高效率的数据处理能力。16 位的数据宽度、125 ns 的指令周期以及多功能的硬件乘法器(能实现乘加)相配合，能实现数字信号处理的复杂运算(如 FFT 等)。

MSP430 系列单片机的中断源较多，并且可以任意嵌套，使用时灵活方便。当系统处于省电的备用状态时，用中断请求将它唤醒只需 6 μs。

(4) 高性能的模拟技术。10/12/14 位的硬件 A/D 转换器有很高的转换速率，转换时间最短为 5 μs，适用于大多数采集场合。模拟比较器不仅可进行模拟电压的比较，也可配合定时器实现 A/D 转换器的功能。

(5) 系统工作稳定。上电复位后，首先由 DCOCLK 启动 CPU，迫使程序从正确的位置开始执行，保证了外接晶体振荡器有足够的起振及稳定时间。然后软件可设置适当的寄存器的控制位来确定最后的系统时钟频率。如果晶体振荡器在用做 CPU 时钟(MCLK)时发生故障，DCO 会自动启动，以保证系统正常工作。这种设计在目前各个单片机中是独有的。如果程序跑飞，可用看门狗将其复位。

另外，MSP430 系列单片机均为工业级器件(运行环境温度为−40～+85℃)，可靠性高。

(6) 无总线接口。MSP430 系列单片机只有强大的内部资源，但无地址总线、数据总线和控制总线输出。

(7) 方便高效的开发环境。目前，MSP430 系列有 OTP 型、Flash 型、EPROM 型和 ROM型四种类型。这些器件的开发手段不同。对于 OTP 型、EPROM 型和 ROM 型的器件，是使用仿真器开发成功之后，再烧写或掩膜芯片；对于 Flash 型器件，则有十分方便的开发调试环境，即通过自带的 JTAG 调试接口，方便地下载程序到 Flash 内运行，且可由 JTAG 接口实现数据的动态交换和调试。

2.7　MSP430 系列单片机应用选型指南

目前，MSP430 系列单片机种类很多，按程序存储器分为 C 型(ROM)、P 型(OTP)、E型(EPROM)和 F 型(Flash)四种，按使用环境分为 I 级(工业级)和 A 级(汽车级)。F 型单片机在系统设计、开发调试及实际应用上都具有显著优势，其应用程序升级和代码改进更为方便，是国内应用的主流机型。其他类型比较适合小批量或大批量生产。MSP430 系列产品的程序存储区从 1 KB 到 256 KB，数据存储器从 128 B 到 16 KB 的都有，各种芯片加上不同的外围模块，使得设计人员可以根据不同的应用而选择合适的单片机型号，以便获得最佳的性价比。

MSP430 系列单片主要型号及性能简介如表 2-28～表 2-31 所示，其中，电源电压均为1.8～3.6 V。

表 2-28　MSP430x1xx 系列单片机主要型号

主要型号	主要功能、性能、特点、封装等描述
MSP430 x11x1	MSP430x11x1 系列有 MSP430F1101A/C1101/F1111A/C1111/F1121A/C1121 六种。其特点如下： (1) 对应程序存储器(Flash/ROM)容量：1 KB/1 KB/2 KB/2 KB/4 KB/4 KB； (2) 对应数据存储器(SRAM)容量：128 B/128 B/128 B/128 B/256 B/256 B； (3) 对应 I/O 口：14 个； (4) 对应 16 位定时器(A)：3 个定时器； (5) 有 WDT、比较器 A 和单斜坡型(Slope)A/D 转换器； (6) 外形封装：SOIC20/TSSOP20(见附录 C 中图 C-1)

主要型号	主要功能、性能、特点、封装等描述
MSP430 F11x2	MSP430F11x2 系列有 MSP430F1122/F1132 两种。其特点如下： (1) 对应程序存储器(Flash)容量：4 KB/8 KB； (2) 对应数据存储器(SRAM)容量：256 B； (3) 对应 I/O 口：14 个； (4) 对应 16 位定时器(A)：3 个； (5) 有 WDT、温度传感器和 5 通道 10 位 A/D 转换器(转换时间为 5 μs)； (6) 外形封装：SOIC20/TSSOP20(见附录 C 中图 C-2)
MSP430 F12x	MSP430F12x 系列有 MSP430F122/F123 两种。其特点如下： (1) 对应程序存储器(Flash)容量：4 KB/8 KB； (2) 对应数据存储器(SRAM)容量：256 B； (3) 对应 I/O 口：22 个； (4) 对应 16 位定时器(A)：3 个； (5) 异步串行接口(UART)：1 个； (6) 有 WDT、比较器 A 和单斜坡型 A/D 转换器； (7) 外形封装：SOIC28/TSSOP28(见附录 C 中图 C-3)
MSP430 F12x2	MSP430F12x2 系列有 MSP430F1222/F1232 两种。其特点如下： (1) 对应程序存储器(Flash)容量：4 KB/8 KB； (2) 对应数据存储器(SRAM)容量：256 B； (3) 对应 I/O 口：22 个； (4) 对应 16 位定时器(A)：3 个； (5) 异步串行接口(UART)：1 个； (6) 有 WDT、温度传感器和 8 通道 10 位 A/D 转换器(转换时间为 5 μs)； (7) 外形封装：SOIC28/TSSOP28(见附录 C 中图 C-3)
MSP430 F13x	MSP430F13x 系列有 MSP430F133/F135 两种。其特点如下： (1) 对应程序存储器(Flash)容量：8 KB/16 KB； (2) 对应数据存储器(SRAM)容量：256 B/512 B； (3) 对应 I/O 口：48 个； (4) 对应 16 位定时器：3 个 A 定时器和 3 个 B 定时器； (5) 异步串行接口(UART)：1 个； (6) 有 WDT、温度传感器、比较器 A 和 8 通道 12 位 A/D 转换器(有采样保持和基准)； (7) 外形封装：QFP64/QFN64(见附录 C 中图 C-4)
MSP430 C13x1	MSP430C13x1 系列有 MSP430C1331/C1351 两种，性能与 MSP430F133/F135 基本相同。不同之处是： (1) 程序存储器为 ROM 型，无温度传感器，A/D 为单斜坡型； (2) 外形封装：QFP64/QFN64(见附录 C 中图 C-4)

主要型号	主要功能、性能、特点、封装等描述
MSP430 F14x	MSP430F14x 系列有 MSP430F147/F148/F149 三种。其特点如下： (1) 对应程序存储器(Flash)容量：32 KB/48 KB/60 KB； (2) 对应数据存储器(SRAM)容量：1024 B/2048 B/2048 B； (3) 对应 I/O 口：48 个； (4) 对应 16 位定时器：3 个 A 定时器和 7 个 B 定时器； (5) 异步串行接口(UART)：2 个； (6) 有 WDT、温度传感器、比较器 A 和 8 通道 12 位 A/D 转换器(有采样保持和基准)； (7) 外形封装：QFP64/QFN64(见附录 C 中图 C-5)
MSP430 F14x1	MSP430F14x1 系列有 MSP430F1471/F1481/F1491 三种。性能基本同 MSP430F14x。 不同处是： (1) 无温度传感器，A/D 为单斜坡型； (2) 外形封装：QFP64/QFN64(见附录 C 中图 C-5)
MSP430 F15x	MSP430F15x 系列有 MSP430F155/F156/F157 三种。其特点如下： (1) 对应程序存储器(Flash)容量：16 KB/24 KB/32 KB； (2) 对应数据存储器(SRAM)容量：512 B/1024 B/1024 B； (3) 对应 I/O 口：48 个； (4) 对应 16 位定时器：3 个 A 定时器和 3 个 B 定时器； (5) I^2C 接口：1 个； (6) 异步串行接口(UART)：1 个； (7) 有 WDT、DMA、温度传感器、比较器 A 和欠压检测； (8) 有 8 通道 12 位 A/D 转换器和 2 通道 12 位 D/A 转换器； (9) 外形封装：QFP64/QFN64(见附录 C 中图 C-6)
MSP430 F16x	MSP430F16x 系列有 MSP430F167/F168/F169/F1610/F1611/F1612 六种。其特点如下： (1) 对应程序存储器(Flash)容量：32 KB/48 KB/60 KB/32 KB/48 KB/55 KB； (2) 对应数据存储器(SRAM)容量：1024 B/2048 B/2048 B/5120 B/10240 B/5120 B； (3) 对应 I/O 口：48 个； (4) 对应 16 位定时器：3 个 A 定时器和 7 个 B 定时器； (5) I^2C 接口：1 个； (6) 异步串行接口(UART)：2 个； (7) 有 WDT、DMA、温度传感器、比较器 A 和欠压检测； (8) 有 8 通道 12 位 A/D 转换器和 2 通道 12 位 D/A 转换器； (9) 外形封装：QFP64/QFN64(见附录 C 中图 C-7)

表 2-29　MSP430F2xx 系列单片机主要型号

主要型号	主要功能、性能、特点、封装等描述
MSP430 F20xx	MSP430F20xx 系列有 MSP430F2001/F2011/F2002/F2012/F2003/F2013 六种。其特点如下： (1) 对应程序存储器(Flash)容量：1 KB/2 KB/1 KB/2 KB/1 KB/2 KB； (2) 对应数据存储器(SRAM)容量：128 B； (3) 对应 I/O 口：10 个； (4) 对应 16 位定时器：2 个定时器 A； (5) MSP430F2001/F2011 有比较器 A 和单斜坡型 A/D 转换器； (6) MSP430F2002/F2012 有温度传感器、8 通道 10 位 A/D 转换器，并支持 I^2C/SPI 接口； (7) MSP430F2003/F2013 有温度传感器、4 通道 16 位 A/D 转换器，并支持 I^2C/SPI 接口； (8) 有 WDT 和欠压检测； (9) 外形封装：PDIP14/TSSOP14(见附录 C 中图 C-8)
MSP430 F21xx	MSP430F21xx 系列有 MSP430F2101/2111/2121/2131/2112/2122/2132 七种。其特点如下： (1) 对应程序存储器(Flash)容量：1 KB/2 KB/4 KB/8 KB/2 KB/4 KB/8 KB； (2) 对应数据存储器(SRAM)容量：128 B/128 B/256 B/256 B/256 B/512 B/512 B； (3) 对应 I/O 口：16/16/16/16/22/22/22 个； (4) 对应 16 位定时器：3/2 个定时器 A； (5) MSP430F2101/2111/2121/2131 无温度传感器，有单斜边(Slope)A/D 转换器； (6) MSP430F2112/2122/2132 有温度传感器、8 通道 10 位 A/D 转换器，有 1 个 UART 并支持 I^2C/SPI 接口； (7) 有 WDT、比较器 A 和欠压检测； (8) 外形封装：SOIC20/TSSOP20、TSSOP28(见附录 C 中图 C-9)
MSP430 F22x2	MSP430F22x2 系列有 MSP430F2232/F2252/F2272 三种。其特点如下： (1) 对应程序存储器(Flash)容量：8 KB/16 KB/32 KB； (2) 对应数据存储器(SRAM)容量：512 B/512 B/1024 B； (3) 对应 I/O 口：32 个； (4) 对应 16 位定时器：3 个定时器 A 和 3 个定时器 B； (5) 支持 UART 和 I^2C/SPI 接口； (6) 有 12 通道 10 位 A/D 转换器； (7) 有 WDT、温度传感器和欠压检测； (8) 外形封装：TSSOP38(见附录 C 中图 C-10)
MSP430 F22x4	MSP430F22x4 系列有 MSP430F2234/F2254/F2274 三种，其性能与 MSP430F22x2 基本相同，但集成有 2 通道模拟放大器
MSP430 F23x0	MSP430F23x0 系列有 MSP430F2330/F2350/F2370 三种。其特点如下： (1) 对应程序存储器(Flash)容量：8 KB/16 KB/32 KB； (2) 对应数据存储器(SRAM)容量：1024 B/2048 B/2048 B； (3) 对应 I/O 口：32 个； (4) 对应 16 位定时器：3 个定时器 A 和 3 个定时器 B； (5) 支持 UART 和 I^2C/SPI 接口； (6) 有 WDT、比较器 A、欠压检测和单斜坡型 A/D 转换器； (7) 外形封装：QFN40(见附录 C 中图 C-11)

主要型号	主要功能、性能、特点、封装等描述
MSP430 F23x	MSP430F23x 系列有 MSP430F233/F235 二种。其特点如下： (1) 对应程序存储器(Flash)容量：8 KB/16 KB； (2) 对应数据存储器(SRAM)容量：1024 B/2048 B； (3) 对应 I/O 口：48 个； (4) 对应 16 位定时器：3 个定时器 A 和 3 个定时器 B； (5) 支持 UART 和 I²C/SPI 接口； (6) 有 8 通道 12 位 A/D 转换器； (7) 有 WDT、比较器 A、欠压检测和温度传感器； (8) 外形封装：LQFP64(见附录 C 中图 C-12)
MSP430 F24x/2410	MSP430F24x/2410 系列有 MSP430F247/F248/F249/F2410 四种。其特点如下： (1) 对应程序存储器(Flash)容量：32 KB/48 KB/60 KB/56 KB； (2) 对应数据存储器(SRAM)容量：4096 B/4096 B/2048 B/4096 B； (3) 对应 I/O 口：48 个； (4) 对应 16 位定时器：3 个定时器 A 和 7 个定时器 B； (5) 串口 A 通道(UART/SPI)接口：2 个； (6) 串口 B 通道(I²C/SPI)接口：2 个； (7) 有 8 通道 12 位 A/D 转换器； (8) 有 WDT、比较器 A、欠压检测和温度传感器； (9) 外形封装：LQFP64(参见附录 C 中图 C-13)
MSP430 F24x1	MSP430F24x1 系列有 MSP430F2471/F2481/F2491 三种。其特点如下： (1) 对应程序存储器(Flash)容量：32 KB/48 KB/60 KB； (2) 对应数据存储器(SRAM)容量：4096 B/4096 B/2048 B； (3) 对应 I/O 口：48 个； (4) 对应 16 位定时器：3 个定时器 A 和 7 个定时器 B； (5) 串口 A 通道(UART/SPI)接口：2 个； (6) 串口 B 通道(I²C/SPI)接口：2 个； (7) 有 WDT、比较器 A、欠压检测和单斜坡型 A/D 转换器； (8) 外形封装：LQFP64(参见附录 C 中图 C-13)
MSP430 F241x (大 Flash)	MSP430F241x 系列有 MSP430F2416/F2417/F2418/F2419 四种。其特点如下： (1) 对应程序存储器(Flash)容量：92 KB/92 KB/116 KB/120 KB； (2) 对应数据存储器(SRAM)容量：4096 B/8192 B/8192 B/4096 B； (3) 对应 I/O 口：48/64 个； (4) 对应 16 位定时器：3 个定时器 A 和 7 个定时器 B； (5) 串口 A 通道(UART/SPI)接口：2 个； (6) 串口 B 通道(I²C/SPI)接口：2 个； (7) 有 8 通道 12 位 A/D 转换器； (8) 有 WDT、比较器 A、欠压检测和温度传感器； (9) 外形封装：LQFP64(参见附录 C 中图 C-14)
MSP430 F261x	MSP430F261x 系列有 MSP430F2616/F2617/F2618/F2619 四种。其性能与 MSP430F241x 基本相同，但集成有 2 通道 12 位 D/A 转换器

表 2-30　MSP430x4xx 系列单片机主要型号

主要型号	主要功能、性能、特点、封装等描述
MSP430 x41x	MSP430x41x 系列有 MSP430F412/C412/F413/C413/F415/F417 六种。其特点如下： (1) 对应程序存储器(Flash/ROM)容量：4 KB/4 KB/8 KB/8 KB/16 KB/32 KB； (2) 对应数据存储器(SRAM)容量：256 B/256 B/256 B/256 B/512 B/1024 B； (3) 对应 I/O 口：48 个； (4) 对应 16 位定时器：4 个定时器 A(MSP430F415/C417，有 3/5 个定时器 A)； (5) LCD 显示器段码数：96 个； (6) 有单斜坡型 A/D 转换器； (7) 有 WDT、基本定时器、欠压检测和比较器 A； (8) 外形封装：TQFP64(见附录 C 中图 C-15)
MSP430 F42x	MSP430F42x 系列有 MSP430F423/F425/F427 三种。其特点如下： (1) 对应程序存储器(Flash)容量：8 KB/16 KB/32 KB； (2) 对应数据存储器(SRAM)容量：256 B/512 B/1024 B； (3) 对应 I/O 口：14 个； (4) 对应 16 位定时器：3 个定时器 A； (5) 有 3 通道 16 位 A/D 转换器； (6) 串行接口(UART/SPI)：1 个； (7) LCD 液晶显示器段码数：128 个； (8) 有 WDT、欠压检测和温度传感器； (9) 外形封装：LQFP64(附录 C 中图 C-16)
MSP430 FW42x	MSP430FW42x 系列有 MSP430FW423/FW425/FW427 三种。其特点如下： (1) 对应程序存储器(Flash)容量：8 KB/16 KB/32 KB； (2) 对应数据存储器(SRAM)容量：256 B/512 B/1024 B； (3) 对应 I/O 口：48 个； (4) 对应 16 位定时器：3/5 个定时器 A； (5) 有单斜坡型 A/D 转换器； (6) LCD 液晶显示器段码数：96 个； (7) 有 WDT、欠压检测和比较器 A； (8) 外形封装：LQFP64(见附录 C 中图 C-17)
MSP430 FE42xx	MSP430FE42xx 系列有 MSP430FE423/FE425/FE427/FE4232/FE4242 五种。其特点如下： (1) 对应程序存储器(Flash)容量：8 KB/16 KB/32 KB/8 KB/12 KB； (2) 对应数据存储器(SRAM)容量：256 B/512 B/1024 B/256 B/512 B； (3) 对应 I/O 口：14 个； (4) 对应 16 位定时器：3 个定时器 A； (5) 串行接口(UART/SPI)：1 个； (6) 有 3 通道 16 位 A/D 转换器； (7) LCD 液晶显示器段码数：128 个； (8) 有 WDT、欠压检测和温度传感器； (9) 外形封装：LQFP64(见附录 C 中图 C-18)

主要型号	主要功能、性能、特点、封装等描述
MSP430 F42x0	MSP430F42x0 系列有 MSP430F4250/F4260/F4270 三种。其特点如下： (1) 对应程序存储器(Flash)容量：16 KB/24 KB/32 KB； (2) 对应数据存储器(SRAM)容量：256 B； (3) 对应 I/O 口：32 个； (4) 对应 16 位定时器：3 个定时器 A； (5) 有 5 通道 16 位 A/D 转换器和 1 通道 12 位 D/A 转换器； (6) LCD 液晶显示器段码数：56 个； (7) 有 WDT、欠压检测和温度传感器； (8) 外形封装：SSOP48(见附录 C 中图 C-19)
MSP430 FG42x0	MSP430FG42x0 系列有 MSP430FG4250/FG4260/FG4270 三种。其性能与 MSP430F42x0 基本相同，但集成有 2 通道模拟放大器
MSP430 F43x	MSP430F43x 系列有 MSP430F435/F436/F437 三种。其特点如下： (1) 对应程序存储器(Flash)容量：16 KB/24 KB/32 KB； (2) 对应数据存储器(SRAM)容量：512 B/1024 B/1024 B； (3) 对应 I/O 口：48 个； (4) 对应 16 位定时器：3 个定时器 A 和 3 个定时器 B； (5) 串行接口(UART/SPI)：1 个； (6) 有 8 通道 12 位 A/D 转换器； (7) LCD 液晶显示器段码数：128/160 个； (8) 有 WDT、欠压检测、比较器 A 和温度传感器； (9) 外形封装：LQFP80(见附录 C 中图 C-20)
MSP430 F43x1	MSP430F43x1 系列有 MSP430F4351/F4361/F4371 三种。其性能与 MSP430F43x 基本相同，但无硬件 A/D 转换器，只有单斜边(Slope)A/D 转换器
MSP430 FG43x	MSP430FG43x 系列有 MSP430FG437/FG438/FG439 三种。其特点如下： (1) 对应程序存储器(Flash)容量：32 KB/48 KB/60 KB； (2) 对应数据存储器(SRAM)容量：1024 B/2048 B/2048 B； (3) 对应 I/O 口：48 个； (4) 对应 16 位定时器：3 个定时器 A 和 3 个定时器 B； (5) 串行接口(UART/SPI)：1 个； (6) 有 12 通道 12 位 A/D 转换器、2 通道 12 位 D/A 转换器和 2 通道模拟放大器； (7) LCD 液晶显示器段码数：128 个； (8) 有 WDT、DMA、欠压检测、比较器 A 和温度传感器； (9) 外形封装：LQFP80(见附录 C 中图 C-21)
MSP430 F44x	MSP430F44x 系列有 MSP430F447/F448/F449 三种。其特点如下： (1) 对应程序存储器(Flash)容量：32 KB/48 KB/60 KB； (2) 对应数据存储器(SRAM)容量：1024 B/2048 B/2048 B； (3) 对应 I/O 口：48 个； (4) 对应 16 位定时器：3 个定时器 A 和 7 个定时器 B； (5) 串行接口(UART/SPI)：2 个； (6) 有 8 通道 12 位 A/D 转换器； (7) LCD 液晶显示器段码数：160 个； (8) 有 WDT、欠压检测、比较器 A 和温度传感器； (9) 外形封装：LQFP100(见附录 C 中图 C-22)

主要型号	主要功能、性能、特点、封装等描述
MSP430 xG461x (多 I/O)	MSP430xG461x 系列有 MSP430FG4616/FG4617/FG4618/FG4619 Flash 型四种和 MSP430CG4616/CG4617/CG4618/CG4619 ROM 型四种。其特点如下： (1) 对应程序存储器(Flash/ROM)容量：92 KB/92 KB/116 KB/120 B； (2) 对应数据存储器(SRAM)容量：4096 B/8192 B/8192 B/4096 B； (3) 对应 I/O 口：80 个； (4) 对应 16 位定时器：3 个定时器 A 和 7 个定时器 B； (5) 串行接口(UART/SPI)：1 个； (6) 串口 A 通道(UART/SPI)接口：1 个； (7) 串口 B 通道(I^2C/SPI)接口：1 个； (8) 有 12 通道 12 位 A/D 转换器、2 通道 12 位 D/A 转换器和 3 通道模拟放大器； (9) LCD 液晶显示器段码数：160 个； (10) 有 WDT、DMA、欠压检测、比较器 A 和温度传感器； (11) 外形封装：LQFP100(参见附录 C 中图 C-22)
MSP430 F47xx (多 I/O)	MSP430F47xx 系列有 MSP430F4783/F4793/F4784/F4794 四种。其特点如下： (1) 对应程序存储器(Flash)：48 KB/60 KB/48 KB/60 KB； (2) 对应数据存储器(SRAM)：2048 B/2560 B/2048 B/2560 B； (3) 对应 I/O 口：72 个； (4) 对应 16 位定时器：3 个定时器 A 和 3 个定时器 B； (5) 串口 A 通道(UART/SPI)接口：2 个； (6) 串口 B 通道(I^2C/SPI)接口：2 个； (7) 有 3 通道 16 位 A/D 转换器； (8) LCD 液晶显示器段码数：160 个； (9) 有 WDT、欠压检测、比较器 A 和温度传感器； (10) 外形封装：LQFP100(参见附录 C 中图 C-23)
MSP430 F471xx (多 I/O)	MSP430F471xx 系列有 MSP430F47166/47176/47186/47196/47167/47177/47187/47197 八种，其性能与 MSP430F47xx 基本相同。主要差别是： (1) 对应程序存储器(Flash)容量：92 KB/92 KB/116 KB/120 KB/92 KB/92 KB/116 KB/120 KB； (2) 对应数据存储器(SRAM)容量：4096 B/8192 B/8192 B/4096 B/4096 B/8192 B/8192 B/4096 B； (3) MSP430F47166/47176/47186/47196 的 A/D 转换器为 6 通道 16 位； (4) MSP430F47167/47177/47187/47197 的 A/D 转换器为 7 通道 16 位； (5) 有日历时钟(RTC)； (6) 外形封装：LQFP100(见附录 C 中图 C-23)

表 2-31 MSP430F5xx 系列单片机主要型号

主要型号	主要功能、性能、特点、封装等描述
MSP430 F541x (多 I/O)	MSP430F541x 系列有 MSP430F5418/F5419 两种。其特点如下： (1) 对应程序存储器(Flash)容量：128 KB/128 KB； (2) 对应数据存储器(SRAM)容量：16 KB/16 KB； (3) 对应 I/O 口：64/83 个； (4) 对应 16 位定时器：5/3 个定时器 A 和 7 个定时器 B； (5) 串口 A 通道(UART/SPI)接口：2/4 个； (6) 串口 B 通道(I^2C/SPI)接口：2/4 个； (7) 有 16 通道 12 位 A/D 转换器； (8) 有 WDT/RTC、PWM、欠压检测和温度传感器； (9) 外形封装：LQFP80/LQFP100
MSP430 F543x (多 I/O)	MSP430F543x 系列有 MSP430F5435/F5436/F5437/F5438 四种。其特点如下： (1) 对应程序存储器(Flash)容量：192 KB/192 KB/256 KB/256 KB； (2) 对应数据存储器(SRAM)容量：16 KB/16 KB/16 KB/16 KB； (3) 对应 I/O 口：64/83/64/83 个； (4) 对应 16 位定时器：5/3 个定时器 A 和 7 个定时器 B； (5) 串口 A 通道(UART/SPI)接口：2/4/2/4 个； (6) 串口 B 通道(I^2C/SPI)接口：2/4/2/4 个； (7) 有 16 通道 12 位 A/D 转换器； (8) 有 WDT/RTC、PWM、欠压检测和温度传感器； (9) 外形封装：LQFP80/LQFP100

第3章 51系列单片机应用基础

世界上许多著名的半导体生产厂商相继推出的各个档次的51单片机都是以Intel公司早期的典型产品MCS-51为内核的。尽管产品型号不断增加，品种不断丰富，功能不断加强，性能不断提高，但它们都与MCS-51这个系列相兼容。

本章以基本的8051为主体，全面阐述MCS-51单片机的硬件结构、中断系统、定时器/计数器、串口组成、系统扩展原理和应用典型电路，以便使读者更加容易理解和掌握51单片机的基本原理，更好地应用。

3.1 MCS-51系列单片机的硬件结构

3.1.1 单片机的基本组成

1. MCS-51单片机的基本功能特性

MCS-51单片机的基本性能如下(以89C52为例)：

(1) 一个8位字长的CPU和指令系统；

(2) 一个片内振荡器及时钟电路；

(3) 内部有8 KB的E^2PROM(程序存储器)；

(4) 64 KB的外部程序存储器寻址空间；

(5) 64 KB的外部数据存储器寻址空间；

(6) 256 B(分低128 B和高128 B)的SRAM数据存储器空间；

(7) 两个16位定时器/计数器；

(8) 一个可编程的全双工串行接口；

(9) 32条可编程的I/O端口(分4个8位并行I/O端口)；

(10) 有6个中断源、2个优先级中断控制器；

(11) 一个布尔处理器；

(12) 有111条指令；

(13) 有40个引脚。

2. MCS-51单片机的硬件组成

MCS-51单片机的硬件组成框图如图3-1所示。它主要包括中央处理器、程序存储器、SFR、数据存储器(内部RAM)、定时器/计数器、可编程并行I/O接口、串行接口、中断系统、数据总线、地址总线、控制总线和时钟电路等部分。

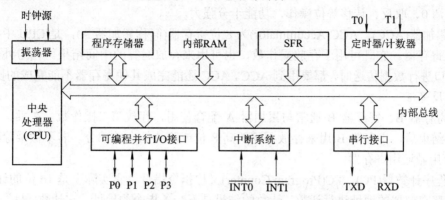

图 3-1 MCS-51 单片机的硬件组成框图

(1) 中央处理器。中央处理器(CPU)是整个芯片的核心，它包括运算器和控制器两部分，是一个 8 位数据宽度的处理器，能处理 8 位的二进制数据或代码。CPU 负责控制、指挥、调度和协调整个单元系统的工作，全面完成和控制每个接口的操作。

(2) 内部 RAM。51 单片机内部有 128 B 的数据存储器(RAM)，该 RAM 的读/写速度非常快，可用做寄存器(实际上 R0～R7 八个寄存器就是其中的一个 RAM 区域)。

(3) SFR。SFR 是特殊功能寄存器，占用 128 B，是用于存储内部功能设置的数据区，一般只能通过间接寻址访问。

(4) 程序存储器。51 单片机内部有 4 KB 的掩膜 ROM，用来存放用户程序、原始数据或表格。这种 ROM 往往在出厂时已经写入了用户程序，一般用户无法改变其内容。因此，普通用户在使用这种单片机时，只能使用总线方式，把应用程序写在外部 ROM 中。需要进一步说明的是：在 MCS-51 系列单片机中，绝大部分器件已经把 ROM 改成了可电擦除的 E^2PROM 了。

(5) 定时器/计数器。51 单片机有两个独立的 16 位可编程的定时器/计数器，可以实现定时或计数功能。

(6) 可编程并行输入输出(I/O)口。51 单片机共有 4 组 8 位 I/O 口(P0、P1、P2 和 P3)，用于外部数据的交换。其中，P0、P2 和 P3 口均有多功能复用功能。

(7) 全双工串行接口。51 单片机内置一个标准的全双工串行通信口，用于与其他器件或设备间的串行数据传送，既可以异步通信，也可以同步移位传送数据。

(8) 中断系统。51 单片机具有两个外部中断、两个定时器/计数器中断和一个串口中断源，中断功能比较完善。

(9) 时钟电路。51 单片机内置时钟处理电路，可外接 1～12 MHz 的晶振(常用 11.0592 MHz 晶振)。该电路用于产生整个芯片的时序。

图 3-2 为 51 单片机的内部结构图。从图中可以看出，CPU 实际上是由算术逻辑单元(ALU)、累加器(ACC)、寄存器 B、程序状态字(PSW)寄存器、时钟电路、复位电路、指令寄存器、指令译码器、程序计数器(PC)、数据指针寄存器(DPTR)等部分组成的。

掌握 CPU 内部主要单元(寄存器)的作用，对理解 CPU 的工作过程很有帮助。

(1) 算术逻辑单元(ALU)。ALU(Arithmetic Logic Unit)在内部信号的控制下，对 8 位二

进制数据进行加、减、乘、除运算和逻辑与、或、非、异或、清 0 等运算，并能进行高效的置位、清 0、取反、转移等位操作，功能十分强大。

(2) 累加器(ACC)。ACC(Accumulator)为 8 位寄存器(简称累加器 A)，是 CPU 中使用得最频繁的寄存器。它既可用于存放操作数，也可用来存放运算的中间结果。在与外部存储器或 I/O 口进行数据传送时，都要用到 ACC。ACC 还能完成其他寄存器不能完成的操作(如移位、取反等)。

(3) 寄存器 B。寄存器 B 通常与累加器 A 配合使用，存放第二操作数。在乘、除运算中，运算结束后，寄存器 B 用来存放乘积的高 8 位或除法的余数部分。若不做乘除时，寄存器 B 可用做通用寄存器。

(4) 程序计数器(PC)。PC(Program Counter)又称指令指针，它实际上是 16 位的计数器，用于对程序存储器的地址进行计数，计数的结果是下一条指令的地址。它计数(寻址)的范围是 0000H～FFFFH(64 KB)。PC 具有自动增 1 功能，可实现程序的顺序执行，也可通过转移、跳转、返回等指令改变执行顺序，以达到控制程序的目的。

(5) 数据指针寄存器(DPTR)。DPTR(Data Point Register)是一个 16 位的寄存器，通常用来存放访问外部程序存储器或数据存储器的 16 位地址。它可以分成高 8 位的 DPH 和低 8 位的 DPL 两个寄存器。在不用做地址指针时，DPTR 也可用做普通的寄存器。

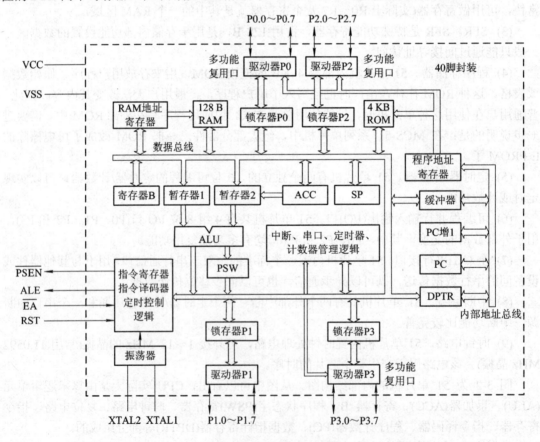

图 3-2   51 单片机的内部结构图

(6) 堆栈指针(SP)。SP(Stack Pointer)是一个 8 位的寄存器，用做栈的指针。堆栈是按照"先进后出，后进先出"的原则存取数据的一个 RAM 区域。这个区域的数据不能按字节任意访问，只能用堆栈的专用指令进行操作。一般在程序中断、子程序调用和需要压入或弹出数据时，都要用到栈的操作。

SP 中的内容始终指向堆栈最后压入或即将弹出数据的单元，即指向栈顶。SP 内容可以设置，但往往只在程序的开始设置一次，这一点对汇编程序尤其重要。

(7) 程序状态字(PSW)寄存器。PSW(Program Status Word)是一个 8 位的特殊功能寄存器，它的各位包含了单片机的工作状态信息。这些信息对判断程序去向、查询结果状态至关重要。PSW 的格式如图 3-3 所示。

位地址：	D7H	D6H	D5H	D4H	D3H	D2H	D1H	D0H
绝对地址：D0H	CY	AC	F0	RS1	RS0	OV	F1	P

图 3-3 PSW 的格式

PSW 各位的含义如下：

① CY(PSW.7)：进位标志位。当运算结果在最高位有进位输出(加法运算)或借位输入(减法运算)时，CY=1，否则 CY=0。CY 标志既可作为条件转移指令的依据，也可用做十进制调整的参数。

② AC(PSW.6)：辅助进位标志位。如果操作结果的低 4 位有进位(加法运算)或借位(减法运算)时，AC=1，否则 AC=0。在 BCD 码(十进制)运算时，AC 的位作为调整的依据。

③ F0(PSW.5)：用户标志位。用户通过软件对 F0 赋以特定的含义来进行使用。

④ RS1(PSW.4)、RS0(PSW.0)：通用寄存器组 R0～R7 的选择位。对于 RS1、RS0 不同的设置，寄存器组 R0～R7 的位置有所不同。从表 3-1 可以看出，单片机中共有 4 组以 R0～R7 为名的 32 个寄存器，到底用哪一组，在程序中要通过对 RS0、RS1 的设置来选择。一般默认使用 0 组，未用到的寄存器地址可作为一般的 RAM 使用。

⑤ OV(PSW.2)：溢出标志位。它反映运算结果是否溢出，溢出时 OV=1；否则 OV=0。OV 可作为条件转移指令中的条件。

⑥ F1(PSW.1)：保留(未定义)。

⑦ P(PSW.0)：奇偶标志位。当累加器 A 中"1"的个数为奇数时，P=1；当累加器 A 中"1"的个数为偶数时，P=0。该位在串口通信时，可用做奇偶校验标志，也可用做转移指令的条件。

表 3-1 RS0、RS1 与片内工作寄存器组的对应关系

RS1	RS0	寄存器组	片内 RAM 地址	通用寄存器名
0	0	0 组	00H～07H	R0～R7
0	1	1 组	08H～0FH	R0～R7
1	0	2 组	10H～17H	R0～R7
1	1	3 组	18H～1FH	R0～R7

3. MCS-51 系列单片机的引脚与功能

在 51 系列单片机中最常见的封装是标准型 DIP(双列直插)40 脚。凡封装相同的 51 系列单片机，其引脚定义和功能与 8051 基本兼容，使用时绝大部分器件可以互换。图 3-4 是 40 脚封装的逻辑功能与实际引脚排列图。其功能如表 3-2 所示。PLCC 44 脚和 PQFP 44 脚封装如图 3-5 所示。在 44 脚的封装中，新型器件多集成了一个准双向的 P4 口(P4.0、P4.1、P4.2 和 P4.3 可以驱动 4 个 LSTTL 负载)，而早期的 8051 产品无 P4 口(对应脚为空脚)，其他引脚的定义完全与基本型 8051 相同。

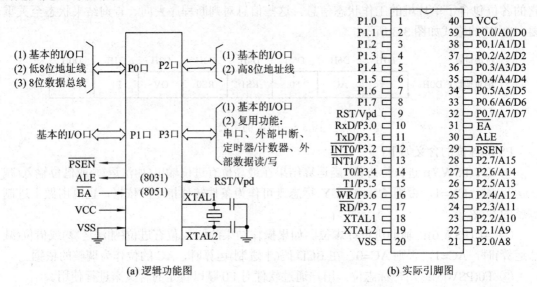

(a) 逻辑功能图　　　　　　　　　　　(b) 实际引脚图

图 3-4　8051 引脚配置图

表 3-2　MCS-51 单片机的引脚功能和含义

引脚名称	脚号	功　能　描　述
VCC	40	+5 V 电源端(+4.5 V～+5.5 V)
VSS	20	接地端
P0.0～P0.7	39～32	① P0 口是一个 8 位开漏双向 I/O 口，它能够吸收 8 个 LSTTL 低电平负载的灌电流；② 被写入"1"的那些 P0 口引脚将处于悬浮态，即这些引脚为高阻抗输入状态；③ 在使用外部存储器时，低 8 位的地址和数据总线复用这个口，在这种应用中，当其输出为"1"时，它使用了负载能力很强的提升电路，用于提高上升速度(当配合 $\overline{PSEN}$ 信号时，访问外部程序存储器，而当配合 $\overline{RD}$、$\overline{WR}$ 信号时，访问外部数据存储器)；④ P0 口在作为普通的输入/输出(I/O)口时，必须在 P0 口上外接上拉电阻
P1.0～P1.7	1～8	① P1 口是一个 8 位准双向 I/O 口，内部已有上拉电阻；② P1 口能够驱动 4 个 LSTTL 负载；③ 作为输入端的那些引脚，必须先对该位输出"1"(即对其编程为输入状态)；④ 在 8052 中，P1.0 和 P1.1 引脚还有 T2 和 T2EX 功能，T2 是定时器/计数器 2 的外部输入端，T2EX 是定时器/计数器 2 的"记录方式"的输出端

引脚名称	脚号	功　能　描　述
P2.0～P2.7	21～28	① P2 口是一个 8 位准双向 I/O 口，内部已有上拉电阻；② P2 口能够驱动 4 个 LSTTL 负载；③ 作为输入端的那些引脚，必须先对该位输出"1"(即对其编程为输入状态)；④ 在总线操作时，P2 口为高 8 位地址线
P3.0～P3.7	10～17	① P3 口是一个 8 位准双向 I/O 口，内部已有上拉电阻；② P3 口能够驱动 4 个 LSTTL 负载；③ 作为输入端的那些引脚，必须先对该位输出"1"(即对其编程为输入状态)；④ 在作特定的复用功能时，P3 口复用脚功能如下： P3.0 脚对应 RxD(串口输入端)； P3.1 脚对应 TxD(串口输出端)； P3.2 脚对应 $\overline{INT0}$ (外部中断 0 的输入端)； P3.3 脚对应 $\overline{INT1}$ (外部中断 1 的输入端)； P3.4 脚对应 T0(定时器/计数器 0 的输入端)； P3.5 脚对应 T1(定时器/计数器 1 的输入端)； P3.6 脚对应 $\overline{WR}$ (是对外部数据存储器"写"的选通信号的输出端)； P3.7 脚对应 $\overline{RD}$ (是对外部数据存储器"读"的选通信号的输出端)
RST/Vpd	9	① 复位信号的输入端，高电平有效(非 TTL 电平)；② 当单片机的主电源 VCC 断开时，RST 引脚还是芯片内部 RAM 的辅助电源端(只对 HMOS 芯片有效)
ALE	30	① 地址锁存允许信号，高电平有效；② 当对外部存储器操作且 ALE 为高电平时，发出地址信号，ALE 的下降沿锁定由 P0 口输出的低 8 位地址信号；③ 当不用外部存储器时，ALE 可作为标准的脉冲信号(其频率是晶振频率的 1/6)
$\overline{PSEN}$	29	是外部程序存储器的选通信号，低电平有效，能驱动 8 个 LSTTL 负载
$\overline{EA}$	30	① 当 $\overline{EA}$ 为高电平时，单片机先执行片内程序存储器的程序，当地址超出内部程序存储器范围时，再执行外部程序存储器的程序；②当 $\overline{EA}$ 为低电平时，单片机只执行外部程序存储器的程序
XTAL1	19	① 内部振荡器的输入端；② 当使用外部时钟时，对于 CMOS 芯片，XTAL1 为输入端，对于 HMOS 芯片，XTAL1 应接地
XTAL2	18	① 内部振荡器的输出端；② 当使用外部时钟时，对于 CMOS 芯片，XTAL2 应悬浮不用，对于 HMOS 芯片，XTAL2 为输入端

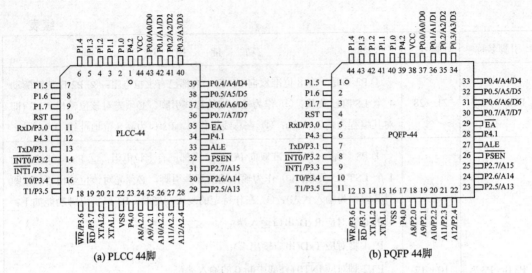

图 3-5　44 脚排列图

3.1.2　单片机的存储器结构

单片机的存储器有程序存储器 ROM 和数据存储器 RAM 之分。ROM 用来存放指令的机器码(目标程序)、表格、常数等信息；RAM 则用来存放运算的中间结果、采集的数据和经常需要更换的代码等内容。MCS-51 单片机的 ROM 和 RAM 有片内和片外之分，采用的是典型的哈佛型结构，从寻址空间来看有程序存储器(片内、片外)、内部数据存储器、外部数据存储器三大部分，从功能上来看有程序存储器、内部数据存储器、特殊功能寄存器(SFR)、位地址空间和外部数据存储器等 5 个部分。8052 标准型单片机(51 系列单片机的一种)的存储器结构如图 3-6 所示。

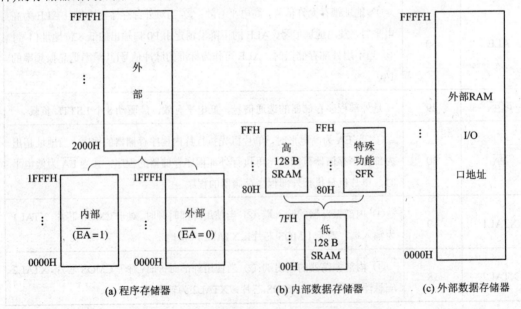

图 3-6　8052 标准型单片机的存储器结构

1. 程序存储器

标准 51 单片机的程序存储器地址范围是 0000H～FFFFH，共 64 KB 空间。程序存储器又有片内和片外之分，也就是说，片内和片外程序存储器是统一编址的。但在使用时，可以通过$\overline{EA}$脚来选择是用内部加外部还是全部用外部。对于 8052 器件来说，内部程序存储器的地址为 0000H～1FFFH，共 8 KB。如果$\overline{EA}$脚接高电平，则选择的是内部加外部方式，而外部地址只能是 2000H～FFFFH，共 56 KB。当程序计数器由内部 1FFFH 执行到外部 2000H 时，会自动跳转。如果$\overline{EA}$脚接地，则选择的是全部用外部的 64 KB 区域，在这种情况下，必须外接 EPROM 存储器。8031 器件因内部无程序存储器，所以在使用时必须外接程序存储器，且$\overline{EA}$脚必须接地。当然，大部分的使用者都会优先选择片内有程序存储器的器件。图 3-6(a) 是程序存储器的配置图。

在 64KB 的程序存储器中，0000H～0002AH(地址向量区)这个区域具有特殊用途，是保留给系统使用的。0000H 是单片机的入口地址(启动地址)，一般在该单元(0000、0001、0002)中存放一条绝对跳转指令。事实上，51 单片机复位后程序计数器 PC 的内容为 0000H，故系统必须从 0000H 单元开始取指令，再执行程序。

除 0000H 单元外，其他的 0003H、000BH、0013H、001BH 和 0023H 等特殊单元分别对应于 5 种中断源的中断子程序的入口地址。其含义分别是：

0003H～000AH，为外部中断 0($\overline{INT0}$)的中断地址区；

000BH～0012H，为定时器/计数器 0(T0)的中断地址区；

0013H～001AH，为外部中断 1($\overline{INT1}$)的中断地址区；

001BH～0022H，为定时器/计数器 1(T1)的中断地址区；

0023H～002AH，为串口(TI、RI)的中断地址区。

我们往往把 0003H～002AH 作为保留单元，其内容根据具体情况可用软件设置。读者在学习完本书 3.2 节的内容后将会对 51 系列单片机的中断系统有更加深刻的认识。

2. 内部数据存储器

在 51 单片机中，内部数据存储器在物理上又分为 2 个独立的区域，即内部 SRAM 区和特殊功能寄存器区。而内部 SRAM 区又分为低 128 B 块(地址空间为 00H～7FH)和高 128 B 块(地址空间为 80H～FFH)。特殊功能寄存器区(SFR)(地址空间为 80H～FFH)与 SRAM 的高 128 B 地址在物理上是重叠的，其结构如图 3-6(b)所示。虽然二者的地址重叠，但物理空间完全不一样，需要通过不同的指令来区分。具体来说，操作内部低 128 B 的 SRAM 时，要用直接或间接寻址指令；操作高 128 B 的 SRAM 时，只能用间接寻址指令；操作特殊功能寄存器区时，只能用直接寻址指令。

MCS-51 单片机对内部 SRAM 的操作区域有特殊的规定，其内部数据划分如图 3-7 所示。

1) 寄存器工作组的划分

在低 128 B 的 SRAM 中，00H～1FH 共 32 单元是 4 个通用工作寄存器组的专用区。每一个区有 8 个名字相同的通用寄存器 R0～R7。寄存器与 SRAM 的地址对应关系如表 3-3 所示，而寄存器组的选择要通过 PSW(程序状态字)中的 RS0、RS1 两位来确定，见表 3-1。

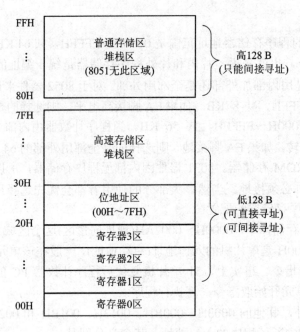

图 3-7 51 单片机内部数据存储器结构

表 3-3 R0～R7 寄存器与 SRAM 的地址对照

寄存器 名称	地 址			
	0 组	1 组	2 组	3 组
R0	00H	08H	10H	18H
R1	01H	09H	11H	19H
R2	02H	0AH	12H	1AH
R3	03H	0BH	13H	1BH
R4	04H	0CH	14H	1CH
R5	05H	0DH	15H	1DH
R6	06H	0EH	16H	1EH
R7	07H	0FH	17H	1FH

工作区中的每一个内部 SRAM 都有一个字节地址，为什么还要用寄存器名 R0～R7 来表示呢？这样做主要是为了进一步提高 51 单片机的现场保护和现场恢复速度，这对于提高单片机 CPU 的工作效率和响应中断的速度是非常有用的。在实际应用中未用到的工作区仍然可以当普通的 SRAM 使用。关于寄存器组的使用，读者在学习了指令系统和中断系统以后就能进一步理解其含义。

需要指出的是：单片机在上电或复位后，寄存器组被默认为 0 组，如果要使用别的工作组，需要设置 PSW 中的 RS1、RS0 两位。另外，系统在复位后，堆栈指针 SP 自动赋为 07H，堆栈操作的数据将从 08H 开始存放。这样一来，寄存器组 1～组 3 就无法使用了。为了解决这一问题，在程序初始化时应该先设置 SP 的值。例如，将 SP 置成 70H，以后堆栈的数据就从 71H 开始存放了。

2) 位寻址区的划分

片内 SRAM 的 20H～2FH 为位寻址区域(这是 51 单片机所特有的功能)，这 16 个字节的每一位都有一个特定的位地址，位寻址范围为 00H～7FH。位寻址区的每一位都可通过软件设置(就像软触发器一样)。位寻址区地址分配如表 3-4 所示。

表 3-4　SRAM 中的位寻址区地址分配

SRAM 字节地址	D7	D6	D5	D4	D3	D2	D1	D0
20H	07	06	05	04	03	02	01	00
21H	0F	0E	0D	0C	0B	0A	09	08
22H	17	16	15	14	13	12	11	10
23H	1F	1E	1D	1C	1B	1A	19	18
24H	27	26	25	24	23	22	21	20
25H	2F	2E	2D	2C	2B	2A	29	28
26H	37	36	35	34	33	32	31	30
27H	3F	3E	3D	3C	3B	3A	39	38
28H	47	46	45	44	43	42	41	40
29H	4F	4E	4D	4C	4B	4A	49	48
2AH	57	56	55	54	53	52	51	50
2BH	5F	5E	5D	5C	5B	5A	59	58
2CH	67	66	65	64	63	62	61	60
2DH	6F	6E	6D	6C	6B	6A	69	68
2EH	77	76	75	74	73	72	71	70
2FH	7F	7E	7D	7C	7B	7A	79	78

需要指出的是：位寻址区的每一个字节地址(单元)既可作为普通的 SRAM 单元使用，也可对单元中的每一位进行位操作。到底如何使用，要通过具体的指令区分。

3) 其他 SRAM 区的划分

片内 SRAM 区的 30H～7FH 可用做高速的数据存储区或堆栈区。

片内 SRAM 区的 80H～FFH 可用做一般的数据存储区(要间接寻址，8051 无这个区域)或堆栈区。

4) 特殊功能寄存器(SFR)

在特殊功能寄存器区(80H～FFH)的 128 B 中存放的是 MCS-51 单片机中专用寄存器的数据，如 P0～P3 口的地址、累加器 A、寄存器 B、PSW 寄存器、DPTR、串口、定时器/计数器等(PC 不在此范围中)的数据。特殊功能寄存器 SFR 只能通过直接寻址的方式访问。有的可字节寻址，有的可位寻址和字节寻址。其名称、符号及字节地址如表 3-5 所示。

特殊功能寄存器中的一些专用寄存器的设置会改变单片机的工作方式，如中断的使用、串口的通信方式、定时器/计数器的工作模式等都与 SFR 的设置有关。关于这些内容，读者在学习了后面章节以后就会一目了然。

表 3-5　特殊功能寄存器地址表

符号名 (SFR)	位地址与位名称								字节地址
	D7	D6	D5	D4	D3	D2	D1	D0	
并口 P0	P0.7	P0.6	P0.5	P0.4	P0.3	P0.2	P0.1	P0.0	80H
	87H	86H	85H	84H	83H	82H	81H	80H	
堆栈指针 SP									81H
数据指针低字节 DPL									82H
数据指针高字节 DPH									83H
电源控制 PCON	SMOD	/	/	/	GF1	GF0	PD	IDL	87H
定时器/计数器控制 TCON	TF1	TR1	TF0	TR0	IE1	IT1	IE0	IT0	88H
	8FH	8EH	8DH	8CH	8BH	8AH	89H	88H	
定时器/计数器方式控制 TMOD	GATE	C/$\overline{\text{T}}$	M1	M0	GATE	C/$\overline{\text{T}}$	M1	M0	89H
定时器/计数器 0 低字节 TL0									8AH
定时器/计数器 1 低字节 TL1									8BH
定时器/计数器 0 高字节 TH0									8CH
定时器/计数器 1 高字节 TH1									8DH
并口 P1	P1.7	P1.6	P1.5	P1.4	P1.3	P1.2	P1.1	P1.0	90H
	97H	96H	95H	94H	93H	92H	91H	90H	
串口控制 SCON	SM0	SM1	SM2	REN	TB8	RB8	TI	RI	98H
	9FH	9EH	9DH	9CH	9BH	9AH	99H	98H	
串口数据缓冲器 SBUF									99H
并口 P2	P2.7	P2.6	P2.5	P2.4	P2.3	P2.2	P2.1	P2.0	A0H
	A7H	A6H	A5H	A4H	A3H	A2H	A1H	A0H	
中断允许控制器 IE	EA	/	ET2	ES	ET1	EX1	ET0	EX0	A8H
	AFH	AEH	ADH	ACH	ABH	AAH	A9H	A8H	

符号名 (SFR)	位地址与位名称								字节 地址
	D7	D6	D5	D4	D3	D2	D1	D0	
并口 P3	P3.7	P3.6	P3.5	P3.4	P3.3	P3.2	P3.1	P3.0	B0H
	B7H	B6H	B5H	B4H	B3H	B2H	B1H	B0H	
中断优先级控制 IP	/	/	PT2	PS	PT1	PX1	PT0	PX0	B8H
	/	/	BDH	BCH	BBH	BAH	B9H	B8H	
程序状态字 PSW	Cy	AC	F0	RS1	RS0	OV	F1	P	D0H
	D7H	D6H	D5H	D4H	D3H	D2H	D1H	D0H	
累加器 ACC	ACC.7	ACC.6	ACC.5	ACC.4	ACC.3	ACC.2	ACC.1	ACC.0	E0H
	E7H	E6H	E5H	E4H	E3H	E2H	E1H	E0H	
寄存器 B	B.7	B.6	B.5	B.4	B.3	B.2	B.1	B.0	F0H
	F7H	F6H	F5H	F4H	F3H	F2H	F1H	F0H	

需要说明的是：表 3-5 所列出的 SFR 在所有 51 系列单片机中的名称、地址和符号都是一样的，不同之处是在 80H～FFH 地址中，某些型号在表 3-5 中未用到的地址上会增加一些新的寄存器内容。如在 8052 单片机中，增加了定时器/计数器 2 的设置(见表 3-6)。

表 3-6 8052 定时器/计数器 2 的地址表

符号名	位地址与位名称								字节 地址
	D7	D6	D5	D4	D3	D2	D1	D0	
T2CON	TE2	EXF2	RCLK	TCLK	EXEN2	TR2	C/$\overline{T2}$	CP/$\overline{PL2}$	C8H
	CFH	CEH	CDH	CCH	CBH	CAH	C9H	C8H	
RLDL									CAH
RLDH									CBH
TL2									CCH
TH2									CDH

3. 外部数据存储器

外部数据存储器即单片机外接的 RAM，一般由静态存储器构成，其容量大小由用户根据需要而定，但最大只能扩展到 64 KB(因为单片机的地址线只有 16 根，地址是 0000H～FFFFH)。CPU 只能通过间接的寻址方式来访问外扩的存储器。访问时，由 DPTR 提供 16 位地址或由 R0 或 R1 提供低 8 位地址(高 8 位地址由 P2 口提供)。

外扩数据存储器的结构如图 3-6(c)所示。对照图 3-6(b)可以看出，内部数据存储器的地址 00H～FFH 完全被外部数据存储器的 0000H～FFFFH 覆盖；对照图 3-6(a)可以看出，程序存储器的地址范围与外部数据存储器的地址范围也是重叠的。它们是通过指令加以区分的：

操作程序存储器，要用 MOVC 指令；

操作外部数据存储器，要用 MOVX 指令；

操作内部存储器，要用 MOV 指令。

需要进一步说明的是，通过总线外扩的 RAM 和 I/O 口是统一编址的。也就是说，所有外扩的 I/O 口都占用了基本 64 KB 的地址单元。

3.1.3 单片机的 I/O 端口逻辑结构

8051 有 4 个 8 位并行 I/O(输入/输出)端口，记做 P0、P1、P2 和 P3。这 4 个口都是准双向的 I/O 口，共占有 32 条管脚，每一条 I/O 线都能独立地用做输入或输出。每个端口都包括锁存器(特殊功能寄存器 P0～P3)、输出驱动器和输入缓冲器。这 4 个口作为输出时数据可以锁存，作为输入时数据可以缓存，但由于 4 个口的功能有差别，因而结构也不一样。

8051 单片机的 4 个 I/O 口电路设计巧妙，如果能够熟悉 I/O 端口的逻辑电路，不但有利于正确合理地使用端口，而且对设计单片机的外围逻辑电路也会有所帮助。

1. P0 口逻辑结构

P0 口的 P0.x 位电路结构如图 3-8 所示，它由一个输出锁存器、两个三态输入缓冲器 1 和 2、一个输出驱动电路和一个输出控制电路等组成。输出驱动电路包含两个场效应管 V1、V2(这种场效应管的栅极为低电平时管子截止，为高电平时管子导通)，其工作状态受输出控制电路的控制。控制电路包含一个与门 4、一个反相器 3 和模拟转换开关 MUX。模拟开关的位置由来自 CPU 的"控制 C"信号决定。

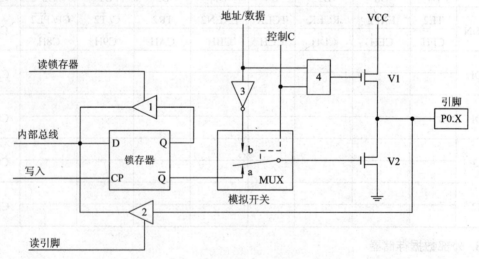

图 3-8　P0 口的电路结构

(1) P0 口作为一般 I/O 口。若 P0 口作为一般 I/O 口使用，当 CPU 对 I/O 口进行读/写(执行 MOV 指令)时，由硬件自动使"控制 C"=0，开关 MUX 处于图 3-8 所示位置($\overline{Q}$ 与 V2 的栅极相接)。同时，因为与门输出为低电平，V1 处于截止，使得 P0.x 为输出开漏状态。这时，P0 口被控制为通用的 I/O 线工作方式。

① P0 用做输出。当 CPU 执行输出指令时，写脉冲加在 D 锁存器的 CP 上，这样与内

部总线相连接的 D 端的数据取反后就出现在 $\overline{Q}$ 上，经 MUX 到 V2 的栅极反相，在 P0.x 上正好出现的是内部总线所送的数据。在这种情况下，因 V1 截止，V2 漏极开路，所以 P0.x 引脚应该外加上拉电阻。

② P0 用做输入。图 3-8 中的缓冲器用于 CPU 直接读端口数据。当执行一条由端口输入的指令时，"读引脚"脉冲把三态缓冲器打开，这样端口上的数据经过缓冲器 2 读入到内部总线。这类操作由数据传送指令实现。另外，从图 3-8 可以看出，在读端口数据时，由于 P0.x 还连在 V2 的漏极上，如果 V2 导通(V2 的栅极为高)就会将输入(P0.x 脚)的高电平拉成低电平，以至于产生误读。所以在端口进行读入前，应先向端口锁存器写"1"(使 Q 端变高，$\overline{Q}$ 变低)，使 V2 截止(实际上 V1 因"控制 C"=0 也截止了)，这样可将 P0.x 管脚变为悬浮状态，以便使 P0.x 为高阻输入。

那么图 3-8 中输入缓冲器 1 起什么作用呢？由图可知，它是读锁存器内容的，也就是有所谓的"读－修改－写"指令的功能。例如，执行"ANL P0, A"指令时，CPU 不直接读引脚上的内容，而是先读锁存器的内容。当读锁存器脉冲打开缓冲器 1 时，CPU 先读取锁存器 Q 的值，然后和累加器 A 中的内容进行逻辑与运算，之后将结果再送回到 P0 口(锁存器)中。此时锁存器中的内容(Q 端状态)就反映到了 P0.x 引脚上。

(2) P0 口作为地址/数据总线。当 8051 单片机外扩存储器(程序存储器或数据存储器)组成系统，读/写外部数据时(总线方式)，由内部硬件自动使"控制 C"=1，MUX 拨向反相器 3 的输出端，这时 P0 口可作为地址/数据总线使用，并且又分为以下两种情况。

① P0 用做输出地址/数据总线。这种情况是指从 P0 口管脚输出低 8 位地址或数据信息。MUX 把 CPU 内部地址/数据线经反相器 3 与驱动器 V2 栅极接通，从图 3-8 可看到，V1 和 V2 处于反相(与门 4 的输出和反相器 3 的输出正好相反)，构成推拉式的输出电路(V1 导通时上拉，V2 导通时下拉)，大大提高了 P0 口的带负载能力(比如当地址/数据="1"时，V1 导通，V2 截止，P0.X 被上拉输出为"1"，当地址/数据="0"时，V2 导通，V1 截止，P0.x 被下拉输出为"0")。

② P0 用做输入数据。这种情况是指在"读引脚"信号有效时打开输入缓冲器 2，使数据进入内部总线。

总之，P0 口作为地址/数据总线使用时，是一个真正的双向口，用户不必做任何工作；作为通用的 I/O 时，P0 口是一个准双向口。准双向口的特点是：当某引脚由原来的输出变为输入时，用户必须先向锁存器写"1"，以免错误读出引脚上的内容；当复位后，锁存器自动置"1"，即输出驱动器(V2)已截止，P0 口可作为输入使用。

那么，怎样操作才能使 P0 口用做"地址/数据总线"或"I/O"口呢？这是通过不同的指令加以区分的。凡是用到 MOVX 指令或 MOVC 指令的，P0 口用做地址/数据总线；用到其他指令的，P0 口用做 I/O 口。

2. P1 口逻辑结构

P1 口的 P1.x 位电路结构如图 3-9 所示，它由一个输出锁存器、两个三态输入缓冲器 1 和 2 以及一个输出驱动电路组成。输出驱动电路是一个场效应管 V1(这种场效应管的栅极为低电平时管子截止，为高电平时管子导通)和一个固定的上拉电阻。实质上上拉电阻是两个场效应管(FET)并在一起组成的。一个 FET 为负载管，其电阻固定；另一个 FET 可工作在导通或截止两种状态，即其总电阻值可以近似为 0，也可以很大。当阻值近似为 0 时，可将管脚快速上拉至高电平；当阻值很大时，P1 口为高阻输入状态。

P1 口是标准的准双向口，只能用做 I/O 口使用。

当 P1 口输出高电平时，能向外提供拉电流负载，所以不必再外接上拉电阻。在 P1 端口用做输入时，也必须先向对应的锁存器写入"1"，使 V1 截止。由于片内负载电阻较大，因此不会对输入的数据产生影响。

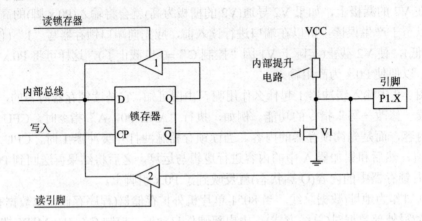

图 3-9　P1 口的电路结构

3. P2 口逻辑结构

P2 口的 P2.x 位电路结构与 P0 口类似，由模拟开关 MUX、输出锁存器、两个三态输入缓冲器 1 和 2 以及一个输出驱动电路组成。输出驱动电路与 P1 口类似，但比 P1 口多了一个模拟开关部分，如图 3-10 所示。

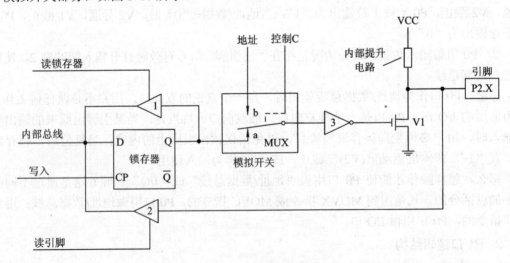

图 3-10　P2 口的电路结构

(1) P2 口作为一般 I/O 口。当 CPU 对 I/O 口操作时，内部硬件自动使 MUX 接向锁存器的 Q 端，这样就将其设置成了普通的 I/O 口了。若 CPU 送"1"，且写入信号有效，则锁存器 Q 变"1"，经反相器 3 倒相，V1 截止，输出脚 P2.x 变"1"；若 CPU 送"0"，且写入信号有效，则锁存器 Q 变"0"，经反相器 3 倒相，V1 导通饱和，输出脚 P2.x 变"0"。当 P2 口作为输入时，若"读引脚"信号有效，则来自 P2.x 的信号就可通过缓冲器 2 送入内部数据总线。当然，P2 口也有"读－修改－写"指令的功能。

(2) P2 口作为高 8 位地址口。当 CPU 对片外存储器操作时，内部硬件自动使 MUX 接向"地址"端，这样就将 P2 口设置成了高 8 位的地址输出口。这时若"地址"=0，则输出 P2.x=0；若"地址"=1，则输出 P2.x=1。

由图 3-10 可以看出，当 P2 口用做高 8 位地址总线时，一般不能再用做 I/O 口了。

那么，怎样操作才能使 P2 口成为"高 8 位地址总线"或"I/O"口呢？这是通过不同的指令加以区分的。凡是用到 MOVX 指令并用 DPTR 作间接地址的或是用到 MOVC 指令的，P2 口就用做地址总线；用到其他指令的，P2 口就用做 I/O 口。

4. P3 口逻辑结构

P3 口是一个多功能端口。P3 口的 P3.x 位电路结构如图 3-11 所示。对比 P1 口，不难看出，P3 口与 P1 口的差别在于多了一个与非门 3 和缓冲器 4，正是这两个部分，使得 P3 口除了具有 P1 口的准双向 I/O 功能之外，还可以使每个引脚具有第二复用功能。与非门 3 的作用实际上是一个"门"开关，它决定输出是来自锁存器上的数据还是来自第二复用功能 FX 的信号。

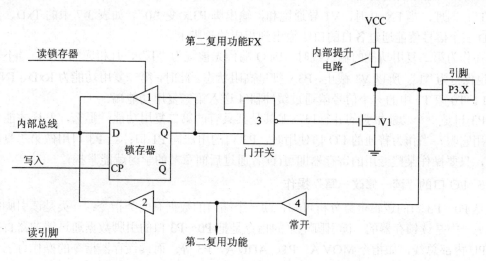

图 3-11　P3 口的电路结构

(1) P3 口作为一般 I/O 口。由图 3-11 可知，由于与非门 3 的开关作用，当 FX=1 时，与非门 3 打开，来自锁存器 Q 端的信号就能输出到 P3.x 上。若 CPU 送"1"，且写入信号有效，则锁存器 Q 变"1"，经与非门 3 倒相，V1 截止，输出脚 P3.x 变"1"；同理，若 CPU 送"0"，且写入信号有效，则锁存器 Q 变"0"，经与非门 3 倒相，V1 导通饱和，输出脚 P3.x 变"0"。

作为输入时，P3 口同 P0～P2 口一样，应由软件向 D 锁存器写"1"，使与非门 3 输出低电平，让 V1 截止。在 CPU 发出"读引脚"信号有效时，来自 P3.x 的信号就可通过缓冲器 4(常开)和缓冲器 2 送入内部数据总线。

当然，P3 口也有"读－修改－写"指令的功能。

(2) P3 口作为第二复用功能口。P3 口的每一位都有各自的第二复用功能，如表 3-7 所示。

表 3-7　P3 口线与第二复用功能

P3 口线名	符号名	功　　能	信号方向
P3.0	RxD	串行口的输入信号	输入
P3.1	TxD	串行口的输出信号	输出
P3.2	$\overline{INT0}$	外部中断 0 输入信号，低电平或下降沿有效	输入
P3.3	$\overline{INT1}$	外部中断 1 输入信号，低电平或下降沿有效	输入
P3.4	T0	定时器/计数器 0 的外部输入	输入
P3.5	T1	定时器/计数器 1 的外部输入	输入
P3.6	$\overline{WR}$	片外数据存储器写选通控制输出信号，低电平有效	输出
P3.7	$\overline{RD}$	片外数据存储器读选通控制输出信号，低电平有效	输出

当 P3 口的某口线用做第二复用功能时，该位的锁存器 Q 被硬件置"1"，使与非门 3 打开，来自第二输出功能的 FX 信号就能输出到 P3.x 上，即当 FX=1 时，V1 截止，输出脚 P3.x 变"1"；同理，当 FX=0 时，V1 导通饱和，输出脚 P3.x 变"0"。如表 3-7 中的 TxD、$\overline{WR}$ 和 $\overline{RD}$ 三个信号就能通过各自的口线输出到相应的管脚上。

在作为第二复用功能的输入线时，因 Q 端预先被置为"1"，且相应的 FX 信号不作输出，也保持为"1"，所以 V1 截止，P3.x 脚呈高阻状态。此时，第二复用功能为 RxD、$\overline{INT0}$、$\overline{INT1}$、T0 和 T1 中的一个信号就通过缓冲器 4 送入第二复用功能端。

P3 口是一个功能很强的并行口，尤其是其具有的第二复用功能。那么，怎样才能合理地使用它呢？当作为普通的 I/O 口使用时，P3 口的用法同 P1 口；当 P3 口用做第二复用功能时，只要操作某些专用的寄存器即可(读者通过后面章节的学习就能掌握)。

5. I/O 口的"读－修改－写"操作

从 P0～P3 口的逻辑电路分析可知，读一个端口的数据有两类指令：一类是读引脚电平的；另一类是读锁存器的。读引脚电平的指令是把 P0～P3 口的引脚数据通过缓冲器直接读到 CPU 内部总线，如指令 MOV A，P1、ADD A，P3 等。而读锁存器指令的操作有三步：先把口锁存器(特殊功能寄存器)的数据读到 CPU 中；然后根据指令功能，修改(处理)此数据；最后再将修改后的数据重新写入锁存器，从引脚输出。这种读锁存器的指令也称为"读－修改－写"指令。为了使读者更好地掌握这种操作，表 3-8 列出这类指令。

表 3-8 中的后三条指令作为"读－修改－写"指令并不明显，但由于这三条指令的操作是先读锁存器字节，即 8 位数据，再修改所寻址的那一位，将新字节写入锁存器，因此它们确实是"读－修改－写"指令。

使用"读－修改－写"指令可以避免误读引脚电平。例如，一个口的某位可以直接驱动一个三极管的基极，当对该位写"1"时，三极管导通，基极电压只有 0.7 V。那么，若 CPU 是从引脚读取该位的，则它读到的是三极管的基极电压，即读成了"0"。如果是读锁存器，就不会产生这样的错误。

表 3-8 常见的"读—修改—写"指令

指　令	功 能 及 举 例
ANL	逻辑"与"，如：ANL P1，A；P1 口的值和累加器 A 相与，结果送 P1 接口
ORL	逻辑"或"，如：ORL P3，A；P3 口的值和累加器 A 相或，结果送 P3 接口
XRL	逻辑"异或"，如：XRL P0，A；P0 口的值和累加器 A 相异或，结果送 P0 接口
JBC	若某位为 1 则转移，并把该位清 0，如：JBC P1.2，标号
CPL	位取反，如：CPL P3.2；把 P3.2 读到 CPU，取反后，再送回 P3.2
INC	加 1，如：INC P1；把 P1 的值加 1 后再送回 P1 口
DEC	减 1，如：DEC P2；把 P2 的值减 1 后再送回 P2 口
DJNZ	减 1 后不等于 0 则转移，如：DJNZ P3，标号
MOV　口位，Cy	把进位位送到某一口位，如：MOV P1.3，CY
CLR　　口位	某一口位清 0，如：CLR P2.2；读回 P2.2 的值，清 0 后再送回 P2.2
SETB　口位	某一口位置 1，如：SETB P3.2；读回 P3.2 的值，置 1 后再送回 P3.2

3.1.4 单片机的时钟与复位电路

1. 时序的基本概念

单片机执行指令时是在时序的控制下一步一步进行的，人们通常以时序的形式来表明相关信号的波形及出现的先后次序。

(1) 机器周期。MCS-51 有固定的机器周期，一个机器周期共包含 12 个振荡脉冲，即机器周期就是振荡脉冲的 12 分频。显然，如果使用 6 MHz 的时钟频率，一个机器周期就是 2 μs；而如果使用 12 MHz 的时钟频率，一个机器周期就是 1 μs。

(2) 指令周期。执行一条指令所需要的时间称为指令周期，MCS-51 的指令有单字节、双字节和三字节之分，所以它们的指令周期不尽相同，也就是说它们所需的机器周期不同。根据指令的不同，MCS-51 的指令周期可分别包含 1 到 4 个机器周期。

若外接晶振为 12 MHz，MCS-51 单片机的 4 个周期的具体值分别为：

振荡周期=1/12 μs；

时钟周期=1/6 μs；

机器周期=1 μs；

指令周期=1~4 μs。

在标准的 51 指令系统中，指令长度为 1~3 字节，除 MUL(乘法)和 DIV(除法)指令以外，单字节和双字节指令都可能是单周期和双周期指令，3 字节指令都是双周期指令，乘法指令为 4 周期指令。所以，若用 12 MHz 的晶振，则指令执行时间分别为 1 μs、2 μs、3 μs 和 4 μs。

2. MCS-51 单片机的时钟电路

时钟电路用于产生单片机工作所需的时钟信号，而时序则是指令执行中各个信号的相互关系。单片机本身就如一个复杂的同步时序电路，为了保证单片机同步工作的实现，电路应在唯一的时钟信号控制下严格地按时序进行工作。所以时钟电路的质量会直接影响单片机的工作稳定性和可靠性。

通常用两种方式产生单片机所需的时钟信号：

(1) 内部方式。利用单片机(XTAL2 与 XTAL1 引脚)内部的反相器和外接晶体构成振荡电路，如图 3-12(a)所示。晶体的频率范围可在 2～12 MHz 之间选择(常选 6 MHz 或 11.0592 MHz)，起频率补偿的两个小电容可在 10～47 pF 之间选择(常取 30 pF 瓷片电容)。为了减少寄生电容，更好地保证振荡器稳定可靠地工作，晶振和电容应安装得与单片机越近越好，特别是两个电容的地线要与单片机的地线靠近相接(这对抗外来电磁干扰特别有利)。

(2) 外部方式。这种外接方式很适合于多芯片同时工作，便于芯片之间的通信和同步。对于 HMOS 型器件，把单片机的 XTAL1 接地，从 XTAL2 接入外来的时钟信号源，如图 3-12(b)所示。由于 XTAL2 的逻辑电平不是 TTL 的，故需外接一个上拉电阻(一般取 5.1 kΩ)，以使电平匹配。对于 CHMOS 型的 80C51 单片机，因内部时钟电路的差别，XTAL2 脚悬空(有的厂家的器件可将该脚接地)，时钟源从 XTAL1 加入，如图 3-12(c)所示。

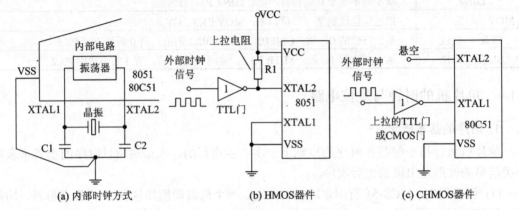

(a) 内部时钟方式　　　　　　　　(b) HMOS器件　　　　　　　　(c) CHMOS器件

图 3-12　单片机典型的时钟电路

3. 复位方式

MCS-51 系列单片机复位的输入引脚是 RST，高电平有效，它是斯密特触发器的输入端，非 TTL 电平(+5 V 供电时，高电平最小为 3.2 V)，如图 3-13(a)所示。

当振荡器稳定工作时，只需维持 RST 引脚两个机器周期以上的高电平就可使其完全复位。复位实际上是 CPU 通过执行一条内部复位指令来完成的，并且将 ALE 和 $\overline{PSEN}$ 引脚设为输入方式。在 RST 为高电平期间，完成对单片机内部的复位。复位后，除了 I/O 口、SP、SBUF 寄存器外，其余 SFR 全部清 0，但片内 SRAM 中的数据不受影响。单片机复位后特殊功能寄存器的初值如表 3-9 所示。

表 3-9　MCS-51 单片机复位后特殊寄存器的初值

(SFR)寄存器名	复位后的值	(SFR)寄存器名	复位后的值
PC	0000H	IP	XXX00000B
A	00H	IE	0XX00000B
B	00H	SBUF	X(不确定)
PSW	00H (寄存器区为 0 区)	PCON	0XXXXXXXB
DPTR	0000H	TCON	00H
P0～P3	FFH(自动置为输入状态)	TL0	00H
SP	07H	TH0	00H
TMOD	00H	TL1	00H
SCON	00H	TH1	00H

从图 3-13(a)可知，VCC 掉电期间，可用 RST 引脚上的备用电源为 HMOS 型器件内部的 SRAM 供电，以保证 SRAM 数据不会丢失。CHMOS 型器件内部的 SRAM 是由 VCC 直接供电的，而 RST 引脚只管复位。

4. 复位电路

1) 典型电路

单片机的复位非常重要。一般单片机刚开始工作时，需要复位以完成内部初始化，而当出现程序错误、程序跑飞、死机等非正常状态时，更需要通过复位使单片机重新工作。几种典型的复位电路如图 3-13(b)～图 3-13(e)所示。其中，图 3-13(b)、(c)是最常用的两种微分型复位电路，两者都能起到上电复位的作用，并且图 3-13(c)还兼有手动复位的功能。在通电的瞬间，在 RC 微分过程中，这两种电路的 RST 端出现正脉冲，从而使单片机复位。C1 和 R1 的值随时钟频率的变化而变化。当采用 6 MHz 时钟时，C1=22 μF，R1=2 kΩ(一般常取 C1=10 μF，R1=10 kΩ)。

在实际应用系统中，有些外围芯片也需要复位，如果复位电平与单片机的复位要求一致，则可使用图 3-13(d)或(e)的复位电路。这二者属于积分式复位电路(通常 C1 可取 22 μF，R1 可取 10 kΩ)，其抗干扰能力较强，且能带多个复位芯片。

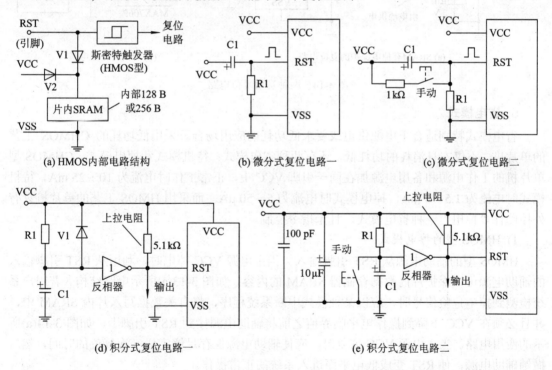

(a) HMOS 内部电路结构   (b) 微分式复位电路一   (c) 微分式复位电路二

(d) 积分式复位电路一   (e) 积分式复位电路二

图 3-13　典型的复位电路

2) 其他复位电路

在实际应用中，为了实现掉电数据的保护，一般采用电压监控电路。图 3-14(a)是具有保护内部 RAM 数据功能的复位电路。当 VCC(+5 V)电源正常时，三态门的控制极 A 点为+3 V 左右的电平，使得两个三态门输出为高阻，在 C1 和 R1 的充电延时作用下，正常地使 CPU 复位。当 VCC 变低到大约 3 V 以下时，A 点电位低于 1 V，使三态门打开(三态门由电池供电)，这时 RST 端能有约 3 V 的电压，该电压足以使 CPU 内部 RAM 数据保存。当 VCC 正常后该电路又能重新复位工作。为了省电，三态门可选用 CMOS 门，如果门的带负载能力不够，可将几个门并起来使用。

为了防止程序跑飞或死机，常采用看门狗电路。市场上这类器件非常多，如 MAX813L、IMP813L、MAX706P 等。图 3-14(b)就是带有看门狗的复位电路。该电路具有以下特性：① 当上电时，RST 端有 160 ms 的高电平复位脉冲；② 当程序跑飞或死机(P1.0 口不再送正常的脉冲时，MAX706P 认为死机)时，WDO 立即输出低电平，使 CPU 复位；③ 当 MAX706P 内部检测到 VCC 较低时，会使 CPU 复位；④ 可以手动复位；⑤ 可以作模拟电压比较(图中未接此功能)。

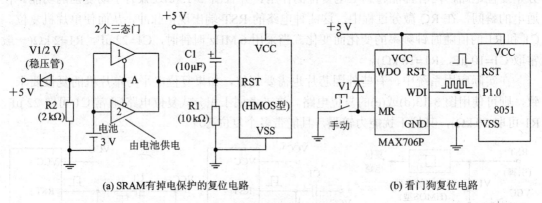

(a) SRAM有掉电保护的复位电路　　　　　　　(b) 看门狗复位电路

图 3-14　两种实用复位电路

5. 省电模式

省电模式特别适合干电池供电或要求低功耗的应用场合。采用低功耗的 CHMOS 工艺的单片机，不仅本身消耗的功耗低，还有两种省电模式：待机模式和掉电模式。CHMOS 型单片机的工作电源和备用电源加在同一引脚 VCC 上，正常工作时电流为 10～25 mA，待机模式时电流为 1.5～5 mA，掉电模式时电流为 5～50 μA。而采用 HMOS 工艺的单片机只有外控硬件"掉电"一种省电模式，且无指令控制。

1) HMOS 型的掉电模式

HMOS 型的辅助电源从 RST 引脚输入。当主电源 VCC 掉电时，利用从 RST 引脚输入的辅助电源可以保护片内数据存储器 SRAM 的内容，如图 3-13(a)所示电路结构。若用户系统检测到掉电危险信号时，应以某种模式中断系统程序，将有关数据写入片内 SRAM 中，并且必须在 VCC 下降到操作电平临界值之前将辅助电源接到 RST 引脚上，如图 3-14(a)所示的应用电路。当主电源 VCC 恢复时，应使辅助电源保存足够完成一次复位的时间，然后撤销辅助电源，使 RST 变成低电平而进入系统的正常操作。

2) CHMOS 型降低功耗的模式

CHMOS 型的待机和掉电两种省电模式的内部电路如图 3-15 所示。其中，IDL 和 PD 分别表示"待机"和"掉电"两种模式的控制信号，这两个信号也就是特殊功能寄存器 PCON 中的 IDL 和 PD 的位信号。因此，对单片机省电的控制实际上是对 PCON 寄存器的操作。表 3-10 列出了 PCON 各位的控制含义。

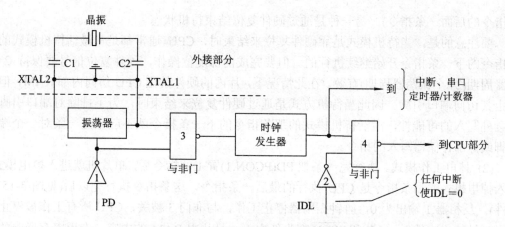

图 3-15　CHMOS 型单片机省电模式的内部结构

表 3-10　PCON 各位的功能

PCON(87H)			功　能　和　用　法
位 置	D7	SMOD	波特率倍增位(若 SMOD=1，可使串口在 1、2 和 3 模式下波特率提高一倍)
	D6	—	保留位，未定义
	D5	—	未定义
	D4	—	未定义
	D3	GF1	通用标志位，可用软件置位或清 0
	D2	GF0	通用标志位，可用软件置位或清 0
	D1	PD	掉电控制位。当 PD=1 时，进入掉电模式(见图 3-15)
	D0	IDL	待机控制位。当 IDL=1 时，进入待机模式；当 PD=IDL=1 时，进入掉电模式

如果同时对 PD 和 IDL 置 1，则 PD 优先，即进入掉电模式。复位时，PCON=0。

PCON 中的各位无"位地址"，因此不能进行位操作(见表 3-5 中的 PCON)，只能通过字节操作指令来实现对 PD 或 IDL 的设置。例如，执行"ORL　PCON，#01H"指令后就进入待机模式；执行"ORL　PCON，#02H"指令后就进入掉电模式。

对于 HMOS 型器件，PCON 中只有 SMOD 有作用，而其他位无意义。

下面重点说明 CHMOS 型器件(或 CMOS 器件)省电模式的控制作用。

(1) 待机模式(或停机模式)，又称空闲模式。执行完一条 IDL(PCON.0)置 1 的指令后，单片机就进入待机模式。该指令是 CPU 执行的最后一条指令，这条指令执行完以后(见图 3-15 的硬件)，反相器 2 输出为 0，与非门 4 被关，无时钟输出，CPU 停止工作。但 CPU 中的寄存器状态完全保持不变(如累加器 A、寄存器 B、堆栈指针(SP)、程序计数器(PC)、数据指针(DPTR)、状态字(PSW)、R0～R7 等)；各接口引脚也将保持待机前的逻辑状态；ALE 和 PSEN 变成高电平。待机模式下，VCC 保持不变，内部 SRAM 的数据也保持不变。在这种模式下，CPU 虽然处于睡眠状态，但片内的中断系统等一小部分电路仍在工作。

在待机模式下，有两条途经可以终止待机(空闲)：一种是产生中断，只要被允许的任何中断发生，IDL(PCON.0)将被硬件清 0，立即结束待机工作模式(实际上，中断得到响应后便进入中断子程序，紧跟在 RETI 之后，下一条要执行的指令将是使单片机进入待机模式的那条指令的后面一条指令)；另一种是通过硬件复位结束待机状态。

要注意的是，当待机模式是靠硬件复位来结束时，CPU 通常都是从激活待机模式的那条指令的下一条指令开始继续执行的。但要完成内部复位操作，硬件复位信号要保持 2 个机器周期(24 个振荡器周期)有效。在此情况下，片内的硬件禁止 CPU 访问内部 RAM，但不禁止其访问端口引脚。因此当待机方式是通过硬件复位来结束时，为了排除对端口引脚产生意外写入的可能性，激活待机模式的那条指令的下一条指令就不应该是一条对一个端口引脚或外部存储器写入的指令。

(2) 掉电工作模式。执行完一条把 PD(PCON.1)置 1 的指令后，单片机就进入掉电模式。进入掉电模式的那条指令是 CPU 执行的最后一条指令，这条指令执行完以后(见图 3-15 的硬件)，反相器 1 输出为 0，时钟振荡器停止工作，与非门 3 被关，CPU 所有工作被停止。由于时钟被"冻结"，ALE 和 $\overline{\text{PSEN}}$ 变为低电平，且片内 RAM 的内容、专用寄存器中的内容、端口状态等一直保持到掉电模式结束为止。

退出掉电模式的唯一途径是硬件复位，复位时会重新定义专用寄存器中的值，但不改变片内 RAM 的内容。即在掉电模式下，只有片内 SRAM 的内容被保持。

必须注意的是：在进入掉电模式之前，VCC 不能降下来；但在进入掉电模式以后，VCC 可降 50%左右。在掉电模式终止前，VCC 就应该恢复到正常工作水平。复位终止了掉电模式，也释放了振荡器。复位时要保持足够长的复位有效时间，以保证振荡器重新启动并达到稳定状态。

3.2 MCS-51 系列单片机的中断系统

3.2.1 中断的概念

所谓中断，是指在 CPU 执行程序的过程中，当出现某种情况时，由服务对象向 CPU 发出中断请求信号，要求 CPU 暂时中断当前程序的执行，而转去执行相应的处理程序，待处理程序执行完毕后，再返回来继续执行原来被打断的程序。也就是说，中断是通过硬件来改变 CPU 程序运行方向的一种技术，它既和硬件有关，也和软件有关。

在中断系统中，通常将 CPU 在正常情况下运行的程序称为"主程序"；把引起中断的设备或事件称为"中断源"；由中断源向 CPU 发出的请求中断的信号称为"中断请求信号"；CPU 接受中断申请，终止现行程序而转去为服务对象服务称为"中断响应"；为服务对象服务的程序称为"中断服务程序"(也称中断处理程序)；现行程序被断开的位置(地址)称为"断点"；为中断服务对象服务完毕后返回原来的程序称为"中断返回"；整个过程称为"中断"。

1. 中断的过程

调用中断服务程序的过程类似于程序设计中的调用子程序，其主要区别在于：调用子程序指令在程序中是事先安排好的；而何时调用中断服务程序事先却无法确知。因为中断的发生是由外部因素决定的，程序中无法事先安排调用指令，因而调用中断服务程序的过程是由硬件自动完成的，其过程如图 3-16(a)所示。另外，中断的响应也有优先级。当 CPU

响应某一中断源请求而进行中断处理时，若有优先级别更高的中断源发出中断申请，则CPU中断正在执行的中断服务程序，保留这个程序的断点(类似于子程序嵌套)，响应优先级别高的中断，在高级中断处理完后，再返回被中断的中断服务程序，继续原先的处理，这个过程就是中断嵌套。优先级别低的中断不能中断优先级别高的中断处理。所以，当CPU正在进行某一优先级的中断处理时，如果有同级或优先级别低的中断源提出中断申请，则CPU暂不响应这个中断申请，直至正在处理的中断服务程序执行完以后才处理新的中断申请。中断嵌套示意图如图3-16(b)所示。

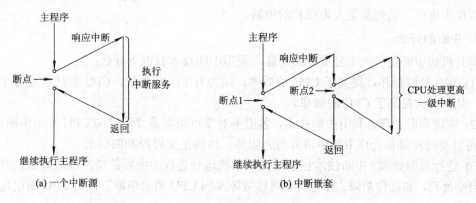

图3-16 中断过程示意图

2. 中断源

中断源是指在单片机系统中向CPU发送中断请求的来源，或者说是引起中断的原因。通常，中断源有以下几种：

(1) I/O设备。I/O设备主要为单片机输入和输出数据，故它是最原始和最广泛的中断源。在用做中断源时，通常要求I/O设备在输入或输出一个数据时能自动产生一个"中断请求"信号(TTL高电平或TTL低电平)，送到CPU的中断请求输入线，以供CPU检测和响应。例如，打印机打印完一个字符时可以通过打印中断来请求CPU为它送下一个打印字符；人们在键盘上按下一个键符时也可通过键盘中断来请求CPU从它那里提取输入的键符编码。因此，打印机和键盘等都可以用做中断源。

(2) 控制对象。在单片机用做实时控制时，被控对象常常作为中断源，用来产生中断请求信号，要求CPU及时采集系统的控制参量、越限参数以及要求发送和接收的数据等。例如，电压、电流、温度、压力、流量和流速等超越上限或者继电器闭合都可以作为中断源来产生中断请求信号，要求CPU通过执行中断服务程序加以处理。因此，被控对象常常用做实时控制的中断源。

(3) 故障检查。当设备或系统发生故障时，以中断的方式通知CPU对故障进行分析处理。故障中断源有内部和外部之分：CPU内部故障源引起内部中断，如被零除中断等；CPU外部故障源引起外部中断，如掉电中断等。在掉电时，掉电检测电路会自动产生一个掉电中断请求，CPU检测到后，会立即通过执行掉电中断服务程序来保护现场并启用备用电池，以使电源恢复正常后继续执行掉电前的用户程序。

(4) 实时时钟。在工业控制中，经常需要进行定时检测和控制，单片机内部一般都有专门的定时器，当需要定时时，由CPU发出命令，启动定时器开始计时。待定时时间到，定时器向 CPU 发出中断申请，CPU 响应处理。实际上定时器中断也有内部和外部之分。内部定时器中断由 CPU 内部的定时器/计数器溢出(全"1"变全"0")时自动产生，故又称为内部定时器溢出中断；外部定时器中断通常由外部定时电路的定时脉冲通过 CPU 的中断请求输入线引起。无论是内部定时器中断还是外部定时器中断，都可以使 CPU 进行实时处理，以达到时时控制的目的。

(5) 人为设置。在程序开发过程中，一个新的程序编写好之后，需要反复调试才能正常可靠地工作，在调试程序时，为了检查中间结果是否正确或为了查找错误，往往都要设置断点或单步执行，这些都是人为设置的中断。

3. 中断的好处

单片机的中断是一个十分重要的功能。采用中断技术有以下好处：

(1) 实行分时操作，提高了 CPU 的效率。因为有了中断系统，CPU 就能够服务于多个对象，从而大大提高了 CPU 的效率。

(2) 实现实时处理。利用中断技术，各服务对象可根据需要随时向 CPU 发出中断申请，CPU 可以及时发现和处理中断申请并为之服务，以满足实时控制的要求。

(3) 进行故障处理。中断技术也能对控制系统运行过程中突发的情况或故障做到及时发现并自动处理，如硬件故障、掉电等，通过故障源向 CPU 请求中断，再由 CPU 做出保护或报警。

3.2.2 MCS-51 中断系统

MCS-51 系列单片机具有较强的中断功能，下面以 8051 芯片为例，说明 MCS-51 系列单片机的中断系统。

1. 中断系统的结构与控制

1) 中断系统的结构

8051 有 5 个可屏蔽中断源(8052 有 6 个)，见表 3-11。这些中断源可分为 2 个中断优先等级，允许实现二级中断嵌套。

这 5 个可屏蔽中断源分别是：2 个外部中断源 $\overline{INT0}$ 和 $\overline{INT1}$ (从 P3.2 和 P3.3 引脚输入，中断标志为 IE0、IE1，触发方式控制为 IT0、IT1)、2 个内部定时器/计数器(T0、T1，中断标志为 TF0、TF1)以及 1 个全双工的串口发送或接收中断(中断标志为 TI、RI)。

表 3-11   8051 的中断源

引　脚	中断源	说　　明
P3.2(12)	$\overline{INT0}$	外部中断 0，低电平或下降沿触发，并建立 IE0
P3.4(14)	T0	当 T0 产生溢出时，使 TF0=1，申请中断
P3.3(13)	$\overline{INT1}$	外部中断 1，低电平或下降沿触发，并建立 IE1
P3.5(15)	T1	当 T1 产生溢出时，使 TF1=1，申请中断
P3.0, P3.1(10，11)	TI 或 RI	当一个串行帧接收/发送完毕时，使 TI 或 RI 置 1，申请中断

8051 通过芯片内部的特殊功能寄存器 IE、IP 对中断实行控制。其中，中断允许寄存器(IE)专门控制 CPU 是否允许中断，中断优先级寄存器(IP)控制 5 个中断源的中断优先级。如

果中断源处于同一优先级，则通过内部查询电路决定其响应的先后顺序。8051 的中断系统由中断标志寄存器、中断允许寄存器、中断优先级寄存器及内部查询电路组成，如图 3-17 所示。

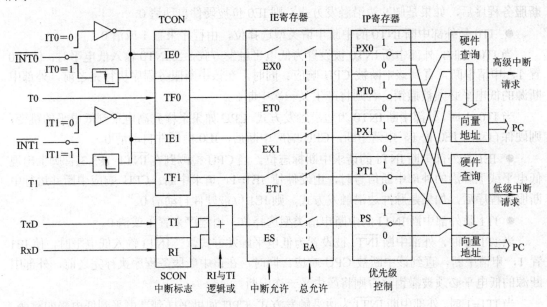

图 3-17　8051 单片机的中断系统

2) 中断的控制

申请中断的所有标志位均分别设在特殊功能寄存器 TCON 和 SCON 中。这些标志位都可以用软件控制(与硬件控制的效果相同)，即用软件对某位置 1，就相当于提出了对该中断的申请，否则就撤销对该中断的申请。

中断允许位和中断优先级别分别设在 IE 和 IP 两个特殊功能寄存器中。

(1) 中断标志。MCS-51 单片机的中断是否发生是由定时器控制寄存器 TCON、串口控制器 SCON 中的相应中断标志位是 0 还是 1 决定的。

① TCON 中的中断标志位。定时器控制寄存器 TCON 的字节地址为 88H，可进行位操作，其相关中断标志如表 3-12 所示。

表 3-12　TCON(88H)中的中断标志位

位　　置	D7	D6	D5	D4	D3	D2	D1	D0
位 名 称	TF1		TF0		IE1	IT1	IE0	IT0
位 地 址	8FH	8EH	8DH	8CH	8BH	8AH	89H	88H

TCON 中各位的功能说明如下：

● TF0 是定时器 T0 的溢出标志位(或中断申请位)。定时器 T0 被允许计数以后，从初值开始加 1 计数，当产生溢出时使 TF0=1，向 CPU 请求中断，直到 CPU 响应该中断后才由硬件自动清 0，也可以由查询程序清 0。

● TF1 是定时器 T1 的溢出标志位(或中断申请位)。TF1 实际上是 T1 中断触发器的一个输出端。T1 被允许计数以后，从初值开始加 1 计数，当产生溢出时使 TF1=1，向 CPU 请求中断，直到 CPU 响应中断后才由硬件自动清 0，也可以由查询程序清 0。

● IE0 是外部中断 $\overline{INT0}$ 的请求中断标志位。当 CPU 检测到在 $\overline{INT0}$ (P3.2)管脚上出现低电平或下降沿的外部中断信号时，由硬件使 IE0=1，请求中断。CPU 响应中断并运行中断服务程序后，如果是脉冲边沿触发方式，则 IE0 位被硬件自动清 0。

● IT0 是外部中断 $\overline{INT0}$ 的中断申请类型选择位，由程序来置 1 或清 0。

当 IT0=0 时，外部中断 INT0 被设置为低电平触发方式，当 $\overline{INT0}$ 输入低电平时，使 IE0 置 1，申请中断，直到该中断被 CPU 响应。同时，在该中断服务程序执行完之前，外部中断源的低电平必须被撤销，否则将产生又一次中断。

当 IT0=1 时，外部中断 $\overline{INT0}$ 为边沿触发方式，CPU 如果采样到高电平到低电平的跳变，则硬件自动对 IE0 置 1，申请中断。CPU 响应中断后，IE0 由硬件自动清 0。

● IE1 是外部中断 $\overline{INT1}$ 的请求中断标志位。当 CPU 检测到在 $\overline{INT1}$ (P3.3)管脚上出现低电平或下降沿的外部中断信号时，由硬件使 IE1=1，请求中断。CPU 响应中断并运行中断服务程序后，如果是脉冲边沿触发方式，则 IE1 位被硬件自动清 0。

● IT1 是外部中断 $\overline{INT1}$ 的中断申请类型选择位，由程序来置 1 或清 0。

当 IT1=0 时，外部中断 INT1 被设置为低电平触发方式，当 $\overline{INT1}$ 输入低电平时，使 IE1 置 1，申请中断，直到该中断被 CPU 响应。同时，在该中断服务程序执行完之前，外部中断源的低电平必须被撤销，否则将产生又一次中断。

当 IT1=1 时，外部中断 $\overline{INT1}$ 为边沿触发方式，CPU 如果采样到高电平到低电平的跳变，则硬件自动对 IE1 置 1，申请中断。CPU 响应中断后，IE1 由硬件自动清 0。

需要注意的是：要对外部中断($\overline{INT0}$ 和 $\overline{INT1}$)申请每个机器周期采样一次，所有中断申请脉冲的高、低电平的宽度至少应为 12 个振荡周期。如果外部中断是下降沿触发型且在两个机器周期内采样到电平从高到低的变化，就使 IE0 或 IE1 置位。在中断响应后，单片机内部硬件电路自动使 IE0 或 IE1 复位。

若外部中断是低电平触发型，则要求中断申请信号一直保持到该中断响应。在中断服务程序结束前，还必须使该申请信号撤销(即变成高电平)，否则将引起一次中断申请多次响应的不良后果。

② SCON 中的中断标志位。串行口控制寄存器 SCON 的字节地址为 98H，可进行位操作。SCON 的低两位是串行口接收中断(RI)的标志位和发送中断(TI)的标志位。SCON 中 TI 和 RI 的中断标志见表 3-13。

表 3-13　SCON(98H)中的中断标志位

位　　置	D7	D6	D5	D4	D3	D2	D1	D0
位 名 称							TI	RI
位 地 址	9FH	9EH	9DH	9CH	9BH	9AH	99H	98H

由图 3-17 可以看出，SCON 中的接收中断 RI 和发送中断 TI 是经过逻辑"或"以后作为串口的一个中断源申请的。其含义如下：

● 当串行口发送完一个字符后，由内部硬件使 TI 置 1。

● 当串行口接收完一个字符后，由内部硬件使 RI 置 1。

注意：在 CPU 响应串行口的中断后，硬件并不把 TI 或 RI 中断标志清 0，所以在使用时 TI 和 RI 必须由软件清 0。

(2) 中断允许寄存器 IE。8051 单片机中，使用特殊功能寄存器 IE 作为中断允许寄存器。IE 的字节地址为 A8H，可进行位操作。在 IE 中既有对每一中断源的管理，还有对中断源总的开放或屏蔽(禁止)。其功能如表 3-14 所示。

表 3-14　寄存器 IE(A8H)中的中断允许位

位　置	D7	D6	D5	D4	D3	D2	D1	D0
位 名 称	EA		ET2	ES	ET1	EX1	ET0	EX0
位 地 址	AFH	AEH	ADH	ACH	ABH	AAH	A9H	A8H

IE 中各位的功能说明：

① EA 是全部中断控制位(总开关)。当 EA=1 时，每个中断都可以再通过相应位的中断允许加以控制。当 EA=0 时，CPU 屏蔽所有的中断申请。

② ES 是串行中断允许位。当 ES=1 时，允许串行口中断；当 ES=0 时，禁止串行口中断。

③ ET1 是定时器/计数器 1 中断允许控制位。当 ET1=1 时，允许 T1 溢出中断；当 ET1=0 时，禁止 T1 溢出中断。

④ EX1 是外部中断 $\overline{INT1}$ 中断允许位。当 EX1=1 时，允许外部中断 1 中断；当 EX1=0 时，禁止外部中断 1 中断。

⑤ ET0 是定时器/计数器 0 中断允许控制位。当 ET0=1 时，允许 T0 溢出中断；当 ET0=0 时，禁止 T0 溢出中断。

⑥ EX0 是外部中断 $\overline{INT0}$ 中断允许位。当 EX0=1 时，允许外部中断 0 中断；当 EX0=0 时，禁止外部中断 0 中断。

⑦ ET2 是定时器/计数器 2 中断允许控制位。当 ET2=1 时，允许其申请中断；否则，虽然有这种中断申请信号，系统也不会响应，即中断被屏蔽。只有 8052 才有 ET2 中断功能。

8051 系统复位后，IE 中各位均被清 0，即禁止所有中断。

例如，如果要打开定时器/计数器 0 和串口的中断，程序可以写成：

```
SETB    ET0    ；使 ET0=1，允许 T0 中断
SETB    ES     ；使 ES=1，允许串口中断
SETB    EA     ；使 EA=1，打开总允许中断位
```

(3) 中断源优先级设定寄存器 IP。中断源优先级设定寄存器 IP 的字节地址为 B8H。8051 单片机具有两个中断优先级，每个中断源可变为高优先级中断或低优先级中断，并可实现二级中断嵌套，即：高优先级中断源可中断正在执行的低优先级中断服务程序；同级或低优先级的中断源不能中断正在执行的中断程序。

中断优先级寄存器 IP 可用软件设定。其各位的含义如表 3-15 所示。

表 3-15　IP 的各位含义

位　置	D7	D6	D5	D4	D3	D2	D1	D0
位 名 称			PT2	PS	PT1	PX1	PT0	PX0
位 地 址	BFH	BEH	BDH	BCH	BBH	BAH	B9H	B8H

IP 中各位的功能说明：

① PT2 是定时器/计数器 2 中断优先控制位。当 PT2=1 时，设定 T2 为高优先级中断；当 PT2=0 时，设定 T2 为低优先级中断。只有 8052 才有这一位。

② PS 是串行中断优先控制位。当 PS=1 时，设定串行口为高优先级中断；当 PS=0 时，设定串行口为低优先级中断。

③ PT1 是定时器/计数器 1 中断优先控制位。当 PT1=1 时，设定 T1 为高优先级中断；当 PT1=0 时，设定 T1 为低优先级中断。

④ PX1 是外部中断 $\overline{INT1}$ 中断优先控制位。当 PX1=1 时，设定外部中断 1 为高优先级中断；当 PX1=0 时，设定外部中断 1 为低优先级中断。

⑤ PT0 是定时器/计数器 0 中断优先控制位。当 PT0=1 时，设定 T0 为高优先级中断；当 PT0=0 时，设定 T0 为低优先级中断。

⑥ PX0 是外部中断 $\overline{INT0}$ 中断优先控制位。当 PX0=1 时，设定外部中断 0 为高优先级中断；当 PX0=0 时，设定外部中断 0 为低优先级中断。

8051 复位后，IP 的低 5 位全部清 0，将所有中断源设置为低优先级中断。

如果几个同优先级的中断源同时向 CPU 申请中断，哪一个申请得到服务，取决于它们在 CPU 内部登记排队的序号。CPU 通过内部硬件查询登记序号，按自然优先级决定优先响应哪个中断请求。其内部登记序号是由硬件形成的。MCS-51 对同级中断源的优先权有规定，见表 3-16。

表 3-16　同级中断源的中断优先权结构

中　断　源	优先权的位(IP)	级内中断优先权
IE0(外部中断 0)	PX0	级内最高优先权
TF0(定时器/计数器 0 溢出中断)	PT0	↓
IE1(外部中断 1)	PX1	↓
TF1(定时器/计数器 1 溢出中断)	PT1	↓
RI+TI(串行口中断)	PS	级内最低优先权

例如，一个应用系统设置了三种中断：串行口中断、定时器/计数器 1 中断和外部 $\overline{INT0}$ 中断，并使优先权顺序为 TF1 最高，IE0 次之，RI+TI 的中断优先权最低。对这样的系统，只要把中断优先级控制寄存器 IP 的 PT1 位置"1"，就可以实现该系统对优先权顺序的要求。程序可以写成：

MOV　IP，#08H ；00001000B，即 PT1=1

在这种设置中，PT1=1，使定时器/计数器 1 处在高优先权中，其他中断源都处于低优先权中，且因在同一级中外部 $\overline{INT0}$ 最高，所以满足 PX1(定时器/计数器 1)→PX0(外部 $\overline{INT0}$)→ PS(串行口)的优先顺序。

2. MCS-51 中断响应与返回

1) 中断响应

8051 单片机的中断响应过程如下：

(1) CPU 对各种中断位进行采样，并将采样值在下一个机器周期里登记。

(2) 若有中断申请(相应的中断标志为 1)，则在登记周期里根据中断优先权顺序和中断允许状态，寻找出该响应的标志位，由硬件系统产生一条调用相应服务程序的 LCALL 指令，把程序计数器 PC 值入栈，并把相应服务程序的入口矢量地址送入 PC。各中断源的中断服务程序的入口矢量地址如表 3-17 所示。

表 3-17　中断服务程序入口矢量地址

序　号	中　断　源	矢量地址(中断程序的入口地址)
1	IE0(外部中断源 0)	0003H
2	TF0(定时器/计数器 0)	000BH
3	IE1(外部中断源 1)	0013H
4	TF1(定时器/计数器 1)	001BH
5	RI+TI(串行口)	0023H
6	TF2+EXF2(定时器/计数器 2，只有 8052 有)	002BH

同时，使具有相同优先权或低优先权的中断在该服务程序执行期间被禁止(由中断逻辑硬件电路实现)。

(3) 如果是定时器/计数器 0 和 1 的中断申请以及外部下降沿触发型中断申请，则由中断逻辑的硬件电路清除这些中断申请标志。而对于串口行和定时器/计数器 2 的标志位，则必须由软件清除。对于低电平触发型的外部中断申请，不论用软件还是硬件清除标志位都是无意义的，这是因为清除后会立即被置位。

(4) 当有中断申请且该中断又处于允许状态时，在登记周期遇到下述情况之一时，中断逻辑将屏蔽 LCALL 指令：

① 一个相同优先权或较高优先权的中断正在进行中；

② 登记周期不在指令的最后一个机器周期；

③ 正在执行中的指令是 RETI 指令或任何访问 IE 或 IP 寄存器的指令。

第一条保证了相同优先权或较高优先权的中断服务程序的顺利进行；第二条保证了正在执行的指令完成以后再进行中断服务程序；第三条保证了在进入中断服务程序之前至少将执行一条指令。

登记周期在每个机器周期重复进行，并且登记的值是前一个机器周期的 S5P2 期间存在的值，故原来登记的值将被刷新。因此，若一个中断标志(指电平触发型外部中断申请)有效，但由于登记周期是上述的三种情况之一，LCALL 将被屏蔽，屏蔽撤销后该标志位又无效了，故未响应的中断将不再被响应。

2) 中断返回

MCS-51 的中断服务程序返回必须使用 RETI 指令。除了具有一般返回指令 RET 的功能(即从栈顶弹出两个字节送入程序计数器 PC)之外，RETI 指令还将通知 CPU 该中断已经结束，使中断逻辑电路撤销对该中断和较低优先权中断的屏蔽作用。

虽然用一条 RET 指令也能返回去执行被中断的程序，但是这将使中断控制逻辑认为该中断仍在执行中，使该中断和较低优先权中断的屏蔽不能被撤销，因而产生系统软件故障。

3) 中断响应时间

如果一个中断申请有效，并且符合响应中断的条件，则由中断控制逻辑产生的一个硬件调用指令(LCALL)就是 CPU 要执行的下一条指令，该调用指令执行两个机器周期。因此，从一个中断申请到开始执行服务程序的第一条指令之间至少要经过三个完整的机器周期。

假如中断申请被前面所述的三种情况之一屏蔽，则将延长响应时间。如果有一个相同优先权或较高优先权的中断正在执行中，则附加等待时间取决于其中断服务程序的执行时间。如果当前的登记周期不是正在执行中的指令的最后一个机器周期，则附加等待时间不会超过三个机器周期，这是因为最长指令执行时间(MUL 和 DIV)仅为四个机器周期。如果正在执行中的指令是 RETI 指令或是一条访问 IE 或 IP 指令，则附加等待时间不会超过五个机器周期。

因此，在一个单中断系统中，其中断响应时间总是在三至八个机器周期之间。

3.2.3 中断程序的设计

1. 中断服务程序的设计结构

中断系统虽然是硬件系统，但必须由相应软件配合才能使用。在设计中断服务程序之前需要搞清以下几个问题。

(1) 硬件电路。在设计程序之前先要熟悉硬件电路的用途和功能，对中断源的触发方式和整个电路的工作原理、工作过程要有足够的了解，例如有几个中断源，哪个优先级最高，采用什么样的中断，是脉冲式还是电平式，等等。

(2) 整个程序的设计功能。搞清了硬件电路之后，需要考虑整个软件的功能分类，例如主程序完成什么功能，中断服务程序需要做什么。这些都需要预先作出计划安排。

(3) 中断程序的任务。设计中断服务程序往往要完成以下任务：

① 设置中断允许控制寄存器 IE 的相应标志位；

② 设置中断优先级寄存器 IP 的相应位，确定并分配所使用的中断源优先级；

③ 若是外部中断源，还要设置中断请求的触发方式 IT0 或 IT1，以满足硬件电路提供的中断方式；

④ 编写中断服务程序，处理中断要求。

假如有外部中断 0、定时器/计数器 1 和串口三个中断源，要求定时器/计数器 1 的中断优先级最高，外部中断 0 的优先级最低且为下降沿触发。其中断程序的结构如下：

```
        ORG     0000H           ；上电入口地址
        LJMP    TO_MAIN         ；无条件转移到主程序
        ORG     0003H           ；外部中断 0 入口地址
        LJMP    TO_INT0         ；跳到外部中断 0 中断服务程序处
        ORG     001BH           ；定时器/计数器 1 入口地址
        LJMP    TO_T1           ；跳到定时器/计数器 1 的中断服务程序处
        ORG     0023H           ；串口中断入口地址
        LJMP    TO_SBUF         ；跳到串口中断服务程序处
        ⋮
        ORG     0100H           ；程序区
                                ；外部中断 0 的中断服务程序
```

```
TO_INT0:    PUSH    PSW             ；压栈保护 PSW
            PUSH    ACC             ；压栈保护 ACC
            ⋮                       ；处理中断
            POP     ACC             ；从栈区弹出 ACC
            POP     PSW             ；弹出 PSW
            RETI                    ；返回主程序
                                    ；定时器/计数器 1 的中断服务程序
TO_T0:      PUSH    PSW             ；压栈保护 PSW
            PUSH    ACC             ；压栈保护 ACC
            ⋮                       ；处理中断
            POP     ACC             ；从栈区弹出 ACC
            POP     PSW             ；弹出 PSW
            RETI                    ；返回主程序
                                    ；串口中断服务程序
TO_SBUF:    PUSH    PSW             ；压栈保护 PSW
            PUSH    ACC             ；压栈保护 ACC
            JB      TI，TO_WIRE
            CLR     RI              ；清除 RI 标志
            …                       ；读串口数据…
            ⋮
            SJMP    TO_SBUFEND
TO_WIRE:    CLR     TI              ；清除 TI 标志
            …                       ；写串口数据…
            ⋮
TO_SBUFEND：POP     ACC             ；从栈区弹出 ACC
            POP     PSW             ；弹出 PSW
            RETI                    ；返回主程序
                                    ；主程序部分
TO_MAIN:    MOV     SP，#70H        ；设堆栈区首地址
            SETB    ET1             ；打开定时器/计数器 1 中断
            SETB    EX0             ；打开外部中断 0 中断
            SETB    ES              ；打开串口中断
            SETB    IT0             ；设外部中断 0 为下降沿触发
            SETB    PT1             ；设 T1 为最高优先级
            SETB    PS              ；设串口为较高优先级
            SETB    EA              ；打开总的中断开关
            …                       ；主程序…
            END     TO_MAIN
```

2. 中断的应用举例

MCS-51 系列单片机根据自身的中断结构特点,只需使用很少的软件开销就能够实现单步操作。从中断系统可知,当一个中断正在执行中,不会响应相同优先级的另一个中断申请,并且在 RETI 指令之后至少还要执行完一条指令才能响应其他的中断申请。基于这些特点,可以使用一条外部中断申请线(如 $\overline{INT0}$)作为单步操作控制端,实现单步操作。

完成单步操作的原理电路如图 3-18 所示。

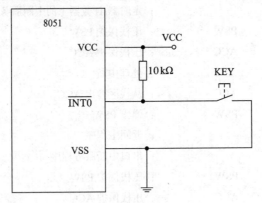

图 3-18　单步操作原理图

完成单步操作的相关程序如下:

```
                KEY       BIT   P3.2              ; 定义按键 KEY
                ORG       0000H                   ; 主程序入口地址(或复位入口地址)
                LJMP      MAIN                    ; 跳主程序
                ORG       0003H                   ; 外部中断 0 入口地址
                LJMP      SEP_INT0                ; 跳到外部中断 0 服务程序处
                ⋮
                ORG       0100H                   ;
SEP_INT0:       NOP                               ; 外部中断 0 服务程序
WAIT_KEY1:      JNB       KEY,WAIT_KEY1           ; KEY=0,等待
WAIT_KEY2:      JB        KEY,WAIT_KEY2           ; KEY=1,等待
                RETI                              ; 返回
MAIN:           MOV       SP,#60H                 ; 设堆栈
                SETB      EX0                     ; 打开外部中断 0 中断
                CLR       IT0                     ; 设 INT0 为电平触发
                ⋮
                SETB      EA                      ; 打开总中断
                ⋮                                  ; 主程序…
                END       MAIN
```

当要进行单步操作时,首先使 $\overline{INT0}$ 引脚变为低电平,使系统进入 $\overline{INT0}$ 的中断服务程序 SEP_INT0。在中断服务程序中,当检测到 KEY 有一个完整的脉冲后,中断返回,执行一条指令。因为此时 $\overline{INT0}$ 引脚还是低电平,所以在执行完主程序的一条指令后,就又进入

$\overline{\text{INT0}}$ 的中断服务程序,当再检测到一个正脉冲后,就又执行主程序的一条指令,从而实现了单步操作的功能。

3.3 MCS-51 单片机的定时器/计数器

3.3.1 定时器/计数器的工作原理

定时器/计数器实质上是一个加法计数器,当它对具有固定时间间隔的内部机器周期进行计数时,它是定时器;当它对外部事件进行计数时,它是计数器。

定时器/计数器的基本结构如图 3-19 所示。

从图 3-19 可以看出,定时器/计数器的基本部件是两个 8 位的计数器,其中 TH1、TL1 是计数器 T1,TH0、TL0 是计数器 T0。TH1 和 TL1、TH0 和 TL0 构成两个 16 位加法计数器,它们的工作状态及工作方式由工作方式寄存器 TMOD 及中断控制寄存器 TCON 的各位决定。工作状态有定时和计数两种,由 TMOD 中的一位控制。工作方式有方式 0~3 共四种,由 TMOD 中的两位编码决定。TMOD 和 TCON 的内容由软件写入。定时器/计数器的输出是加法计数器的计满溢出信号,它使 TCON 的某位(TF0 或 TF1)置 1,作为定时器/计数器的溢出中断申请标志。

当加法计数器的初值被设置,即用指令改变了 TMOD 和 TCON 的内容后,定时器/计数器就会在下一条指令的第一个机器周期内按设定的方式自动进行工作。

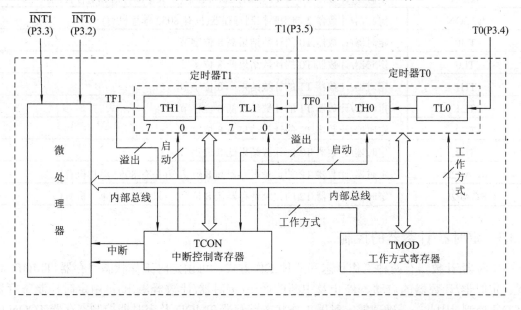

图 3-19 定时器/计数器的结构框图

在作为定时器使用时,定时器/计数器的输入时钟脉冲是由晶体振荡器的输出信号经 12 分频后得到的,所以定时器可看做是对单片机机器周期的加 1 计数(因为每个机器周期包含 12 个振荡周期,故"定时器"的分辨时间为 $12/f_{\text{OSC}}$,可以把输入的时钟脉冲看成机器周期信号)，故其频率为晶振频率的1/12。如晶振频率为12 MHz，则定时器每接收一个输入脉冲的时间为1 μs。

当它用做对外部事件计数时，若其外部输入引脚T0(P3.4)、T1(P3.5)或8052的T2(P1.0)产生一个从"1"到"0"的跳变，则其相关计数器加1。识别一个从"1"到"0"的跳变至少要花两个机器周期。因此，最大计数频率为晶振频率的1/24。对外部输入脉冲宽度的要求只有低限，即输入脉冲的低电平和高电平的宽度至少都应保持一个机器周期，多者不限。

这里需要注意的是：加法计数器是计满溢出时才申请中断的，所以在给计数器赋初值时，不能直接输入所需的计数值，而应输入的是计数器计数的最大值与这一计数值的差值。设最大值为M，计数值为N，初值X的计算方法如下：

计数状态：$X = M - N$；

定时状态：$X = M -$ 定时时间$/T$，而$T = 12/$晶振频率。

3.3.2 定时器/计数器所用到的寄存器

MCS-51系列单片机对定时器/计数器的控制都是通过对表3-18中的一组特殊功能寄存器的读写完成的。

表3-18 定时器/计数器中涉及的寄存器

寄存器名称	说　明
TMOD	定时器/计数器T0和T1工作模式设置寄存器
TCON	定时器/计数器T0和T1中断控制寄存器(相关中断标志和启停控制)
T2CON	定时器/计数器2的中断控制寄存器(只有8052单片机有)
TH0	定时器/计数器T0的计数结果高8位字节
TL0	定时器/计数器T0的计数结果低8位字节
TH1	定时器/计数器T1的计数结果高8位字节
TL1	定时器/计数器T1的计数结果低8位字节
TH2	定时器/计数器T2的计数结果高8位字节
TL2	定时器/计数器T2的计数结果低8位字节
RCAP2H	定时器/计数器T2的记录寄存器高8位字节(只有8052单片机有)
RCAP2L	定时器/计数器T2的记录寄存器低8位字节(只有8052单片机有)

3.3.3 定时器/计数器的控制

定时器/计数器有两种工作状态和四种工作方式，可由定时工作状态寄存器TMOD设置。定时器/计数器的启动、停止及中断的产生(定时器/计数器溢出)等由定时控制寄存器TCON控制。因此，正确理解定时器工作状态寄存器TMOD及定时器控制寄存器TCON中的含义，才能编写出合理的程序，以达到灵活使用定时器/计数器的目的。

1. 定时器/计数器的设置

定时器/计数器是一种可编程部件，在其工作之前必须通过软件对相关寄存器进行设置。

1) 工作状态寄存器 TMOD 的设置

TMOD 的字节地址是 89H，它不能位寻址，其内容被称为方式字，设置时一次写入。其各位的定义如表 3-19 所示。TMOD 的高 4 位用于定时器 T1，低 4 位用于定时器 T0。

表 3-19 TMOD 的各位及含义

TMOD	D7	D6	D5	D4	D3	D2	D1	D0
(89H)	GATE	C/$\overline{T}$	M1	M0	GATE	C/$\overline{T}$	M1	M0
	T1 工作状态设置				T0 工作状态设置			

TMOD 各位的含义如下：

(1) M1、M0 工作方式控制位。M1、M0 两位的 4 种编码可以构成 4 种工作方式，见表 3-20。

表 3-20 M1、M0 控制的 4 种方式

M1	M0	工作方式	说　明
0	0	方式 0	13 位定时器/计数器(THx 的高 8 位和 TLx 的低 5 位)
0	1	方式 1	16 位定时器/计数器(THx 的高 8 位和 TLx 的低 8 位)
1	0	方式 2	8 位自动重新加载的定时器/计数器，THx 为预值常数，TLx 为计数器
1	1	方式 3	把 T0 分成两个独立的 8 位计数器，T1 停止工作(此方式只适用于 T0)

注：其中 x=0 或 1。

(2) C/$\overline{T}$ 定时或计数方式选择位。当 C/$\overline{T}$=1 时，为计数器方式；当 C/$\overline{T}$=0 时，为定时器方式。

(3) GATE 定时/计数门控位。当 GATE=1 时，只有在 $\overline{INT0}$ (或 $\overline{INT1}$)引脚为高电平且 TR0(或 TR1)置 1 时，相应的定时器/计数器才被选通工作，这时可用于测量在 $\overline{INT0}$ 引脚(或 $\overline{INT1}$ 引脚)出现的正脉冲的宽度。若 GATE=0，则只要 TR0(或 TR1)置 1，定时器/计数器就被选通，而不管 $\overline{INT0}$ (或 $\overline{INT1}$)的电平是高还是低。

2) 控制寄存器 TCON 的设置

控制寄存器 TCON 用于控制定时器的启动、停止和中断请求。其各位定义如表 3-21 所示。

表 3-21 TCON 的各位及含义

TCON	D7	D6	D5	D4	D3	D2	D1	D0
(88H)	TF1	TR1	TF0	TR0	IE1	IT1	IE0	IT0

TCON 的低 4 位与中断有关，在 3.2 节中已介绍过，这里不再重复。高 4 位含义如下：

(1) TF0、TF1 分别是定时器/计数器 T0、T1 的溢出标志位，当加法计数器计满溢出时由硬件置 1，申请中断，在中断响应后由硬件自动清 0(也可由软件清 0)。TF0(或 TF1)产生的中断申请是否被接受，还需要由中断是否开放决定。

(2) TR0、TR1 分别是定时器/计数器 T0、T1 的运行控制位，必须由软件置 1 或清 0。当 TR0(或 TR1)置 1 后，对应定时器/计数器才开始工作；当 TR0(或 TR1)清 0 后，对应定时器/计数器停止工作；当系统复位时 TR0(或 TR1)被清 0。

2. 定时器/计数器的工作方式

定时器/计数器有 4 种工作方式，由 TMOD 中的 M1 和 M0 位来选择。工作方式不同，计数长度(即最大值 M)和计数方式就不同。

1) 方式 0

当 M1 M0 设置为 0 0 时，定时器选定为方式 0 工作。在这种方式下，16 位寄存器只用了 13 位，加法计数器由 TLx 的低 5 位和 THx 的高 8 位组成，而 TLx 的高 3 位弃之不用。T0 工作方式 0 的逻辑图结构如图 3-20 所示。

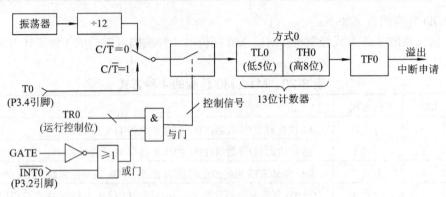

图 3-20   定时器/计数器 T0 方式 0 的结构

当 GATE=0 时，只要 TCON 中的 TR0 为 1，TL0 及 TH0 组成的 13 位计数器就开始计数；当 GATE=1 时，仅 TR0=1 仍不能使计数器计数，还需要 $\overline{INT0}$ 引脚为高电平才能使计数器工作。即当 GATE=1 和 TR0=1 时，TH0+TL0 是否计数取决于 $\overline{INT0}$ 引脚的信号，当 $\overline{INT0}$ 由低电平变为高电平时，开始计数，当 $\overline{INT0}$ 由高电平变为低电平时，停止计数，这样就可以用来测量在 $\overline{INT0}$ 引脚上出现的正脉冲的宽度。

当 13 位计数器加 1 到全"1"以后，再加 1 就产生溢出，这时置 TCON 的 TF0 为 1，同时把计数器全变为"0"。这种方式的计数长度 M 为 2^{13}。由于加法计数器是 13 位的，因此赋的初值也应是 13 位二进制数。但应注意，13 位初值的高 8 位赋值给 TH0，低 5 位数前面加 3 个 0 凑成 8 位之后赋给 TL0。如要求计数值 N 为 1000，则初值 X 为：

X=M－1000=8192－1000=7192=1C18H(或 1110000011000B)

其二进制的高 8 位是 11100000B,低 5 位是 11000B,因此赋初值时 TH0=E0H,TL0=18H。

2) 方式 1

方式 1 和方式 0 的工作相同，唯一的不同是加法计数器是由 16 位计数器组成的，高 8 位为 TH0(或 TH1)，低 8 位为 TL0(或 TL1)。其控制逻辑图如图 3-21 所示。赋初值时，16 位二进制数的高 8 位赋给 THx，低 8 位赋给 TLx，最大计数值 M 为 2^{16}。

3) 方式 2

方式 2 使定时器/计数器成为能自动重置初值的可连续工作的 8 位计数器，TL0(或 TL1)用于 8 位加法计数器，TH0(或 TH1)用于重置初值的常数缓冲器，其结构如图 3-22 所示。TH0(或 TH1)由软件预置初值，当 TL0(或 TL1)产生溢出时，使溢出标志 TF0(或 TF1)置 1，同时把 TH0(或 TH1)中的 8 位数据重新装入 TL0(或 TL1)中。

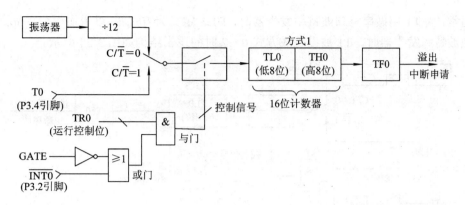

图 3-21 定时器/计数器 T0 方式 1 的结构

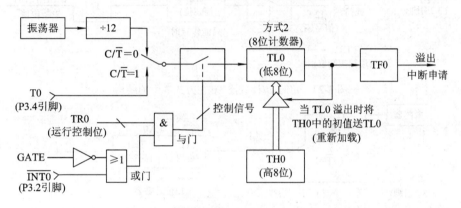

图 3-22 定时器/计数器 T0 方式 2 的结构

方式 0、1 在计数器计满溢出后由软件重新赋初值，方式 2 就省去了这种麻烦，所以它常用于定时控制或作为串行口的波特率发生器。如希望每隔 250 μs 产生一个定时控制脉冲，晶振频率为 12MHz，则此时计数初值 $X=M-N=256-250\div1=6$，故只要在 TH0、TL0(或 TL1、TH1)中预置初值 6，将定时器/计数器 T0(或 T1)设置成定时工作方式 2，就能很方便地实现上述功能。

4) 方式 3

方式 3 对 T0 和 T1 是不相同的。若 T1 设置为方式 3，则停止工作(其效果与 TR1=0 相同)，所以方式 3 只适用于 T0。

在工作方式 3 下，定时器/计数器 T0 被分成两个独立的 8 位计数器 TL0 和 TH0。因此在这种情况下，MCS-51 单片机相当于 3 个定时器/计数器(一个 16 位的和两个 8 位的)，8052 单片机就相当于 4 个定时器/计数器(两个 16 位的和两个 8 位的)。方式 3 的结构如图 3-23 所示。由图可见，TL0 利用了 T0 本身的一些控制(C/$\overline{T}$、GATE、TR0、$\overline{INT0}$ 和 TF0)，它的操作与方式 0 和方式 1 类似，只不过是一个 8 位定时器/计数器，而 TH0 借用了 T1 的控制位 TR1 和 TF1，并规定只能用做定时功能，即对机器周期计数。

定时器/计数器 0 设为方式 3 时，TH0 控制了 T1 的中断，而 T1 只能用于不需要中断的各种场合(可设置为方式 0~2 中的一种)，如用做不使用中断的"定时器"、"计数器"和串行口的波特率发生器。

通常，当 T1 用做串行口波特率发生器时，T0 才定义为方式 3，以增加一个 8 位计数器。在用做波特率发生器时，T1 被设置成方式 0～2 时的逻辑结构如图 3-24 所示。

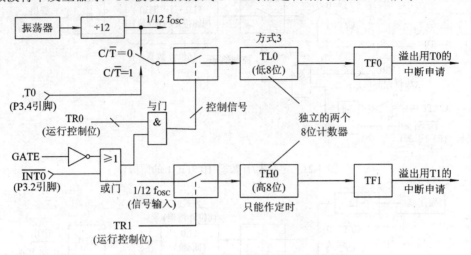

图 3-23　定时器/计数器 T0 在方式 3 下的结构

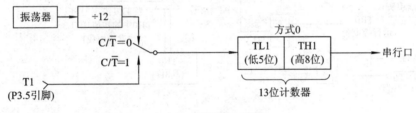

(a) T1为方式0

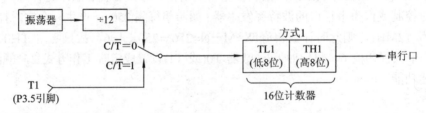

(b) T1为方式1

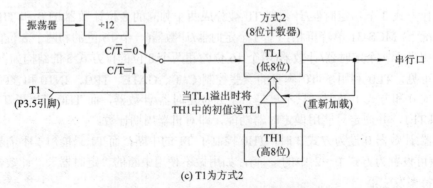

(c) T1为方式2

图 3-24　T0 用做方式 3 时 T1 的逻辑电路框图

3. 8052 定时器/计数器 2 的设置

定时器/计数器 2 是 8052 型单片机中增设的一个 16 位可编程定时器/计数器，由特殊功能寄存器 T2CON 的工作状态选择位 C/$\overline{T2}$ 来决定。当 C/$\overline{T2}$ =1 时，它处于"计数器"工作状态；当 C/$\overline{T2}$ =0 时，它处于"定时器"工作状态。在每种工作状态下，它都有三种工作方式可选择，即"自动重新加载方式"、"记录方式"和"波特率发生器"方式，分别由 T2CON 的相应位决定，如表 3-22 所示。

表 3-22　T2CON 的各位及含义

T2CON	D7	D6	D5	D4	D3	D2	D1	D0
(C8H)	TF2	EXF2	RCLK	TCLK	EXEN2	TR2	C/$\overline{T2}$	CP/$\overline{PL2}$

T2CON 各位的含义如下：

(1) CP/$\overline{RL2}$ 是工作方式选择位。当 CP/$\overline{RL2}$ =1 时，为记录方式，在 EXEN2=1，T2EX(P1.1 引脚)负跳变时进行记录；当 CP/$\overline{RL2}$ =0 时，为自动加载方式。

(2) C/$\overline{T2}$ 是工作状态控制位。当 C/$\overline{T2}$ =0 时为"定时器"；当 C/$\overline{T2}$ =1 时为"计数器"。

(3) TR2 是运行控制位。当 TR2=1 时，定时器/计数器 2 开始运行；当 TR2=0 时，定时器/计数器 2 停止。该位由软件设置。

(4) EXEN2 是外部输入控制端。当 EXEN2=0 时，外部输入引脚 T2EX(P1.1)与定时器/计数器 2 的内部电路断开；当 EXEN2=1 时，T2EX 负跳变产生重新加载或记录操作，同时使 EXF2 置 1。当定时器/计数器 2 作为波特率发生器时，可作为一个附加的外部中断源。

(5) TCLK 是串行接口的发送时钟选择位。在串行接口工作于方式 1 和方式 3 的情况下：当 TCLK=1 时，使用定时器 2 的溢出脉冲作为串行接口的发送时钟；当 TCLK=0 时，使用定时器/计数器 1 的溢出脉冲作为串行接口的发送时钟。

(6) RCLK 是串行接口的接收时钟选择位。在串行接口工作于方式 1 和方式 3 的情况下：当 RCLK=1 时，使用定时器 2 的溢出脉冲作为串行接口的接收时钟；当 RCLK=0 时，使用定时器/计数器 1 的溢出脉冲作为串行接口的接收时钟。

(7) EXF2 是定时器/计数器 2 的外部中断申请标志位。在 EXEN2=1 的情况下，当 T2EX 负跳变时，使 EXF2 置 1。该位必须由软件清 0(复位)。

(8) TF2 是定时器/计数器 2 的溢出标志。当定时器/计数器 2 溢出时，使 TF2=1。该位必须用软件清 0。注意，当 RCLK=1 或 TCLK=1 时，因串行接口占了该位，所以溢出时不会使 TF2 置 1。

定时器/计数器 2 的工作方式如表 3-23 所示。

表 3-23　定时器/计数器 2 的工作方式

RCLK 或 TCLK	CP/$\overline{RL2}$	TR2	工 作 方 式
0	0	1	16 位自动加载方式
0	1	1	16 位记录方式
1	x	1	波特率发生器方式
x	x	0	停止工作

1) 定时器/计数器 2 的自动加载方式

在 RCLK=0 和 TCLK=0 的前提下，当 CP/$\overline{RL2}$=0，TR2=1 时，定时器/计数器 2 运行于自动加载工作方式。它又有两种形式：若 EXEN2=0，则当定时器/计数器 2 溢出时，使 TF2 置 1，同时使寄存器 RCAP2L 和 RCAP2H 的内容对应送入 TL2 和 TH2 中；若 EXEN2=1，则在定时器/计数器 2 溢出或 T2EX 引脚负跳变时，都要重新加载，使 TF2 置 1，在 T2EX 引脚负跳变时还使 EXF2 置 1。TF2 和 EXF2 只能用软件清 0。其逻辑结构如图 3-25 所示。

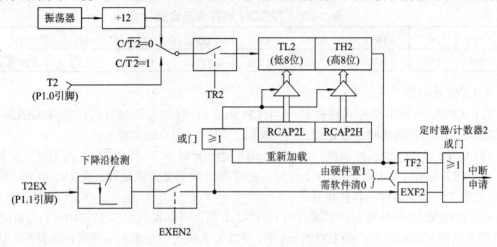

图 3-25 定时器/计数器 2 的自动加载方式逻辑框图

2) 定时器/计数器 2 的记录方式

在 RCLK=0 和 TCLK=0 的前提下，当 CP/$\overline{RL2}$=1，TR2=1 时，定时器/计数器 2 运行于记录工作方式下。它又有两种形式：若 EXEN2=0，则定时器/计数器 2 仅是一个不能自动加载、不能记录的简单的 16 位定时器/计数器，但溢出时仍能使 TF2 置 1，申请中断；若 EXEN2=1，则除了上述功能外，当 T2EX 负跳变时它能把寄存器 TL2 和 TH2 的当前值记录(送入)RCAP2L 和 RCAP2H 中，同时使 EXF2 置 1，申请中断。但 TF2 和 EXF2 只能用软件清 0。其逻辑结构如图 3-26 所示。

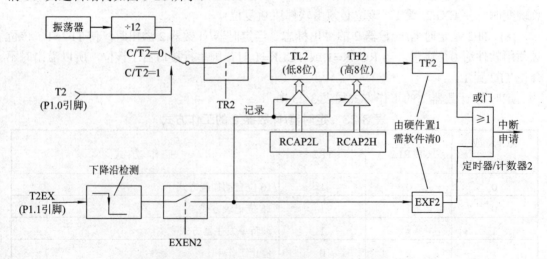

图 3-26 定时器/计数器 2 的记录方式逻辑框图

3) 定时器/计数器 2 的波特率发生器方式

当 RCLK=1 或 TCLK=1 时，定时器/计数器 2 运行于波特率发生器方式下。TH2、TL2 为 16 位加法计数器，RCAP2H、RCAP2L 为 16 位初值寄存器。当 C/$\overline{T2}$ =1 时，TH2、TL2 对 T2(P1.0)引脚上的外部脉冲加法计数；当 C/$\overline{T2}$ =0 时，TH2、TL2 对时钟脉冲(振荡频率)二分频后(不是机器周期，这一点要特别注意)加法计数。TH2、TL2 计数溢出时 RCAP2H、RCAP2L 中预置的初值会自动送入 TH2、TL2 中，使 TH2、TL2 从初值开始重新计数，因此溢出脉冲是连续产生的周期信号。其逻辑结构如图 3-27 所示。

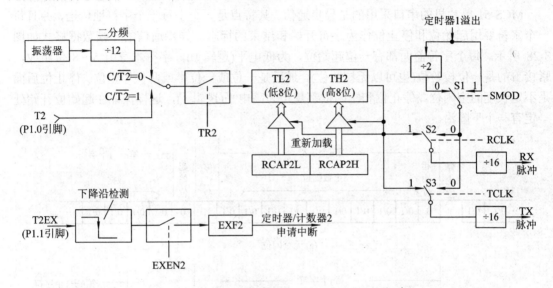

图 3-27 定时器/计数器 2 的波特率发生器逻辑框图

溢出脉冲经 16 分频后作为串口的发送脉冲或接收脉冲。发送脉冲或接收脉冲的频率称为波特率。

溢出脉冲经电子开关 S2、S3 送往串行接口。S2、S3 由 T2CON 寄存器中的 RCLK、TCLK 控制。当 RCLK=1 时，定时器/计数器 2 的溢出脉冲形成串行接口的接收脉冲；当 RCLK=0 时，定时器/计数器 1 的溢出脉冲形成串行接口的接收脉冲。当 TCLK=1 时，定时器/计数器 2 的溢出脉冲形成串行接口的发送脉冲；当 TCLK=0 时，定时器/计数器 1 的溢出脉冲形成串行接口的发送脉冲。

定时器/计数器 2 处于波特率工作方式时，TH2 的溢出并不会使 TF2 置 1，因而不产生中断请求。当 EXEN2=1 时，也不会发生重新加载或记录的操作。所以，利用 EXEN2=1 可得到一个附加的外部中断。T2EX 为附加中断的输入脚，EXEN2 起到允许中断或禁止中断的作用。当 EXEN2=1 时，若 T2EX 引脚上出现负跳变，则硬件使 EXF2=1，向 CPU 申请中断。

需要指出的是，在波特率发生器工作方式下，如果定时器/计数器 2 正在工作，则 CPU 是不能访问 TH2、TL2 的。对于 RCAP2H、RCAP2L，CPU 也只能读入其内容而不能改写。如果要改写 TH2、TL2、RCAP2H 和 RCAP2L 的内容，应先停止定时器/计数器 2 的工作。

3.4 MCS-51 单片机的异步通信和串行接口

3.4.1 单片机的异步通信

MCS-51 单片机的串口采用的是异步通信。其特点是一个字符一个字符地传送，并且每一个字符要用起始位和停止位作为字符开始和结束的标志。异步通信的一帧数据格式如图 3-28 所示。每个字符前面都有一位起始位，为低电平(逻辑 0)，字符本身由 5～8 位组成，紧接着的是一位校验位(也可以无校验位)，最后是一位或一位半或两位停止位。停止位后面是不定长度的空闲位。停止位和空闲位都规定为高电平(逻辑 1)，这样保证在起始位开始处一定有一个下降沿。

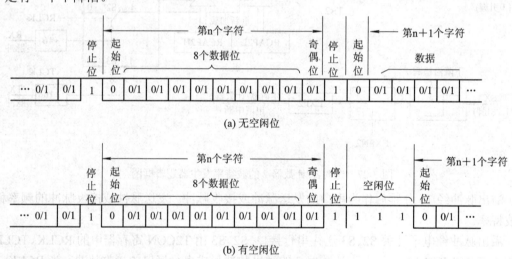

图 3-28 两种通信方式示意图

(1) 起始位和停止位。起始位标志一个字符传送的开始，当它出现时，告诉接收方数据传送即将开始。停止位标志一个字符的结束，它的出现表示一个字符传送完毕。这样就为通信双方提供了何时开始发送和接收、何时结束的标志。

(2) 数据位。起始位之后紧接着的是数据位。由于字符编码方式不同，数据位可以是 5、6、7 或 8 位，并规定低位在前，高位在后。

(3) 奇偶检验位。奇偶检验只占一位，用于检验字符传送的正确性。奇偶检验方式由用户根据需要选定，有奇校验、偶校验和无效检验三种方式。

传送开始后，接收设备不断地检验传送线，确定是否有起始位到来。在一系列的"1" (停止位和空闲位)之后，检测到一个下降沿，并确认有一位数据宽度，就能确定紧跟其后的是数据位、校验位和停止位。按事先约定的数据格式，去掉停止位，并进行奇校验或偶校验，如果不存在奇偶错误，则说明已成功地接收了一个字符。接收设备又继续下一个字符的检测，直到全部数据传送完毕为止。

在异步通信中，数据的传输快慢与波特率有很大关系。波特率定义为数据的传输速率，即每秒传送二进制代码的位数，它的单位是位/秒(bits per second，简写为 b/s)或波特。

如果数据传输速率是 200 字符/秒，而每个字符包含 10 个代码位，则传送的波特率是：

200 字符/秒×10 位/字符=2000 位/秒=2000 波特=2000 b/s

而每一位代码的传送时间 T_d 为波特率的倒数，即

$$T_d = \frac{1}{2000} \text{ s} = 0.5 \text{ ms}$$

异步通信的数据传输速率一般在 50～38 400 b/s 之间。

3.4.2 MCS-51 的串行接口

MCS-51 单片机内部有一个全双工异步串行接口，这个接口既可以用于网络通信，也可以实现异步通信，还可以作为同步移位寄存器使用。

1. MCS-51 串行接口的结构

MCS-51 单片机的全双工串行接口内部结构如图 3-29 所示。其内部有一个发送数据的缓冲器和一个接收数据的缓冲器，简称串行口数据缓冲器(SBUF)，它们公用一个地址 99H；有一个串行接口控制寄存器(SCON)，用来选择串行接口的工作方式及控制数据的接收与发送，并反映串行接口的工作状态；电源控制寄存器(PCON)中的 SMOD 位用来控制串行接口的波特率。

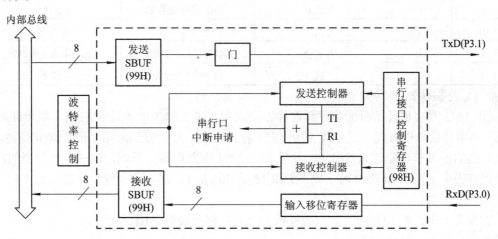

图 3-29　8051 串行口的内部结构示意图

串行接口的 RxD 引脚是 P3.0，TxD 引脚是 P3.1。对串行接口的操作，要使用特殊功能寄存器 SBUF 作为传送和接收数据的缓冲器，用 SCON 进行串行接口的方式设置。用 IE 和 IP 作为串行接口的中断控制，用定时器/计数器 1(或定时器/计数器 2)和 PCON 中的 SMOD 位设定波特率。

1) 数据缓冲器(SBUF)

串行口缓冲器(SBUF)是可直接寻址的特殊功能寄存器，其内部的字节地址是 99H。在物理上，它对应着两个独立的寄存器，一个是发送的 SBUF 寄存器，一个是接收的 SBUF 寄存器。发送时，就是 CPU 写入 SBUF 的操作；接收时，就是读取 SBUF 的过程。接收寄

存器是双缓冲的，可以避免在接收下一帧数据之前，CPU 未能及时响应接收器的中断，没有把上一帧数据取走而产生两帧数据重叠的问题。

2) 串行接口的控制

与串行接口通信有关的控制寄存器有四个：串行接口控制寄存器(SCON)、电源控制寄存器(PCON)、中断允许控制寄存器(IE)及中断优先级控制寄存器(IP)。下面重点讨论 SCON 和 PCON。

(1) 串行接口控制寄存器(SCON)。SCON 是一个可位寻址的专用寄存器，用来设定串行接口的工作方式、控制串行接口的接收/发送以及状态标志。SCON 的字节地址为 98H，位地址为 98H～9FH。其定义如表 3-24 所示。

表 3-24　SCON(98H)中的位信号

位　置	D7	D6	D5	D4	D3	D2	D1	D0
位 名 称	SM0	SM1	SM2	REN	TB8	RB8	TI	RI
位 地 址	9FH	9EH	9DH	9CH	9BH	9AH	99H	98H

其相应的各位含义如下：

① SM0、SM1 是串行接口的工作方式选择位，可选择 4 种工作方式，见表 3-25。

表 3-25　串行接口的工作方式选择

SM0	SM1	工 作 方 式	功　能	波 特 率
0	0	方式 0	同步移位寄存器	$f_{osc}/12$
0	1	方式 1	10 位异步收发	可编程
1	0	方式 2	11 位异步收发	$f_{osc}/64$ 或 $f_{osc}/32$
1	1	方式 3	11 位异步收发	可编程

其中，f_{osc} 是振荡器的频率。

② SM2 是多机通信时的接收允许标志位。在方式 2 和 3 中，若 SM2=1，则允许多机通信。当串行接口以方式 2 或方式 3 接收时，若 SM2=1，且接收到的第 9 位数据(RB8)为 1，则接收到的前 8 位数据送入 SBUF，并使 RI=1 产生中断申请；否则，RI=0，接收到的前 8 位数据将丢失。而当 SM2=0 时，则不管 RB8 是 0 还是 1，都将前 8 位数据装入 SBUF 中，并产生中断请求。

在模式 1 中，若 SM2=1，则只有接收到有效的停止位时，RI 才置 1。

在模式 0 中，SM2 必须为 0。

③ REN 是串口允许接收位，由软件置位或清 0。当 REN=1 时，串行接口允许接收数据；当 REN=0 时，禁止接收。

④ 在方式 2 或方式 3 下，TB8 是要发送的第 9 位数据。在许多通信协议中，该位定义为奇偶位，可以由软件置位或清 0。在多机通信中，这一位用于表示是地址帧还是数据帧。

⑤ 在方式 2 或方式 3 下，RB8 是要接收的第 9 位数据，代表着接收数据的某种特征。例如，可能是奇偶校验位或多机通信中的地址/数据标识位等。

在模式 1 中，若 SM2=0，则 RB8 是接收的停止位。

在模式 0 中，该位未使用。

⑥ TI 和 RI 是中断标志位。当串行接口发送(或接收)完一帧数据后，由硬件使 TI(或 RI)置 1，申请中断。CPU 响应中断时，不会对 TI(或 RI)清 0，必须由软件清 0。

串行接口发送中断标志(TI)和接收中断标志(RI)共用一个中断源，因此，CPU 接收到中断请求后，无法判断是发送中断(TI)还是接收中断(RI)，必须由软件进一步作出判断。单片机复位后，SCON 的各位均清 0。

(2) 电源控制寄存器(PCON)。PCON 中只有一位(最高位)SMOD 与串行接口的工作有关，该位是串行接口波特率系数的控制位。当 SMOD=1 时，波特率加倍，否则不加倍。

PCON 的字节地址为 87H，不能位寻址，因此初始化时需要用字节传送。

2. 串行接口的 4 种工作模式

MCS-51 单片机的串行接口为可编程接口，可以编程选择 4 种工作方式，其中方式 0 主要用于扩展并行输入/输出口，串行通信时一般使用方式 1、2 或 3。

1) 方式 0

串行接口工作方式 0 为同步移位寄存器输入/输出模式，可外接移位寄存器扩展 I/O 接口。方式 0 又分为发送和接收两种工作状态。但应注意：在这种模式下，不管输出还是输入，通信数据总是从 P3.0(RxD)管脚输出或输入，而 P3.1(TxD)管脚总是用于输出移位脉冲，每一个移位脉冲将使 RxD 端输出或者输入一位二进制码。

(1) 发送过程。当执行一条将数据写入发送缓冲器 SBUF 的指令时，8 位数据就开始从 RxD 端串行输出，其波特率为振荡频率的 1/12。方式 0 发送数据的时序如图 3-30(a)所示。

在写入 SBUF 选通信号的激励下，内部总线上的 8 位数据经缓冲器写入 SBUF 的发送寄存器；在写信号有效后，相隔一个机器周期，发送控制端 SEND 有效(高电平)，允许 RxD 发送数据，同时允许从 TxD 端输出移位脉冲。当一帧(8 位)数据发送完毕时，使 SEND 变为低电平(无效)，从而停止数据和移位脉冲的发送，并将 TI 置 1，请求中断。若 CPU 响应中断，则转入程序区的 0023H 单元，开始执行串口中断服务程序。若要再次发送数据，必须用软件将 TI 清 0。

(2) 接收过程。在满足 REN=1、RI=0 的条件下，就会启动一次接收过程。此时 RxD 为串行输入端，TxD 为同步脉冲输出端。串行接口的波特率仍为振荡频率的 1/12，其时序如图 3-30(b)所示。同样，当接收完一帧(8 位)数据后，将 SCON 中的 RI 置 1，发出中断请求。若 CPU 响应中断，将执行 0023H 作为入口地址的中断服务程序。若要再次接收数据，必须用软件将 RI 清 0。

2) 方式 1

串行接口工作于模式 1 时，为波特率可变的 8 位异步通信接口。数据位由 P3.0(RxD)端接收，由 P3.1(TxD)端发送。发送的一帧信息为 10 位：1 位起始位(0)，8 位数据位(低位在前)和 1 位停止位(1)。波特率是可变的，它取决于定时器 T1(或 T2)的溢出速率及 SMOD 的状态。

(1) 方式 1 发送过程。用软件清除 TI 后，CPU 执行任何一条以 SBUF 为目标的寄存器指令时，就启动发送过程。数据由 TxD 引脚输出，此时的发送移位脉冲是由定时器 T1(或定时器 T2)送来的溢出信号经过 16 或 32 分频后取得的。一帧信号发送完后，将使中断标志 TI 置 1，并向 CPU 申请中断，以完成一次发送过程，如图 3-31(a)所示。

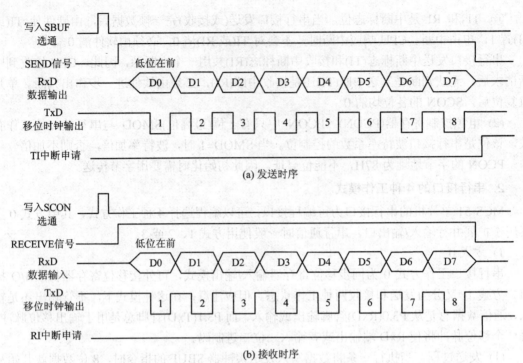

图 3-30　串行接口方式 0 时序图

(2) 方式 1 接收过程。用软件清除 RI 后，当允许接收位 REN=1 时，接收器以选定波特率的 16 倍的速率采样 RxD 引脚上的电平。如果检测到起始位，就启动接收器工作。当确认起始位有效后，开始接收本帧其余数据。在 RI=0 的状态下，接收到停止位为 1(或 SM2=0)时，将停止位送入 RB8 中，8 位数据进入接收缓冲器 SBUF 中，并使 RI 置 1。其时序如图 3-31(b)所示。

在用方式 1 接收数据的过程中，为了抑制干扰，电路采用了三中取二的原则确定检测值，并且采样是在每个数据位的中间，避免了信号边沿的波形失真造成的采样错误。

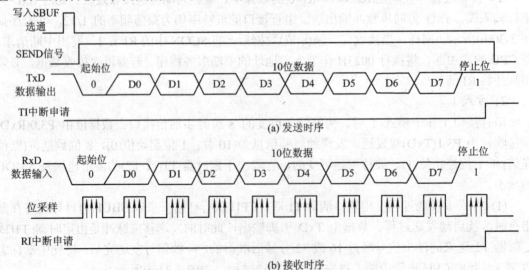

图 3-31　串行接口方式 1 时序图

3) 方式 2 和方式 3

串行接口工作于方式 2 和方式 3 时，被定义为 9 位异步通信接口。它们的每帧数据结构是 11 位的：最低位是起始位(0)，其后是 8 位数据位(低位在先)，第 10 位是用户定义位(SCON 中的 TB8 或 RB8)，最后一位是停止位(1)。方式 2 和方式 3 的工作原理相似，唯一的差别是：方式 2 的波特率是固定的，即为 $f_{osc}/32$ 或 $f_{osc}/64$；而方式 3 的波特率是可变的(同方式 1)，与定时器 T1(或 T2)的溢出率有关。

(1) 方式 2 和方式 3 的发送过程。在方式 2 和方式 3 下发送数据时，应先根据通信协议设置第 9 位 TB8 的值(是作为奇偶位还是别的数据)，然后将要发送的 8 位数据写入 SBUF，启动发送过程。串行接口自动把 TB8 取出，并装入第 9 位数据的位置，再一个一个发送出去。数据发送完毕，使发送中断标志 TI 置 1，向 CPU 申请中断。其时序如图 3-32(a)所示。

(2) 方式 2 和方式 3 接收过程。用方式 2 和方式 3 接收数据时，应先使 SCON 中的 REN=1，允许接收。当检测到起始位时，开始接收第 9 位数据。当满足 TI=0 且 SN2=0 或接收到的第 9 位为 1 时，将前 8 位数据装入 SBUF，第 9 位数据装入 SCON 中的 RB8，并置 RI=1，向 CPU 申请中断。其时序如图 3-32(b)所示。

在方式 2 和方式 3 下接收数据时，为了抑制干扰，同样采用三中取二的原则确定检测值。

应注意：与方式 1 不同的是，方式 2 和方式 3 下装入 RB8 的是第 9 位数据，而不是停止位。所接收的停止位的值与 SBUF、RB8 和 RI 都没有关系。利用这一特点可使串行接口用于多机通信。

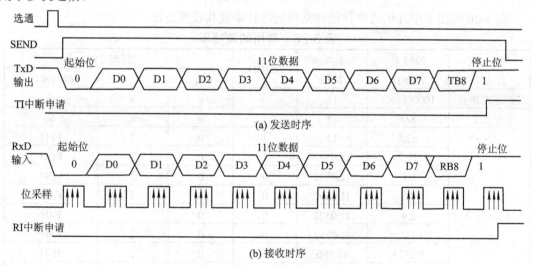

图 3-32 串行接口方式 2、方式 3 时序图

3. 波特率的设置

在串行通信中，收发双方对发送或接收数据的波特率有一个约定。MCS-51 单片机的串行通信有 4 种方式，方式 0 和方式 2 的波特率是固定不变的，方式 1 和方式 3 的波特率可以变化，通常由定时器 T1(或 T2)的溢出率决定。

1) 方式 0 的波特率

方式 0 的波特率等于单片机晶振频率的 1/12，即每个机器周期接收或发送一位数据。

2) 方式 2 的波特率

方式 2 的波特率与电源控制寄存器 PCON 的最高位 SMOD 的写入值有关，即：

$$\text{方式 2 的波特率}=f_{OSC}\times\frac{2^{SMOD}}{64}$$

当 SMOD=0 时，波特率为 $(1/64)f_{OSC}$；当 SMOD=1 时，波特率为 $(1/32)f_{OSC}$。

3) 方式 1 和方式 3 的波特率

(1) 利用定时器 T1 产生波特率。方式 1 和方式 3 的波特率除了与 SMOD 位有关之外，还与定时器 T1 的溢出率有关。定时器 T1 作为波特率发生器时，常选用定时方式 2(8 位重新加载初值方式)，并且禁止 T1 中断。此时 T1 从初值计数到产生溢出，它每秒钟溢出的次数称为溢出率。于是有

$$\text{方式 1 或方式 3 的波特率}=\frac{2^{SMOD}}{32}\times T1\text{ 的溢出率}$$

$$=\frac{2^{SMOD}}{32}\times\frac{f_{OSC}}{12\times(256-X)}$$

其中 X 是 T1 的初值，即 TH1 的值。

如果已知波特率，要计算 T1 的初值 X，则公式为：

$$X=256-f_{OSC}\times\frac{2^{SMOD}}{384\times\text{波特率}}$$

表 3-26 列出了单片机的串行接口常用的波特率及其设置方法。

表 3-26   常用的波特率

串行口工作方式	波特率 /(kb/s)	晶振频率 /MHz	SMOD	定时器 T1		
				C/$\overline{T}$	方式	时间常数
方式 0	1000(最大)	12	×	×	×	×
方式 2	375	12	1	×	×	×
方式 1、3	62.5	12	1	0	2	FFH
	19.2	11.0592	1	0	2	FDH
	9.6	11.0592	0	0	2	FDH
	4.8	11.0592	0	0	2	FAH
	2.4	11.0592	0	0	2	F4H
	1.2	11.0595	0	0	2	E8H
	0.1375	11.986	0	0	2	1DH
	0.110	6	0	0	2	27H
	0.110	12	0	0	1	FEEBH

如果需要很低的波特率，可以把 T1 设置成其他工作方式，并且允许 T1 中断，在中断服务程序中实现初始值的重装。

假设某 MCS-51 单片机系统的串行接口工作于方式 3，要求传输波特率为 1200 b/s，则作为波特率发生器的定时器 T1(工作在方式 2 时)，T1 的初值为多少？设单片机的振荡频率为 6 MHz。

因为串行接口工作于方式 3 时的波特率为：

$$X=TH1=256-f_{OSC}\times\frac{2^{SMOD}}{384\times 波特率}$$

当 SMOD=0 时，初值 TH1=256-6×10^6/(1200$\times$384)=243=0F3H

当 SMOD=1 时，初值 TH1=256-6×10^6/(1200$\times$384)=230=0E6H

(2) 利用 T2 产生波特率。8052 型的 CPU 除了使用定时器 T1 产生波特率之外，还可以使用 T2 产生波特率，即将 T2CON 的 TCLK 和 RCLK 置 1，就能把 T2 设为波特率发生器方式。

T2 工作于波特率发生器方式时，溢出时自动重新加载(T2 的溢出不能使 TF2 置 1)。串行接口工作在方式 1 和方式 3 下的波特率为：

$$方式 1 或方式 3 的波特率=\frac{T2的2的溢}{16}$$

T2 可设置为"定时器"或"计数器"工作状态，但在一般情况下，都设定为"定时器"工作状态。在"定时器"工作状态下，若 T2 设为波特率发生器方式，则每个状态(两个振荡周期)对 TL2、TH2 寄存器对加"1"。这时，串行口的波特率为：

$$方式 1 或方式 3 的波特率=\frac{f_{OSC}}{32\times[65\,536-(RCAP\,2H,RCAP\,2L)]}$$

其中，(RCAP2H，RCAP2L)是 RCAP2H 和 RCAP2L 寄存器对的内容(初始值)，它是无符号整数。

4. 串行接口多机通信

串行接口以方式 2 或方式 3 接收时，若 SM2 为"1"，则只有接收到的第 9 位数据为"1"时，数据才装入接收缓冲器 SBUF，并将中断标志 RI 置"1"，向 CPU 发出中断请求；如接收到的第 9 位数据为"0"，则不产生中断标志(RI=0)，信息将丢失。而当 SM2=0 时，则接收到一个字节后，不管第 9 位数据是"1"还是"0"，都产生中断标志(RI=1)，并将接收到的数据装入接收缓冲器 SBUF。利用这一特点，可实现多个处理机之间的通信。如图 3-33 所示为一种简单的主从式多机通信系统。

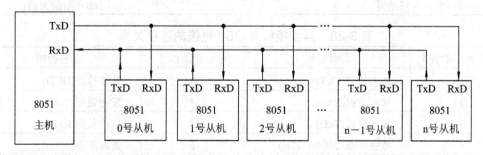

图 3-33　MCS-51 单片机间的多机通信

实现多机间通信的硬件电路极为简单，只要把主单片机的 TxD 引脚与各个从单片机的 RxD 引脚相连，再把主单片机的 RxD 引脚与各个从单片机的 TxD 引脚直接相连即可。

各个串行接口的单片机初始化也很简单：主单片机的串行接口设置为方式 2 或方式 3 的接收方式，使 SM2=0、REN=1；从单片机的工作方式与主单片机的方式相同，但应使

SM2=1，REN=1。当然在初始化程序中应将所有单片机的串行波特率设为完全一致，各个单片机都应允许串行接口中断。每一个从机系统有一个对应的地址编码。当主机要发送一数据块给某一从机时，主机先送出一地址字节，称为地址帧，它的第 9 位是"1"，此时若各从机的串行接口接收到的第 9 位(RB8)都为"1"，则置中断标志 RI 为"1"。这种方法使每一个从机都检查一下所接收的主机发送的地址是否与本机相符。若为本机地址，则清除 SM2，而其余从机保持 SM2=1 的状态。接下来主机可以发送数据块，称为数据帧，它的第 9 位是"0"，各从机接收到的 RB8 为"0"。因此只有与主机联系上的从机(此时 SM2=0)才会置中断标志 RI 为"1"，接收主机的数据，实现与主机的信息传递。其余从机因 SM2=1，且第 9 位 RB8=0，不满足接收数据的条件，故将所接收的数据丢失。

3.4.3 RS232 通信电平

MCS-51 系列单片机的串行接口输出信号是 TTL 电平，如果串口通信接口不是 TTL 电平，就不能直接与单片机相连(如单片机的串行接口就不能直接与 PC 机的串口相连)，而需要进行电平转换。通常，RS232 电平是绝大部分设备所使用的通信电平。对 TTL 电平到 RS232 电平的转换，有严格的技术规范，如表 3-27 所示。表 3-28 给出的是异步接口与 DB9 电缆的连接关系。

表 3-27　RS232 通信标准

参　　数	条　　件	EIA/TLA-232E 技术规定
驱动器输出电压："0"电平	3～7 kΩ 负载	+5.0 V～+15 V
驱动器输出电压："1"电平	3～7 kΩ 负载	−15 V～−5.0 V
输出电平(最大值)	空载	±25 V
数据速率	负载：3～7 kΩ，电容 < 2500 pF	不小于 20 kb/s
接收器输入电压："0"电平	3～7 kΩ 负载	+5.0 V～+15 V
接收器输入电压："1"电平	3～7 kΩ 负载	−15 V～−5.0 V
输出电平(最大值)	空载	±25 V
瞬时转换速率(最大值)	负载：3～7 kΩ，电容 < 2500 pF	不小于 30 kb/s
驱动器输出短路电流		100 mA(最大值)

表 3-28　异步接口与 DB9 电缆的连接关系

DB9 引脚(DTE)	信号说明	DB9 引脚(DCE)	信号说明
1	载波检测(DCD)	1	载波检测(DCD)
2	接收数据(RxD)	3	发送数据(TxD)
3	发送数据(TxD)	2	接收数据(RxD)
4	数据终端准备好(DTR)	6	数据准备好(DSR)
5	信号地(GND)	5	信号地(GND)
6	数据准备好(DSR)	4	数据终端准备好(DTR)
7	发送请求(RTS)	8	发送清除(CTS)
8	发送清除(CTS)	7	发送请求(RTS)
9	振铃指示(RI)	9	振铃指示(RI)

1. 常用的 RS232 收发器

TTL 电平到 RS232 电平的转换器件很多, 如 MAX202、ICL232 和 MAX3232 等, 一般只要外接 4 个 0.1～1 μF 电容器就可以工作。例如, MAX202 为单+5 V 电源的 RS232 收发器, 片内包括 2 个驱动器、2 个接收器以及 1 个将+5 V 变换成 RS232 电平所需的有±10 V 输出电平的双充电荷泵电源变换器。其内部电路与引脚排列如图 3-34 所示。

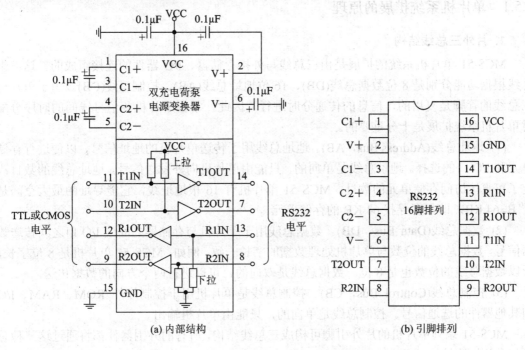

图 3-34 MAX202 内部结构与引脚排列

该器件能把 CMOS 或 TTL 电平转换成 RS232 电平, 也能把 RS232 电平转换成 CMOS 或 TTL 电平。未使用的驱动器输入端可以不连接, 因为在芯片内包含输入端到电源的上拉电阻。

2. 应用信息

(1) 电容器的选择。在正常工作情况下, 转换器件对电容器的类型要求不是很高, 建议使用陶瓷电容器。当使用 0.1 μF 电容器时, 为了保证在整个温度范围内驱动器的输出电平满足 RS232 标准, 应确保电容器的值不随温度变化太大。如果没把握, 应使用标称值更大的电容器。在整个温度范围内还要观察电容器的 ESR(有效串联电阻)值, 因为它将影响 V+ 和 V−的稳定性。要降低 V+ 和 V−的输出阻抗, 可使用容量较大的电容器(在 10 μF 以内)。

(2) 驱动多路接收器。按设计要求, 一个驱动器只能驱动单个接收器。将多个发送器并联使用, 可以驱动多路接收器。

(3) 电源去耦。在对电源干扰敏感的应用场合下, 可用一个同电荷泵电容量等值的电容器接在电源与地之间去耦。

(4) V+ 和 V−作为电源。可以从 V+ 和 V−上"窃取"少量的功率, 供给外部电路, 不过这将降低收发器的抗干扰能力。

3.5 单片机系统的扩展与接口技术

3.5.1 单片机系统扩展的原理

1. 片外三总线结构

MCS-51 单片机系统的扩展是由三总线与外接存储器、I/O 器件的连接组成的。这三组总线根据功能分别是 8 位数据总线(DB)、16 位地址总线(AB)、控制总线(CB)。由于单片机三总线的管脚是复用的，信息的传递分时进行，因此，掌握单片机各信号线间的时序分配对单片机系统扩展是十分重要的。

(1) 地址总线(Address Bus，AB)。地址总线用于传送单片机的地址信号，以便进行存储单元和 I/O 口的选择。地址总线是单向的，只能由单片机向外发送信号。地址总线的数目决定了可直接访问存储单元的数目。MCS-51 单片机有 16 根地址线，它能寻址的最大空间是 2^{16} B=64 KB，即最多寻找 64 KB 的存储单元。

(2) 数据总线(Data Bus，DB)。数据总线用于单片机与存储器之间或 I/O 口之间传送数据信号。数据总线的位数与单片机处理数据的字长一致。例如，MCS-51 单片机是 8 位字长，所以数据总线的位数也是 8 位。数据总线是双向的，可以进行两个方向的数据传送。

(3) 控制总线(Control Bus，CB)。控制总线是单片机用于控制片外 ROM、RAM、I/O 和其他器件的选通信号。控制总线是单向的，只能由单片机输出。

MCS-51 系列单片机的片外引脚可构成三总线结构，所有的外围器件都将通过这三种总线与单片机连接。

2. 总线扩展的实现

MCS-51 单片机在扩展外部存储器和数据存储器时所涉及的地址总线是复用的，即公用 A0～A15 这 16 个地址线,它们可通过不同的控制总线和操作指令来区分。图 3-35 是 MCS-51 单片机三总线扩展电路示意图。

(1) P0 口作地址/数据总线。P0 口在作总线时，第一时间输出低 8 位地址线，然后再作为数据线使用。所以在时序上必须外加锁存器与 ALE 信号，将低 8 位地址信号锁存。

(2) P2 口作为高位地址线。如果使用 P2 口的全部 8 位口线，再加上 P0 口被锁存的低 8 位地址线，便可形成完整的 16 位地址总线，使单片机的系统寻址范围达到 64 KB。但在实际应用中，P2 口的地址线往往并不固定为 8 位，而是需要几位就从 P2 口接几位。

(3) 控制信号线。除了地址线和数据线之外，在扩展系统中还需要一些控制信号线，以构成扩展系统的控制总线。这些信号有的是 MCS-51 CPU 引脚的第一功能信号，有的则是第二功能信号。其中包括：地址锁存的选通信号 ALE、CPU 程序存储器内外选择信号 $\overline{EA}$、外部扩展程序存储器的选通信号 $\overline{PSEN}$ 和外部数据存储器的读、写信号 $\overline{RD}$、$\overline{WR}$。

可以看出，尽管 MCS-51 单片机具有 4 个 8 位的 I/O 口，共 32 根口线，但由于系统扩展的需要，真正能作为数据 I/O 使用的，就只剩下 P1 口了。

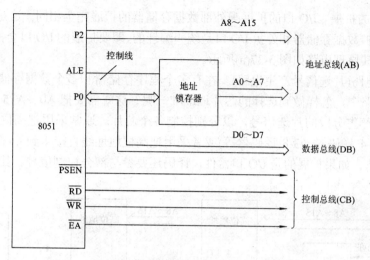

图 3-35　MCS-51 外部三总线示意图

3. MCS-51 系统的扩展

(1) 程序存储器的扩展。如果单片机无内部程序存储器或虽有内部程序存储器但又不够用，就需要外扩。其原理电路如图 3-36(a)所示。其中，P0 口的地址线由 ALE 选通，送入地址锁存器，得到低 8 位的 A0～A7；高 8 位地址 A8～A15 由 P2 口提供；D0～D7 数据线直接由 P0 口获得；程序存储器选通信号 $\overline{\text{PSEN}}$ 与外部程序存储器的读引脚相连；单片机的 $\overline{\text{EA}}$ 引脚如果接"地"，则为无内部程序存储器芯片的接线方式，如果 $\overline{\text{EA}}$ 与 VCC 相连，则是有内部程序存储器但又不够用的情况。

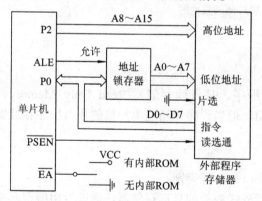

地址总线＋数据总线＋$\overline{\text{PSEN}}$＋外部程序存储器

(a) 程序存储器扩展原理

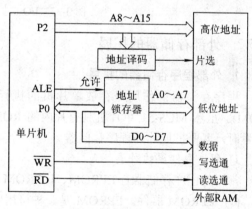

地址总线＋数据总线＋$\overline{\text{WR}}$＋$\overline{\text{RD}}$＋外部程序存储器

(b) 数据存储器扩展原理

图 3-36　程序存储器与数据存储器的扩展原理图

(2) 数据存储器的扩展。MCS-51 单片机外扩数据存储器的原理电路如图 3-36(b)所示。数据存储器使用 $\overline{\text{WR}}$、$\overline{\text{RD}}$ 控制线与外部 RAM 的"写"和"读"信号相连；数据总线 D0～D7 直接由 P0 口提供；地址线 A0～A7 来自锁存器的输出端；外部 RAM 的高位地址 A8～A15 由 P2 口获得；外部 RAM 的片选信号一般由地址译码得到。把图 3-36(a)和(b)相比，不同之处是：控制线 $\overline{\text{PSEN}}$ 是专接程序存储器的"读"，而 $\overline{\text{WR}}$ 和 $\overline{\text{RD}}$ 是专接外部 RAM 的"写"与"读"。数据存储器的地址线和程序存储器的地址线是完全重叠的，均为 0000H～FFFFH。

(3) I/O 口的扩展。I/O 口的扩展与外部数据存储器的扩展完全相同。这是因为 MCS-51 系列单片机外扩数据存储器和外扩 I/O 口是统一编址的,即要扩展的 I/O 口会占用外部 RAM 的地址空间。其原理电路如图 3-37(a)所示。

(4) 译码电路(片选信号产生电路)。在有多个程序存储器和多个数据存储器或多个 I/O 芯片的连接电路中,怎样做到选择的芯片地址唯一呢?这就需要把 A0~A15 中的部分地址 线进行译码而产生分段的片选信号,以分别控制各个芯片。通常采用把高位地址的几根线 进行译码(如 2-4 译码器、3-8 译码器等)或者采用把高位地址线直接接到外部芯片的片选上 (线选法)的方法。如果扩展的是 I/O 口器件,译码还要参与部分控制信号。其译码原理如图 3-37(b)所示。

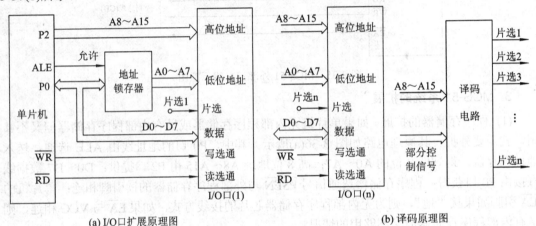

(a) I/O 口扩展原理图   (b) 译码原理图

图 3-37 I/O 口扩展与译码原理图

3.5.2 外部存储器的扩展

1. 外部程序存储器的扩展

程序存储器的作用是存放单片机的执行程序,是只读存储器(Read Only Memory, ROM)。虽然 MCS-51 单片机具有片内的 ROM,但当程序量超过单片机的片内程序存储器 容量时,就要扩展片外程序存储器。

1) 程序存储器的种类

常用的程序存储器有 EPROM、E²PROM 和 Flash 等类别。

(1) EPROM 器件。EPROM 是一种可用紫外线擦除的只读存储器,通过专用编程器将 程序固化在芯片中,可反复多次擦除及编程。失电后芯片内部的程序保持不变。常用的有 2764、27128、27256、27512 等芯片。它们的存储容量分别是 8 K×8 bit、16 K×8 bit、 32 K×8 bit 和 64 K×8 bit。

(2) E²PROM 器件。E²PROM 是一种可在线电擦除和在线编程的存储器。它具有 EPROM 掉电后仍然保持程序的优点,又具有 RAM 可随机读/写数据的特性,只是写的过程需要较 长的时间。所存的数据在常温下至少可以保存 10 年,擦除/写入次数可达 10 万次。常用的 有 2816(2 K×8 bit)、2864(8 K×8 bit)等。

(3) Flash 器件。Flash 存储器(闪存)是可快速擦写的非易失性存储器。常用的器件有 K9F2808(16 K×8 bit)、K9F5608(32 K×8 bit)、AT29LV020(256 K×8 bit)等。

2) 程序存储器的封装与用法

图 3-38 是 2764(8 KB)、27128(16 KB)、27256(32 KB) 和 26512(64 KB)4 种程序存储器的封装与引脚定义。其他的器件如果容量相同，则引脚定义完全兼容。

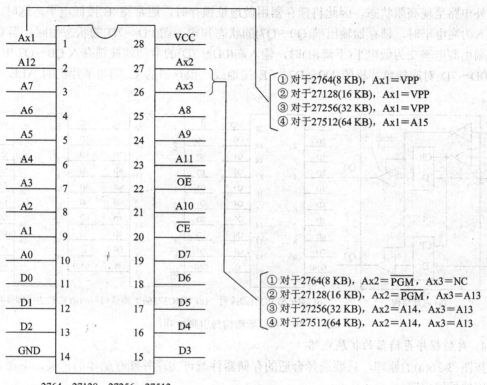

① 对于 2764(8 KB)，Ax1＝VPP
② 对于 27128(16 KB)，Ax1＝VPP
③ 对于 27256(32 KB)，Ax1＝VPP
④ 对于 27512(64 KB)，Ax1＝A15

① 对于 2764(8 KB)，Ax2＝$\overline{PGM}$，Ax3＝NC
② 对于 27128(16 KB)，Ax2＝$\overline{PGM}$，Ax3＝A13
③ 对于 27256(32 KB)，Ax2＝A14，Ax3＝A13
④ 对于 27512(64 KB)，Ax2＝A14，Ax3＝A13

2764、27128、27256、27512

图 3-38　8 KB～64 KB 程序存储器引脚定义图

各引脚含义如下：

(1) A0～A15：地址线。其中，2764 的地址线是 A0～A12、27128 的是 A0～A13、27256 的是 A0～A14、27512 的是 A0～A15。通常对应连接单片机的地址线。

(2) D0～D7：数据线。通常对应接单片机的数据线。

(3) $\overline{CE}$：芯片使能信号，低电平允许芯片工作，高电平禁止工作。通常接 "地" 或接译码器的片选信号。

(4) $\overline{OE}$：读信号。正常操作时，低电平允许数据输出，通常与单片机的 $\overline{PSEN}$ 读信号相连。

(5) $\overline{PGM}$：编程脉冲输入端。

(6) VPP：编程电压。固化程序时，此引脚接编程电压(对于不同型号、不同公司生产的器件，编程电压有所不同，电压一般为 12.5～24 V，但 12.5 V 的最多)。

(7) VCC：电源，通常接+5 V。

程序存储器一旦通过专用设备将程序固化好后，在使用时往往是读的过程。只要 $\overline{CE}$ 和 $\overline{OE}$ 均有效(低电平)，就能将数据(指令或常数)读出。

3) 八 D 锁存器

在用总线扩展电路时，必须要用锁存器将单片机 P0 口的低 8 位地址 A0～A7 锁存。常用的锁存器有 74LS373、74HC373、74LS573 或 74HC573 和 8282 等器件。这类器件是一个带有三态门的八 D 锁存器。其结构与引脚排列如图 3-39 所示。当三态门的使信号 $\overline{E}$ 为低电平时，三态门处于导通状态，允许 Q 端输出；当使信号 $\overline{E}$ 为高电平时，三态门断开，输出端对外电路呈现高阻状态。因此将锁存器用做地址锁存时，通常将 $\overline{E}$ 接低电平，这时，当 G 输入为高电平时，锁存器输出端(Q0~Q7)的状态和输入端(0D~7D)的状态相同；当 G 的输入端由高电平变为低电平(下降沿)时，输入端(0D~7D)的数据就被锁存入 Q0~Q7 中。

0D~7D 对应接单片机的 D0~D7，$\overline{E}$ 接地线，锁存器的 G 端与单片机的 ALE 信号相连。

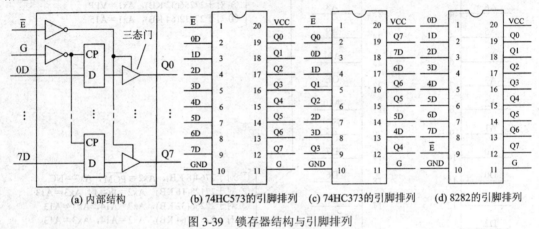

图 3-39　锁存器结构与引脚排列

4) 典型程序存储器的扩展电路

按图 3-36(a)的原理，只要选择合适的存储器件就可实现外部存储器的扩展，下面是几种常用的扩展电路。

(1) 外扩 8 KB 的程序存储器。程序存储器 2764 的地址线有 13 根(A0~A12)，容量为 8 KB，与 CPU 相关引脚的连接如图 3-40 所示。因 80C31 无内部 ROM，所以其 $\overline{EA}$ 脚要接地。

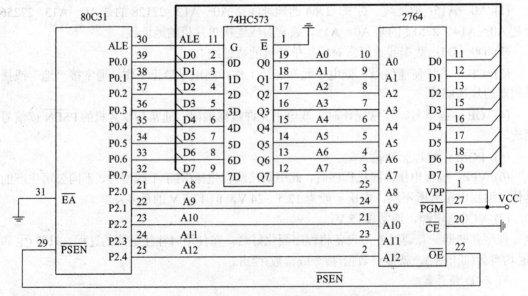

图 3-40　外扩 8 KB 的程序存储器电路

2764 的地址范围是：0000H～1FFFH。

(2) 外扩 12 KB 的程序存储器。程序存储器 27128 的地址线有 14 根(A0～A13)，容量为 16 KB，与 CPU 相关引脚的连接如图 3-41 所示。因 89C51 内部有 4 KB 的程序存储器，若 $\overline{EA}$ 脚接电源，则先用内部的 4 KB，后用外部的 12 KB，共 16 KB，即内部地址是 0000H～0FFFH，外部地址是 1000H～3FFFH。

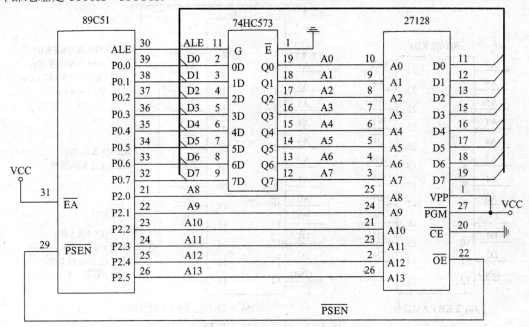

图 3-41   外扩 12 KB 的程序存储器电路

如果将 $\overline{EA}$ 引脚接地，则全部用外部的 16 KB 程序存储器的空间。

MCS-51 系列单片机的程序存储器可扩展至 64 KB。由于大规模的集成电路的发展，单片存储器的存储容量越来越大，因此，在使用程序存储器芯片时一般采用一片就够了，也用不着扩展。对于单片机片内有程序存储器的芯片(如 89C51、89C52、89C54、89C58 等)，硬件设计时将 $\overline{EA}$ 引脚接电源即可。如果要扩展(见图 3-41 电路)，CPU 在取指令时，若 PC 值小于片内程序存储器的容量，则读取片内的程序指令，而若 PC 值大于片内存储器的容量，则读取片外的程序存储器指令。此时 $\overline{PSEN}$ 作为片外存储器的读选通信号。

值得注意的是，当外扩程序存储器时，首地址必须是 0000H，否则单片机程序无法执行。

2. 外部数据存储器的扩展

MCS-51 单片机内部仅有 128 个字节的 SRAM，52 系列的芯片内部也只有 256 个字节。CPU 对其内部 SRAM 有丰富的操作指令，因此这个 SRAM 存储器是十分珍贵的资源，应合理地利用，充分发挥它的作用。但在实时数据采集和处理应用系统中，仅靠片内 SRAM 存储器是远远不够的，因而必须扩展外部数据存储器。常用的数据存储器有静态 RAM 和动态 RAM 两种。在单片机应用系统中为避免动态 RAM 的刷新问题，通常使用静态 RAM。下面主要讨论静态 RAM 与 MCS-51 的接口。

1) 静态 RAM(SRAM)

读写存储器又称随机存取存储器(Random Access Memory，RAM)，它能够在存储器中随时写入或读出数据。当电源断掉时，RAM 里的数据即消失。静态 RAM 具有访问速度快，读写时间短(20～200 ns)，数据输入和输出管脚公用，输出具有三态(0、1、高阻态)，采用单一电源 VCC 供电，输入、输出电平直接与 TTL 兼容，功耗较低等特点，但缺点是掉电后存储的信息会丢失。RAM 的主要型号有 6116(2 K×8 bit)、6264(8 K×8 bit)、62256(32 K×8 bit)等。其封装和引脚排列如图 3-42 所示。

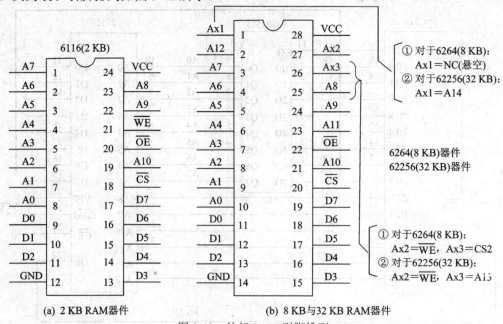

(a) 2 KB RAM 器件　　　　(b) 8 KB 与 32 KB RAM 器件

图 3-42　外部 RAM 引脚排列

各引脚含义如下：

(1) A0～A14：地址线。6116 的地址线是 A0～A10，6264 的是 A0～A12，62256 的是 A0～A14。通常对应接单片机的地址线。

(2) D0～D7：数据线。通常对应接单片机的数据线。

(3) $\overline{CS}$：芯片使能信号。低电平允许芯片工作，高电平禁止工作。通常接高位地址线或接参与译码器的片选信号。

(4) $\overline{OE}$：读信号。正常操作时，低电平允许数据输出，通常与单片机的读信号 $\overline{RD}$ 相连。

(5) $\overline{WE}$：写信号。正常操作时，低电平允许数据输入，通常与单片机的写信号 $\overline{WR}$ 相连。

(6) CS2：第二使能信号，高电平有效。

(7) VCC：电源，通常接+5 V。

SRAM 在维持方式(片选无效)下功耗极低，一般工作电流为 30 mA 左右，维持电流小于 2 μA。

2) 典型外部 RAM 的扩展

外扩 32KB 数据存储器的电路如图 3-43 所示。其中：62256 的地址线 A0～A14 与锁存器的输出及 P2 口的对应地址线相连；62256 的数据线 D0～D7 对应接 P0 口的数据总线；62256 的 $\overline{OE}$、$\overline{WE}$ 分别接单片机的 $\overline{RD}$ 和 $\overline{WR}$；$\overline{CS}$ 接单片机的 A15(P2.7)。

由图 3-43 可知，当 A15(P2.7)=0 时，选中外部 32 KB RAM，其地址范围是 0000H～7FFFH。地址明确后就可用软件操作了。

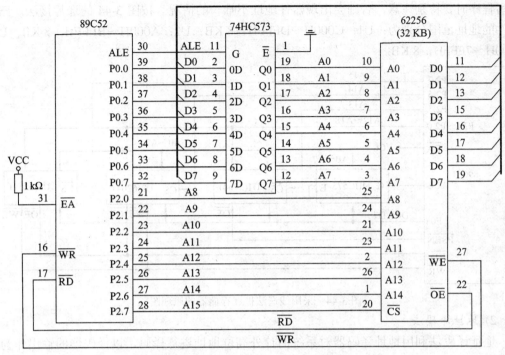

图 3-43　外扩 32 KB 的 RAM 电路

例如，对于图 3-43，若将整个 32 KB 的存储器全部清 0，则相关汇编程序为：

```
CLR_32K:    MOV     DPTE,  #0000H       ; 置起始地址
LOOP:       MOV     A,     #00H         ; 置数据
            MOVX    @DPTR, A            ; 往 62256 中写数据
            INC     DPTR               ; 地址增 1
            MOV     A,     DPH          ; 将高 8 位地址给 A
            CJNE    A,     #80H, LOOP   ; 未到 32K 循环
            RET                        ; 结束
```

3. 多片存储器的扩展与地址分配

在外部存储器的扩展中，如果需要多片 RAM 或 ROM，例如用 6264 扩展 32 K×8 bit 的 RAM，就需要 4 片 6264。当 CPU 通过指令 MOVX　A，@DPTR 发出读外部 RAM 的操作时，P2、P0 发出的地址信号应能满足选择其中一片的一个单元的要求，即 4 片 6264 不应该同时被选中，这就是所谓的片选。片选的方法有两种：线选法和地址译码法。

1) 线选法

线选法利用单片机高位没有用到的地址线直接作扩展芯片的片选信号。此法结构简单，易理解。在确定地址时，只要将接至该芯片的片选位取 "0"，其他位取 "1" 即可。但用这种方法得到的各个芯片的地址一般不是唯一的，也可能使各芯片的地址不连续。

图 3-44 是采用线选法扩展数据存储器的原理简图。图中，用单片机的 A13 接 U1(2764) 的片选，用 A14 接 U2(6264) 的片选，用 A15 接 U3(6264) 的片选。在确定地址时，选定哪个芯片就将其片选地址置低，其他未选芯片地址置高。这种用法实际上是一线一用。

为了保证在任何时刻只选一个芯片，A15、A14、A13 三条线只能选一个为低电平，在

编写程序时要特别注意，否则会出现器件地址不唯一的情况。按图 3-44 的选片接法，三个器件的地址范围分别为：U1：C000H～DFFFH，8 KB；U2：A000H～BFFFH，8 KB；U3：6000H～7FFFH，8 KB。

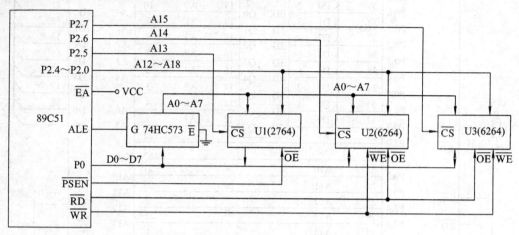

图 3-44　采用线选法扩展存储器的原理图

2) 地址译码法

地址译码法利用地址译码器对系统的片外高位地址进行译码，以译码器的输出作为芯片的片选信号，将地址划分为连续的空间块，避免了地址的不连续。而且译码器在任何时候至多仅有一个有效片选信号输出，可保证不出现多片存储器芯片被同时选中的情况。译码法仍用低位地址对每片内的存储单元进行寻址，而高位地址线经过译码器译码后作为各芯片的片选信号。

地址译码法比线选法多用了一个译码器芯片。通常译码器采用 74HC139(两组 2-4 译码器)、74HC138(3-8 译码器)等。其引脚排列如图 3-45 所示。对于 74HC139，当 $\overline{1G}$ (或 $\overline{2G}$)=0 时，输入信号 B、A 的四种组合对应输出 Y0～Y3 四种信号(低电平有效)。对于 74HC138，当 G1=1，$\overline{G2A}$ 和 $\overline{G2B}$=0 时，输入信号 C、B、A 的八种组合对应输出 Y0～Y7 八种信号(低电平有效)。图 3-45(c)是用地址线 A15、A14 和 A13 译码的常用电路，每一个输出均可寻址 8 KB 的范围。对照图 3-44，同样的三位地址线在图 3-45 中经译码器译码后多连接五个芯片，提高了地址线的利用率。因此，对于需要扩展芯片较多的单片机系统，一般都采用译码法。

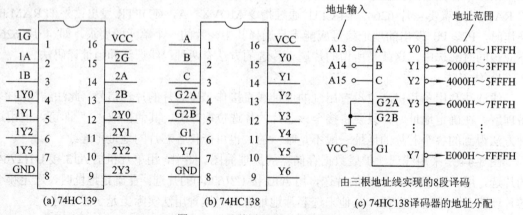

图 3-45　几种译码器引脚排列图

地址译码法又分为完全译码和部分译码两种：

(1) 完全译码：译码器使用全部地址线，地址与存储单元一一对应。

(2) 部分译码：译码器使用部分地址线，地址与存储单元不一一对应。部分译码会大量浪费寻址空间。但对于单片机系统，由于实际需要的存储量不大，采用部分译码可简化译码电路。

图 3-46 所示是采用 74HC139 部分译码法的单片机数据存储器扩展电路。图中，A13、A14 经 74HC139 译码后连接 4 片 SRAM 的片选。

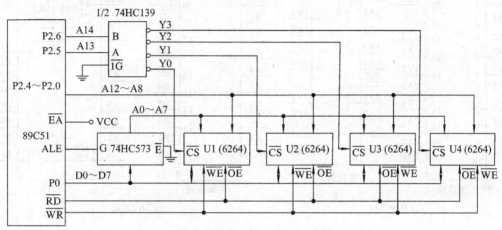

图 3-46　采用部分译码法的数据存储器扩展电路

按图 3-46 所示的片选接法(A15 未用)，四个器件的地址范围分别为：

U1: 0000H～1FFFH，8 KB；U2: 2000H～3FFFH，8 KB

U3: 4000H～5FFFH，8 KB；U4: 6000H～7FFFH，8 KB

3.5.3　输入/输出接口的扩展

MCS-51 系列单片机虽然有 32 根 I/O 线，但是当单片机扩展片外存储器后，P0 和 P2 口已被作为地址数据总线，P3 口的 P3.6、P3.7 也被用做控制信号线，因此提供用户作为 I/O 线的只有 P1 口及 P3 口的 P3.0～P3.5。这对于需要较多 I/O 线的应用就不够用了。此时需要扩展 I/O 口。

由于 MCS-51 系列单片机的外部 RAM 和 I/O 口是统一编址的，因此用户可以把单片机 64KB 的 RAM 空间的一部分作为扩展 I/O 口的地址空间。这样，单片机就可以像访问外部 RAM 那样访问外部接口芯片，对其进行读/写操作。

1. 用并行集成电路扩展 I/O 接口

采用 TTL 电路或 CMOS 电路扩展 I/O 口是一种最常用的扩展方法。在输入接口扩展时应采用三态缓冲器，即选中为"0"或"1"，没有选中时为高阻态。而在输出接口扩展时常采用输出锁存器，即选中时将输入信号送至输出口，而没有选中时输出口信号保持不变。

常用的输入接口芯片有 74HC244、74HC245 等，输出接口芯片有 74HC273、74HC373、74HC573 等。考虑到 MCS-51 单片机扩展 I/O 接口和外部 RAM 统一编址的特性,在扩展 I/O 接口时，硬件连线需要用到 $\overline{RD}$ 或 $\overline{WR}$ 信号，同时还需要片选信号等控制信号，即地址译码电路要参与读/写控制信号。由于 TTL 接口电路的控制信号较少，往往只有一个或两个，因此在扩展时，可将单片机的多种控制信号经过逻辑门电路组合后再送至接口控制端，如采用"或门"、"与门"等。图 3-47 是 74HC244 和 74HC245 的引脚排列与逻辑电路。对于74HC244，当 1 脚或 19 脚为低电平时，器件就被通通，A 数据到 Y 总线。对于 74HC245，除了具有三态同相输出功能外，还有方向控制功能：当 1 脚为高电平时，是 A 数据到 B 总线；当 1 脚为低电平时，是 B 数据到 A 总线。其 19 脚是选通端，低电平有效。

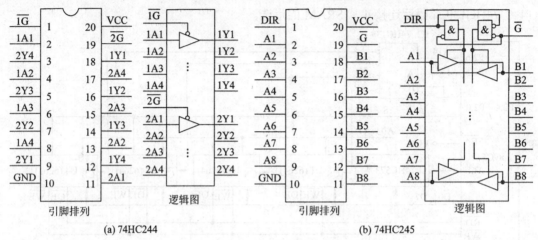

图 3-47 三态缓冲器逻辑电路

带锁存的接口器件 74HC273 的引脚排列与逻辑电路如图 3-48 所示。

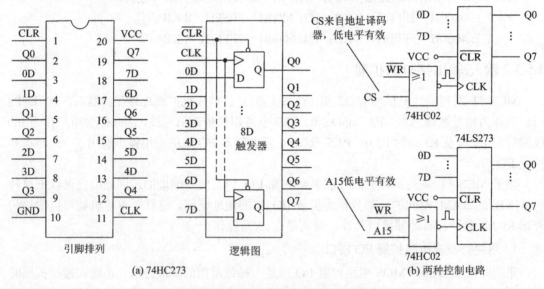

图 3-48 八 D 触发器的引脚排列与逻辑电路和控制电路

图 3-49 所示为单片机扩展了 8 个按键输入接口及 8 个发光二极管输出接口的原理简图。图中，74HC244 作为输入接口，由 74HC139 的译码 Y1 控制，74HC273 作为输出接口，由译码器的 Y3 控制。在这种电路中译码器受单片机的读/写线控制，不会发生地址重叠问题。由图可知，Y0～Y3 的地址空间为：

Y0(U1，6264)：0000H～1FFFH；Y1(U2，244)：4000H～7FFFH

Y2(备用)：8000H～BFFFH；Y3(U3，273)：C000H～FFFFH

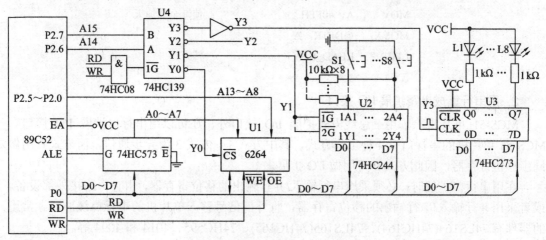

图 3-49　单片机 I/O 口扩展原理图

有了固定的地址后就可以编程控制。例如，当 S1=0 时，8 个发光管 L1～L8 依次点亮。
相关程序如下：

```
              Y0        EQU      0000H          ;定义 6264 的起始地址
              Y1        EQU      4000H          ;定义 74HC244 的口地址
              Y3        EQU      0C000H         ;定义 74HC273 的口地址
                        ORG      0000H
                        LJMP     MAIN           ;跳转到主程序
                        ORG      0100H
DELAY_50:     MOV      R7，#50H         ;延时子程序
DELAY_R7:     MOV      R6，#00H         ;
DELAY_R6:     DJNZ     R6，DELAY_R6
              DJNZ     R7，DELAY_R7
              RET
MAIN:         MOV      SP，#70H         ;设堆栈区
READ_KEY:     MOV      DPTR，#Y1        ;设置 74HC244 的口地址
              MOVX     A，@DPTR         ;读按键数据
              JNB      ACC.0，TO_DISPLAY ;若 K1=0，到显示
              SJMP     READ_KEY         ;连续查键
TO_DISPLAY:   MOV      DPTR，#Y3        ;设置 74HC273 的口地址
              SETB     CY               ;使 CY=1
              MOV      R5，#08H
              MOV      A，#0FEH         ;使 ACC.0=0，亮一个灯
LOOP8:        MOVX     @DPTR，A         ;显示一个灯
              LCALL    DELAY_50         ;延时
```

RLC	A		；左移一位
DJNZ	R5，LOOP8		；循环 8 次
MOV	A，#0FFH		；使灯全部熄灭
MOVX	@DPTR，A		；
LJMP	READ_KEY		；转查键
END			

2. 用串行集成电路扩展 I/O 接口

MCS-51 单片机除了用三总线方式扩展 I/O 接口外，还可以用串行口扩展 I/O 接口。MCS-51 单片机的串行口有 4 种工作方式，其中方式 1～方式 3 为异步通信，而方式 0 用做同步移位寄存器，因此方式 0 可用做 I/O 扩展。

在用串行口扩展时，必须采用串行输入/并行输出的移位寄存器，由它再连接外部设备，或者采用并行输入/串行输出的移位寄存器，将外部信号移入单片机的串行口缓冲器。常用的器件有 74LS164(74HC164)、74LS165(74HC165)、74HC595、4014 和 4094 等。

由两片 74HC164 构成的 16 位流水灯控制电路和一片 74HC165 构成的按键输入电路如图 3-50 所示。图中 RxD(P3.0)作为串行输入数据口，TxD(P3.1)作为同步移位信号。U2 的数据由 U1(74HC164)的 13 脚移入。TxD 每输出一个由低到高的信号，两片 74HC164 的数据(Q0～Q7)就向右移一位。当连续发出 16 个同步信号后，两片 74HC164 输出一组新的数据。U3(74HC165)的接口由 P1.0、P1.1 和 P1.2 控制。这个例子的编程通过两种方法实现，即流水灯由串行接口操作，按键由 I/O 移位操作。

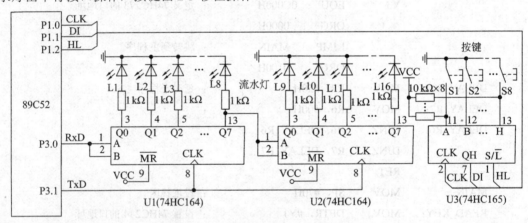

图 3-50　由串行器件组成的 I/O 扩展电路

相关程序如下：

CLK	BIT	P1.0	；定义时钟信号
DI	BIT	P1.1	；定义 74HC165 输出信号
HL	BIT	P1.1	；定义 74HC165 移位信号
KEY_DATA	EQU	30H	；定义按键的值
LED_H	EQU	31H	；显示的高位数据
LED_L	EQU	32H	；显示的低位数据
	ORG	0000H	

```
                    LJMP      MAIN              ; 跳到主程序
                    ORG       0100H
                                                ; 读按键子程序
READ_KEY:   MOV       KEY_DATA，#00H         ; 清 0
            MOV       R7，   #08H            ; 定义循环次数
            SETB      HL                      ; 开始串行移位(允许输出)
CON_READ:   CLR       CLK                     ; CLK=0
            NOP                               ; 延时
            SETB      CLK                     ; CLK=1
            NOP                               ; 延时
            MOV       C，DI                   ; 读按键的串行数据
            RLC       A                       ; 向累加器 A 移数据(左移)
            DJNZ      R7，CON_READ           ; 循环读数据
            MOV       KEY_DATA，A            ; 将按键的数据保留
            RET                               ; 结束
                                              ; 流水灯子程序
DISP_LED:   MOV       R7，#10H               ; 定义循环次数
CON_LOOP:   MOV       A，LED_L               ; 将低位数据送累加器 A
            MOV       SBUF，A
            JNB       TI，$                  ; 判断是否发完
            CLR       TI                      ; 使 RI=0
            MOV       A，LED_H               ; 将高位数据送累加器 A
            MOV       SBUF，A
            JNB       TI，$                  ; 判断是否发完
            CLR       TI                      ; 使 RI=0
            LCALL     DELAY_20                ; 延时
            MOV       A，LED_L               ; 将低位数据送累加器 A
            RLC       A                       ; 下一个灯亮
            MOV       LED_L，A
            MOV       A，LED_H               ; 将高位数据送累加器 A
            RLC       A
            MOV       LED_H，A               ; 移位
            DJNZ      R7，CON_LOOP           ; 循环 16 次
            RET                               ; 结束
DELAY_20:   MOV       R5，#50H               ; 延时子程序
DELAY_R7:   MOV       R6，#00H               ;
DELAY_R6:   DJNZ      R6，DELAY_R6
            DJNZ      R5，DELAY_R7
            RET
                                              ; 主程序部分
MIAN:       MOV       SP，   #60H            ; 设堆栈
```

	MOV	SCON, #10H	；设串口工作在方式 0 模式
	MOV	LED_L, #01H	；初始化
	MOV	LED_H, #00H	；
CON_READ:	LCALL	READ_KEY	；调用按键子程序
	JNB	ACC.7, TO_LED	；当 S8=0 时，调用流水灯子程序
	SJMP	CON_READ	
TO_LED:	LCALL	DISP_LED	；调用流水灯子程序
	SJMP	CON_READ	
	END		

3.5.4 键盘的接口技术

在单片机应用系统中，常常需要人机对话。这既包括人对应用系统的状态干预与数据输入，也包括应用系统向人显示运行状态与运行结果等，如键盘(还包括功能开关、拨码器等)、显示器就能完成人机对话。

键盘是由若干个按键组成的开关组合(或开关矩阵)，它是一种廉价的输入设备。一个键盘通常包括数字键(0~9)、字母键(A~Z)以及一些功能键。操作人员可以通过键盘向单片机输入数据、地址、指令或其他控制命令，实现人对机的干预。

用于单片机系统的键盘按其结构形式可分为两类：一类是编码键盘，即键盘上闭合键的识别由专用的硬件来实现；另一类是非编码键盘，即键盘上闭合键的识别由软件来识别。

单片机系统中普遍使用非编码键盘。键盘接口(或处理)应具备以下功能：

(1) 键扫描功能，即检测是否有键按下。

(2) 产生相应的键代码(键值)。

(3) 消除按键抖动及多键按下的问题。

1. 键盘工作原理

4×4 的键盘结构如图 3-51(a)所示，图中的列线通过电阻接 VCC。当键盘上没有键闭合时，所有的行线和列线断开，列线 Y0~Y3 都呈高电平。当键盘上某一个键闭合时，该键所对应的列线与行线短路。例如，当 2 号键闭合时，行线 X2 和列线 Y0 短路，此时列线 Y0 的电平由 X2 行线的电位所决定。如果 X2 输出"0"，则 Y0 就为"0"，通过读 Y0 的值就知道有按键输入。

实际上这种键盘结构是把列线接到单片机的输入口，行线接到单片机的输出口，在单片机逐行输出"0"的控制下，再配合逐列读入的列线信号就能够判定是否有键输入。如果列线都为高电平，则表示没有按键输入；若列线不全为高电平，则表示有按键输入。这个键就是单片机输出的行线与单片机读入的列线的"相交点"。

4×4 键盘的工作过程是：

(1) 让 X0~X3 行线全部输出高电平(初始化)。

(2) 只让第 X0 行输出"0"电平，从 Y0 开始分别读入 Y0、Y1、Y2 和 Y3 的值，判断哪一列为"0"电平，这样就可以确定出"键 0"、"键 4"、"键 8"和"键 12"哪一个键输入。

(3) 把 X0 变为高电平，让 X1 输出"0"电平，从 Y0 开始分别读入 Y0、Y1、Y2 和

Y3 的值，判断哪一列为"0"电平，这样就可以确定出"键1"、"键5"、"键9"和"键13" 哪一个键输入。

(4) 把 X1 变为高电平，让 X2 输出"0"电平，从 Y0 开始分别读入 Y0、Y1、Y2 和 Y3 的值，判断哪一列为"0"电平，这样就可以确定出"键2"、"键6"、"键10"和"键14"哪一个键输入。

(5) 把 X2 变为高电平，让 X3 输出"0"电平，从 Y0 开始分别读入 Y0、Y1、Y2 和 Y3 的值，判断哪一列为"0"电平，这样就可以确定出"键3"、"键7"、"键11"和"键15"哪一个键输入。

这种逐行逐列地检查键盘状态的过程就称为对键盘的一次扫描。

CPU 对键盘的扫描可以采取程序控制的随机方式，即 CPU 空闲时扫描键盘；也可以采取定时控制方式，即每隔一定的时间 CPU 就对键盘扫描一次；还可以采取中断的方式，每当键盘上有键闭合时，就向 CPU 请求中断，CPU 响应中断后，对键盘扫描，以识别一个键是否处于闭合状态，并对该键输入的信息作出相应处理。

CPU 可根据行线和列线的状态计算求得闭合键的键号，也可以根据行线和列线状态查表得到闭合键的键号。

图 3-51(b)是按键闭合时列线电压的波形图。图中，t1 和 t3 分别为键的闭合和断开过程中的抖动期(呈现一串负脉冲)，抖动时间的长短与开关的机械特性有关，一般为 5～10 ms；t2 为稳定闭合期，其时间由操作员的按键动作所确定，一般为数百毫秒到几秒；t0、t4 为断开期。为了保证 CPU 对键的每一次闭合都能够处理，必须去除抖动，在键稳定闭合或断开时读键的状态。

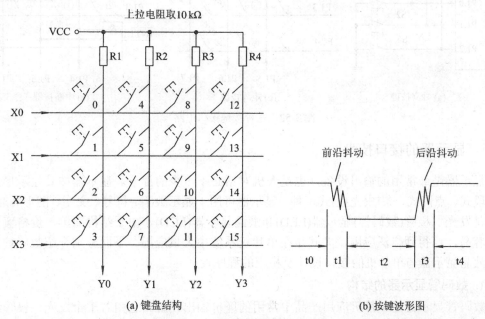

(a) 键盘结构　　　　　　　　　　　(b) 按键波形图

图 3-51　键盘结构与按键波形图

按键的抖动问题通常用软件方法解决，即检测出闭合后执行一个延时程序，产生 5～10 ms 的延时，等前沿抖动消失后再检测键的状态，如果按键仍然保持闭合电平，则确认真正有键按下。当检测到按键释放后，也要延时 5～10 ms 的时间，待抖动消失后，才能转入该键的处理程序。

非编码键盘识别按键的方法有两种：一是行扫描法；二是线反转法。

(1) 行扫描法。通过行线发出低电平信号，如果该行线所连接的键没有按下，则列线所接的端口得到的全是"1"信号，如果有键按下，则得到非全"1"信号。为防止双键或多键同时按下，再从第 0 行一直扫描到最后一行，若发现仅有一个"0"，则为有效键，否则全部作废。找到有效的闭合键后，读入相应的键值，转去执行对应的处理程序。

(2) 线反转法。线反转法也是识别闭合键的一种常用方法，该法比行扫描法速度快，但在硬件上要求行线与列线外接上拉电阻。该方法先将行线作为输出线，列线作为输入线，行线输出全"0"，读入列线的值，然后将行线和列线的输入、输出关系互换，并且将刚才读到的列线值从列线所接的端口输出，再读取行线的输入值，这样闭合键所在的行线上的值必为"0"。因此，当一个键被按下时，必定可读到一对唯一的行列值。

2. 键盘与单片机的接口

图 3-52 是三种按键常用电路。图 3-52(a)是独立的按键设计方法，当有键按下时，转入相应的程序入口。这种电路适合按键较少的接口方法。图 3-52(b)是采用矩阵的按键设计，适合按键较多的应用系统，其软件采用逐行扫描的方法编程。图 3-52(c)是采用矩阵加中断的设计方法，其软件采用中断和扫描判断的方法编程，适合键多且要求反应及时的应用系统。

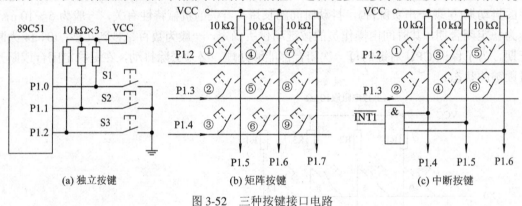

图 3-52 三种按键接口电路

3.5.5 显示器的接口技术

显示器是最常用的输出设备，也是人机对话必不可少的部分。显示器按其显示形式分为分段式、点阵式、条图(光柱)式三种。显示器可用于显示数字、符号、文字、图形和光柱。特别是发光二极管(数码管)显示器(LED)和液晶显示器(LCD)，由于结构简单、价格廉价和接口容易，已得到广泛应用，尤其是在单片机系统中大量应用。下面分别介绍数码管显示器和液晶显示器与单片机的接口设计及相应的程序设计。

1. 数码管显示器的结构

数码管显示器是单片机应用产品中常用的廉价输出设备。它由若干个发光二极管组成显示的字段。当二极管导通时相应的一个点或一个笔划发光，就能显示出各种字符。常用的 8 段数码管显示器的结构有两种形式：将所有发光二极管的阳极连在一起，称为共阳接法，如图 3-53(a)所示，此时在公共端 com 接高电平的情况下，若某个字段的阴极接低电平，对应的字段就点亮；将所有发光二极管的阴极连在一起，称为共阴接法，如图 3-53(b)所示，此时在公共端 com 接低电平的情况下，若某个字段的阳极接高电平，对应的字段就点亮。每段所需电流一般为 5～15 mA，实际电流视具体的数码管显示器而定。8 段 LED 数码管显示器的外形与引脚如图 3-53(c)所示。

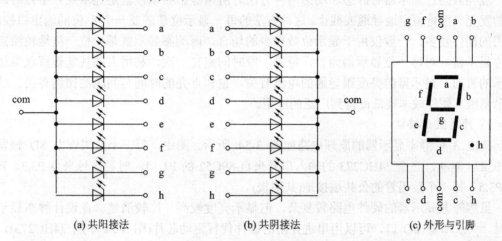

(a) 共阳接法　　　　　(b) 共阴接法　　　　　(c) 外形与引脚

图 3-53　LED 显示器

为了显示字符和数字，要为数码管显示器提供显示段码(或称字形代码)。显示段由一个"8"字形的 7 段再加上一个小数点位组成，共计 8 段，因此提供数码管显示器的显示段码正好为 1 个字节。若将段信号 a～h 与单片机的数据 D0～D7 按表 3-29 所示的对应关系连接，就可得到显示不同"字"的代码。

表 3-29　数码管信号与数据信号的对应关系

代码位(数据位)	D7	D6	D5	D4	D3	D2	D1	D0
显示段	h	g	f	e	d	c	b	a

按照图 3-53 共阴接法与共阳接法的工作原理，若用数码管显示十六进制数，则其段码如表 3-30 所示。

表 3-30　数码管段码表

显示字符	共阴数码管	共阳数码管	显示字符	共阴数码管	共阳数码管
0	3F	C0	C	39	C6
1	06	F9	d	5E	A1
2	5B	A4	E	79	86
3	4F	B0	F	71	8E
4	66	99	P	73	8C
5	6D	92	U	3E	C1
6	7D	82	T	31	CE
7	07	F8	y	6E	91
8	7F	80	H	76	89
9	6F	90	L	38	C7
A	77	88	"灭"	00	FF
b	7C	83	…	…	…

如果信号的对应关系不是按表 3-29 编码，则段码数据与表 3-30 中的不一样。

2. 数码管显示器的原理与接口

点亮数码管显示器有静态和动态两种方法。所谓静态显示，就是显示某一字符时，相应的发光二极管恒定地导通或截止。这种方法的每一显示位都需要一个 8 位的输出口控制，占用的硬件较多，一般仅用于显示位数较少的场合。而动态显示就是一位一位地轮流点亮各位显示器，对每一位显示器而言，每隔一段时间点亮一次，利用人的视觉暂留现象达到显示的目的。显示器的亮度跟导通的电流有关，也和点亮的时间与间隔的比例有关。动态显示器因其硬件成本较低而得到广泛的应用。

1) 静态显示接口

构成 3 位静态显示器的原理电路如图 3-54 所示。图中，每一个数码管由 8D 触发器 74HC273 驱动，三个 74HC273 的输入信号来自 89C52 的 P1 口，时钟信号来自 P3.3、P3.4 和 P3.5，每一个数码管的公共端接地(共阴极)。

虽然静态显示器的硬件电路较复杂，但显示亮度较高，比较清楚。在设计静态显示电路时，为了节省 I/O 口，可以用串进并出的器件代替驱动芯片(图 3-54 中的 74HC273)，例如可采用具有锁存功能的 74HC595 或 74HC164 等芯片。

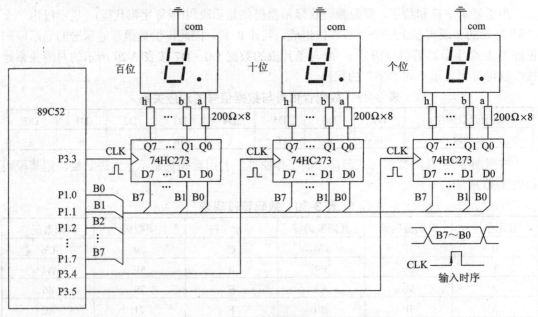

图 3-54 组成静态显示的原理电路

2) 动态显示接口

在多位 LED 显示时，为了简化硬件电路，通常将所有位的段码位线并联在一起，由 1 个 8 位 I/O 口控制，形成段码线的多路复用，而各位的共阴或共阳极公共端分别由相应的 I/O 口控制，形成各位的分时选通。

图 3-55 为共阳极 8 位 LED 显示电路，其段码信号由 74LS244 驱动。考虑到驱动 LED 显示器所需的电流，位扫描口由 74HC138 译码器译码并经 PNP 三极管驱动，以提供足够的驱动电流。

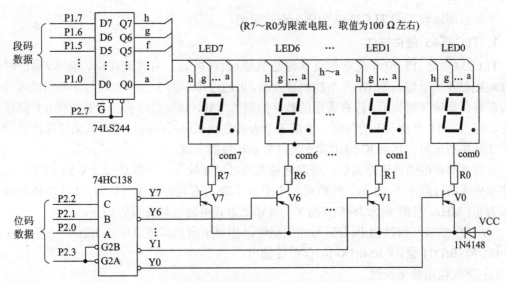

图 3-55 共阳极动态显示电路

在编写动态显示程序时,可设定单片机内部 SRAM 中的 8 个单元为数据显示区,定时向显示电路刷新数据。为了保证显示效果,每个数码管的点亮时间至少为 1 ms,循环显示完 8 个数据一般不要大于 10 ms。

3.5.6 A/D 转换器的接口技术

在单片机的实时控制和智能仪器仪表等应用系统中,被控或被测对象往往是一些连续变化的模拟信号,如温度、压力、流量、速度等,这些模拟量必须转换成数字量才能输入到单片机中进行处理,这种转换就是模/数(A/D)转换。

A/D 转换器的种类很多,根据转换原理主要分为逐次逼近式、双积分式、量化反馈式和并行式等。衡量 A/D 转换器性能的主要参数有:

(1) 分辨率。A/D 转换器的分辨率常用输出二进制位数或者 BCD 码位数表示。例如,A/D 转换器 AD574A 的分辨率为 12 位,即该 A/D 转换器的输出数据可以用 2^{12} 个二进制数进行量化,其分辨率为 1 LSB。

(2) 满刻度误差。该误差即转换器输出全 1 时,输入电压与理想输入量之差。

(3) 转换时间与转换速率。A/D 转换器完成一次转换所需要的时间为 A/D 转换时间,通常转换速率是转换时间的倒数。

(4) 转换精度。A/D 转换器的精度用来反映实际 A/D 转换器与理想 A/D 转换器的差别。因为理想 A/D 转换器存在量化误差,所以实际的 A/D 转换器无疑也存在量化误差。精度所对应的误差指标是不包括量化误差的。不同的 A/D 转换器生产厂家或不同类型的产品,其精度指标表达式可能不完全相同,有的给出综合误差指标,有的给出分项误差指标,这些指标大体有非线性误差、失调误差或零点误差、增益误差或标度误差、微分非线性误差等。

MCS-51 系列单片机中的有些型号具有 A/D 转换单元,对于这些单片机,一般不需要扩展 A/D 接口。对于内部不具有 A/D 转换单元的单片机,如果需要,则必须扩展 A/D 接口。

A/D 转换器件有双积分式和逐次逼近式等多种。从转换速度考虑,并行 A/D 转换器较快,但输出接线较多,而串行 A/D 转换器虽然输出速度较慢,但接口简单,目前被广泛使

· 147 ·

用。下面以用途较广的 TLC2543 为例来进行说明。

1. TLC2543 硬件描述

TLC2543 是 12 位开关电容逐次逼近式模/数转换器，有片选(CS)、输入/输出时钟(CLOCK)以及地址输入端(DI)三个控制输入端，可通过串行的 3 态输出端与主处理器或其他外围串行口高速传输数据。除有通用的数字控制能力外，该器件还有一个片内的 14 路模拟开关，可选择 11 个输入中的任何一个或 3 个内部自测试电压中的一个。其采样保持是自动的。在转换结束时，其 EOC 输出端变高以指示转换的完成。

该器件的基准由外电路提供，可差分输入也可单端输入，范围是+2.5 V 到 VCC。在温度范围内转换时间小于 10 μs，线性误差小于±1 LSB。有片内转换时钟时，I/O 时钟的最大频率为 4.1 MHz。工作电源为+5±0.25 V。其输出方式可通过软件设置如下：

(1) 单极性或双极性输出(有符号的双极性，相对于所加基准电压的 1/2)。

(2) MSB(D11 位)或 LSB(D0 位)作前导输出。

(3) 可变输出数据长度。

1) 引脚排列

TLC2543 的引脚排列如图 3-56 所示。引脚定义如表 3-31 所示。

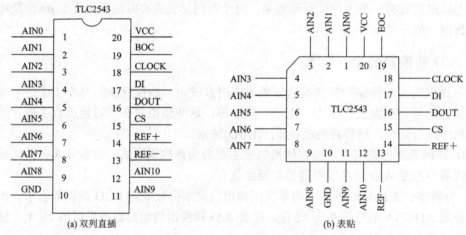

图 3-56 TLC2543 的引脚排列

表 3-31 TLC2543 的引脚说明

管脚名称	管脚信号说明
AIN0～AIN10	11 个模拟输入端
CS	片选端，低电平有效
DI	四位的串行地址数据输入端
DOUT	用于 A/D 转换结果输出的 3 态串行输出端
EOC	转换结束端，低电平有效
GND	模拟"地"
CLOCK	时钟输入端
REF+	正基准电压端
REF−	负基准电压端
VCC	正电源端，通常接+5 V

2) 使用说明

一开始，片选(CS)为高，CLOCK 和 DI 被禁止，DOUT 为高阻抗状态。一旦 CS 变低，便开始转换过程。输入数据是一个包括 4 位模拟通道地址(D7～D4)、一个 2 位数据长度选择(D3～D2)、一个输出 MSB 或 LSB 在前的位(D1)以及一个单极性或双极性输出选择位(D0)的 8 位数据流，这个数据流是从 DI 脚加入的，其格式如表 3-32 所示。在传送的同时，输入/输出时钟也将前一次转换的结果从输出数据寄存器移到 DOUT 端。CLOCK 接收输入的 8、12 或 16 个时钟长度取决于输入数据寄存器中的数据长度选择位。模拟输入的采样开始于 CLOCK 的第 4 个下降沿，而保持则持续到 CLOCK 的最后一个下降沿之后。CLOCK 的最后一个下降沿也使 EOC 变低并开始转换。

表 3-32　输入寄存器格式

功能选择	输入数据字节								注释
	地 址 位				L1	L0	LSBF	BIP	
AIN0	0	0	0	0					选择输入模拟通道
AIN1	0	0	0	1					
AIN2	0	0	1	0					
AIN3	0	0	1	1					
AIN4	0	1	0	0					
AIN5	0	1	0	1					
AIN6	0	1	1	0					
AIN7	0	1	1	1					
AIN8	1	0	0	0					
AIN9	1	0	0	1					
AIN10	1	0	1	0					内部测试
REF+与 REF−差模	1	0	1	1					
REF−，单端	1	1	0	0					
REF+，单端	1	1	0	1					
软件断电	1	1	1	0					
输出 8 位					0	1			输出长度
输出 12 位					1	0			
输出 16 位					1	1			
MSB(高位)先出							0		顺序输出
LSB(低位)先出							1		
单极性(二进制)								0	极性
双极性(2 的补码)								1	

在上电后，CS 必须从高变到低以开始一次 I/O 周期。EOC 开始为高，输入数据寄存器被置为全零。输出数据寄存器的内容是随机的，并且第一次转换的结果将被忽略。为了在工作时达到初始化，CS 被再次转为高再回到低，以开始下一次 I/O 周期。

数据输入端在内部被连接到一个 8 位的串行输入的地址控制寄存器。该寄存器规定了转换器的工作方式和输出数据的长度。主机提供的数据字是以 MSB 为前导的。每个数据位都是在 CLOCK 序列的上升沿被输入的。

图 3-57 给出了进行 12 位时钟传送时以 MSB 导前的时序。

2. 典型接口

用 TLC2543 进行数据采集非常方便，它与 CPU(特别是单片机)接口很容易，只要按照表 3-31 及上面的叙述进行连接即可。图 3-58 所示为 TLC2543 与单片机的串行接口。在 TLC2543 的模拟输入端最好加缓冲器 N1(因 TLC2543 的输入阻抗较低)。若要将单极性输入变成双极性输入，可在输入端加两个 10 kΩ 的电平变换电阻。

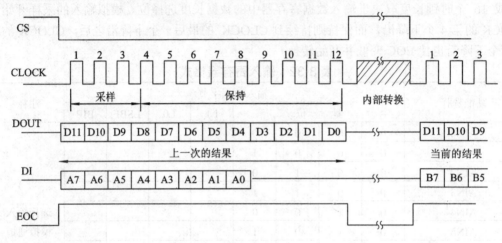

图 3-57　用 12 个时钟传送，以 MSB 导前的时序

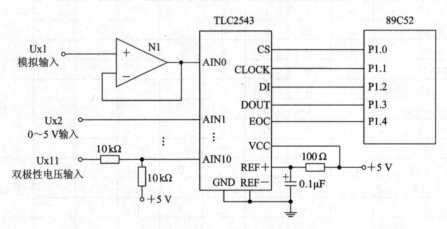

图 3-58　TLC2543 与单片机的串行接口

3.5.7 D/A 转换器的接口技术

在计算机应用领域，特别是在实时控制系统中，除需要把外界模拟量变成数字量输入计算机进行加工、处理外，也需要把单片机计算结果的数字量转换成连续变化的模拟量输出，用以控制、调节某些执行机构，对被控对象进行控制。实现这种将数字信号变成模拟信号的过程称为数/模(D/A)转换。

D/A 转换器的种类较多，主要有以下技术指标：

(1) 分辨率。这个参数表明 D/A 转换器对模拟值的分辨能力，它是最低有效位(LSB)所对应的模拟值。它确定了能由 D/A 产生的模拟量的最小变化量。分辨率通常用数字量的位数表示，一般为 8 位、12 位、16 位等。若分辨率为 10 位，则表明它可以对满量程的 $1/2^{10}$ 的变化量做出反应。

(2) 输入编码形式。如二进制码、BCD 码等。

(3) 转换线性。通常给出在一定温度下的最大非线性度，一般为 0.01%～0.03%。

(4) 转换时间。转换时间是描述 D/A 转换速度的一个参数，具体是从输入数字量变化到输出终值误差(±1/2)LSB(最低有效位)时所需的时间。通常为几十纳秒至几微秒。

(5) 输出电平。不同型号的 D/A 转换器的输出电平相差很大，大部分是电压型输出，一般为 5～10 V，也有高电压输出型的，为 24～30 V。还有一些是电流型输出的，输出的电流低者为 20 mA 左右，高者可达 3 A。

1. D/A 转换器的基本原理

D/A 转换器的基本功能是将一个用二进制表示的数字量转换成相应的模拟量。实现这种操作的基本方法是对应于二进数的每一位，产生一个相应的电压(电流)，而这个电压(电流)的大小正比于相应的位权。

图 3-59 就是一种权电阻解码网络 D/A 转换器的简化原理图。

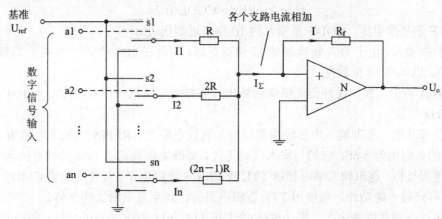

图 3-59　权电阻解码网络 D/A 转换器的原理图

权电阻解码网络 D/A 转换器由权电阻解码网络和运算放大器组成。权电阻解码网络是实现 D/A 转换的关键部件。从图 3-59 中可见，解码网络的每一位由一个权电阻和一个双向模拟开关组成。若数字量的位数增加，开关和电阻的数量也相应地增加。每位电阻的阻值和该位的权值一一对应，是按二进制规律排列的，因此称为权电阻。权电阻的排列顺序和权值的排列顺序相反，即权值按二进制规律递减，权电阻值按二进制规律递增，以保证流经各位权电阻的电流符合二进制规律要求。图中运算放大器 N 是一个标准的"虚地"接法，流过 R_f 的总电流等于每一个分支电流之和。分支电流值取决于权电阻和输入的二进制数字信号 a1～an 的大小。

2. 串行 D/A 转换器的接口

串行 D/A 转换器因接口简单、通用性强和兼用性好等特点，在各个领域被广泛使用。下面介绍一种典型的串行 D/A 转换器 TLC5615。

TLC5615 是带有缓冲和基准输入的 10 位电压型 D/A 转换器。目前很多公司的 D/A 器件(8 位、10 位、12 位和 16 位)都与其管脚和用法兼容。TLC5615 的数字接口只需 3 条线就能和单片机相连(三串总线结构)。TLC5615 能够接收 16 位数据字以产生模拟输出。其数字输入端带有斯密特触发器，具有高噪声抑制能力。TLC5615 使用的数字通信协议包括 SPI 及 QSP 标准。TLC5615 的功耗低，在 5 V 供电时仅 1.75 mW；数据更新速率为 1.2 MHz；典型的转换时间为 12.5 μs。

1) 引脚排列及管脚说明

TLC5615 的引脚排列如图 3-60(a)所示。其中，引脚 DOUT 用于菊花链的串行数据输出；DIN 是串行数据输入；SCLK 是串行时钟输入；CS 是选片端，低电平有效；OUT 是 D/A 电压输出；REFIN 是基准输入端，一般接 2 V 到 VCC–2 V 的电源，典型值是 2.048 V；VCC 是电源端，一般接+5V；AGND 是模拟地。

2) 使用说明

TLC5615通过固定增益为2的运放缓冲电阻网络,把10 位数据字转换为模拟电压电平。上电时内部电路把 D/A 转换器的寄存器复位为零。其输出具有与基准输入相同的极性，其输出表达式是：

$$U_o = 2 \times REF \times CODE/1024$$

其中，REF 是基准电压，CODE 是输入的 10 位二进制代码。

(1) 数据输入。由于 D/A 转换器是 12 位寄存器，因此在 10 位数据字中必须将低位 D1、D0 填入 0，以构成 12 位数据。

(2) D/A 输出。输出缓冲器能够满幅输出，并带有短路保护，可以驱动有 100 pF 负载电容的 2 kΩ 负载。

(3) 外部基准。基准输入电压经内部缓冲加到权电阻上。REFIN 的输入电阻为 10 MΩ，输入电容的典型值为 5 pF，它们与输入代码无关。基准电压决定了 D/A 转换器的满幅输出。

(4) 逻辑接口。逻辑输入端可使用 TTL 或 CMOS 逻辑电平。若使用满幅 CMOS 逻辑单片，则可得到最小的功耗。当使用 TTL 逻辑电平时，功率需求增加约 2 倍。

(5) 串行时钟和更新速率。图 3-60(b)给出了 TLC5615 的时序关系。TLC5615 的最大串行时钟速率约为 14 MHz。通常数字更新速率受片选周期限制，对于满度输入阶跃跳变，10 位 D/A 转换器的建立时间为 12.5 μs，这把更新速率限制至 80 kHz。

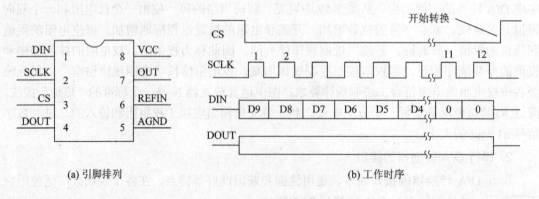

图 3-60　TLC5615 引脚排列和工作时序

(6) 菊花链级联器件。假如时序关系合适，可以把一个器件的 DOUT 端连接到下一个器件的 DIN 端，实现 D/A 转换器的级联。DIN 处的数据延迟 16+1 个时钟周期后出现在 DOUT 端。DOUT 是低功率的推拉输出电路。当 CS 为低电平时，DOUT 在 SCLK 下降沿变化。当 CS 为高电平时，DOUT 保持为最近数据位的高阻状态。

3) 典型接口

当片选 CS 为低电平时，可将二进制数据输入到 D/A 变换器内部的 16 位移位寄存器中，其顺序是高位在前。接着在 SLCK 输入的上升沿把数据移入输入寄存器。然后 CS 的上升沿把数据传送至 D/A 转换器的寄存器。当 CS 为高电平时，输入数据不能由时钟同步送入输入寄存器。所有 CS 的跳变应当发生在 SCLK 输入为低电平的状态下。

如果不使用级联功能，那么传输格式可以采用 MSB 在前的 12 位输入数据序列。如果使用级联功能，那么传输格式可以采用 4 个高虚拟位在前的 16 位输入数据序列。

来自 DOUT 的数据需要输入时钟的 16 个下降沿，因此需要再加一个时钟宽度。当级联多个 TLC5615 器件时，因为数据传送需要 16 个输入时钟周期加上一个额外的输入时钟下降沿使数据在 DOUT 端输出，所以数据需要 4 个高虚拟位。为了提供 12 位数据转换器传送的硬件与软件兼容性，两个额外的时钟周期总是需要的。

TLC5615 的三线接口与 SPI、QSPI 以及串行标准相兼容。其硬件连接如图 3-61 所示。

SPI 和 AT89C52 的接口传送 8 位字节形式的数据，因此要把数据输入到 D/A 转换器需要两个写周期。QSPI 接口具有从 8 位至 16 位的可变输入数据长度，因此可以在一个写周期内将数据传送至 D/A 转换器的输入寄存器中。

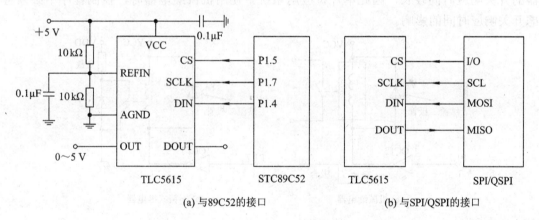

(a) 与89C52的接口　　　　　(b) 与SPI/QSPI的接口

图 3-61　TLC5615 典型接口

为了更好地使用 TLC5615，建议使用分离的模拟地和数据地来提高 D/A 转换器的性能。应在低阻抗处将模拟地与数字地连接在一起。通过把器件的 AGND 端连接到系统模拟地平面(该平面能确保模拟地电流流动良好且地平面上的电压降可以忽略)可以实现最佳的接地连接。

VCC 和 AGND 之间应连接一个 0.1 μF 的陶瓷旁路电容且应当用短引线安装在尽可能靠近器件的地方。

当系统不使用 D/A 转换时，把 D/A 转换器的寄存器设置为全 0，可以使基准电阻阵列和输出负载的功耗降为最小。

3.5.8 开关电路接口及光电耦合器接口

在单片机应用系统中，有时需用单片机输出控制各种各样的开关电路器件(如继电器、无触点开关等)或高压大电流负载，这些大功率负载显然不能用单片机的 I/O 口线来直接驱动，而必须施加各种驱动电路。此外，为了隔离和抗干扰，有时需加接光电耦合器。

1. 开关电路接口

单片机控制的开关器件主要有机械继电器、固体继电器、达林顿晶体管和大功率场效应晶体管 (简称功率 MOSFET)。

1) 机械继电器

在数字逻辑电路中最常使用的机械继电器有线圈式继电器和干簧式继电器。线圈式继电器由线圈、衔铁和触点组成。线圈通电产生磁场，衔铁受磁场作用，带动触点接触而导通。线圈所需驱动电流较小，但触点可开关较大的电流。线圈式继电器的接口电路如图 3-62(a)所示。线圈两端的二极管为续流二极管，用来抑制反向电动势，加快继电器的开关速度。图 3-62(b)是干簧式继电器。干簧式继电器由两个磁性簧片组成，受磁场作用时，两个簧片相接触而导通。这种干簧式继电器的控制电流要求很小，而簧式触点可开关较大的电流。例如，控制线圈为 380 Ω 时，可直接由 5 V 输入电压驱动，驱动电流为 13 mA，而簧片触点可通过 500 mA 至几十安的电流。但与逻辑电路相匹配用的干簧式继电器一般小于 1 A。簧式触点两端的齐纳二极管(V2)用来防止产生触点电弧。机械继电器的开关响应时间较长，因此单片机应用系统中使用机械继电器时，控制程序中必须考虑开关响应时间的影响。

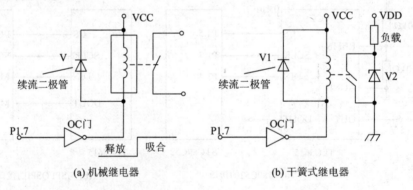

(a) 机械继电器　　　　　　　　(b) 干簧式继电器

图 3-62　继电器接口

2) 达林顿驱动电路

对于一般的开关晶体管电路，输出电流是输入电流乘以晶体管的增益。要保证有足够大的输出电流，必须增大输入驱动电流或进行多级放大，以便提高晶体管的增益。而达林顿驱动电路采用的就是复合的原理来提高晶体管的总增益，避免加大输入驱动电流，如图3-63(a)所示。这种电路结构具有高输入阻抗和极高的增益。

3) 功率 MOSFET

目前，在大功率开关控制电路中，大功率 MOSFET 越来越受到人们的重视，它已在许多控制电路中取代了可控硅。这是因为 MOSFET 具有高增益、低损耗以及耐高压等优良性能。MOSFET 可作为高速开关，所需驱动电压和功率较低，容易实现并联驱动。MOSFET 的偏置电路设计得很简单，只要在 MOSFET 的栅极和源极之间加上一偏置电压(一般大于 10 V)，就能使管子工作在导通状态。源漏极之间相当于开关接通，其使用方法和双极性晶体管相同。功率 MOSFET 可由外围驱动器直接驱动，一种典型的驱动电路如图 3-63(b)所示。

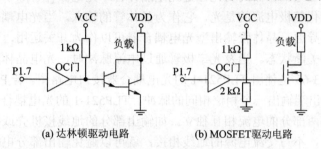

图 3-63　两种驱动电路

4) 固态继电器

固态继电器(Solid State Relay，SSR)是一种四端器件：两端输入，两端输出，它们之间用光电耦合器隔离。它是一种新型的无触点电子继电器，其输入端可以有很小的控制电流，与 TTL、HTL、CMOS 等集成电路具有较好的兼容性，而其输出则用双向晶闸管(可控硅)来接通和断开负载电源。与普通电磁式继电器和磁力开关相比，SSR 具有开关速度快、工作频率高、体积小、重量轻、寿命长、无机械噪声、工作可靠、耐冲击等一系列特点。由于无机械触点，因此当 SSR 用于需抗腐蚀、抗潮湿、抗振动和防爆的场合时，更能体现出有机械触点继电器无法比拟的优点。由于其输入控制端与输出端用光电耦合器隔离，所需控制驱动电压低、电流小，非常容易与计算机控制输出接口，因此在单片机控制应用系统中，已越来越多地用固态继电器取代传统的电磁式继电器和磁力开关来进行开关量输出控制。

固态继电器不仅实现了小信号对大电流功率负载的开关控制，而且还具有隔离功能。SSR 有多种型号和规格，它们的使用场合也不相同。如果采用集成电路门输出驱动，由于目前国产的 SSR 要求有 0.5～20 mA 的驱动电流，最小工作电压为 3 V，因此对于一般 TTL 电路，如 54/74、54H/74H 和 54S/74S 等系列的门输出可直接驱动(如图 3-64(a)所示)，而对 CMOS 电路逻辑信号，则应再加缓冲驱动器(如图 3-64(c)所示)。

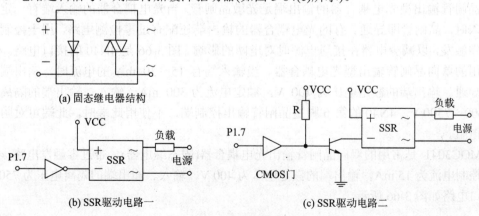

图 3-64　固态继电器接口

2. 光电耦合器接口

常用的光电耦合器有晶体管输出型和晶闸管输出型。

1) 晶体管输出型光电耦合器驱动接口

晶体管输出型光电耦合器的受光器是光电晶体管。光电晶体管除了没有基极外，跟普通晶体管一样，取代基极电流的是光，它作为晶体管的输入。当光电耦合器的发光二极管发光时，晶体管就导通。晶体管输出型光电耦合器可以作为开关运用，这时发光二极管和光电晶体管都处于关断状态。当发光二极管通过电流脉冲时，光电晶体管在电流脉冲持续的时间内导通。图3-65是使用TLP521-1的光电耦合器接口电路图。若P1.7输出一个脉冲，则光电耦合器的输出端输出一个相位相同的脉冲。TLP521-1的光电耦合器和单片机实现的隔离应用电路，使两部分的电流相互独立。如输出部分的地线接机壳或接地，而单片机系统的电源地线浮空，不与交流电源的地线相接，就可以避免输出部分电源变化时对单片机电源的影响，减少系统所受的干扰，提高系统的可靠性。

光电耦合器也常用于较远距离的信号隔离传送。一方面光电耦合器可以起到隔离两个系统地线的作用，使两个系统的电源相互独立，消除地电位不同所产生的影响；另一方面，光电耦合器的发光二极管是电流驱动器件，可以形成电流环路的传送形式。由于电流电路是低阻抗电路，它对噪声的敏感度低，因此提高了通信系统的抗干扰能力。光电耦合器常用于在高噪声干扰的环境下传输信号。

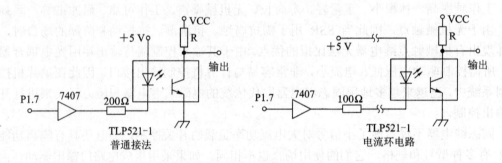

图3-65　TLP521-1光电耦合器接口电路

2) 晶闸管输出型光电耦合器驱动接口

晶闸管输出型光电耦合器的输出端是光敏晶闸管。当光电耦合器的输入端有一定的电流流入时，晶闸管即导通。有的光电耦合器的输出端还配有过零检测电路，用于控制晶闸管过零触发，以减少电器在接通电源时对电网的影响。图3-66是4N40的接口电路。4N40是常用的单向晶闸管输出型光电耦合器。当输入端有15～30 mA的电流时，输出端的晶闸管导通。输出端的额定电压为400 V，额定电流为300 mA。输入、输出端的隔离电压为1500～7500 V。4N40的第6脚是晶闸管输出控制端，不使用此端时，此端可对阴极接一个电阻。

MOC3041是常用的双向晶闸管输出光电耦合器(固态继电器)，带过零触发电路，输入端的控制电流为15 mA，输出端的额定电压为400 V，输入、输出端的隔离电压为7500 V。其接口电路如图3-66所示。

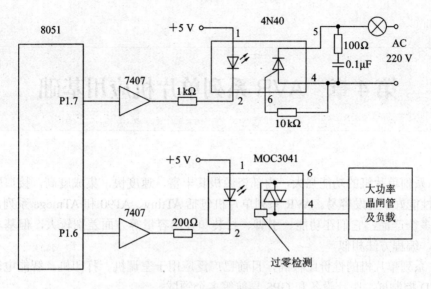

图 3-66　光电耦合驱动接口

第4章 AVR系列单片机应用基础

AVR系列单片机的功能强大，内部资源极其丰富，速度快，集成度高，接口驱动能力强，保密性能好，开发容易。AVR系列单片机包括ATtiny、AT90和ATmega系列，每个系列又包括多个产品，它们在功能、引脚、封装和存储容量等方面差别较大，但基本结构和原理相同，编程方法相似。

AVR系列单片机的性价比极高，目前已广泛应用于空调机、打印机、智能电表、智能遥控、LED控制屏、医疗设备和GPS导航等多个领域。

本章以AVR单片机ATmeg64/128为应用主线，全面阐述其硬件结构、端口、中断系统和串口等相关内容，为读者更好地掌握AVR单片机的应用打好基础。

4.1 AVR单片机ATmega64/128的性能与结构

1. ATmega64/128的性能特点

(1) 高性能、低功耗的8位AVR微处理器。

(2) 先进的RISC结构。

① 有130/133条指令，大多数指令的执行时间为单个时钟周期。

② 有32个8位通用工作寄存器。

③ 全静态工作模式。

④ 工作于16 MHz时的性能高达16 MIPS。

⑤ 具有2个时钟周期的硬件乘法器。

(3) 高性能程序存储器和数据存储器。

① 具有在线编程的64 KB/128 KB Flash存储器，擦写寿命大于1万次。

② 具有独立锁定位的可选Boot代码区，可通过片上Boot程序实现系统在线编程。

③ 具有2 KB/4 KB的E^2PROM，擦写寿命大于10万次。

④ 在25℃环境温度下数据可保存100年，在85℃环境温度下数据可保存20年。

⑤ 具有4 KB的片内SRAM。

⑥ 可以对锁定位进行编程以实现用户程序的加密。

(4) 与IEEE 1149.1标准兼容的JTAG接口。

① 符合JTAG标准的边界扫描功能。

② 支持扩展的片内调试功能。

③ 通过JTAG接口实现对Flash、E^2PROM、熔丝位和锁定位的编程。

(5) 外设功能。

① 具有 2 个独立预分频器和比较器。

② 具有 2 个功能的 16 位定时器/计数器。

③ 具有独立振荡器的实时 RTC 计数器。

④ 具有 2 个 8 通道 RWM 控制器。

⑤ 具有 8 通道 10 位 A/D 变换器(8 个单端通道或 7 个差分通道或 2 个具有可编程增益(1×、10×或 200×)的差分通道)。

⑥ 具有面向字节的 2 线接口和工作于主/从模式的 SPI 串行接口。

⑦ 具有 2 个独立的可编程串行 USART 接口。

⑧ 具有独立片内振荡器的可编程看门狗定时器。

⑨ 片内具有模拟比较器。

(6) 特殊的复位和工作模式。

① 上电复位以及可编程的掉电检测。

② 片内具有标定的 RC 振荡器。

③ 具有片内/片外中断源。

④ 有 6 种睡眠模式，即空闲模式、ADC 噪声抑制模式、省电模式、掉电模式、标准模式以及扩展的标准模式。

(7) I/O 口和外形封装。

① 53 个可编程的 I/O 口。

② 64 引脚 TQFP 和 64 引脚 QFN/MLF 外形封装。

(8) 工作电源。

① ATmega64L/128L 为 2.7～5.5 V。

② ATmega64/128 为 4.5～5.5 V。

(9) 速度等级。

① ATmega64L/128L 为 0～8 MHz。

② ATmega64/128 为 0～16 MHz。

2. ATmega64/128 的结构与功能描述

1) ATmega64/128 的结构

ATmega64/128 单片机的 CPU 采用 Harvard 结构，即具有独立的程序和数据总线，而且存储器也是独立的，程序存储器是可编程的 Flash 存储器。程序存储器中的指令通过流水线方式运行。当 CPU 在执行某一条指令时，将预先从程序存储器中读取下一条指令。这种方式使指令可以在每一时钟周期内执行，从而大大提高了指令的执行速度。

CPU 内的快速访问寄存器包括 32 个 8 位通用工作寄存器，访问时间为一个时钟周期，从而实现了单时钟周期的 ALU 操作。在典型的 ALU 操作中，两个位于寄存器中的操作数同时被访问，然后执行运算，结果再被送回到寄存器。整个过程只需一个时钟时期。6 个寄存器可以用做 3 个 16 位的间接寻址寄存器指针以寻址数据空间，实现高效的地址运算。

算术逻辑单元 ALU 支持寄存器之间、寄存器和常数之间的算术和逻辑运算，也可执行单寄存器的操作。运算完之后，状态寄存器的内容将反映新的操作结果。

ATmega64/128 单片机的 MCU 结构如图 4-1 所示。

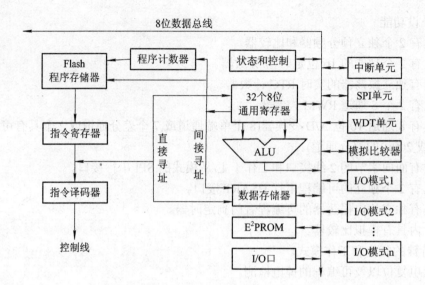

图 4-1 ATmega64/128 单片机的 MCU 结构

程序流程通过有条件和无条件的跳转指令和调用指令来控制，从而可以直接寻址到整个地址空间。大多数指令长度为 16 位，即每个程序存储器地址都包含一条 16 位或 32 位的指令。

程序存储器空间分为两个区，即引导程序区(Boot 区)和应用程序区。这两个区都有专门的保护锁定位。用于写应用程序的 SPM 指令必须位于引导程序区。

在中断或调用子程序时，返回地址的程序计数器(PC)保存于堆栈之中。堆栈区位于通用数据寄存器 SRAM 中，因此其大小仅受限于 SRAM 的空间。在复位后，由于 SP 为 0000H，用户程序必须首先初始化堆栈指针 SP。这个指针位于 I/O 空间，可以进行读写访问。数据 SRAM 可以通过 5 种不同的寻址模式进行访问。

AVR 单片机的存储器空间为线性结构。AVR 单片机有一个非常灵活的中断模块。控制寄存器位于 I/O 空间。状态寄存器中有全局中断允许位。每个中断在中断矢量表中都有独立的中断向量。各个中断的优先级与其在中断向量表中的位置有关，中断向量地址越低，优先级越高。I/O 存储器空间包含 64 个可以直接寻址的地址，作为 CPU 外设的控制寄存器、SPI 以及其他 I/O 口地址，映射到数据空间即为寄存器的地址 20H～5FH。另外，ATmega64/128 具有 SPAM 中 60H～FFH 的外部 I/O 空间，且只能在使用 ST、STS、STD 和 LD、LDS、LDD 指令时使用。

ATmega64/128 的高性能 ALU 算术逻辑单元与 32 个通用工作寄存器直接相连。寄存器与寄存器之间、寄存器与立即数之间的 ALU 运算只需要一个时钟周期即可完成。ALU 操作分为三类，即算术、逻辑和位操作，此外还提供了支持有符号、无符号和分数乘法的乘法器。

2) ATmega64/128 的状态寄存器(SREG)

ATmega64/128 的状态寄存器包含了最新算术指令的状态信息。这些信息可以用来改变程序流程(程序转移、分支)。所有 ALU 运算都将影响状态寄存器的内容，这样在许多情况下就不需要专门的比较指令了，从而使系统运行更快速，代码效率更高。在进入中断服务程序时，状态寄存器不会自动保存，中断返回时也不会自动恢复，若需要保护就需要软件来处理。ATmega64/128 状态寄存器的格式如表 4-1 所示。

表 4-1　状态寄存器(SREG)的格式(初始值为 0)

数据位	D7	D6	D5	D4	D3	D2	D1	D0
状态	I	T	H	S	V	N	Z	C
读/写	R/W	R/W	R/W	R/W	R/W	R/W	R/W	R/W

表 4-1 中各位的含义如下：

(1) I 是全局中断使能位。当 I=1(置位)时，使能全局中断。单独的中断使能由其他独立的控制寄存器控制。如果 I=0(清 0)，则不论单独中断标志是否开放，都不会产生中断。但在任意一个中断发生后，I 清 0，而执行 RETI 指令时，I 恢复置位状态(I=1)，以使能中断。I 也可以通过 SEI 和 CLI 指令来置位和清 0。

(2) T 是位复制存储位。位复制指令 BLD 和 BST 利用 T 作为目的地址或源地址。BST 把寄存器的某一位复制到 T，而 BLD 把 T 复制到寄存器的某一位。

(3) H 是半进位标志。半进位标志 H=1 表示算术操作发生了半进位，此标志对于 BCD 运算非常有用。

(4) S 是符号位(S = N ⊕ V)。它是 N(负数标志)与 V(2 的补码溢出标志)的异或值，表示符号。

(5) V 是 2 的补码溢出标志位，支持 2 的补码运算。

(6) N 是负数标志，表明算术或逻辑操作结果为负。

(7) Z 是零标志，表明算术或逻辑操作结果为零。

(8) C 是进位标志，表明算术或逻辑操作发生了进位。

3) 通用寄存器 R0～R31

ATmega64/128 CPU 的通用寄存器 R0～R31 的对应映射地址为 00H～1FH，如表 4-2 所示。

表 4-2　通用寄存器地址分配

寄存器名	对应映射地址	用途	寄存器名	对应映射地址	用途
R0	00H	通用	R1	01H	通用
R2	02H	通用	R3	03H	通用
R4	04H	通用	R5	05H	通用
R6	06H	通用	R7	07H	通用
R8	08H	通用	R9	09H	通用
R10	0AH	通用	R11	0BH	通用
R12	0CH	通用	R13	0DH	通用
R14	0EH	通用	R15	0FH	通用
R16	10H	通用	R17	11H	通用
R18	12H	通用	R19	13H	通用
R20	14H	通用	R21	15H	通用
R22	16H	通用	R23	17H	通用
R24	18H	通用	R25	19H	通用
R26	1AH	X 低字节	R27	1BH	X 高字节
R28	1CH	Y 低字节	R29	1DH	Y 高字节
R30	1EH	Z 低字节	R31	1FH	Z 高字节

表 4-2 中，每个寄存器被分配了一个数据存储器地址，将其直接映射到数据空间的前 32 个地址区。虽然寄存器的物理空间不同于 SRAM，但这种内存分配为访问寄存器带来了极大的方便。另外，X、Y、Z 寄存器分为高字节和低字节，可用做指针寄存器。

大多数指令都可以直接访问所有的寄存器，而且多数指令的执行时间为单个时钟周期。

4) X、Y、Z 寄存器

R26～R31 除了可用做通用寄存器外，还可作为数据空间间接寻址的地址指针。在不同的寻址模式中，这些地址寄存器可以实现固定偏移量、自动加 1 和自动减 1 功能，如表 4-3 所示。

表 4-3 X、Y、Z 寄存器

组成 2 个字节的 X 寄存器	高 8 位(高字节 1BH)	低 8 位(低字节 1AH)
	D15～D8	D7～D0
组成 2 个字节的 Y 寄存器	高 8 位(高字节 1DH)	低 8 位(低字节 1CH)
	D15～D8	D7～D0
组成 2 个字节的 Z 寄存器	高 8 位(高字节 1FH)	低 8 位(低字节 1EH)
	D15～D8	D7～D0

5) 堆栈指针

堆栈指针主要用来保存临时数据、局部变量、中断和子程序的返回地址。堆栈指针总是指向堆栈的顶部(指向数据 SRAM 堆栈区)。要注意 AVR 单片机的堆栈是向下生长的，即当新数据压入堆栈时，堆栈指针的数值将减小。调用子程序和开中断之前必须定义堆栈空间，且堆栈指针必须指向高于 0x60 的地址空间。使用 PUSH 指令将数据压入堆栈时指针减 1。而子程序调用或中断响应时地址指针将减 2。使用 POP 指令将数据弹出堆栈时，堆栈指针加 1。而用 RET 或 RETI 指令从子程序或中断返回时堆栈指针加 2。

AVR 单片机的堆栈指针由 I/O 空间中的两个 8 位寄存器实现(实际使用的位数与具体器件有关)，如表 4-4 所示。

表 4-4 AVR 单片机堆栈寄存器 SP(初始值为 0)

组成 2 个字节的 SP 寄存器	高 8 位 SPH(高字节 3EH)	低 8 位 SPL(低字节 3DH)
	SP15～SP8	SP7～SP0
	每一位可读可写	

4.2 ATmega64/128 的引脚功能与存储器

1. 引脚功能

ATmega64/128 单片机的引脚排列见附录 B 中图 B-20，引脚功能如表 4-5 所示。

表 4-5　ATmega64/128 的引脚功能说明

引脚名称	引脚功能说明
VCC	器件电源端(数字电源)
GND	器件地线端(参考地线)
端口 A (PA7~PA0)	端口 A 是一个内部具有上拉电阻的 8 位双向 I/O 接口。其输出缓冲器具有对称的驱动特性,可以输出和吸收大电流。当作为输入使用时,若内部上拉电阻使能,则端口 A 被外部电路拉低时会输出电流。在复位过程中,当系统时钟还未起振时,则端口 A 已处于高阻状态。端口 A 也可用做其他功能(外部数据总线 D7~D0、低 8 位地址总线 A7~A0)
端口 B (PB7~PB0)	端口 B 是一个内部具有上拉电阻的 8 位双向 I/O 接口。其输出缓冲器具有对称的驱动特性,可以输出和吸收大电流。当作为输入使用时,若内部上拉电阻有效,则端口 B 被外部电路拉低时会输出电流。在复位过程中,当系统时钟还未起振时,端口 B 已处于高阻状态。端口 B 也可用做其他功能(SPI 总线接口、PWM、定时器、计数器等)
端口 C (PC7~PC0)	端口 C 是一个内部具有上拉电阻的 8 位双向 I/O 接口。其输出缓冲器具有对称的驱动特性,可以输出和吸收大电流。当作为输入使用时,若内部上拉电阻有效,则端口 C 被外部电路拉低时会输出电流。在复位过程中,当系统时钟还未起振时,端口 C 已处于高阻状态。端口 C 也可用做其他功能(高 8 位地址总线 A15~A8)
端口 D (PD7~PD0)	端口 D 是一个内部具有上拉电阻的 8 位双向 I/O 接口。其输出缓冲器具有对称的驱动特性,可以输出和吸收大电流。当作为输入使用时,若内部上拉电阻有效,则端口 D 被外部电路拉低时会输出电流。在复位过程中,当系统时钟还未起振时,端口 D 已处于高阻状态。端口 D 也可用做其他功能(外部中断、定时器/计数器、I^2C 接口、串口 1 等)
端口 E (PE7~PE0)	端口 E 是一个内部具有上拉阻的 8 位双向 I/O 接口。其输出缓冲器具有对称的驱动特性,可以输出和吸收大电流。当作为输入使用时,若内部上拉电阻有效,则端口 E 被外部电路拉低时会输出电流。在复位过程中,当系统时钟还未起振时,端口 E 仍处于高阻状态。端口 E 也可用做其他功能(外部中断、计数器、模拟比较器、串口 0 等)
端口 F (PF7~PF0)	端口 F 是 A/D 转换器的模拟输入端。在 A/D 转换器不用时,该端口可作为内部具有上拉电阻的 8 位双向 I/O 接口。其输出缓冲器具有对称的驱动特性,可以输出和吸收大电流。当作为输入使用时,若内部上拉电阻有效,则端口 F 被外部电路拉低时会输出电流。在复位过程中,当系统时钟还未起振时,端口 F 已处于高阻状态。如果 JTAG 接口允许(使能),则 TDI(PF7)、TMS(PF5) 和 TCK(PF4) 复位时被上拉电阻激活。端口 F 也可用做其他功能(A/D 模拟输入、JTAG 接口等)

· 163 ·

引脚名称	引脚功能说明
端口 G (PG4~PG0)	端口 G 为 5 位双向 I/O 口，具有可编程的内部上拉电阻。其输出缓冲器具有对称的驱动特性，可以输出和吸收大电流。作为输入使用时，若内部上拉电阻允许(使能)，则端口 G 被外部电路拉低时将输出电流。复位发生时端口 G 为三态。端口 G 也可以用做其他不同的特殊功能。在 ATmega103 兼容模式下，端口 G 只能作为外部存储器的锁存信号以及 32 kHz 振荡器的输入，并且在复位时这些引脚被初始化为 PG0 = 1，PG1 = 1 以及 PG2 = 0。PG3 和 PG4 是振荡器引脚
RESET	复位输入引脚，低电平有效。持续时间超过最小门限时间的低电平将引起系统复位
XTAL1	振荡器信号输入端(外接晶振或时钟输入)
XTAL2	振荡器信号输出端(外接晶振或悬空)
AVCC	模拟电源输入端(内部 A/D 转换器模拟电源)
AREF	内部 A/D 转换器模拟电源基准输入脚
PEN	SPI 串行下载的使能引脚。在上电复位时保持 PEN 为低电平将使器件进入 SPI 串行下载模式。在正常工作过程中 PEN 引脚没有其他功能

2. ATmega64/128 的存储器

AVR 单片机的结构具有三个主要的存储器空间，即可编程的 Flash 程序存储器空间、数据存储器空间和 E^2PROM 存储器空间。这三个存储器空间都为线性的存储结构。

1) 可编程 Flash 程序存储器

ATmega64 具有 64 KB、ATmega128 具有 128 KB 的在线编程 Flash 存储空间，用于存放程序指令代码。由于所有的 AVR 指令为 16 位或 32 位，故将 Flash 组织成 32 K×16 位 (ATmega64)和 64 K×16 位的形式(ATmega128)。用户程序的安全性要根据 Flash 程序存储器的两个区，即引导(Boot)程序区和应用程序区分开来考虑。

Flash 存储器至少可以擦写 1 万次。ATmega64 的程序计数器(PC)为 16 位，真正的物理地址是 15 位，可寻址 32 K 的程序存储器空间(其大小为 64 KB)；而 ATmega128 的程序计数器(PC)为 16 位，真正的物理地址是 16 位，可寻址 64 K 的程序存储器空间(其大小为 128 KB)。

程序存储器映像如图 4-2 所示。

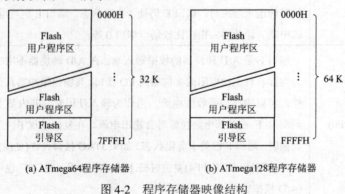

(a) ATmega64程序存储器　　　　(b) ATmega128程序存储器

图 4-2　程序存储器映像结构

ATmega64/128 单片机程序存储器的取指令与执行时序如图 4-3 所示。

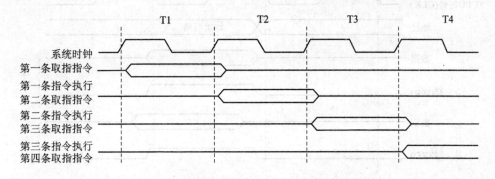

图 4-3　取指令与执行时序

2) SRAM 数据存储器

在通用模式下，ATmega64 和 ATmega128 的数据存储器内部有 4096 字节，在 ATmega103 兼容模式下有 4000 字节。这两种模式均可外扩 SRAM 至 64 KB。两种数据存储器的结构如图 4-4 所示。

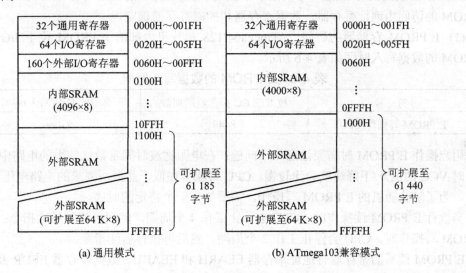

图 4-4　ATmega64/128 的数据存储器结构

数据存储器的寻址方式有 5 种，即直接寻址、带偏移量的间接寻址、间接寻址、带预减量的间接寻址和带后增量的间接寻址。寄存器 R26～R31 为间接寻址的指针寄存器，直接寻址范围可达整个数据区。

带偏移量的间接寻址方式能够寻址到由寄存器 Y 和 Z 给定的基址附近的 63 个地址。在带预减量和后增量的间接寻址方式下，寄存器 X、Y 和 Z 自动增加或减少。ATmega64/128 的全部 32 个通用寄存器、64 个 I/O 寄存器及内部数据 SRAM 可以通过所有上述的寻址方式进行访问。数据 SRAM 的访问时序(周期)如图 4-5 所示。

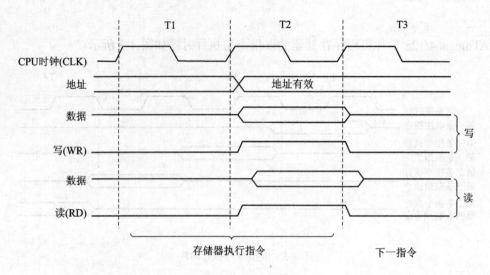

图 4-5　数据存储器的访问时序

3) E²PROM 数据存储器

ATmega64 和 ATmega128 分别包含 2 KB 和 4 KB 的 E²PROM 数据存储器。它是作为一个独立的数据空间而存在的，可以按字节读写。E²PROM 的使用寿命至少为 10 万次。E²PROM 的访问由地址寄存器、数据寄存器和控制寄存器确定。

(1) E²PROM 存储器的访问。ATmega64/128 单片机内部的 E²PROM 位于 I/O 空间。E²PROM 的数据写入时间如表 4-6 所示。

表 4-6　E²PROM 的数据写入时间

符　号	校准的 RC 振荡器周期数	典型的编程(写入)时间
E²PROM 写操作(CPU)	8448	8.4 ms

用户操作 E²PROM 时需要注意如下问题：在电源滤波时间常数比较大的电路中，上电/下电时 VCC 的上升/下降速度会比较慢，CPU 可能会在低于晶振所要求的电路电压下工作。此时，为了防止随机的 E²PROM 写操作，需要执行一个特定的时序。

当执行 E²PROM 读操作时，CPU 会停止工作 4 个周期，然后再执行后续指令；当执行 E²PROM 写操作时，CPU 会停止工作 2 个周期，然后再执行后续指令。

E²PROM 读写的寄存器有地址寄存器 EEARH 和 EEARL、数据寄存器 EEDR 及控制寄存器 EECR。

(2) E²PROM 地址寄存器 EEARH 和 EEARL。ATmega64 E²PROM 的地址为 11 位 (EEAR10~EEAR0)，ATmega128 E²PROM 的地址为 12 位(EEAR11~EEAR0)。该地址寄存器的相关信息如表 4-7 所示。

表 4-7　ATmega64/128 E²PROM 地址寄存器

低位	D7	D6	D5	D4	D3	D2	D1	D0
EEARL	EEAR7	EEAR6	EEAR5	EEAR4	EEAR3	EEAR2	EEAR1	EEAR0
高位	D15	D14	D13	D12	D11	D10	D9	D8
EEARH	—	—	—	—	EEAR11	EEAR10	EEAR9	EEAR8

在表 4-7 中，各位的含义为：

① D7～D0 位是 E^2PROM 低 8 位(A7～A0)地址。

② D11～D8 位是 E^2PROM 高 4 位(A11～A8)地址，其中 EEAR11(A11)只对 ATmega128 有效。

③ "–" 是保留位。

如果器件是 ATmega64，则其 E^2PROM 地址为 11 位，寻址空间大小为 2 KB。如果器件是 ATmega128，则其 E^2PROM 地址为 12 位，寻址空间大小为 4 KB。EEAR 的初始值没有定义。在访问 E^2PROM 之前，必须为其赋予正确的地址。

(3) E^2PROM 数据寄存器 EEDR。E^2PROM 数据寄存器的格式如表 4-8 所示，它是 8 位 E^2PROM 数据，可读可写。

表 4-8　数据寄存器(EEDR)格式

D7	D6	D5	D4	D3	D2	D1	D0
R/W	R/W	R/W	R/W	R/W	R/W	R/W	R/W

对于 E^2PROM 写操作，EEDR 是需要写到地址 EEAR 单元的数据；对于读操作，EEDR 是从地址 EEAR 读取的数据。

(4) E^2PROM 控制寄存器 EECR。E^2PROM 控制寄存器的格式如表 4-9 所示。

表 4-9　控制寄存器(EECR)格式

D7	D6	D5	D4	D3	D2	D1	D0
—	—	—	—	EERIE	EEMWE	EEWE	EERE

在表 4-9 中，各位的含义为：

① D7～D4 是保留位。读操作返回值为零。

② EERIE 是 E^2PROM 的准备好中断使能位。若 SREG 的 I 为 1，则置位 EERIE，并允许 E^2PROM 中断。若 EERIE 位清 0，则禁止此中断。

③ EEMWE 是 E^2PROM 主机写使能位。EEMWE 决定了 EEWE 置位是否可以启动 E^2PROM 写操作。当 EEMWE 为 1 时，在 4 个时钟周期内置位 EEWE，并将数据写入 E^2PROM 的指定地址。若 EEMWE 为 0，则操作 EEWE 不起作用。EEMWE 置位后 4 个周期，硬件对其清 0。

④ EEWE 是 E^2PROM 写操作使能信号位。当 E^2PROM 数据和地址设置好之后，需置位 EEWE 以便将数据写入 E^2PROM。此时 EEMWE 必须置位，否则 E^2PROM 写操作将不会发生。

E^2PROM 的写时序过程如下：

● 等待 EEWE 位变为 0。

● 等待 SPMCSR 中的 SPMEN 位变为 0。

● 将新的 E^2PROM 地址写入 EEAR(可选)。

● 将新的 E^2PROM 数据写入 EEDR(可选)。

● 对 EECR 寄存器的 EEMWE 写 1，同时将 EEWE 清 0。

● 在置位 EEMWE 的 4 个周期内，置位 EEWE。

注意，在 CPU 写 Flash 存储器的时候不能对 E^2PROM 进行编程。在启动 E^2PROM 写操作之前软件必须检查 Flash 写操作是否已经完成。等待 SPMCSR 中的 SPMEN 位变为 0 这一步骤仅在软件包含引导程序并允许 CPU 对 Flash 进行编程时才有用。如果 CPU 永远不会写 Flash，则该步骤可省略。

如果在后两个步骤之间发生了中断，写操作将失败，因为此时 E^2PROM 的写使能操作将超时。如果一个操作 E^2PROM 的中断打断了另一个 E^2PROM 操作，那么 EEAR 或 EEDR 寄存器可能被修改，从而使 E^2PROM 操作失败。建议此时关闭全局中断标志 I。

经过写访问之后，EEWE 硬件清 0。用户可以凭借这一位判断写时序是否已经完成。EEWE 置位后，CPU 要停止两个时钟周期，之后才会运行下一条指令。

⑤ EERE 是 E^2PROM 读使能信号位。当 E^2PROM 地址设置好之后，需置位 EERE 以便将数据读入 EEAR。E^2PROM 数据的读取只需要一条指令，且无需等待。读取 E^2PROM 后，CPU 要停止 4 个周期，之后才可以执行下一条指令。

用户在读取 E^2PROM 时应该检测 EEWE 位。如果一个写操作正在进行，就无法读取 E^2PROM，也无法改变寄存器的 EEAR。

下面是用 C 代码实现的 E^2PROM 写操作函数和读操作函数。

```
void EEPROM_write(unsigned int uiAddress, unsigned char ucData)     /*写函数*/
{
        while(EECR & (1<<EEWE));                    /*等待写完成*/
        EEAR = uiAddress;                           /*设置地址和数据寄存器*/
        EEDR = ucData;
        EECR |= (1<<EEMWE);                         /*写入 E²PROM 数据*/
        EECR |= (1<<EEWE);                          /*开始写入数据*/
}
unsigned char EEPROM_read(unsigned int uiAddress)   /*读函数*/
{
        while(EECR & (1<<EEWE));                    /*等待写完成*/
        EEAR = uiAddress;                           /*设置地址寄存器*/
        EECR |= (1<<EERE);                          /*写 EERE 启动 E²PROM 读*/
        return EEDR;                                /*返回数据*/
}
```

4.3 ATmega64/128 的系统管理

4.3.1 时钟系统与复位

1. 时钟系统

AVR 单片机的时钟系统框图如图 4-6 所示。

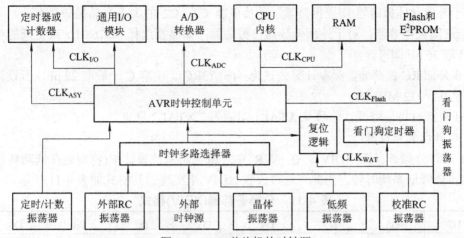

图 4-6 AVR 单片机的时钟源

由图 4-6 可知，AVR 单片机的时钟信号有 CPU 时钟(CLK_{CPU})、I/O 模块时钟($CLK_{I/O}$)、Flash 时钟(CLK_{Flash})、A/D 转换器时钟(CLK_{ADC})、定时器/计数器时钟(CLK_{ASY})等。信号源有定时/计数振荡器、外部 RC 振荡器、外部时钟源、晶体振荡器、低频振荡器和校准 RC 振荡器等。

1) 时钟源的选择

AVR 单片机的时钟源是通过 Flash 熔丝位来选择的，如表 4-10 所示。

表 4-10 时钟源的选择

时 钟 源	CKSEL3~0(对应熔丝位为 0 将被编程)
外部晶体振荡器/陶瓷振荡器	1111~1010
外部低频水晶振荡器	1001
外部 RC 振荡器	1000~0101
内部 RC 校准振荡器	0100~0001
外部时钟源	0000

缺省的振荡器默认为内部 RC 振荡器(CKSEL3~0=0001)。

2) 时钟电路

外部晶体振荡器/陶瓷振荡器电路、外部 RC 振荡器电路和外接时钟信号源电路如图 4-7 所示。

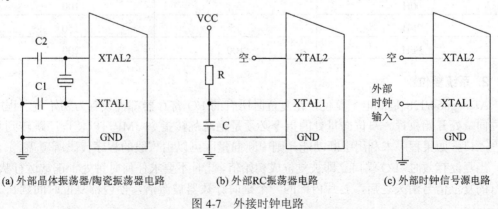

(a) 外部晶体振荡器/陶瓷振荡器电路　　(b) 外部RC振荡器电路　　(c) 外部时钟信号源电路

图 4-7 外接时钟电路

对于外部晶体振荡器/陶瓷振荡器，外接电容 C1、C2 的大小与晶振频率有关，一般为 12～22 pF 陶瓷电容器。对于外部低频晶体振荡器，如晶振选择 32 768 Hz 或更低的频率，C1、C2 取 36 pF 即可。

对于外部 RC 振荡器，频率计算公式为：f=1/(3RC)。电容 C 一般取 22 pF。所设计的频率范围是 0.1～12 MHz。

对于外部时钟信号源，信号从 XTAL1 端输入，XTAL2 悬空。

3) 时钟设置寄存器

(1) 时钟分频寄存器(XDIV)。在 AVR 单片机应用系统设计中(特别是在低功耗设计方面)，经常要降低系统时钟，为此可通过设置 XDIV 来实现。其格式如表 4-11 所示。

表 4-11　分频寄存器(XDIV)格式

D7	D6	D5	D4	D3	D2	D1	D0
XDIVEN	XDIV6	XDIV5	XDIV4	XDIV3	XDIV2	XDIV1	XDIV0

表 4-11 中各位的含义为：

① XDIVEN 是分频使能位。只有当该位为 1 时，才允许对 CLK_{CPU}、$CLK_{I/O}$、CLK_{Flash}、CLK_{ADC}、CLK_{ASY} 等时钟分频。

② XDIV6～XDIV0 是分频系数。如果用 d 表示"XDIV6～XDIV0"这 7 位二进制数，则分频后的频率 f_{CLK} 为：

$$f_{CLK} = \frac{时钟源频率}{129-d}$$

(2) 内部 RC 振荡器校准频率寄存器(OSCCAL)。内部 RC 振荡器校准频率寄存器的格式如表 4-12 所示。

表 4-12　内部 RC 振荡器校准频率寄存器(OSCCAL)格式

D7	D6	D5	D4	D3	D2	D1	D0
CAL7	CAL6	CAL5	CAL4	CAL3	CAL2	CAL1	CAL0

其中，CAL7～CAL0 是内部 RC 振荡器校准值，其频率范围(1～8 MHz)见表 4-13。

表 4-13　内部振荡器校准频率范围

OSCCAL(CAL7～CAL0)设置值	正常频率的最小百分比/(%)	正常频率的最大百分比/(%)
00H	50	100
7FH	75	150
FFH	100	200

2. 系统复位

ATmega64/128 是低电平复位，在复位时所有的 I/O 寄存器都被设置为初始值，程序从复位向量处开始执行。复位向量处的指令必须是绝对跳转指令 JMP，以使程序跳转到复位处理入口。如果程序未利用中断功能，则中断向量区可以由一般的程序代码所覆盖。

当复位有效时，I/O 端口立即被复位成初始值，此时不要求任何时钟处于正常运行状态。所有的复位信号消失之后，芯片内部的一个延时计数器被激活，使内部复位时间延长。这种处理方式可使 MCU 在正常工作之前有一定的时间让电源达到稳定的电平。延时计数器的溢出时间通过熔丝位 CKSEL 设定。

ATmega64/128 有 5 个复位源，分别是：

(1) 上电复位。电源电压低于上电复位门限 VPOT 时，MCU 复位。

(2) 外部复位。引脚 RESET 上低电平持续的时间大于最小脉冲宽度时 MCU 复位。

(3) 看门狗复位。看门狗使能且看门狗定时器溢出时复位。

(4) 掉电检测复位。掉电检测复位功能允许且电源电压低于掉电检测复位门限 VBOT 时 MCU 复位。

(5) JTAG AVR 复位。复位寄存器为逻辑 1 时 MCU 复位。

AVR 单片机的复位时序如图 4-8 所示。其中，图(a)是上电复位时序；图(b)是外部电路复位时序；图(c)是自动检测电源复位时序；图(d)是看门狗定时器引起的复位时序。

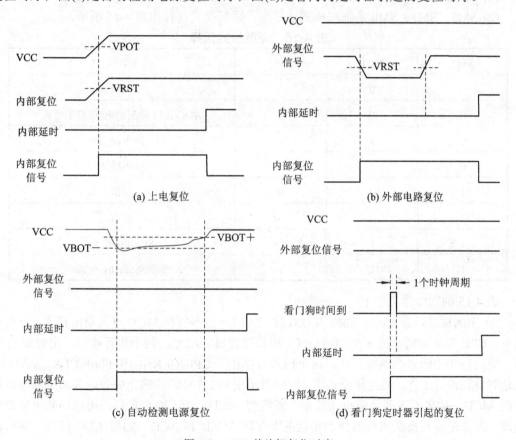

图 4-8　AVR 单片机复位时序

4.3.2　电源管理与睡眠模式

低功耗是 AVR 系列单片机的显著特点之一，这是由于 AVR 单片机有多种睡眠模式可供用户根据实际需要进行选择。其中最为常见的有空闲模式、省电模式和掉电模式等。

睡眠模式可以使用应用程序关闭 MCU 中没有使用的模块，从而降低功耗。进入睡眠模式的条件是置位寄存器 MCUCR 的 SE，然后执行 SLEEP 指令。使能(允许)的中断可以将进入睡眠模式的 MCU 唤醒。经过启动时间外加 4 个时钟周期后，MCU 就可以运行中断程序了，然后返回到 SLEEP 的下一条指令。唤醒时不会改变寄存器和 SRAM 的内容。如果在睡眠过程中发生了复位，则 MCU 唤醒后从复位向量开始执行。

这几种模式都可以通过电源管理控制寄存器 MCUCR 设置完成。MCUCR 的格式如表 4-14 所示。

表 4-14　电源管理寄存器 MCUCR 的格式

D7	D6	D5	D4	D3	D2	D1	D0
SRE	SRW10	SE	SM1	SM0	SM2	IVSEL	IVCE

表 4-14 中各位的含义为：

(1) SE 是睡眠使能位。

(2) SM2、SM1、SM0 是睡眠模式选择位。睡眠模式选择如表 4-15 所示。

表 4-15　睡眠模式选择

SM2	SM1	SM0	睡 眠 模 式
0	0	0	空闲模式
0	0	1	ADC(A/D 转换器)噪声抑制模式
0	1	0	掉电模式
0	1	1	省电模式
1	0	0	保留
1	0	1	保留
1	1	0	Standby 模式
1	1	1	扩展 Standby 模式

表 4-15 的详细含义如下：

① 空闲模式。当 SM2～SM0 为 000 时，SLEEP 指令将使 MCU 进入空闲模式。在此模式下，CPU 停止运行，而 SPI、USART、模拟比较器、ADC、两个串行接口、定时器/计数器、看门狗和中断系统继续工作。这个模式只停止了 CPU(CLK$_{CPU}$)和 Flash(CLK$_{Flash}$)时钟，其他时钟则继续工作。在这种模式下，定时器溢出与 USART 传输完成等内外部中断都可以唤醒 MCU。如果不需要从模拟比较器中断唤醒 MCU，为了减少功耗，可以切断比较器的电源。方法是设置模式比较器控制和状态寄存器 ACSR 和 ACD。如果 ADC 使能，进入此模式后将自动启动一次转换。

在空闲模式下，单片机工作在 4 MHz、3 V 条件下时，耗电仅为 1.2 mA 左右。

② 省电模式。当 SM2～SM0 为 011 时，SLEEP 指令将使 MCU 进入省电模式。这一模式与掉电模式只有一点不同：如果定时器/计数器 2 为异步驱动，即寄存器 ASSR 的 AS2 置位，则定时器/计数器 2 在睡眠时继续运行。除了掉电模式的唤醒方式外，定时器/计数器 2 的溢出中断和比较匹配中断也可以将 MCU 从睡眠模式唤醒，只要 TIMSK 允许(使能)了这些中断，而且 SREG 的全局中断使能位 I 置位。只要异步定时器不是异步驱动的，建议使用

掉电模式，而不是省电模式。因为在省电模式下，若 AS2 为 0，则 MCU 唤醒后，异步定时器的寄存器数值是没有定义的。这个睡眠模式停止了除 CLK$_{ASY}$ 以外的所有时钟，只有异步模式可以继续工作。

在省电模式下，单片机工作在 4 MHz、3 V 条件下时，如 WDT 使能，则耗电典型值小于 25 μA；如 WDT 禁止，则耗电典型值小于 1 μA。

③ 掉电模式。当 SM2～SM0 为 010 时，SLEEP 指令将使 MCU 进入掉电模式。在此模式下，外部晶体停振，而外部中断、两线接口及看门狗(如果打开时)继续工作。只有外部复位、看门狗复位、BOD 复位、两线接口中断、外部电平中断(INT0、INT1、INT2)可以使 MCU 脱离掉电模式。在该模式下，因停止了所有的时钟，所以只有异步模块可以继续工作。

因为从施加掉电唤醒条件到真正唤醒有一定的延时(此时间用于时钟重新稳定启动)，所以，当使用外部电平中断方式将 MCU 从掉电模式唤醒时，外部电平必须维持一定的时间，以保证可靠工作。

在掉电模式下，单片机工作在 4 MHz、3 V 条件下时，如 WDT 使能，则耗电大约为 25 μA 左右；若 WDT 禁止，则耗电小于 1 μA。

(3) IVSEL 是中断矢量选择位。当 IVSEL 被清 0 时中断矢量为 Flash 存储器区，当 IVSEL 被置位时中断矢量为 Flash 的引导区。

(4) IVCE 是中断矢量改变使能位。如果要改变 IVSEL，必须置 IVCE=1。IVCE 是通过硬件清除的。

SRE 和 SRW10 的含义将在 4.5.2 节介绍。

4.4 ATmega64/128 的中断系统

4.4.1 中断向量

ATmega64/128 有三十多个不同的中断源，每个中断和复位在程序空间都有一个独立的中断向量。所有的中断事件都有自己的使能位。当使能位置位且状态寄存器的全局中断使能位 I 也置位时，中断可以发生。根据不同的程序计数器 PC 值，在引导锁定位 BLB02 或 BLB12 被编程的情况下，中断可自动禁止。这个特性提高了软件的安全性。

程序存储区的最低位为复位向量和中断向量，完整的向量如表 4-16 所示。表中的向量位置也决定了不同中断的优先级。向量所在的地址越低，优先级越高。RESET 具有最高的优先级，第二个为 INT0，即外部中断请求 0。通过置位通用中断控制寄存器(GICR)的 IVSEL，中断向量可以移至 Flash 引导区的起始处。任一中断发生时，全局中断使能位 I 被清 0，从而禁止所有其他的中断。用户软件可以在中断程序里置位 I 来实现中断嵌套。此时所有的中断都可以中断当前的中断服务程序。执行 RETI 指令后，I 自动置位。

表 4-16 ATmega64/128 的复位和中断向量

向量号	程序地址	中 断 源	说 明
1	0x0000	RESET	外部引脚、上电、掉电检测、看门狗和 JTAG AVR
2	0x0002	INT0	外部中断请求 0
3	0x0004	INT1	外部中断请求 1
4	0x0006	INT2	外部中断请求 2
5	0x0008	INT3	外部中断请求 3
6	0x000A	INT4	外部中断请求 4
7	0x000C	INT5	外部中断请求 5
8	0x000E	INT6	外部中断请求 6
9	0x0010	INT7	外部中断请求 7
10	0x0012	TIMER2 COMP	定时器/计数器 2 比较匹配
11	0x0014	TIMER2 OVF	定时器/计数器 2 溢出
12	0x0016	TIMER1 CAPT	定时器/计数器 1 事件捕捉
13	0x0018	TIMER1 COMPA	定时器/计数器 1 比较匹配 A
14	0x001A	TIMER1 COMPB	定时器/计数器 1 比较匹配 B
15	0x001C	TIMER1 OVF	定时器/计数器 1 溢出
16	0x001E	TIMER0 COMP	定时器/计数器 0 比较匹配
17	0x0020	TIMER0 OVF	定时器/计数器 0 溢出
18	0x0022	SPI, STC	SPI 串行传输完成
19	0x0024	USART0, RX	USART0，Rx 完成
20	0x0026	USART0, UDRE	USART0 数据寄存器空
21	0x0028	USART0, TX	USART0，Tx 完成
22	0x002A	ADC	ADC 转换完成
23	0x002C	EE READY	E^2PROM 准备好(就绪)
24	0x002E	ANALOG COMP	模拟比较器
25	0x0030	TIMER1 COMPC	定时器/计数器 1 比较匹配 C
26	0x0032	TIMER3 CAPT	定时器/计数器 3 事件捕捉
27	0x0034	TIMER3 COMPA	定时器/计数器 3 比较匹配 A
28	0x0036	TIMER3 COMPB	定时器/计数器 3 比较匹配 B
29	0x0038	TIMER3 COMPC	定时器/计数器 3 比较匹配 C
30	0x003A	TIMER3 OVF	定时器/计数器 3 溢出
31	0x003C	USART1,RX	USART1，Rx 完成
32	0x003E	USART1,UDRE	USART1 数据寄存器空
33	0x0040	USART1,Tx	USART1，Tx 完成
34	0x0042	TWI	二线串行接口
35	0x0044	SPM READY	保存程序寄存器内容就绪

4.4.2 中断资源描述

1. 中断类型

AVR 单片机有两种类型的中断。第一种由事件触发并置位中断标志。对于这些中断，程序计数器跳转到实际的中断向量以执行中断服务程序，同时硬件将清除相应的中断标志。中断标志也可以通过对其写"1"来清除。当中断发生后，如果相应的中断使能位为"0"，则中断标志位置位，并一直保持到中断执行或者被软件清除。类似地，如果全局中断标志被清 0，则所有已发生的中断都不会被执行，直到 I 置位，然后被挂起的各个中断按中断优先级依次执行。第二种类型的中断则是只要中断条件满足，就会一直触发。这些中断不需要中断标志。若中断条件在中断使能之前就消失了，则中断不会被触发。

AVR 单片机退出中断后总是回到主程序并执行一条指令才可以去执行其他被挂起的中断。进入中断时状态寄存器不会自动保存，中断返回时也不会自动恢复。这些工作必须由软件来完成。

2. 中断响应和返回时间

AVR 单片机中断响应时间最少为 4 个时钟周期。4 个时钟周期后，程序跳转到实际的中断处理入口。在这 4 个时钟周期期间，PC 自动入栈。在通常情况下，中断向量为一个跳转指令，此跳转要花 3 个时钟周期。如果中断在一个多周期指令执行期间发生，则在此多周期指令执行完后，MCU 才会执行中断程序。若中断发生时 MCU 处于睡眠模式，中断响应时间会增加到 8 个时钟周期。增加的时钟周期是由唤醒启动时间引入的。

中断返回亦需 4 个时钟。在此期间 PC(两个字节) 将被弹出栈，堆栈指针加二，状态寄存器 SREG 的 I 置位。

3. 外部中断说明

外部中断通过引脚 INT7～INT0 触发。只要开放(使能)了中断，即使引脚 INT7～INT0 配置为输出，当电平发生了合适的变化后，中断也会触发。这个特点可以用来产生软件中断。通过设置外部中断控制寄存器 EICRA(INT3～INT0)和 EICRB (INT7～INT4)，中断可以由下降沿、上升沿或者是低电平触发。当外部中断使能并且配置为电平触发时，只要引脚电平为低，中断就会产生。若要求 INT7～INT4 在信号下降沿或上升沿触发，I/O 时钟必须工作(见 4.3.1 节)。INT3～INT0 的中断条件检测则是异步的。也就是说，这些中断可以用来将器件从睡眠模式唤醒。在睡眠过程(除了空闲模式) 中 I/O 时钟是停止的。

通过电平方式触发中断，从而将 MCU 从掉电模式唤醒时，要保证电平保持一定的时间，以降低 MCU 对噪声的敏感程度。

只要在采样过程中出现了合适的电平，或是信号持续到启动过程的末尾，MCU 就会被唤醒。启动过程由熔丝位 SUT 决定。若信号出现在两次采样过程中，但在启动过程结束之前就消失了，则 MCU 仍将被唤醒，但不再会引发新的中断(电平必须保持足够长的时间以使 MCU 结束唤醒过程，然后触发电平中断)。

4. 中断寄存器描述

1) 外部中断控制寄存器 EICRA

外部中断控制寄存器 EICRA 的格式如表 4-17 所示。在 ATmega103 兼容模式下不能访问这个寄存器。INT3～INT0 的初始值定义为低电平中断。

表 4-17　外部中断控制寄存器 EICRA

D7	D6	D5	D4	D3	D2	D1	D0
ISC31	ISC30	ISC21	ISC20	ISC11	ISC10	ISC01	ISC00

表 4-17 中，ISC31～ISC00 的各位是外部中断 3～0 触发方式控制位。其中，外部中断 3～0 由引脚 INT3～INT0 激活，如果 SREG 寄存器的 I 标志和 EIMSK 寄存器相应的中断屏蔽位置位，则触发方式如表 4-18 所示。INT3～INT0 的边沿触发方式是异步的。

只要 INT3～INT0 引脚上产生的脉冲宽度大于 50 ns 就会引发中断。若选择了低电平中断，低电平必须保持到当前指令完成，然后才会产生中断。而且只要将引脚拉低，就会引发中断请求。改变 ISCn 时有可能发生中断，因此首先应清除寄存器(EIMSK)中相应的中断使能位 INTn，然后再改变 ISCn。最后，不要忘记在重新允许中断之前要对 EIFR 寄存器的相应中断标志位 INTFn 写"1"，使其清 0。

表 4-18　中断触发方式控制

ISC01/11/21/31	ISC00/10/20/30	说　明
0	0	INT0/1/2/3为低电平时产生中断请求
0	1	保留
1	0	INT0/1/2/3的下降沿产生异步中断请求
1	1	INT0/1/2/3的上升沿产生异步中断请求

2) 外部中断控制寄存器 EICRB

外部中断控制寄存器 EICRB 的格式如表 4-19 所示。

表 4-19　外部中断控制寄存器 EICRB

D7	D6	D5	D4	D3	D2	D1	D0
ISC71	ISC70	ISC61	ISC60	ISC51	ISC50	ISC41	ISC40

表 4-19 中，ISC71～ISC40 的各位是外部中断 7～4 触发方式控制位。其中，外部中断 7～4 由引脚 INT7～INT4 激活。如果 SREG 寄存器的 I 标志和 EIMSK 寄存器相应的中断屏蔽位置位，则触发方式如表 4-20 所示。检测信号跳变沿之前 MCU 首先对 INT7～INT4 引脚进行采样。如果选择了跳变沿中断或是电平变换中断(上升沿和下降沿都将产生中断)，只要信号持续时间大于一个时钟周期，中断就会发生；否则无法保证触发中断。由于时钟分频器的存在，CPU 时钟有可能比晶振时钟慢。若选择了低电平中断，低电平必须保持到当前指令完成后才会产生中断，而且只要将引脚拉低，就会引发中断请求。

表 4-20　中断触发方式控制

ISC71/61/51/41	ISC70/60/50/40	说　明
0	0	INT7/6/5/4为低电平时产生中断请求
0	1	INT7/6/5/4引脚上任意的逻辑电平变换都将引发中断
1	0	两次采样中若引脚上产生了下降沿就会产生中断请求
1	1	两次采样中若引脚上产生了上升沿就会产生中断请求

改变 ISC71/61/51/41 或 ISC70/60/50/40 时一定要先通过清寄存器 EIMSK 的中断使能位来禁止中断，否则在改变 ISC71/61/51/41 或 ISC70/60/50/40 的过程中可能发生中断。

3）外部中断屏蔽寄存器 EIMSK

外部中断屏蔽寄存器 EIMSK 的格式如表 4-21 所示。

表 4-21　外部中断屏蔽寄存器 EIMSK

D7	D6	D5	D4	D3	D2	D1	D0
INT7	INT6	INT5	INT4	INT3	INT2	INT1	INT0

表 4-21 中，INT7～INT0 的各位是外部中断请求使能位。当 INT7～INT0 为“1”且状态寄存器 SREG 的标志 I 置位时，相应的外部引脚中断就允许(使能)了。外部中断控制寄存器 EICRA 和 EICRB 的中断触发方式控制位决定中断是由上升沿、下降沿还是电平触发的。只要使能，即使引脚被配置为输出，当引脚电平发生了相应的变化后，中断也将产生，由此可实现软件中断。

4）外部中断标志寄存器 EIFR

外部中断标志寄存器 EIFR 的格式如表 4-22 所示。

表 4-22　外部中断标志寄存器 EIER

D7	D6	D5	D4	D3	D2	D1	D0
INTF7	INTF6	INTF5	INTF4	INTF3	INTF2	INTF1	INTF0

表 4-22 中，INTF7～INTF0 的各位是外部中断标志 7～0 位。当 INT7～INT0 引脚电平发生跳变时触发中断请求，并置相应的中断标志 INTF7～INTF0。如果 SREG 的位 I 以及 EIMSK 寄存器相应的中断使能位为“1”，MCU 将跳转到中断服务程序。中断服务程序执行时标志被硬件清 0。此外，标志位也可以通过写入“1”的方式来清除。若 INT7～INT0 配置为电平触发，则这些标志位总为“0”。在睡眠模式下，如果中断是禁止的，则这些引脚的输入缓冲器也是禁止的。这有可能产生逻辑电平的变化并置位 INTF3～INTF0。

4.4.3　复位和中断向量位置的确定

表 4-23 给出了不同的 BOOTRST/IVSEL 设置下的复位和中断向量的位置。如果程序永远不允许中断，中断向量就没有意义，用户可以在此直接写程序。同样，如果复位向量位于应用区，而其他中断向量位于 Boot 区，则复位向量之后可以直接写程序。反过来亦是如此。

表 4-23　复位和中断向量位置的确定

BOOTRST	IVSEL	复位地址	中断向量起始地址
1	0	0000H	0002H
1	1	0000H	Boot 区复位地址 + 0002H
0	0	Boot 区复位地址	0002H
0	1	Boot 区复位地址	Boot 区复位地址+ 0002H

注：对于熔丝位 BOOTRST，“1”表示未编程，“0”表示已编程。

ATmega64/128 典型的复位和中断设置地址符号代码说明如下：

地址	符号	代码	说明
0000H	jmp	RESET	; 复位入口
0002H	jmp	EXT_INT0	; IRQ0 中断向量
0004H	jmp	EXT_INT1	; IRQ1 中断向量
0006H	jmp	EXT_INT2	; IRQ2 中断向量
0008H	jmp	EXT_INT3	; IRQ3 中断向量
000AH	jmp	EXT_INT4	; IRQ4 中断向量
000CH	jmp	EXT_INT5	; IRQ5 中断向量
000EH	jmp	EXT_INT6	; IRQ6 中断向量
0010H	jmp	EXT_INT7	; IRQ7 中断向量
0012H	jmp	TIM2_COMP	; 定时器 2 比较向量
0014H	jmp	TIM2_OVF	; 定时器 2 溢出向量
0016H	jmp	TIM1_CAPT	; 定时器 1 捕捉向量
0018H	jmp	TIM1_COMPA	; 定时器 1 比较 A 向量
001AH	jmp	TIM1_COMPB	; 定时器 1 比较 B 向量
001CH	jmp	TIM1_OVF	; 定时器 1 溢出向量
001EH	jmp	TIM0_COMP	; 定时器 0 比较向量
0020H	jmp	TIM0_OVF	; 定时器 0 溢出向量
0022H	jmp	SPI_STC	; SPI 传输结束向量
0024H	jmp	USART0_RXC	; USART0 接收结束向量
0026H	jmp	USART0_DRE	; USART0，UDR 空向量
0028H	jmp	USART0_TXC	; USART0 发送结束向量
002AH	jmp	ADC_ZH	; ADC 转换结束向量
002CH	jmp	EE_RDY	; E²PROM 就绪向量
002EH	jmp	ANA_COMP	; 模拟比较器向量
0030H	jmp	TIM1_COMPC	; 定时器 1 比较 C 向量
0032H	jmp	TIM3_CAPT	; 定时器 3 捕捉向量
0034H	jmp	TIM3_COMPA	; 定时器 3 比较 A 向量
0036H	jmp	TIM3_COMPB	; 定时器 3 比较 B 向量
0038H	jmp	TIM3_COMPC	; 定时器 3 比较 C 向量
003AH	jmp	TIM3_OVF	; 定时器 3 溢出向量
003CH	jmp	USART1_RXC	; USART1 接收结束向量
003EH	jmp	USART1_DRE	; USART1，UDR 空向量
0040H	jmp	USART1_TXC	; USART1 发送结束向量
0042H	jmp	TWI	; 两线串行接口中断向量
0044H	jmp	SPM_RDY	; SPM 就绪向量

```
;
0046H RESET: ldir16, high(RAMEND)        ; 主程序
0047H        out SPH,r16                 ; 设置堆栈指针为 RAM 的顶部
```

0048H	ldi r16，low(RAMEND)	
0049H	out SPL，r16	
004AH	sei	；使能中断

⋮

由于 AVR 的指令执行速度比较快，另外在中断服务程序中如果再有中断嵌套，则处理相对复杂，因此在一般应用中，用户在编写程序时应尽量让中断服务程序短小简洁，尽量不使用中断嵌套，而利用 AVR 的指令速度优势来处理其他中断问题。

另外，MCU 控制寄存器 MCUCR(见表 4-14)中的 IVSEL 位(中断向量选择)规定：当 IVSEL=0 时，中断向量位于 Flash 存储器的起始地址；当 IVSEL=1 时，中断向量转移到 Boot 区的起始地址。

4.5 ATmega64/128 的 I/O 端口与外围接口

4.5.1 ATmega64/128 的 I/O 端口

1. 通用 I/O 端口

ATmega64/128 单片机的 I/O 端口功能强大。作为通用数字 I/O 使用时，所有 I/O 端口都具有真正的读—修改—写功能。这意味着用 SBI 或 CBI 指令可以改变某些管脚的方向(或者是端口电平、禁止使能上拉电阻)。输出缓冲器具有对称的驱动能力，可以输出或吸收大电流(直接驱动 LED)。所有的端口引脚都具有与电压无关的上拉电阻，并有与 VCC 相连的保护二极管电路。

每个端口都有三个 I/O 口寄存器，即数据寄存器 PORTx、数据方向寄存器 DDRx 和端口输入引脚寄存器 PINx。数据寄存器和数据方向寄存器为读/写寄存器，而端口输入引脚为只读寄存器。

AVR 单片机的多数 I/O 端口具有复用功能，即常说的第二功能。使能某些端口引脚的第二功能不会影响其他属于同一端口的引脚用于数字 I/O 功能。

在使用 I/O 端口时，要对端口引脚进行相关配置。DDxn 是引脚方向 DDRx 寄存器的选择位(用来选择引脚的方向)。当 DDxn 某位写为 1 时，则相应的 Pxn 引脚被配置为输出；当 DDxn 某位写为 0 时，相应的 Pxn 引脚被配置为输入。当引脚配置为输入时，若 PORTxn 被写为 1，上拉电阻将被激活(使能)。如果需要关闭这个上拉电阻，可以将 PORTxn 位清 0，或者将这个引脚配置为输出。复位时(即使此时并没有时钟)各引脚为高阻态。当引脚配置为输出时，若 PORTxn 为 1，则引脚输出高电平"1"，否则输出低电平"0"。在高阻态(三态)(DDxn，PORTxn=00)和输出高电平(DDxn，PORTxn=11)两种状态之间进行切换时，上拉电阻使能(DDxn,PORTxn=01)或输出低电平(DDxn,PORTxn=10)这两种模式必然会有一个发生。通常，上拉电阻使能是完全可以用的，因为高阻环境可以是高电平输出或上拉输出。如果不这样用，可以关闭端口的上拉电阻。端口引脚配置如表 4-24 所示。

表 4-24 端口引脚配置

DDxn	PORTxn	PUD(在 SFIOR 中的位)	I/O 端口	上拉电阻	说 明
0	0	x	输入	无	三态(高阻态)
0	1	0	输入	有	被外部电路拉低时将输出电流
0	1	1	输入	无	三态(高阻态)
1	0	x	输出	无	输出低电平(吸收电流)
1	1	x	输出	无	输出高电平(输出电流)

不论如何配置 DDxn，都可以通过读取 PINxn 寄存器来获得引脚电平。

对未使用的引脚可以赋予一个确定电平。虽然在深层休眠模式下大多数数字输入被禁用，但还是需要避免因引脚没有确定的电平而造成悬空，以至于在其他数字输入使能模式(复位、工作模式、空闲模式)下消耗电流。

保证未用引脚具有确定电平的最简单的方法是使能内部上拉电阻。但因复位时上拉电阻将被禁用，所以如果复位时对功耗也有严格要求，则建议使用外部上拉或下拉电阻。不推荐直接将未用引脚与 VCC 或 GND 连接，因为这样可能会在引脚偶然作为输出时出现冲击电流，导致器件损坏。

2. 端口的第二功能

AVR 单片机大部分的 I/O 口都具有第二功能(复用功能)。特殊功能 I/O 寄存器 SFIOR(见 4.5.3 节内容)的第 2 位(PUD)如果设为"1"，即使将寄存器 DDxn 和 PORTxn 配置为使能上拉电阻 (DDxn, PORTxn =01)，I/O 端口的上拉电阻也将被禁止。

1) 端口 A 的复用功能

端口 A 除了可以作为一般的 I/O 使用外，还可作为外部存储器的低 8 位地址信号线(A7~A0)和数据信号线(D7~D0)。

2) 端口 B 的复用功能

端口 B 除了可以作为一般的 I/O 使用外，还可以有其他复用功能，如表 4-25 所示。

表 4-25 端口 B 的复用功能

引脚名	第 二 功 能
PB7	OC2/OC1C(T/C2 的输出比较和 PWM 输出，或是 T/C1 的输出比较和 PWM 输出 C)
PB6	OC1B(T/C1 的输出比较和 PWM 输出 B)
PB5	OC1A(T/C1 的输出比较和 PWM 输出 A)
PB4	OC0(T/C0 的输出比较和 PWM 输出)
PB3	MISO(SPI 总线的主机输入/从机输出信号)
PB2	MOSI(SPI 总线的主机输出/从机输入信号)
PB1	SCK(SPI 总线的串行时钟)
PB0	SS 信号(SPI 总线片选信号)

3) 端口 C 的复用功能

端口 C 除了可以作为一般的 I/O 使用外，还可作为外部存储器高 8 位地址信号线(A15~A8)。在 ATmega103 兼容模式下，端口 C 只能为输出端口。

4) 端口 D 的复用功能

端口 D 除了可以作为一般的 I/O 使用外，还可以有其他复用功能，如表 4-26 所示。

表 4-26　端口 D 的复用功能

引脚名	第 二 功 能
PD7	T2 信号(定时器/计数器 2 时钟输入)
PD6	T1 信号(定时器/计数器 1 时钟输入)
PD5	XCK1 信号(USART1 外部时钟输入/输出)
PD4	ICP1 信号(定时器/计数器 1 比较输入)
PD3	INT3/TXD1(外部中断 3 输入或 UART1 发送端)
PD2	INT2/RXD1(外部中断 2 输入或 UART1 接收端)
PD1	INT1/SDA(外部中断 1 输入或 TW1 串行数据端)
PD0	INT0/SCL(外部中断 0 输入或 TW1 串行时钟端)

5) 端口 E 的复用功能

端口 E 除了可以作为一般的 I/O 使用外，还可以有其他复用功能，如表 4-27 所示。

表 4-27　端口 E 的复用功能

引脚名	第 二 功 能
PE7	INT7/IC3(外部中断 7 的输入引脚，或是 T/C3 输入捕捉的触发引脚)
PE6	INT6/T3(外部中断 6 的输入引脚，或是 T/C3 的时钟输入)
PE5	INT5/OC3C(外部中断 5 的输入引脚，或是 T/C3 的输出比较和 PWM 输出 C 引脚)
PE4	INT4/OC3B(外部中断 4 的输入引脚，或是 T/C3 的输出比较和 PWM 输出 B 引脚)
PE3	AIN1/OC3A(模拟比较器负输入端，或是 T/C3 的输出比较和 PWM 输出 A 引脚)
PE2	AIN0/XCK0(模拟比较器正输入端，或是 USART0 的外部输入/输出时钟)
PE1	PDO/TxD0(编程数据输出，或是 USART0 的发送引脚)
PE0	PDI/RxD0(编程数据输出，或是 USART0 的接收引脚)

注：IC3、T3、OC3C、OC3B、OC3A 和 XCK0 在 ATmega103 兼容模式下无此功能。

6) 端口 F 的复用功能

端口 F 除了可以作为一般的 I/O 使用外，还可作为 ADC 输入。如果端口 F 的一些引脚配置为输出，则在 A/D 转换过程中不能改变输出引脚的电平，否则可能会影响转换结果。在 ATmega103 兼容模式下端口 F 只能作为输入。若使能了 JTAG 接口，则即使在复位阶段，PF7(TDI)、PF5(TMS)和 PF4(TCK)的上拉电阻仍然有效。端口 F 的复用功能如表 4-28 所示。

表 4-28　端口 F 的复用功能

引脚名	第 二 功 能
PF7	ADC7/TDI(A/D 转换器，模拟通道 7 输入端或 JTAG 接口数据输入端)
PF6	ADC6/TDO(A/D 转换器，模拟通道 6 输入端或 JTAG 接口数据输出端)
PF5	ADC5/TMS(A/D 转换器，模拟通道 5 输入端或 JTAG 接口数据选择端)
PF4	ADC4/TCK(A/D 转换器，模拟通道 4 输入端或 JTAG 接口时钟端)
PF3	ADC3(A/D 转换器，模拟通道 3 输入端)
PF2	ADC2(A/D 转换器，模拟通道 2 输入端)
PF1	ADC1(A/D 转换器，模拟通道 1 输入端)
PF0	ADC0(A/D 转换器，模拟通道 0 输入端)

7) 端口 G 的复用功能

端口 G 除在普通模式中可以作为一般的 I/O 使用外，还可以有其他复用功能，但在 ATmega103 兼容模式中，端口 G 只能使用第二功能，如表 4-29 所示。

表 4-29　端口 G 的复用功能

引脚名	第 二 功 能
PG4	TOSC1(RTC 振荡器定时器/计数器 0)
PG3	TOSC2(RTC 振荡器定时器/计数器 0)
PG2	ALE(外部存储器地址锁存信号)
PG1	RD(外部存储器读信号，低电平有效)
PG0	WR(外部存储器写信号，低电平有效)

3. I/O 端口寄存器描述

1) 端口 A 寄存器

端口 A 有数据寄存器 PORTA(PORTA7～PORTA0)、数据方向寄存器 DDRA(DDA7～DDA0)、输入引脚寄存器 PINA(PINA7～PINA0)。寄存器的每一位都可位操作。

2) 端口 B 寄存器

端口 B 有数据寄存器 PORTB(PORTB7～PORTB0)、数据方向寄存器 DDRB(DDB7～DDB0)、输入引脚寄存器 PINB(PINB7～PINB0)。寄存器的每一位都可位操作。

3) 端口 C 寄存器

端口 C 有数据寄存器 PORTC(PORTC7～PORTC0)、数据方向寄存器 DDRC(DDC7～DDC0)、输入引脚寄存器 PINC(PINC7～PINC0)。寄存器的每一位都可位操作。

在 ATmega103 兼容模式下，DDRC 和 PINC 寄存器初始化为输出低电平。即使在没有时钟的情况下该口线也将保持初始值。因此为了保持 100%的向后兼容，不要在 ATmega103 兼容模式下访问这两个寄存器。

4) 端口 D 寄存器

端口 D 有数据寄存器 PORTD(PORTD7～PORTD0)、数据方向寄存器 DDRD(DDD7～DDD0)、输入引脚寄存器 PIND(PIND7～PIND0)。寄存器的每一位都可位操作。

5) 端口 E 寄存器

端口 E 有数据寄存器 PORTE(PORTE7～PORTE0)、数据方向寄存器 DDRE(DDE7～DDE0)、输入引脚寄存器 PINE(PINE7～PINE0)。寄存器的每一位都可位操作。

6) 端口 F 寄存器

端口 F 有数据寄存器 PORTF(PORTF7～PORTF0)、数据方向寄存器 DDRF(DDF7～DDF0)、输入引脚寄存器 PINF(PINF7～PINF0)。寄存器的每一位都可位操作。

在 ATmega103 兼容模式下，PORTF 和 DDRF 端口只能作为输入引脚。

7) 端口 G 寄存器

端口 G 有数据寄存器 PORTG(PORTG4～PORTG0)、数据方向寄存器 DDRG(DDG4～DDG0)、输入引脚寄存器 PING(PING4～PING0)。寄存器的每一位都可位操作。

在 ATmega103 兼容模式下，PORTG、DDRG 和 PING 只能用做第二功能，即 TOSC1、TOSC2、WR、RD 和 ALE。

4.5.2 总线扩展

1. 外部存储器接口信息

ATmega64/128 单片机在外扩数据存储器或总线接口时，需要下列 5 类信号：

(1) AD7～AD0，即低 8 位地址总线 A7～A0 和数据总线 D7～D0。

(2) A15～A8，即高 8 位地址总线(位数可配置)。

(3) ALE，即地址锁存使能信号。

(4) RD，即读数据信号(低电平有效)。

(5) WR，即写使能信号(低电平有效)。

总线扩展框图如图 4-9 所示。由于 SRAM 接口的工作速度很高，当系统的工作频率高于 8 MHz 时，要注意选择高速的地址锁存器(典型的 74HC 系列锁存器已经无法满足要求了，要选择与 SRAM 接口兼容的 74AHC 系列的锁存器)。当然，其他满足时序要求的锁存器也是可以使用的。

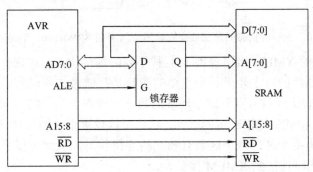

图 4-9　总线扩展框图

外部存储器接口控制与 3 个寄存器有关，这 3 个寄存器是 MCU 控制寄存器(MCUCR)、外部存储器控制寄存器 A(XMCRA)和外部存储器控制寄存器 B(XMCRB)。

对 PORTx 写"1"时可使能 AD7～AD0 的上拉电阻。为了减少睡眠模式下的功耗，建议在进入睡眠模式之前对 PORTx 写"0"以禁止上拉电阻。

XMEM 接口还提供了 AD7～AD0 的总线保持功能。这个功能可以通过外部存储器控制寄存器 B(XMCRB)来控制。使能该功能时总线保持器将保持 AD7～AD0 的前一个数据，同时 XMEM 接口使 AD7～AD0 总线处于三态。

2. 外部存储器接口时序

外部存储器器件有不同的时序要求。为了满足这些要求，使能 XMEM 接口后，XMEM 接口数据方向寄存器必须按照接口配置。XMEM 接口将自动检测当前访问的是内部存储器还是外部存储器。如果访问的是外部存储器，XMEM 接口将按照图 4-10 所示(此图没有等待周期)输出地址、数据和控制信号。当 ALE 产生由高电平到低电平的变化时，AD7～AD0 出现有效的地址。数据传输过程中 ALE 保持为低。使能 XMEM 接口之后，即使访问内部存储器会在地址线、数据线和 ALE 引脚产生动作，但是 RD 和 WR 信号不会发生变化。禁止外部存储器接口之后，相关引脚就可以使用正常的引脚数据方向设置了。要注意的是：XMEM 接口禁止后内部 SRAM 地址以上的存储器不会映射为内部 SRAM。

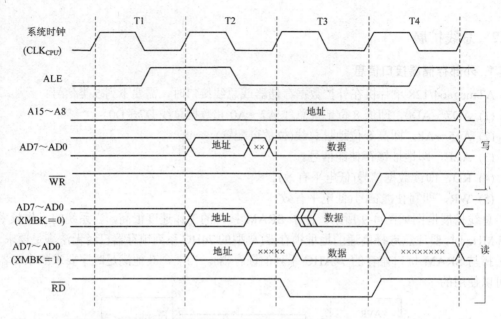

图 4-10 无等待状态的外部数据存储器访问周期(SRWn1=0，SRWn0=0)

ATmega64/128 的 XMEM 接口提供了 4 种不同的等待状态。在选择等待状态之前首先要考虑外部存储器器件的时序要求。最重要的参数是存储器访问时间。外部存储器的访问时间为从接收到片选/地址信号直到这个地址的数据出现在总线上的时间间隔。这个访问时间不能大于从 ALE 拉低到数据稳定的时间。软件可以设置不同的等待状态，而且可以将外部存储器空间划分为两个区，每个区具有独立的等待状态，从而可以将两个具有不同时序要求的存储器器件同时连接到 XMEM 接口。

XMEM 接口是异步的，所有的波形都与内部系统时钟有关。由于内部时钟和外部时钟 (XTAL1)的相位差与温度和工作电压有关，因此 XMEM 接口不适合于同步操作。

不同 SRWn1、SRWn0 时的外部数据存储器访问周期时序如图 4-11～图 4-13 所示。

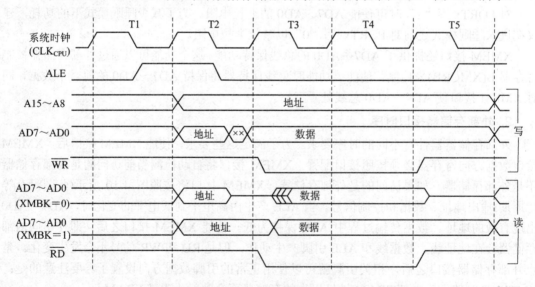

图 4-11 SRWn1=0 和 SRWn0=1 时的外部数据存储器访问周期时序

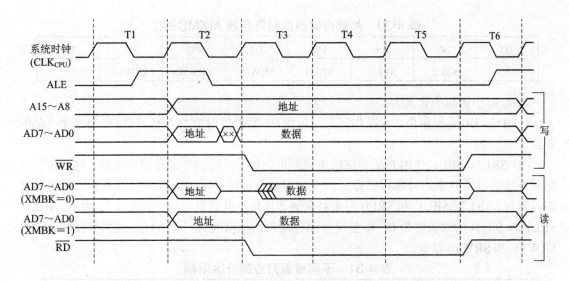

图 4-12　SRWn1=1 和 SRWn0=0 时的外部数据存储器访问周期时序

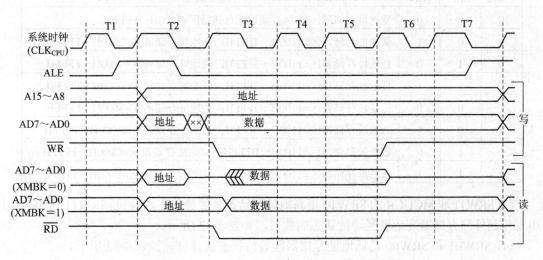

图 4-13　SRWn1=1 和 SRWn0=1 时的外部数据存储器访问周期时序

3. XMEM 寄存器说明

1) MCU 控制寄存器 MCUCR

MCU 控制寄存器 MCUCR 的格式如表 4-14 所示。其中：

(1) SRE 是外部 SRAM/XMEM 使能位。当 SRE 为"1"时外部存储器接口使能，引脚 AD7～AD0、A15～A8、ALE、WR 和 RD 工作于第二功能，且自动按照要求配置端口方向寄存器。SRE 清 0 将使外部 SRAM 无效，相关端口可以当做普通 I/O 口使用。

(2) SRW10 是等待状态选择位。对于非 ATmega103 兼容模式，其内容可参见 XMCRA(SRWn 说明部分)。对于 ATmega103 兼容模式，SRW10 写"1"将使能等待状态，在读/写过程中插入一个时钟周期，如图 4-11 所示。

2) 外部存储器控制寄存器 A(XMCRA)

外部存储器控制寄存器 A(XMCRA)的格式如表 4-30 所示。

表 4-30　外部存储器控制寄存器 A(XMCRA)

D7	D6	D5	D4	D3	D2	D1	D0
—	SRL2	SRL1	SRL0	SRW01	SRW00	SRW11	—

表 4-30 中各位的含义为：

(1) D7、D0 是保留位。读操作时返回值为 0；写数据时要写入 0，以保证与未来产品的兼容。

(2) SRL2、SRL1、SRL0 是等待状态限制位。对于不同的外部存储器地址，这三位可以配置不同的等待状态。外部存储器地址空间可以分为两个区，而且可以具有独立的等待状态设置位。SRL2、SRL1 和 SRL0 用来对存储器地址空间进行分区，如表 4-31 所示。SRL2、SRL1 和 SRL0 的缺省值为 0，即整个外部存储器地址空间为一个大区。此时等待状态通过 SRW11 和 SRW10 设置。

表 4-31　不同设置对应的分区限制

SRL2	SRL1	SRL0	分 区 限 制
0	0	0	低地址存储器区=N/A；高地址存储器区=1100H～FFFFH
0	0	1	低地址存储器区=1100H～1FFFH；高地址存储器区=2000H～FFFFH
0	1	0	低地址存储器区=1100H～3FFFH；高地址存储器区=4000H～FFFFH
0	1	1	低地址存储器区=1100H～5FFFH；高地址存储器区=6000H～FFFFH
1	0	0	低地址存储器区=1100H～7FFFH；高地址存储器区=8000H～FFFFH
1	0	1	低地址存储器区=1100H～9FFFH；高地址存储器区=A000H～FFFFH
1	1	0	低地址存储器区=1100H～BFFFH；高地址存储器区=C000H～FFFFH
1	1	1	低地址存储器区=1100H～DFFFH；高地址存储器区=E000H～FFFFH

(3) SRW11 和 MCUCR 的 SRW10 是高地址存储器区等待状态选择位。SRW11 和 SRW10 用来控制外部存储器高地址区等待状态的数目，如表 4-32 所示。

(4) SRW01 和 SRW00 是低地址存储器区等待状态选择位，如表 4-32 所示。

表 4-32　等 待 状 态

SRWn1	SRWn0	等 待 状 态
0	0	无等待周期(见图 4-10)
0	1	读/写操作插入一个等待周期(见图 4-11)
1	0	读/写操作插入两个等待周期(见图 4-12)
1	1	读/写操作插入两个等待周期。输出新地址之前还要插入一个等待周期(见图 4-13)

注：n=0 或 1(低/高地址存储器区)。

3) 外部存储器控制寄存器 B(XMCRB)

外部存储器控制寄存器 B(XMCRB)的格式如表 4-33 所示。

表 4-33　外部存储器控制寄存器 B(XMCRB)

D7	D6	D5	D4	D3	D2	D1	D0
XMBK	—	—	—	—	XMM2	XMM1	XMM0

表 4-33 中各位的含义为：

(1) XMBK 是外部存储器总线保持功能使能位。当 XMBK 写"1"时，将使能 AD7~AD0 口线上的总线保持功能，即使 XMEM 接口将这些口线设置为三态，AD7~AD0 仍将保持最后的数据不变。XMBK 为零时总线保持功能禁止。

XMBK 不受 SRE 的限制。因此即使禁止了 XMEM 接口，只要 XMBK 为"1"，总线保持功能总是有效的。

(2) D6~D3 是保留位。读操作返回值为 0；在写数据时要写入 0 以保证与未来产品的兼容。

(3) XMM2、XMM1、XMM0 是外部存储器高位地址屏蔽位。在缺省条件下，使能外部存储器之后，所有的端口 C 引脚都被用做高位地址。如果系统不需要全部的 60 KB 外部存储器空间，则端口 C 的某些引脚可以释放，用做普通的 I/O，如表 4-34 所示。另外，如果要完全使用外部的 64 KB 存储器，可以利用 XMMn 来访问。

表 4-34 外部存储器高位地址的屏蔽

XMM2	XMM1	XMM0	外部存储器地址的位数	可以释放的端口引脚
0	0	0	8 (全部 60 KB 地址空间)	无
0	0	1	7	PC7
0	1	0	6	PC7、PC6
0	1	1	5	PC7~PC5
1	0	0	4	PC7~PC4
1	0	1	3	PC7~PC3
1	1	0	2	PC7~PC2
1	1	1	没有高位地址	端口 C 的全部引脚

4.5.3 A/D 转换器接口与模拟比较器

1. A/D 转换器接口

ATmega64/128 有一个 10 位的逐次逼近型 A/D 转换器(ADC)。ADC 与一个 8 通道的模拟多路复用器连接，能对来自端口 F 的 8 路单端输入电压进行采样。单端电压输入以 0 V(GND)为基准。ADC 还支持 16 路差分电压输入组合。两路差分输入(ADC1、ADC0 与 ADC3、ADC2)有可编程增益功能，在 A/D 转换前给差分输入电压提供 0 dB(×1)、20 dB(×10) 或 46 dB(×200)的放大倍数。7 路差分模拟输入通道共享一个通用负端(ADC1)，而其他任何 ADC 输入可作为正输入端。如果使用 ×1 或 ×10 增益，可得到 8 位分辨率。如果使用×200 增益，可得到 7 位分辨率。

ATmega64/128 的 A/D 转换器的主要特点如下：

(1) 10 位精度，0.5 LSB 的非线性度，±2 LSB 的绝对精度。

(2) 13~260 μs 的转换时间，至最高分辨率时采样率高达 15 k 次/s。

(3) 8 路复用的单端输入通道；7 路差分输入通道。

(4) 2 路可选增益为×10 与×200 的差分输入通道。

(5) 可选的左对齐 ADC 读数。

(6) 0～–VCC 的 ADC 输入电压范围；可选的 2.56 V ADC 参考电压。

(7) 连续转换或单次转换模式。

(8) ADC 转换结束中断。

(9) 基于睡眠模式的噪声抑制器。

(10) ADC 包括一个采样保持电路，以确保在转换过程中输入到 ADC 的电压保持恒定。

(11) ADC 由 AVCC 引脚单独提供电源。AVCC 与 VCC 之间的偏差不能超过±0.3 V。

(12) 基准电压可以通过在 AREF 引脚上加一个电容进行取耦，以便更好地抑制噪声。

ATmega64/128 的 A/D 转换器的结构如图 4-14 所示。

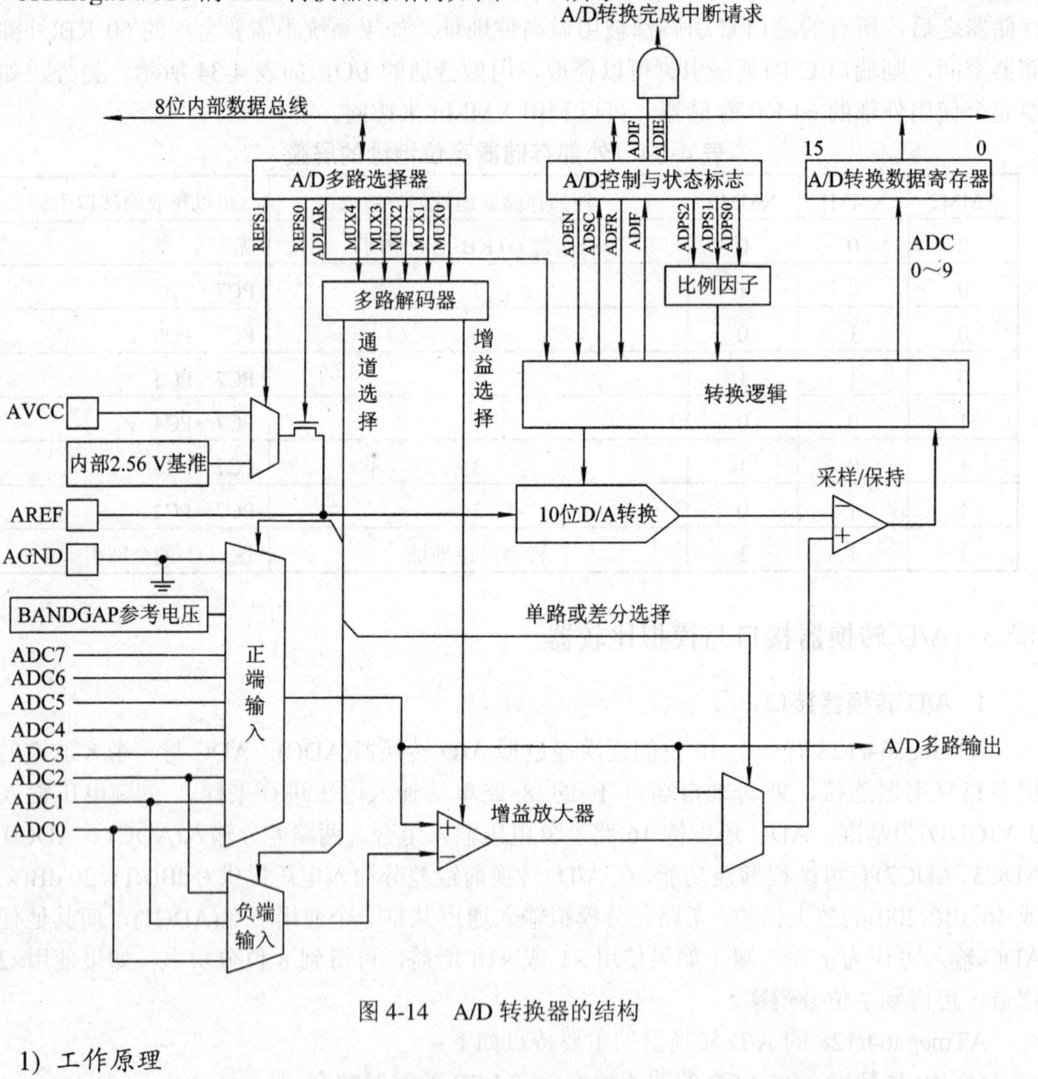

图 4-14 A/D 转换器的结构

1) 工作原理

ADC 通过逐次逼近的方法将输入的模拟电压转换成一个 10 位的数字量。最小值代表 GND，最大值代表 AREF 引脚上的电压再减去 1LSB。通过写 ADMUX 寄存器的 REFSn 位可以把 AVCC 或内部 2.56 V 的参考电压连接到 AREF 引脚上。在 AREF 上外加电容可以对片内参考电压进行取耦，以提高噪声抑制能力。模拟输入通道与差分增益可以通过写

ADMUX 寄存器的 MUX 位来选择。任何 ADC 输入引脚，像 GND 及固定能隙参考电压，都可以作为 ADC 的单端输入。ADC 的输入引脚可作为差分增益放大器的正或负输入。如果选择差分通道，通过选择被选输入信号对的增益因子可得到差分放大电压，并处理成 ADC 的模拟输入。如果使用单端通道，将绕过增益放大器。通过设置 ADCSRA 寄存器的 ADEN 即可启动 ADC。只有当 ADEN 置位时参考电压及输入通道选择才生效。ADEN 清 0 时 ADC 并不耗电，但建议在进入睡眠模式之前关闭 ADC。

ADC 的转换结果为 10 位，存放于 ADC 数据寄存器 ADCH 及 ADCL 中。默认情况下转换结果为右对齐，但可通过设置 ADMUX 寄存器的 ADLAR 变为左对齐。如果要求转换结果左对齐，且最高只需 8 位的转换精度，那么只要读取 ADCH 就足够了。否则要先读 ADCL，再读 ADCH，以保证数据寄存器中的内容是同一次转换的结果。一旦读出 ADCL，ADC 对数据寄存器的寻址就被阻止了。也就是说，读取 ADCL 之后，即使在读 ADCH 之前又有一次 ADC 转换结束，数据寄存器的数据也不会更新，从而保证了转换结果不丢失。ADCH 被读出后，ADC 即可再次访问 ADCH 及 ADCL 寄存器。

ADC 转换结束可以触发中断。即使由于转换发生在读取 ADCH 与 ADCL 之间而造成 ADC 无法访问数据寄存器，并因此丢失了转换结果，中断仍将触发。

向 ADC 启动转换位 ADSC 写 "1" 可以启动单次转换。在转换过程中此位保持为高，直到转换结束，然后被硬件清 0。如果在转换过程中选择了另一个通道，那么 ADC 会在改变通道前完成这一次转换。

连续转换时 ADC 连续地对数据进行采样并对 ADC 数据寄存器进行更新。连续转换通过在 ADCSRA 寄存器的 ADFR 位写 "1" 来实现。第一次转换通过向 ADCSRA 寄存器的 ADSC 写 "1" 来启动。在此模式下，后续的 ADC 转换不依赖于 ADC 中断标志 ADIF 是否置位。

2) 预分频和转换时序

在默认条件下，逐次逼近电路需要一个从 50 kHz 到 200 kHz 的输入时钟以获得最大精度。如果所需的转换精度低于 10 位，那么输入时钟频率可以高于 200 kHz，以达到更高的采样率。或者，设置 SFIOR 寄存器的 ADHSM 位允许在更高的功耗下得到更高的 ADC 时钟频率。

ADC 模块包括一个预分频器，它可以由任何超过 100 kHz 的 CPU 时钟来产生可接受的 ADC 时钟。预分频器通过 ADCSRA 寄存器的 ADPS 进行设置。置位 ADCSRA 寄存器的 ADEN 将使能 ADC，使预分频器开始计数。只要 ADEN 为 1，预分频器就持续计数，直到 ADEN 清 0。ADCSRA 寄存器的 ADSC 置位后，单端转换在下一个 ADC 时钟周期的上升沿开始启动。正常转换需要 13 个 ADC 时钟周期。为了初始化模拟电路，ADC 使能(ADCSRA 寄存器的 ADEN 置位)后的第一次转换需要 25 个 ADC 时钟周期。

在普通的 ADC 转换过程中，采样保持从转换启动之后的 1.5 个 ADC 时钟开始；而第一次 ADC 转换的采样/保持则发生在转换启动之后的 13.5 个 ADC 时钟。转换结束后，ADC 结果被送入 ADC 数据寄存器，且使 ADIF 标志置位，ADSC 同时清 0(单次转换模式)。之后软件可以再次置位 ADSC 标志，从而在 ADC 的第一个上升沿启动一次新的转换。在连续转换模式下，当 ADSC 为 1 时，只要转换一结束，下一次转换马上开始。转换时间典型值为 13 个周期。

3) 改变通道或基准源

ADMUX 寄存器中的 MUXn 及 REFS1/0 通过临时寄存器实现了单缓冲。CPU 可对此临时寄存器进行随机访问。这保证了在转换过程中通道和基准源的切换发生于安全的时刻。在转换启动之前通道及基准源的选择可随时进行。一旦转换开始就不允许再选择通道和基准源了，从而保证 ADC 有充足的采样时间。在转换完成(ADCSRA 寄存器的 ADIF 置位)之前的最后一个时钟周期，通道和基准源的选择又可以重新开始。转换的开始时刻为 ADSC 置位后的下一个时钟的上升沿。因此，建议用户在置位 ADSC 之后的一个 ADC 时钟周期里，不要操作 ADMUX 来选择新的通道及基准源。

当改变差分通道时要特别注意。一旦选定差分通道，增益级要用 125 μs 延时来稳定该值。因此在选定新通道后的 125 μs 内不应启动转换，或应舍弃该时间段内的转换结果。

当改变 ADC 参考值后(通过改变 ADMUX 寄存器中的 REFS1/0 位)的第一次转换也要遵守前面的说明。

工作于单次转换模式时，总是在启动转换之前选定通道。在 ADSC 置位后的一个 ADC 时钟周期就可以选择新的模拟输入通道了。但是最简单的办法是等待转换结束后再改变通道。

在连续转换模式下，总是在第一次转换开始之前选定通道。在 ADSC 置位后的一个 ADC 时钟周期就可以选择新的模拟输入通道了。但是最简单的办法是等待转换结束后再改变通道。然而，此时新一次转换已经自动开始了，下一次的转换结果反映的是以前选定的模拟输入通道，以后的转换才是针对新通道的。

当切换到差分增益通道时，由于自动偏移抵消电路需要积累时间，第一次转换结果的准确率很低，因此用户最好舍弃第一次转换结果。

4) ADC 噪声抑制器

ADC 的噪声抑制器使其可以在睡眠模式下进行转换，从而降低由于 CPU 及外围 I/O 设备引入噪声的影响。噪声抑制器可在 ADC 降噪模式及空闲模式下使用。为了使用这一特性，应采用如下步骤：

(1) 确定 ADC 已经使能，且没有处于转换状态。工作模式应该为单次转换，并且 ADC 转换结束中断使能。

(2) 进入 ADC 降噪模式(或空闲模式)。一旦 CPU 被挂起，ADC 便开始转换。

(3) 如果在 ADC 转换结束之前没有其他中断产生，那么 ADC 中断将唤醒 CPU 并执行 ADC 转换结束中断服务程序。如果在 ADC 转换结束之前有其他的中断源唤醒了 CPU，对应的中断服务程序便得到执行。ADC 转换结束后产生 ADC 转换结束中断请求。CPU 将工作到新的睡眠指令得到执行时为止。

进入除空闲模式及 ADC 降噪模式之外的其他睡眠模式时，ADC 不会自动关闭。在进入这些睡眠模式时，建议将 ADEN 清 0 以降低功耗。

5) A/D 转换相关寄存器的设置

(1) ADC 多路选择寄存器 ADMUX。ADC 多路选择寄存器 ADMUX 的格式如表 4-35 所示。

表 4-35 多路选择寄存器 ADMUX

D7	D6	D5	D4	D3	D2	D1	D0
REFS1	REFS0	ADLAR	MUX4	MUX3	MUX2	MUX1	MUX0

表 4-35 中各位的含义为：

① REFS1、REFS0 是参考电压选择位。通过这二位可以选择参考电压，如表 4-36 所示。如果在转换过程中改变了它们的设置，只有等到当前转换结束(ADCSRA 寄存器的 ADIF 置位)之后改变才会起作用。如果在 AREF 引脚上施加了外部参考电压，则内部参考电压就被禁止了。

表 4-36 参考电压选择

REFS1	REFS0	所选择的参考电压
0	0	AREF引脚，内部参考电压被关闭
0	1	AVCC、AREF引脚可外加滤波电容
1	0	保留
1	1	2.56 V的片内基准电压源，AREF引脚外可加滤波电容

② ADLAR 是 ADC 转换结果左对齐位。ADLAR 影响 ADC 转换结果在 ADC 数据寄存器中的存放形式。ADLAR 置位时转换结果为左对齐，否则为右对齐。不论是否有转换正在进行，ADLAR 的改变将立即影响 ADC 数据寄存器的内容。

③ MUX4～MUX0 是模拟通道与增益选择位。通过这五位的设置，可以对连接到 ADC 的模拟输入进行选择，也可对差分通道增益进行选择，如表 4-37 所示。如果在转换过程中改变了这几位的值，那么只有到转换结束(ADCSRA 寄存器的 ADIF 置位)后新的设置才有效。

表 4-37 输入通道与增益选择

序号	MUX4～MUX0	单端输入	正差分输入	负差分输入	增 益
0	00000H	ADC0	无	无	无
1	00001H	ADC1	无	无	无
2	00010H	ADC2	无	无	无
3	00011H	ADC3	无	无	无
4	00100H	ADC4	无	无	无
5	00101H	ADC5	无	无	无
6	00110H	ADC6	无	无	无
7	00111H	ADC7	无	无	无
8	01000H	无	ADC0	ADC0	×10
9	01001H	无	ADC1	ADC0	×10
10	01010H	无	ADC0	ADC0	×200
11	01011H	无	ADC1	ADC0	×200
12	01100H	无	ADC2	ADC2	×10
13	01101H	无	ADC3	ADC2	×10
14	01110H	无	ADC2	ADC2	×200
15	01111H	无	ADC3	ADC2	×200
16	10000H	无	ADC0	ADC1	×1

序号	MUX4～MUX0	单端输入	正差分输入	负差分输入	增益
17	10001H	无	ADC1	ADC1	×1
18	10010H	无	ADC2	ADC1	×1
19	10011H	无	ADC3	ADC1	×1
20	10100H	无	ADC4	ADC1	×1
21	10101H	无	ADC5	ADC1	×1
22	10110H	无	ADC6	ADC1	×1
23	10111H	无	ADC7	ADC1	×1
24	11000H	无	ADC0	ADC2	×1
25	11001H	无	ADC1	ADC2	×1
26	11010H	无	ADC2	ADC2	×1
27	11011H	无	ADC3	ADC2	×1
28	11100H	无	ADC4	ADC2	×1
29	11101H	无	ADC5	ADC2	×1
30	11110H	1.23 V(VBG)	无	无	无
31	11111H	0 V(GND)	无	无	无

(2) ADC 控制和状态寄存器 A(ADCSRA)。ADC 控制和状态寄存器 A(ADCSRA)的格式如表 4-38 所示。

表 4-38　ADC 控制和状态寄存器 A(ADCSRA)

D7	D6	D5	D4	D3	D2	D1	D0
ADEN	ADSC	ADFR	ADIF	ADIE	ADPS2	ADPS1	ADPS0

表 4-38 中各位的含义为:

① ADEN 是 ADC 使能位。ADEN 置位即启动 ADC,否则 ADC 功能关闭。在转换过程中关闭 ADC 将立即终止正在进行的转换。

② ADSC 是 ADC 开始转换位。在单次转换模式下,ADSC 置位将启动一次 ADC 转换。在连续转换模式下, ADSC 置位将启动首次转换。首次转换(在 ADC 启动之后置位 ADSC, 或者在使能 ADC 的同时置位 ADSC)需要 25 个 ADC 时钟周期,而不是正常情况下的 13 个。首次转换执行 ADC 初始化的工作。在转换进行过程中读取的 ADSC 的返回值为"1", 直到转换结束。ADSC 清 0 不产生任何动作。

③ ADFR 是 ADC 连续转换选择位。当该位写"1"时, ADC 工作在连续转换模式。在该模式下, ADC 不断地对数据寄存器进行采样与更新。当该位写"0"时,停止连续转换模式。

④ ADIF 是 ADC 中断标志位。在 ADC 转换结束且数据寄存器被更新后, ADIF 置位。如果 ADIE 及 SREG 中的全局中断使能位 I 也置位, ADC 转换结束中断服务程序即得以置位,同时 ADIF 被硬件清 0。此外,还可以通过向此标志写"1"来清 ADIF。如果对 ADCSRA 进行读修改写操作,那么待处理的中断会被禁止。这也适用于 SBI 及 CBI 指令。

⑤ ADIE 是 ADC 中断使能位。若 ADIE 及 SREG 的位 I 置位，ADC 转换结束中断即被激活。

⑥ ADPS2～ADPS0 是 ADC 预分频器选择位。这三位确定了晶振频率与 ADC 输入时钟之间的分频因子，如表 4-39 所示。

表 4-39　ADC 分频因子

ADPS2	ADPS1	ADPS0	分 频 因 子
0	0	0	2
0	0	1	2
0	1	0	4
0	1	1	8
1	0	0	16
1	0	1	32
1	1	0	64
1	1	1	128

(3) ADC 数据寄存器 ADCL 和 ADCH。当 ADLAR=0 时，ADC 数据寄存器 ADCL 和 ADCH 数据右对齐，其格式如表 4-40 所示。

表 4-40　ADC 数据寄存器 ADCL 和 ADCH(ADLAR=0，右对齐)

高位	D15	D14	D13	D12	D11	D10	D9	D8
ADCH	—	—	—	—	—	—	ADC9	ADC8
低位	D7	D6	D5	D4	D3	D2	D1	D0
ADCL	ADC7	ADC6	ADC5	ADC4	ADC3	ADC2	ADC1	ADC0

当 ADLAR=1 时，ADC 数据寄存器 ADCL 和 ADCH 数据左对齐，其格式如表 4-41 所示。

表 4-41　ADC 数据寄存器 ADCL 和 ADCH(ADLAR=1，左对齐)

高位	D15	D14	D13	D12	D11	D10	D9	D8
ADCH	ADC9	ADC8	ADC7	ADC6	ADC5	ADC4	ADC3	ADC2
低位	D7	D6	D5	D4	D3	D2	D1	D0
ADCL	ADC1	ADC0	—	—	—	—	—	—

表 4-40 和表 4-41 中的 ADC9～ADC0 是 10 位转换结果。

ADC 转换结束后，转换结果存于这两个寄存器之中。如果采用差分通道，结果由 2 的补码形式表示。读取 ADCL 之后，ADC 数据寄存器一直要等到 ADCH 也被读出才可以进行数据更新。因此，如果转换结果为左对齐，且要求的精度不高于 8 位，那么仅需读取 ADCH 就足够了。否则必须先读出 ADCL，再读出 ADCH。

2. 模拟比较器

模拟比较器将正极 AIN0 的值与负极 AIN1 的值进行比较。当 AIN0 上的电压比负极 AIN1 上的电压高时，模拟比较器的输出 ACO 即置位。比较器的输出可用来触发定时器/计数器 1 的输入捕捉功能。此外，比较器还可触发自己专有的、独立的中断。用户可以选择比较器是以上升沿、下降沿还是交替变化的边沿来触发中断。比较器的逻辑结构如图 4-15 所示。

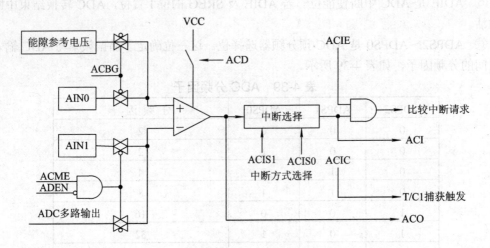

图 4-15　比较器的逻辑结构

1) 比较器相关寄存器描述

(1) 特殊功能 I/O 寄存器 SFIOR。特殊功能 I/O 寄存器 SFIOR 的格式如表 4-42 所示。

表 4-42　寄存器 SFIOR 格式

D7	D6	D5	D4	D3	D2	D1	D0
TSM	—	—	—	ACME	PUD	PSR0	PSR321

在表 4-42 中与比较器有关的位只有 ACME。它是模拟比较器的多路复用器使能位。当该位为逻辑 "1" 且 ADC 处于关闭状态(ADCSRA 寄存器的 ADEN 为 "0") 时，ADC 多路复用器为模拟比较器选择负极输入。当此位为 "0" 时，AIN1 连接到比较器的负极输入端。

(2) 模拟比较器控制和状态寄存器 ACSR。模拟比较器控制和状态寄存器 ACSR 的格式如表 4-43 所示。

表 4-43　模拟比较器控制和状态寄存器 ACSR

D7	D6	D5	D4	D3	D2	D1	D0
ACD	ACBG	ACO	ACI	ACIE	ACIC	ACIS1	ACIS0

表 4-43 中各位的含义如下：

① ACD 是模拟比较器禁用位。当 ACD 置位时，模拟比较器的电源被切断。可以在任何时候设置此位来关掉模拟比较器，以减少器件工作模式及空闲模式下的功耗。改变 ACD 位的值时，必须将 ACSR 寄存器的 ACIE 位清 0，以禁止模拟比较器中断，否则 ACD 改变时可能会产生中断。

② ACBG 是选择模拟比较器的能隙基准源位。当 ACBG 置位后，模拟比较器的正极输入由能隙基准源所取代。否则，AIN0 连接到模拟比较器的正极输入端。

③ ACO 是模拟比较器的输出位。模拟比较器的输出经过同步后直接连到 ACO。同步机制引入了 1~2 个时钟周期的延时。

④ ACI 是模拟比较器中断标志位。当比较器的输出事件触发了由 ACIS1 及 ACIS0 定义的中断模式时，ACI 置位。如果 ACIE 和 SREG 寄存器的全局中断标志 I 也置位，那么模

拟比较器中断服务程序即得以执行，同时 ACI 被硬件清 0。ACI 也可以通过写"1"来清 0。

⑤ ACIE 是模拟比较器中断使能位。当 ACIE 位被置"1"且状态寄存器中的全局中断标志 I 也被置位时，模拟比较器中断被激活。否则中断被禁止。

⑥ ACIC 是模拟比较器输入捕捉使能位。ACIC 置位后允许通过模拟比较器来触发 T/C1 的输入捕捉功能。此时比较器的输出被直接连接到输入捕捉的前端逻辑电路，从而使得比较器可以利用 T/C1 输入捕捉中断逻辑的噪声抑制器及触发沿选择功能。ACIC 为"0"时模拟比较器及输入捕捉功能之间没有任何联系。为了使比较器可以触发 T/C1 的输入捕捉中断，定时器中断屏蔽寄存器 TIMSK 的 TICIE1 必须置位。

⑦ ACIS1、ACIS0 是模拟比较器中断模式选择位。这两位可确定触发模拟比较器中断的事件，如表 4-44 所示。需要改变 ACIS1、ACIS0 时，必须将 ACSR 寄存器的中断使能位清 0 来禁止模拟比较器中断，否则有可能在改变这两位时产生中断。

表 4-44　ACIS1、ACIS0 设置中断模式

ACIS1	ACIS0	中　断　模　式
0	0	比较器输出变化即可触发中断
0	1	保留
1	0	比较器输出的下降沿产生中断
1	1	比较器输出的上升沿产生中断

2) 比较器的输入信号

模拟比较器可以选择 ADC7～ADC0 中的任意一个作为模拟比较器的负极输入端 (ADC 选择器可完成这个功能)。当然，为了用做模拟比较首先必须关掉 ADC。如果模拟比较器使能位(SFIOR 中的 ACME)被置位，且 ADC 也已经关掉(ADCSRA 寄存器的 ADEN 为 0)，则可以通过 ADMUX 寄存器的 MUX2～MUX0 来选择替代模拟比较器负极输入的管脚，见表 4-45。如果 ACME 清 0 或 ADEN 置位，则模拟比较器的负极输入为 AIN1。

表 4-45　模拟比较器复用输入

ACME	ADEN	MUX2～MUX0	模拟比较器负极输入
0	x	xxx	AIN1
1	1	Xxx	AIN1
1	0	000	ADC0
1	0	001	ADC1
1	0	010	ADC2
1	0	011	ADC3
1	0	100	ADC4
1	0	101	ADC5
1	0	110	ADC6
1	0	111	ADC7

4.6 ATmega64/128 的定时器/计数器

4.6.1 8 位定时器/计数器 0(T/C0)

ATmega64/128 的 T/C0 是一个通用的单通道 8 位定时器/计数器模块。其主要特点如下:

(1) 具有单通道计数器和频率发生器。

(2) 作为比较匹配输出时会自动加载并清除定时器。

(3) 具有无毛刺相位修正的 PWM 输出功能。

(4) 具有 10 位时钟预分频器。

(5) 有溢出和比较匹配中断源(TOV0 和 OCF0)。

(6) 允许外部 32 kHz 的振荡源作为时钟。

1. 相关单元描述

1) 寄存器

T/C 寄存器 TCNT0 和输出比较寄存器 OCR0 为 8 位寄存器。中断请求信号位于定时器中断标志寄存器 TIFR。与定时器相关的所有中断都可以通过定时器中断屏蔽寄存器 TIMSK 单独进行屏蔽。TIFR 和 TIMSK 由几个定时器单元共享。

T/C 可以通过预分频器由内部驱动,或者由 TOSC1/2 时钟异步驱动。异步操作受异步状态寄存器 ASSR 控制。时钟选择模块则控制使用哪一个时钟源。没有选择时钟源时 T/C 不工作。时钟选择模块的输出记为定时器时钟 CLK$_{TO}$。双缓冲的输出比较寄存器 OCR0 一直与 T/C 的数值进行比较。比较的结果可用来产生 PWM 波,或在输出比较引脚 OC0 上产生变化频率的输出。比较匹配事件还将设置比较标志 OCF0。此标志可以用来产生输出比较中断请求。

2) T/C 的时钟与计数器单元

T/C 可以由内部同步时钟或外部异步时钟驱动。CLK$_{TO}$ 的缺省设置为 MCU 时钟 CLK$_{I/O}$。当 ASSR 寄存器的 AS0 置位时,时钟源取自连接于 TOSC1 和 TOSC2 的振荡器。

计数器单元 8 位 T/C 的主要部分为可编程的双向计数单元。根据不同的工作模式,计数器针对每一个 CLK$_{TO}$ 实现清 0、加 1 或减 1 操作。CLK$_{TO}$ 可以由内部时钟源或外部时钟源产生,具体由时钟选择位 CS02～CS00 确定。没有选择时钟源时(CS02～CS00=000 时)定时器停止。但是不管有没有 CLK$_{TO}$,CPU 都可以访问 TCNT0。CPU 写操作比计数器其他操作(清 0、加减操作)的优先级高。计数序列由 T/C 控制寄存器(TCCR0)的 WGM01 和 WGM00 决定。

T/C 溢出中断标志 TOV0 根据 WGM01、WGM00 设定的工作模式来设置。TOV0 可以用于产生 CPU 中断。

3) 输出比较单元

8 位比较器连续对 TCNT0 和输出比较匹配寄存器 OCR0 进行比较。一旦 TCNT0 等于

OCR0，比较器就给出匹配信号，并在匹配发生的下一个定时器时钟周期里使比较标志 OCF0 置位。若 OCIE0=1，还将引发输出比较中断。执行中断将自动实现对 OCF0 的清 0 操作。也可以通过对这一位执行软件写"1"的操作来实行清 0。根据由 WGM01、WGM00 和 COM01、COM00 设定的不同的工作模式，波形发生器利用匹配信号产生不同的波形。同时，波形发生器还利用 MAX 和 BOTTOM 信号来处理极值条件下的特殊情况。

使用 PWM 模式时，OCR0 寄存器为双缓冲寄存器；而在正常工作模式和清 0 模式时，双缓冲功能是禁止的。双缓冲可以将更新 OCR0 寄存器与 TOP 或 BOTTOM 时刻同步起来，以防止产生不对称的 PWM 脉冲，消除毛刺。

4) 比较匹配输出单元

比较匹配模式控制位 COM01、COM00 具有双重功能。波形发生器利用 COM01、COM00 来确定下一次比较匹配发生时的输出比较 OC0 的状态；COM01、COM00 还控制 OC0 引脚的输出源。

只要 COM01、COM00 中的一个或两个置位，波形发生器的输出比较 OC0 功能就会重载通用 I/O 口功能。但是 OC0 引脚的方向仍旧受控于数据方向寄存器(DDR)。在能够从 OC0 引脚输出有效信号之前，必须通过数据方向寄存器的 DDR_OC0 位将此引脚设置为输出。功能重载与波形发生器的工作模式无关。

2. 相关模式说明

1) 普通模式

普通模式(WGM01、WGM00 = 00)为最简单的工作模式。在此模式下计数器不停地累加。计到最大值后(TOP=0xFF)计数器简单地返回到最小值 0x00 重新开始。在 TCNT0 为 0 的同一个定时器时钟里，T/C 溢出标志 TOV0 置位。此时 TOV0 有点像第 9 位，只是只能置位，不会清零。但由于定时器中断服务程序能够使 TOV0 自动清 0，因此可以通过软件提高定时器的分辨率。在普通模式下没有什么需要特殊考虑的，用户可以随时写入新的计数器数值。

输出比较单元可以用来产生中断。不推荐在普通模式下利用输出比较产生波形，因为这会占用太多的 CPU 时间。

2) CTC(比较匹配时清除定时器)模式

在 CTC 模式(WGM01、WGM00=10)下 OCR0 寄存器用于调节计数器的分辨率。当计数器的数值 TCNT0 等于 OCR0 时，计数器清 0。OCR0 定义了计数器的 TOP 值，亦即计数器的分辨率。这个模式可以极好地控制比较匹配输出的频率，也简化了外部事件计数操作。

3) 快速 PWM 模式

快速 PWM 模式(WGM01、WGM00=11)可用来产生高频的 PWM 波形。快速 PWM 模式与其他 PWM 模式的不同之处是其三角波工作方式(其他 PWM 方式为等腰三角形方式)。计数器从 BOTTOM 计到 MAX，然后立即回到 BOTTOM 重新开始。对于普通的比较输出模式，输出比较引脚 OC0 在 TCNT0 与 OCR0 匹配时清 0，在 BOTTOM 时置位；对于反向比较输出模式，OC0 的动作正好相反。由于使用了单斜坡模式，快速 PWM 模式的工作频率比使用双斜坡的相位修正 PWM 模式高一倍。此高频操作特性使得快速 PWM 模式十分适合于功率调节、整流和 DAC 应用。高频可以减小外部元器件(电感和电容)的物理尺寸，从而降低系统成本。

工作于快速 PWM 模式时，计数器的值一直增加到 MAX，然后在后面的一个时钟周期清 0。比较单元可以在 OC0 引脚上输出 PWM 波形。

4) 相位修正 PWM 模式

相位修正 PWM 模式(WGM01、WGM00=01)为用户提供了一个获得高精度相位修正 PWM 波形的方法。此模式基于双斜坡操作。计时器重复地从 BOTTOM 计到 MAX，然后又从 MAX 倒退回到 BOTTOM。在一般的比较输出模式下，当计时器往 MAX 计数时若发生了 TCNT0 与 OCR0 的匹配，OC0 将清 0 为低电平；而在计时器往 BOTTOM 计数时若发生了 TCNT0 与 OCR0 的匹配，OC0 将置位为高电平。工作于反向输出比较时情况则正好相反。与单斜坡操作相比，双斜坡操作可获得的最大频率要小，但由于其具有对称特性，因此十分适合于电机控制。

相位修正 PWM 模式的 PWM 精度固定为 8 位。计时器值不断累加直到 MAX，然后开始减计数。在一个定时器时钟周期里 TCNT0 的值等于 MAX。当计时器达到 BOTTOM 时 T/C 溢出标志位 TOV0 置位。此标志位可用来产生中断。

3. 8 位 T/C 寄存器说明

1) T/C 控制寄存器 TCCR0

T/C 控制寄存器 TCCR0 的格式如表 4-46 所示。

表 4-46　T/C 控制寄存器 TCCR0

D7	D6	D5	D4	D3	D2	D1	D0
FOC0	WGM00	COM01	COM00	WGM01	CS02	CS01	CS00

表 4-46 中各位的含义如下：

(1) FOC0 是强制输出比较位。FOC0 仅在 WGM 指明为非 PWM 模式时才有效。但是，为了保证与其他器件的兼容性，在使用 PWM 时，写 TCCR0 要对 FOC0 清 0。对其写"1"后，波形发生器将立即进行比较操作。比较匹配输出引脚 OC0 将按照 COM01、COM00 的设置输出相应的电平。要注意 FOC0 仅仅是一个启动信号，真正对强制输出比较起作用的是 COM01、COM00 的设置。

FOC0 不会引发任何中断，也不会在使用 OCR0 作为 TOP 的 CTC 模式下对定时器进行清 0。读 FOC0 的返回值永远为 0。

(2) WGM01、WGM00 是波形产生模式位。这二位控制计数器的计数序列、计数器最大值 MAX 的来源以及使用何种波形。T/C 支持的模式有普通模式、比较匹配发生时清除计数器模式(CTC)以及两种 PWM 模式，如表 4-47 所示。

表 4-47　波形产生模式的位定义

模式	WGM01	WGM00	T/C 的工作模式	TOP	OCR0 的更新时间	TOV0 的置位时间
0	0	0	普通	FFH	立即更新	MAX
1	0	1	相位修正 PWM	FFH	TOP	BOTTOM
2	1	0	CTC	OCR0	立即更新	MAX
3	1	1	快速 PWM	FFH	TOP	MAX

(3) COM01、COM00 是比较匹配输出模式真正的 16 位设计(即允许 16 位的 PWM)。这二位控制输出比较引脚 OC0 的行为。若 COM01、COM00 的任意一位或两位都置位，OC0 输出功能将重载普通端口功能。此时数据方向寄存器(DDR)需要按照 OC0 功能进行设置。当 OC0 连接到物理引脚上时，COM01、COM00 的功能依赖于 WGM01、WGM00 的设置。表 4-48 给出了当 WGM01、WGM00 设置为普通模式或 CTC 模式时 COM01、COM00 的功能。

表 4-48　比较输出模式及非 PWM 模式

COM01	COM00	说　明
0	0	正常的端口操作，OC0 未连接
0	1	比较匹配发生时 OC0 取反
1	0	比较匹配发生时 OC0 清 0
1	1	比较匹配发生时 OC0 置位

表 4-49 给出了当 WGM01、WGM00 设置为快速 PWM 模式时 COM01、COM00 的功能。

表 4-49　比较输出模式及快速 PWM 模式

COM01	COM00	说　明
0	0	正常的端口操作，OC0 未连接
0	1	保留
1	0	比较匹配发生时 OC0 清 0，计数到 top 时 OC0 置位
1	1	比较匹配发生时 OC0 置位，计数到 top 时 OC0 清 0

表 4-50 给出了当 WGM01、WGM00 设置为相位修正 PWM 模式时 COM01、COM00 的功能。

表 4-50　比较输出模式，相位修正 PWM 模式

COM01	COM00	说　明
0	0	正常的端口操作，OC0 未连接
0	1	保留
1	0	在升序计数时发生比较匹配将 OC0 清 0；在降序计数时发生比较匹配将 OC0 置位
1	1	在升序计数时发生比较匹配将 OC0 置位；在降序计数时发生比较匹配将 OC0 清 0

(4) CS02～CS00 是时钟选择位，用于选择 T/C 的时钟源，见表 4-51。

表 4-51　时钟选择位定义

CS02	CS01	CS00	说　明
0	0	0	无时钟，T/C 不工作
0	0	1	CLK_{TOS}/(没有预分频)
0	1	0	CLK_{TOS}/8(来自预分频器)
0	1	1	CLK_{TOS}/32(来自预分频器)
1	0	0	CLK_{TOS}/64(来自预分频器)
1	0	1	CLK_{TOS}/128(来自预分频器)
1	1	0	CLK_{TOS}/256(来自预分频器)
1	1	1	CLK_{TOS}/1024(来自预分频器)

2) T/C 寄存器 TCNT0

T/C 寄存器 TCNT0 的格式如表 4-52 所示。

表 4-52　T/C 寄存器 TCNT0

D7	D6	D5	D4	D3	D2	D1	D0
TCNT07	TCNT06	TCNT05	TCNT04	TCNT03	TCNT02	TCNT01	TCNT00

通过 T/C 寄存器可以直接对计数器的 8 位数据进行读/写访问。对 TCNT0 寄存器的写访问将在下一个时钟阻止比较匹配。在计数器运行的过程中修改 TCNT0 的数值有可能丢失一次 TCNT0 和 OCR0 的比较匹配。

3) 输出比较寄存器 OCR0

输出比较寄存器 OCR0 的格式如表 4-53 所示。

表 4-53　输出比较寄存器 OCR0

D7	D6	D5	D4	D3	D2	D1	D0
OCR07	OCR06	OCR05	OCR04	OCR03	OCR02	OCR01	OCR00

输出比较寄存器包含一个 8 位的数据，这个数据不间断地与计数器数值 TCNT0 进行比较。匹配事件可以用来产生输出比较中断，或者用来在 OC0 引脚上产生波形。

4) 异步状态寄存器 ASSR

异步状态寄存器 ASSR 的格式如表 4-54 所示。

表 4-54　异步状态寄存器 ASSR

D7	D6	D5	D4	D3	D2	D1	D0
—	—	—	—	AS0	TCN0UB	OCR0UB	TCR0UB

表 4-54 中各位的含义为：

(1) AS0 是异步 T/C0 位。当 AS0 为 "0" 时，T/C0 由 I/O 时钟 $CLK_{I/O}$ 驱动；当 AS0 为 "1" 时，T/C0 由连接到 TOSC1 引脚的晶体振荡器驱动。改变 AS0 有可能破坏 TCNT0、OCR0 和 TCCR0 的内容。

(2) TCN0UB 是 T/C0 更新标志。当 T/C0 工作于异步模式时，写 TCNT0 将引起 TCN0UB 置位。当 TCNT0 从临时寄存器更新完毕后，TCN0UB 由硬件清 0。TCN20UB 为 0 表明 TCNT0 可以写入新值了。

(3) OCR0UB 是输出比较寄存器 0 更新标志。当 T/C0 工作于异步模式时，写 OCR0 将引起 OCR0UB 置位。当 OCR0 从临时寄存器更新完毕后，OCR0UB 由硬件清 0。OCR0UB 为 0 表明 OCR0 可以写入新值了。

(4) TCR0UB 是 T/C 控制寄存器 0 更新标志。当 T/C0 工作于异步模式时，写 TCCR0 将引起 TCR0UB 置位。当 TCCR0 从临时寄存器更新完毕后，TCR0UB 由硬件清 0。TCR0UB 为 0 表明 TCCR0 可以写入新值了。

5) 定时器/计数器中断屏蔽寄存器 TIMSK

定时器/计数器中断屏蔽寄存器 TIMSK 的格式如表 4-55 所示。

表 4-55　中断屏蔽寄存器 TIMSK

D7	D6	D5	D4	D3	D2	D1	D0
OCIE2	TOIE2	TICIE1	OCIE1A	OCIE1B	TOIE1	OCIE0	TOIE0

与定时器/计数器中断屏蔽寄存器 TIMSK 相关的位是 OCIE0 和 TOIE0。

(1) OCIE0 是 T/C0 输出比较匹配中断使能位。当 OCIE0 和状态寄存器的全局中断使能位 I 都为"1"时，T/C0 的输出比较匹配中断使能。当 T/C0 的比较匹配发生，即 TIFR 中的 OCF0 置位时，中断程序得以执行。

(2) TOIE0 是 T/C0 溢出中断使能位。当 OCIE0 和状态寄存器的全局中断使能位 I 都为"1"时，T/C0 的溢出中断使能。当 T/C0 发生溢出，即 TIFR 中的 TOV0 置位时，中断程序得以执行。

6) 定时器/计数器中断标志寄存器 TIFR

定时器/计数器中断标志寄存器 TIFR 的格式如表 4-56 所示。

表 4-56　中断标志寄存器 TIFR

D7	D6	D5	D4	D3	D2	D1	D0
OCF2	TOV2	ICF1	OCF1A	OCF1B	TOV1	OCF0	TOV0

与定时器/计数器中断标志寄存器 TIFR 相关的位是 OCF0 和 TOV0。

(1) OCF0 是输出比较标志 0。当 T/C0 与 OCR0(输出比较寄存器 0)的值匹配时，OCF0 置位。此位在中断程序里由硬件清 0，或者通过对其写 1 来清 0。当 SREG 中的位 I、OCIE0 和 OCF0 都置位时，中断程序得以执行。

(2) TOV0 是 T/C0 溢出标志位。当 T/C0 溢出时，TOV0 置位。执行相应的中断程序时，此位由硬件清 0。此外，TOV0 也可以通过写 1 来清 0。当 SREG 中的位 I、TOIE0 和 TOV0 都置位时，中断程序得以执行。

7) 特殊功能 IO 寄存器 SFIOR

特殊功能 IO 寄存器 SFIOR 的格式见表 4-42。其中与定时器/计数器有关的位是 TSM 和 PSR0。

(1) TSM 是 T/C 同步模式位。TSM 置位时寄存器 PSR0 和 PSR321 保持其数据直到被更新或者 TSM 被清 0。此模式对同步 T/C 非常有用。通过设置 TSM 和合适的 PSR，相关的 T/C 将停止工作，然后被配置为具有相同的数值。一旦 TSM 清 0，这些 T/C 立即同时开始计数。

(2) PSR0 是 T/C0 预分频器复位位。当 PSR0 置位时 T/C0 的预分频器复位。操作完成后这一位由硬件自动清 0。当 PSR0 写入 0 时不会引起任何动作。若 T/C0 是由内部 CPU 时钟驱动的，则读此位的返回值永远为 0。如果 T/C0 工作于异步模式，则这一位置位后一直保持到预分频器复位操作真正完成为止。

4.6.2　16 位定时器/计数器 1 和 3

ATmega64/128 的 16 位 T/C 可以实现精确的程序定时(事件管理)、波形产生和信号测量。其主要特点如下：

(1) 真正的 16 位设计(即允许 16 位的 PWM)。

(2) 具有 3 个独立的输出比较单元。

(3) 具有双缓冲的输出比较寄存器和一个输入比较单元。

(4) 具有输入捕捉噪声抑制功能。

(5) 作为比较匹配输出时会自动加载并清除定时器。

(6) 具有无毛刺的相位修正 PWM 和可变的 PWM 周期功能。

(7) 具有频率发生器和外部事件计数器功能。

(8) 具有 10 个独立的中断源(TOV1、OCF1A、OCF1B、OCF1C、ICF1、TOV3、OCF3A、OCF3B、OCF3C 和 ICF3)。

1. 相关单元描述

在下述定时器/计数器的描述中为了叙述方便,用"n"表示 T/C 通道号,"x"表示输出比较通道号。

1) 寄存器

定时器/计数器 TCNTn、输出比较寄存器 OCRnA/B/C 与输入捕捉寄存器 ICRn 均为 16 位寄存器。T/C 控制寄存器 TCCRnA/B/C 为 8 位寄存器,没有 CPU 访问的限制。中断请求信号在中断标志寄存器 TIFRn 与扩展定时中断标志寄存器 ETIFR 都有反映。所有中断都可以由中断屏蔽寄存器 TIMSKn 及扩展定时中断屏蔽寄存器 ETIMSK 控制。

T/C 可由内部时钟通过预分频器或通过由 Tn 引脚输入的外部时钟驱动。引发 T/C 数值增加(或减少)的时钟源及其有效沿由时钟选择逻辑模块控制。没有选择时钟源时 T/C 处于停止状态。时钟选择逻辑模块的输出称为 clkTn。双缓冲输出比较寄存器 OCRnA/B/C 一直与 T/C 的值作比较。波形发生器用比较结果产生 PWM 或在输出比较引脚 OCnA/B/C 输出可变频率的信号。比较匹配结果还可置位比较匹配标志 OCFnA/B/C,用来产生输出比较中断请求。当输入捕捉引脚 ICPn 或模拟比较器输入引脚有输入捕捉事件产生(边沿触发)时,当时的 T/C 值被传输到输入捕捉寄存器保存起来。输入捕捉单元包括一个数字滤波单元(噪声消除器),可以降低噪声干扰。

在某些操作模式下,TOP 值或 T/C 的最大值可由 OCRnA 寄存器、ICRn 寄存器或一些固定数据来定义。在 PWM 模式下用 OCRnA 作为 TOP 值时,OCRnA 寄存器不能用做 PWM 输出。但此时 OCRnA 是双向缓冲的,TOP 值可在运行过程中得到改变。当需要一个固定的 TOP 值时可以使用 ICRn 寄存器,从而释放 OCRnA 来用做 PWM 的输出。

2) 访问 16 位寄存器 TCNTn

TCNTn、OCRnA/B/C 与 ICRn 使 AVR CPU 通过 8 位数据总线可以访问 16 位寄存器。读写 16 位寄存器需要两次操作。每个 16 位定时器/计数器都有一个 8 位临时寄存器用来存放其高 8 位数据。每个 16 位定时器/计数器所属的 16 位寄存器共用相同的临时寄存器。访问低字节会触发 16 位读或写操作。当 CPU 写入数据到 16 位寄存器的低字节时,写入的 8 位数据与存放在临时寄存器中的高 8 位数据组成一个 16 位数据,同步写到 16 位寄存器中。当 CPU 读取 16 位寄存器的低字节时,高字节内容在读低字节操作的同时被放置于临时辅助寄存器中。

并非所有的 16 位访问都涉及临时寄存器。对 OCRnA/B/C 寄存器的读操作就不涉及临时寄存器。写 16 位寄存器时,应先写入该寄存器的高位字节。而读 16 位寄存器时应先读取该寄存器的低位字节。

3) 计数器单元

16 位 T/C 的主要部分是可编程的 16 位双向计数器单元。图 4-16 给出了计数器与其外围电路框图。

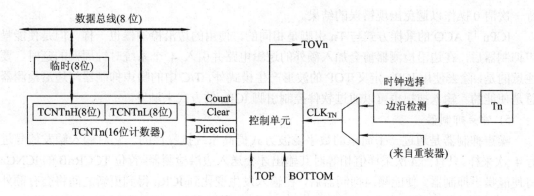

图 4-16　计数器与其外围电路框图

16 位计数器映射到两个 8 位 I/O 存储器位置：TCNTnH 为高 8 位，TCNTnL 为低 8 位。CPU 只能间接访问 TCNTnH 寄存器。CPU 访问 TCNTnH 时，实际访问的是临时寄存器(TEMP)。读取 TCNTnL 时，临时寄存器的内容更新为 TCNTnH 的数值；而对 TCNTnL 执行写操作时，TCNTnH 被临时寄存器的内容所更新。这就使 CPU 可以在一个时钟周期里通过 8 位数据总线完成对 16 位计数器的读、写操作。

根据工作模式的不同，在每一个 CLK_{Tn} 时钟到来时，计数器进行清 0、加 1 或减 1 操作。CLK_{Tn} 由时钟选择位 CSn2～CSn0 设定。当 CSn2～CSn0=000 时，计数器停止计数。不过 CPU 对 TCNTn 的读取与 CLK_{Tn} 是否存在无关。CPU 写操作比计数器清 0 和其他操作的优先级都高。

计数器的计数序列取决于寄存器 TCCRnA 和 TCCRnB 中标志位 WGMn3～WGMn0 的设置。计数器的运行(计数)方式与通过 OCnx 输出的波形发生方式有很紧密的关系。通过 WGMn3～WGMn0 确定了计数器的工作模式之后，TOVn 的置位方式也就确定了。TOVn 可以用来产生 CPU 中断。

4) 输入捕捉单元

T/C 的输入捕捉单元可用来捕获外部事件，并为其赋予时间标记以说明此事件的发生时刻。外部事件发生的触发信号由引脚 ICPn 输入，也可通过模拟比较器单元来产生。时间标记可用来计算频率、占空比及信号的其他特征，以及为事件创建日志等。

当引脚 ICPn 上的逻辑电平(事件)发生了变化，或模拟比较器输出 ACO 电平发生了变化，并且这个电平变化为边沿形式时，输入捕捉即被激发。激发后 16 位的 TCNTn 数据被拷贝到输入捕捉寄存器 ICRn，同时输入捕捉标志位 ICFn 置位。如果此时 TICIEn=1，输入捕捉标志将产生输入捕捉中断。中断执行时 ICFn 自动清 0，或者也可通过软件在其对应的 I/O 位置写入逻辑"1"清 0。读取 ICRn 时要先读低字节 ICRnL，然后再读高字节 ICRnH。读低字节时，高字节被复制到临时寄存器 TEMP。CPU 读取 ICRnH 时将访问 TEMP 寄存器。对 ICRn 寄存器的写访问只存在于波形产生模式。此时 ICRn 被用做计数器的 TOP 值。写 ICRn 之前首先要设置 WGMn3～WGMn0 以允许这个操作。对 ICRn 寄存器进行写操作时必须先将高字节写入 ICRnH，然后再将低字节写入 ICRnL。

输入捕捉单元的主要触发源是 ICPn。T/C1 还可用模拟比较输出作为输入捕捉单元的触发源。改变触发源有可能造成一次输入捕捉，因此在改变触发源后必须对输入捕捉标志执行一次清 0 操作以避免出现错误的结果。

ICPn 与 ACO 的采样方式与 Tn 引脚是相同的，使用的边沿检测器也一样。但是使能噪声抑制器后，在边沿检测器前会加入额外的逻辑电路并引入 4 个系统时钟周期的延时。要注意的是，除去使用 ICRn 定义 TOP 的波形产生模式外，T/C 中的噪声抑制器与边沿检测器总是使能的。输入捕捉也可以通过软件控制引脚 ICPn 的方式来触发。

5）噪声抑制器

噪声抑制器是通过一个简单的数字滤波方式提高系统抗噪性的。它对输入触发信号进行 4 次采样。只有当 4 次采样值相等时其输出才会送入边沿检测器。置位 TCCRnB 的 ICNCn 将使能噪声抑制器。使能噪声抑制器后，在输入发生变化到 ICRn 得到更新之间将会有额外的 4 个系统时钟周期的延时。噪声抑制器使用的是系统时钟，因而不受预分频器的影响。

6）输出比较单元

16 位比较器持续比较 TCNTn 与 OCRnx 的内容，一旦发现它们相等，比较器立即产生一个匹配信号。然后 OCFnx 在下一个定时器时钟置位。如果此时 OCIEnx=1，OCFnx 置位将引发输出比较中断。中断执行时 OCFnx 标志将自动清 0，或者通过软件在其相应的 I/O 位置写入逻辑 "1" 也可以清 0。根据 WGMn3～WGMn0 与 COMnx1、COMnx0 的不同设置，波形发生器用匹配信号生成不同的波形。输出比较单元 A 的一个特点是定义 T/C 的 TOP 值（即计数器的分辨率）。此外，TOP 值还用来定义通过波形发生器产生的波形的周期。

当 T/C 工作在 12 种 PWM 模式中的任意一种时，OCRnx 寄存器为双缓冲寄存器；而在正常工作模式和匹配时清 0 模式(CTC)下时双缓冲功能是禁止的。双缓冲可以实现 OCRnx 寄存器对 TOP 或 BOTTOM 的同步更新，防止产生不对称的 PWM 波形，消除毛刺。访问 OCRnx 寄存器看起来很复杂，其实不然。使能双缓冲功能时，CPU 访问的是 OCRnx 缓冲寄存器；禁止双缓冲功能时 CPU 访问的则是 OCRnx 本身。OCRnx（缓冲或比较）寄存器的内容只有写操作才能将其改变(T/C 不会自动将此寄存器更新为 TCNT1 或 ICR1 的内容)，所以 OCR1x 不用通过 TEMP 读取，而且也像其他 16 位寄存器一样首先读取低字节。由于比较是连续进行的，因此在写 OCR1x 时必须通过 TEMP 寄存器来实现。首先需要写入的是高字节 OCRnxH。当 CPU 将数据写入高字节的 I/O 地址时，TEMP 寄存器的内容即得到更新。接下来写低字节 OCRnxL。在此同时，位于 TEMP 寄存器的高字节数据被拷贝到 OCRnx 缓冲器或是 OCRnx 比较寄存器。

工作于非 PWM 模式时，可以通过对强制输出比较位 FOCnx 写 "1" 的方式来产生比较匹配。强制比较匹配不会置位 OCFnx 标志，也不会重载/清 0 定时器，但是 OCnx 引脚将被更新，好像真的发生了比较匹配一样(COMx1、COMx0 决定 OCnx 是置位、清 0 还是交替变化)。

2. 相关模式说明

工作模式(T/C 和输出比较引脚的行为)由波形发生模式(WGMn3～WGMn0)及比较输出模式(COMnx1、COMnx0)的控制位决定。

1）普通模式

普通模式(WGMn3～WGMn0=0000)为最简单的工作模式。在此模式下计数器不停地累加。计数到最大值后(MAX=0xFFFF)由于数值溢出，计数器简单地返回到最小值 0x0000

重新开始计数。在TCNTn为零的同一个定时器时钟里T/C溢出标志TOVn置位。此时TOVn有点像第 17 位，只是只能置位，不会清 0。但由于定时器中断服务程序能够自动清 0 TOVn，因此可以通过软件提高定时器的分辨率。在普通模式下用户可以随时写入新的计数器数值。

在普通模式下输入捕捉单元很容易使用。要注意的是外部事件的最大时间间隔不能超过计数器的分辨率。如果事件间隔太长，必须使用定时器溢出中断或预分频器来扩展输入捕捉单元的分辨率。

输出比较单元可以用来产生中断。但是不推荐在普通模式下利用输出比较来产生波形，因为这样会占用太多的 CPU 时间。

2) CTC(比较匹配时清除定时器)模式

在 CTC 模式($WGMn3 \sim WGMn0 = 0100$ 或 1100)中，OCRnA 或 ICRn 寄存器用于调节计数器的分辨率。当计数器的数值 TCNTn 等于 OCRnA($WGMn3 \sim WGMn0 = 0100$)或等于 ICRn($WGMn3 \sim WGMn0 = 1100$)时计数器清 0。OCRnA 或 ICRn 定义了计数器的 TOP 值，亦即计数器的分辨率。这个模式使得用户可以很容易地控制比较匹配输出的频率，也简化了外部事件计数的操作。

3) 快速 PWM 模式

快速 PWM 模式($WGMn3 \sim WGMn0 = 0101$、0110、0111、1110 或 1111)可用来产生高频的 PWM 波形。快速 PWM 模式与其他 PWM 模式的不同之处是单边斜坡工作方式。计数器从 BOTTOM 计数到 TOP，然后立即回到 BOTTOM 重新开始。对于普通的比较输出模式，输出比较引脚 OCnx 在 TCNTn 与 OCRnx 匹配时置位，在 TOP 时清 0；对于反向比较输出模式，OCRnx 的动作正好相反。由于使用了单边斜坡模式，快速 PWM 模式的工作频率比使用双斜坡的相位修正 PWM 模式高一倍。此高频操作特性使得快速 PWM 模式十分适合于功率调节、整流和 DAC 应用。高频可以减小外部元器件(电感、电容)的物理尺寸，从而降低系统成本。

4) 相位修正 PWM 模式

相位修正 PWM 模式($WGMn3 \sim WGMn0 = 0001$、0010、0011、1010 或 1011)为用户提供了一个获得高精度的、相位准确的 PWM 波形的方法。与相位和频率修正 PWM 模式类似，此模式基于双斜坡操作。计数器重复地从 BOTTOM 计到 TOP，然后又从 TOP 倒退回 BOTTOM。在一般的比较输出模式下，当计数器往 TOP 计数时若 TCNTn 与 OCRnx 匹配，OCnx 将清 0 为低电平；而在计数器往 BOTTOM 计数时若 TCNTn 与 OCRnx 匹配，OCnx 将置位为高电平。工作于反向比较输出时则情况正好相反。与单斜坡操作相比，双斜坡操作可获得的最大频率要小，但其对称特性十分适合于电机控制。

5) 相位和频率修正 PWM 模式(或相频修正 PWM 模式)

相位与频率修正 PWM 模式($WGMn3 \sim WGMn0 = 1000$ 或 1010)可以产生高精度的、相位与频率都准确的 PWM 波形。与相位修正 PWM 模式类似，相频修正 PWM 模式基于双斜坡操作。计数器重复地从 BOTTOM 计到 TOP，然后又从 TOP 倒退回 BOTTOM。在一般的比较输出模式下，当计数器往 TOP 计数时，若 TCNTn 与 OCRnx 匹配，OCnx 将清 0 为低电平；而在计数器往 BOTTOM 计数时若 TCNTn 与 OCRnx 匹配，OCnx 将置位为高电平。工作于反向输出比较时情况则正好相反。与单斜坡操作相比，双斜坡操作可获得的最大频率要小，但其对称特性十分适合于电机控制。

当 WGMn3～WGMn0=13 时，为空操作。

3. 16 位定时/计数寄存器说明

1) 定时器/计数器 1 控制寄存器 A(TCCR1A)

定时器/计数器 1 控制寄存器 A(TCCR1A)的格式如表 4-57 所示。

表 4-57　TCCR1A 的格式

D7	D6	D5	D4	D3	D2	D1	D0
COM1A1	COM1A0	COM1B1	COM1B0	COM1C1	COM1C0	WGM11	WGM10

2) 定时器/计数器 3 控制寄存器 A(TCCR3A)

定时器/计数器 3 控制寄存器 A(TCCR3A)的格式如表 4-58 所示。

表 4-58　TCCR3A 的格式

D7	D6	D5	D4	D3	D2	D1	D0
COM3A1	COM3A0	COM3B1	COM3B0	COM3C1	COM3C0	WGM31	WGM30

表 4-57 和表 4-58 中各位的含义为：

(1) COMnA1、COMnA0(位 7、6)是通道 A 的比较输出模式。

(2) COMnB1、COMnB0(位 5、4)是通道 B 的比较输出模式。

(3) COMnC1、COMnC0(位 3、2)是通道 C 的比较输出模式。

COMnA1 和 COMnA0、COMnB1 和 COMnB0 与 COMnC1 和 COMnC0 分别控制 OCnA、OCnB 与 OCnC 的状态。如果 COMnA1 和 COMnA0(COMnB1 和 COMnB0 和 COMnC1 和 COMnC0)的一位或两位被写入"1"，OCnA(OCnB 或 OCnC)的输出功能将取代 I/O 端口功能。此时 OCnA(OCnB 或 OCnC)相应的输出引脚数据方向控制必须置位，以使能输出驱动器。

OCnA(OCnB 或 OCnC)与物理引脚相连时，COMnx1 和 COMnx0 的功能由 WGMn3～WGMn0 的设置决定。表 4-59 给出了当 WGMn3～WGMn0 设置为普通模式与 CTC 模式(非 PWM 模式)时 COMnx1～COMnx0 的功能定义。

表 4-59　比较输出模式(非 PWM 模式)

COMnA1/COMnB1/COMnC1	COMnA0/COMnB0/COMnC0	说　明
0	0	普通端口操作，OCnA/OCnB/OCnC未连接
0	1	比较匹配时OCnA/OCnB/OCnC电平取反
1	0	比较匹配时清0 OCnA/OCnB/OCnC(输出低电平)
1	1	比较匹配时置位OCnA/OCnB/OCnC(输出高电平)

表 4-60 给出了当 WGMn3～WGMn0 设置为快速 PWM 模式时，COMnx1～COMnx0 的功能定义。

表4-60　比较输出模式(快速PWM模式)

COMnA1/COMnB1 /COMnC0	COMnA0/COMnB0 /COMnC0	说　明
0	0	普通端口操作，OCnA/OCnB/OCnC未连接
0	1	WGMn3=0，为普通端口操作；WGMn3=1，为比较匹配时OCnA电平取反
1	0	比较匹配时清0 OCnA/OCnB/OCnC，在TOP时置位OCnA/OCnB/OCnC
1	1	比较匹配时置位OCnA/OCnB/OCnC，在TOP时清0 OCnA/OCnB/OCnC

表4-61给出了当WGMn3~WGMn0设置为相位修正PWM模式或相频修正PWM模式时，COMnx1~COMnx0的功能定义。

表4-61　比较输出模式(相位修正PWM及相频修正PWM模式)

COMnA1/COMnB1 /COMnC0	COMnA0/COMnB0 /COMnC0	说　明
0	0	普通端口操作，OCnA/OCnB/OCnC未连接
0	1	WGMn3=0，为普通端口操作；WGMn3=1，为比较匹配时OCnA电平取反
1	0	升序计数时比较匹配将清0 OCnA/OCnB/OCnC，降序计数时比较匹配将置位OCnA/OCnB/OCnC
1	1	升序计数时比较匹配将置位OCnA/OCnB/OCnC，降序计数时比较匹配将清0 OCnA/OCnB/OCnC

(4) WGMn1、WGMn0(位1、0)是波形发生模式。这两位与位于TCCRnB寄存器的WGMn3、WGMn2相结合，用于控制计数器计数的上限值和确定波形发生器的工作模式。T/C支持的工作模式有普通模式(计数器)、比较匹配时清0定时器(CTC)模式及三种脉宽调制(PWM)模式。

3) 定时器/计数器1控制寄存器B(TCCR1B)

定时器/计数器1控制寄存器B(TCCR1B)的格式如表4-62所示。

表4-62　TCCR1B的格式

D7	D6	D5	D4	D3	D2	D1	D0
ICNC1	ICES1	—	WGM13	WGM12	CS12	CS11	CS10

4) 定时器/计数器3控制寄存器B(TCCR3B)

定时器/计数器3控制寄存器B(TCCR3B)的格式如表4-63所示。

表4-63　TCCR3B的格式

D7	D6	D5	D4	D3	D2	D1	D0
ICNC3	ICES3	—	WGM33	WGM32	CS32	CS31	CS30

表 4-62 和表 4-63 中各位的含义为：

(1) ICNCn(位 7)是输入捕捉噪声抑制设置位。置位 ICNC1 将使能输入捕捉噪声抑制功能。此时外部引脚 ICPn 的输入被滤波。其作用是从 ICPn 引脚连续进行 4 次采样。如果 4 个采样值都相等，那么信号送入边沿检测器。因此使能该功能将使输入捕捉延时 4 个时钟周期。

(2) ICESn(位 6)是输入捕捉触发沿选择位，用于选择使用 ICPn 上的哪个边沿触发捕获事件。ICESn 为 "0" 选择的是下降沿触发输入捕捉；ICESn 为 "1" 选择的是逻辑电平的上升沿触发输入捕捉。按照 ICESn 的设置捕获到一个事件后，计数器的数值被复制到 ICRn 寄存器。捕获事件还会置为 ICFn。如果此时中断使能，输入捕捉事件即被触发。

当 ICRn 用做 TOP 值(见 TCCRnA 与 TCCRnB 寄存器中 WGMn3～WGMn0 位的描述)时，ICPn 与输入捕捉功能脱开，从而使输入捕捉功能被禁用。

(3) WGMn3、WGMn2(位 4、3)是波形发生模式(见 TCCRnA 寄存器中的描述)。

(4) CSn2～CSn0(位 2～0)是时钟选择位。这 3 位用于选择 T/C 的时钟源，见表 4-64。选择使用外部时钟源后，即使 Tn 引脚被定义为输出，其 n 引脚上的逻辑信号电平变化仍然会驱动 T/Cn 计数，这个特性允许用户通过软件来控制计数。

表 4-64　时钟选择位描述

CSn2	CSn1	CSn0	说　明	CSn2	CSn1	CSn0	说　明
0	0	0	无时钟源(T/C停止)	1	0	0	$CLK_{I/O}$/256(来自分频器)
0	0	1	$CLK_{I/O}$/1(无预分频)	1	0	1	$CLK_{I/O}$/1024(来自分频器)
0	1	0	$CLK_{I/O}$/8(来自分频器)	1	1	0	外部Tn引脚，下降沿驱动
0	1	1	$CLK_{I/O}$/64(来自分频器)	1	1	1	外部Tn引脚，上升沿驱动

5) 定时器/计数器 1 控制寄存器 C(TCCR1C)

定时器/计数器 1 控制寄存器 C(TCCR1C)的格式如表 4-65 所示。

表 4-65　TCCR1C 的格式

D7	D6	D5	D4	D3	D2	D1	D0
FOC1A	FOC1B	FOC1C	—	—	—	—	—

6) 定时器/计数器 3 控制寄存器 C(TCCR3C)

定时器/计数器 3 控制寄存器 C(TCCR3C)的格式如表 4-66 所示。

表 4-66　TCCR3C 的格式

D7	D6	D5	D4	D3	D2	D1	D0
FOC3A	FOC3B	FOC3C	—	—	—	—	—

表 4-65 和表 4-65 中各位的含义为：

(1) FOCnA(位 7)是强制输出比较通道 A。

(2) FOCnB(位 6)是强制输出比较通道 B。

(3) FOCnC(位 5)是强制输出比较通道 C。

FOCnA/FOCnB/FOCnC 位只在 WGMn3～WGMn0 位被设置为非 PWM 模式时才有效。

对 FOCnA/FOCnB/FOCnC 写"1"将强制波形发生器产生一次成功的比较匹配,并使波形发生器依据 COMnx1、COMnx0 的设置而改变 OCnA/OCnB/OCnC 的输出状态。FOCnA/FOCnB/FOCnC 的作用如同一个选通信号,COMnx1、COMnx0 的设置才是最终确定比较匹配结果的因素。

FOCnA/FOCnB/FOCnC 选通信号不会产生任何中断请求,也不会对计数器清 0。FOCnA/FOCnB/FOCnC 的读数返回值总为 0。

7) 定时器/计数器 1/3(TCNT1/3H 和 TCNT1/3L)

定时器/计数器 1(TCNT1H 和 TCNT1L)和定时器/计数器 3(TCNT3H 和 TCNT3L)的格式均是 16 位数据。

TCNTnH 与 TCNTnL 组成了 T/Cn 的数据寄存器 TCNTn。通过它们可以直接对定时器/计数器单元的 16 位计数器进行读/写访问。为保证 CPU 对高字节与低字节的同时读/写,必须使用一个 8 位临时高字节寄存器 TEMP。TEMP 是所有的 16 位寄存器共用的。

在计数器运行期间修改 TCNTn 的内容有可能丢失一次 TCNTn 与 OCRnx 的比较匹配操作。写 TCNTn 寄存器将在下一个定时器周期阻塞比较匹配。

8) 输出比较寄存器

比较寄存器有输出比较寄存器 1A(OCR1AH 和 OCR1AL)、输出比较寄存器 1B(OCR1BH 和 OCR1BL)、输出比较寄存器 1C(OCR1CH 和 OCR1CL)、输出比较寄存器 3A(OCR3AH 和 OCR3AL)、输出比较寄存器 3B(OCR3BH 和 OCR3BL)、输出比较寄存器 3C(OCR3CH 和 OCR3CL)。

输出比较寄存器长度为 16 位。为保证 CPU 对高字节与低字节的同时读/写,必须使用一个 8 位临时高字节寄存器 TEMP。TEMP 是所有的 16 位寄存器共用的。

这些寄存器中的 16 位数据与 TCNTn 寄存器中的计数值进行连续的比较,一旦数据匹配,将产生一个输出比较中断,或改变 OCnx 的输出逻辑电平。

9) 输入捕捉寄存器

输入捕捉寄存器有输入捕捉寄存器 1(ICR1H 和 ICR1L)和输入捕捉寄存器 3(ICR3H 和 ICR3L)。

输入捕捉寄存器长度为 16 位。为保证 CPU 对高字节与低字节的同时读/写,必须使用一个 8 位临时高字节寄存器 TEMP。TEMP 是所有的 16 位寄存器共用的。

当外部引脚 ICPn(或 T/C1 的模拟比较器)有输入捕捉触发信号产生时,计数器 TCNTn 中的值写入 ICR1 中。ICR1 的设定值可作为计数器的 TOP 值。

10) 定时器/计数器中断屏蔽寄存器 TIMSK

定时器/计数器中断屏蔽寄存器 TIMSK 的格式如表 4-67 所示。

表 4-67　中断屏蔽寄存器 TIMSK 的格式

D7	D6	D5	D4	D3	D2	D1	D0
OCIE2	TOIE2	TICIE1	OCIE1A	OCIE1B	TOIE1	OCIE0	TOIE0

表 4-67 中与定时器/计数器相关的位的含义是:

(1) TICIE1 是 T/C1 输入捕捉中断使能位。当该位被设为"1",且状态寄存器中的 I

位被设为"1"时，T/C1 的输入捕捉中断使能。一旦 TIFR1 的 ICF1 置位，CPU 即开始执行 T/C1 输入捕捉中断服务程序。

(2) OCIE1A 是 T/C1 输出比较 A 匹配中断使能位。当该位被设为"1"，且状态寄存器中的 I 位被设为"1"时，T/C1 的输出比较 A 匹配中断使能。一旦 TIFR1 上的 OCF1A 置位，CPU 即开始执行 T/C1 输出比较 A 匹配中断服务程序。

(3) OCIE1B 是 T/C1 输出比较 B 匹配中断使能位。当该位被设为"1"，且状态寄存器中的 I 位被设为"1"时，T/C1 的输出比较 B 匹配中断使能。一旦 TIFR1 上的 OCF1B 置位，CPU 即开始执行 T/C1 输出比较 B 匹配中断服务程序。

(4) TOIE1 是 T/C1 溢出中断使能位。当该位被设为"1"，且状态寄存器中的 I 位被设为"1"时，T/C1 的溢出中断使能。一旦 TIFR 上的 TOV1 置位，CPU 即开始执行 T/C1 溢出中断服务程序。

11) 扩展的定时器/计数器中断屏蔽寄存器 ETIMSK

扩展的定时器/计数器中断屏蔽寄存器 ETIMSK 的格式如表 4-68 所示。

表 4-68　中断屏蔽寄存器 ETIMSK 的格式

D7	D6	D5	D4	D3	D2	D1	D0
—	—	TICIE3	OCIE3A	OCIE3B	TOIE3	OCIE3C	OCIE1C

表 4-68 中与中断屏蔽有关的位的含义是：

(1) TICIE3 是 T/C3 输入捕捉中断使能位。当该位被设为"1"，且状态寄存器中的 I 位被设为"1"时，T/C3 的输入捕捉中断使能。一旦 ETIFR 的 ICF3 置位，CPU 即开始执行 T/C3 输入捕捉中断服务程序。

(2) OCIE3A 是 T/C3 输出比较 A 匹配中断使能位。当该位被设为"1"，且状态寄存器中的 I 位被设为"1"时，T/C3 的输出比较 A 匹配中断使能。一旦 ETIFR 上的 OCF3A 置位，CPU 即开始执行 T/C3 输出比较 A 匹配中断服务程序。

(3) OCIE3B 是 T/C3 输出比较 B 匹配中断使能位。当该位被设为"1"，且状态寄存器中的 I 位被设为"1"时，T/C3 的输出比较 B 匹配中断使能。一旦 ETIFR 上的 OCF3B 置位，CPU 即开始执行 T/C3 输出比较 B 匹配中断服务程序

(4) TOIE3 是 T/C3 溢出中断使能位。当该位被设为"1"，且状态寄存器中的 I 位被设为"1"时，T/C3 的溢出中断使能。一旦 ETIFR 上的 TOV3 置位，CPU 即开始执行 T/C3 溢出中断服务程序。

(5) OCIE3C 是 T/C3 输出比较 C 匹配中断使能位。当该位被设为"1"，且状态寄存器中的 I 位被设为"1"时，T/C3 的输出比较 C 匹配中断使能。一旦 ETIFR 上的 OCF3C 置位，CPU 即开始执行 T/C3 输出比较 C 匹配中断服务程序。

(6) OCIE1C 是 T/C1 输出比较 C 匹配中断使能位。当该位被设为"1"，且状态寄存器中的 I 位被设为"1"时，T/C1 的输出比较 C 匹配中断使能。一旦 ETIFR 上的 OCF1C 置位，CPU 即开始执行 T/C1 输出比较 C 匹配中断服务程序。

12) 定时器/计数器中断标志寄存器 TIFR

定时器/计数器中断标志寄存器 TIFR 的格式如表 4-69 所示。

表 4-69　中断标志寄存器 TIFR 的格式

D7	D6	D5	D4	D3	D2	D1	D0
OCF2	TOV2	ICF1	OCF1A	OCF1B	TOV1	OCF0	TOV0

表 4-69 中与中断标志有关的位的含义是：

(1) ICF1 是 T/C1 输入捕捉标志位。当外部引脚 ICP1 出现捕捉事件时 ICF1 置位。此外，当 ICR1 作为计数器的 TOP 值时，一旦计数器值达到 TOP，ICF1 也置位。执行输入捕捉中断服务程序时 ICF1 自动清 0。也可以对其写入逻辑"1"来清除该标志位。

(2) OCF1A 是 T/C1 输出比较 A 匹配标志位。当 TCNT1 与 OCR1A 匹配成功时，该位被设为"1"。强制输出比较(FOC1A)不会置位 OCF1A。执行强制输出比较匹配 A 中断服务程序时 OCF1A 自动清 0。也可以对其写入逻辑"1"来清除该标志位。

(3) OCF1B 是 T/C1 输出比较 B 匹配标志位。当 TCNT1 与 OCR1B 匹配成功时，该位被设为"1"。强制输出比较(FOC1B)不会置位 OCF1B。执行强制输出比较匹配 B 中断服务程序时 OCF1B 自动清 0。也可以对其写入逻辑"1"来清除该标志位。

(4) TOV1 是 T/C1 溢出标志位。该位的设置与 T/C1 的工作方式有关。工作于普通模式和 CTC 模式时，T/C1 溢出时 TOV1 置位。工作在其他模式下的 TOV1 标志位被置位。执行溢出中断服务程序时 TOV1 自动清 0。也可以对其写入逻辑"1"来清除该标志位。

13) 扩展的定时器/计数器中断标志寄存器 ETIFR

扩展的定时器/计数器中断标志寄存器 ETIFR 的格式如表 4-70 所示。

表 4-70　中断标志寄存器 ETIFR 的格式

D7	D6	D5	D4	D3	D2	D1	D0
—	—	ICF3	OCF3A	OCF3B	TOV3	OCF3C	OCF1C

表 4-70 中与中断标志有关的位的含义是：

(1) ICF3 是 T/C3 输入捕捉标志位。当外部引脚 ICP3 出现捕捉事件时 ICF3 置位。此外，当 ICR3 作为计数器的 TOP 值时，一旦计数器值达到 TOP，ICF3 也置位。执行输入捕捉中断服务程序时 ICF3 自动清 0。也可以对其写入逻辑"1"来清除该标志位。

(2) OCF3A 是 T/C3 输出比较 A 匹配标志位。当 TCNT3 与 OCR3A 匹配成功时，该位被设为"1"。强制输出比较(FOC3A)不会置位 OCF3A。执行强制输出比较匹配 3A 中断服务程序时 OCF3A 自动清零。也可以对其写入逻辑"1"来清除该标志位。

(3) OCF3B 是 T/C3 输出比较 B 匹配标志位。当 TCNT3 与 OCR3B 匹配成功时，该位被设为"1"。强制输出比较(FOC3B)不会置位 OCF3B。执行强制输出比较匹配 3B 中断服务程序时 OCF3B 自动清零。也可以对其写入逻辑"1"来清除该标志位。

(4) TOV3 是 T/C3 溢出标志位。该位的设置与 T/C3 的工作方式有关。工作于普通模式和 CTC 模式时，T/C3 溢出时 TOV3 置位。工作在其他模式下的 TOV3 标志位被置位。执行溢出中断服务程序时 TOV3 自动清 0。也可以对其写入逻辑"1"来清除该标志位。

(5) OCF3C 是 T/C3 输出比较 C 匹配标志位。当 TCNT3 与 OCR3C 匹配成功时，该位被设为"1"。强制输出比较(FOC3C)不会置位 OCF3C。执行强制输出比较匹配 3C 中断服务程序时 OCF3C 自动清零。也可以对其写入逻辑"1"来清除该标志位。

(6) OCF1C 是 T/C1 输出比较 C 匹配标志位。当 TCNT1 与 OCR1C 匹配成功时，该位被设为"1"。强制输出比较(FOC1C)不会置位 OCF1C。执行强制输出比较匹配 1C 中断服务程序时 OCF1C 自动清 0。也可以对其写入逻辑"1"来清除该标志位。

4.6.3 看门狗定时器

1. 看门狗定时器的结构

看门狗定时器由独立的 1 MHz 片内振荡器驱动(这是 VCC=5 V 时的典型值)。通过设置看门狗定时器的预分频器可以调节看门狗复位的时间间隔。看门狗复位指令 WDR 用来复位看门狗定时器。此外，禁止看门狗定时器或发生复位时定时器也被复位。复位时间有 8 个选项。如果没有及时复位定时器，一旦时间超过复位周期，ATmega64/128 就复位，并执行复位向量指向的程序。看门狗定时器的逻辑电路如图 4-17 所示。

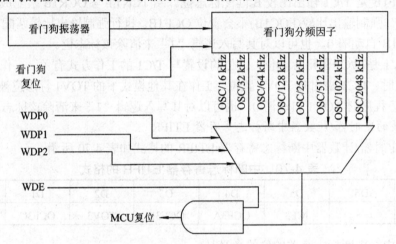

图 4-17　看门狗定时器的逻辑电路

为了防止无意之间禁止了看门狗定时器或改变了复位时间，根据熔丝位 M103C 和 WDTON 芯片提供了 3 个不同的保护级别，如表 4-71 所示。安全级别 0 对应于兼容模式 ATmega103 的设置。使能看门狗定时器则没有限制。

表 4-71　WDT 配置表

M103C	WDTON	安全级别	WDT 初始状态	如何禁止 WDT	如何改变复位间隔时间
未编程	未编程	1	禁止	时间序列	时间序列
未编程	已编程	2	使能	总是使能	时间序列
已编程	未编程	0	禁止	时间序列	没有限制
已编程	已编程	2	使能	总是使能	时间序列

2. 看门狗定时器的寄存器设置

看门狗定时器控制寄存器(WDTCR)的设置格式如表 4-72 所示。

表 4-72　看门狗定时器 WDTCR 的设置

D7	D6	D5	D4	D3	D2	D1	D0
—	—	—	WDCE	WDE	WDP2	WDP1	WDP0

表 4-72 中各位的含义如下：

(1) WDCE 是看门狗修改使能位。在清 0 WDE 时必须先置位 WDCE，否则不能禁止看门狗。一旦置位，硬件将在紧接的 4 个时钟周期之后将其清 0。工作于安全级别 1 和 2 时也必须置位 WDCE 以修改预分频器的数据。

(2) WDE 是看门狗使能位。当 WDE 为"1"时，看门狗工作，否则看门狗将被禁止。只有在 WDCE 为"1"时 WDE 才能清 0。以下为关闭看门狗的步骤：

① 在同一个指令内对 WDCE 和 WDE 写"1"，即使 WDE 已经为"1"。

② 在紧接的 4 个时钟周期之内对 WDE 写"0"。

工作于安全级别 2 时是永远无法禁止看门狗定时器的。

(3) WDP2、WDP1 和 WDP0 是看门狗定时器预分频设置，其选项如表 4-73 所示。

表 4-73　看门狗定时器预分频器选项

WDP2	WDP1	WDP0	WDT 振荡器周期/kHz	VCC=3 V 时，典型的溢出时间	VCC=5 V 时，典型的溢出时间
0	0	0	16	14.8 ms	14.0 ms
0	0	1	32	29.6 ms	28.1 ms
0	1	0	64	59.1 ms	56.2 ms
0	1	1	128	0.12 s	0.11 s
1	0	0	256	0.24 s	0.22 s
1	0	1	512	0.47 s	0.45 s
1	1	0	1024	0.95 s	0.9 s
1	1	1	2048	1.9 s	1.8 s

4.7　ATmega64/128 的通用串行接口

4.7.1　TWI(I^2C)接口

ATmega64/128 单片机的 TWI 接口和其他单片机的 I^2C 的接口功能及应用基本一样。两线接口 TWI 协议允许系统设计者只用两根双向传输线将 128 个不同的设备互连到一起。这两根线一个是时钟 SCL，一个是数据 SDA。外部硬件只需要两个上拉电阻(每根线上有一个)。所有连接到总线上的设备都有自己的地址，TWI 协议解决了总线仲裁的问题。

TWI 的特点如下：

(1) 简单而灵活的串行通信接口，只需要两根线。

(2) 支持主机和从机操作，器件可以工作于发送器模式或接收器模式。

(3) 完全可编程的从机地址以及公共地址，7 位地址空间允许有 128 个从机。

(4) 支持多主机仲裁，高达 400 kHz 的数据传输率。

(5) 斜率受控的输出驱动，可以抑制总线的尖峰噪声。

(6) 睡眠时能够唤醒 CPU。

1. 数据传输和帧格式

1) 传输数据

TWI 总线上的数据位传输与时钟脉冲同步。除"启动"与"停止"状态外，时钟线为高时，数据线电压必须保持稳定，其时序见图 4-18(a)。

2) 启动与停止

主机在总线上发出启动(START)信号来启动数据传输；在总线上发出停止(STOP)信号来停止数据传输。在 START 与 STOP 状态之间，不允许其他主机控制总线，除非是在 START 与 STOP 状态之间又发出了一个新的 START 状态。这被称为"重新启动"状态，适用于主机在不放弃总线控制的情况下启动新的传输。启动与停止时序见图 4-18(b)。

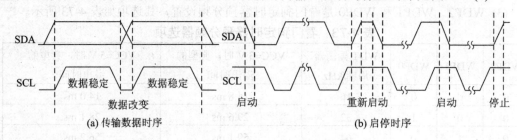

图 4-18　TWI 工作时序

3) 地址数据包格式

在 TWI 总线上传送的地址包均为 9 位，包括 7 位地址位、1 位读/写(R/W)控制位与 1 位应答位。如果 R/W 为 1，则执行读操作；否则执行写操作。从机被寻址后，必须在第 9 个 SCL(ACK)周期通过拉低 SDA 作出应答。若该从机忙或有其他原因无法响应主机，则应该在 ACK 周期保持 SDA 为高。然后主机可以发出 STOP 状态或重新启动发送。地址包包括从机地址与分别称为 SLA+R 或 SLA+W 的读或写位。地址字节的高位首先被发送。从机地址由设计者自由分配，但需要保留地址 0000000 作为广播地址。

当发送广播呼叫时，所有的从机应在 ACK 周期通过拉低 SDA 作出应答。当主机需要发送相同的信息给多个从机时可以使用广播功能。当"写"位在广播呼叫之后发送时，所有的从机通过在 ACK 周期拉低 SDA 作出响应。所有的从机将接收紧跟的数据包。注意，在整体访问中发送读位没有意义，因为如果几个从机发送不同的数据会带来总线冲突。

4) 数据包格式

在 TWI 总线上传送的数据包为 9 位长，包括 8 位数据位及 1 位应答位。在数据传送中，主机产生时钟及 START 与 STOP 状态，而接收器响应接收。应答是由从机在第 9 个 SCL 周期拉低 SDA 来实现的。如果接收器使 SDA 为高，则发出 NACK 信号。接收器完成接收或者由于某些原因无法接收更多的数据时，应该在收到最后的字节后发出 NACK 来告知发送器。数据的高位首先发送。

5) 完整的数据格式

发送主要由 START 状态、SLA+R/W、至少一个数据包及 STOP 状态组成。只有 START 与 STOP 状态的空信息是非法的。可以利用 SCL 的线与功能来实现主机与从机的握手。从机可通过拉低 SCL 来延长 SCL 低电平的时间。当主机设定的时钟速度相对于从机太快，或从机需要额外的时间来处理数据时，这一特性是非常有用的。从机延长 SCL 低电平的时间不会影响 SCL 高电平的时间,因为 SCL 高电平时间是由主机决定的。由上述可知,通过改变 SCL 的占空比可降低 TWI 数据传送速度。图 4-19 是典型的数据传送时序。注意,SLA+R/W 与 STOP 之间传送的字节数由应用程序的协议决定。

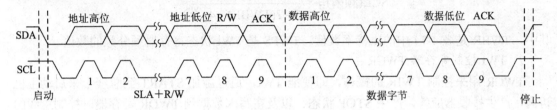

图 4-19　完整的数据格式

　　TWI 协议允许总线上有多个主机。特别要注意的是,即使有多个主机同时开始发送数据,也要保证发送正常进行。多主机系统中有两个问题:

　　(1) 算法必须只能允许一个主机完成传送。当其余主机发现它们失去选择权后应停止传送。这个选择过程称为仲裁。当竞争中的主机发现其仲裁失败时,应立即转换到从机模式检测是否被获得总线控制权的主机寻址。事实上多主机同时传送时不应该让从机检测到,即不许破坏数据在总线上的传送。

　　(2) 不同的主机可能使用不同的 SCL 频率。为保证传送的一致性,必须设计一种同步主机时钟的方案。这会简化仲裁过程。

　　总线的线与功能用来解决上述问题。将所有的主机时钟进行与操作,会生成组合的时钟,其高电平时间等于所有主机中最短的一个,低电平时间则等于所有主机中最长的一个。所有的主机都监听 SCL,使其可以有效地计算本身高/低电平与组合 SCL 信号高/低电平的时间差异。输出数据之后所有的主机都持续监听 SDA 来实现仲裁。如果从 SDA 读回的数值与主机输出的数值不匹配,该主机即失去仲裁。要注意的是,只有当一个主机输出高电平的 SDA,而其他主机输出为低时,该主机才会失去仲裁,并立即转为从机模式,检测是否被胜出的主机寻址。失去仲裁的主机必须将 SDA 置高,但在当前的数据包或地址包结束之前还可以产生时钟信号。仲裁将会持续到系统只有一个主机时。这可能会占用较多时间(比特)。如果几个主机对相同的从机寻址,仲裁将会持续到数据包。

2. TWI 寄存器说明

1) TWI 比特率寄存器 TWBR

TWI 比特率寄存器 TWBR 的格式如表 4-74 所示。

表 4-74　比特率寄存器 TWBR 的格式

D7	D6	D5	D4	D3	D2	D1	D0
TWBR7	TWBR6	TWBR5	TWBR4	TWBR3	TWBR2	TWBR1	TWBR0

　　表 4-74 中,TWBR7～TWBR0 为比特率发生器分频因子。比特率发生器是一个分频器,在主机模式下产生 SCL 时钟频率。

　　TWI 工作于主机模式时,比特率发生器控制时钟信号 SCL 的周期。当 TWI 工作在从机模式时,不需要对比特率或预分频进行设定,但从机的 CPU 时钟频率必须大于 TWI 时钟线 SCL 频率的 16 倍。注意,从机可能会延长 SCL 低电平的时间,从而降低 TWI 总线的平均时钟周期。

SCL 的频率根据以下公式产生：

$$SCL(频率)= \frac{CPU时钟频率}{16+2(TWBR)\times 4^{TWPS}}$$

其中，TWBR 是表 4-74 中的比特率数值；TWPS 是 TWI 状态寄存器预分频的数值。

2) TWI 控制寄存器 TWCR

TWCR 用来控制 TWIR 的操作，即使能 TWI，通过施加 START 到总线上来启动主机访问，产生接收器应答，产生 STOP 状态，以及在写入数据到 TWDR 寄存器时控制总线的暂停等。这个寄存器还可以给出在 TWI 数据寄存器 TWDR 无法访问期间，试图将数据写入到 TWDR 而引起的写入冲突信息。TWI 控制寄存器 TWCR 的格式如表 4-75 所示。

表 4-75 控制寄存器 TWCR 的格式

D7	D6	D5	D4	D3	D2	D1	D0
TWINT	TWEA	TWSTA	TWSTO	TWWC	TWEN	—	TWIE

表 4-75 中各位的含义是：

(1) TWINT 是 TWI 中断标志位。当 TWINT 置位时，SCL 信号的低电平被延长。TWINT 标志的清 0 必须通过软件写"1"来完成。执行中断时硬件不会自动将其改写为"0"。只要这一位被清 0，TWI 立即开始工作。因此，在清 0 TWINT 之前一定要首先完成对地址寄存器 TWAR、状态寄存器 TWSR 以及数据寄存器 TWDR 的访问。

(2) TWEA 是使能 TWI 应答位。若 TWEA 置位，则出现如下条件时接口发出 ACK 脉冲：

① 器件的从机地址与主机发出的地址相符合。

② TWAR 的 TWGCE 置位时接收到广播呼叫。

③ 在主机/从机接收模式下接收到一个字节的数据。

将 TWEA 清 0 可以使器件暂时脱离总线。置位后器件重新恢复地址识别。

(3) TWSTA 是 START 状态位。当 CPU 希望自己成为总线上的主机时需要置位 TWSTA。TWI 硬件检测总线是否可用。若总线空闲，接口就在总线上产生 START 状态。若总线忙，接口就一直等待，直到检测到一个 STOP 状态，然后产生 START 以声明自己希望成为主机。发送 START 之后软件必须清 0 TWSTA。

(4) TWSTO 是 STOP 状态位。在主机模式下，如果置位 TWSTO，TWI 接口将在总线上产生 STOP 状态，然后 TWSTO 自动清 0。在从机模式下，置位 TWSTO 可以使接口从错误状态恢复到未被寻址的状态。此时总线上不会有 STOP 状态产生，但 TWI 返回一个定义好的未被寻址的从机模式且释放 SCL 与 SDA 为高阻态。

(5) TWWC 是 TWI 写冲突标志。当 TWINT 为低时写数据寄存器 TWDR 将置位 TWWC。每一次对 TWDR 的写访问都将更新此标志。

(6) TWEN 是 TWI 使能位。当 TWEN 位被写为"1"时，TWI 引脚将 I/O 引脚切换到 SCL 与 SDA 引脚，使能波形斜率限制器与尖峰滤波器。如果该位清 0，TWI 接口模块将被关闭，所有 TWI 传输将被终止。

(7) TWIE 是 TWI 中断使能位。当 SREG 的 I 以及 TWIE 置位时，只要 TWINT 为"1"，TWI 中断就被激活。

3) TWI 状态寄存器 TWSR

TWI 状态寄存器 TWSR 的格式如表 4-76 所示。

表 4-76 状态寄存器 TWSR 的格式

D7	D6	D5	D4	D3	D2	D1	D0
TWS7	TWS6	TWS5	TWS4	TWS3	—	TWPS1	TWPS0

表 4-76 中各位的含义是：

(1) TWS7～TWS3 是 TWI 的状态位。不同的状态代码代表不同的状态。从 TWSR 读出的值包括 5 位状态值与 2 位预分频值。检测状态位时设计者应屏蔽预分频位为"0"。这使状态检测独立于预分频器设置。

(2) TWPS1、TWPS0 是 TWI 预分频因子位，用于控制比特率预分频因子。当 TWPS1、TWPS0=00 时，分频因子为 1；当 TWPS1、TWPS0=01 时，分频因子为 4；当 TWPS1、TWPS0=10 时，分频因子为 16；当 TWPS1、TWPS0=11 时，分频因子为 64。

4) TWI 数据寄存器 TWDR

TWI 数据寄存器 TWDR 的格式如表 4-77 所示。

表 4-77 数据寄存器 TWDR 的格式

D7	D6	D5	D4	D3	D2	D1	D0
TWD7	TWD6	TWD5	TWD4	TWD3	TWD2	TWD1	TWD0

在发送模式下，TWDR 包含要发送的字节；在接收模式下，TWDR 包含接收到的数据。

5) TWI(从机)地址寄存器 TWAR

TWI(从机)地址寄存器 TWAR 的格式如表 4-78 所示。

表 4-78 地址寄存器 TWAR 的格式

D7	D6	D5	D4	D3	D2	D1	D0
TWA6	TWA5	TWA4	TWA3	TWA2	TWA1	TWA0	TWGCE

TWAR 的高 7 位(TWA6～TWA0)为从机地址。工作于从机模式时，TWI 将根据这个地址进行响应。主机模式不需要此地址。在多主机系统中，TWAR 需要进行设置以便其他主机访问自己。

TWGCE 用于识别广播地址 (0x00)。芯片内有一个地址比较器。一旦接收到的地址和本机地址一致，芯片就请求中断。置位后芯片可以识别 TWI 总线广播。

3. TWI 接口的操作

AVR 的 TWI 接口是面向字节和基于中断的。如接收到一个字节或发送了一个 START 信号等，都会产生一个 TWI 中断。因此 TWI 接口在字节发送和接收过程中，不需要应用程序的干预。TWCR 寄存器的 TWI 中断允许位 TWIE 和 SREG 寄存器的全局中断允许位一起决定了应用程序是否响应 TWINT 标志位产生的中断请求。如果 TWIE 被清 0，应用程序只能采用轮询 TWINT 标志位的方法来检测 TWI 总线的状态。当 TWINT 标志位置"1"时，表示 TWI 接口完成了当前的操作，等待应用程序的响应。在这种情况下，TWI 状态寄存器 TWSR 包含了表明当前 TWI 总线状态的值。应用程序可以读取 TWCR 的状态码，判别此时的状态是否正确，并通过设置 TWCR 与 TWDR 寄存器，决定在下一个 TWI 总线周期 TWI 接口应该如何工作。

4.7.2 USART 串行接口

ATmega64/128 具有两个 USART 接口(USART0 和 USART1)。USART0 和 USART1 具有不同的 I/O 寄存器。在 ATmega103 兼容模式下，ATmega128 只支持一个异步工作的 USART0。AVR 单片机的 USART 是一个高度灵活的串行通信接口，主要特点为：

(1) 全双工操作(独立的串行接收和发送寄存器)。

(2) 异步或同步操作(主机或从机提供时钟的同步操作)。

(3) 高精度的波特率发生器。

(4) 支持 5、6、7、8 或 9 个数据位和 1 个或 2 个停止位。

(5) 硬件支持奇偶校验操作。

(6) 具有数据过速和帧错误检测功能。

(7) 可进行噪声滤波，包括错误的起始位检测，并能进行数字低通滤波。

(8) 具有三个独立的中断，即发送结束中断、发送数据寄存器空中断和接收结束中断。

(9) 具有多处理器通信模式和倍速异步通信模式。

1. USART 的内部结构

USART 分为时钟发生器、发送器和接收器三部分。时钟发生器包括同步从机操作(用来与外部输入时钟进行同步的操作)及波特率的发生。XCK 引脚用于同步发送模式。发送器包括单个写缓冲器、串行移位寄存器、奇偶发生器以及处理不同的帧格式所需的控制逻辑。写缓冲器可以连续发送数据而不会在数据帧之间引入延时。接收器具有时钟和数据恢复单元，是 USART 模块中最复杂的部分。恢复单元用于异步数据的接收。除了恢复单元外，接收器还包括奇偶校验、控制逻辑、移位寄存器和两个接收缓冲器 UDR。接收器支持与发送器相同的帧格式，而且可以检测帧错误、数据过速和奇偶校验错误。

简化的 USART 的内部结构框图如图 4-20 所示。

2. 时钟的产生

时钟产生逻辑为发送器和接收器产生基础时钟。USART 支持 4 种模式的时钟：正常的异步模式、倍速的异步模式、主机同步模式及从机同步模式。USART 控制和状态寄存器 C(UCSRC)用于选择异步模式和同步模式。倍速模式(只适用于异步模式)受控于 UCSRA 寄存器的 U2X。使用同步模式(UMSEL=1)时，XCK 的数据方向寄存器(DDR_XCK)决定时钟源是由内部产生(主机模式)还是由外部生产(从机模式)。仅在同步模式下 XCK 有效。图 4-21 为时钟产生逻辑的框图。

1) 片内波特率的产生

USART 的波特率寄存器 UBRR 和降序计数器相连接，它们一起构成可编程的预分频器或波特率发生器。降序计数器对系统时钟计数，当其计数到零或 UBRRL 寄存器被写时，会自动装入 UBRR 寄存器的值。当计数到零时产生一个时钟，该时钟作为波特率发生器的输出时钟，输出时钟的频率为 $f_{osc}/(UBRR+1)$。波特率发生器的输出时钟可以进行 2、8 或 16 的分频，具体情况取决于工作模式。波特率发生器的输出被直接用于接收器与数据恢复单元。数据恢复单元使用了一个有 2、8 或 16 个状态的状态机，具体状态数由 UMSEL、U2X 与 DDR_XCK 位设定的工作模式决定。表 4-79 给出了计算波特率(单位为 b/s)以及每一种使用内部时钟源工作模式的 UBRR 值的公式。

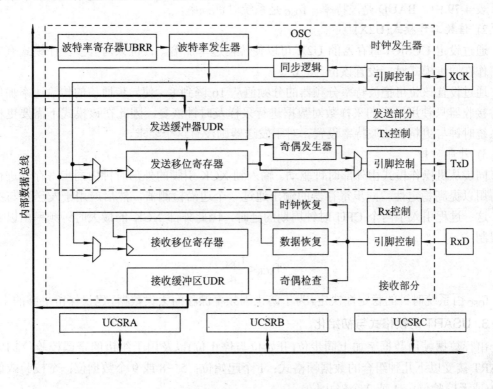

图 4-20　USART 内部组成框图

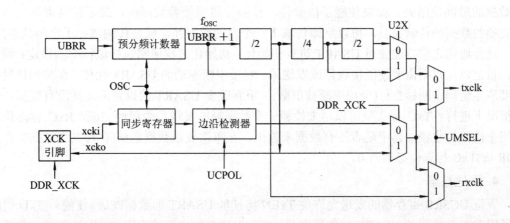

图 4-21　USART 时钟产生逻辑框图

表 4-79 波特率的计算

使用模式	波特率的计算公式	UBRR值的计算公式
异步正常模式(U2X=0)	$BAUD = f_{OSC}/[16 \times (UBRR+1)]$	$UBRR=(f_{OSC}/16 \times BAUD)-1$
异步倍速模式(U2X=1)	$BAUD = f_{OSC}/[8 \times (UBRR+1)]$	$UBRR=(f_{OSC}/8 \times BAUD)-1$
同步主机模式	$BAUD = f_{OSC}/[2 \times (UBRR+1)]$	$UBRR=(f_{OSC}/2 \times BAUD)-1$

表 4-79 中，BAUD 是波特率；f_{OSC} 是系统时钟频率。

2) 倍数工作模式(U2X)

通过设定 UCSRA 寄存器的 U2X 可以使传输速率加倍。该位只对异步工作模式有效。当工作在同步模式时，设置该位为 "0"。

通过设置该位可把波特率分频器的分频值从 16 降到 8，使异步通信的传输速率加倍。此时接收器只使用一半的采样数对数据进行采样及时钟恢复，因此在该模式下需要更精确的系统时钟与更精确的波特率设置。对于发送器则没有这个要求。

3) 外部时钟

同步从机操作模式由外部时钟驱动。输入到 XCK 引脚的外部时钟由同步寄存器进行采样，用以提高稳定性。同步寄存器的输出通过一个边沿检测器，然后应用于发送器与接收器。这一过程引入了两个 CPU 时钟周期的延时，因此外部 XCK 的最大时钟频率由以下公式限制：

$$f_{XCK} < \frac{f_{OSC}}{4}$$

f_{OSC} 由系统时钟的稳定性决定，为了防止因频率漂移而丢失数据，建议保留足够的裕量。

3. USART 的帧格式与初始化

串行数据帧由数据字加上同步位(开始位与停止位)以及用于纠错的奇偶校验位构成。USART 接受以下几种组合的数据帧格式：1 个起始位；5～8 或 9 个数据位；奇校验或偶校验位(或无校验位)；1 或 2 个停止位。

数据帧以起始位开始，紧接着的是数据字的最低位。数据字最多可以有 9 个数据位，以数据的最高位结束。如果使能了校验位，校验位将紧接着数据位，最后是结束位。当一个完整的数据帧传输完后，可以立即传输下一个新的数据帧，或使传输线处于空闲状态。

进行通信之前首先要对 USART 进行初始化。初始化过程通常包括波特率的设定、帧结构的设定以及根据需要使能接收器或发送器。对于中断驱动的 USART 操作，在初始化时首先要清零全局中断标志位(全局中断被屏蔽)。重新改变 USART 的设置应该在没有数据传输的情况下进行。TxC 标志位可以用来检验一个数据帧的发送是否已经完成，RxC 标志位可以用来检验接收缓冲器中是否还有数据未读出。在每次发送数据之前(在写发送数据寄存器 UDR 前)TxC 标志位必须清 0。

4. 发送数据

置位 UCSRB 寄存器的发送允许位 TxEN 将使能 USART 的数据发送。使能后 TxD 引脚的通用 I/O 功能即被 USART 功能所取代，成为发送器的串行输出引脚。发送数据之前要设置好波特率、工作模式与帧结构。如果使用同步发送模式，施加于 XCK 引脚上的时钟信号即为数据发送的时钟。

1) 发送器标志和中断

USART 发送器有两个标志位：USART 数据寄存器空标志 UDRE 及传输结束标志 TxC，两个标志位都可以产生中断。

数据寄存器空标志 UDRE 表示发送缓冲器是否可以接收一个新的数据。该位在发送缓冲器空时被置"1"，在发送缓冲器包含需要发送的数据时被清 0。为与将来的器件兼容，写 UCSRA 寄存器时该位要写"0"。当 UCSRB 寄存器中的数据寄存器空中断使能位 UDRIE 为"1"时，只要 UDRE 被置位(且全局中断使能)，就将产生 USART 数据寄存器中断请求。

对寄存器 UDR 执行写操作将清 0 UDRE。当采用中断方式传输数据时，在数据寄存器空中断服务程序中必须写一个新的数据到 UDR 以清 0 UDRE；或者是禁止数据寄存器空中断。否则一旦该中断程序结束，一个新的中断将再次产生。当整个数据帧移出发送移位寄存器，同时发送缓冲器中又没有新的数据时，发送结束标志 TxC 置位。TxC 在传送结束中断执行时自动清 0，也可通过软件写"1"来清 0。TxC 标志位对于采用如 RS485 标准的半双工通信接口十分有用。在这些应用里，数据一旦传送完毕，应用程序必须释放通信总线并进入接收状态。

当 UCSRB 上的发送结束中断使能位 TxCIE 与全局中断使能位均被置为"1"时，随着 TxC 标志位的置位，USART 发送结束中断将被执行。一旦进入中断服务程序，TxC 标志位即被自动清零，中断处理程序不必执行 TxC 清 0 操作。

2) 产生奇偶校验位

奇偶校验产生电路为串行数据帧生成相应的校验位。校验位使能(UPM1=1)时，发送控制逻辑电路会在数据的最后一位与第一个停止位之间插入奇偶校验位。

5. 接收数据

置位 UCSRB 寄存器的接收允许位(RxEN)即可启动 USART 接收器。接收器使能后 RxD 的普通引脚功能被 USART 功能所取代，成为接收器的串行输入口。进行数据接收之前首先要设置好波特率、操作模式及帧格式。如果使用同步操作，XCK 引脚上的时钟将作为传输时钟。

1) 接收完成标志和中断

USART 接收器有一个标志用来指明接收器的状态。接收结束标志(RxC)用来说明接收缓冲器中是否有未读出的数据。当接收缓冲器中有未读出的数据时，此位为 1；当接收缓冲器空时，此位为 0(即不包含未读出的数据)。如果接收器被禁止(RxEN=0)，接收缓冲器会被刷新，从而使 RxC 清 0。

置位 UCSRB 的接收结束中断使能位(RxCIE)后，只要 RxC 标志位置位(且全局中断使能)，就会产生 USART 接收结束中断。使用中断方式进行数据接收时，数据接收结束中断服务程序必须从 UDR 读取数据以清 0 RxC 标志，否则只要中断处理程序一结束，一个新的中断就会产生。

2) 奇偶校验

奇偶校验模式位 UPM1 置位将启动奇偶校验器。校验的模式(偶校验还是奇校验)由 UPM0 确定。奇偶校验使能后，校验器将计算输入数据的奇偶并把结果与数据帧的奇偶位进行比较。校验结果将与数据和停止位一起存储在接收缓冲器中。这样就可以通过读取奇偶校验错误标志位(UPE)来检查接收的帧中是否有奇偶错误。

如果下一个从接收缓冲器中读出的数据有奇偶错误，并且奇偶校验使能(UPM1=1)，则UPE 置位。直到接收缓冲器(UDR)被读取，这一位一直有效。

3) 接收异步数据

USART 有一个时钟恢复单元和数据恢复单元，用来处理异步数据接收。时钟恢复单元用于同步从 RxD 引脚输入的异步串行数据和内部的波特率时钟。数据恢复单元采集数据，并通过一低通滤波器过滤所输入的每一位数据，从而提高接收器的抗干扰性能。异步接收的工作范围依赖于内部波特率时钟的精度、帧输入的速率及一帧所包含的位数。

6. USART 寄存器说明

1) USARTn I/O 数据寄存器 UDRn

USARTn I/O 数据寄存器 UDRn 是 8 位的数据寄存器，分别为 RxBn7～RxBn0 和 TxBn7～TxBn0。

USART 发送数据缓冲寄存器和 USART 接收数据缓冲寄存器共享相同的 I/O 地址，称为 USART 数据寄存器或 UDR。将数据写入 UDR 时实际操作的是发送数据缓冲寄存器 (TxB)的内容，读 UDR 时实际返回的是接收数据缓冲寄存器(RxB)的内容。

只有当 UCSRA 寄存器的 UDRE 标志置位后才可以对发送缓冲器进行写操作。如果 UDRE 没有置位，那么写入 UDR 的数据会被 USART 发送器忽略。当数据写入发送缓冲器后，若移位寄存器为空，发送器将把数据加载到发送移位寄存器，然后数据串行地从 TxD 引脚输出。

接收缓冲器包括一个两级 FIFO，一旦接收缓冲器被寻址，FIFO 就会改变它的状态。因此不要对这一存储单元使用读—修改—写指令(SBI 和 CBI)。使用位查询指令(SBIC 和 SBIS) 时也要小心，因为这也有可能改变 FIFO 的状态。

2) USART 控制和状态寄存器 A(UCSRnA)

USART 控制和状态寄存器 A(UCSRnA)的格式如表 4-80 所示。

表 4-80　USART 控制和状态寄存器 A(UCSRnA)的格式

D7	D6	D5	D4	D3	D2	D1	D0
RxCn	TxCn	UDREn	FEn	DORn	UPEn	U2Xn	MPCMn

表 4-80 中各位的含义是：

(1) RxCn 是 USART 接收结束位。接收缓冲器中有未读出的数据时 RxCn 置位，否则清 0。接收器禁止时，接收缓冲器被刷新，导致 RxCn 清 0。RxCn 标志可用来产生接收结束中断。

(2) TxCn 是 USART 发送结束位。当发送移位缓冲器中的数据被送出且发送缓冲器 (UDRn)为空时 TxCn 置位。执行发送结束中断时 TxCn 标志自动清 0，也可以通过软件写 "1" 进行清除操作。TxCn 标志可用来产生发送结束中断。

(3) UDREn 是 USART 数据寄存器空标志。UDREn 指出发送缓冲器(UDRn)是否准备好接收新数据。UDREn 为 1 说明缓冲器为空，已准备好进行数据接收。UDREn 标志可用来产生数据寄存器空中断。

(4) FEn 是帧错误标志。如果接收缓冲器接收到的下一个字符有帧错误，即接收缓冲器中的下一个字符的第一个停止位为 0，那么 FEn 置位。这一位一直有效，直到接收缓冲器(UDRn)被读取。当接收到的停止位为 1 时，FEn 标志为 0。对 UCSRnA 进行写入时，这一位要写"0"。

(5) DORn 是数据过速标志。当数据过速时 DORn 置位。当接收缓冲器满(包含了两个数据)，接收移位寄存器又有数据时，若检测到一个新的起始位，数据溢出就产生了。这一位一直有效，直到接收缓冲器(UDRn)被读取。对 UCSRnA 进行写入时，这一位要写"0"。

(6) UPEn 是奇偶校验错误标志。当奇偶校验使能(UPMn1=1)，且接收缓冲器中所接收到的下一个字符有奇偶校验错误时 UPEn 置位。这一位一直有效，直到接收缓冲器(UDRn)被读取。对 UCSRnA 进行写入时，这一位要写"0"。

(7) U2Xn 是倍速发送标志。这一位仅对异步操作有影响，使用同步操作时将此位清 0。此位置 1 可将波特率分频因子从 16 降到 8，从而有效地将异步通信模式的传输速率加倍。

(8) MPCMn 是多处理器通信模式标志。设置此位将启动多处理器通信模式。MPCMn 置位后，USARTn 接收器接收到的那些不包含地址信息的输入帧都将被忽略。发送器不受 MPCMn 设置的影响。

3) USARTn 控制和状态寄存器 B(UCSRnB)

USARTn 控制和状态寄存器 B(UCSRnB)的格式如表 4-81 所示。

表 4-81 USARTn 控制和状态寄存器 B(UCSRnB)的格式

D7	D6	D5	D4	D3	D2	D1	D0
RxCIEn	TxCIEn	UDRIEn	RxENn	TxENn	UCSZn2	RxB8n	TxB8n

表 4-81 中各位的含义是：

(1) RxCIEn 是接收结束中断使能位，置位后使能 RxCn 中断。当 RxCIEn 为 1，全局中断标志位 SREG 置位，UCSRnA 寄存器的 RxCn 亦为 1 时，可以产生 UARTn 接收结束中断。

(2) TxCIE 是发送结束中断使能位，置位后使能 TxCn 中断。当 TxCIEn 为 1，全局中断标志位 SREG 置位，UCSRnA 寄存器的 TxCn 亦为 1 时，可以产生 USARTn 发送结束中断。

(3) UDRIEn 是 USART 数据寄存器空中断使能位，置位后使能 UDREn 中断。当 UDRIEn 为 1，全局中断标志位 SREG 置位，UCSRnA 寄存器的 UDREn 亦为 1 时，可以产生 USARTn 数据寄存器空中断。

(4) RxENn 是接收使能位，置位后将启动 USARTn 接收器。RxDn 引脚的通用端口功能被 SARTn 功能所取代。禁止接收器将刷新接收缓冲器，并使 FEn、DORn 及 UPEn 标志无效。

(5) TxENn 是发送使能位，置位后将启动 USARTn 发送器。TxDn 引脚的通用端口功能被 USARTn 功能所取代。TxENn 清 0 后，只有等到所有的数据发送完后发送器才能够真正禁止，此时发送移位寄存器与发送缓冲寄存器中没有要传送的数据。发送器禁止后，TxDn 引脚恢复其通用 I/O 功能。

(6) UCSZn2 是字符长度标志。UCSZn2 与 UCSRnC 寄存器的 UCSZn1、UCSZn0 结合在一起可以设置数据帧所包含的数据位数(字符长度)。

(7) RxB8n 是接收数据的第 8 位。对 9 位串行帧进行操作时，RxB8n 是第 9 个数据位。读取 UDRn 包含的低位数据之前首先要读取 RxB8n。

(8) TxB8n 是发送数据的第 8 位。对 9 位串行帧进行操作时，TxB8n 是第 9 个数据位。写 UDRn 之前首先要对它进行写操作。

4) USART 控制和状态寄存器 C(UCSRnC)

USART 控制和状态寄存器 C(UCSRnC)的格式如表 4-82 所示。

表 4-82　USART 控制和状态寄存器 C(UCSRnC)的格式

D7	D6	D5	D4	D3	D2	D1	D0
—	UMSELn	UPMn1	UPMn0	USBSn	UCSZn1	UCSZn0	UCPOLn

表 4-82 中各位的含义是：

(1) UMSELn 是 USART 模式选择位。通过这一位来选择同步(UMSELn=0)或异步工作(UMSELn=1)模式。

(2) UPMn1、UPMn0 用于设置奇偶校验的模式并使能奇偶校验。当 UPMn1、UPMn0=00 时，奇偶模式被禁止；当 UPMn1、UPMn0=10 时，为偶校验；当 UPMn1、UPMn0=11 时，为奇校验。

如果使能了奇偶校验，那么在发送数据时发送器都会自动产生并发送奇偶校验位。对每一个接收到的数据接收器都会产生一个奇偶值，并与 UPMn0 所设置的值进行比较。如果不匹配，就将 UCSRnA 中的 UPEn 置位。

(3) USBSn 是停止位选择。通过这一位可以设置停止位的位数。当 USBSn=0 时产生 1 位停止位；当 USBSn=1 时产生 2 位停止位。

(4) UCSZn1、UCSZn0 是字符长度选择位。UCSZn1、UCSZn0 与 UCSRnB 寄存器的 UCSZn2 结合在一起，可以设置数据帧包含的数据位数(字符长度)。字符长度设置如表 4-83 所示。

表 4-83　USART 字符长度设置

UCSZn2	UCSZn1	UCSZn0	字符长度	UCSZn2	UCSZn1	UCSZn0	字符长度
0	0	0	5 位	1	0	0	保留
0	0	1	6 位	1	0	1	保留
0	1	0	7 位	1	1	0	保留
0	1	1	8 位	1	1	1	9 位

(5) UCPOLn 是时钟极性选择位，仅用于同步工作模式。使用异步模式时，将该位清 0。UCPOLn 的设置如表 4-84 所示。

表 4-84　UCPOLn 的设置

UCPOLn	发送数据的改变(TxDn 引脚的输出)	接收数据的采样(RxDn 引脚的输入)
0	XCKn 上升沿	XCKn 下降沿
1	XCKn 下降沿	XCKn 上升沿

5) USART 波特率寄存器(UBRRnH 和 UBRRnL)

波特率寄存器 UBRRnH 和 UBRRnL 共 12 位，即 UBRRnH 为高 4 位(UBRRn11～UBRRn8)，UBRRnL 为低 8 位(UBRRn7～UBRRn0)。这个 12 位的寄存器包含了 USARTn 的波特率信息。其中 UBRRnH 包含了 USARTn 波特率高 4 位，UBRRnL 包含了低 8 位。波特率的改变将使正在进行的数据传输受到破坏。写 UBRRnL 将立即更新波特率分频器。

7. 常用波特率

对标准晶振及谐振器频率来说，异步模式下最常用的波特率可通过表 4-85～表 4-88 中 UBRR 的设置来产生。

表 4-85　常用波特率一

波特率 /(b/s)	f_{OSC}=1.0000 MHz		f_{OSC}= 1.8432 MHz		f_{OSC}= 2.0000 MHz	
	(U2X=0)UBRR	(U2X=1)UBRR	(U2X=0)UBRR	(U2X=1)UBRR	(U2X=0)UBRR	(U2X=1)UBRR
2400	25	51	47	95	51	103
4800	12	25	23	47	25	51
9600	6	12	11	23	47	25
14.4 k	3	8	7	15	8	16
19.2 k	2	6	5	11	6	12
28.8 k	1	3	3	7	3	8
38.4 k	1	2	2	5	2	6
57.6 k	0	1	1	3	1	3
76.8 k	—	1	1	2	1	2

表 4-86　常用波特率二

波特率 /(b/s)	f_{OSC}= 3.6864 MHz		f_{OSC}= 4.0000 MHz		f_{OSC}= 7.3728 MHz	
	(U2X=0)UBRR	(U2X=1)UBRR	(U2X=0)UBRR	(U2X=1)UBRR	(U2X=0)UBRR	(U2X=1)UBRR
2400	95	191	103	207	191	383
4800	47	95	51	103	95	191
9600	23	47	25	51	47	95
14.4 k	15	31	16	34	31	63
19.2 k	11	23	12	25	23	47
28.8 k	7	15	8	16	15	31
38.4 k	5	11	6	12	11	23
57.6 k	3	7	3	8	7	15
76.8 k	2	5	2	6	5	11

表 4-87　常用波特率三

波特率 /(b/s)	$f_{OSC}=8.0000\ MHz$		$f_{OSC}=11.0592\ MHz$		$f_{OSC}=14.7456\ MHz$	
	(U2X=0)UBRR	(U2X=1)UBRR	(U2X=0)UBRR	(U2X=1)UBRR	(U2X=0)UBRR	(U2X=1)UBRR
2400	207	416	287	575	383	767
4800	103	207	143	287	191	383
9600	51	103	71	143	95	191
14.4 k	34	68	47	95	63	127
19.2 k	25	51	35	71	47	95
28.8 k	16	34	23	47	31	63
38.4 k	12	25	17	35	23	47
57.6 k	8	16	11	23	15	31
76.8 k	6	12	8	17	11	23

表 4-88　常用波特率四

波特率 /(b/s)	$f_{OSC}=16.0000\ MHz$		$f_{OSC}=18.4320\ MHz$		$f_{OSC}=20.0000\ MHz$	
	(U2X=0)UBRR	(U2X=1)UBRR	(U2X=0)UBRR	(U2X=1)UBRR	(U2X=0)UBRR	(U2X=1)UBRR
2400	416	832	479	959	520	1041
4800	207	416	239	479	259	520
9600	103	207	119	239	129	259
14.4 k	68	138	79	159	86	173
19.2 k	51	103	59	119	64	129
28.8 k	34	68	39	79	42	86
38.4 k	25	51	29	59	32	64
57.6 k	16	34	19	39	21	42
76.8 k	12	25	14	29	15	32

第5章 MSP430系列单片机应用基础

MSP430系列单片机功能强大，内部资源极其丰富，功耗极低，针对不同的应用场合有多种模块组成的各类器件，且软件全部兼容。系统设计人员能够根据需求连接模拟信号、传感器及数字部件，同时能保持低功耗的优势。

本章以MSP430的应用基础为主线，全面阐述其硬件结构、端口、时钟系统和外围模块。

5.1 MSP430单片机的结构和寄存器资源

1. MSP430单片机的结构

MSP430系列单片机采用程序存储器和数据存储器合用一个存储空间的结构，此结构称为普林斯顿(Princeton)结构或冯·诺依曼结构。该结构使用一组地址总线。MSP 430系列单片机的CPU采用精简(RISC)的高度正交化指令系统，可以实现直接的存储器访问。MSP 430单片机由一个16位的ALU(算术逻辑运算单元)、16个寄存器、内部Flash、RAM、系统时钟、片内外设组合和逻辑控制电路等组成。

不同器件的主要差别在于内部外设模块的组合。如10/12/16位模数(A/D)变换器、12位数模(D/A)变换器、比较器、液晶显示器(LCD)、电源电压监控、串行通信(UART、IC、SPI)、红外线控制(IrDA)、硬件乘法器(MPY)、DMA控制器、温度传感器、看门狗定时器(WDT)、基本定时器、定时器A、定时器B、端口(P1～P8)、实时时钟模块(RTC)、模拟放大器、扫描接口及外形引脚排列等。

2. MSP430单片机寄存器资源

寄存器是CPU的重要资源。寄存器操作可以缩短指令执行时间，使之能在一个周期之内完成。这些寄存器用来保存少量数据，可以减少访问存储器的次数。因此对于常用变量，应尽可能地使用CPU的寄存器。对运算量大的程序而言，多寄存器体现的优势更加明显。MSP430内部16个寄存器的功能如表5-1所示。

在这16个寄存器中，R4～R15为通用工作寄存器，常用来保存参加运算的数据以及运算的中间结果，也可用来存放地址。R0～R3具有特殊功能，分别为程序计数器、堆栈指针、状态寄存器和常数发生器。

表 5-1 MSP430 内部 16 个 16 位寄存器功能

寄存器名称	功　　能	寄存器名称	功　　能
R0	程序计数器(指针)PC	R1	堆栈指针 SP，指向堆栈的栈顶
R2	状态寄存器 SR/常数发生器 CG1	R3	常数发生器 CG2
R4	通用工作寄存器	R5	通用工作寄存器
R6	通用工作寄存器	R7	通用工作寄存器
R8	通用工作寄存器	R9	通用工作寄存器
R10	通用工作寄存器	R11	通用工作寄存器
R12	通用工作寄存器	R13	通用工作寄存器
R14	通用工作寄存器	R15	通用工作寄存器

1) 程序计数器 PC

程序计数器 PC 是 CPU 中最基本的寄存器，它的最大位数决定了程序存储器可以直接寻址的范围。在 MSP430 中，程序计数器 PC 是 16 位的计数器，最大可直接寻址 64 KB 存储空间。PC 中存放的是将要执行的下一条指令的地址。根据操作数的不同，指令长度可以分别为 1、2 或 3 字长。PC 的内容总是偶数，指向偶字节地址。PC 可以像其他寄存器一样用所有的指令和所有的寻址方式访问，但对它的访问必须以字为单位，否则会清除高位字节。程序计数器 PC 的变化决定程序的流程。一般情况下，程序计数器 PC 会自动增加 2，只在执行条件或无条件转移指令、调用指令或响应中断时，它才会被置入新的数值，使得程序的流向发生变化。

2) 堆栈指针 SP

MSP430 的堆栈采用先进后出的原则，在系统调用子程序或响应中断服务程序时，能够将 PC 的值压入堆栈，然后将子程序的入口地址或者中断矢量地址送程序计数器，执行子程序或中断服务程序。子程序或中断服务程序执行完毕，遇到返回指令时，再将堆栈的内容送回到程序计数器中，程序流程又返回到原来的地方继续执行。此外，堆栈可以在函数调用期间保存寄存器变量、局部变量和参数等数据。

堆栈指针 SP 总是指向堆栈的顶部。系统在将数据压入堆栈时，总是先将堆栈指针 SP 值减 2，然后再将数据送到 SP 所指的 RAM 单元。将数据从堆栈中弹出正好与压入过程相反，即先将数据从 SP 所指示的内存单元取出，再将 SP 值加 2。

堆栈的大小受到可用单片机内部 RAM 的限制，程序中每个使用堆栈的部分必须保证只有相关的信息保存在堆栈中，而所有无关的数据需要整理清除。否则，堆栈可能发生上溢或下溢。堆栈指针的任何定位错误都会使错误的数据写入 PC 中，从而导致程序"跑飞"或造成整个系统"死机"。

3) 状态寄存器 SR

MSP430 的 16 位状态寄存器 SR 含有 CPU 的各状态位，用于指示指令的执行状态，控制 CPU、晶体振荡器、时钟的状态。在状态寄存器的 16 位中，目前只用了前 9 位，各位的定义见表 5-2。

表 5-2　状态寄存器 SR

位置	D15～D9	D8	D7	D6	D5	D4	D3	D2	D1	D0
位名	保留	V	SCG1	SCG0	OSCOFF	CPUOFF	GIE	N	Z	C

状态寄存器 SR 中各位的功能说明见表 5-3。

表 5-3　状态寄存器 SR 中各位的功能说明

类别	位 名 称	含 义
状态标志	V(溢出标志)	当算术运算结果超出有符号数范围时置位(V=1),溢出情况有四种: 正数+正数=负数，负数+负数=正数 正数−负数=负数，负数−正数=正数
	N(负标志)	当运算结果为负时置位(N=1)，否则复位(N=0)
	Z(零标志)	当运算结果为 0 时置位(Z=1)，否则复位(Z=0)
	C(进位标志)	当运算结果产生进位时置位(C=1)，否则复位(C=0)
控制标志	GIE(中断标志位)	中断控制位，可屏蔽中断。GIE 置位，CPU 可屏蔽中断；GIE 复位，CPU 不可屏蔽中断
	CPUOFF(CPU 控制位)	置位 CPUOFF 位可使 CPU 进入关闭模式，可用所有允许的中断将 CPU 唤醒
	OSCOFF(晶体振荡控制位)	置位 OSCOFF 位可使晶体振荡器 LFXT1 处于停止状态，置位 OSCOFF 位的同时 CPUOFF 也需置位。可用 NMI 或外部中断(系统当前中断允许)将 CPU 唤醒
	SCG0(系统时钟控制位 0)	置位 SCG0 可关闭 DCO 发生器，在 MSPX44x 中，还可关闭 FLL+LOOP 控制器
	SCG1(系统时钟控制位 1)	SCG1 置位可关闭 SMCLK，在 MSPX44x 中，还可关闭 DCO 发生器

表 5-3 中，状态位 V、N、Z 和 C 只在某些指令执行时改变。其值代表算术逻辑部件处于怎样的一种状态，这种状态会像某种先决条件一样影响后面的操作。状态寄存器只能用寄存器方式访问，每个状态可以单独置位或复位，也可以与其他位一起被置位或复位。这个特点可用于子程序中的状态转换或程序跳转。控制标志是人为设置的，每个控制标志都对一种特定的功能起着控制作用。

4) 常数发生寄存器 CG1 和 CG0

常用的常数可以用常数发生器 R2 和 R3 产生，而不必占用一个 16 位字。所用常数的数值由寻址位 As 来定义，如表 5-4 所示。

表 5-4　常数发生器 CG1 和 CG0 的值

寄存器	源操作数(As)寻址模式	常数(十六进制数)	说　明
R2	00		寄存器模式
R2	01	0	绝对寻址模式
R2	10	00004H	+4，位处理
R2	11	00008H	+8，位处理
R3	00	00000H	0，字处理
R3	01	00001H	+1
R3	10	00002H	+2，位处理
R3	11	0FFFFH	-1，字处理

使用常数发生寄存器具有三个优点：① 不需要特殊的指令，不用访问数据存储器，缩短了指令周期；② 当常数被用做立即寻址模式的源操作数时，汇编程序会自动转为利用 R2 或 R3 的方式，不需要额外的字操作数；③ 用常数发生器使 CPU 的操作变得异常简单，不需要访问程序存储器来获得常数，从而提高了效率。

MSP430 精简指令集有 27 条内核指令，由于使用常数发生器，MSP430 额外支持 24 条仿真指令。例如，指令 CLR dst 是由相同长度的仿真指令"MOV R3，dst"来实现的。

利用常数发生器的特性，对程序中使用的状态标志字或端口经常使用位 0～位 3 操作，可用表 5-4 所列的常数对标志进行置位或复位，以此提高程序的效率。

5) 通用工作寄存器 R4～R15

16 个寄存器中的 R4～R15 为通用寄存器，可字操作也可字节操作，可用来执行算术逻辑运算，也可作为临时的暂存单元，比内存访问更加有效率，存储速度最快。

5.2　MSP430 的存储结构和地址空间

1. MSP430 存储空间概述

MSP430 系列单片机的存储器采用的是统一编址结构，即把物理上完全分离的 ROM/Flash、RAM、外围模块、特殊功能寄存器 SFR 等都安排在同一地址空间内，这样就可以使用一组地址总线和数据总线，用相同的指令对它们进行字节或字形式的访问。MSP430 系列单片机存储器的这种组织方式和 CPU 采用的精简指令相互协调，使得对外围模块的访问不需要单独的指令。该结构为软件的开发和调试提供了便利。

在 MSP430 系列单片机存储器组织结构中，0FFFFH～0FFE0H 为中断向量区，FFDFH～0200H 为程序和数据区(不同的型号分配有所区别)，01FFH～0000H 为专用区。MSP430F449 的存储结构如表 5-5 所示。

表 5-5　MSP430F449 的存储空间分配

序号	地址分配范围	空间用途
1	0FFFFH～0FFE0H	中断向量表
2	FFDFH～1100H	程序存储区(ROM 或 Flash)
3	10FFH～1000H	信息存储区
4	0FFFH～0C00H	引导程序区(ROM 或 Flash)
5	0BFFH～0A00H	保留区
6	09FFH～0200H	数据存储区
7	01FFH～0100H	16 位外围模块
8	00FFH～0010H	8 位外围模块
9	000FH～0000H	特殊功能存储区

MSP430 不同系列器件的存储空间分布有很多相同之处：

(1) 中断向量被安排在相同的空间：0FFE0H～0FFFFH。

(2) 8 位、16 位外围模块占用相同范围的存储器地址。

(3) 特殊功能寄存器占用相同范围的存储器地址。

(4) 数据存储器地址都从 0200H 处开始。

(5) 程序存储器的最高地址都是 0FFFFH。

MSP430 系列器件由于型号不同，存储空间的分布也存在一些差异。程序存储器容量不一样，所以起始地址也不一样，仅 Flash 型有信息存储器和引导存储器。数据存储器的末地址也不一样，中断向量和 8 位、16 位外围模块的内容不同，地址也有差别。

2. MSP430 程序存储器

程序存储器为 0FFFFH(Flash 存储区域)以下的一定数量的存储空间，可存放程序及常数，可以避免断电等意外情况而造成存储信息的丢失。程序代码必须偶地址寻址。每次访问需要 16 条数据线和访问当前存储器模块所需的地址线。存储器模块由模块允许信号自动选中，这样可以减少总电流的消耗。程序代码包括中断向量区、用户程序代码和系统引导程序(Flash 型)。

(1) 中断向量区。中断向量表地址为 FFE0H～FFFFH，共 16 个字(32 字节)，分别代表 16 个中断的向量地址。每个向量地址中存放的就是该中断服务程序的入口地址。不同器件所对应中断向量表的中断含义不同，具体使用时请参考相关手册。这里以 MSP430F43x、MSP430F44x 为例进行说明，如表 5-6 所示。

中断事件在提出中断请求的同时，通过硬件向主机提供向量地址。MSP430 系列单片机由于采用中断向量表的形式，其 CPU 可以根据中断向量表直接转向相应中断服务程序，而不需要逐个确定中断，从而大大加快了中断的处理速度。

表 5-6 中有多源中断，即多个中断事件对应同一个中断向量。中断标志不能自动清 0，需要用软件清除。

表 5-6　MSP430F43x、MSP430F44x 中断向量表

中 断 源	中断标志	系统中断	向量地址	优先级
上电、外部复位、看门狗、Flash、安全键值出错	WDTIFG	复位	0FFFEH	15(最高)
NMI、晶体故障、Flash 访问出错	NMIFG、OFIFG、ACCVIFG	非屏蔽/可屏蔽	0FFFCH	14
定时器 B	BCCIFG0	可屏蔽	0FFFAH	13
定时器 B	BCCIFG1~6，TBIFG	可屏蔽	0FFF8H	12
比较器 A	CMPAIFG	可屏蔽	0FFF6H	11
看门狗定时器	WDTIFG	可屏蔽	0FFF4H	10
串口 0 接收	URxIFG0	可屏蔽	0FFF2H	9
串口 0 发送	UTxIFG0	可屏蔽	0FFF0H	8
ADC12	ADC12IFG	可屏蔽	0FFEEH	7
定时器 A	CCIFG0(TA)	可屏蔽	0FFECH	6
定时器 A	CCIFG1~2，TAIFG	可屏蔽	0FFEAH	5
端口 P1	P1IFG0~7	可屏蔽	0FFE8H	4
串口 1 接收	URxIFG1	可屏蔽	0FFE6H	3
串口 1 发送	UTxIFG1	可屏蔽	0FFE4H	2
端口 P2	P2IFG0~7	可屏蔽	0FFE2H	1
基本定时器	BTIFG	可屏蔽	0FFE0H	0(最低)

(2) 用户程序区。除了中断向量表以外的其他存储空间都可用做用户程序区。用户程序区一般用来存放程序、常数或表格。MSP430 单片机的存储结构允许存放大的数据表，并且可以用所有的字和字节指令访问这些表。表处理是十分重要的，利用它可以实现传感器处理中数据的线性化和补偿。

(3) 引导程序区。MSP430 系统的 Flash 型单片机具有 1 KB 的引导 ROM(自动加载程序)，这是一段出厂时已经固化好的程序，可以实现程序代码的读/写操作，利用它只需几根线就可以修改、运行内部的程序，为 Flash 存储器的读、写、擦除等操作和系统软件的升级提供了方便。

3. MSP430 数据存储器

MSP430 单片机的数据存储器是最灵活的地址空间，位于存储器地址空间的 0200H 单元以上。这些存储器一般用于堆栈和数据的保存，如存放运算中间数据结果，用做缓存和数据暂存，同时也是数据运算的场所。

堆栈是具有先进后出特殊操作的一段数据存储单元，可以在子程序调用、中断处理或者函数调用过程中存放程序指针、参数等内容。

数据存储器可以进行字操作和字节操作，通过指令后缀加以区别。字节和字指令具有相同的代码效率，应尽可能使用字操作。字节操作可以是奇地址或者偶地址。在字操作时，每两个字节为一个操作单位，必须对准偶地址。例如：

MOV.B	#45H，&241H	；字节操作(执行后 241H 单元的内容为 45H)
MOV.B	#324H，&241H	；字节操作(执行后 241H 单元的内容为 24H)
MOV.B	#1234H，&241H	；字节操作(执行后 241H 单元的内容为 34H)
MOV.W	#32H，&242H	；字操作(执行后 242H 单元的内容为 32H，
		；243H 单元的内容为 00H)
MOV.W	#325H，&241H	；字操作(执行后 241H 单元的内容为 03H
		；240H 单元的内容为 25H)
MOV.W	#5432H，&242H	；字操作(执行后 242H 单元的内容为 32H，
		；243H 单元的内容为 54H)

Flash 型器件中的信息存储器也可以当做数据 RAM 使用，同时由于它是 Flash 型的，掉电后数据不会丢失，因此可以保存重要参数。

4. MSP430 外部模块寄存器

MSP430 单片机片内的所有外围模块都可以用软件访问和控制，外围模块相关的控制寄存器和状态寄存器都被安排在 0000H～01FFH 范围的 RAM 中。MSP430 单片机可以像访问普通 RAM 单元一样对这些寄存器进行操作。这些寄存器也分为字节结构和字结构，因此，地址空间 0100H～01FFH 留作字模块，地址空间 0010H～00FFH 留作字节模块，地址空间 0000H～000FH 留作特殊功能寄存器，如表 5-7 所示。

表 5-7 MSP430 外围模块空间分布

地 址 范 围	含 义
0100H～01FFH	16 位外围模块区(字结构)
0010H～00FFH	8 位外围模块区(字节结构)
0000H～000FH	特殊功能寄存器区

特殊功能寄存器与外围模块的寄存器数量和 MSP430 单片机的具体型号有关，它们离散地分布在 0000H～01FFH 范围的地址空间中。在该区间中暂时没有被定义的 RAM 单元可用于 TI 公司后续的系统外围模块扩展。

下面以 MMSP430F449 系列单片机为例，列出 3 种空间的地址分配形式，如表 5-8、表 5-9 和表 5-10 所示。

表 5-8 MSP430F449 单片机字模块的空间分配

地　址	含　义	地　址	含　义
1F0H～1FFH	保留	170H～17FH	定时器 A
1E0H～1EFH	保留	160H～16FH	定时器 A
1D0H～1DFH	保留	150H～15FH	ADC12 转换
1C0H～1CFH	保留	140H～14FH	ADC12 转换
1B0H～1BFH	保留	130H～13FH	硬件乘法器
1A0H～1AFH	ADC12 控制和中断	120H～12FH	看门狗，Flash 控制，DMA
190H～19FH	定时器 B	110H～11FH	SD16
180H～18FH	定时器 B	100H～10FH	SD16

表 5-9 MSP430F449 单片机字节模块的空间分配

地　址	含　义	地　址	含　义
0F0H～0FFH	保留	070H～07FH	串口 1/串口 0
0E0H～0EFH	保留	060H～06FH	保留
0D0H～0DFH	保留	050H～05FH	比较器 A，系统时钟
0C0H～0CFH	保留	040H～04FH	基本定时器
0B0H～0BFH	保留	030H～03FH	端口 6/端口 5
0A0H～0AFH	液晶模块	020H～02FH	端口 2/端口 1
090H～09FH	液晶模块	010H～01FH	端口 3/端口 4
080H～08FH	ADC12 存储器控制	000H～00FH	SFR(特殊功能寄存器)

表 5-10 MSP430F449 单片机特殊功能寄存器(SFR)的空间分配

地　址	含　义	地　址	含　义
0FH	无定义/未实现	07H	无定义
0EH	无定义/未实现	06H	无定义
0DH	无定义/未实现	05H	模块允许 2：ME2
0CH	无定义/未实现	04H	模块允许 1：ME1
0BH	无定义/未实现	03H	中断标志 2：IFG2
0AH	无定义/未实现	02H	中断标志 1：IFG1
09H	无定义/未实现	01H	中断允许 2：IE2
08H	无定义/未实现	00H	中断允许 1：IE1

特殊功能寄存器包括模块允许位，可以用于启动或停止某个外围模块。无论操作是启动还是停止，所有外围模块的寄存器都可以进行存取。不过，一些模块的节电功能是通过本地寄存器的位状态来控制的，例如，LCD 模块的模拟电压发生器的启动和关闭是通过一个寄存器位来控制的。多数中断和模块允许位集中在低地址空间。未分配功能的那些特殊功能寄存器位在器件中实际上并未提供，这样安排可以简化软件存取。

5.3 MSP430 的系统复位与中断结构

5.3.1 系统复位

MSP430 系列单片机有两种复位信号，即上电复位 POR(Power On Reset)和上电清除 PUC(Power Up Clear)。各种不同的事件都能产生这些复位信号，而根据不同的复位信号会产生不同的初始状态。POR 和 PUC 复位电路如图 5-1 所示。

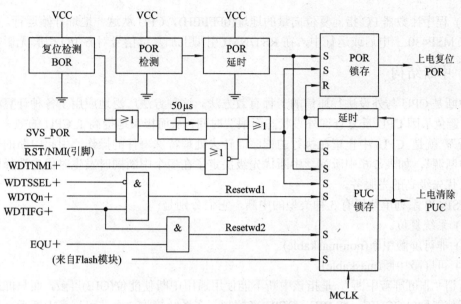

图 5-1　MSP430 单片机复位原理电路

1. 系统复位的产生

由图 5-1 可以看出，POR 信号和 PUC 信号是由特定的事件产生的。产生 POR 信号的电压与温度有关，当电压低至 0.8 V 时，程序仍有可能执行。为了确保程序正常运行，需要保证 VCC 大于 1.8 V。

POR 信号由以下 3 种事件产生：

(1) 系统上电。

(2) 复位模式下，RST/NM 引脚上出现低电平信号(硬件复位)。

(3) 当 PORON=1 时，SVS 处于低电平状态。

PUC 信号由以下事件产生：

(1) 当产生 POR 信号时。

(2) 在看门狗模式下，看门狗定时器溢出时。

(3) 看门狗控制寄存器的安全键值出错时。

(4) Flash 存储器写入错误时。

POR 和 PUC 信号产生之后，MSP430 单片机会进入一系列初始状态，在后续的系统设计应用中，应根据设计要求加以利用或者避免。例如，POR 之后，看门狗自动工作于看门狗模式，此时系统如果不使用看门狗模式，应将看门狗关闭；否则，看门狗定时时间到之后，会再次引发 PUC 事件，影响系统应用的正常执行。POR 和 PUC 信号之后对系统外设的初始状态影响不同。

2. 系统复位后的初始状态

当产生 POR 或 PUC 信号后，系统的初始状态为：

(1) I/O 引脚被转换成输入模式。

(2) I/O 标识清除。

(3) 状态寄存器复位。

(4) 看门狗定时器进入工作(开启)模式。

(5) 程序计数器 PC 指向复位向量的地址(0FFFEH)，CPU 从这一地址开始运行。

在 MSP430 上电后或运行中，在 RST/NMI 引脚上加复位信号对各 I/O 引脚无影响。

5.3.2 中断结构

中断是 CPU 与外设进行通信的一种有效方法。这种方法广泛地应用于各种计算机系统中，它避免了因 CPU 反复查询外设状态而浪费时间，从而极大地提高了 CPU 的效率。所谓"中断"，就是 CPU 中止正在执行的程序而转去处理特殊事件的操作。引起中断的事件称为"中断源"，如表 5-6 中所列。中断优先级决定了在多个中断同时发生时优先选择服务的次序，优先级高的先服务。

MSP430 系列单片机有 3 种类型的中断，它们分别是：

(1) 系统复位。

(2) 非可屏蔽中断(non-maskable)。

(3) 可屏蔽中断(maskable)。

所谓"非可屏蔽中断"，是指该中断不能使用通用中断使能位(GIE)屏蔽，而只能用各自的中断使能位(ACCVIE、NMIIE、OFIE)来控制。在系统接收一个非可屏蔽中断后，所有的中断使能位(ACCVIE、NMIIE、OFIE)都会复位(清 0)，同时也禁止了新的中断请求。RETI(从中断服务程序返回)指令不影响相应的非屏蔽中断的允许位，因此必须用软件在中断服务程序中的 RETI 指令前将中断允许位置位。

非可屏蔽中断有 3 个中断源，分别是 RST/NMI 引脚(端口)出现跳变、晶振故障(振荡器失效或时钟失效)和 Flash 访问出错。

如果选择复位功能，则当 RST/NMI 引脚保持为低时，CPU 一直保持复位状态。当引脚电平变高时，CPU 从 0FFFFH(复位向量)所含的地址开始执行程序。

当 NMIIE=1 时，如果设置 RST/NMI 引脚为 NMI 功能，则一个按 WDTNMIES 规定的触发沿会产生 NMI 中断，程序从 0FFFCH 所含的地址处重新开始执行，并且 SFR 中的 RST/NMI 标志(IFG1.4)也被置位。

当选择 NMI 模式时，产生 NMI 事件的信号不可以将 RST/NMI 引脚保持在低状态，除非打算进入复位状态。当在引脚上发生 NMI 事件时，PUC 信号变为有效，这样会将 WDTCTL 中的各位复位，并使 RST/NMI 引脚进入复位模式。如果产生 NMI 的信号仍保持为低，则会使处理机进入复位状态。

所谓"可屏蔽中断"，是指该中断既能被各自的中断使能位屏蔽，也能被通用中断使能位(GIE)屏蔽。

可屏蔽中断有 2 个中断源，分别是看门狗定时模式下发生定时溢出和具有中断能力的模式发生中断事件。

MSP430 各个模块的中断优先级由模块连接链决定，越接近 CPU/NMIRS 的模块，其中断优先级越高。

5.4 MSP430 单片机的低功耗

MSP430 系列单片机的一个最显著特点就是超低功耗。正因如此，MSP430 系列单片机尤其适合应用于采用电池长时间供电的工作场合。

MSP430 系列单片机的低功耗实现与其灵活的时钟系统密切相关。MSP430 系统使用不同的时钟信号：辅助时钟 ACLK、分频辅助时钟 ACLK/n、主系统时钟 MCLK 和子系统时钟 SMCLK。用户可通过程序来选择和控制时钟频率，从而实现最优的系统低功耗。这一点对于电池供电的系统来讲至关重要。

1. 低功耗控制

MSP430 时钟系统提供丰富的软/硬件组合形式，能够达到最低功耗并发挥最优系统性能，具体有：

(1) 使用内部时钟发生器(DCO)，无需外接任何元件。

(2) 选择外接晶体或陶瓷谐振器，可以获得最低频率和功耗。

(3) 采用外部时钟信号源。

低功耗的实现是由程序状态寄存器 SR 中的 SCG1、SCG2、OSCOFF 和 CPUOFF 位共同来控制的。只要任意中断被响应，上述控制位就被压入堆栈保存，中断处理之后，又可以恢复先前的工作方式。在中断处理子程序执行期间，通过间接访问堆栈数据，可以操作这些位。这就允许程序在中断返回(RETI)后，以另一种功耗方式继续运行。各控制位的作用如下：

当 SCG1 复位时，使能 SMCLK。SCG1 置位则禁止 SMCLK。

当 SCG0 复位时，直流发生器被激活。只有当 SCG0 被置位且 DCOCLK 信号没有用于 MCLK 或 SMCLK 时，直流发生器才能被禁止。

当 OSCOFF 复位时，LFXT 晶体振荡器激活。只有当 OSCOFF 被置位且不用于 MCLK 或 SMCLK 时，LFXT 晶体振荡器才能被禁止。当使用振荡器关闭选项 OSCOFF 时，需要考虑晶体振荡器的启动设置时间。

当 CPUOFF 复位时，用于 CPU 的时钟信号 MCLK 被激活。当 CPUOFF 置位时，MCLK 停止。

2. 系统工作模式

控制位 SCG0、SCG1、OSCOFF 及 CPUOFF 可由软件配置成"活动模式"和"5 种低功耗"工作模式，而各种低功耗模式又可通过中断方式回到活动模式。

在各种工作模式下，时钟系统所产生的活动状态是各不相同的。表 5-11 反映了各种工作模式、控制位及 3 种时钟的活动状态之间的相互关系。

从表 5-11 可以看出，所有低功耗模式(LPM0～LPM4)中 CPU 和 MCLK 都是禁止的。CPU 总是由中断(可以是内部中断，也可以是外部中断)唤醒，所以必须确保 GIE 为置位状态。如果中断发生前系统处于低功耗状态，那么中断发生后进入中断服务程序，此时系统会自动保护好 PC 和 SR(压入堆栈中)；然后由于 SR 的更新自动取消低功耗状态，从而进行相应的中断处理；最后在退出中断时会将保存在堆栈中的 SR 恢复，并回到原来的低功耗状态。如果需要改变原来的低功耗状态，就必须在中断服务程序中改变保存在堆栈中原 SR 的值，也就是改变表 5-11 中的相应模式控制位。由于 C 语言不太方便直接对堆栈进行操作，因此一般使用内部函数_BIC_SR_IRQ()来修改堆栈中的原 SR 值，以保证中断服务程序返回时退出低功耗。

表 5-11 各种工作模式、控制位及时钟的活动状态

SCG1	SCG0	OSCOFF	CPUOFF	模 式	CPU 与时钟状态
0	0	0	0	活动 模式	CPU 处于活动状态 MCLK 活动、SMCLK 活动、ACLK 活动
0	0	0	1	低功耗 LPM0	CPU 处于禁止状态 MCLK 被禁止、SMCLK 活动、ACLK 活动
0	1	0	1	低功耗 LPM1	CPU 处于禁止状态 如果 DCO 未用做 MCLK 或 SMCLK,则直流发生器被禁止,否则仍保持活动 MCLK 被禁止、SMCLK 活动、ACLK 活动
1	0	0	1	低功耗 LPM2	CPU 处于禁止状态 如果 DCO 未用做 MCLK 或 SMCLK,则直流发生器自动被禁止 MCLK 被禁止、SMCLK 被禁止、ACLK 活动
1	1	0	1	低功耗 LPM3	CPU 处于禁止状态 DCO 被禁止,直流发生器被禁止 MCLK 被禁止、SMCLK 被禁止、ACLK 活动
1	1	1	1	低功耗 LPM4	CPU 处于禁止状态 DCO 被禁止,直流发生器被禁止 所有振荡器停止工作 MCLK 被禁止、SMCLK 被禁止、ACLK 被禁止

改变模式位的操作将使相应的模式立即生效。如果该模式的时钟信号处于禁止状态,那么所有使用此时钟信号的外围器件也会立即处于禁止状态,直到该信号激活为止。进入低功耗模式时,所有 I/O 寄存器和 RAM 的值总保持不变。利用这个特点,结合 MSP430 系列单片机的片内外设可以简化软件设计,例如利用 TIMEA 或 TIMEB 实现 PWM 输出等。

图 5-2 显示了各种模式之间的转换关系。

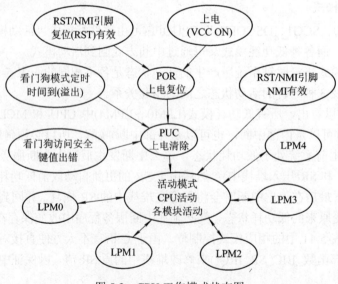

图 5-2 CPU 工作模式状态图

3. 利用好低功耗特性

MSP430 单片机各个模式的运行完全是独立的，定时器、输入/输出端口、A/D 转换、看门狗、液晶显示器等都可以在主 CPU 睡眠的状态下独立运行。当需要主 CPU 工作时，任何一个模块都可以通过中断唤醒 CPU，从而使系统以最低功耗运行。这一点是 MSP430 系列单片机最突出的优点，也是与其他单片机的最大区别。

为了充分利用 CPU 的低功耗性能，可以让 CPU 工作于突发状态。在通常情况下，根据需要使用软件将 CPU 设定到某一低功耗工作模式下，在需要时使用中断将 CPU 从睡眠状态中唤醒，完成工作之后又可以进入相应的睡眠状态。例如，在 LPM3 模式下时，CPU 可以通过中断事件转换到活动模式；根据运行需要，CPU 又可以从活动模式进入相应的低功耗方式——LPM0、LPM3 或 LPM4。

由此可见，MSP430 单片机的低功耗特性既可以保持工作状态，又可以根据要求工作。系统的这些低功耗特性是靠系统对中断的响应来实现的。例如：

```
_BIS_SR(LPM3_bits +GIE);          //进入 LPM3
_BIC_SR_IRQ(LPM3_bits);           //清除 LPM3
```

上述操作可参见相关 C 语言头文件。系统根据需要可以在各种低功耗模式之间切换。SR 寄存器内容能够决定系统的工作模式。SR 在中断初期被入栈保存，在中断结束时恢复出栈，继续控制系统的工作模式。所以可以在中断处理子程序过程中，根据中断结束之后要进入的工作模式对 SR 内容进行相应的设置，这样在当前中断事件处理完毕，执行 RETI 指令时，系统就能控制出栈的 SR 内容进入另一种工作模式。

4. 低功耗应用原则

在设计低功耗或超低功耗系统时，除了应掌握 MSP430 的性能外，还应从整个系统电路方面保证超低功耗，这就形成了"电源宜低不宜高，时钟宜慢不宜快，器件宜静不宜动"的三相宜原则。低功耗设计过程中的任何一个环节都不能忽略，否则难以做到真正的低功耗。

5.5 MSP430 单片机的时钟系统

MSP430 系列单片机的时钟电路(模块)由高速晶体振荡器、低速晶体振荡器、数字控制振荡器(DCO)、锁频环(FLL)以及增强型锁频环(FLL+)等部件组成(不同系列的器件包含的时钟模块可能不一样，可参见相关说明)。

时钟模块输出的多个时钟源可由程序员方便地选择，来作为 CPU 及外围器件使用的时钟信号。例如，MSP430x13x、MSP430x14x、MSP430x3xx 以及 MSP430x4xx 系列提供 2 个外部晶振输入和 1 个内部数字控制振荡器(软件设置频率及分频因子)，同时产生 ACLK、MCLK 以及 SMCLK 三种信号供 CPU 及外围器件使用，这三种信号都可以根据需要由端口引出。

系统复位以后总是使用 DCO 时钟信号。如果采用的是 MSP430x13x 或 MSP430x14x 系列器件，则其基本时钟控制寄存器 BCSCTL2 中的 DCOR 位(电阻选择位)是复位状态选择位。

如果选择低频晶振(LFXT1)或高频晶振(XT2)作为 MCLK 时钟源，则在该晶振工作稳定之前或者该晶振失效时(这时状态寄存器 SR 中的 OSCOFF 置位)，系统仍然使用 DCO 信号，这样就保证了晶振失效时中断仍可以被 CPU 处理。

为适应系统和具体应用需求，MSP430 系列单片机的系统时钟必须满足以下不同要求：

(1) 高频率，用于对系统硬件需求和外部事件快速反应。

(2) 低频率，用于降低电流消耗。

(3) 稳定的频率，用于满足定时应用，如实时时钟 RTC。

(4) 低 Q 值振荡器，用于保证开始及停止操作有最小时延。

实际中，MSP430 采用锁频环(FLL)以及增强型锁频环(FLL+)技术等部件将晶振频率倍频至系统频率。数字控制振荡器(DCO)和锁频环(FLL)技术相结合，可实现快速启动。在晶振失效时，DCO 可自动用于系统时钟。

MSP430F44x 系列单片机的时钟模块采用了增强型 FLL 技术，可使其在低频晶振的驱动下获得较高的稳定频率，用做 MCLK 或 SMCLK，这种特性很好地支持了低功耗功能(注意这与 MSP430x14xx 及 MSP430Fx3xx 系列不同)。其原理如图 5-3 所示。

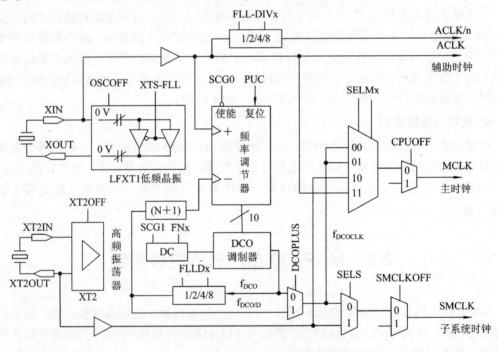

图 5-3　MSP430F44X 时钟模块原理图

5.5.1　时钟源

1. 低频晶振 LFXT1

低频模式 LF(XTS_FLL=0)采用 32 768 Hz 的晶振，在引脚处自带小范围变化的电容，可获得稳定的 ACLK 信号。该信号也可以软件设置 FLL_DIVx 进行分频，然后通过 P1.5 引脚引出。如果内部小电容不合适，则可以根据需要在 XIN、XOUT 之间自行配置外接电容。

通过设置 XTS_FLL=1，可以使得 LFXT1 工作在高频模式。这时 XIN 和 XOUT 两个引脚应接高频晶振。

如果不使用晶振而是采用外部时钟信号，则该信号需接 XIN 端口，并且设置 XTS_FLL=1。外部时钟信号的频率应为 1～8 MHz。当外部时钟信号低于 450 kHz 时，可以将 XT1OFF 置位，保证 CPU 锁定该时钟信号。

如果 ACLK 信号没有用做 MCLK(SELMx≠3 或 CPUOFF=1)，那么可以通过设置 OSCOFF=1 将 LFXT1 禁止。

2. 高频晶振 XT2

MSP430F44x 系列除了提供 LFXT1 外，还提供了一个可选的 XT2 晶振输入，它与 LFXT1 在高频模式下的情况类似，最明显的区别就是 XT2 没有内部电容。

如果 XT2 没有用做 MCLK(SELMx=2 或 CPUOFF=1) 或 SMCLK(SELS=0 或 SMCLKOFF=1)，那么通过软件设置 XT2OFF=1 就可以禁止 XT2 振荡器了。XT2 也可以使用外部信号，且外部信号从 XT2IN 输入，信号频率应该为 450 kHz～8 MHz。

3. 振荡器 DCO

DCO 是内建 RC 振荡器，可以通过软件设置和控制其频率。由于 DCO 频率会随着供电电压以及温度的变化而变化，因此为了提高频率的稳定性，MSP430x3xx 系列单片机采用了锁相环技术(FLL)，MSP430x4xx 系列单片机采用了增强锁相环技术(FLL+技术)。

对于没有采用锁相技术的 MSP430x1xx 系列单片机，DCO 运行在开环的系统中，具体频率会受温度以及供电电压的影响。这种系列的单片机只能通过设置内部或外部电阻来调节 DCO 的输出频率 DCOCLK。例如，设置 BCSCTL2 寄存器的 DCOR 位，然后调整连接在 VCC 与 P2.5 引脚的外部电阻值，以获得需要的 DCOCLK；或者清零 DCOR 位，选择 BCSCTL1 寄存器的 RSEL.0～RSEL.2 三个位，以获得所需的标称 DCOCLK 频率。此 DCOCLK 频率会随电压及温度变化而变化。

频率锁相环(FLL)就是为了提高 DCO 频率的稳定性而设计的。从图 5-3 可以看出，频率调节器通过比较辅助频率(ACLK)和 DCO 的频率，用产生的偏差值来设置周期调制位(SCFI0 寄存器的低 2 位和 SCFI1 寄存器的低 3 位)，而 SCFI0 寄存器的高 5 位决定 DCO 频率周期，从而得到稳定的 DCO 频率输出。采用闭环控制后的 DCO 频率在较长时间段内可以认为消除了温度以及电压的影响。

增强型锁频环(FLL+)比 FLL 多了一个带分频器的反馈环节，分频因子由 SCFI0 寄存器的最高两位决定。f_{DCO} 经过分频后送入频率调节器，其输出的 DCO 频率(时钟)相当于未使用分频器时的倍频效果。

将状态寄存器 SR 中的 SCG0 置位可以禁止 FLL，这时 DCO 的频率为当前频率设定值(由 SCFI0 的最低两位以及 SCFI1 寄存器的值决定)，它不具有自我调整的稳定性。如果此时将 SCFQCTL 寄存器的最高位设置为 1，则频率调整器也被禁止，这时 DCO 会调整到最接近的微调频率上(由 SCFI1 寄存器的最高 5 位决定频率周期)。

锁频环技术使 DCO 的频率变得非常稳定，FLL+和 DCO 结合有以下两个优点：

(1) 快速启动，使 MSP430F4xx DCO 的响应时间小于 6 μs，可支持长睡眠周期和突发事件的执行。

(2) DCO 在启动时，由于数字控制的作用，正常运行时不需要很长的锁定周期。

5.5.2 时钟模块寄存器设置

MSP430F4xx 时钟模块相关的寄存器如表 5-12 所示。表中寄存器都是字节形式的，必须以字节指令来访问。其中 IE1 与 IFG1 的相关位定义同 MSP430F1xx 系列。

表 5-12 MSP430F4xx 时钟模块寄存器

寄存器含义	名称	类型	地址	初始状态
系统时钟控制寄存器	SCFQCTL	读/写	0052H	01FH
系统时钟频率积分寄存器 0	SCFI0	读/写	0050H	040H
系统时钟频率积分寄存器 1	SCFI1	读/写	0051H	复位
FLL+控制寄存器 0	FLL_CTL0	读/写	0053H	003H
FLL+控制寄存器 1	FLL_CTL1	读/写	0054H	复位
FLL+控制寄存器 2(仅 x47x 有)	FLL_CTL2	读/写	0055H	复位
SFR 中断使能寄存器 1	IE1	读/写	0000H	复位
SFR 中断标志寄存器 1	IFG1	读/写	0002H	复位

(1) SCFQCTL。系统时钟控制寄存器 SCFQCTL 的格式如表 5-13 所示。

表 5-13 SCFQCTL 的格式(地址：0052H)

D7	D6	D5	D4	D3	D2	D1	D0
SCFQ_M				N(1~127)			

SCFQCTL 各位的含义如下：

① SCFQ_M 是频率调整使能位，设为 0 表示频率调整使能，设为 1 表示频率调整禁止。

② N 是频率调整倍数，必须大于 0，否则会产生不可预测的结果。

若 DCOPLUS=0， $f_{DCOCLK}=(N+1)\times f_{crystal}$；

若 DCOPLUS=1， $f_{DCOCLK}=D\times(N+1)\times f_{crystal}$。

PUC 信号后，如果 ACLK=32 768 Hz，则 SCFQCTL 的值默认为 31。若 DCOPLUS=0，则 SMCLK 和 MCLK 为 $32\times f_{crystal}=1.048\ 576$ MHz。

(2) SCFI0。系统时钟频率积分寄存器 SCFI0 的格式如表 5-14 所示。

表 5-14 SCFI0 的格式(地址：0050H)

D7	D6	D5	D4	D3	D2	D1	D0
FLLDx		FN_x(FN_5~FN_2)				MODx(LSBx)	

SCFI0 各位的含义如下：

① FLLDx 是锁频环反馈环节的分频系数。这两位置 00 时，为直通(不分频)；置 01 时，为 2 分频；置 10 时，为 4 分频；置 11 时，为 8 分频。

② FN_x 是 DCO 频率范围控制位，见表 5-15。

③ MODx(LSBx)是 10 位频率积分器参数的最后 2 位。其含义见 SCFI1 寄存器相关部分。

表 5-15　　DCO 频率范围控制

FN_5	FN_4	FN_3	FN_2	DCO 频率范围/MHz
0	0	0	0	0.65~6.1
0	0	0	1	1.3~12.1
0	0	1	x	2~17.9
0	1	x	x	2.8~26.6
1	x	x	x	4.2~46

(3) SCFI1。系统时钟频率积分寄存器 SCFI1 的格式如表 5-16 所示。

表 5-16　　SCFI1 的格式(地址：0051H)

D7	D6	D5	D4	D3	D2	D1	D0
DCOx					MODx(MSBx)		

SCFI1 各位的含义如下：

① DCOx 是 DCO 频率周期控制位。这 5 位由增强性锁频环 FLL+自动控制，不需要软件设置，每一个组合比前一个高出 10%。

② MODx(MSBx)与 SCFI0 寄存器中的 2 位 MODx(LSBx)一起组合成 5 位的值，控制 DCO 频率周期的混合方式，由硬件自动完成，不需要软件设置。

(4) FLL_CTL0。FLL+控制寄存器 FLL_CTL0 的格式如表 5-17 所示。

表 5-17　　FLL_CTL0 的格式(地址：0053H)

D7	D6	D5	D4	D3	D2	D1	D0
DCOPLUS	XTS_FLL	XCAPxPE		XT2OF	XT1OF	LFOF	DCOF

FLL_CTL0 各位的含义如下：

① DCOPLUS 是 DCO 输出在反馈环节是否分频的指示位。分频数由 SCFI0 控制器中的 FLLDx 控制。置 0 为不分频(直通)；置 1 为分频。

② XTS_FLL 是 LFXT1 模式选择位，置 0 为低频模式(LF)，置 1 为高频模式(HF)。

③ XCAPxPE 用于选择 LFXT1 晶体的有效电容，置 00 为 1 pF 左右，置 01 为 6 pF 左右，置 10 为 8 pF 左右，置 11 为 10 pF 左右。

④ XT2OF 是 XT2 晶振失效标志位，为 0 表示 XT2 晶振工作正常，为 1 表示 XT2 晶振失效。

⑤ XT1OF 是 LFXT1 的高频晶振失效标志，为 0 表示 LFXT1 高频晶振工作正常，为 1 表示 LFXT1 高频晶振失效。

⑥ LFOF 是 LFXT1 的低频晶振失效标志，为 0 表示 LFXT1 低频晶振工作正常，为 1 表示 LFXT1 低频晶振失效。

⑦ DCOF 是 DCO 振荡器失效标志位，为 0 表示 DCO 晶振工作正常，为 1 表示 DCO 晶振失效。

(5) FLL_CTL1。FLL+控制寄存器 FLL_CTL1 的格式如表 5-18 所示。

表 5-18 FLL_CTL1 的格式(地址：0054H)

D7	D6	D5	D4	D3	D2	D1	D0
—	SMCLKOFF	XT2OFF	SELMx		SELS	FLL_DIV	

FLL_CTL1 各位的含义如下：

① SMCLKOFF 是 SMCLK 信号的控制位，置 0 表示 SMCLK 处于打开状态，置 1 表示 SMCLK 处于关闭状态。

② XT2OFF 是 XT2 晶振控制位，置 0 表示 XT2 处于打开状态，置 1 表示 XT2 处于关闭状态。

③ SELMx 是 MCLK 时钟源的选择位，置 00 和 01 为 DCOCLK 时钟源，置 10 为 XT2CLK 时钟源，置 11 为 LFXT1CLK 时钟源。

④ SELS 是 SMCLK 时钟源的选择位，置 0 为 DCOCLK 时钟源，置 1 是 XT2CLK 时钟源。

⑤ FLL_DIV 是 ACLK 分频系数，置 00 为不分频(直通)，置 01 为 2 分频，置 10 为 4 分频，置 11 为 8 分频。

(6) FLL_CTL2。FLL+控制寄存器 FLL_CTL2(仅 X47X 有)的格式如表 5-19 所示。

表 5-19 FLL_CTL2 的格式(地址：0055H)

D7	D6	D5	D4	D3	D2	D1	D0
XT2Sx		缺省					

FLL_CTL2 各位的含义如下：

① XT2Sx 是 XT1 频率选择位，置 00 为 0.4～1 MHz 晶体或谐振器，置 01 为 1～3 MHz 晶体或谐振器，置 10 为 3～16 MHz 晶体或谐振器，置 11 为 0.4～16 MHz 外接数字时钟源。

② D5～D0 为缺省位。

5.5.3 时钟失效及安全操作

增强型频率锁频环具有检测 LFXT1、XT2 以及 DCO 晶振失效的功能，如图 5-4 所示。由该逻辑图可以监测 4 种失效情况：

① LFXT1 在低频模式(LF 模式)下，低频晶振的失效(LFOF)。

② LFXT1 在高频模式(HF 模式)下，高频晶振的失效(XT1OF)。

③ XT2 晶振的失效(XT2OF)。

④ DCO 振荡器的失效(DCOF)。

晶振失效标志位 LFOF、XTIOF、DCOF 以及 XT2OF 在相应的晶体起振或工作不正常时，会被硬件置位。置位状态一直保持到晶振正常工作为止，这时由硬件自动将相应的标志位复位。在 LFXT1 失效的时间内，不会产生 ACLK 信号。DCOF 标志在 SCFI1 寄存器最高 5 位全为 0(最低频率)或全为 1(最高频率)时置位，在 SCFI1 为其他值时自动复位(使用增强型频率锁频环(FLL+)时，SCFI0 寄存器的最低 2 位以及 SCFI1 寄存器的 8 位由硬件自动维护，不需要软件干预)。

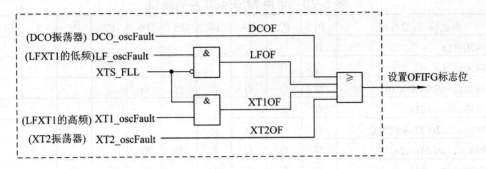

图 5-4　振荡器失效原理图

在上电复位或有晶振失效发生时，特殊功能寄存器 IFG1 中的 OFIFG 置位，这时 MCLK 自动选择 DCO 作为时钟源。如果特殊功能寄存器 IE1 中的 OFIE 是置位状态(允许中断)，会向 CPU 申请 NMI 中断。当 CPU 接收该中断后，会自动清除中断使能标志位 OFIE，但要注意 LFIFG 标志必须由软件复位。

5.6　MSP430 的通用 I/O 端口

任何一个单片机系统都有 I/O 端口，通过 I/O 端口可以实现 CPU 与外界的通信。CPU 可以从输入端口获取信息，再通过输出端口来控制外部设备等。MSP430 系列单片机有丰富的 I/O 端口供用户使用，但没有专门的输入/输出指令，输入/输出操作都是通过传送指令来完成的。例如，"MOV　P1OUT，R5"表示读取 P1 端口的内容。P1～P8 都是可以位操作的，也就是说，端口的每一位都可以独立用于输入/输出。

5.6.1　I/O 端口的主要功能

端口是 MSP430 极其重要的资源，由于目前 MSP430 系列单片机总线不对外开放，端口不但直接用于输入/输出，还可以为 MSP430 系统扩展等应用提供必要的逻辑控制信号。

MSP430 系列单片机的 P1～P8 端口均为 8 位宽度，S 和 COM 是具有液晶驱动的端口。它们都由映射到内存的寄存器进行控制。可以将这些端口分为两类：具有中断能力的端口(P1、P2)和不具有中断能力的端口(P3～P8)。MSP430x3xx 系列单片机还有一个 P0 端口，也是具有中断能力的。为了减少引脚数，许多 I/O 口与外围器件共用引脚(也叫端口复用)，这在各种单片机中比较常见，使用时通过设置相应的寄存器(PxSEL)来决定该引脚(以位为单位)是作为 I/O 使用还是外围器件使用。在系统复位时，所有端口都默认为输入方向。

1. MSP430 端口

在目前的 MSP430 系列产品中，输入/输出端口(P1～P8)各有差异。表 5-20 列出了常用系列的端口情况。

表 5-20　常用 MSP430 系列端口

常见器件(型号)	P1	P2	P3	P4	P5	P6	P7	P8	S	COM
MSP430x11x	有	有								
MSP430x12x	有	有	有							
MSP430x13x/14x/15x/16x	有	有	有	有	有	有				
MSP430x20xx/x21x1	有	有								
MSP430x22x2/x22x4/F23x0	有	有	有	有						
MSP430x23x/x24x/x2410	有	有	有	有	有	有				
MSP430x241x/x261x	有	有	有	有	有	有	有	有		
MSP430x4xx	有	有	有	有	有	有			有	有

各个端口的工作状态可由相关寄存器设置：

(1) 每个 I/O 位都可以独立编程。

(2) 允许任意组合输入、输出和中断。

(3) P1 和 P2 所有 8 个位全部可以用做外部中断接口。

(4) 可以使用所有指令对相关端口寄存器进行操作。

(5) 可以按字节输入/输出，也可按位操作。

2. 不具有中断能力的端口

MSP430 系列单片机中不具有中断能力的端口有 P3、P4、P5、P6、P7 以及 P8 端口。每个端口宽度为 8 位，每个位可以单独控制，所以通过软件来设置相应的寄存器，使得每个端口由输入口、输出口或外围功能脚分别或共同组成。每个端口由以字节方式访问的寄存器控制，它们分别是方向寄存器 PxDIR、输入寄存器 PxIN、输出寄存器 PxOUT 及功能选择寄存器 PxSEL，其中 x 为 3～8。

3. 具有中断能力的端口

MSP430 系列单片机中具有中断能力的端口有 P1 和 P2(MSP430x3xx 系列中的 P3 口也是具有中断能力的端口)。这些具有中断能力的端口除了具有方向寄存器 PxDIR、输入寄存器 PxIN、输出寄存器 PxOUT 和功能选择寄存器 PxSEL 这 4 个寄存器外，还具有中断使能寄存器 PxIE、中断沿选择寄存器 PxIES 和中断标志寄存器 PxIFG，其中 x 为 1、2 或 3。

4. 端口 P0

在 MSP430x3xx 系列器件中，有三态输出端口 P0。它是一个 6 位的端口，由以下两个寄存器控制，分别使用低 6 位。

(1) 端口数据寄存器 PD。该寄存器中 PD.0～PD.5 的内容为引脚 P0.0～P0.5 的输出值。

(2) 端口允许寄存器 PE。该寄存器中 PE.0～PE.5 分别控制 P0.0～P0.5 的三态特性，当 PE 的相应位置 1 时，PD 的内容可以由引脚 P0 输出。当 PE 复位时，三态输出为高阻状态。

5. 端口 COM 和 S

端口 COM 和 S 出现在 MSP430Fx4xx 等有液晶驱动模块的器件中。COM 端口为液晶片的公共端，S 端口为液晶片的段码端。液晶片输出端口也可编程配置为数字输出端口。

5.6.2　I/O 端口的设置

MSP430 系列常见器件端口地址与相关寄存器如表 5-21 所示。

表 5-21　MSP430 常见系列器件端口

端口	寄存器名	寄存器地址	功　能	类　型	初始状态
P1	P1IN	020H	P1 输入寄存器	只读	
	P1OUT	021H	P1 输出寄存器	读/写	不变化
	P1DIR	022H	P1 方向寄存器	读/写	PUC 信号清 0
	P1IFG	023H	P1 中断标志寄存器	读/写	PUC 信号清 0
	P1IES	024H	P1 中断类型寄存器	读/写	不变化
	P1IE	025H	P1 中断使能寄存器	读/写	PUC 信号清 0
	P1SEL	026H	P1 功能选择寄存器	读/写	PUC 信号清 0
P2	P2IN	028H	P2 输入寄存器	只读	
	P2OUT	029H	P2 输出寄存器	读/写	不变化
	P2DIR	02AH	P2 方向寄存器	读/写	PUC 信号清 0
	P2IFG	02BH	P2 中断标志寄存器	读/写	PUC 信号清 0
	P2IES	02CH	P2 中断类型寄存器	读/写	不变化
	P2IE	02DH	P2 中断使能寄存器	读/写	PUC 信号清 0
	P2SEL	02EH	P2 功能选择寄存器	读/写	PUC 信号清 0
P3	P3IN	018H	P3 输入寄存器	只读	
	P3OUT	019H	P3 输出寄存器	读/写	不变化
	P3DIR	01AH	P3 方向寄存器	读/写	PUC 信号清 0
	P3SEL	01BH	P3 功能选择寄存器	读/写	PUC 信号清 0
P4	P4IN	01CH	P4 输入寄存器	只读	
	P4OUT	01DH	P4 输出寄存器	读/写	不变化
	P4DIR	01EH	P4 方向寄存器	读/写	PUC 信号清 0
	P4SEL	01FH	P4 功能选择寄存器	读/写	PUC 信号清 0
P5	P5IN	030H	P5 输入寄存器	只读	
	P5OUT	031H	P5 输出寄存器	读/写	不变化
	P5DIR	032H	P5 方向寄存器	读/写	PUC 信号清 0
	P5SEL	033H	P5 功能选择寄存器	读/写	PUC 信号清 0
P6	P6IN	034H	P6 输入寄存器	只读	
	P6OUT	035H	P6 输出寄存器	读/写	不变化
	P6DIR	036H	P6 方向寄存器	读/写	PUC 信号清 0
	P6SEL	037H	P6 功能选择寄存器	读/写	PUC 信号清 0

(1) 方向寄存器 PxDIR。该寄存器所有位均可读写，且每一位控制一个引脚上的信号的方向。当某位置 1 时，表示对应引脚上的信号为输出方向，否则为输入方向。例如 P3DIR=0x02 表示将 P3 端口的 P3.1 引脚设置为输出方向，其余引脚(P3.7～P3.2、P3.0)设置为输入方向。

通常端口在用做通用 I/O 时，都应设置好方向寄存器 PxDIR，但容易忽略的是端口作为外围器件功能使用时，也必须设置好方向寄存器 PxDIR，才能使相应引脚的方向符合外围器件功能的要求。例如 MSP430F44x 系列器件，要使用异步串行通信模块 UART0，由于 P2.4 和串行模块发送口复用，P2.5 和串行模块接收口复用，因此在将 P2.4 和 P2.5 引脚选择为外围器件后，还要将 P2.4 设置为输出方向(满足模块发送要求)，P2.5 设置为输入方向(满足模块接收要求)。用 C 编写代码如下：

```
P2SEL |=0x30;        //选择 P2.4 和 P2.5 引脚作为外围器件功能
P2DIR |=0x10;        //选择 P2.4 引脚方向为输出，P2.5 引脚方向为输入
                     //系统复位后 P2DIR 的值为 0x00，全部为输入
```

(2) 输入寄存器 PxIN。该寄存器为只读寄存器，如果端口没有使用外围器件功能，则该寄存器值表示相应引脚上输入信号的电平状态：0 表示输入信号为低电平，1 表示输入信号为高电平。

(3) 输出寄存器 PxOUT。通常将需要的值写入该寄存器，以便控制输出引脚上的电平状态。但该寄存器也可以进行读操作，读出的值为上一次写入该寄存器的值。当然，如果某引脚被设置成输入方向，则进行 PxOUT 寄存器相应位的写操作是不会影响引脚状态的。

(4) 功能选择寄存器 PxSEL。由于 MSP430 系列单片机 I/O 口与外围器件功能都采用了端口复用技术，端口不论是作为输入/输出口(I/O)使用还是作为外围功能使用，必须通过功能选择寄存器 PxSEL 来设置(控制)。每个端口的功能选择寄存器(如 P3SEL、P4SEL、P5SEL 或 P6SEL 等)都有 8 位，分别对应该端口的 8 个引脚，例如功能选择寄存器 P3SEL 的位 0 对应于 P3.0，位 3 对应于 P3.3，位 7 对应于 P3.7。功能寄存器中某位置 1 表示将对应的引脚作为外围器件功能使用。如 P2SEL |=0x30，表示选择 P2.4 和 P2.5 引脚作为外围器件(串口)功能使用。

(5) 中断使能寄存器 PxIE。Px 引脚 8 个位与端口的 8 个引脚一一对应，某个位置 1 表示允许对应的引脚在电平变化(正跳变或负跳变)时产生中断。中断使能寄存器的定义见表 5-22。

表 5-22　PxIE 各位

D7	D6	D5	D4	D3	D2	D1	D0
PxIE.7	PxIE.6	PxIE.5	PxIE.4	PxIE.3	PxIE.2	PxIE.1	PxIE.0

在 PxIE.7～PxIE.0 各位中，置 0 表示禁止中断，置 1 表示允许中断。

(6) 中断类型选择寄存器 PxIES。该寄存器用来选择当前对应引脚电平产生正跳变时置位中断标志，还是产生负跳变时置位中断标志。置 0 表示对应引脚产生由低到高的电平跳变(正跳变)时置位中断标志。置 1 表示对应引脚产生由高到低的电平跳变(负跳变)时置位中断标志。

(7) 中断标志寄存器 PxIFG。该寄存器有 8 个标志位，标志相应引脚是否有待处理的信息，即相应引脚是否有中断请求。如果在 GIE 置位的情况下，PxIFG 某位置 1 并且对应的中断使能寄存器 PxIE 位置 1，则会向 CPU 请求中断处理。0 表示对应引脚未产生由 PxIES 设定的电平跳变。1 表示对应引脚产生由 PxIES 设定的电平跳变。中断标志寄存器 PxIFG 的各位见表 5-23。

表 5-23　PxIFG 各位

D7	D6	D5	D4	D3	D2	D1	D0
PxIFG.7	PxIFG.6	PxIFG.5	PxIFG.4	PxIFG.3	PxIFG.2	PxIFG.1	PxIFG.0

在 PxIFG 各位中，0 表示没有中断请求，1 表示有中断请求。

中断标志 PxIFG.7～PxIFG.0 共用一个中断向量，属于多源中断。当任一事件引起的中断进入服务程序时，PxIFG.7～PxIFG.0 不会自动复位。引起中断的引脚可通过软件读 PxIE 寄存器获取。如果是外部中断，中断时间必须大于 1.5 倍的 MCLK 时间，以保证中断请求能被软件查到。

5.7 MSP430 的定时器

MSP430 系列的定时器资源丰富，有看门狗定时器(WDT)、基本定时器、8 位定时器/计数器、定时器 A 和定时器 B 等。定时器可用来实现定时控制、延时、频率测量、脉宽测量和信号产生、信号检测等。定时器 A 还可作为串行口的波特率发生器，在多任务的系统中也可用来作为中断信号实现程序的切换。MSP430 系列各定时器模块的功能如表 5-24 所示，不同的器件所含有的定时器个数和种类不同，在使用时最好查阅相关资料。

表 5-24 各种定时器功能

定时器名称	基 本 功 能
看门狗定时器	基本定时，当程序发生错误时执行一个受控的系统重启动过程
基本定时器	基本定时，支持软件和各种外围模块工作在低频或低功耗条件下
定时器 A	基本定时，支持同时进行的多种时序控制、多个捕获/比较功能和多种输出波形(PWM)，可以以硬件方式支持串行通信
定时器 B	基本定时，功能基本同定时器 A，但比定时器 A 更灵活，功能更强大

5.7.1 看门狗定时器

单片机系统容易受到干扰，从而导致系统跑飞或陷入死循环。为了监测程序状态，采用了一种程序监视技术，即看门狗技术，使得程序可以脱离死循环状态。MSP430 系列单片机有一个看门狗定时器，它既可以作为看门狗使用(WDTCTL 寄存器中的 WDTTMSEL 位为 0)，也可以作为内部定时器使用(WDTCTL 寄存器中的 WDTTMSEL 位为 1)。看门狗的主要特点如下：

(1) WDT 是一个 16 位计数器。

(2) 需要口令才能对其进行操作。

(3) 有看门狗和定时器两种模式。

(4) 有 8 种可选的定时时间。

1. 看门狗寄存器

WDT 的寄存器是由控制寄存器 WDTCTL 和计数单元 WDTCNT 组成的，它的中断允许和中断标志位在 SFR 中。

(1) 计数单元 WDTCNT。WDTCNT 是一个 16 位的增 1 计数器，由 MSP430 所选定的时钟电路产生的固定周期脉冲信号对计数器进行加法计数。如果计数器事先被预置的初始值不同，那么从开始计数到计数器溢出为止所用的时间就不同。WDTCNT 不能直接通过软件存取，必须通过看门狗定时器的控制寄存器 WDTCTL(地址为 120H)进行访问。

(2) 控制寄存器 WDTCTL。WDTCTL 由两部分组成，其中高 8 位被用做口令，低 8 位是 WDT 操作的控制命令。要写入操作 WDT 的控制命令，必须正确写入高字节看门狗口令，口令为 5AH。如果口令写错将导致系统复位。在读 WDTCTL 时不需要口令，可直接读取地址 120H 中的内容，读出的数据低字节为 WDTCTL 的值，高字节始终为 69H。WDTCTL 除了有看门狗定时器的控制位之外，还有两个位用于设置 NMI 引脚功能。表 5-25 是 WDTCTL 寄存器的定义格式。

表 5-25 WDTCTL 寄存器的格式

D15~D8	D7	D6	D5	D4	D3	D2	D1	D0
口令	HOLD	NMIES	NMI	TMSEL	CNTCL	SSEL	IS1	IS0

WDTCTL 各位的含义如下：

① IS1、IS0 是看门狗定时器的定时输出选择位。表 5-26 给出了 5 种输出时间，其中 T 是 WDTCNT 的输入时钟源周期。

表 5-26 看门狗定时时间选择

IS1	IS0	输出周期(看门狗时间)
0	0	$T×2^{15}$
0	1	$T×2^{13}$
1	0	$T×2^9$
1	1	$T×2^6$

② SSEL 是 WDTCNT 的时钟源选择位，置 0 为 SMCLK 时钟源，置 1 为 ACLK 时钟源。

WDT 定时时间是由 IS0、IS1 及 SSEL 确定的，因此通过软件对计数器设置不同的初始值，就可以实现不同时间的定时。WDT 最多只能定时 8 种和时钟源相关的时间，如晶振为 32 768 Hz(ACLK 为 32 768 Hz)，SNCLK 为 1 MHz 时，WDT 可选的定时时间如表 5-27 所示。

表 5-27 WDT 的定时时间(ACLK=32.768 kHz, SMCLK=1 MHz)

时钟源	SSEL	IS1	IS0	定时时间/ms	
SMCLK	0	0	0	32.77	$t_{SMCLK}×2^{15}$
SMCLK	0	0	1	8.19	$t_{SMCLK}×2^{13}$
SMCLK	0	1	0	0.51	$t_{SMCLK}×2^9$
SMCLK	0	1	1	0.064	$t_{SMCLK}×2^6$
ACLK	1	0	0	1000	$t_{ACLK}×2^{15}$
ACLK	1	0	1	250	$t_{ACLK}×2^{13}$
ACLK	1	1	0	15.6	$t_{ACLK}×2^9$
ACLK	1	1	1	1.95	$t_{ACLK}×2^6$

③ CNTCL 是 WDTCNT 清除位，置 0 不清除 WDTCNT 计数单元，置 1 清除 WDTCNT 计数单元。

当该位为 1 时，WDTCNT 将从 0 开始计数(即"喂狗")。

④ TMSEL 是看门狗定时器工作方式选择位，置 0 为看门狗模式，置 1 为定时模式。

⑤ NMI 是 RST/NMI 引脚功能选择位，在 PUC 后被复位。该位置 0 表示 RST/NMI 引脚为复位端，置 1 表示 RST/NMI 引脚为边沿触发的非屏蔽中断输入。

⑥ NMIES 是 NMI 非屏蔽中断的边沿触发方式选择位，置 0 表示上升沿触发 NMI 中断，置 1 表示下降沿触发 NMI 中断。

⑦ HOLD 是看门狗定时器工作停止位，置 0 表示 WDT 被激活，置 1 表示禁止 WDT 工作，计数停止。将 WDT 关掉(HOLD=1)可以降低功耗。

⑧ D15～D8 是口令位，写入值为 5AH，读出值始终为 69H。

2. 看门狗定时器(WDT)的工作模式

用户可以通过 WDTCTL 寄存器的 TMSEL 和 HOLD 控制位设置 WDT 的工作模式，即看门狗模式、定时器模式或低功耗模式。

(1) 看门狗模式。当 WDTCTL 的 TMSEL=0 时，WDT 工作于看门狗模式。在该模式下，一旦 WDT 到达定时时间或写入错误的口令都会触发 PUC 信号(见图 5-1)，WDTCNT 和 WDTCTL 两寄存器内容将被全部清除，WDT 功能被激活，并自动进入看门狗模式。用户在通过软件设置看门狗模式时，一般都需要进行如下两步操作：

① 进行 WDT 的初始化，设置合适的时间(通过 SSEL、IS1、IS0 位来选定)。

② 周期性地对 WDTCNT 清 0(喂狗)，以防止 WDT 溢出，保证 WDT 的正确使用。用 C 语言完成的喂狗程序为：

```
WDTCTL= WDTPW+WDTCNTCL;          //清 0 WDTCNT
```

在看门狗模式下，如果计数器超过了定时时间，就会产生复位和激活系统上电清除信号，系统从上电复位的地址重新启动。

如果系统不使用看门狗功能，应在程序开始处禁止看门狗功能，用 C 语言完成的程序为：

```
WDTCTL=WDTPW+WDTHOLD;            //HOLD=1，停止看门狗
```

(2) 定时器模式。当 WDTCTL 的 TMSEL=1 时，选择定时器模式。在设置好中断条件后，WDT 将按设定的时间周期产生中断请求。在响应中断后，中断标志位将自动清除。

在定时模式下，要注意定时时间的改变应伴随计数器的清除，并应在一条指令中完成。如果先后分别进行清除和定时时间选择，或改变定时时间而不同时清除 WDTCNT，将导致不可预料的系统立即复位或中断。另外，在正常工作时，改变时钟源也可能导致 WDTCNT 额外的计数时钟，如 C 程序：

```
WDTCTL= WDTPW+WDTTMSEL+WDTCNTCL+WDTSSEL;     //定时 1000 ms
WDTCTL= WDTPW+WDTTMSEL+WDTCNTCL+WDTIS0;       //定时 8.19 ms
```

(3) 低功耗模式。当系统不需要 WDT 做看门狗和定时器时，可关闭 WDT 以减小功耗。当控制位 HOLD=1 时关闭 WDT，这时看门狗停止工作。

(4) 看门狗定时器的中断控制功能。在看门狗模式下中断是不可屏蔽的，由受控程序非正常运行引发。在定时器模式下中断是可屏蔽的，由选定时间到达而引发。前者的中断优先级高于后者，两者的中断向量地址不同。看门狗定时器用到 SFR 的两位：

① 中断标志 WDTIFG，位于 IFG1.0，初始状态为 0；

② 中断允许 WDTIE，位于 IE1.0，初始状态为 0。

与中断功能相关的 WDTCTL 的控制位为 NMI 和 NMIES。NMIES 位于 IE1.4，MNIFG 位于 IFG.4。

5.7.2 基本定时器

基本定时器外设是通过软件设置基本定时器控制寄存器 BTCTL 的值，来配置基本定时器的工作方式的。基本定时器常应用于低功耗系统中。该定时器非常适合周期性地产生中断，更新 LCD 或启动一个新的测量周期。

1. 基本定时器的组成

基本定时器由计数器 1 (BTCNT1)和计数器 2 (BTCNT2)等分频电路组成。

计数器 1 是可直接访问的 8 位寄存器，它只能以 ACLK 作为时钟源进行分频，向其他外围模块提供低频控制信号(如提供给液晶模块作为液晶控制的帧频率)。通过置位控制寄存器 BTCTL 中的 BTHOLD 和 BTDIV 位，可控制计数器 1 的工作(暂停)。

计数器 2 也是可直接访问的 8 位寄存器，它作为 8 位计数器工作时，可以选择 ACLK 或 SMCLK 作为时钟源进行分频。

基本定时器可以用做两个独立的 8 位定时器 BTCNT1 和 BTCNT2，也可以组成一个 16 位定时器/计数器(BTCNT1、BTCNT2)。当计数器 2 与计数器 1 一起作为 16 位计数器工作时，计数器 2 的输入时钟是经计数器 1 分频后的信号(ACLK/256)。

2. 寄存器的设置

通过对控制寄存器 BTCTL 的设置可以对计数单元 BTCNT1 和 BTCNT2 进行软件控制。当器件上电、复位(RST/NMI 引脚)、看门狗溢出或看门狗密钥非法出现时，该寄存器各位保持原状。但用户程序可在基本定时器初始化期间设定操作条件。

(1) BTCTL 控制寄存器。BTCTL 控制寄存器控制基本定时器的运行。可通过 BTCTL 各位的值来选择频率源、中断频率及 LCD 控制电路的帧频率。BTCTL 各位的定义如表 5-28 所示。

表 5-28　BTCTL 的格式

D7	D6	D5	D4	D3	D2	D1	D0
SSEL	HOLD	DIV	FRFQ1	FRFQ0	IP2	IP1	IP0

表 5-28 中各位的含义如下：

① SSEL、DIV 两位是计数器 2(BTCNT2)的输入频率 CLK2 的选择位。基本定时器总是按输入的时钟作增计数。SSEL 用来选择辅助时钟 ACLK 或系统主时钟 MCLK，DIV 决定是否对选定的时钟信号分频。MSP430F4xx 的 BTCNT2 的输入频率如表 5-29 所示。

② HOLD 是计数器停止控制位。若 HOLD=0，则 BTCNT1 与 BTCNT2 在运行中；若 HOLD=1，则 BTCNT2 停止工作，如果 DIV(DIV=1)也置位，则 BTCNT1 也停止工作。

基本定时器可以利用 HOLD 位禁止模块的所有功能，并把功耗降低到最低程度，即只有漏电流。当计数器被允许或禁止时不会发生额外计数，但系统对控制寄存器 BTCTL 的访问会影响计数。

③ FRFQ1、FRFQ0 是液晶频率 f_{LCD} 频率选择位，可选择计数器 1(BTCNT1)的 4 个输出之一作为 f_{LCD} 信号。所控制的 LCD 更新频率如表 5-29 所示。与片上外设 LCD 驱动模块一起工作的设备使用 f_{LCD} 信号产生 COM 公共端和 SEG 行驱动的时序信号。

表 5-29 BTCNT2 的输入频率与 f$_{LCD}$ 信号频率

BTCNT2 的输入频率			f$_{LCD}$ 信号频率		
SSEL	DIV	CLK2	FRFQ1	FRFQ0	f$_{LCD}$
0	0	ACLK	0	0	f$_{ACLK}$/32
0	1	ACLK/256	0	1	f$_{ACLK}$/64
1	0	SMCLK	1	0	f$_{ACLK}$/128
1	1	ACLK/256	1	1	f$_{ACLK}$/256

④ IP2、IP1 和 IP0 是基本定时器中断时间间隔选择位，也就是基本定时器 BTCNT2 的定时间隔，如表 5-30 所示。

表 5-30 BTCNT2 的定时中断频率

IP2	IP1	IP0	中断频率	IP2	IP1	IP0	中断频率
0	0	0	f$_{CLK2}$/2	1	0	0	f$_{CLK2}$/32
0	0	1	f$_{CLK2}$/4	1	0	1	f$_{CLK2}$/64
0	1	0	f$_{CLK2}$/8	1	1	0	f$_{CLK2}$/128
0	1	1	f$_{CLK2}$/16	1	1	1	f$_{CLK2}$/256

(2) 计数单元 BTCNT1 和 BTCNT2。基本定时器除了定时控制外，还有 BTCNT1 和 BTCNT2 两个重要计数单元。这两个单元都可用字节方式进行读写，相关特性如表 5-31 所示。

表 5-31 BTCNT1、BTCNT2 计数单元

计数单元	输 入 时 钟	信 号 用 途
BTCNT1	ACLK	液晶 LCD 刷新频率
BTCNT2	ACLK、SMCLK、ACLK/256	产生中断，使中断标志置位

BTCNT1 对 ACLK 分频。LCD 驱动的帧频率从计数器的高 4 位输出中选择。最高位输出可以作为 BTCNT2 的时钟输入。

BTCNT2 对可选输入时钟 ACLK、SMCLK 或 ACLK/256 分频。中断周期可从 BTCTL 中的 IP2～IP0 位中选择 8 个输出之一。

基本定时器可以工作在 16 位定时器/计数器模式下，此时 CLK2 来源于 BTCNT1 最高位输出。所以当基本定时器作为 16 位计数器时，只能选择 ACLK 作为 BTCNT1 和 BTCNT2 的时钟源。

3. 基本定时器的中断

基本定时器中断允许位 BTIE 在 IE2(IE2.7)中。中断标志位 BTIFG 在 IFG2(IFG2.7)中。该标志位响应中断后自动复位。

中断标志和中断允许遵循一般模块的中断原则。除了受各自的中断允许控制外，中断请求还受控于通用中断标志 GIE。PUC 使中断允许标志 BTIE 复位。当基本定时器有中断请求时，中断标志 BTIFG 置位；当中断请求被接受时，中断标志 BTIFG 复位。该中断可用于系统的控制，它是单源中断。

4. 基本定时器应用举例

如果使用基本定时器的定时功能产生一个频率为 4 Hz 的方波信号，由 P4.0 输出。设

ACLK=LFXT1=32 768 Hz，MCLK=1.048 576 MHz。相关程序如下：

```
        /*基本定时器相关主程序*/
        #include   "msp430x44x.h"           //包含 MSP430x44x 头文件
        void   main(void)
        { WDTCTL=WDTPW+WDTHOLD;             //停止看门狗
          IE2 |=BTIE                          //打开基本定时器中断
          BTCTL=BTDIV+BTSSEL+BTIP2;
          P4DIR |=0x01;                       //P4.0 输出
          _EINT();                            //打开系统总中断
          while(1)
           {
             _BIS_SR(CPUOFF);                 //进入低功耗 LPM0 模式
             _NOP();
           }
        }
        /*基本定时器中断服务程序*/
        #pragma vector=BASICTIMER_VECTOR
        _interrupt void basic_timer(void)
        {
          P4OUT ^=0x01;                       //取反 P4.0
          BTCNT2=0xE0;                        //置计时器初始值为 E0H
        }
```

5.7.3   16 位定时器 A

MSP430 系列 Flash 型单片机都含有定时器 A(Timer_A)。定时器 A 由一个 16 位定时器和多路捕获/比较通道组成，各通道都可单独控制。MSP430 的型号不同，Time_A 模块中的捕获/比较器数量也不同。MSP430 系列单片机的 Time_A 有以下特性：

(1) 具有 16 位计数器、4 种工作模式和多种可选的计数器时钟源。

(2) 具有 3 个或者 5 个可配置的捕获/比较寄存器。

(3) 支持多时序控制、多个捕获/比较功能及多种输出波形(PWM)。

(4) 具有异步输入、输出锁存功能和 8 种输出方式选择，3 个可配置输出单元。

(5) 没有自动重载时间常数功能，但产生的定时脉冲或 PWM(脉宽调制)信号没有软件带来的误差。

(6) 能捕获外部事件发生的时间，锁定其发生时的高低电平，且具有完善的中断服务功能。

1. 定时器 A 的组成

定时器 A 由计数器部分、捕获/比较部分和输出单元三部分组成，如图 5-5 所示。计数器部分用来完成时钟源的选择与分频、模式控制及计数等功能。输入的时钟源具有 4 种选择，所选定的时钟源又可以 1、2、4 或 8 分频作为计数频率，Timer_A 可以通过选择 4 种工作模式灵活地完成定时/计数功能。捕获/比较部分用于捕获事件发生的时间或产生时间间隔。捕获比较功能的引入主要是为了提高 I/O 端口处理事务的能力和速度。不同的 MSP430 单片机，Timer_A 模块中所含有的捕获/比较器的数量不一样，但每个捕获/比较器的结构完全相同，输入和输出都取决于各自所带的控制寄存器的控制字。捕获/比较器之间的工作完全相互独立。输出单元用于产生用户所需要的信号。Timer_A 具有可选的 8 种输出模式，支持 PWM 输出。

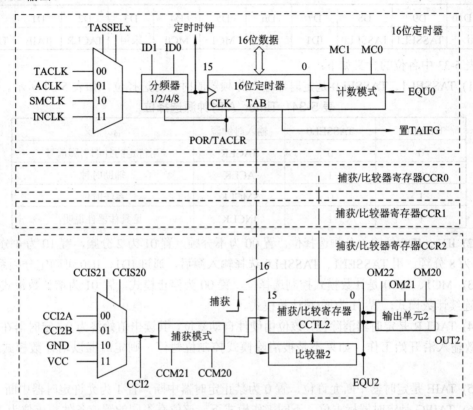

图 5-5　16 位定时器 A 结构图

2. Timer_A 寄存器

Timer_A 有丰富的寄存器资源供用户使用，如表 5-32 所示。

表 5-32　Timer_A 的寄存器

Timer_A 寄存器	寄存器名	读写类型	地　　址	初始状态
Timer_A 控制寄存器	TACTL	读/写	160H	POR 复位
Timer_A 计数器	TAR	读/写	170H	POR 复位
捕获/比较控制寄存器 0	CCTL0	读/写	162H	POR 复位
捕获/比较寄存器 0	CCR0	读/写	172H	POR 复位
捕获/比较控制寄存器 1	CCTL1	读/写	164H	POR 复位
捕获/比较寄存器 1	CCR1	读/写	174H	POR 复位
捕获/比较控制寄存器 2	CCTL2	读/写	168H	POR 复位
捕获/比较寄存器 2	CCR2	读/写	178H	POR 复位
中断向量寄存器	TAIV	读/写	12EH	POR 复位

1) 控制寄存器 TACTL

定时器控制寄存器 TACTL 中包含定时器及其操作的控制位。POR 信号产生后 TACTL 的所有位都自动复位，但在 PUC 信号产生后这些位不受影响。TACTL 各位的定义如表 5-33 所示。

表 5-33　TACTL 控制寄存器格式

D15~D10	D9	D8	D7	D6	D5	D4	D3	D2	D1	D0
未用	TASSEL1	TASSEL0	ID1	ID0	MC1	MC0	未用	TACLR	TAIE	TAIFG

表 5-33 中各位的含义如下：

(1) TASSEL1、TASSEL0 是定时器输入分频器的时钟源选择位，如表 5-34 所示。

表 5-34　Timer_A 时钟源选择位

TASSEL1	TASSEL0	输入时钟源	含　义
0	0	TACLK	用特定的外部引脚信号
0	1	ACLK	辅助时钟
1	0	SMCLK	系统时钟
1	1	INCLK	见具体器件说明

(2) ID1、ID0 是输入分频选择位，置 00 为不分频，置 01 为 2 分频，置 10 为 4 分频，置 11 为 8 分频。用 TASSEL1、TASSEL0 选择输入源后，通过 ID1、ID0 可确定分频系数。

(3) MC1、MC0 是计数模式控制选择位，置 00 为停止模式，置 01 为增计数模式，置 10 为连续计数模式，置 11 为增/减计数模式。

(4) TACLR 是定时器清除位，该位由硬件自动复位，其读出值始终为 0。定时器在下一个有效输入沿开始工作，如果不是被清除模式控制位暂停，则定时器以增计数模式开始工作。

(5) TAIE 是定时器中断允许位，置 0 为禁止定时器中断，置 1 为允许定时器中断。

(6) TAIFG 是定时器标志位，不同工作模式下，该位有不同的置位条件。该位为 "0" 代表无中断请求，为 "1" 代表有中断请求。

2) 16 位计数器 TAR

该单元就是执行计数的单元，是计数器的主体，其内容可读可写。若要修改 Tiner_A，则推荐修改顺序如下：

(1) 修改控制寄存器和停止定时器。

(2) 启动定时器工作。

当计数时钟不是 MCLK 时，写入应该在计数器停止计数时进行，以免因与 CPU 不同步而引起时钟竞争(输入时钟和软件所有的系统时钟异步也可能引起时间竞争)，使定时器响应出错。所以在用 TACTL 控制寄存器中的控制位来改变定时器工作，尤其是在修改输入选择位、输入分频器和定时器清除位时，定时器应停止。

3) 捕获/比较控制寄存器 TACCTLx

Timer_A 有多个捕获/比较模块，每个模块都有自己的控制字 CCTLx，这里 x 为捕获/比较模块序号。该寄存器在 POR 信号后全部复位，但在 PUC 信号后不受影响。该寄存器中各位的定义如表 5-35 所示。

表 5-35　TACCTLx 的格式

D15	D14	D13	D12	D11	D10	D9	D8	D7~D5	D4	D3	D2	D1	D0
CM1	CM0	CCIS1	CCIS0	SCS	SCCI	未用	CAP	OUTMODx	CCIE	CCI	OUT	COV	CCIFG

表 5-35 中各位的含义是：

(1) CM1、CM0 是选择捕获方式位，置 00 为禁止捕获模式，置 01 为上升沿捕获，置 10 为下降沿捕获，置 11 为上升沿与下降沿均捕获模式。

(2) CCIS1、CCIS0 是捕获模式中捕获事件的输入源选择位，置 00 是 CCIxA 输入源，置 01 是 CCIxB 输入源，置 10 是 GND(接地)，置 11 是 VCC。

(3) SCS 是捕获信号与定时器时钟同步选择位，置 0 为异步捕获，置 1 为同步捕获。

异步捕获模式允许在请求时立即将 CCIFG 置位且捕获定时器值，适用于捕获信号的周期远大于定时器时钟周期的情况。但是，如果定时器时钟和捕获信号发生时间竞争，则捕获寄存器可能出错。实际中经常使用同步捕获模式，而且捕获总是有效的。

(4) SCCI 是同步比较/捕获输入，比较相等信号 EQUx 将选定的捕获/比较输入信号 CCIx(CCIxA、CCIxB、GND 和 VCC)进行锁存，可由 SCCIx 读出。

(5) CAP 是工作模式选择位，置 0 是比较模式，置 1 是捕获模式。

如果通过捕获/比较寄存器 CCTLx 中的 CAP 使工作模式从比较模式变为捕获模式，那么不应同时进行捕获，否则，在捕获/比较寄存器中的值是不可预料的。工作模式选择一般按如下方法实现：

```
BIS  #CAP, &CCTL2      ; 用 CCTL2 选择捕获模式
XOR  #CCIS1, &CCTL2    ; 软件捕获时，CCIS0=0，捕获模式=3
```

(6) OUTMODx 是输出模式选择位。由于 EQUx=EQU0，因此模式 2、3、6 和 7 不用再进行 TACCR0 操作。OUTMODx 置 000 表示输出，置 001 表示置位，置 010 表示翻转/复位，置 011 表示置位/复位，置 100 表示翻转，置 101 表示复位，置 110 表示翻转/置位，置 111 表示复位/置位。

(7) CCIE 是捕获/比较模块中断允许位，为 0 表示禁止中断，为 1 表示允许中断。

(8) CCI 是捕获/比较模块的输入信号。在捕获模式时，由 CCIS0 和 CCIS1 选择的输入信号可通过该位读出。在比较模式时，CCIx 复位。

(9) OUT 是输出信号。如果 OUTMODx 选择输出模式 0，则该位直接控制输出的状态。该位置 0 输出为低电平，置 1 输出为高电平。

(10) COV 是捕获溢出标志，为 0 表示没有捕获溢出，为 1 表示已发生捕获溢出。

当 CAP=0 时，选择比较模式，捕获信号发生复位，捕获事件不会使 COV 置位。

当 CAP=1 时，选择捕获模式，如果捕获寄存器的值被读出前再次发生捕获事件，则 COV 置位。

程序可以通过检测 COV 来判断原值读出前是否发生捕获事件。读捕获寄存器时不会使溢出标志复位，必须用软件清除(复位)。

(11) CCIFG 是捕获/比较中断标志位，为 0 表示没有中断请示，为 1 表示有中断请求。

捕获模式下，当寄存器 CCRx 捕获了定时器 TAR 值时，CCIFGx 置位。

比较模式下，当定时器 TAR 值等于寄存器 CCRx 值时，CCIFGx 置位。

4) 捕获/比较寄存器 CCRx

在捕获模式下，当满足捕获条件时，硬件自动将计数器 TAR 中的数据写入该寄存器。如果要检测窄脉冲(高电平)的脉冲长度，可定义上升沿和下降沿都捕获。在上升沿时，捕获一个定时器数据，这个数据在捕获寄存器中读出，再等待下降沿到来，在下降沿到来时又捕获一个定时器数据，那么两次捕获的定时器数据差就是窄脉冲的高电平宽度。其中 CCR0 经常作为周期寄存器，其他 CCRx 功能相同。

在比较方式下，用户程序根据需求定时时间长度，配合定时器工作方式及定时器输入信号，将相应的数据写入该寄存器。如果定时 1 s，定时器工作在模式 1，输入信号为 ACLK (32 768 Hz)，那么写入比较寄存器的数据为 32 768。

5) 中断向量寄存器 TAIV

Timer_A 中断可由计数器溢出引起，也可以来自捕获/比较寄存器。每个捕获/比较模块可独立编程，由捕获/比较外部信号来产生中断。外部信号可以是上升沿，也可以是下降沿，亦可两者都有。

捕获/比较寄存器 CCR0 中断向量具有最高的优先级，因为 CCR0 能用于定义增计数和增减计数模式的周期寄存器，因此它需要最快速的服务。CCIFG0 在被中断服务时能自动复位。

CCR1~CCRx 和定时器共用同一个中断向量，属于多源中断。Timer_A 的中断请求寄存器 TAIV 用来确定中断请求的中断源。该寄存器共 16 位，位 15~4 与位 0 全为 0，位 3~1 的数据由相应的中断标志 CCIFG1~CCIFGx 和 TAIFG1 产生，具体数据如表 5-36 所示。

表 5-36　中断标志及优先级

中断优先级	中 断 源	中 断 名 称	TAIV 内容
最高 ↓ 最低	没有中断	—	00H
	捕获/比较器 1	TACCR1　CCIFG1	02H
	捕获/比较器 2	TACCR2　CCIFG2	04H
	⋮	⋮	⋮
	捕获/比较器 x	TACCRx　CCIFGx	—
	定时器溢出	TAIFG1	0AH
	保留	—	0CH、0EH

对应 Timer_A 的多源中断标志 CCIFG1~CCIFGx 和 TAIFG1 在读中断向量字 TAIV 后自动复位。如果不访问 TAIV 寄存器，则不会自动复位，需用软件清除；如果相应的中断允许复位(不允许中断)，则不会产生中断请求，但中断请求仍存在，仍须用软件清除。CCR1~CCRx 和定时器中断如图 5-6 所示。

如果有 Timer_A 中断标志位置位，则 TAIV 为相应的数据。该数据与 PC(程序计数器)的值相加，可使系统自动进入相应的中断服务程序。如果 Timer_A 有多个中断标志置位，则系统先判断优先级，再响应相应的中断。

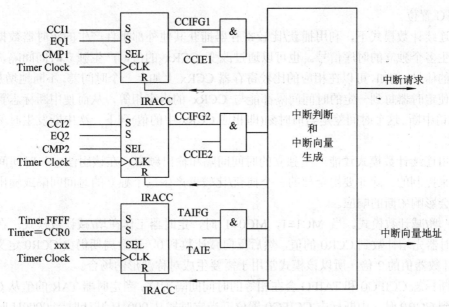

图 5-6　CCR1～CCRx 和定时器中断

3. Timer_A 工作原理

1) 定时器工作模式

Timer_A 共有 4 种计数工作模式：停止模式、增计数模式、连续计数模式和增/减计数模式，该模式的选择是通过 TACTL 寄存器中 MC1、MC0 来设定的(见表 5-33)。

(1) 停止模式。当 MC1=0，MC0=0 时，定时器工作在停止模式，定时器暂停，但并不发生复位。当定时器暂停后重新计数时，计数器将从暂停时的值开始，以暂停前的计数模式继续计数。如果不需要这样，则可通过 TACTL 中的 CLR 控制位来清除定时器的方向记忆特性。

(2) 增计数模式。当 MC1=0，MC0=1 时，定时器工作在增计数模式，这种模式适用于定时周期小于 65 536 的连续计数情况。Timer_A 增计数模式的周期寄存器是 16 位的捕获/比较寄存器 CCR0。计数器 TAR 可以增计数到 CCR0 的值(设定的值)，当计数值与 CCR0 的值相等(或定时器的值大于 CCR0 的值)时，定时器复位并从 0 开始重新计数。

当定时器的值与 CCR0 的值相等时，设置捕获/比较中断标志 CCIFG0 位为 1；而当定时器从 CCR0 计数到 0 时，设置定时器溢出标志 TAIFG 位为 1。

在定时器工作时，如果改变 CCR0 的值，会使情况发生变化。这种变化在各种模式下是不同的。在增计数模式下，当新周期大于旧周期时，定时器会在等于旧周期之前计数到新周期。当新周期小于旧周期时，如果改变 CCR0 的值，定时器的时钟相位会影响定时器响应新周期的情况。若时钟为高时改变 CCR0 的值，则定时器会在下一个时钟上升沿返回到 0；如果时钟为低时改变 CCR0 的值，则定时器接受新周期并在返回到 0 之前，将继续增加一个时钟周期。

(3) 连续计数模式。当 MC1=1，MC0=0 时，定时器工作在连续计数模式。连续计数模式一般用于需要 65 536 个时钟周期的定时场合。在该模式下，定时器从当前值计数到 0FFFFH 后，又从 0000H 开始重新计数。当定时器从 0FFFFH 计数到 0000H 时，中断标志位 TAIFG 置位。

在连续计数模式下，利用捕获/比较寄存器捕获其他外部事件产生的定时器数据，可以用来产生多个独立的时序信号。也可以通过改变 CCRx 的值，产生独立时间间隔，输出一个频率的信号。例如，可以在相应的比较寄存器 CCRx 上加上一个时间差，不断地增加 CCRx 的值，使定时器每到一定的时间间隔都能与 CCRx 的内容相等，从而使中断标志置位，向 CPU 申请中断。这个时间差是当前时刻(即相应 CCRx 中的值)到下一次中断发生时刻所经历的时间。

利用连续计数模式还能产生独立的时间间隔和输出频率。在该用法中，时间间隔是通过硬件来控制的。除非要用全部的三个捕获/比较器产生三个独立的时间间隔或输出频率，否则不会影响中断的响应。

(4) 增/减计数模式。当 MC1=1，MC0=1 时，定时器工作在增/减计数模式。在该模式下，定时器先增计数到 CCR0 的值，然后反向减计数到 0。计数周期仍由 CCR0 定义，它是 CCR0 计数器值的 2 倍，所以该模式常用于需要生成对称波形的场合。

中断标志 CCIFG0 和 TAIFG 会在相等的时间间隔置位。当定时器 TAR 的值从 CCR0−1 增计数到 CCR0 时，中断标志 CCIFG0 置位；当定时器从 0001H 减计时到 0000H 时，中断标志 TAIFG 置位。

在增/减计数模式过程中，也可以通过改变 CCR0 的值来重置计数周期。在增计数阶段与增计数模式完全相同；在减计数时，新周期在减计数完成(减计数到 0)后才起作用。

2) 捕获/比较模块

Timer_A 有多个相同的捕获/比较模块，可为实时处理提供灵活的手段。每个模块都可用于捕获事件发生的时间或产生定时间隔，当捕获事件发生或定时时间到达时都将引起中断。捕获/比较模块的结构如图 5-7 所示。可以通过 CCMx1 和 CCMx0 选择捕获的条件，捕获/比较寄存器与定时器总线相连，可在满足捕获条件时将 TAR 的值写入捕获寄存器；也可在 TAR 的值与比较器值相等时设置标志位。捕获的输入信号源可以来自外部引脚，也可来自内部信号，还可暂存在一个触发器中由 SCCIx 信号输出。

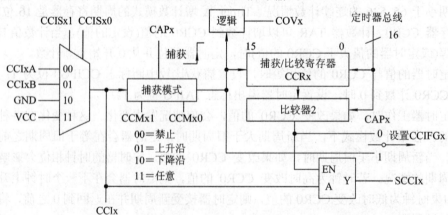

图 5-7 捕获/比较模块的逻辑结构

(1) 捕获模式。当 CCTLx 的 CAPx=1 时，该模块在捕获模式。这时如果在选定的引脚发生设定的脉冲触发沿(上升沿、下降沿或任意跳变)，则 TAR 中的值将写入 CCRx 中。所以捕获/比较寄存器常用于确定事件发生的时间，如时间的测量和频率的测量等。

当捕获完成后，中断标志位 CCIFGx 置位。如果总的中断允许位 GIE 允许，且相应的中断允许位 CCIEx 也允许，则将产生中断请求。

如果捕获信号与定时器时钟同步，则捕获/比较中断标志置位，并将定时器的数值存入捕获寄存器。它们的同步特性可避免定时器和捕获信号的时间竞争。对于非同步捕获信号，由于它支持低速定时器时钟的应用，捕获事件与定时器时钟可能产生时间竞争，因而导致捕获数据无效，此时可用软件验证数据并加以校正。

(2) 比较模式。当 CCTLx 中的 CAP=0 时，该模块工作在比较模式。这时与捕获有关的硬件停止工作，当计数器 TAR 中的计数值等于比较器中的值时，产生中断请求，也可结合输出单元产生所需要的信号。该模式主要用于需要软件定时以及产生脉宽调制(PWM)输出信号的情况。

3 个捕获/比较器在比较模式下设置 EQUx 信号时存在差别。如果 TAR 的值大于或等于 CCR0 中的数值，则 EQU0=1；如果 TAR 的值等于相应的 CCR1 或 CCR2 的值，则 EQU1=1 或 EQU2=1。

3) 输出单元

每个捕获/比较器模块都包含一个输出单元，用于产生输出信号。输出模式是由模式控制位 OUTMOD2、OUTMOD1 和 OUTMOD0 决定的。每个输出单元有 8 种工作模式。这些模式与 TAR、CCRx、CCR0 的值有关，可产生基于 EQUx 的多种信号。

输出控制模块的 3 个输入信号(EQU0、EQU1 或 EQU2 和 OUTx)经模式控制位 OUTMOD2、OUTMOD1 和 OUTMOD0 运算后再输出到 D 触发器。D 触发器的输出就是输出信号源。D 触发器以定时器时钟为时钟信号，当时钟信号为低电平时采样 EQU0 和 EQU1 或 EQU2，在紧随其后的下一个上升沿锁存采样值。

除模式 0 外，其他的输出都在定时器时钟上升沿时发生变化。输出模式 2、3、6、7 不适合输出单元 0，因为 EQUx=EQU0。所有输出模式定义如下：

(1) 输出模式 0。这是输出模式，输出信号 OUTx 由每个捕获/比较模块的控制寄存器 CCTLx 中的 OUTx 位定义，并在 OUTx 位写入信息后立即更新。

(2) 输出模式 1。这是置位模式，输出信号在 TAR 等于 CCRx 时置位，并保持置位到定时器复位或选择另一种输出模式为止。

(3) 输出模式 2。这是翻转/复位模式，输出在 TAR 的值等于 CCRx 时翻转，在 TAR 的值等于 CCR0 时复位。

(4) 输出模式 3。这是置位/复位模式，输出在 TAR 的值等于 CCRx 时置位，在 TAR 的值等于 CCR0 时复位。

(5) 输出模式 4。这是翻转模式，输出在 TAR 的值等于 CCRx 时翻转，输出信号周期是定时器周期的 2 倍。

(6) 输出模式 5。这是复位模式，输出在 TAR 的值等于 CCRx 时复位，并保持复位直到选择另一种输出模式。

(7) 输出模式 6。这是翻转/置位模式，输出在 TAR 的值等于 CCRx 时翻转，在 TAR 的值等于 CCR0 时置位。

(8) 输出模式 7。这是复位/置位模式，输出电平在 TAR 等于 CCRx 时复位，当 TAR 的值等于 CCR0 时置位。

输出控制模块将预备好 OUTx 的值，在定时器时钟下一个上升沿锁存到 OUTx 触发器时进行输出。

Timer_A 提供了 3 种计数模式：增计数、连续计数和增/减计数。

在增计数模式下，当 TAR 增加到 CCRx 或 CCR0 计数到 0 时，OUTx 信号按选择的输出模式发生变化。

连续计数模式下的输出波形与增计数模式一样，只是计数器在增计数到 CCR0 后还要继续增计数到 0FFFFH，这样就延长了计数器计数到 CCR1 的数值后的时间，也就改变了输出信号的周期。

在增/减计数模式下，各种输出波形与定时器增计数模式、连续计数模式下的波形不同。当定时器在任意计数方向上等于 CCRx 时，OUTx 信号都按选择的输出模式发生改变。

5.7.4 16 位定时器 B

16 位定时器 B(Timer_B)和 Timer_A 一样是 MSP430 系列单片机的重要外围部件。在 MSP430F13/14/15/16x 和 MSP430F43/44x 系列中都具有 Timer_B。不同器件中，Timer_B 所带的捕获/比较模块也不一样。根据 Timer_B 所带捕获/比较模块的数目有 Timer_B3 和 Timer_B7 两种。Timer_B 具有以下特点：

(1) 有 4 种工作模式，可选 8 位、10 位、12 位和 16 位计数。

(2) 具有可选、可配置的计数器输入时钟源。

(3) 有 3 个或 7 个具有可配置输入端的捕获/比较寄存器。

(4) 有 3 个或 7 个可配置输出单元；每个单元有 8 个输出模式。

在 Timer_B 的结构中除了在捕获/比较模块中 Timer_B 比 Timer_A 增加了比较锁存器外，Timer_B 和 Timer_A 的结构几乎相同。

Timer_B 中的比较锁存器可以使用户更灵活地控制比较数据更新的时机。多个比较锁存器也可以成组工作，以达到同步更新比较数据的目的。这一功能在实际中很有用途，例如，可以同步更新 PWM 信号的周期和占空比。需要指出的是，Timer_B 在默认状态下，当比较数据被写入捕获/比较寄存器后，将立即传送到比较锁存器。这样，Timer_B 和 Timer_A 的比较模式就完全相同了。

1. Timer_B 和 Timer_A 的不同之处

(1) Timer_B 中没有实现 Timer_A 中的 SCCI 寄存器位的功能。

(2) 有些型号的单片机的 Timer_B 输出实现了高阻输出。

(3) Timer_B 在比较模式下的捕获/比较寄存器功能与 Timer_A 不同，增加了比较锁存器。

(4) Timer_B 的计数长度可通过编程设定为 8 位、10 位、12 位和 16 位，而 Timer_A 的计数长度是 16 位。

(5) Timer_B 支持多重的、同步的定时功能，多重的捕获/比较功能和多重的波形输出功能(比如 PWM 信号)。而且，通过对比较数据的两级缓冲，Timer_B 可以实现多个 PWM 信号周期的同步更新。

(6) 比较模式的原理稍有不同。在 Timer_A 中，CCRx 寄存器中保存着与 TAR 相比较的数据；而在 Timer_B 中，CCRx 寄存器中保存的是要比较的数据，但并不直接与定时器 TBR 相比较，而是将 CCRx 送到与之相对应的锁存器后，由锁存器与定时器 TBR 相比较。Timer_B 从捕获/比较寄存器向比较锁存器传输数据的时机也是可以编程的，可以是在写入捕获/比较寄存器后立即传输，也可以由一个定时事件来触发。

(7) Timer_B 可同时支持多个时序控制、多个捕获/比较功能、多种输出波形(PWM 波形)，也支持上述功能的组合。另外，由于具有数据的双缓存能力，多个 PWM 周期可以同步更新。

(8) Timer_B 具有中断功能。中断可以由计数器溢出引起，也可以来自捕获/比较寄存器。每个捕获/比较模块可以独立编程，由比较或捕获外部信号来产生中断。外部信号可以是信号的上升沿、下降沿或所有跳变。

2. Timer_B 的计数长度

Timer_B 可以被配置为 8 位、10 位、12 位和 16 位的定时器，TBCTL 寄存器配置了计数器的计数长度。当计数长度为 8 位、10 位和 12 位时，超出计数范围的高位将为 0。在各种不同计数长度下，TBR 的最大计数值如表 5-37 所示。

表 5-37　Timer_B 的计数值

Timer_B 的配置位数	CNTL1、CNTL0(TBCTL 的位 12～11)	最大计数值 H/D
16 位	00	0FFFFH/65536D
12 位	01	0FFFH/4096D
10 位	10	03FFH/1024D
8 位	11	00FFH/256D

3. Timer_B 的比较功能

将比较数据先用软件写入捕获/比较锁存器 TBCCRx 中，然后以用户选择的装载事件方式自动装入比较锁存器。装载事件是由 TBCCTLx 中的 CLLDx 位决定的。

多个比较锁存器可以成组工作，这样，同组中的比较锁存器可以在发生装载事件时同步更新。所有的比较锁存器可以组成一个大组，也可以分成两个组或三个组。分组情况由 TBCTLx 寄存器中的 TBCLGRP 位控制。当比较锁存器分组后，同一组序号最小的 CCRx 的 CLLDx 位决定该组的比较锁存器装载事件。例如，用户将比较锁存器分为两组，这样 TBCL1、TBCL2 和 TBCL3 为一组，TBCL4、TRCL5 和 TBCL6 为另一组。在这种情况下，与 TBCL1 对应的 CLLDx 位将决定第一组的装载事件，而与 TBCL4 对应的 CLLDx 位将决定第二组的装载事件。与 TBCL2、TBCL3、TBCL5 和 TBCL6 相对应的 CLLDx 位没有作用。当比较锁存器分组工作时，对比较锁存器的装载需要如下两个条件：

(1) 同组中的所有 TBCCRx 的值必须被重新写入(除非采用立即装载模式)。

(2) 装载事件必然发生。即使是对于那些希望保持原有数值的 TBCCRx，也必须将原有的数值重新写入到 TBCCRx 中，否则该组的比较锁存器将不会重新装载。

Timer_B 的控制寄存器 TBCTL 中的 TBCLGRP 位(位 14～位 13)控制选择单独或组合加载比较锁存器，如表 5-38 所示。

表 5-38 Timer_B 成组装载比较

TBCLGRPx	组 合 方 式		更新控制
00	单独加载		由各自的 CCTLx 寄存器的 CLLD 定义
01	选择分 3 组加装载	TBCL1+TBCL2	TBCCR1
		TBCL3+TBCL4	TBCCR3
		TBCL5+TBCL6	TBCCR5
10	选择分 2 组加装载	TBCL1+TBCL2+TBCL3	TBCCR1
		TBCL4+TBCL5+TBCL6	TBCCR4
11	TBCL0+TBCL1+TBCL2+TBCL3+TBCL4+TBCL5+TBCL6		TBCCR1

Timer_B 的寄存器 TBCCTLx 中的 CLLDx 位(位 10～位 9)控制选择何种装载事件，共有 4 种选择，如表 5-39 所示。

表 5-39 Timer_B 装载方式

CLLDx	装 载 方 式
00	立即装载
01	当计数器 TBR 计数到 0 时，TBCCRx 中的值装载到 TBCLx 中
10	在增/减计数模式下，当 TBR 计数到 TBCL0 或 0 时，TBCCRx 中的值装载到 TBCLx 中；在连续计数模式下，当 TBR 计数到 0 时，TBCCRx 中的值装载到 TBCRx 中
11	当 TBR 计数到 TBCL0 时，TBCCRx 中的值装载到 TBCLx 中

关于 Timer_B 的其他工作原理与使用请参见 Timer_A 部分。

5.8 MSP430 的比较器 A

MSP430 系列单片机大多数器件都含有比较器 A(Comparator_A)，如 MSP430F11x1、MSP430F12xx、MSP430F13/14/15/16x 及 MSP430F4xx 等。该比较器是模拟电压比较器，参与比较的是两个模拟量，可以实现许多测量，如测量电流、电压、电阻、电容，实现电池监测以及产生外部模拟信号，也可结合其他模块实现精确的 A/D 转换功能。

1. 比较器的特性

(1) 比较器 A 模块可通过软件开启或关闭。

(2) 无回差输入。

(3) 比较器内部有模拟参考电压发生器，内部参考电压可以对外输出。

(4) 比较器的输入端可任意选择。

(5) 比较器的输出配有软件选择的 RC 滤波电路。

(6) 具有中断功能。

2. 比较器 A 的结构

比较器 A 可以用来比较两个输入模拟电压的大小，如图 5-8 所示。它由两个模拟量输入端(CA0 和 CA1)、一个模拟比较器、参考电压发生器、输出滤波器和一些控制单元组成。

(1) 模拟输入端。模拟比较器有正、负两个参与比较的模拟电压输入端 CA0 和 CA1。这两个输入端可任意切换，并可通过控制寄存器 CACTL1 中的 CARSEL、CAREFx(CAREF1、CAREF0)选择 6 种信号(CA0、CA1、0.5VCC、0.25VCC、三极管阈值电压和外部参考源)，并且能够进行多种组合比较，这些信号的输入情况会直接影响到比较器的输出结果。

通过对 P2CA0 和 P2CA1 的设置，可以控制外部引脚连接至比较器 A。比较器 A 可提供的比较组合有：外部输入间的比较和外部输入与内部基准电压的比较。另外在使用比较器时，应确保比较器输入端连接在信号、电源电平或地电平上。否则，悬空的输入电平会引起不必要的中断，同时也会增加电流的消耗。

(2) 参考电压发生器。参考电压发生器实质上是一个电阻分压器，通过调节输入电阻来产生不同的电压，加载到比较器的任一输入端。参考电压发生器的参考电压有 4 种：0.5VCC、0.25VCC、三极管阈值电压和外部参考源，这对电源的稳定性有较高的要求。另外，比较器 A 可以通过控制位 CAON 控制参考电压发生器的电源和比较器 A 模块的开闭，不用时关闭比较器以减少电流消耗。

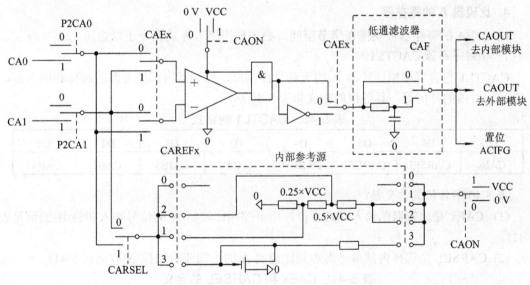

图 5-8　模拟比较器 A 的结构

(3) 比较器。比较器是对比较器的 +、− 输入端的模拟电压作比较，其中与门负责将比较输出信号进行整形，控制位 CAEx 选择正向或反向输入端。

(4) 输出电路。比较器的输出是否经内部滤波可以用软件选择。CAF 是缓慢变化的输入电压稳定性控制位，当 CAF=1 时，比较器的输出端经过片内 RC 低通滤波器，可以消除比较输出信号的"毛刺"；当 CAF=0 时，滤波器即被旁路。最终输出信号有 3 个去处：① 可由外部引脚输出；② 可送给内部其他模块，作为其他模块的一个输入信号；③ 可以设置中断标志位，以引起中断请求。

当比较器输入间的压差很小时，比较器的输出会出现振荡。各种内部和外部的信号线、电源线和系统的其他部分之间的寄生耦合效应决定了这一现象。比较器输出的这种振荡降低了比较器的分辨率和精度，选择输出滤波器可以降低输出振荡引入的误差。

3. 比较器 A 的中断

比较器 A 具有中断能力，其原理如图 5-9 所示。比较器 A 响应中断的条件为：

(1) 在设置中断标志的情况下，当比较器有上升沿或下降沿输出时，CAIFG 置位。

(2) 允许中断，在比较器中断允许(CAIE=1)和系统中断允许(GIE=1)时。

响应中断后,因为比较器 A 具有中断向量(是单源中断),所以硬件会自动清除中断标志。

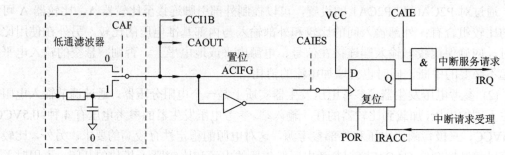

图 5-9 比较器 A 中断原理图

4. 比较器 A 的寄存器

比较器 A 的寄存器被安排在字节空间，必须使用字节方式指令予以访问。

1) 控制寄存器 CACTL1

CACTL1 包含着模拟比较器 A 的大部分控制位，控制着内部参考源的选择和输入端、中断和比较器的开闭等，其各位的定义如表 5-40 所示。

表 5-40 CACTL1 的格式

D7	D6	D5	D4	D3	D2	D1	D0
CAEx	CARSEL	CAREF1	CAREF0	CAON	CAIES	CAIE	CAIFG

表 5-40 中各位的含义是：

(1) CAEx 是比较器的输入端选择位，用于控制比较器 A 的信号输入和输出方向(见表 5-41)。

(2) CARSEL 是选择内部参考源加到比较器 A 的正端或负端控制位(见表 5-41)。

表 5-41 CAEx 和 CARSEL 的含义

CARSEL	CAEx	含　义
0	0	内部参考源加到比较器的正输入端
0	1	内部参考源加到比较器的负输入端
1	0	内部参考源加到比较器的负输入端
1	1	内部参考源加到比较器的正输入端

(3) CAREF1、CAREF0 是参考源选择位，置 00 是使用外部参考源，置 01 是选择 0.25VCC 为参考电压，置 10 是选择 0.25VCC 为参考电压，置 11 是选择二极管电压为参考电压(此电压会随芯片、温度、电源而变化，需参见具体的器件资料)。

(4) CAON 是比较器 A 的开关控制位，置 0 为关闭比较器，置 1 为打开比较器。

(5) CAIES 是比较器中断触发沿选择位，置 0 表示比较器输出的上升沿使中断标志

CAIFG 置位，置 1 表示比较器输出的下降沿使中断标志 CAIFG 置位。

(6) CAIE 是比较器中断允许位，置 0 表示禁止中断，置 1 表示允许中断。

(7) CAIFG 是比较器中断标志位，为 0 表示没有中断请求，为 1 表示有中断请求。

2) 控制寄存器 CACTL2

CACTL2 主要含有一些与输入、输出相关的信息，其各位定义如表 5-42 所示。

表 5-42　CACTL2 的格式

D7	D6	D5	D4	D3	D2	D1	D0
CACTL2.7	CACTL2.6	CACTL2.5	CACTL2.4	P2CA1	P2CA0	CAF	CAOUT

表 5-42 中各位的含义是：

(1) CACTL2.7～CACTL2.4 的各位含义与器件有关(请参见具体的芯片资料)。例如，在 MSP430x1xx 系列中，这 4 位可被执行，但不控制任何硬件。

(2) P2CA1 是比较器 A 的输入端 CA1 的选择控制位，置 0 表示外部引脚信号不连接到比较器 A，置 1 表示外部引脚信号连接到比较器 A。

(3) P2CA0 是比较器 A 的输入端 CA0 的选择控制位，置 0 表示外部引脚信号不连接到比较器 A，置 1 表示外部引脚信号连接到比较器 A。

(4) CAF 是比较器输出端的 RC 低通滤波器选择位，置 0 表示滤波器被旁路，输出不经过滤波器，置 1 表示比较器输出经过 RC 低通滤波器。

(5) CAOUT 是比较器 A 的输出位，为 0 表示 CA0 小于 CA1，为 1 表示 CA0 大于 CA1。

3) 端口禁止寄存器 CAPD

比较器 A 模块的输入/输出与 I/O 口共用引脚，CAPD 可以控制 I/O 端口输入缓冲器的通与断。该寄存器为字节类型寄存器，每位对应某端口的相应位的控制。若控制器 CAPD7～CAPD0 的初始值为 0，则端口输入缓冲区有效。当相应控制位置 1 时，端口输入缓冲器无效。

当输入电压不接近 VSS 或 VCC 时，CMOS 型的输入缓冲器可以起到分流作用，这样可以减小除 VSS 和 VCC 以外的其他输入电压引起的流入输入缓冲器的电流。当比较器与 I/O 口复用时，可以关闭输入缓冲器。

5.9　MSP430 的串口通信

MSP430 的串口通信模块的硬件结构如图 5-10 所示。该模块包括 4 部分。第 1 部分是波特率部分，用来控制串行通信数据接收和发送的速率。第 2 部分是接收部分，接收串行输入的数据。在接收时，当移位寄存器将接收来的数据位流组合满一个字节后，就保存到接收缓存 URXBUF 中。第 3 部分是发送部分，发送串行输出的数据。在发送时，是将发送缓存 UTXBUF 内的数据逐位送到发送端口。发送和接收两个移位寄存器的移位时钟都是波特率发生器产生的时钟信号 BITCLK。第 4 部分是接口部分，完成并/串转换和串/并转换。

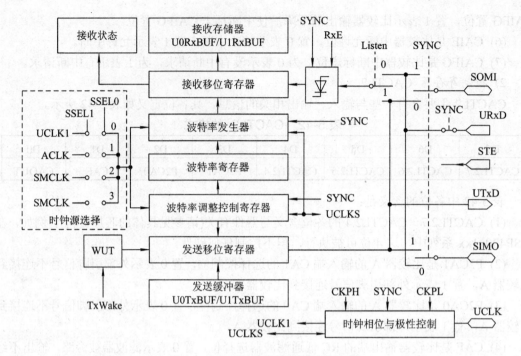

图 5-10　串行通信模块的硬件结构图

5.9.1　波特率的产生

所谓波特率，是指单位时间内传送的二进制数据位数(以 b/s 为单位)，是衡量串行数据传送速度的重要指标和参数。在异步串行通信时，波特率发生器是必需的。如图 5-11 所示，波特率发生部由时钟源输入选择与分频、调整器和波特率寄存器等组成。

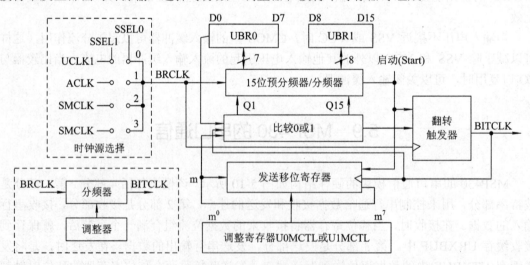

图 5-11　波特率发生器原理图

波特率发生器通过控制寄存器 UXTCTL 中的 SSEL1 和 SSEL0，选择来自内部的 3 个时钟或外部输入时钟之一，作为最终进入模块的时钟信号 BRCLK 的频率。时钟信号 BRCLK

进入一个 15 位的分频器，通过一系列的硬件控制，使得计数器的计数值减到 0 时，输出触发器翻转，最终输出两个移位寄存器使用的移位时钟 BITCLK 信号。所以 BITCLK 信号周期的一半就是定时器(分频定时器)的定时时间。

1. 波特率的设置与计算

MSP430 的波特率发生器使用一个 16 位计数器和一个比较器。当发送和接收数据时，计数器装载着计数值 N/2，其中 N 是 UxBR1 和 UxBR0 存储值。当计数溢出时，计数器重新装载为半周期的计数值 N/2，给出一个总的 N 位周期(BRCLK 信号周期)。对于给定的 BRCLK 时钟源，分频因子 N 由送到分频计数器的时钟频率(BRCLK)和所需的波特率来决定，即

$$N=\frac{BRCLK}{波特率}$$

如果使用常用的波特率与常用晶体产生的 BRCLK，则一般得不到整数的 N。分频计数器可实现分频因子 N 的整数部分，而调整器可使得小数部分尽可能准确。因此分频因子 N 可定义如下：

$$N=UxBR+\frac{m7+m6+\cdots+m0}{8}$$

其中，N 为目标分频因子；UxBR 为 UxBR1 和 UxBR0 中的 16 位数值；$mi(i=0\sim7)$ 为调整寄存器(UxMTCL)中的各数据位。波特率可由下式计算：

$$波特率(BITCLK)=\frac{BRCLK}{N}=\frac{BRCLK}{UxBR}+\frac{M7+M6+\cdots+M0}{8}$$

当不能整除时，BITCLK 能够通过调整器逐位调整来满足时序需要。设置调整器时，每一位的时序通过 BRCLK 周期展开。每次发送或接收数据位时，调整控制寄存器的下一位控制该位的时序。当清除调整位，以保持由 UxBR 给定的分频因子时，可通过一个时序设置高速调整位增加分频因子。起始位的时序是由 UxBR+m0 定义的，接着的下一位是由 UxBR+m1 定义的，依次类推。调整从 LSB 依次开始，当字符长度超过 8 位时，调整顺序从 m0 重新开始，直到所有位处理完毕。

分频器完成分频功能后，调整器的数据按位计算，将对应的数据(0 或 1)加到每一次分频计数器的分频值上。使用分频因子加调整的方法可以实现每一帧内的各位有不同的分频因子，从而保证每个数据中的 3 个采样状态都处于有效范围内。传送过程中，即使每位误差都很小，最终也可能产生大的误差，因为它们是累积的而不是相对的。

关于调整器的工作原理，下面通过一个实际波特率的例子来说明。例如，若 BRCLK=32 768 Hz，最终的 BITCLK=2400 Hz，则

$$N=\frac{32\ 768}{2400}=13.65$$

所以，分频器的计数值为 13(整数部分)，即 UBR0=13，UBR1=0，调整器的值是 0.65。调整器是一个 8 位寄存器，其中每一位分别对应 8 次分频情况。如果对应位为"0"，则分频器按设定的分频系数分频计算；如果对应位为"1"，则分频器按设定的分频系数加"1"进行分频计算。按照这个原则，0.65×8=5(舍掉小数)，也就是说，8 次分频计数过程中应该

有 5 次加 "1" 分频计数，3 次不加 "1" 分频计数，这样就可以在总体上满足 13.65 的分频系数。调整器的数据应该是由 5 个 "1" 和 3 个 "0" 组成的，调整器内的数据是每 8 次循环调整一次，其中最低位最先调整。

如果设置调整器的数据为 6BH(01101011B)，也可以设为其他值(但必须是 5 个 1，且要相对分散)，则分频器按顺序 13、14、14、13、14、13、14、14 来分频。

理想的分频因子为 13.65；UxMCLK=6BH，其中 m7=0，m6=1，m5=1，m4=0，m3=1，m2=0，m1=1，m0=1；UxMCLK 的最低位首先使用。

MSP430 的 USART 采用分频因子 54 加上调整寄存器加载 D5H 来产生波特率，即分频器以 54→55→55→54→55→54→55→55 的顺序来分频，8 次分频结束后则重新开始分频。

表 5-43 给出了 ACLK=32 768 Hz，MCLK 为 ACLK 的 32 倍时，标准波特率所需的波特率寄存器和调整寄存器的数值，同时也列出了接收时的误差。

表 5-43　常用波特率及其对应设置参数与对应误差表

波特率	理想分频系数		A: BRCLK=32 768 Hz						B: BRCLK=1 048 576 Hz				
	A	B	UxBR1	UxBR0	UxMCTL	MAX Tx Err/(%)	MAX Rx Err/(%)	Synchr Tx Err/(%)	UxBR1	UxBR0	UxMCTL	MAX Tx Err/(%)	MAX Rx Err/(%)
1200	27.31	873.81	0	1B	03	-4/3	-4/3	±2	03	69	FF	0/0.3	±2
2400	13.65	436.91	0	0D	6B	-6/3	-6/3	±4	01	B4	FF	0/0.3	±2
4800	6.83	218.45	0	06	6F	-9/11	-9/11	±7	00	DA	55	0/0.4	±2
9600	3.41	109.23	0	03	4A	-21/12	-21/12	±15	00	6D	03	−0.4/1	±2
19 200		54.61							00	36	6B	−0.2/2	±2
38 400		27.31							00	1B	03	−4/3	±2
76 800		13.65							00	0D	6B	−6/3	±4
115 200		9.10							00	09	08	−5/7	±7

2. 数据流的接收与发送

MSP430 系列单片机串行通信的发送和接收主要是通过两个相互独立的发送、接收缓冲器和移位寄存器来实现的，可以同时进行发送和接收。两个发送和接收移位寄存器的移位时钟都是波特率发生器产生的时钟信号 BITCLK。发送时，将发送缓存 UxTXBUF 内的数据逐位地送到发送端口；接收时，当移位寄存器将接收来的数据位流组合满一个字节后，就保存到接收缓存 UxRXBUF 中。

5.9.2　MSP430 的通用串行通信模块的异步模式

MSP430 系列的通用串行异步通信模式包括线路空闲多机通信协议及地址位多机通信协议，其中包括两个移位寄存器。串行数据接收和发送都从最低位开始，通过两个引脚，即接收引脚 URxD 和发送引脚 UTxD 与外界相连。其异步通信特点有：

(1) 异步模式，包括线路空闲/地址位通信协议。

(2) 独立移位寄存器，包括发送移位寄存器和接收移位寄存器。

(3) 传输 7 位或 8 位数据，可采用奇/偶校验或无校验。

(4) 从最低位开始的数据发送和接收。

(5) 分开的接收和发送缓冲寄存器。

(6) 可编程实现分频因子为整数或小数的波特率。

(7) 独立的发送和接收中断。

(8) 通过有效的起始位检测将 MSP430 从低功耗模式唤醒。

(9) 具有多种状态标志位，如检测错误标志位等。

1. 异步通信寄存器

MSP430 器件中有的器件有 USART0 和 USART1 两个通信硬件模块，因此它们有两套寄存器，如表 5-44 和表 5-45 所示。MSP430 的 USART 模块的各寄存器都在字节地址范围内，必须使用字节访问方式予以操作。用户对 USART 的使用是在对硬件结构和通信协议(UART 异步通信协议、SPI 同步通信协议和 I^2C 协议)理解的前提下，通过对相应寄存器的设置，由硬件自动实现的。

表 5-44   USART0 的寄存器

寄 存 器	名 称	读写类型	地 址	初始状态
控制寄存器	U0CTL	读/写	070H	PUC 后 001H
发送控制寄存器	U0TCTL	读/写	071H	PUC 后 001H
接收控制寄存器	U0RCTL	读/写	072H	PUC 后 000H
波特率调整控制寄存器	U0MCTL	读/写	073H	不变
波特率控制寄存器 0	U0BR0	读/写	074H	不变
波特率控制寄存器 1	U0BR1	读/写	075H	不变
接收缓冲寄存器	U0RxBUF	读	076H	不变
发送缓冲寄存器	U0TxBUF	读/写	077H	不变
SFR 模块使能寄存器 0	ME0	读/写	004H	PUC 后 000H
SFR 中断使能寄存器 0	IE0	读/写	000H	PUC 后 000H
SFR 中断标志寄存器 0	IGG0	读/写	002H	PUC 后 000H

表 5-45   USART1 的寄存器

寄 存 器	名 称	读写类型	地 址	初始状态
控制寄存器	U1CTL	读/写	078H	PUC 后 001H
发送控制寄存器	U1TCTL	读/写	079H	PUC 后 001H
接收控制寄存器	U1RCTL	读/写	07AH	PUC 后 000H
波特率调整控制寄存器	U1MCTL	读/写	07BH	不变
波特率控制寄存器 0	U1BR0	读/写	07CH	不变
波特率控制寄存器 1	U1BR1	读/写	07DH	不变
接收缓冲寄存器	U1RxBUF	读	07EH	不变
发送缓冲寄存器	U1TxBUF	读/写	07FH	不变
SFR 模块使能寄存器 1	ME1	读/写	005H	PUC 后 000H
SFR 中断使能寄存器 1	IE1	读/写	001H	PUC 后 000H
SFR 中断标志寄存器 1	IGG1	读/写	003H	PUC 后 000H

1) 控制寄存器 UxCLT

USART 模块的基本操作由控制寄存器(UxCLT)的控制位决定，如通信协议的选择、通信模式及校验位等。其中位 5、位 6 及位 7 在 UART 模式下使用，在 SPI 模式下没有用到。该寄存器在异步模式下各位的定义如表 5-46 所示。

表 5-46 UxCLT 各位的定义(x 表示 0 或 1)

D7	D6	D5	D4	D3	D2	D1	D0
PENA	PEV	SPB	CHAR	LISTEN	SYNC	MM	SWRST

表 5-46 中各位的含义是：

(1) PENA 是校验允许位，为 1 表示允许校验，为 0 表示禁止校验。

在允许校验时，发送端发送校验位，接收端接收校验位。在地址位多机模式中，地址位包含校验位操作。

(2) PEV 是奇偶校验选择，该位在校验允许时有效。该位为 0 表示奇校验，为 1 表示偶校验。

(3) SPB 是停止位位数选择位，决定发送的停止位位数。该位为 0 表示有 1 位停止位，为 1 表示有 2 位停止位。

(4) CHAR 是字符长度选择位，选择字符以 7 位或 8 位发送。该位为 0 表示 7 位，发送或接收缓存的最高位补 0；为 1 表示 8 位。

(5) LISTEN 是反馈选择位，选择是否将发送数据由内部反馈给接收器。该位为 0 表示无反馈，为 1 表示有反馈，发送信号由内部反馈给接收器，即自己发送的数据同时被自己接收，通常这称为自环模式。

(6) SYNC 是 USART 模块的模式选择位，为 0 表示 UART 模式(异步)，为 1 表示 SPI 模式(同步)。

(7) MM 是多机模式选择位，为 0 表示线路空闲多机协议，为 1 表示地址位多机协议。

(8) SWRST 是软件复位控制位。该位的状态影响着其他一些控制位和状态位的状态。一次正确的 USART 模块初始化的顺序是：先在 SWRST=1 的情况下设置串口，然后设置 SWRST=0，最后如果需要中断，则设置相应的中断使能。

2) 发送控制寄存器 UxTCTL

UxTCTL 是与数据发送操作相关的 USART 寄存器。其中位 1 和位 7 在 UART 模式下没有用到。在 UART 模式下，该寄存器的各位定义如表 5-47 所示。

表 5-47 UxTCTL 各位的定义(x 表示 0 或 1)

D7	D6	D5	D4	D3	D2	D1	D0
未用	CKPL	SSEL1	SSEL0	URxSE	TxWAKE	未用	TxEPT

表 5-47 中各位的含义是：

(1) CKPL 是时钟极性控制位，用来控制 UCLKI 信号的极性。该位为 0 表示 UCLKI 信号与 UCLK 信号极性相同，为 1 表示 UCLKI 信号与 UCLK 信号极性相反。

(2) SSEL1、SSEL0 是时钟源选择位，用于确定波特率发生器的时钟源。这两位为 00 表示选择外部时钟 UCLKI，为 01 表示选择辅助时钟 ACLK，为 10 和 11 都表示选择子系统主时钟 SMCLK。

(3) URxSR 是 UART 接收启动触发沿控制位，为 0 表示 UART 没有接收启动触发沿检测，为 1 表示 UART 有接收启动触发沿检测，请求接收中断服务。

(4) TxWAKE 是传输唤醒控制。若装入 UTxBUF 后开始一次发送操作，则使用该位的状态可以初始化地址鉴别特性。硬件能自动清除该位，SWRST 也能清除它。该位为 0 表示下一个要传输的帧是数据，为 1 表示下一个要传输的帧是地址。

(5) TxEPT 是发送器空标志位。该位为 0 表示正在传输数据或者发送缓冲器(UTxBUF)有数据，为 1 表示发送移位寄存器和 UTXBUF 空或者 SWRST=1。

3) 接收控制寄存器 URCTL

URCTL 保存了由最新写入接收缓存 URxBUF 的字符引起的出错状况和唤醒条件。一旦有 PE、FE、OE、BRK、RxERR 和 RxWAKE 等位的任何一位被置位，都不能通过接收到下一个字符来复位。它们的复位要通过访问接收缓存或串行口的软件复位或系统复位，或直接用指令修改。URCTL 各位的定义如表 5-48 所示。

表 5-48   URCTL 各位的定义

D7	D6	D5	D4	D3	D2	D1	D0
FE	PE	OE	BRK	URxEIE	URxWIE	RxWAKE	RxERR

表 5-48 中各位的含义是：

(1) FE 是帧错误标志位，为 0 表示没有帧错误，为 1 表示有帧错误(接收到不是停止位的字符)。

(2) PE 是奇偶校验错误标志位，为 0 表示校验正确，为 1 表示校验错误。当接收字符中 1 的个数与它的校验位不相符，并被装入接收缓存时，PE 置位(PE=1)。

(3) OE 是溢出标志位，为 0 表示无溢出，为 1 表示有溢出。当一个字符写入接收缓存 URxBUF 时，前一个字符还没有被读出，这时前一个字符因被覆盖而丢失，OE 置位。

(4) BRK 是打断检测位，为 0 表示没有被打断，为 1 表示被打断。

(5) URxEIE 是接收出错中断允许位。该位为 0 表示不允许中断，不接收出错字符并且不改变 URxIFG 标志位；1 表示允许中断，接收出错字符都能使标志位 URxIFG 置位。

(6) URxWIE 是接收唤醒中断允许位。表 5-49 说明了在各种条件下 URxEIE 和 URxWIE 对 URxIFG 的影响。该位为 0 表示接收到的每个字符都能够置位标志位 URxIFG，为 1 表示只有接收到有效的地址字符才能置位标志位 URxIFG。

表 5-49   多种条件下 URxEIE、URxWIE 对 URxIFG 的影响

URxEIE	URxWIE	字符出错	地址字符	接收字符后的标志 URxIFG
0	x	1	x	不变
0	0	0	x	置位
0	1	0	0	不变
0	1	0	1	置位
1	0	x	x	置位(接收所有字符)
1	1	x	0	不变
1	1	x	1	置位

(7) RxWAKE 是接收唤醒标志位。该位为 0 表示没有被唤醒，接收到的字符是数据；该位为 1 表示已唤醒，接收到的字符是地址。

在地址位多机模式下，接收字符地址位置位时，该位被唤醒，RxWAKE=1；在线路空闲多机模式下，在接收到字符前检测到 URxD 线路空闲时，该位被唤醒，RxWAKE=1。

(8) RxERR 是接收错误标志位，为 0 表示没有接收到错误，为 1 表示有接收错误。当 UxRxBUF 被读时，RxERR 自动清 0。

4) 波特率选择寄存器 UxBR0 和 UxBR1

UxBR0 和 UxBR1 用于存放波特率发生器的分频器分频因子的整数部分，其中 UxBR0 为低字节，UxBR1 为高字节。两字节合起来为一个 16 位字，称为 URB。在异步通信时，UBR 的允许值不小于 3，即 $3 \leqslant UBR \leqslant 0FFFFH$。如果 UBR 小于 3，则接收和发送会发生不可预测的情况。

UxBR0 各位的定义如表 5-50 所示。

表 5-50 UxBR0 各位的定义

D7	D6	D5	D4	D3	D2	D1	D0
2^7	2^6	2^5	2^4	2^3	2^2	2^1	2^0

UxBR1 各位的定义如表 5-51 所示。

表 5-51 UxBR1 各位的定义

D7	D6	D5	D4	D3	D2	D1	D0
2^{15}	2^{14}	2^{13}	2^{12}	2^{11}	2^{10}	2^9	2^8

5) 波特率高速调整控制寄存器 UxMCTL

UxMCTL 中的 8 位分别对应当前分频。如果波特率发生器的输入频率 BRCLK 为所需波特率的整数倍，则这个倍率就是分频因子，将它写入 UBR 寄存器即可。但如果波特率发生器的输入频率 BRCLK 不是所需波特率的整数倍，而是带有小数，则整数部分写入 UBR 寄存器，小数部分由调整控制寄存器 UxMCTL 的内容反映。

6) 接收数据缓存 URxBUF

当接收移位寄存器接收的数据满时，需将接收的数据转移到接收数据缓存(URxBUF)。读接收缓存可以复位接收时产生的各种错误标志、RxWAKE 位和 URxIFGx 位。如果传输 7 位数据，接收缓存内容右对齐，最高位为 0。当接收和控制条件为真时，接收缓存装入当前接收到的字符，如表 5-52 所示。

表 5-52 接收和控制条件为真时接收数据缓存的结果

条 件		结 果			
URxEIE	URxWIE	装入 URXBUF	PE	FE	BRK
0	1	无差错地址字符	0	0	0
1	1	所有地址字符	x	x	x
0	0	无差错字符	0	0	0
1	0	所有字符	x	x	x

7) 发送数据缓存 UxTxBUF

当前要发送的数据保存在发送数据缓存(UxTxBUF)中，UxTxBUF 中的内容可以发送至发送移位寄存器，然后由 UTxDx 传输。对发送缓存进行写操作可以复位 UTxIFG。如果传输 7 位数据，则发送缓冲器最高位为 0。UxTxBUF 各位的定义如表 5-53 所示。

表 5-53　UxTxBUF 各位的定义

D7	D6	D5	D4	D3	D2	D1	D0
2^7	2^6	2^5	2^4	2^3	2^2	2^1	2^0

2. 异步操作

MSP430 单片机在串行异步通信模式下，接收器自身可实现帧同步，外部的通信设备并不使用这一时钟源，波特率的产生是在本地完成的。要正确地进行异步通信，通信的双方必须使用相同的波特率。

为了确保实现通信过程，通信双方或多方应遵守一定的协议。在逐位传送的串行通信中，接收端必须能识别每个二进制位从什么时刻开始，即进行位定时。通信中一般以若干位表示一个字符，除了位定时外，还需要在接收端能识别每个字符从哪里开始，这是字符定时。串行异步通信的传送数据是以字符为单位来传送的，每个字符作为一帧独立的信息，可以随机出现在数据流中，即每个字符出现在数据流中的相对时间是任意的。但是一个字符一旦出现后，字符中各位则以预先固定的时钟传送。因此，异步通信方式的"异步"主要体现在字符与字符之间，而同一字符内部的位与位间则是同步的。为了确保异步通信的正确性，必须使收发双方在随机传送的字符与字符间实现同步，即在字符格式中设置起始位和停止位，在一个字符正式发送之前先发一个起始位，待该字符结束时再发停止位。接收器检测到起始位便知道字符到达，开始接收字符；检测到停止位则知道字符已经结束。该协议也称为起止式协议。

异步通信传输格式由起始位、数据位、奇偶校验位和停止位 4 部分组成。MSP430 的异步通信格式由 1 位起始位、7 位或 8 位数据位、校验位(可奇/可偶/可无)、1 位地址位(地址位模式时)和 1 位或者 2 位停止位组成。

接收操作以收到有效起始位开始，即由检测 URxD 端口的下降沿开始，以 3 次采样至少两次是 0 来表明是下降沿，然后开始接收数据。如果 MSP430 正处于低功耗模式，通过上述过程识别正确起始位之后，MSP430 可以被唤醒，然后按照通用串行接口控制寄存器中设定的数据格式，开始接收数据，直到本帧数据接收完毕。

5.10　MSP430 的模/数、数/模转换模块

在实时测控和智能仪器仪表等应用系统中，常常会遇到连续变化的物理量，如温度、压力、流量、速度等，利用传感器把这些物理量检测出来，转换为模拟电信号之后，必须经过模/数(A/D)转换器转换为离散的数字量，才能送给计算机进行处理和控制。实现模拟量变换成数字量的器件称为模/数转换器。MSP430 系列单片机大部分器件都内嵌有模/数转换模块，且转换精度在 10 位、12 位、14 位和 16 位不等。而其他没有硬件模/数转换器模块的

型号也可以利用内嵌的模拟比较器，通过软件来实现模/数转换。

通常在单片机处理完内部数字信号后，往往需要对外部系统进行控制，而外部被控对象大多是连续变化的模拟信号，因此，为实现微机对外部被控对象的控制和调整，需要将数字量转换为模拟量，即 D/A 转换。在 MSP430F15/16 系列和 MSPX4xx 等系列单片机中，增加了 12 位电压输出 DAC 模块，该模块可以和 DMA 控制器结合使用，也可以灵活地设置成 8 位或 12 位 D/A 转换模式。当 MSP430 内部有多个 DAC12 转换模块时，MSP430 可以对它们进行统一管理，并能做到同步更新。

5.10.1　ADC12 模/数转换器

ADC12 模块能够实现 12 位精度的 A/D 转换，具有高速和通用的特点。MSP430F13x、MSP430F14x、MSP430F43x 和 MSP430F44x 等系列器件中均含有该功能模块。

1. ADC12 的主要特点

ADC12 的主要特点有：

(1) 具有 12 位转换精度，1 位非线性微分误差，1 位非线性积分误差。

(2) 采样速度快，最高可达 200 kS/s。

(3) 内置温度传感器。

(4) 有多种时钟源为 ADC12 模块提供内置时钟信号。

(5) 具有 Time_A/Time_B 硬件触发器功能。

(6) 具有 16 个转换结果存储寄存器。

(7) 配置有 8 路外部通道与 4 路内部通道信号输入。

(8) 内置参考电源，可通过编程选择 6 种参考电压。

(9) 模/数转换有 4 种模式，可灵活使用。

(10) ADC12 内核可关断，以节省系统功耗。

2. ADC12 的组成

ADC12 由参考电压发生器、模拟多路转换器、具有采样与保持功能的 12 位模/数转换器、采样及转换所需的时序控制电路、转换结果存储器等功能模块组成。用户可以通过对相应的特殊功能寄存器的设置来灵活控制 A/D 转换器的所有功能，也可以根据需要关闭 A/D 以降低功耗。

(1) 参考电压发生器。MSP430ADC12 内置参考电源，可通过编程选择 6 种参考电压，分别为 U_{R+} 与 U_{R-} 的组合。其中，U_{R+} 有三种选择：AVCC(模拟电压正端)、VREF+(A/D 转换器内部参考电源的输出正端)和 VeREF+(外部参考源的正输入端)；U_{R-} 有两种选择：AVSS(模拟电压负端)和 VREF-/VeREF-(A/D 转换器内部参考电源的输出负端)。ADC12 可以通过控制寄存器 ADC12CTL0、ADC12MCTLx 来设置参考电源的工作方式。

(2) 模拟多路转换器。MSP430ADC12 配置有 8 路外部通道与 4 路内部通道模拟开关。通道 A0～A7 可实现外部 8 路模拟信号输入，4 路内部通道可将基准以及片内温度传感器的输出作为待转换模拟信号输入。12 路通道共用一个转换内核，当需要对多个模拟信号进行采样转换时，模拟多路器分时地将多个模拟信号接通，每次接通一个信号进行采样转换，就能实现对 12 路模拟信号的测量和控制。在内嵌温度传感器的器件中，温度信号经通道 10

进入 A/D 转换器。

(3) 采样及转换所需的时序控制。采样及转换所需的时序控制电路用来提供采样及转换所需要的各种时钟信号，如 ADC12CLK 转换时钟、SAMPCON 采样及转换信号、SHT 控制的采样周期、SHS 控制的采样触发源选择、ADC12SSEL 选择的内核时钟、ADC12DIV 选择的分频系数等。在时序控制电路的控制下，ADC12 的各部件之间能够协调工作。

(4) 具有采样与保持功能的 12 位模/数转换器。ADC12 内核是一个标准的 12 位 A/D 转换器，该内核使用两个可编程的参考电压(U_{R+} 和 U_{R-})定义转换的最大值和最小值。当输入模拟电压等于或高于 U_{R+}时，ADC12 输出满量程值 0FFFH；当输入电压等于或小于 U_{R-}，ADC12 输出 0。

为了保证转换精度，ADC12 内部具有采样和保持功能，即使现场模拟信号变化较快，也不会影响 ADC12 的转换精度。

当转换允许信号有效，ADC 接收到模拟信号输入之后，便开始进行 A/D 转换。如果没有模拟信号输入，可以通过 ADC12ON 位关闭转换内核，降低功耗。

(5) 转换结果存储器。ADC12 共有 12 个转换通道和 16 个用于暂存转换结果的转换存储器。通过控制位 CSSTARTADD 定义转换存储的首地址，ADC12 硬件会自动将转换结果存储到相应的 ADC12MEM 存储器中。每个转换存储器 ADC12MEMx 都有自己对应的控制寄存器 ADC12MCTLX，用于控制各个转换存储器的转换条件。

3. ADC12 寄存器的描述

ADC12 有大量的控制寄存器供用户使用。通过软件对寄存器的设置，就能完成对 ADC12 的操作。ADC12 寄存器大致可分为 4 类：转换控制类、中断控制类、存储及存储控制类，如表 5-54 所示。

表 5-54　ADC12 寄存器

寄存器类型	寄存器名称	寄存器含义
转换控制寄存器	ADC12CTL0	转换控制寄存器 0
	ADC12CTL1	转换控制寄存器 1
中断控制寄存器	ADC12IFG	中断标志寄存器
	ADC12IE	中断使能寄存器
	ADC12IV	中断向量寄存器
存储及其控制寄存器	ADC12MCTL0～ADC12MCTL15	存储控制寄存器 0～15
	ADC12MEM0～ADC12MEM15	存储寄存器 0～15

转换控制寄存器(ADC12CTL0 与 ADC12CTL1)控制了 ADC12 大部分的操作，其中的位 15～位 4 只有在 ENC=0(ADC12 为初始状态)时才可被修改。

1) 转换控制寄存器 0

转换控制寄存器 0(ADC12CTL0)的各位定义如表 5-55 所示。

表 5-55　ADC12CTL0 的定义

D15～D12	D11～D8	D7	D6	D5	D4	D3	D2	D1	D0
SHT1	SHT0	MSC	REF2.5 V	REFON	ADC12ON	ADC12TOVIE	ADC12TVIE	ENC	ADC12SC

表 5-55 中各位的含义为：

(1) SHT1、SHT0 是采样保持定时器 1 和采样保持定时器 0,由 4 位构成。SHT1 和 SHT0 分别定义了保存在转换结果存储器 ADC12MEM8～ADC12MEM15 和 ADC12MEM0～ADC12MEM7 中的转换采样时序与采样时钟 ADC12CLK 的关系,采样周期为

$$t_{sample}=4\times t_{ADC12CLK}\times n$$

其中, $t_{ADC12CLK}$ 为 ADC12CLK 的周期,n 值如表 5-56 所示。

表 5-56 n 的值

SHTx	0	1	2	3	4	5	6	7	8	9	10	11	12～15
n	1	2	4	8	16	24	32	48	64	96	128	196	256

(2) MSC 是多次采样/转换位。只有在 SHP=1(SHP 的定义见后文),且转换模式选择为单通道多次转换、序列通道单次转换或序列通道多次转换时才有效(CONSEQ≠0)。该位为 0 表示每次转换时采样定时器需要上升沿触发采样定时器;为 1 表示首次转换由上升沿触发采样定时器,而后采样转换将在前一次转换完成后立即进行,不需要 SHI 的上升沿触发。

(3) REF2.5 V 是内部参考电源的电压值选择位,为 0 表示选择 1.5 V 内部参考电压,为 1 表示选择 2.5 V 内部参考电压。

(4) REFON 是参考电压控制位,为 0 表示内部参考电压发生器关闭,为 1 表示内部参考电压发生器打开。

(5) ADC12ON 是 ACD12 内核控制位,为 0 表示关闭 ADC12 内核,为 1 表示打开 ADC12 内核。

(6) ADC12OVIE 是溢出中断允许位。当 ADC12MEMx 中原有数据还没有读出,而又有新的转换结果数据要写入时,则发生溢出。如果相应的中断允许,则会发生中断请求。该位为 0 表示没有发生溢出,为 1 表示发生溢出。

(7) ADC12TVIE 是转换时间溢出中断位。在当前转换还没有完成时又发生一次采样请求,则会发生时间溢出。如果这时允许中断,则会发生中断请求。该位为 0 表示没有发生转换时间溢出,为 1 表示发生转换时间溢出。

(8) ENC 是转换允许位。只有在该位为高电平时,才能用软件或外部信号启动转换。而且控制寄存器 ADC12CTL1 和 ADC12CTL0 中有很多位只在该位为低电平时才可修改。ENC 为 0 表示 ADC12 模块处于初始状态,不能启动 A/D 转换;ENC 为 1 表示首次转换由 SAMPCON 的上升沿启动,在 ENC 为高电平期间操作有效。

有两个可能：① 当 CONSEQ=0 且 AD12BUSY=1 时,ENC 由高电平变为低电平,则当前操作立即停止,转换结果不可靠；② 当 CONSEQ≠0 时,ENC 由高电平变为低电平,则当前转换正常结束,且转换结果有效,在当前转换结束时停止操作。

(9) ADC12SC 是采样/转换控制位。当 ENC=1 时,可用软件修改 ADC 12SC 作为转换控制。建议将 ISSH 位设置为低电平,采用同相输入。

如果采样信号 SAMPCON 由采样定时器产生(SHP=1),ADC12SC 由 0 变为 1,将启动转换操作。当 A/D 转换完成后 ADC12SC 将自动复位。

如果采样直接由 ADC12SC 控制(SHP=0),则 ADC12SC 将保持在高电平时采样。当 ADC12SC 复位时启动一次转换。

在使用软件控制 ADC12SC 时，必须满足应用中的时序要求。用软件启动一次转换，可使用一条指令来完成 ADC12SC 与 ENC 的置位。

2) 转换控制寄存器 1

转换控制寄存器 1(ADC12CTL1)的各位定义如表 5-57 所示。

表 5-57　ADC12CTL1 的定义

D15~D12	D11、D10	D9	D8	D7~D5	D4、D3	D2、D1	D0
CSSTARTADDx	SHSx	SHP	ISSH	ADC12DIV	ADC12SSELx	CONSEQx	ADC12BUSY

表 5-57 中各位的含义为：

(1) CSSTARTADDx 是转换存储器地址定义位。这 4 位定义了在 ADC12MEMx 中单次转换的地址或序列转换的首地址。该 4 位所表示的二进制数 0~15 分别对应 ADC12MEM0~ADC12MEM15。由于每一个转换存储器有一个对应的转换存储器控制寄存器，因此该位也同时确定了 ADC12MCTLx。

(2) SHSx 是采样触发输入信号源选择控制位，有 4 种选择：

00 表示 ADC12SC；

01 表示 Timer_A.OUT1；

10 表示 Timer_B.OUT0；

11 表示 Timer_B.OUT1。

(3) SHP 是采样信号(SAMPCON)选择控制位，为 0 表示 SAMPCON 直接源自采样输入信号，为 1 表示 SAMPCON 直接源自采样定时器。由采样输入信号的上升沿触发采样定时器。

(4) ISSH 是采样输入信号方向选择控制位，为 0 表示采样输入信号为同向输入，为 1 表示采样输入信号为反向输入。

(5) ADC12DIV 是 ADC12 时钟源分频因子选择位。这 3 位选择分频因子，则分频因子为这 3 位二进制数加 1。即 000~111 表示的分频因子为 1~8。

(6) ADC12SSELx 是 ADC12 内核时钟源选择位，有 4 种选择：

00 表示 ADC12 内部时钟源是 ADC12OSC；

01 表示 ADC12 内部时钟源是 ACLK；

10 表示 ADC12 内部时钟源是 MCLK；

11 表示 ADC12 内部时钟源是 SMCLK。

(7) CONSEQx 是转换模式选择位，有 4 种选择：

00 表示单通道单次转换模式；

01 表示序列通道单次转换模式；

10 表示单通道多次转换模式；

11 表示序列通道多次转换模式。

(8) ADC12BUSY 是 ADC12 忙标志位，为 0 表示没有活动的操作，为 1 表示 ADC12 正处于采样期间、转换期间或序列转换期间。

3) 转换存储控制寄存器

16 个转换存储器有 16 个对应的转换存储控制寄存器 ADC12MCTL0~ADC12MCTL15，

ADC12MCTLx 控制各个转换存储器需选择的基本转换条件，如模拟信号通道、参考电压源及指示采样序列的结束等。该寄存器为 8 位寄存器，其中的各位只有在 ENC 为低电平时才可修改。在 POR 时，各位被复位。该寄存器的各位定义见表 5-58。

表 5-58　转换存储控制寄存器各位的定义

D7	D6	D5	D4	D3	D2	D1	D0
EOS	SREF 参考电压源			INCHx 输入通道			

表 5-58 中各位的含义是：

(1) EOS 是序列结束控制位，为 0 表示序列没有结束，为 1 表示该序列中最后一次转换。

(2) SREF 是参考电源选择位。共有 6 种情况可供选择，分别为 U_{R+} 和 U_{R-} 的组合。这 6 种情况是：

000 表示 U_{R+}=AVCC，U_{R-}=AVSS；

001 表示 U_{R+}=VREF+，U_{R-}=AVSS；

010~011 表示 U_{R+}=VeREF+，U_{R-}=AVSS；

100 表示 U_{R+}=AVCC，U_{R-}=VREF–/VeREF–；

101 表示 U_{R+}=VREF+，U_{R-}=VREF–/VeREF–；

110~111 表示 U_{R+}=VeREF+，U_{R-}=VREF–/VeREF–。

(3) INCHx 是选择模拟输入通道位。该 4 位所表示的二进制数为所选的模拟输入通道。其定义为：

0000~0111 表示选择模拟 A0~A7 通道；

1000 表示选择 Ue_{REF+}；

1001 表示选择 U_{REF-}/Ue_{REF-}；

1010 表示选择片内温度传感器的输出；

1011~1111 表示选择(AVCC–AVSS)/2。

4) 转换存储器

ADC12 共有 12 个转换通道。设置了 16 个转换存储器用于存放 A/D 转换的结果。CSSTARTADD 位设置转换结果存放的首地址，ADC12 会自动将转换结果存放到相应的 ADC12MEM 中。这 16 个存储器均为 16 位寄存器，但只用其中的低 12 位，高 4 位在读出时为 0，其格式见表 5-59。

表 5-59　转换存储器的格式

D15~D12	D11	D10	D9	D8	D7	D6	D5	D4	D3	D2	D1	D0
0	MSB											LSB

5) 中断控制寄存器

ADC12 提供了 3 个和中断相关的中断控制寄存器。如果相应的中断开放，一旦启动转换，MSP430 单片机可以先处理中断事务，等转换完成后，再来处理转换结果，这样可以大大提高 CPU 的工作效率。

(1) 中断标志位寄存器。中断标志位寄存器(ADC12IFGx)对应于 16 个转换存储器 ADC12MEMx。它是一个 16 位字结构，其各位定义见表 5-60。

表 5-60　ADC12IFG 的格式

D15	D14	…	D1	D0
ADC12IFG.15	ADC12IFG.14	…	ADC12IFG.1	ADC12IFG.0

中断标志位 ADC12IFG.x 在转换结束后，转换结果装入转换存储器 ADC12MEMx 时置位，在 ADC12MEMx 被访问时复位，而在访问中断向量字 ADC12IV 时不复位，以保证能处理发生溢出的情况。如果在 ADC12IFG.x 未复位时(数据没有被读走)有转换数据写入 ADC12MEMx，则会发生溢出。

(2) 中断使能寄存器。中断使能寄存器(ADC12IE.x)的各位控制相应的中断标志位 ADC12IFG.x 是否发生中断请求服务。它也是一个 16 位寄存器，位于字地址空间。其格式见表 5-61。

表 5-61　ADC12IE 的格式

D15	D14	…	D1	D0
ADC12IE.15	ADC12IE.14	…	ADC12IE.1	ADC12IE.0

表 5-61 中的每一位为 0 表示禁止相应的中断标志位，为 1 表示允许相应的中断标志位。

(3) 中断向量寄存器 ADC12IV。ADC12 是一个多源中断，有 18 个中断标志位 (ADC12IFG.0～ADC12IFG.15 与 ADC12TOV、ADC12OV)，但是 18 个中断标志共用一个中断向量。所以，需要设置这 18 个中断标志的优先级顺序，并按照优先级来安排中断标志的响应，而且让高优先级的请求可以中断正在服务的低优先级。表 5-62 所示为它们的优先级顺序与对应的中断向量值。

表 5-62　ADC12 各中断标志对应的 ADC12IV 值

ADC12 中断标志 ADC12IFG																ADC12TOV	ADC12OV	ADC12IV
15	14	13	12	11	10	9	8	7	6	5	4	3	2	1	0			
0	0	0	0	0	0	0	0	0	0	0	0	0	0	0	0	0	0	0
x	x	x	x	x	x	x	x	x	x	x	x	x	x	x	x	x	1	2
x	x	x	x	x	x	x	x	x	x	x	x	x	x	x	x	1	0	4
x	x	x	x	x	x	x	x	x	x	x	x	x	x	x	1	0	0	6
x	x	x	x	x	x	x	x	x	x	x	x	x	x	1	0	0	0	8
⋮	⋮	⋮	⋮	⋮	⋮	⋮	⋮	⋮	⋮	⋮	⋮	⋮	⋮	⋮	⋮	⋮	⋮	⋮
x	1	0	0	0	0	0	0	0	0	0	0	0	0	0	0	0	0	34
1	0	0	0	0	0	0	0	0	0	0	0	0	0	0	0	0	0	36

优先级从高到低依次是：溢出标志 ADC12OVIFG、中断标志 ADC12TOVIFG、转换存储器的标志 ADC12IFG.0～ADC12IFG.15。各中断标志将会产生一个 0～36 的偶数，0 表示没有中断或没有中断标志置位，其他数字(2～36 中的偶数)对应于各中断标志位。如果相应的中断允许位以及总的中断允许位开放，则响应中断请求，位于中断向量寄存器 ADC12IV 中的数字将加在 PC 上，自动进入相应的中断服务程序进行中断处理。

ADC12OVIFG 和 ADC12TOVIFG 会在访问 ADC12IV 后自动复位。但在 ADC12IFG.x

标志对应的中断服务响应之后，相应的标志不会自动复位，而需软件清 0，或通过访问对应转换存储器 ADC12MEMx 后，相应标志才会自动清 0。MSP430 没有提供 ADC12OVIFG 和 ADC12TOVIFG 两标志位的软件访问，但可通过访问 ADC12IV 来间接实现。

4. ADC12 的操作

ADC12 有 4 种转换模式，即单通道单次转换、序列通道单次转换、单通道多次转换和序列通道多次转换。无论使用何种转换模式，用户都要处理以下问题：

(1) 设置具体模式、参考电压和存放首地址等。

(2) 输入模拟信号。

(3) 选择启动信号。

(4) 查询转换结束信号。

(5) 采用查询或者中断方式读取数据。

1) 单通道单次转换模式

该模式实现对单一通道的一次采样与转换。在转换存储控制寄存器 ADC12MCTLx 中定义了待转换的通道和参考电压，同时在 ADC12CTL1 中指定了用于保存转换结果的转换存储器。如果 ENC=0，则转换立即停止，这时的转换结果不可靠。而真正的有效采样和转换是在 ENC 上升沿之后，保持为 1 的情况下完成的。

在通过置位 ADC12SC 位启动转换时，进行一次转换后可以通过再次置位 ADC12SC(ENC 保持为高，或在置位 ADC12SC 位的同时置位 ENC)来启动第二次转换。然而，当用其他触发源开始转换时，ENC 位必须在每次转换之间固定。在 ENC 复位并置位之前的采样输入信号不进行转换。

在单通道单次转换模式下，当转换完成后，必须使 ENC 再次复位并置位(上升沿)，才能进行下次转换。在 ENC 复位并再次置位之前的输入信号不进行转换。在转换期间会进行转换模式的切换，新模式会在当前转换完成之后起作用。

如果转换正常结束，转换结果将被写入指定的存储器 ADC12MEMx 中，并置位相应的中断标志位 ADC12IFG.x。如果中断标志位允许中断则产生中断请求，执行中断程序。存储器 ADC12MEMx 中的值被读出之后，中断标志位 ADC12IFG.x 自动清 0。

2) 序列通道单次转换模式

该模式对序列通道作单次转换。ADC12CTL1 中的 CSSTARTADD 位定义了第一个转换存储器的首地址。转换结果将顺序地存放在转换存储器中。与单通道转换不同，序列通道有多个通道，每一个通道的转换参数由相应的存储控制寄存器单独设置。同时，ADC12MCTLx 寄存器还将设置该序列何时转换结束。

为了进行下一次转换，ENC 必须先复位再置位。在 ENC 再次置位前的输入信号不进行转换。序列转换一旦开始，ENC 位即可复位，序列转换会正常完成。

如果在序列转换已经开始，且 ENC 保持为高时改变转换模式，则原序列仍可正常完成。新的转换模式(单通道单次模式除外)在原序列完成后生效。这时，如果原模式未进行采样或正在进行的采样及转换已经完成，则原来的模式停止。如果原序列没有完成，则已完成的转换结果是有效的。

如果在序列转换已经开始，且 ENC 已经翻转时改变转换模式，则原序列仍可正常完成。

新的转换模式(单通道单次模式除外)在原序列完成后生效。

如果将 CONSEQ 位复位，选择单通道单次转换，并且将 ENC 复位，则使当前正在进行的序列转换模式立即停止。这时转换存储器内的数据不可靠。因为转换立即停止，所以没有真正完成，中断标志也不一定置位。

3) 单通道多次转换模式

单通道多次转换模式是在选定的通道上进行连续多次转换。用户可以用软件停止转换。每次的转换结果存放在指定的存储器里。每次转换完成后，置位相应的中断标志位，如果中断允许，则产生中断服务请求，响应中断。

在单通道多次转换模式下，可以随时切换模式。在当前进行的转换结束后，可改变转换模式。使该模式停止可有如下几种办法：

(1) 使 CONSEQ=0，改变当前模式为单通道单次模式。

(2) 使 ENC=0，直接使当前转换完成后停止。

(3) 以单通道单次模式替换当前模式，同时使 ENC=0。

4) 序列通道多次转换模式

该模式下可进行多通道的连续转换，转换可以用软件停止。转换结束时，转换结果保存在 CSSTARTADD 指定首地址的连续的存储器 ADC12MEMx 中，并置位相应的中断标志位。如果中断允许，将发生中断请求。

序列通道多次转换模式也可以随时改变转换模式。一旦改变模式(单通道单次模式除外)，将在当前序列完成后立即生效。

5.10.2 DAC12 数/模转换器

DAC12 模块包含 DAC12_0 和 DAC12_1(MSPX42x0 只有 DAC12_0)两个 DAC 转换通道。每个转换通道均由内部参考源发生器、DAC12 转换器、数据及锁存控制逻辑和电压输出缓冲器组成。这两个通道在操作上是完全相同的。DAC12GRP 控制位可以将多个 DAC12 模块组合起来，被组合的模块可以实现输出同步更新，并可确保同步更新独立于任何中断或 NMI 事件。

1. DAC12 的寄存器

DAC12 的寄存器如表 5-63 所示，DAC12 的大多数操作都是通过对其内部寄存器的设置来实现的。

表 5-63　DAC12 的寄存器

寄 存 器	名　　称	读写类型	地　　址	初始状态
DAC12_0 控制寄存器	DAC12_0CTL	读/写	01C0H	POR 复位
DAC12_0 数据寄存器	DAC12_0DAT	读/写	01C8H	POR 复位
DAC12_1 控制寄存器	DAC12_1CTL	读/写	01C2H	POR 复位
DAC12_1 数据寄存器	DAC12_1DAT	读/写	01CAH	POR 复位

1) DAC12 控制寄存器

DAC12 控制寄存器(DAC12_0CTL 或 DAC12_1CTL)是一个 16 位的寄存器，位 15～位

10 和位 8~位 4 只有在 DAC12ENC=0 的时候才能被修改。位 0(DAC12GRP)在 DAC12_1 中没有用到。其各位的定义如表 5-64 所示。

表 5-64　DAC12 控制寄存器各位的定义

D15	D14~D13	D12	D11~D10	D9	D8	D7~D5	D4	D3	D2	D1	D0
(OPS)	REFx	RES	LSELx	CALON	IR	AMPx	DF	IE	IFG	ENC	GRP

表 5-64 中各位的含义是：

(1) OPS 是 DAC12 输出选择控制位，该位在其他器件中保留，只有在 MSP430FG43x 和 MSP430X42x0 器件中为 DAC12OPS。

在 MSP430FG43x 中，置 0 表示 DAC12_0 由 P6.6 输出，DAC12_1 由 P6.7 输出；置 1 表示 DAC12_0 由 U_{eREF+} 输出，DAC12_1 由 P5.1 输出。

在 MSP430x42x0 中，置 0 表示外部不能使用 DAC12_0 输出，置 1 表示内外部都可以使用 DAC12_0 输出。

(2) REFx 是 DAC 参考电压选择位，有 4 种选择。

在 MSP430X42X0 中有：

00、01 表示选择 AVCC；

10、11 表示选择 U_{REF}；

在其他器件中有：

00、01 表示选择 U_{REF+}；

10、11 表示选择 U_{eREF+}；

(3) RES 是 DAC12 分辨率选择位，为 0 表示是 12 位分辨率，为 1 表示是 8 位分辨率。

(4) LSELx 是 DAC12 锁存器触发条件选择位。当 DAC12 锁存器得到触发之后，锁存器中的数据将传送到 DAC12 内核。除 DAC12LSELx=0 之外，只有 DAC 数据需要更新，DAC12ENC 必须置位。

这两位为 00 表示对 DAC12_xDAT 执行写操作时，锁存写入的数据(不考虑 DAC12ENC 的状态)；为 01 表示对 DAC12_xDAT 写入数据或对被组合的所有 DAC12_xDAT 寄存器写入数据时，DAC12 锁存写入的数据；为 10 表示 Timer_A.OUT1 的上升沿(TA1)触发；为 11 表示 Timer_B.OUT2 的上升沿(TB2)触发。

(5) CALON 是 DAC12 校准控制位，完成校准操作之后能够自动复位。该位为 0 表示没有启动校准操作，为 1 表示开始校准操作或正在校准。

(6) IR 是 DAC12 输入范围选择位，用于设定输入参考电压和电压输出范围。该位为 0 表示 DAC 的满量程输出为参考电压的 3 倍，为 1 表示 DAC12 的满量程输出等于参考电压。

(7) AMPx 是 DAC12 运算放大器设置位。该位用于选择 DAC 输入和输出的稳定时间及电流消耗。稳定时间是 DAC12 模块的一个重要动态参数。一般来说，稳定时间是指输出电压稳定在所规定的误差范围内的时间。当输入到 DAC12 的数字量发生变化时，模拟输出电压也要跟随变化，经过一定时间才能使新的模拟电压稳定下来，这段时间就是 DAC12 的稳定时间。DAC12AMPx 的控制功能如表 5-65 所示。

表 5-65　DAC12AMPx 的控制功能

DAC12AMPx(D7～D5)	输入缓冲器	输出缓冲器
000	关闭	DAC12 关闭，输出高阻
001	关闭	DAC12 关闭，输出 0 V
010	低速度/电流	低速度/电流
011	低速度/电流	中速度/电流
100	低速度/电流	高速度/电流
101	中速度/电流	中速度/电流
110	中速度/电流	高速度/电流
111	高速度/电流	高速度/电流

(8) DF 是 DAC12 的数据格式选择位，为 0 表示 DAC12 的数据格式为二进制，为 1 表示 DAC12 的数据格式为二进制的补码。

(9) IE 是 DAC12 中断使能控制位，为 0 表示禁止中断，为 1 表示允许中断。

(10) IFG 是 DAC12 中断标志位，为 0 表示没有中断请求，为 1 表示有中断请求。

(11) ENC 是 DAC12 转换使能控制位。当 DAC12LSELx=0 时，该位失效，当 DAC12LSELx ≠0 时，该位使能 DAC12 模块。该位为 0 表示 DAC12 停止，为 1 表示 DAC12 使能。

(12) GRP 是 DAC12 组合控制位，用于将 DAC12_x 和下一个更高的 DAC12_x 组合起来。该位为 0 表示没有组合，为 1 表示有组合。

2) DAC12 数据寄存器

DAC12 数据寄存器(DAC12_xDAT)的高 4 位为 0，不影响 DAC12 的转换。DAC12_xDAT 的数据格式如表 5-66 所示。

表 5-66　DAC12_xDAT 的数据格式

D15～D12	D11	D10	D9	D8	D7	D6	D5	D4	D3	D2	D1	D0
0	DAC12 数据(12 位)											

当 DAC12 工作于 8 位模式时，DAC12_xDAT 的最大值为 0FFH；当 DAC12 工作于 12 位模式时，DAC12_xDAT 的最大值为 0FFFH。如果 DAC12_xDAT 的内容大于对应的最大值，则高出部分被忽略。

2. DAC12 的操作

DAC12 模块的操作是通过软件设置完成的。

1) 参考电压设置

参考电压是唯一影响 DAC12 输出结果的模拟参量，是 DAC12 转换模块的重要部分。DAC12 可以通过位 DAC12SREFx 选择外部参考源或 ADC12 模块的内部参考源。

当 DAC12SREFx={0, 1}时，参考源是 VREF+，只有在 ADC 模块中进行相关的设置之后，DAC12 才能使用它的内部参考源 1.5 V 或者 2.5 V 电压。当 DAC12SREFx={2, 3}时，参考源为 VeREF+，即 DAC12 选择外部参考源。

对于 MSP430X42X0，DAC12 参考源可通过位 DAC12REFx 选择外部参考电压源 AVCC 或者来自 SD16 模块的 1.2 V 参考源。当 DAC12SREFx={0, 1}时，AVCC 作为 DAC 参考源；

当 DAC12SREFx={2，3}时，U_{REF} 作为 DAC 参考源。

2) DAC12 的内核设置

对位 DAC12RES 的设置可以选择 DAC12 的精度为 8 位或 12 位。对位 DAC12IR 的设置可以选择 DAC12 的最大输出电压为 1 倍或 3 倍的参考电压。当使用内部参考源的时候，输出电压的最大值通常为参考电压。用户可以通过 DAC12DF 位设置选择使用二进制数或者二的补码形式。当使用二进制数时，输出电压格式如表 5-67 所示。

表 5-67　输出电压格式

输出位数	DAC12RES	DAC12IR	输出电压格式
12 位	0	0	$U_{OUT}=U_{REF}\times3\times DAC12\_xDAT/4096$
12 位	0	1	$U_{OUT}=U_{REF}\times DAC12\_xDAT/4096$
8 位	1	0	$U_{OUT}=U_{REF}\times3\times DAC12\_xDAT/256$
8 位	1	1	$U_{OUT}=U_{REF}\times DAC12\_xDAT/256$

3) DAC12 的电压输出

DAC12 的输出引脚是和端口 P6 以及 ADC12 模拟输入复用的，但是对于 MSP430FG43x，DAC12 的输出引脚还与 VeREF+和 P5.1/S0/A12 引脚复用。而对于 MSP430x42x0 系列，DAC12 的输出和 P1.4/A3 引脚复用。当 DAC12AMPx>0 时，不管当时相关的 PXSELx 和 PxDIR 对应位的状态如何，该引脚都会被自动选择为 DAC12 功能。对于 MSP430FG43x，位 DAC12OPS 能够在 P6 引脚和 VeREF+与 P5.1 引脚之间选择 DAC12 输出。例如，当 DAC12OPS=0 时，DAC12_0 输出选择 P6.6，DAC12_1 输出选择 P6.7；当 DAC12OPS=1 时，DAC12_0 输出选择 VeREF+，DAC12_1 输出选择 P5.1。MSP430x420x 也是由位 DAC12OPS 选择 DAC(引脚)功能的。

DAC12_xDAC 可以直接将数据传送到 DAC12 内核以及 DAC12 的两个缓冲器中。DAC12LSELx 位可以触发对 DAC12 电压输出的更新。当 DAC12LSELx=00 时，数据锁存变得透明，不管当前 DAC12ENC 位处于何种状态，DAC12_xDAT 都可以直接传输数据至 DAC12 内核，从而直接影响 DAC12 的数据锁存。当 DAC12LSEL_x>0 时，可通过控制位 DAC12ENC=1 来锁存数据。当 DAC12LSELx=01 时，除非有新的数据写入 DAC12_xDAT，否则 DAC12 的数据一直被锁存。当 DAC12LSELx=10 或 11 时，数据在 Timer_A 的 CCR1 或者 Timer_B 的 CCR2 输出信号的上升沿时刻被锁存。

4) DAC12 参考源输入和电压输出缓冲器

DAC12 参考源输入和电压输出缓冲器的稳定时间和功耗，可以通过位 ADC12MPx(见表 5-65)确定 8 种组合来编程实现最佳工作状态。在低设置情况下，稳定时间是最慢的，两个缓冲器的电流消耗也是最低的。中和高设置可以产生快的稳定时间，但是电流消耗却增加了。

5) DAC12 电压输出更新

DAC12_xDAC 寄存器能够直接连接到 DAC12 内核或双缓冲器中，可以通过对位 DAC12LSELx 的设置触发更新 DAC12 电压输出。

当 DAC12LSELx=0 时，数据被锁存，DAC12 内核可以直接应用 DAC12_xDAT 寄存器的数据。当 DAC12_xDAT 寄存器有新的 DAC12 数据写入时，无论位 DAC12ENC 的状态怎样，DAC12 的输出立即更新。

当 DAC12LSELx=1 时，在有新的数据被写入 DAC_xDAT 之后，DAC12 内核才可以使用该数据，否则 DAC12 数据一直被锁存。当 DAC12LSELx=2 或 3 时，数据会在定时器 Timer_A CCR1 或 Timer_B CCR2 输出的上升沿分别被锁存。当 DAC12LSELx>0 时，要锁存新数据，DAC12ENC 必须置位。

6) DAC12_DAT 的数据格式

DAC12 支持二进制或者二的补码数据格式。当使用 12 位二进制数据格式时，满量程输出值为 0FFFH。如果是 8 位二进制数，满量程输出为 0FFH。

当使用二的补码形式时，输出值范围为 0800H~07FFH(12 位格式)或 80~7FH(8 位格式)，中间值为 0。

7) 校正 DAC12 输出偏差

由于 DAC12 存在偏移误差，因此在 DAC12 输入为 0 的时候，DAC12 的输出偏移量可正可负。输入数字量 0 并不对应着电压零输出，而是存在偏移量，在输入数据还没有达到最大值之前，输出电压就达到了满量程。DAC12 能够自动校正输出偏移量。在使用 DAC12 之前，通过置位控制位 DAC12CALON，能够初始化偏移量校正，在校正完成后，DAC12CALON 自动复位。另外，在校正操作之前，要提前设置控制位 DAC12AMPx。

8) 组合多个 DAC12 模块

通过设置 DAC12_0 的 DAC12GRP 置位，可以实现 DAC12_0 和 DAC12_1 的组合，使得每个 DAC12 输出能够同时更新。硬件确保了同组中的 DAC12 模块的同步更新独立于任何中断或 NMI 事件。

若 DAC12_0 和 DAC12_1 被组合，则有：

(1) DAC12_1 的位 DAC12LSELx 选择两个 DAC 触发更新。

(2) 两个 DAC 的 DAC12LSELx 位必须大于 0。

(3) 两个 DAC 的 DAC12ENC 必须置 1。

当 DAC12_0 和 DAC12_1 处于组合状态时，只有在两个转换通道的 DAC12LSELx 大于 0 且 DAC12ENC 置位这两个条件同时满足的情况下，才可以由 DAC12_1 的 DAC12LSELx 位选择两个 DAC 的更新触发源。

当 DAC12_0 的 DACGRP=1 时，DAC12_0 和 DAC12_1 被组合，即使其中一个寄存器或者两个寄存器的内容都没有发生变化，更新操作之前也要对两个 DAC12_xDAT 寄存器执行写操作。

9) DAC12 和 DMA 控制器

具有 DMA 控制器的 MSP430 系列产品能够通过 DMA 操作将 CPU 或者其他外围模块的数据信息传送到 DAC12_xDAT 寄存器中，从而实现快速转换。DMA 控制器传输数据时不需要 CPU 参与，CPU 可处于睡眠状态，并且独立于各种低功耗模式。DMA 控制器能够提高 DAC12 的数据吞吐能力。但 DMA 控制器的传输数据速度要比 DAC12 处理数据的速度快，所以当使用 DMA 控制器的时候，用户可以编程控制 DAC12 的稳定时间，避免 DMA 控制器和 DAC12 操作不一致。

周期性信号的产生就可以通过 DMA 控制器和 DAC12 模块的结合来实现。例如，要产生一个正弦信号，可以用一个表来存储各正弦值，DMA 控制器可以按照一定的频率连续不断地将这些正弦值传输到 DAC12 模块，经 DAC12 转换输出对应的正弦波形。这期间不需要 CPU 的任何操作。

10) DAC12 中断

DAC12 输出和 DMA 控制器共用同一个中断向量，需要通过软件方式检查 DAC12IFG 和 DMAIFG，以便能够区分中断源。

当 DAC12xLSLx=00 时，DAC12IFG 不能置位。

当 DAC12xLSELx>00，并且 DAC12 数据已经由 DAC12_xDAT 传输到数据存储器时，DAC12IFG 置位，说明 DAC12 已经准备好新的数据。此时如果 DAC12IE 和 GIE 都置位，则 DAC12 产生一个中断请求。在 CPU 响应中断请求后，DAC12IFG 不能自动复位，需要通过软件复位。

第 6 章　单片机的 C 语言程序设计

目前 C 语言已被广泛应用于单片机程序的设计中。例如 C51 是一种专为 51 系列单片机设计的 C 语言编译器，支持符合 ANSI 标准的 C 语言程序设计，同时还针对 51 系列单片机的自身指令体系做了一些特殊扩展。ICC AVR C 是针对 AVR 单片机而开发的一个 C 编译器，它支持 C 和 C++两种编程方式，具备状态可视工具。C430 是一种专为 MSP430 单片机设计的高级 C 语言编译器(IAR C430)，支持标准的 C 特性，还增加了许多为更好利用 MSP430 单片机专用工具而设计的扩展功能。

也就是说，单片机的 C 语言既有高级语言的特点，又具备汇编语言的功能；运算速度快、编译效率高、有丰富的库函数，而且可以实现对系统硬件的直接控制；支持广泛采用的由顶向下结构化程序设计，为软件开发中采用模块化设计方法提供了有效支持；可以大大缩短应用程序的开发周期，使软件的可读性明显增加，编写效率明显提高。

本章通过 C 语言程序设计，结合 MSC-51、AVR 和 MSP430 单片机的各自特点，详细介绍单片机 C 语言程序设计的要点和方法。

6.1　C51 语言特点

C51 易学易用，它与汇编语言相比，在功能上、结构上、性能上和可维护性上有明显的优势。C51 有如下特点：

(1) C51 吸取了汇编语言的精华。具体表现为：

① 提供了对位、字节以及地址的操作，使程序可以直接对内存及指定寄存器进行控制。

② 吸取了宏汇编技术中的某些灵活的处理方法，提供宏代换#define 和文件蕴含#include 的预处理命令。

③ C51 能很方便地与汇编语言连接，在 C51 程序中引用汇编与引用 C51 函数一样，这为某些特殊功能程序的设计提供了方便。

(2) C51 继承和发扬了高级语言的长处，具体表现为：

① 吸取了 ALGOL 的分程序结构思想。C51 程序中，可用一对花括号"{"、"}"把一串语句括起来而成为复合句(分程序)，在括号内可定义变量。

② 继承了 PASCAL 的数据类型，提供了相当完备的数据结构。

③ 吸取了 FORTRAN 语言的模块结构思想。C51 程序中，它的每一个函数都是独立的，可以单独编译。这对设计一个大的程序来说，有利于分工编程和调试。

④ 程序中的任何函数都允许递归，这样实现某些算法时就十分方便。

⑤ 规模适中、语言简洁，其编译程序简单、紧凑。

⑥ C51 本身没有提供输入和输出工具，它的许多成分都是通过显示函数调用来完成的，而且运行时所需要的支持少，占用的存储空间也小。

(3) C51 的可移植性好。可移植性是指程序可以从一个环境不加改动或稍加改动地搬到另一个完全不同的环境去运行。汇编程序因依赖于机器硬件，所以根本不可移植。一些高级语言，如 FORTRAN 等编译的程序也是不可移植的。

(4) 生成的代码质量高。C51 所生成的代码效率可以与汇编语言的代码效率相媲美。

由于具有上述几个突出的优点，C51 成为一个实用的通用程序设计语言，学习和使用它的人越来越多，因此，它已成为开发 51 系列单片机的流行工具。

目前最流行的 C51 开发系统是 Keil C51 软件平台。

6.2　C51 的标识符与关键字

1. C51 的标识符

C 语言中的标识符可以作为变量名、函数名、数组名、类型名或文件名，它是一个字符或多个字符的序列。标识符的第一个字符必须是字母或下划线，随后的字符必须是字母、数字或下划线(标准 C 语言规定只能用字母、数字和下划线作标识符)。例如，count_text2、_low_data 是正确写法，而 4count、numb#等是错误写法。大小写字母表示不同意义，即代表不同的标识符，如"max"与"MAX"是两个完全不同的标识符。标识符不能使用 C51 的关键字。例如，FLOAT 是正确的标识符；而 float 则不是正确的标识符，因为 float 是关键字，不能作为标识符。各种不同的编译器对标识符的长度都会有自己的规定，但不会少于 8 个字符。如果要考虑将来程序移植的方便，使用的标识符最好不要超过 8 个字符，以免编译器只能识别标识符的前 8 个字符而出现错误。

2. C51 的关键字

关键字是一种具有特定含义的标识符，又称为保留字，因为对于这些标识符系统已经做了定义，用户不能重新定义，所以需要加以保留。C51 的关键字有 ANSI C 标准的关键字(如表 6-1 所示)以及 C51 扩展的关键字(如表 6-2 所示)。

表 6-1　ANSI C 标准的关键字

关键字	用　　途	说　　明
auto	存储种类声明	用以声明局部变量，默认为 auto
break	程序语句	退出最内层循环体
case	程序语句	switch 语句的选择项
char	数据类型声明	单字节整型数或字符型数据
const	存储类型声明	在程序执行过程中不可修改的变量值
continue	程序语句	转向下一次循环
defaut	程序语句	switch 语句中的失败选择项
do	程序语句	构成 do-while 循环结构

关 键 字	用 途	说 明
double	数据类型声明	双精度浮点数
else	程序语句	构成 if-else 选择结构
enum	数据类型声明	枚举
extern	存储种类声明	在其他程序模块中声明了的全局变量
float	数据类型声明	单精度浮点数
for	程序语句	构成 for 循环结构
goto	程序语句	构成 goto 转移结构
if	程序语句	构成 if-else 选择结构
int	数据类型声明	基本整型数
long	数据类型声明	长整型数
register	存储种类声明	使用 CPU 内部寄存器的变量
return	程序语句	函数返回
short	数据类型声明	短整型数
signed	数据类型声明	有符号数，二进制数据的最高位为符号位
sizeof	运算符	计算表达式或数据类型的字节数
static	存储种类声明	静态变量
struct	数据类型声明	结构类型数据
switch	程序语句	构成 switch 选择结构
typedef	数据类型声明	重新进行数据类型定义
union	数据类型声明	联合类型数据
unsigned	数据类型声明	无符号数据
void	数据类型声明	无类型数据
volatile	数据类型声明	声明该变量在程序执行中可被隐含地改变
while	程序语句	构成 whilet 和 do-while 循环结构

表 6-2 C51 编译器扩展的关键字

关 键 字	用 途	说 明
_at_	地址定位	为变量进行存储器绝对空间地址定位
alien	函数特性声明	用以声明与 PL/M51 兼容的函数
bdata	存储器类型声明	可位寻址的 8051 内部数据存储器
bit	位变量声明	声明一个位变量或位类型的函数
code	存储器类型声明	8051 程序存储器空间
compact	存储器模式	指定使用 8051 外部分页寻址数据存储器空间
data	存储器类型声明	直接寻址的 8051 内部数据存储器

关 键 字	用 途	说 明
idata	存储器类型声明	间接寻址的 8051 内部数据存储器
interrupt	中断函数声明	定义一个中断服务函数
large	存储器模式	指定使用 8051 外部数据存储空间
pdata	存储器类型声明	分页寻址的 8051 外部数据存储器
priority	多任务优先声明	规定 RTX51 或 RTX51 Tiny 的任务优先级
reentrant	再入函数声明	定义一个再入函数
sbit	位变量声明	声明一个可位寻址变量
sfr	特殊功能寄存器声明	声明一个 8 位的特殊功能寄存器
Sfr16	特殊功能寄存器声明	声明一个 16 位的特殊功能寄存器
small	存储器模式	指定使用 8051 内部数据存储器空间
task	任务声明	定义实时多任务函数
using	寄存器组定义	定义 8051 的工作寄存器组
xdata	存储器类型声明	8051 外部数据存储

6.3 C51 程序设计的基本规则

6.3.1 数据类型与存储模式

1. C51 数据类型

在 C51 中，每个变量在使用之前必须定义其数据类型。C51 有以下几种数据类型：位型(bit)、整型(int)、浮点型(float)、字符型(char)、指针型(*)、无值型(void)以及结构(struct)和联合(union)等，如图 6-1 所示。

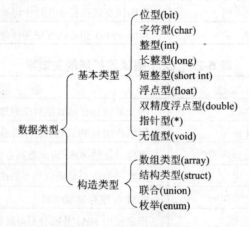

图 6-1 C51 的数据类型

C51 编译器具体支持的数据类型还有：无符号型(unsigned)、有符号型(signed)及无符号型和有符号型相匹配的无符号字符型(unsigned char)、有符号字符型(signed char)、无符号整型(unsigned int)、有符号整型(signed int)、无符号长整型(unsigned long)、有符号长整型(signed long)等。对于 C51 编译器来说，short 类型与 int 类型相同，double 类型与 float 类型相同。

Keil C51 编译器支持的数据类型、长度和值域如表 6-3 所示。

表 6-3　Keil C51 编译器能识别的数据类型

数据类型	长度/bit	长度/byte	值域范围
bit 或 sbit	1	—	0，1
sfr	8	1	0～255
sfr16	16	2	0～65 535
unsigned char	8	1	0～255
signed char	8	1	−128～+127
unsigned int	16	2	0～65 535
signed int	16	2	−32 768～+32 767
unsigned long	32	4	0～4 294 967 295
signed long	32	4	−2 147 483 648～+2 147 483 647
float	32	4	±1.176E−38～±3.40E+38(相当于 6 位有效数)

另外，"* 指针型"数据不同于 char、int、long、float 这 4 种数据类型。它本身是一个变量，但在这个变量中存放的不是普通的数据，而是指向另一个数据的地址。指针变量也要占据一定的内存单元。在 C51 中，指针变量的长度一般为 1～3 字节。指针变量也具有类型，表示方法是在指针符号 "*" 的前面冠以数据类型符号，如 char * point1 表示 point1 是一个字符型的指针变量；float * point2 表示 point2 是一个浮点型的指针变量。指针变量的类型表示该指针所指向地址中数据的类型。

使用指针型变量可以方便地对 8051 单片机的物理地址直接进行操作。

在 C 语言程序的表达式或变量赋值运算中，有时会出现运算对象的数据不一致的情况，C 语言允许任何标准数据类型之间的隐式转换。隐式转换按优先级别自动进行：

bit →char→int→long→float

signed→unsigned

其中箭头方向仅表示数据类型级别的高低，转换时由低向高进行，而不是数据转换时的顺序。例如，将一个 bit(位类型)变量赋给 int(整型变量)，不需要先将 bit 型变量转换成 char 型之后再转换成 int 型，而是将 bit 型变量直接转换成 int 型并完成赋值运算。一般来说，如果有几个不同类型的数据同时参加运算，系统先将低级别类型的数据转换成高级别类型，然后再进行运算处理，并且运算结果为高级别类型数据。C 语言除了能对数据类型作自动的隐式转换之外，还可以采用强制类型转换符 "()" 对数据类型作显式转换。

2. 变量与数据存储模式

1) 变量

变量是一种在程序执行过程中其值能不断变化的量。使用一个变量之前，必须先进行定义，用一个标识符作为变量名并指出它的数据类型和存储模式，以便编译系统为它分配相应的存储单元。在 C51 中对变量进行定义的格式如下：

[存储种类]　　数据类型　　[存储器类型]　　变量名表；

其中，"存储种类"和"存储器类型"是可选项。变量的存储种类有四种：自动(auto)、外部(extern)、静态(static)和寄存器(register)。定义一个变量时，如果省略了存储种类选项，则该变量为自动(auto)变量。定义一个变量时，除了需要说明其数据类型之外，C51 编译器还允许说明变量的存储器类型。Keil C51 编译器完全支持 8051 系列单片机的硬件存储结构，对于每个变量可以准确地赋予其存储器类型，使其能够在单片机系统内部准确定位。表 6-4 列出了 Keil C51 编译器所能识别的存储器类型与 8051 存储空间的对应关系。

表 6-4　C51 存储类型与 8051 存储空间的对应关系

存储器类型	长度/byte	值域范围	与存储空间的对应关系
data	1	0～127	直接寻址片内低 128 字节数据 SRAM，访问速度最快
bdata	1	32～47	按位或字节寻址片内数据 SRAM 的 20H～2FH 地址空间
idata	1	0～255	间接寻址片内数据 SRAM 的 00H～FFH 地址空间
pdata	1	0～255	分页寻址片外数据存储器 256 字节，对应 MOVX @Ri 指令
xdata	2	0～65 535	寻址片外 64K 数据存储器，对应 MOVX @DPTR 指令
code	2	0～65 535	寻址 64K 程序存储器 ROM，对应 MOVC @A+DPTR 指令

从表 6-4 可以看出，Keil C51 编译器完全支持 8051 单片机的硬件结构，可以完全访问 8051 硬件系统的所有部分。该编译器通过将变量、常量定义成不同的存储类型(data、bdata、idata、pdata、xdata、code)的方法，将它们定位在不同的存储区中。

当使用存储类型 data 定义常量和变量时，C51 编译器会将它们定位在片内低 128 字节内的数据区(SRAM)中。定义在这个区域的变量运行速度最快。

当使用存储类型 idata 定义常量和变量时，C51 编译器会将它们定位在片内 256 字节(低 128 字节和高 128 字节)的数据区(SRAM)中。

当使用 xdata 存储类型定义常量、变量时，C51 编译器会将其定位在外部数据存储空间(片外 RAM)。该空间位于片外附加的 8 KB、16 KB、32 KB 或 64 KB RAM 芯片中(如一般常用的 6264、62256 等器件)。其最大可寻址范围为 64 KB。片外数据存储区主要用于存放不常使用的变量，或收集等待处理的数据，或存放要被发往另一台计算机的数据。

当使用 code 存储类型定义数据时，C51 编译器会将其定义在代码空间(ROM 或 EPROM)。这里存放着指令代码和其他非遗失信息。调试完成的程序代码被写入 8051 单片机的片内 ROM/EPROM 或片外 EPROM 中。在程序执行过程中，不会有信息写入这个区域，因为程序代码是不能进行自我修改的。

pdata 属于 xdata 类型，它的高 8 位地址可由 P2 口输出。

总之，访问片内数据存储器(data、bdata、idata)比访问片外数据存储器(xdata、pdata)相对要快得多，因此可将经常使用的变量置于片内数据存储器，而将规模较大的或不常使用的数据置于片外数据存储器中。常量最好采用 code 存储类型。

变量存储类型定义举例(C51 支持 ANSI C 和 C++的注释方法)：

(1) char　data　var1 ; /*字符变量 var1 被定义为 data 型，被分配在片内 RAM 中*/

(2) bit　bdata　flags; /*位变量 flags 被定义为 bdata 存储类型，定位在片内 RAM 中的

位寻址区(0x20～0x2F)*/

(3) float idata x，y，z；/*浮点型变量 x、y 和 z 被定义为 idata 存储类型，定位在片内 RAM(低 128 和高 128)中，并只能用间接寻址方式进行访问*/

(4) unsigned int pdata d；/*无符号整型变量 d 被定义为 pdata 型，定位在片外 RAM 中，相当于用 MOVX @Ri 访问*/

(5) unsigned char xdata vector[10][4][4]；/*无符号字符型三维数组变量 vector[10][4][4] 被定义为 xdata 存储类型，定位在片外 RAM 中，占用 10×4×4=160 个字节*/

2) 数据存储模式

存储模式决定了变量的默认存储类型、参数传递区和无明确存储类型说明的变量的存储类型。如果在变量定义时略去存储类型标志符，则编译器会自动选择默认的存储类型。默认的存储类型进一步由 SMALL、COMPACT 和 LARGE 存储模式指令限制。例如，若声明 char var1，则在 SMALL 存储模式下，var1 被定位在 data 存储区中；在 COMPACT 存储模式下，var1 被定位在 pdata 存储区中；在 LARGE 存储模式下，var1 被定位在 xdata 存储区中。

在固定的存储器地址上进行变量的传递，是 C51 的标准特征之一。在 SMALL 模式下，参数传递是在片内数据存储区中完成的。LARGE 和 COMPACT 模式允许参数在外部存储器中传递。C51 同时也支持混合模式，例如，在 LARGE 模式下，生成的程序可将一些函数放入 SMALL 模式中，从而加快执行速度。

三种存储模式的含义如表 6-5 所示。

表 6-5 存储模式及说明

存储模式	说 明
SMALL	参数及局部变量放入可直接寻址的片内 SRAM 存储器中(最大 128 B，默认的存储类型是 data)，因此访问十分方便。另外所有对象，包括堆栈都必须位于片内这 128 B 内。栈长很关键，因为实际长度依赖于不同函数的嵌套深度
COMPACT	参数及局部变量放入分页片外存储器中(最大 256 B，默认的存储类型是 pdata)，通过寄存器 R0 和 R1 间接寻找，高位地址是通过 P2 口输出的。在这种模式下，堆栈区位于内部 SRAM 中
LARGE	参数及局部变量直接放入片外存储器中(最大 64 KB，默认的存储类型是 xdata)，使用数据指针 DPTR 间接寻找。用这种模式效率较低，尤其是对两个或多个字节的变量，其传送速度更慢。在这种模式下，堆栈区位于内部 SRAM 中

需要特别指出的是：①表 6-5 中的 SMALL、COMPACT 和 LARGE 三种模式的选择是在 Keil C51 编译器中设置的；②变量的存储种类与存储器类型是完全无关的。

例如：

Static unsigned char data x；/*在片内数据存储器中定义一个静态无符号字符型变量 x*/

int y；/*定义一个自动整型变量 y，它的存储器类型由编译模式确定*/

对于变量的定义方法，在编写 C 语言程序时是十分重要的。从变量的作用范围来看，还有全局变量和局部变量之分。

全局变量是指在程序开始处或各个功能函数的外面定义的变量。在程序开始处定义的全局变量对于整个程序都有效，可供程序中所有函数共同使用；而在各功能函数外面定义的全局变量只对从定义处开始往后的各个函数有效，只有从定义处往后的那些功能函数才可以使用该变量，定义处前面的函数则不能使用它。

局部变量是指在函数内部或以花括号{ }围起来的功能块内部所定义的变量。局部变量只在定义它的函数或功能块内有效，在该函数或功能块以外则不能使用它。局部变量可以与全局变量同名，但在这种情况下，局部变量的优先级较高，而同名的全局变量在该功能块内被暂时屏蔽。

从变量的存在时间来看，又可分为静态存储变量和动态存储变量。

静态存储变量是指在程序运行期间该变量的存储空间固定不变；动态存储变量是指该变量的存储空间不确定，在程序运行期间根据需要动态地为该变量分配存储空间。一般来说，全局变量为静态存储变量，局部变量为动态存储变量。

在进行程序设计的时候，经常需要给一些变量赋以初值。C 语言允许在定义变量的同时给变量赋初值。为了便于掌握，下面给出了一些例子，供读者参考：

```
char   data   var1;              /*在 data 区定义字符型变量 var1*/

int   idata   var2;              /*在 idata 区定义整型变量 var2*/

int   a=5;

/*定义变量 a, 同时赋以初值 5, 变量 a 有编译模式确定的默认存储区*/

char code Var3[]="Very Good! ";   /*在 code 区定义字符串数组 Var3*/

unsigned char xdata   vecter [10][4][4];

/*在 xdata 区定义无符号字符型三维数组变量 vecter[10][4][4]*/

static unsigned long xdata array[100];

/*xdata 区定义静态无符号长整形数组变量 array[100]*/

extern   float   idata   x, y, z;

/*在 idata 区定义外部浮点型变量 x，y，z*/

char xdata   * px;

/*在 xdata 区定义一个指向外部存储区(对象)，类型为 char 的指针 px, 指针 px 自身在默认存储区(由编译模式确定)，长度为 2 定节(0～0xFFFF)*/

char xdata   * data pdx; /*除了指针明确定位于内部数据存储器区(data)之外，与上例完全相同，由于指定了存储器类型，因此指针的定位与编译模式无关*/

extern   bit   data   p_numb ;    /*在 data 区定义一个外部位变量*/
```

6.3.2   对硬件主要资源的定义

8051 系列单片机具有多种内部寄存器，其中一些是特殊功能寄存器(SFR)，分散在片内 SRAM 区的高 128 字节中，地址为 80H～FFH。对 SFR 的操作，只能用直接寻址方式。为了能够直接访问这些特殊功能寄存器，keil C51 提供了一种自主形式的定义方法，这种定义方法与标准 C 语言不兼容，只适用于对 8051 系列单片机进行 C 编程。

1. sfr 定义方法

利用 sfr 可以定义 MCS-51 系列单片机内部所有的 8 位特殊功能寄存器。格式是：

sfr 特殊功能寄存器名 = 地址常数；

例如，

    sfr   P0   = 0x80; //定义了 I/O 口 P0，其地址为 80H

    sfr   P1   = 0x90; //定义了 I/O 口 P1，其地址为 90H

(可参考 Keil C51 中的 reg51.h 各个定义)

这里需要注意的是，在关键字 sfr 后面必须跟一个标识符作为寄存器名，名字可任意选取，但应符合一般习惯。等号后面必须是常数，不允许有带运算符的表达式，而且该常数必须在特殊功能寄存器的地址范围之内(0x80～0xFF)。

2. sfr16 定义方法

利用 sfr16 可以定义 8051 内部 16 位的特殊功能寄存器。因为在新一代的 8051 单片机中，特殊功能寄存器经常组合成 16 位来使用。格式是：

sfr16 特殊功能寄存器名 = 地址常数；

例如，对于 8052 单片机的定时器 T2，可采用如下的方法来定义：

    Sfr16 T2 = 0xCC; /*定义 timer2，其地址为 T2L=0xCC，T2H=0xCD*/

这里 T2 为特殊功能寄存器名，等号后面是它的低字节地址，其高字节地址必须在物理上直接位于低字节之后。这种定义方法适用于所有新一代的 8051 单片机中新增加的特殊功能寄存器，但不能用于定时器/计数器 timer0 和 timer1 的定义。

3. sbit 定义方法

在 8051 单片机应用系统中，经常需要访问特殊功能寄存器中的某些位，C51 编译器为此提供了一种专用的关键字 sbit，利用它可以定义可位寻址对象。定义方法有四种格式：

(1) sbit 位变量名 = 位地址；

这种方法将位的绝对地址赋给位变量，位地址必须位于片内地址 0x80～0xFF 之间。

例如：

    sbit   OV = 0xD2;   //定义了 PSW 中的溢出标志

    sbit   CY = 0xD7;   //定义了 PSW 中的进位标志

    sbit   clk = 0x91;   //定义了 P1.1 口信号线

(2) sbit 位变量名 = 特殊功能寄存器名^位位置；

当可寻址位位于特殊功能寄存器中时，可采用这种方法。"位位置"是一个 0～7 之间的常数。

例如：

    sfr PSW = 0xD0;   //定义了状态寄存器名为 PSW，其地址为 D0H

    sfr P1 = 0x90;   //定义了 I/O 口 P1，其地址为 90H

    sbit OV = PSW^2;   //定义了 PSW 中的(第 2 位)为溢出标志

    sbit CY = PSW^7;   //定义了 PSW 中的(第 7 位)为进位标志

    sbit clk = P1^1;   //定义了 P1 中的(P1.1)为信号线

(3) sbit 位变量名 = 字节地址^位位置；

这种方法以一个常数(字节地址)作为基地址，该常数必须在 0x80H～0xFF 之间。"位位置"是一个 0～7 之间的常数。例如：

```
sbit    OV = 0xD0^2;        //定义了 0xD0 中的(第 2 位)为溢出标志
sbit    CY = 0xD0^7;        //定义了 0xD0 中的(第 7 位)为进位标志
sbit    clk = 0x90^1;       //定义了 0x90 中的(第 1 位)为 I/O 口信号线
```

(4) sbit 位变量名 = "可位寻址对象"^位位置;

当位对象位于 8051 单片机内部的可位寻址区 0x20～0x2F 时，称该位对象为"可位寻址对象"。C51 编译器提供了一个 bdata 存储器类型，允许将具有 bdata 类型的对象放入 8051 单片机内的可位寻址区。

例如：

```
int    bdata   inumb;       /*在位寻址区定义一个整型变量 inumb*/
char   bdata   bary[4];     /*在位寻址区定义一个数组字符 bary[4]*/
```

使用关键字 sbit 可以定义"可位寻址对象"中的某一位。

例如：

```
sbit   mybit0  = inumb^0;   //整型变量的第 0 位(共 16 位)
sbit   mybit15 = inumb^15;  //整型变量的第 15 位
sbit   ary07 = bary[0]^7;   //第 1 个字节中的第 7 位(共 32 位)
sbit   ary37 = bary[3]^7;   //第 4 个字节中的第 7 位
```

采用这种方法定义可位寻址变量，要求基址对象的存储器类型为 bdata，操作符后面"位位置"的最大值取决于指定的基地址类型，即 char 类型是 0～7，int 类型是 0～15，long 类型是 0～31。

4. bit 定义方法

利用 bit 只能定义一个普通的位变量，取值为 0 或 1。这个位变量的区域只能在 8051 内部 20H～2FH 字节中的某一位，也就是可位寻址的 00H～7FH 这个区域内。绝对不能用来定义 8051 特殊功能寄存器中的位。例如，"bit a，b，c"，表示定义了三个位变量 a、b、c。这三个位变量应位于 8051 内部 00H～7FH 中的某三位。

一个函数中可以包含 bit 类型的参数，函数的返回值也可为 bit 类型。

例如：

```
static bit   direction _bit;        /*定义一个静态位变量 direction_bit*/
extern bit   loek_prt_port;         /*定义一个外部位变量 lock_prt_port*/
bit   bfune(bit b0，bit b1)         /*定义一个返回位型值的函数 bfune，函数
{    ⋮                              中包含两个位型参数 b0 和 b1*/
     return(b1);                    /*返回一个位型值 b1*/
}
```

如果在函数中有#pragma disable 或者函数中包含明确的寄存器组切换(using n)，则该函数不能返回位型值，否则在编译时会产生编译错误。另外，不能定义位指针，也不能定义位数组。

因为有了 sfr、sfr16、sbit 和 bit 这些预定义，C 程序员就建立了与 8051 内部资源的对应关系，因此程序设计就可完全按 C 语言的规则编写了。

由于 C51 编译器提供了对具体 CPU 的资源定义，如 8051 CPU 的资源定义在"reg51.h"

中(如果是其他 51 内核的 CPU，则只要包含对应的硬件资源文件即可)，所以在源程序开始加入"#include <reg51.h>"即可。

5. 对片外地址的定义方法

对于片外存储器的地址或扩展 I/O 口的地址，应根据其硬件译码地址，将其视为片外数据存储器的一个单元。口地址的定义方法有：

(1) 使用#define 宏定义。

例如：

> #include <absacc.h> //XBYTE 的头文
>
> #define   PORTA   XBYTE[0x8000]
>
> /*将 PORTA 定义为外部 I/O 口，地址为 0x8000，长度为 8 位(1 个字节)*/

(2) 使用地址定位_at_定义。

例如：

> unsigned char xdata   x_data[] _at_ 0x50;
>
> /*这里定义了以 0x50 开头的外部地址，是无符号字符变量数组 x_data[]的起始地址*/
>
> unsigned char xdata   y_data[0x40] _at_ 0x20;
>
> /*这里定义了以 0x20 开头的外部地址，共有 0x40 个无符号字符变量*/
>
> unsigned char xdata Y0 _at_ 0x1000;
>
> /*这里定义了以 0x1000 开头的外部地址，是无符号字符变量 Y0 的起址*/

(3) 使用指针变量*px 定义。

例如：

> unsigned char xdata   *py;
>
> /*定义了一个指向外部存储器无符号字符变量的指针变量 py*/
>
> py=0x1000;
>
> /*py 指向的外部存储器的地址是 1000H*/

或写成：

> py=(char xdata *)0x1000;
>
> /*进行强制转换，将地址 1000H 赋给 py 指针变量*/
>
> *py=0x80;
>
> /*在外部地址 1000H 中存放的数据是 80H*/

既然 py 是指针变量，就可用 py++或 py−−等语句，访问 py 周边的地址空间。

关于指针的详细介绍可参考本书 6.6.2 节。

一旦在头文件或程序中对片外 I/O 口进行了定义，在程序中就可以按使用变量的方法使用了。

定义口地址的目的是为了便于 C51 编译器按 8051 实际硬件结构建立 I/O 口变量名与其实际地址的联系，以便使程序员能用软件模拟 8051 的硬件操作。

6.3.3 运算符与表达式

C 语言对数据有很强的表达能力，具有十分丰富的运算符。运算符就是完成某种特定运算的符号。C51 的基本运算类似于 ANSI C，主要包括算术运算、关系运算、逻辑运算、位运算和赋值运算及其表达式等。

1. 赋值运算符

1) 赋值运算与表达式

在 C 语言中，符号"="是一个特殊的运算符，称之为赋值运算符。在赋值表达式的后面加一个分号";"，便构成了赋值语句。其格式为：

变量 = 表达式；

赋值语句中的表达式包括变量、算术运算表达式、关系运算表达式、逻辑运算表达式等，甚至可以是另一个赋值表达式。赋值过程是将"="右边表达式的值赋给"="左边的一个变量，赋值表达式的值就是赋值变量的值。

例如：

$\quad$ x = 10;$\qquad\qquad\qquad\quad$ /*将常数 10 赋给变量 x*/

$\quad$ x = y = z = 20;$\qquad\qquad$ /*将常数 20 同时赋给 x、y 和 z*/

$\quad$ a=(b=4)+(c=6);$\qquad\quad$ /*该表达式的值为 10，变量 a 的值为 10*/

2) 赋值的类型转换规则

在赋值运算中，当"="两侧的类型不一致时，系统自动将右边表达式的值转换成左侧变量的类型，再赋给该变量。转换规则如下：

(1) 实型数据赋给整型变量时，舍弃小数部分。

(2) 整型数据赋给实型变量时，数值不变，但以 IEEE 浮点数形式存储在变量中。

(3) 长字节整型数据赋给短字节整型变量时，实行截断处理。如将 long 型数据赋给 int 型变量时，将 long 型数据的低两字节数据赋给 int 型变量，而将 long 型数据的高两字节数据丢弃。

(4) 短字节整型数据赋给长字节整型变量时，进行符号扩展。如将 int 型数据赋给 long 型变量时，将 int 型数据赋给 long 型变量的低两字节，而将 long 型变量的高两字节的每一位都设为 int 型数据的符号值。

2. C51 的算术运算

(1) 基本的算术运算符。C51 最基本的算术运算符有五种，如表 6-6 所示。

表 6-6　算 术 运 算 符

操　作　符	作　　用
+	加法运算符或取正值运算
−	减法运算符或取负值运算
*	乘法运算符
/	除法运算符
%	模运算或取余运算符，如 8%3，结果是 2

表 6-6 中的加、减、乘、除为双目运算符，它们要求有两个运算数。除法运算符两侧的操作数可为整数或浮点数；取余运算符两侧的操作数均为整型数据，所得结果的符号与左侧操作数的符号相同。

(2) 自增和自减运算符。C 语言中除了加、减、乘、除运算外，还提供自增运算符++和自减运算符−−。

自增和自减是 C 语言中特有的一种运算，分别可对运算对象作加 1 和减 1 运算。

例如，++j、j++、−−j、j−−。

++和−−运算符只能用于变量，不能用于常量和表达式。

看起来++j 和 j++的作用都是使变量 j 加 1，但是由于++所处的位置不同，变量 j 加 1 的运算过程也不同。++j(或−−j)是先执行 j+1(或 j−1)操作，再使用 j 的值，而 j++(或 j−−)则是先使用 j 的值，再执行 j+1(或 j−1)操作。

3. C51 的关系运算符

(1) 关系运算符及其优先级。关系运算又称为比较运算，C51 提供了六种关系运算符，如表 6-7 所示。

表 6-7　关　系　运　算　符

操　作　符	作　　用
<	小于
<=	小于等于
>	大于
>=	大于等于
==	等于
! =	不等于

表 6-7 中，前四种(<、<=、>、>=)关系运算符具有相同的优先级，后两种(==和! =)具有相同的优先级，但前 4 种的优先级高于后 2 种的优先级。另外，关系运算符的优先级低于算术运算符的优先级，而高于赋值运算符的优先级。

(2) 关系表达式。用关系运算符将运算对象连接起来形成的式子称为关系表达式。关系表达式的一般形式为：

表达式 1　关系运算符　表达式 2

例如，x>y、a+3>b+2、a>b、(a=3)<(b=2)等都是合法的关系表达式。

关系表达式的值为逻辑值，其结果只能取真和假两种值。C51 中用 1 表示真，用 0 表示假。例如，有关系表达式 a>=b，若 a 的值为 8，b 的值是 5，则给定关系满足，关系表达式的值为 1，即逻辑为真；若 a 的值为 2，则给定关系不成立，关系表达式的值为 0，即逻辑为假。

4. C51 的逻辑运算符

(1) 逻辑运算符及其优先级。逻辑运算是对变量进行逻辑与、或及非三种运算。C51 提供了三种逻辑运算符，如表 6-8 所示。

表 6-8　逻　辑　运　算　符

操　作　符	作　　用
&&	逻辑与
||	逻辑或
!	逻辑非

表 6-8 中，非运算的优先级最高，而且高于算术运算符；或运算的优先级最低，低于关系运算符，但高于赋值运算符。

(2) 逻辑表达式。用逻辑运算符将运算对象连接起来形成的式子称为逻辑表达式。逻辑表达式的一般形式为：

    条件式 1   逻辑运算符   条件式 2

条件式可以是表达式或逻辑量，而表达式可以是算术表达式、关系表达式或逻辑表达式。逻辑表达式的值也是逻辑量，即真或假。对于算术表达式，其值若为 0，则认为是逻辑假；若不为 0，则认为是逻辑真。逻辑表达式并非一定完全被执行，仅当必须要执行下一个逻辑运算符才能确定表达式的值时，才执行该逻辑表达式。

例如，对于 a && b && c && d，若 a 的值为 0，则不需判断 b、c 和 d 的值就可确定表达式的值为 0。

5. C51 的位运算符

能对运算对象进行按位操作是 C51 的一大特点，正是这一特点使 C51 具有了汇编语言的一些功能，从而使 C51 能对硬件直接进行操作。C51 提供了六种位运算符，如表 6-9 所示。

表 6-9　位 运 算 符

操　作　符	作　　　用
&	按位与
|	按位或
^	按位异或
～	按位取反
<<	左移
>>	右移

这些位运算和汇编语言中的位操作指令十分相似。

位运算符的作用是按位对变量进行运算，并不改变参与运算的变量的值。若希望按位改变运算变量的值，则应利用相应的赋值运算。另外，位运算的操作对象只能是整型和字符型数据，不能是实型数据。位运算符的优先级从高到低依次是：按位取反(～)→左移(<<)和右移(>>)→按位与(&)→按位异或(^)→按位或(|)。位运算的一般形式如下：

    变量 1　位运算符　变量 2

例如：

    y1=y2 & y3;   /*两个字符或整数按位进行逻辑与运算*/
    y1 = y2 | y3;   /*两个字符或整数按位进行逻辑或运算*/
    y3 = y1 ^ y2;   /*两个字符或整数按位进行逻辑异或运算*/
    y1= ～y1;   /*一个字符或整数按位进行逻辑非运算*/
    y1 = xy<<2;   /*一个字符或整数按位进行逻辑左移运算*/
    y1 = xy>>3;   /*一个字符或整数按位进行逻辑右移运算*/

6. 复合赋值运算符

在赋值运算符"="前面加上其他运算符，就构成了所谓复合赋值运算符，如表 6-10

所示。

表 6-10　复合赋值运算符

操　作　符	作　　用
+=	加法赋值
—=	减法赋值
*=	乘法赋值
/=	除法赋值
%=	取模赋值
&=	逻辑与赋值
| =	逻辑或赋值
^=	逻辑异或赋值
<<=	左移位赋值
>>=	右移位赋值

复合赋值运算首先对变量进行某种运算，然后将运算结果再赋给该变量。复合运算的一般形式为：

变量　复合赋值运算符　表达式

例如：

```
a+=3;           //等价于 a=a+3
x*=y+8;         //等价于 x=x*(y+8)
a+=b;           //等价于 a=a+b
c*=a+b;         //等价于 c=c*(a+b)
a&=b;           //等价于 a=a & b
a<<=4;          //等价于 a=a<<4
```

凡是二目运算符，都可以和赋值运算符一起组合成复合赋值运算符。采用复合赋值运算符，不仅可以使程序简化，同时还可以提高程序的编译效率。

7. 逗号运算符

在 C 语言中，逗号"，"是一个特殊的运算符，可以用它将两个(或多个)表达式连接起来，成为逗号表达式。逗号表达式的一般形式为：

表达式 1，表达式 2，…，表达式 n

程序运行时，对于逗号表达式的处理是从左至右依次计算出各个表达式的值，而整个逗号表达式的值是最右边表达式的(即表达式 n)的值。

例如：

```
unsigned int a，b，c，d;          /*无符号整型变量 a，b，c，d*/
d=(a=5，b=4，c=12，12);          /*执行结果 d=12*/
```

在许多情况下，使用逗号表达式的目的是为了分别得到各个表达式的值，而并不一定得到整个表达式的值。

8. 条件运算符

条件运算符 "？" 是 C 语言中唯一的一个三目运算符。它要求有三个运算对象，用它可以将三个表达式连接构成一个条件表达式。条件表达式的一般形式如下：

　　　　逻辑表达式　？　表达式 1：表达式 2

其功能是首先计算逻辑表达式，当值为真(非 0)时，将表达式 1 的值作为整个条件表达式的值；当逻辑表达式的值为假(0 值)时，将表达式 2 的值作为整个条件表达式的值。例如，max = (b > a) ? b : a ；的执行结果是将 a 和 b 中较大的值赋给 max。另外，条件表达式中逻辑表达式的类型可以与表达式 1 和表达式 2 的类型不一样。

9. 指针和地址运算符

指针是 C 语言中的一个十分重要的概念。在 C 语言的数据类型中专门有一种指针类型。变量的指针就是该变量的地址，另外还可以定义一个指向某个变量的指针变量。为了表示指针变量和它所指向的变量地址之间的关系，C 语言提供了两个专门的运算符：

　　　　* (取内容)

　　　　& (取地址)

取内容和取地址运算的一般形式分别为：

　　　　变量 = * 指针变量　　　　　　/*取内容*/

　　　　指针变量 = & 目标变量　　　　　/*取地址*/

取内容的含义是将指针变量所指向的目标变量的值赋给左边的变量；取地址运算的含义是将目标变量的地址赋给左边的变量。注意，指针变量中只能存放地址(即指针型数据)，不要将一个非指针类型的数据赋给一个指针变量。

10. 强制类型转换符

C 语言中的圆括号 "()" 也可作为一种运算符，这就是强制类型转换符。它的作用是将表达式或变量的类型强制转换成所指的类型。C 语言有隐式转换和显式转换。隐式转换是在对程序进行编译时由编译器自动处理的(见赋值运算转换规则)。

在 C 语言中，只有基本数据类型(即 char、int、long 和 float)可以进行隐式转换，其余的数据类型不能进行隐式转换。例如，不能把一个整型数据利用隐式转换赋给一个指针变量，在这种情况下，就必须利用强制类型转换运算符来进行显式转换。强制类型转换运算符的一般使用形式为：

　　　　(类型)表达式

显式类型转换在给指针变量赋值时特别有用。例如，预先在 8051 单片机的片外数据存储器(xdata)中定义一个字符型指针变量 px，如果想给这个指针变量赋一初值 0xA000，可以写成：px = (char xdata *)0xA000。这种方法特别适合于用标识符(变量)来取绝对地址。例如：

```
#include < stdio.h >          /*头文件*/
main ()                       /*主函数部分*/
  {
    char   xdata  * Px;       /*定义了一个外部数据的指针变量*/
    char   q ;                /*定义了一个字符变量*/
    int    x= 0xf32b;         /*定义了一个整型变量，并赋为0xf32b*/
```

```
long    y=0x9012f587;                /*定义了一个长整型变量，并赋为 0x9012f587*/
float z=3.1415826;                   /*定义了一个浮点型变量，并赋为 3.1415826*/
px=(char xdata *)0xB000;             /*强制转换，将地址 B000H 赋给指针变量 Px*/
* px = 0x55;                         /*给 0xB000 的地址赋值 0x55*/
q=*((char xdata *)0xB000);           /*将外部 RAM 单元 0xB000 的数据读出*/
printf("\n %bx   %x   %d   %c", (char)x，(int)y，(int)z，q);
    }
```
程序的执行结果：

   2b   f587   3   55

11．sizeof 运算符

C 语言中提供了一种用于求取数据类型、变量以及表达式的字节数的运算符 sizeof，该运算的一般使用形式为：

    Sizeof(表达式)或 sizeof(数据类型)

应该注意的是，sizeof 是一种特殊的运算符，不要错误地认为它是一个函数。实际上，字节数的计算在程序编译时就完成了，而不是在程序执行过程中才计算出来的。

6.4 基 本 语 句

语句就是向 CPU 发出的操作指令。一条语句经过编译后可生成若干条机器指令。C51程序由数据定义和执行语句两部分组成。一条完整的语句必须以"；"结束。

6.4.1 说明语句与表达式语句

说明语句用来说明变量的类型和初值。

例如：

```
int    sun=0;                /*把 sum 说明为整型变量，并赋初值为 0*/
foalt t;                     /*把 t 说明为浮点型变量*/
sfr P1= 0x90;                /*把 P1 说明为一个口地址变量*/
sbit BUSY =P3^3;             /*把 BUSY 说明为一个位地址变量*/
bit sixth;                   /*把 sixth 说明为一个位变量*/
```

由一个表达式构成的程序语句叫表达式语句。表达式语句用来描述算术运算、逻辑运算或产生某种特定动作。最典型的用法是由赋值表达式构成一个赋值语句。例如，"a=3"是一个赋值表达式，而"a=3；"就是一个赋值语句。从中可以看到，一个表达式的最后加一个分号就构成了一个程序语句。一个程序语句最后必须出现分号，分号是程序语句中不可缺少的部分。例如，i=i+1 是表达式，不是语句；i=i+1；是语句，作用是使 i 的值加 1。

由此可见，任何表达式都可以加上分号而称为语句。例如，x+y；也是一个语句，其作用是完成 x+y 的操作，它是合法的，但没有实际意义。而语句 s=area(r)；也是表达式语句。

6.4.2 复合语句

复合语句是由若干条语句组合而成的一种语句。用一对花括号"{"、"}"把一些说明和语句组合在一起，就组成了复合语句(或称分程序)。复合语句的一般形式为：

```
{
    局部变量定义；
    语句1；
    语句2；
    ⋮
    语句n；
}
```

复合语句中的单语句(或简单语句)还可以是复合语句，从而使 C51 的语句形成一种层次结构。原则上可以不断地扩大这种层次。复合语句在程序中是一种十分重要的结构。在复合语句内定义的变量称为该复合语句的局部变量，它仅在当前这个复合语句中有效。

6.4.3 条件语句

条件语句又称分支语句，是用关键字 if 构成的。C 语言提供了三种形式的条件语句：

(1) if(条件表达式) 语句

其含义为：若条件表达式的结果为真(非 0)，就执行语句；反之，就执行条件语句后面的语句。这里的语句也可是复合语句。其执行过程如图 6-2(a)所示。

(2) if(条件表达式) 语句1
　　 else 语句2

其含义为：若条件表达式的结果为真(非 0)，就执行语句1；反之，就执行语句2。这里的语句1 和语句2 也可是复合语句。其执行过程如图 6-2(b)所示。

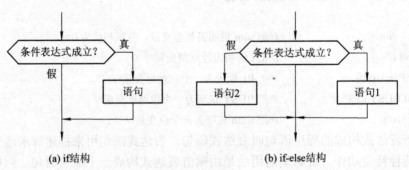

(a) if结构　　　　　　　　　(b) if-else结构

图 6-2　条件语句的执行过程

(3) if(条件表达式 1)　　　　语句 1
　　 else if(条件表达式 2)　　语句 2
　　 else if(条件表达式 3)　　语句 3
　　　　　　　　⋮
　　 else if(条件表达式 4)　　语句 n

else　语句 m

这种条件语句常用来实现多条件分支，其执行过程如图 6-3 所示。

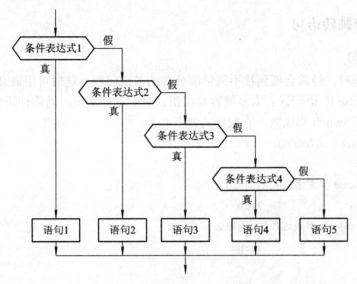

图 6-3　多条件分支语句的执行过程

例如，统计学生成绩优、良、中和不及格的多条件分支程序如下：

```c
#include <stdio.h>
void main()                          /*主函数*/
{
        int score;                   /*定义成绩变量*/
        char grade;                  /*定义结果变量*/
        scanf("%d"，&score);         /*输入一个成绩*/
        if(score>94) grade='5';      /*如果成绩大于 94 分，结果为 5*/
        else if(score>79)  grade='4';/*否则若大于 79，结果为 4*/
        else if(score>59) grade='3'; /*否则若大于 59，结果为 3*/
        else grade='2';              /*否则，结果为 2*/
        printf("%c\n"，grade);       /*输出结果*/
}
```

假定学生考分为 95 分，待程序执行后，如从键盘输入"95"并按回车键，则屏幕上就会显示出程序的运行结果为 5，这表示该学生的成绩为优。

注意如下两种嵌套形式的 if 语句是不同的：

①	if(a>b)	②	if(a>b)

①　if(a>b)
　　{　if(b<c)
　　　　c=a;
　　}
　　else
　　　　c=b;

②　if(a>b)
　　{
　　f(b<c) c=a;
　　else
　　c=b;
　　}

假设 a=5，b=4，c=3，则①的结果是 c=3，而②的结果是 c=4。从这个例子中可以看出，语句嵌套中花括号的使用很重要。

6.4.4　开关与跳转语句

1. 开关语句

在编写程序时，经常会碰到按不同情况分转的多路问题，这时可用嵌套 if-else-if 语句来实现，但 if-else-if 语句嵌套太多就容易出错。对于这种情况，通常使用开关语句。开关语句是用关键字 switch 构成的，一般形式如下：

```
switch (变量或表达式)
    {
    case 常量表达式 1：语句 1 ；
                        break ；
    case 常量表达式 2：语句 2；
                        break；
                ⋮
    case 常量表达式 n：语句 n；
                        break；
    default:        语句 n+1；
    }
```

执行 switch 开关语句时，将变量(或表达式的值)逐个与 case 后的常量进行比较。若与其中一个相等，则执行该常量下的语句；若不与任何一个常量相等，则执行 default 后面的语句。

注意：

(1) switch 中的变量可以是数值，也可以是字符。如果是变量必须是整数型。

(2) 可以省略一些 case 和 default。

(3) 每个 case 或 default 后的语句可以是语句体，但不需要使用"{ }"括起来。

例如：

```
main()
{
    int  year，month，len；
    printf("Enter year & month:\n")；
    scanf ("%d%d"，&year，&month)；            //输入 year 和 month
    switch (month)
        {
        case 1:len=31；break；
        case 3:len=31；break；
        case 5:len=31；break；
        case 7:len=31；break；
```

```
            case 8:len=31； break；
            case 10:len=31； break；
            case 12:len=31； break；
            case 4:len=30； break；
            case 6:len=30； break；
            case 9:len=30； break；
            case 11:len=30； break；
            case 2:
                if(year%4 = = 0 && year%100 !=0||year%400 = = 0)len=29；
                else len=28；
                break；
            default: printf("Input error\n")；
                len=0；
                break；
        }                               /*switch 语句结束*/
    if (len != 0)
        printf("The lenth of %d，%d is %d \n"，year，month，len)；
    }  //main() 结束
```

程序执行结果：

```
    Enter year &month: 1996 2  回车
    The lenth of 1996，2 is 29
```

2. 跳转语句

1) break 语句

break 语句通常用在循环语句和开关语句中。当 break 用于开关语句 switch 中时，可使程序跳出 switch 而执行 switch 以后的语句；如果没有 break 语句，则程序将成为一个死循环而无法退出。

当 break 语句用于 do-while、for、while 循环语句时，可使程序终止循环而执行循环后面的语句。通常 break 语句总是与 if 语句连在一起的，即满足条件时便跳出循环。

注意：

(1) break 语句对 if-else 的条件语句不起作用。

(2) 在多层循环中，一个 break 语句只向外跳一层。

2) continue 语句

continue 语句的作用是跳过循环体中剩余的语句而强行执行下一次循环。

continue 语句只用在 for、while、do-while 等循环体中，常与 if 条件语句一起使用，用来加速循环。

3) goto 语句

goto 语句是一种无条件转移语句。goto 语句的使用格式为：

```
    goto   标号；
```

其中，标号是 C51 中一个有效的标识符，这个标识符加上一个"："，一起出现在函数内某处，执行 goto 语句后，程序将跳转到该标号处并执行其后的语句。另外，标号必须与 goto 语句同处于一个函数中，但可以不在一个循环层中。通常 goto 语句与 if 条件语句连用，当满足某一条件时，程序跳到标号处运行。

通常不主张用 goto 语句，主要原因是它将使程序层次不清，且不易读。但在多层嵌套退出时，用 goto 语句则比较合理。

6.4.5　循环语句

C51 提供三种基本的循环语句：for 语句、while 语句和 do-while 语句。

1. for 循环语句

构成 for 循环语句的一般形式为：

　　　　for([初始设定表达式]；[循环条件表达式]；[更新表达式])语句；

例如，for(i=0；i<10；i++) 语句；先给 i 赋初值 0，判断 i 是否小于 10，若是则执行语句，之后 i 增 1。再重新判断，直到条件为假，即 i>=10 时，结束循环。

注意：for 循环中的语句可以为语句体，但要用"{ }"将参加循环的语句括起来。 for 循环中的"初始设定表达式"、"循环条件表达式"和"更新表达式"都是选择项，即可以默认，但"；"不能默认。如省略了初始化，则表示不对循环控制变量赋初值。如省略了条件表达式，则不做其他处理时便成为死循环。如省略了增量，则不对循环控制变量进行操作，这时可在语句体中加入修改循环控制变量的语句。

2. while 循环语句

while 语句构成循环结构的一般形式为：

　　　　while(条件表达式) 语句；

其意义为：当条件表达式的结果为真(非 0 值)时，便执行语句，直到条件表达式的值为假(0 值)时停止循环。

"语句"是被循环执行的程序，称为"循环体"。

while 循环语句的特点是：先判断"表达式(条件)"。

例如：

```
#include <stdio.h>
main()                      /*主函数开始*/
  {
  int  i=1, s = 0;          /*变量说明*/
  while( i <=100 )          /*i >100 结束循环*/
    {   s=s + i;
        i++;
    }                       /*循环体结束*/
  printf ("1+2+...+100=%d\n", s);
  }                         /*主函数结束*/
```

程序执行结果：

1+2+…+100=5050

while 循环总是在循环的头部检验条件，这就意味着循环可能什么也不执行就退出。

注意：

(1) 在 while 循环体内也允许空语句。例如：

```
while((c=getche())!=0x0D);  //这个循环直到键入回车为止
```

(2) 可以有多层循环嵌套。

(3) 语句可以是复合语句，此时必须用"{ }"括起来。

3. do-while 循环语句

do-while 循环语句的一般形式为：

```
do
    语句；
while(条件表达式)；
```

do-while 循环语句与 while 循环的不同之处在于：它先执行循环中的语句，然后再判断条件是否为真。如果为真，则继续循环；如果为假，则终止循环。因此，do-while 循环至少要执行一次循环语句。

同样，当有许多语句参加循环时，要用"{ }"把它们括起来。

例如：

```
#include <stdio.h>
main()
{
        int i=10;
do
        { printf("%d\n", i--);
        }
        while(i>0);              /*当 i>0 时跳转，别忘记分号"；"*/
        printf("The End");       /*程序结束*/
}                               /*主函数结束*/
```

6.4.6 函数调用语句与返回语句

1. 函数调用语句

函数调用语句是由一次函数调用加一个分号构成的一个语句。这里的函数可以是 C51 原有的库函数，也可以是用户自己编写的函数。

例如：

```
printf("how are you");          /*C51 库中的标准函数*/
k=com_getchar();                /*这是一个能返回值的函数*/
```

2. 返回语句

返回语句用于终止函数的执行，并控制程序返回到调用该函数时所处的位置。返回语句有两种形式：

　　　　return(表达式)

或

　　　　return

　　如果 return 语句后边带有表达式，则要计算表达式的值，并将表达式的值作为该函数的返回值。若使用不带表达式的 return 语句，则被调用函数返回主函数时，函数值不确定。一个函数的内部可以含有多个 return 语句，但程序仅执行其中的一个 return 语句就被返回。

6.4.7　空语句

　　只有一个分号的语句称为空语句，即
　　　　;　　　　　　/*空语句什么事情也不做*/
　　C51 定义了一个空函数语句 NOP，用头文件 intrins.h 包含进来。在需要用空语句时调用_nop_()函数即可。

6.5　函　　数

　　在求解一个复杂问题时，通常将其分解成若干个比较容易求解的小问题，然后分别求解。在设计一个复杂的应用程序时，也是把整个程序划分为若干功能较为单一的程序模块，然后分别进行编程实现的。

　　在 C 语言中，函数是程序的基本组成单位，因此可以很方便地用函数作为程序模块来实现 C 语言程序。C 语言中的函数相当于其他高级语言的子程序。C 语言不仅提供了极为丰富的库函数，还允许用户建立自己定义的函数。用户可把自己的算法编成一个个相对独立的函数模块，然后用调用的方法来使用函数。由于采用了函数模块式的结构，C 语言易于实现结构化程序设计，使程序的层次结构清晰，便于程序的编写、阅读和调试。

6.5.1　函数的定义

　　C51 程序中所有函数与变量在使用之前必须说明，即说明函数是什么类型的函数。函数的说明都包含在相应的头文件"*.h"中。例如，8051 特殊寄存器函数包含在 reg51.h 中，数学函数包含在 math.h 中。在使用库函数时必须先知道该函数包含在哪个头文件中，在程序的开头用#include <*.h>或#include "*.h"说明。只有这样，程序在编译、链接时才能让 C51 知道这是库函数。

　　函数定义就是确定该函数完成什么功能以及怎么运行。定义函数的一般形式为：
　　　　函数类型　函数名 (数据类型　形式参数；数据类型 形式参数, ...)
　　　　　{
　　　　　　　局部变量定义
　　　　　　　函数体语句；
　　　　　}
其中，函数类型和形式参数的数据类型为 C51 的基本数据类型，即可以是整型(int)、长整型(long)、字符型(char)、单浮点型(float)、双浮点型(double)、指针型(*)、无值型(void)。无值型表示函数没有返回值。

函数体为 C51 提供的库函数和语句以及其他用户自定义函数调用语句的组合，并包括在一对花括号"{ }"中。

需要指出的是，一个程序必须有一个主函数，其他用户定义的子函数可以是任意多个，这些函数的位置也没有什么限制，可以在 main()函数前，也可以在其后。C51 将所有函数都认为是全局性的，而且是外部的，即可以被另一个文件中的任何一个函数调用。

函数名为 C51 的标识符，小括号中的内容为该函数的形式参数说明。可以只有数据类型而没有形式参数，也可以两者都有。经典的函数说明没有参数信息。例如：

```
int put(int x，int y，int z，char *p);          /*说明一个整型函数*/
char *name(void);                            /*说明一个字符串指针函数*/
void student(int n，char *str) ;              /*说明一个不返回值的函数*/
float calculate();                           /*说明一个浮点型函数*/
```

如果一个函数没有说明就被调用，编译程序并不认为出错，而是将此函数默认为整型(int)函数。因此当一个函数返回其他类型又没有事先说明时，编译时将会出错。

不同函数的定义方法如下：

```
char funl (x，y)        /*定义一个 char 型函数*/
int x;                 /*说明形式参数的类型*/
char y;
  {
    char  z;           /*定义函数内部的局部变量*/
    z=x+y ;            /*函数体语句*/
    return (z);        /*返回函数的 z 值，注意变量 z 与函数本身的类型均为 char 型*/
  }
int   fun2 (float a，float b)   /*定义一个 int 型函数，并在表中说明形参类型*/
  {
    int   x;           /*定义函数内部的局部变量*/
    x=a-b;             /*函数体语句*/
    return (x);        /*返回函数的 x 值，注意变量 x 与函数本身的类型均为 int 型*/
  }
long fun3 ()           /*定义一个 long 型函数，它没有形式参数*/
  {
    long   x;          /*定义函数内部的局部变量*/
    int I，j;
    x=i*j;             /*函数体语句*/
    return (x);        /*返回函数的 x 值，注意变量 x 与函数本身的类型均为 long 型*/
  }
void   fun4 (char a，char b)   /*定义一个无返回值的 void 型函数*/
  {
    char   x;          /*定义函数内部的局部变量*/
```

```
        x=a+b;                    /*函数体语句*/
        }                         /*函数不需要返回值，省略 return*/
    void    fun5 ()               /*定义一个空函数*/
        {
        }
```

6.5.2　函数的调用

在 C 语言程序中，函数是可以互相调用的。函数调用就是在一个函数体中引用另外一个已经定义了的函数，前者称为主调用函数，后者称为被调用函数。函数调用的一般形式为：

        函数名 (实际参数表)

其中，"函数名"指出被调用的函数。对于有参数型函数，若包含多个实际参数，则应将各参数之间用逗号分隔开。主调用函数的数目与被调用函数的形式参数的数据应该相等。实际参数与形式参数应按顺序一一对应传递数据。

如果调用的是无参数函数，则实际参数表可以省略，但函数名后面必须有一对空括号。主调用函数对被调用函数的调用可以有以下五种方式：

(1) 函数表达式。函数可以作为表达式中的一部分出现在表达式中，以函数的返回值作为表达式的一项。这种方式要求函数有一个确定的返回值参加表达式的运算。例如：z=100-sum(x，y)是一个赋值表达式，把 100-sum(x，y)的返回值赋予变量 z。

(2) 函数语句。可以把函数调用作为一个语句。函数调用的一般形式加上分号即构成函数语句。例如：

        printf("%s"，c1);

        scanf("%d"，&a1);

都是以函数语句的方式调用函数的。

(3) 函数参数。函数可以在另一个函数的参数的位置出现，作为函数的实参。这种情况是把该函数的返回值作为实参进行传送的，因此要求该函数必须有返回值。

例如：

        printf("%d"，sum(x，y));

此语句把 sum 调用的返回值又作为 printf 函数的实参来使用。

(4) 函数的递归调用。函数的递归调用就是在调用一个函数的过程中又直接或者间接地调用函数本身。在递归调用中，主调函数同时又是被调函数。执行递归函数将反复调用其自身，每调用一次就进入新的一层。C 语言允许函数的递归调用。

例如：

```
    int f(int a)                  /*定义 f 函数*/
        { int b，c;
          ⋮
        b=2*f(c);                 /*再调用 f 函数*/
          ⋮
        return b;
        }
```

上面的程序表示在调用函数 f 的过程中，又要调用它本身，这称为直接调用本函数。但是运行该函数将无休止地递归调用，这样就像一个死循环，显然是不正确的。为了防止递归调用无休止地进行，必须在函数内加上终止递归调用的手段。常用的办法是加条件判断，满足某种条件后就不再递归调用，然后逐层返回。

(5) 函数的嵌套调用。C 语言不允许进行嵌套的函数定义，各函数的定义是平行的、独立的，不存在上一级函数和下一级函数的问题。

虽然 C 语言不允许嵌套定义，但是 C 语言允许在一个函数的定义中出现对另一个函数的调用，这样就出现了函数的嵌套调用，即在被调用函数中又调用其他函数。其关系如图6-4 所示。

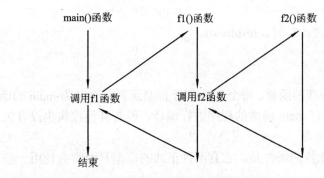

图 6-4　函数的嵌套调用过程

图 6-4 所示的两层嵌套执行过程是：程序首先从 main 开始执行，执行 main 函数时运行到调用 f1 函数的语句时，即转去执行 f1 函数；在 f1 函数中调用 f2 函数时，程序又转去执行 f2 函数，f2 函数执行完毕返回 f1 函数的断点继续执行，f1 函数执行完毕返回 main 函数的断点继续执行，直至结束。

例如，计算 $c=(a!)^2+(b!)^2$，其中 a、b 是两个输入的正整数。

本题可以编写两个函数，一个是用于计算平方值的函数 f1，另一个是用于计算阶乘值的函数 f2。主函数先调用 f1 函数，再在 f1 函数中调用 f2 函数，计算其阶乘值，然后返回f1，计算平方值，再返回主函数，在循环程序中计算累加和。

```
long f1(int n1)                         /*f1 函数计算平方值*/
    { long r2;
      long f2(int n2);                  /*在 f1 函数中调用 f2 函数*/
      r2=f2(n1)*f2(n1);                 /*计算平方值*/
      return r2;                        /*返回平方值*/
    }
long f2(int n2)                         /*f2 函数计算阶乘*/
    { long r1=1;
      int i;
      for(i=1; i<=n2; i++)
      r1=r1*i;
      return r1;                        /*返回阶乘的结果*/
```

```
        }
    main()                            /*主函数*/
    {
        int  i, a, b;                 /*变量类型说明*/
        long r;
        printf("intput two numbers:\n");   /*调用 C 库函数*/
        scanf("%d%d", &a，&b);         /*调用 C 库函数*/
        r=f1(a)+f2(b);
        printf("result=%ld\n", r);
    }                                 /*主函数结束*/
```

运行结果：在输入 2，3 时，result=40。

6.5.3 main 函数

main 函数是一个特殊的函数。每个 C51 程序都必须有一个名为 main 的函数，程序从这里开始执行。可以对没有 main 函数的程序进行编译，但若其他模块也没有包含 main 函数，则连接失败。

main 函数另一个独特的属性是，它有两种正式的原型且经常会使用一些其他形式。两种标准原型如下：

```
        int   main (void);
        int   main (int arge, char *argv[]);
```

整型返回值的作用是向系统返回一个状态码，这在进行复杂应用程序的过程间通信时会用到，不过它对单一的程序是没有意义的，所以可以使用一些非标准的形式，其结构是：

```
        void main(void)
        {
            局部变量定义
            函数体语句;
        }
```

6.5.4 C51 中断函数

C51 编译器允许用 C51 创建中断服务程序，仅仅需要关心中断号和寄存器组的选择就可以了。编译器会自动产生中断向量和程序的入栈及出栈代码。在函数声明时出现的interrupt 将把所声明的函数定义为一个中断服务程序。另外，可以使用 using 定义此中断服务程序所使用的寄存器组。中断函数的定义格式为：

```
        void    函数名(void) interrupt n  [using m]
```

其中：

① 关键字 interrupt 后面的 n 是中断号，n 的取值范围为 0～31。

② 关键字 using 后面的 m 是所选择的寄存器组，取值范围为 0～3，该项可以省略。

对于 interrupt 后面 n 的取值，编译器从 8n+3 处产生中断向量。具体的中断号 n 和中断向量取决于 8051 系列单片机的型号。常用的中断源和中断向量如表 6-11 所示。

表 6-11　常用中断号与中断向量

中　断　号 n	中　断　源	中断向量 8n+3
0	外部中断 0	0003H
1	定时器/计数器 0	000BH
2	外部中断 1	0013H
3	定时器/计数器 1	001BH
4	串行口	0023H

8051 内部 SRAM 有 4 个工作寄存器组，每 1 组包含 8 个寄存器(R0～R7)。C51 扩展了一个关键字 using，专门用来选择 8051 单片机内部的寄存器组。using 后面的 m 是一个 0～3 的常数，分别对应 8051 内部 0～3 四个寄存器组。在定义一个函数时，using 是一个选项，如果不用该选项，则由编译器自动选择一个寄存器组作为绝对工作寄存器组访问。需要注意的是，关键字 interrupt 和 using 后面都不允许跟运算表达式。

例如，当外部中断 0 有信号输入时，使 P1.0 引脚电平翻转。程序如下：

```
#include < reg51.h >              /*包含 C51 的头文件*/
sbit P10=P1^0;                    /*定义 P1.0 引脚*/
void main (void)                  /*主函数部分*/
    {
        P10=0;                    /*使 P1.0 输出低电平*/
        EX0 =1;                   /*允许外部中断 0 中断*/
        EA =1;                    /*开中断*/
        while(1);                 /*等待*/
    }
void   int0_func(void) interrupt 0  /*外部中断 0 处理函数*/
    {
        P10 = ～P10;              /*使 P1.0 引脚电平翻转*/
    }
```

在这个例子中，using 缺省，寄存器组由编译器给定。

使用关键字 using 在函数中确定一个工作寄存器组时必须十分小心，要保证任何寄存器组的切换都只在仔细控制的区域内发生，如果做不到这一点，将产生不正确的函数结果。另外还要注意，带 using 属性的函数原则上不能返回 bit 类型的值，并且关键字 using 和 interrupt 不允许用于外部函数。

在编写 8051 单片机中断函数时应遵循以下规则：

(1) 中断函数不能进行参数传递，如果中断函数中包含任何参数声明，都将导致编译出错。

(2) 中断函数没有返回值，如果企图定义一个返回值，将得到不正确的结果。因此建议在定义中断函数时将其定义为 void 类型，以明确没有返回值。

(3) 在任何情况下，都不能直接调用中断函数，否则会导致编译出错。

(4) 如果在中断函数中调用了其他函数，则被调用函数所用的寄存器组必须与中断函数相同。

6.5.5　C51 库函数

Keil C51 提供了很多短小精悍的实用函数，在编程时只要在源程序的开头将有关"头文件"包含进去就可以很方便地使用它们。例如：

"stdio.h"是常用 8051 单片机输入和输出库函数；

"string.h"是字符串操作、缓冲区操作程序；

"math.h"是常用的数学库函数；

"reg51.h"是 8051 单片机的内部特殊功能寄存器的定义；

"reg52.h"是 8052 单片机的内部特殊功能寄存器的定义；

"absacc.h"是包含允许直接访问 8051 不同存储器的定义函数；

"ctype.h"是字符转换和分类程序；

"stdlib.h"包含存储器分配的程序。

例如：

```
#include < stdio.h >            /*包含单片机输入和输出库函数*/
   void main (void)
    {
       printf ("Hello C51\n");   /*直接调用 C51 的库函数*/
    }
```

在这个例子中，使用了库函数 printf，它在头文件 stdio.h 中已经被宏定义了，所以在主函数中可以直接调用。关于宏定义的概念请参考本书 6.7.2 节的内容。

例如：

```
#include < math.h >             /*包含数学运算的库函数*/
#include < stdio.h >            /*包含单片机输入和输出库函数*/
   void tst_fabs (void)         /*测试绝对值的函数*/
  { float x，y；
     x=12.4；
     y=fabs(x)；                /*直接调用 C51 的库函数求绝对值*/
     x= -9.5；
     y=fabs(x)；                /*直接调用 C51 的库函数求绝对值*/
  }
```

在这个例子中，使用了库函数 fabs。fabs 函数确定浮点数 x 的绝对值，并返回 x 的绝对值。它在头文件 math.h 中已经被宏定义了，所以在主函数中可以直接调用。

要注意的是库中有些函数，如果正在执行这些库函数的时候被中断(如执行了外部中断)，而在中断程序中又调用了该函数，将可能得到意想不到的结果，而且这种错误很难找出来。

6.6 C51 的数据结构

在 6.3 节中介绍了 C51 的基本数据类型，如整型、字符型、浮点型等，除此之外，C51 还提供了一种构造类型的数据。构造类型数据是由基本类型数据按一定规则组合而成的。C 语言中构造类型的数据有数组类型、指针类型、结构类型和联合类型等。

6.6.1 数组

数组是一组具有固定数目和相同类型成分分量的有序集合。其成分分量的类型为该数组的基本类型。如整型变量的有序集合称为整型数组，字符型变量的有序集合称为字符型数组。

1. 数组的定义与引用

1) 一维数组

一维数组的定义形式如下：

　　　　数组类型　　　数组名[整型常量表达式]；

其中，"数组类型"说明了数组中各个元素的类型；"数组名"是整个数组的标识符，其定义方法与变量相同；"整型常量表达式"说明该数组的长度，即该数组中元素的个数。这个长度必须用"[ ]"括起来。例如：

　　　　char　　x[10]；/*定义了一个字符型数组 x，它具有 10 个元素*/

　　　　int　　　y[10]；/*定义了一个整型数组 y，它具有 10 个元素*/

　　　　float z[20]；/*定义了一个浮点型数组 z，它具有 20 个元素*/

对于 x[10]，有 10 个元素，每个元素由不同的下标表示，分别为 x[0]，x[1]，x[2]，…，x[9]。注意，数组的第一个元素的下标是 0 而不是 1，即数组的第一个元素是 x[0]而不是 x[1]，而数组的第十个元素为 x[9]。

2) 数组的初始化

所谓数组初始化，就是在定义数组的同时，给数组赋新值。这项工作是在程序编译时完成的。对数组的初始化可用以下方法实现：

(1) 在定义数组时对数组的全部元素赋予初值。 例如：

　　　　int　　data a[6]={0，1，2，3，4，5}；　　//a[0]=0，a[1]=1，…，a[5]=5

或者

　　　　int　data a[ ]={0，1，2，3，4，5}；　　//a[0]=0，a[1]=1，…，a[5]=5

(2) 只对数组的部分元素初始化。例如，

　　　　int a[10]={0，1，2，3，4，5}；　　　　//数组的前 6 个元素被赋了初值，而后 4 个元素的值为 0

(3) 在定义数组时，若不对数组的全部元素赋初值，则未赋值元素的默认值为 0。例如：

　　　　int idata a[10]；　　//a[0]~a[10]全部被赋初值为 0

3) 二维数组或多维数组

数组的下标为两个或两个以上，则称为二维数组或多维数组。定义二维数组的一般形

式如下：

类型说明符　数组名[行数][列数]；

例如：

int a[3][5]；　//a 数组有 3 行 5 列共 15 个整型元素

二维数组可以在定义时进行整体初始化，也可以在定义后单个地进行赋值。例如：

int a[3][4]={{1，2，3，4}，{5，6，7，8}，{9，10，11，12}}；　//全部初始化

int b[3][4]={{1，2，3，4}，{5，6，7，8}，{}}；　　　　//部分初始化，未初始化的元素为 0

4) 字符数组

字符数组的定义与数组定义的方法类似。如果字符数组中存放的是字符串，则最后一个字符必须以"\0"结束，也就是说，字符串的长度应该是存储字符的长度加 1。

如 char a[10]，定义 a 为一个有 10 个字符的一维字符数组。字符数组置初值的最直接方法是将各字符逐个赋给数组中的各个元素。例如：

char a[5]={'a'，'b'，'c'，'d'，'\0'}；

定义了一个字符型数组 a[ ]，有 5 个数组元素，并且将 4 个字符分别赋给了 a[0]～a[3]，a[4] 被赋予了结束符'\0')。

如果希望在定义字符数组的同时给数组中的各个元素赋予初值，可以采用如下方法：

char a[10]={"BEI JING"}；

char a[10]= "BEI JING"。

2. 数组的使用

(1) 与普通变量一样使用。一旦数组被定义，它就和变量一样可以方便地使用。例如：

```
#include < stdio.h >              /*包含单片机输入和输出库函数*/
    void main (void)
        {
        int i；
        unsigned int ab[0x20]；    /*定义了一个整型数组*/
        for (i=0；i< 0x20；i++)
            {
            ab[i]=i ；             /*给数组 ab[] 赋 i*/
            printf ("ab[ %d ] = %d \n"，i，ab[i])；
            }
        }                         /*主函数结束*/
```

这个例子是直接给数组 ab[]赋值的。

(2) 数组作为函数的参数。除了用变量作为函数的参数之外，还可以用数组名作为函数的参数。一个数组的数组名表示该数组的首地址。用一个数组名作为函数的参数时，在函数的调用过程中，参数传递方式是按地址传送的。

用数组名作为函数的参数时，应该在主调函数和被调函数中分别进行数组定义，而不能只在一方定义数组。为了保证两方数组长度一致，可以在形参中不指定长度，只在数组名后面跟一个空的方括号[ ]。

例如，用数组作为函数的参数，计算两个不同长度的数组中所有元素的平均值。程序如下：

```
#include <stdio.h>
float average(array,   n)              /*说明函数 average(array，n)是浮点型*/
int n;
float array[ ];                        /*定义数组 array[ ]*/
    {
        int i;
        float aver;
        float sum=array[0];            /*将 array[0]的数赋给 sum 作为初值*/
        for (i=1；i<n ；i++)
        sum = sum + array[i];          /*计算和*/
        aver=sum/n;                    /*求平均*/
        return(aver);                  /*返回结果*/
    }
void main ( ) {
    float pot_1[5]={99.9，88.8，77.7，66.6，0};
    float pot_2[10]={11.1，22.2，33.3，44.4，55.5，99.9，88.8，77.7，66.6，0};
    printf("the average of A is%6.2f\n"，average(pot_1，5);
    printf("the average of B is%6.2f\n"，average(pot_2，10);
    }        /*主函数结束*/
```

程序执行结果：

    the average of A is 66.60

    the average of B is 49.95

在这个例子中定义了一个求平均值的函数 average()，它有两个形式参数 array 和 n。array 是一个长度不定的 float 类型的数组，n 是 int 类型的变量。在主函数 main()中定义了两个长度确定的 float 类型的数组 pot_1[5]和 pot_2[10]，通过嵌套函数调用实现求数组元素的平均值并输出。可以看到，两次调用 average()函数时，数组的长度是不同的，在调用时通过一个实际参数(5 或 10)将数组的长度传递给形式参数 n，从而使 average()函数能够处理数组 pot_1 和 pot_2 中的所用元素。

用数组名作为函数的参数时，参数的传递过程采用的是地址传递。地址传递的方式具有双向传递的性质，即形式参数的变化将导致实际参数也发生变化，这种性质在程序设计中有时很有用。

6.6.2　指针

指针是 C 语言中的一个重要概念，对指针的运用可以增加 C 程序的灵活性，提高 C 程序的运行效率。指针在 C 程序设计中非常普遍。

为了说明指针的概念，首先应知道数据在内存中是如何存储和读取的。程序中的变量经过编译处理后都对应着内存中的一个地址。编译器根据变量的类型，为其分配相应的内存单元来存放变量的数据。不同类型的变量分配不同大小的内存区域。

C语言中对变量的存取有两种方式。一种按变量名存取，实际上变量名代表着变量存放的首地址。这种按变量地址存取变量值的方式称为"直接访问"。另一种方式是定义另外一种类型的变量专门存放其他变量在内存中所分配存储单元的首地址，称为变量的指针。存取变量值时，分两个步骤进行：首先，根据指针在内存中的首地址，读取其中存放的数据，也即变量所占用内存单元的首地址；然后，根据读取的地址存取变量的值。这种存取变量值的方式称为"间接访问"方式。

1. 指针与地址

所谓指针，就是某个对象(简单变量、数组和函数等)所占用存储单元的首地址。专门用来存放某种类型变量的首地址(指针值)的变量称为该类型的指针变量。使用指针访问能使目标程序占用内存少，运行速度快。

每一个变量都有它自己的指针(即地址)，而每一个指针变量都是指向另一个变量的。为了表示指针变量和它所指向的变量之间的关系，C语言中用符号"*"来表示"指向"。例如，整型变量i的地址40H存放在指针变量ip中，则可以用*ip来表示指针变量ip所指向的变量，即*ip也是变量i，下面两个赋值语句：

      i=0x50;

      *ip=0x50;

都是给同一个变量赋值0x50。也就是说，如果i的值为0x50，则*ip的值也是0x50。图6-5形象地说明了指针变量ip和它所指向的变量i之间的关系。

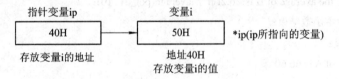

图6-5　指针变量和它所指向的变量

从图6-5可以看出，对于同一个变量i，可以通过变量名i来访问它，也可以通过指向它的指针变量ip，用*ip来访问它。前者称为直接访问，后者称为间接访问。符号"*"称为指针运算符，它只能与指针变量一起联用，运算的结果是得到该指针变量所指向的变量的值。

在6.3.3节中介绍了一个取地址运算符"&"，它可以与一个变量联用，其作用是求取该变量的地址。通过运算符"&"可以将一个变量的地址赋值给一个指针变量。例如，赋值语句ip=&i的作用是取得变量i的地址并赋给指针变量ip。通过这种赋值后，即可以说指针变量ip指向了变量i。不要将符号"&"和"*"搞混淆，&i是取变量i的地址，*ip是取指针变量ip所指向的变量的值。

2. 指针变量的定义

指针变量的定义与一般的变量定义类似，其格式为：

      数据类型 [存储类型1] *[存储类型2] 指针变量名；

其中，"*"表示该变量是指针变量；"数据类型"说明了该指针变量所指向变量的类型；"存储类型 1"和"存储类型 2"是可选项，它是 C51 编译器的一种扩展。如果带有"存储类型 1"选项，则指针被定义为基于存储器的指针(在程序中一般要有此选项)；而无此选项时，则指针被定义为一般指针(在 C51 中，变量的存储空间由编译器指定)。这两种指针的区别在于它们的存储字节不同。指针在内存中一般占用三个字节，第一个字节存放该指针存储器类型的编码(由编译时编译器模式的默认值确定)，第二和第三字节分别存放该指针的高位和低位地址偏移量。存储器类型的编码值如表 6-12 所示。

表 6-12 存储器类型的编码

存储器类型 1	idat/data/bdata	xdata	pdata	code
编码值	0x00	0x01	0xFE	0xFF

"存储器类型 2"选项用于指定指针本身的存储空间。

一般指针可用于存取任何变量而不必考虑变量在 8051 单片机存储器空间的位置。许多 C51 库函数采用了一般指针，函数可以利用一般指针来存取位于任何存储器空间的数据。

例如：

```
char  * xdata   strptr;        /*位于 xdata 空间的一般指针*/
int   * data    numptr;        /*位于 data 空间的一般指针*/
long  * idata   numptr;        /*位于 idata 空间的一般指针*/
```

由于一般指针所指对象的存储器空间位置只有在运行期间才能确定，编译器在编译期间无法优化存储方式，因此一般指针所产生的代码运行速度较慢。如果希望加快运行速度，则应采用基于存储器的指针。基于存储器的指针所指对象具有明确的存储空间，长度可为 1 个字节(存储器类型为 idata、data、pdata)或 2 个字节(存储器类型为 code、xdata)。

例如：

```
char   data * str;             /*指向 data 空间 char 型数据的指针*/
int    xdata * numtab;         /*指向 xdata 空间 int 型数据的指针*/
long   code * powtab;          /*指向 code 空间 long 型数据的指针*/
```

与一般指针类似，若定义时带有"存储器类型 2"选项，则可指定基于存储器的指针本身的存储空间位置，例如：

```
char   data * xdata str;
int    xdata * data   numtab;
long   code * idata powtab;
```

基于存储器的指针长度比一般指针短，可以节省存储空间，其运行速度也快，但它所指对象具有确定的存储空间，缺乏灵活性。

3. 指针变量的引用

指针变量是含有一个数据对象地址的特殊变量，只能存放地址。与指针变量有关的运算符有两个，即取地址运算符"&"和间接访问运算符"*"。例如&a 为取变量 a 的地址，*p 为取指针变量 p 所指向的变量。

1) 指针变量的一般引用

指针变量经过定义之后可以像其他基本类型变量一样被引用。

(1) 变量定义。例如：

```
        int i，x，y，  *pi，  *px，*py；        //变量定义
```

(2) 指针赋值。例如：

```
pi=&i；           /*将变量 i 的地址赋给指针变量 pi，使 pi 指向 i*/
px=&x；           /*将变量 x 的地址赋给指针变量 px，使 px 指向 x*/
py=&y；           /*将变量 y 的地址赋给指针变量 py，使 py 指向 y*/
```

(3) 指针变量引用。例如：

```
*pi=0；           /*等价于 i=0*/
*pi+ =1；          /*等价于 i+ =1*/
(*pi)++；          /*等价于 i++*/
```

(4) 指向相同类型的数据的指针可以相互赋值。例如：

```
px=py；           /*原来 px 指向 x，py 指向 y，现在 px 和 py 均指向 y*/
```

2) 通过指针变量访问外部存储器或 I/O 口

利用指针变量可以实现对外部 I/O 口或存储器的直接操作。其步骤为：

(1) 定义外部存储器(或 I/O 口)的指针。

(2) 给指针变量赋物理地址。

(3) 由指针变量读写相关数据。

例如，假设要给外部存储器单元 1000H～10FFH 存入 0～FFH 的数据，就可以定义一个指针变量进行操作。相关程序如下：

```
#include < reg52.h >              /*包含特殊功能寄存器的头文件*/
void   main(void)                /*主函数*/
   {
   unsigned char xdata   * EX；   /*定义外部存储器的指针 EX(地址)*/
   unsigned char i ；
   EX=0x1000；                   /*将外部 RAM 的起始地址赋给指针变量 EX*/
   for (i=0；i<=0xff；i++)
      {
      * EX=i ；                   /*给指针变量所指的地址赋值*/
      EX++；                      /*指针增 1 ，指向下一个地址*/
      }
   }                             /*主函数结束*/
```

3) 指针变量作为函数的参数

函数的参数不仅可以是整型、实型、字符型的数据，还可以是指针类型的数据。指针变量作为函数的参数的作用是将一个变量的地址传送到另一个函数中去。地址传递是双向的，即主调用函数不仅可以向被调用函数传递参数，而且还可以从被调用函数返回其结果。

例如，利用指针变量作为函数的参数实现两个元素的相互交换。程序如下：

```
#include < stdio.h >
swap( int *pi，int *pj)           /*利用指针变量作为形参*/
   { int temp；
     temp = *pi ；
```

```
        * pi= *pj ;                    /*利用指针交换数据*/
        * pj= temp；
    }
main ( )                               /*主函数部分*/
    { int a，b ;
      int *pa，  *pb ;
      pa=&a;                           /*指针变量获得地址*/
      pb=&b;                           /*指针变量获得地址*/
      printf("Please input a and b:\n");
      scanf ("%d  %d", &a, &b);        /*输入两个数据*/
      if (a<b) swap(pa, pb);           /*调用交换函数*/
      printf ("\n max = %d ，min=%b  \n", a, b);    /*输出结果*/
    }
```

程序中，自定义函数 swap()的功能是交换两个变量 a 和 b 的值，其形参是两个指针变量 pi 和 pj。

4. 数组的指针

一个数组包含若干元素，每个数组元素都在内存中占用存储单元，它们都有相应的地址。指针变量可以指向数组和数组中的任一元素。

所谓数组的指针，是指数组的起始地址，数组元素的指针是指数组元素的地址。引用数组元素可以用下标法，也可以用指针法，即通过指向数组元素的指针找到所需的元素。

定义一个指向数组元素的指针变量的方法，与指向变量的指针变量相同。例如：

```
    float a[5];      /*定义 a 为包含 5 个 float 型数据的数组*/
    float *p;        /*定义 p 为指向 float 型变量的指针变量*/
```

对该指针元素赋值为：

```
    p=&a[0]; 或 p=a; /*C 语言规定数组名代表首地址*/
```

指针 p 获得数组 a 的首地址，即数组 a 的第 0 个元素的地址。

C 语言规定，如果指针变量 p 已指向数组中的一个元素，则 p+1 指向同一数组中的下一个元素，而不是将 p 值简单地加 1。实际移动的地址取决于指向元素的类型。如果定义的数组是 float 型，那么 p+1 意味着使 p 的值增加 4 字节，以使它指向下一元素。因此有如下关系：

(1) p+i 和 a+i 就是 a[i]的地址，也就是说，它们指向 a 数组的第 i 个元素。

(2) *(p+i)=*(a+i)=a[i]=p[i]中，*指针代表指针指向的元素，指向数组的指针变量也可以用下标表示。

5. 字符串的指针

在 C 语言中，为字符串提供存储空间有两种方法。一是把字符串中的字符存放在一个字符数组中。例如：

```
    char ch[ ]= "How do you do";
```

数组 ch[ ]共有 14 个元素，其中 ch[13]为'\0'。对于这种情况，编译器根据字符串的长度为字符数组分配存储空间，并把字符串存放到数组中。ch 是数组名，代表字符数组的首地址。

另一种方法是可以使用指针，定义一个字符指针指向字符串中的字符。例如：

    char *ch= "How do you do";

该语句使 ch 指向字符串的第一个字符'H'。以后就可通过 ch 访问字符串中的各个字符。例如，*ch 或 ch[0]就是'H'，*(ch+i)或 ch[i]就是访问字符串中的第 i 个字符。

6. 函数的指针

在 C 语言中，指针变量除能指向数据对象外，也可以指向函数。一个函数在编译时，分配了一个入口地址，这个入口地址就称为函数的指针。函数的指针能赋给一个指向函数的指针变量，并能通过指向函数的指针变量调用它所指向的函数。

定义指向函数的指针变量的一般形式为：

    类型标识符   (*指针变量名)();

7. 指针数组

指针可以指向某类变量，并替代这个变量在程序中使用。例如，指针可以指向一维、二维数组或字符数组，来替代这些数组在程序中使用，增加程序的灵活性。同样，也可以定义一种特殊的数组，这类数组存放的全部是指针，分别用于指向某类变量，以替代这些变量在程序中的使用，进一步增加灵活性。指针数组的定义形式是：

    类型标识   *数组名[数组长度]

例如：

    char *ch[3];

由于[ ]比*优先级高，因此首先是数组形式 ch[3]，然后才与"*"结合。这样一来指针数组包含 3 个指针 ch[0]、ch[1]、ch[2]，各自指向字符类型的变量。

6.6.3　结构

结构是由基本数据类型构成的、并用一个标识符命名的各种变量的组合。结构中可以使用不同的数据类型。一般来说，结构中的各个变量之间是存在某些关联的，如时间数据中的时、分、秒，日期数据中的年、月、日等。由于结构将一组相关的数据变量作为一个整体来进行处理，因此，在程序中使用结构将有利于对一些复杂而具有内在联系的数据进行有效的管理。

1. 结构的定义

结构的一般定义格式是：

    struct 结构名
        {
            结构成员说明； /*和定义基本数据类型相似*/
        };

例如，一个名为 date 的结构类型可以定义如下：

    struct date
        {
            char month，day；

```
        int year;
    }
```

定义好一个结构类型之后，就可以用它来定义结构变量。定义结构变量的一般格式为：

```
    struct  结构名   结构变量名 1，结构变量名 2，…，结构变量名 n；
```

例如，可以用结构 date 来定义两个结构变量 d1 和 d2：

```
    struct   date    d1，d2；
```

定义过的 d1 和 d2 都具有 struct date 类型的结构，即它们都是由两个字符数据和一个整型数据组成的。

2. 结构类型变量的引用

引用结构类型变量的一般格式是：

```
        结构变量名.结构元素
```

其中，"."是存取结构元素的成员运算符。例如，"d1.year"表示结构变量 d1 中的元素 year，"d2.day"表示结构变量 d2 中的元素 day 等。

对结构变量中各个元素可以像普通变量一样进行赋值、存取和运算。例如：

```
    d1.year=2008；

    sum=d1.day+d2.day；

    d1.month ++；
```

其中，成员运算符"."的优先级别最高，因此"d1.month++"是对 d1.month 进行自加运算，而不是先对 month 进行自加运算。

对于结构变量和结构元素，可以在程序中直接引用它们的地址。例如，若需要输入 d1.year 的值，可以写成：

```
    scanf ("%d"，&d1.year)；
```

又例如，需要输出结构变量 d2 的首地址，可以写成：

```
    printf("%c"，&d2)；
```

结构变量的地址通常可作为函数参数，用来传递结构的地址。

C51 还提供了其他形式的数据结构，但在单片机系统中使用较少，如果需要请参考其他资料。

6.7 预 处 理

在 C51 程序中，通过一些预处理命令可以在很大程度上提供许多功能和符号等方面的扩充，增强其灵活性和方便性。预处理命令可以在编写程序时加在需要的地方，但它只在程序编译时起作用，并且通常是按行进行处理的。预处理命令类似于汇编语言中的伪指令。编译器在对整个程序进行编译之前，先对程序中的编译控制行进行预处理，然后再将预处理的结果与整个源程序一起进行编译，以产生目标代码。C51 编译器的预处理支持所有满足 ANSI 标准 X3J11 细则的预处理命令。常用的预处理命令有文件包含、宏定义和条件编译命令。为了与一般 C 语言相区别，预处理命令由符号"#"开头。

6.7.1　文件包含指令

文件包含指令通常放在 C51 程序的开头，被包含的文件通常是库文件、宏定义等。其格式为：

```
#include <头文件名.h>        /*可以是标准的库文件*/
#include "头文件名.h"         /*可以是标准的库文件*/
#include "文件名.h"           /*可以是自定义的文件*/
#include "文件名.C"           /*可以是自定义的文件*/
#include  宏标识符
```

采用包含文件的做法有助于更好地调试文件。当需要调试、修改文件时，只要修改某一包含文件就可以了，而不必对所有文件都进行修改。

通常包含文件不带路径。当文件为库文件并被调用的时候，编译器按 DOS 设置的环境变量指定的目录去搜索。当文件为用户自定义的文件时，编译器首先搜索当前目录，其次按 include 指定的目录去搜索。

例如，在程序开头加入标准头文件#include "reg51.h"后，程序不必再定义 51 系列单片机中的寄存器。

又例如，定义宏标识符#define MATH_FILE "C:\keil\inc\math.h"后，就可以这样调用该宏标识符：

```
#include MATH_FILE
```

6.7.2　宏定义

宏定义命令为#define，它的作用就是用一个字符串来进行替换，而这个字符串既可以是常数，也可以是其他任何字符串，甚至还可以是带参数的宏。宏定义的简单形式是符号常量定义，复杂形式是带参数的宏定义。

1. 不带参数的宏定义

不带参数的宏定义又称符号常量定义，一般格式为：

```
#define    标识符    常量表达式
```

其中，"标识符"是所定义的宏符号名(也称宏名)，它的作用是在程序中使用所指定的标识符来代替所指定的常量表达式。

例如：

```
#define   AB    123456
#define   YES   1
#define   NO    0
```

预处理器把被定义的名字在程序中出现的地方都替换成对应的字符串(称为宏展开)。

#define 中的名字与 C 语言中的标识符有相同的形式，但为了区别，往往用大写字母来表示(源程序用小写字母)。宏定义命令#define 要求在一行内写完，若一行之内写不下时，需用"\"表示下一行继续。

引号括起的字符串不发生替换，例如，AB 是被定义的名字，则语句"printf("AB")；"中的 AB 不进行替换。在程序中可用#undef 语句限制宏定义的范围。

例如：

```
#include < stdio.h >
#define    PI    3.141592
#define    R    3.0
#define    L    2*PI*R
#define    S    PI*R*R
main () {
         printf ("L=%f；S=%f\n"，L，S)；/*在该语句中直接用了宏定义 L，S*/
}
```

程序执行结果：

L=18.849560；S=28.274330

2. 带参数的宏定义

若在程序中恰当地使用符号常数，则有助于提高程序的可移植性，特别是在程序中不得不使用与特定计算机有关的常数值以及依赖于某特定环境的常量时。例如，内存的地址、字长、数组的长度等。宏定义也可定义带参数的宏。带参数宏定义的一般格式为：

#define   宏符号名(参数表)   表达式

其中，"参数表"为形式参数，将来要被实参数代替。例如：

#define max(A，B)   ((A)>(B)?(A):(B))

定义了一个带参数的宏 max(A，B)，以后在程序中就可以用这个宏而不用函数 max()。语句"x=max(p+q，r+s)；"经过宏展开成为"x=((p+q)>(r+s)?(p+q):(r+s))；"。这就提供了一个"求最大值"的宏函数，它不是函数调用，而是展开成机内代码。

带参数的宏定义可以引用已定义过的宏定义，即形成宏定义的嵌套(最多不超过 8 级)。

6.7.3 条件编译

一般情况下，对 C 语言程序进行编译时，所有的程序行都参加编译，但有时候希望对其中一部分内容只在满足一定条件时才进行编译，这就是所谓的条件编译。

条件编译所用的命令有#if、#elif、#else、#endif、#ifdef、#ifndef 和#undef。这些命令有以下几种格式：

(1) 条件编译命令格式一：

```
# ifdef    标识符
    程序段    1
#else
    程序段    2
#endif
```

这里的程序段既可以是 C 语言的语句组，也可以是命令行。这种条件编译对于提高 C 语言源程序的通用性很有好处。

例如，对于工作于 6 MHz 和 12 MHz 时钟频率下的 8051 和 8052 单片机，可以采用如下的条件编译使程序具有通用性：

```
#define   CPU   8051
#ifdef    CPU
#define   FREQ   6
#else
#define   FREQ   12
#endif
```

(2) 条件编译命令格式二：

```
# ifndef   标识符
    程序段   1
#else
    程序段   2
#endif
```

该命令格式与第一种命令格式只在第一行上不同，它的作用与第一种命令正好相反。

例如：

```
#define   CPU   8052
#ifndef    CPU
#define   FREQ   12
#else
#define   FREQ   6
#endif
```

这段宏定义的效果与第一段是一样的。

(3) 条件编译命令格式三：

```
#if 常量表达式 1
    程序段   1
# elif 常量表达式 2
        程序段   2
        ⋮
# elif 常量表达式 n-1
        程序段   n-1
#else
    程序段   n
#endif
```

上述结构的含义是：若#if 指令后的常量表达式为真，则编译#if 到#elif 之间的程序段；否则再判断其他常量表达式，直到最后选择一段满足条件的编译。

例如：

```
#include <stdio.h>
```

```
#define MAX 200
main()
{
    #if MAX>900
    printf("compiled for bigger\n");
    #else
    printf("compiled for small\n");
    #endif
}
```

(4) #undef 指令。#undef 指令用来删除事先定义的宏定义，其一般形式为：

　　#undef 宏替换名

例如：

```
#define TRUE 1
    ⋮
#undef TRUE
```

#undef 主要用来使宏替换名只限定在需要使用它们的程序段中。

6.7.4 其他预处理命令

除了上面介绍的宏定义、文件包含和条件编译预处理命令外，C51 还支持#error、#pragma 和#line 预处理命令。若需要了解请参考其他资料。

6.8 AVR 单片机的 C 程序设计基础

AVR 单片机的 C 程序设计与标准的 C 或 C++程序设计基本一致，常用的是 ICC AVR C 等编译器。ICC AVR 用符合 ANSI 标准的 C 语句来开发单片机程序，并有以下特点：

(1) ICC AVR 是一个运行于 Windows 环境下的集成多功能编译器。

(2) ICC AVR 采用工程组织形式。程序的所有源文件全部以工程要素保存，源程序的编辑、编译、HEX 格式的烧录文件及 COFF 格式的仿真文件等均在该集成环境下进行。

(3) 兼容 IEEE 的浮点算法。

(4) 编译器支持的数据类型基本同图 6-1 和表 6-3。

AVR 单片机 C 程序的基本语句、函数、指针等写法，基本同 C51 和标准的 C 格式。对单片机内部资源(如寄存器、I/O 口)的定义，只要在源程序的开头用#include 将相关器件的"头文件"包含进去，就可在源程序中直接引用相关"寄存器等资源"的名字。如 ATmega128.h 的头文件就是 ATmega128 单片机内部寄存器名和位名定义的头部文件。

更多 AVR 单片机的 C 程序设计规则可参考其他资料。

6.9 MSP430 的 C 程序设计基础

MSP430 系列单片机的开发工具比较多,常用的是 IAR Embedded Workbench 3.1 软件平台。它支持 C/C++和汇编语言编程。

6.9.1 IAR C430 语言基础

1. IAR C430 的主要特点

(1) 符合 ANSI 标准,并扩展了 MSP430 的特殊功能。

(2) 可用于嵌入式系统的标准库函数。

(3) 兼容 IEEE 的浮点算法。

(4) 支持 C 程序与汇编子程序连接。

(5) 支持长识别符(多达 255 个有效字符)。

(6) 可识别 32 000 个外部符号。

(7) IAR C430 编译器支持的关键字基本同表 6-1。

(8) IAR C430 编译器支持的数据类型基本同表 6-3。

2. IAR C430 的数据类型与标准 C 的区别

IAR C430 在外围模块变量、指针变量和浮点类型方面与标准 C 有差别。

(1) 外围模块变量。外围模块变量(sfrb 和 sfrw)也称为特殊功能寄存器变量,位于内部 RAM 单元。sfrb 的定义范围为 0x00~0xFF,sfrw 的定义范围为 0x100~0x1FF。外围模块变量使符号名与此范围的字节或字相联系。在该地址处寄存器可以符号化寻址,但没有分配存储空间。

例如,P1 中的中断触发沿选择寄存器的地址为 24H,P1 的方向选择寄存器的地址为 22H,ADC12 的控制寄存器的地址为 01A2H。可以使用如下外围模块变量定义:

```
sfrb    P1IES=0x24;           /*定义 P1 的中断触发沿字节名字*/
sfrb    P1DIR=0x22;           /*定义 P1 的方向字节名字*/
sfrw    ADC12CTL=0x01A2;      /*定义 ADC12 的控制寄存器名字*/
```

一旦定义,就可用符号访问这些寄存器。例如:

```
P1DIR = 0x01;                 /*定义 P1.0 为输出*/
```

(2) 指针变量。IAR C430 的指针变量包括代码指针和数据指针,它们都可以指向 0000H~0FFFFH 范围的存储空间。

不允许将数据指针转换成函数指针,不允许将函数指针强制转换为整型值。

(3) 位域。在 ISO/ANSI C 标准中,只有 int 型或 unsigned int 型可以作为位运算的运算量;而在 MSP430 IAR C/C++编译器中,所有整型类型都可以进行位运算(前提是编译器的语言扩展功能为允许状态,这也是编译器的默认设置),且表达式中的位域具有与基本类型相同的数据类型(signed、unsigned char、short、int 或者 long)。具有基本类型 char、short 和 long 的位域是对 ANSI C 整数位域的扩充。

(4) 浮点。在标准 IEEE 格式中，浮点数为 32 位或 64 位。MSP430 IAR C/C++编译器也符合这个规则，其浮点类型如表 6-13 所示。

表 6-13　浮 点 类 型

类型	位 数	范　　　围	阶码	尾数
float	32	±1.18E-38～±3.39E+38	8 位	23 位
double	32	±1.18E-38～±3.39E+38	8 位	23 位
double	64	±2.23E-308～±1.79E+308	11 位	52 位

32 位浮点数的存储格式如表 6-14 所示。

表 6-14　32 位浮点数格式

第 31 位	第 30 位	…	第 23 位	第 22 位	…	第 0 位
S(符号)	阶码 EXPONENT(指数)			MANTISSA(尾数)		

数的值为：

$$(-1)^S \times 2^{(EXPONENT-127)} \times 1.(MANTISSA)$$

零由 4 个字节的零表示。

64 位浮点数的存储格式如表 6-15 所示。

表 6-15　64 位浮点数格式

第 63 位	第 62 位	…	第 52 位	第 51 位	…	第 0 位
S(符号)	阶码 EXPONENT(指数)			MANTISSA(尾数)		

数的值为：

$$(-1)^S \times 2^{(EXPONENT-1023)} \times 1.(MANTISSA)$$

浮点运算符(+、−、×、/)的精度近似为 7 位十进制数。对于 IAR C430 来说，数据类型 float、double 和 long double 没什么区别。

(5) 枚举类型。用 enum 关键字，可以使用声明了的 char、short、int 或 long 类型。

3. IAR C430 的基本语句

IAR C430 的基本语句与 C51 的基本语句完全相同(参考本章 6.4 节内容)。

6.9.2　IAR C430 的函数

IAR C430 的函数同标准 C，有编译系统提供的标准函数和用户自己定义的函数两类。标准库函数可直接调用，而用户自定义函数须定义后才能使用。

1. 一般函数形式

IAR C430 函数的一般形式为：

```
函数类型　函数名(形式参数)
形式参数说明
{
    局部变量定义
    函数体语句
    return(表达式)
```

```
        }
    return (表达式)
```

2. 外部中断函数形式

IAR C430 外部中断函数的定义格式为：

```
#pragma vector=中断矢量变量
_interrupt void  函数名(void)
    {
            局部变量定义
            函数体语句
    }
```

其中，interrupt 说明了该函数是中断服务函数。"中断矢量变量"说明了该中断服务函数对应中断向量表中的中断地址。

中断函数名可以任意选取，但中断向量必须对应于中断源。在 MSP430 系列单片机的头文件中定义了各个中断向量，例如 MSP430x44x.h 文件的 16 个中断向量定义如下：

```
#define BASICTIMER_VECTOR       (0 *2u)     /*0xFFE0 Basic Time*/
#define PORT2_VECTOR            (1 *2u)     /*0xFFE2 Port2*/
#define USART1TX_VECTOR         (2 *2u)     /*0xFFE4 USART 1 Transmit*/
#define USART1RX_VECTOR         (3 *2u)     /*0xFFE6 USART 1 Receive*/
#define PORT1_VECTOR            (4 *2u)     /*0xFFE8 Port 1*/
#define TIMERA1_VECTOR          (5 *2u)     /*0xFFEA Timer A CC1-2，TA*/
#define TIMERA0_VECTOR          (6 *2u)     /*0xFFEC Timer A CC0*/
#define ADC_VECTOR              (7 *2u)     /*0xFFEE ADC*/
#define USART0TX_VECTOR         (8 *2u)     /*0xFFF0 USART 0 Transmit*/
#define USART0RX_VECTOR         (9 *2u)     /*0xFFF2 USART 0 Receive*/
#define WDT_VECTOR              (10 *2u)    /*0xFFF4 Watchdog Timer*/
#define COMPARATORA_VECTOR      (11 *2u)    /*0xFFF6 Cpmparator A*/
#define TIMERB1_VECTOR          (12 *2u)    /*0xFFF8 Timer B CC1-6,TB*/
#define TIMERB0_VECTOR          (13 *2u)    /*0xFFFA Timer B CC0*/
#define NMI_VECTOR              (14 *2u)    /*0xFFFC Nom-maskable*/
#define RESET_VECTOR            (15 *2u)    /*0xFFFE Reset[Highest Priority]*/
```

如果需要定义看门狗定时时间到达之后，进入中断实现 P1.0 翻转，其中断函数可以编写如下：

```
#pragma vector=WDT_VECTOR                    /*中断向量为 0xFFF4*/
_interrupt void watch_dog(void)
{
    P1OUT ^=0x01；                          /*P1.0 取反*/
}
```

这是个简单的看门狗定时中断函数，当看门狗定时器时间到达之后，就会执行

watch_dog()函数，并将 P1.0 取反。但如果主函数无相关开中断等语句，则中断函数毫无意义。所以，上述中断函数对应的主函数为：

```
#include "msp430x44x.h"              /*包含头文件*/
void main(void)
{
  WDTCTL=WDT_MDLY_32;               /*设置看门狗定时时间大约为 30 ms*/
  IE1 |=WDTIE;                      /*使能 WDT 中断*/
  P1DIR |=0x01;                     /*置 P1.0 为输出*/
  _EINT();                          /*打开系统中断*/
  while(1)
    {
      _BIS_SR(CPUOFF);              /*进入睡眠 LPM0*/
      _NOP();
    }
}
```

由上例可以看出，主函数负责为中断函数设置参数，包括看门狗的定时时间、允许看门狗中断、系统中断和定义 P1.0 输出等，然后进入睡眠状态。当看门狗定时时间到了之后，就会触发中断函数的执行。

3. IAR C430 标准函数库函数

IAR C430 的编译环境提供了大量的标准库函数。程序开始部分声明要使用的库函数所在的头文件，之后在程序中通过直接调用就可以使用这些标准库函数。

头文件的声明使用 #include "*.h"即可。IAR C430 有以下几类标准库函数：

ctype.h	字符处理类
math.h	数学类
setjmp.h	非局部跳转类
stdio.h	输入和输出类函数
stdlib.h	通用子程序类
string.h	字符串处理类
...	

第 7 章　单片机的实践指导

通过前 6 章的学习读者已经对单片机的结构、原理、编程、功能和用途有了较深刻的了解和认识。那么，怎样能够按照自己的思路设计一个"个性化"的应用系统，如何有一个新的再提高呢？这就需要进一步加强动手实践。

本章以设计实践为主，以 XD2008 单片机学习电路板为背景，通过典型示例加深读者对单片机知识点的理解和运用。在内容安排上按照由浅入深、由易到难的原则，从最简单的 LED 流水灯、蜂鸣器、按键操作、I/O 接口到较为复杂的综合电路设计，即从"理论到实践"、从"入门练习到综合实践"、从能产生兴趣的"声光实践到大型点阵显示产品的设计"等多个方面使读者在学习理论知识的同时，对单片机产生浓厚的学习兴趣和热情。

本章提供的部分实例可直接应用于新产品的设计与开发。读者可借鉴所介绍的实例和某些电路设计方法，方便地解决编写程序的困难，减少不必要的重复性工作。

7.1　基本实践指导

7.1.1　流水灯功能的实现与编程实验

1. 实验电路描述

通过这个例子使读者学习和体会单片机的复位入口和最基本 I/O 口的操作功能。将 8 个 LED 灯接到 P0 口，从原理可知 P0 口用于 I/O 口时，原则上要接上拉电阻，但若将其接成灌电流方式就不需要上拉，且灌电流还较大。如果把 LED 换成三极管，就可直接用来驱动继电器等电路。图 7-1(a)是基本的流水灯电路，图 7-1(b)是驱动继电器电路，图 7-1(c)是驱动光电耦合器的应用电路。

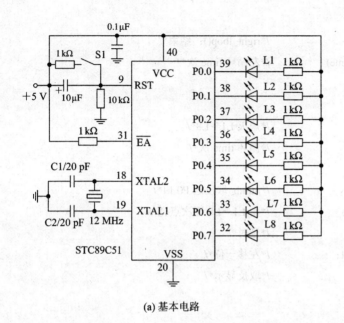

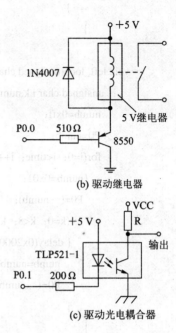

图 7-1 单片机 I/O 实验电路

2. 编程实践

实现将 LED 灯从 L1 逐次亮到 L8 的子程序(函数)和从 L8 亮到 L1 的子程序(函数)。灯与灯之间应加一定的延时。用 C51 编写源程序如下：

```
#include <reg51.h>              /*包含单片机的头文件*/
void delay(unsigned int x)      /*延时函数*/
    { unsigned int i;
      for(i=0；i<x；i++);
    }
void right_loop(unsigned char time)   /*右循环 time 次*/
    { unsigned char i,k,numb；
      numb=0xff；
      P0=numb；                 /*熄灭 L1~L8*/
      for(i=0；i<time；i++)      /*循环 time 次)
        {numb=0x80；
      P0=(～numb)；             /*numb 取反送 P0 口*/
      for(k=0；k<8；k++)         /*由 L8→L1 逐次点亮*/
        { delay(0x2000)；        /*延时*/
          numb=numb>>1；        /*右移一位*/
          P0=(～numb)；          /*取反显示*/
```

```
                }

            }

        }                                        /*right_loop()；结束*/
    void left_loop(unsigned char time)           /*左循环 time 次*/
    { unsigned char i,k,numb;

        numb=0xff;

        P0=numb;                                  /*熄灭 L1~L8*/

        for(i=0；i<time；i++)                     /*循环 time 次*/
        {numb=0x01;

            P0=(~numb);                           /*numb 取反送 P0 口*/

            for(k=0；k<8；k++)                     /*由 L1→L8 逐次点亮*/

            { delay(0x2000);                       /*延时*/

                numb=numb<<1;                      /*左移一位*/

                P0=(~numb);                        /*取反显示*/

            }

        }

    }

    void main(void)                               /*主函数部分*/

    {

        while(1)                                   /*循环 n 次*/

        { right_loop(10);                          /*右循环 10 个循环*/

            left_loop(10);                          /*左循环 10 个循环*/

        }

    }
```

用 C51 所编写的流水灯是一个死循环，灯的点亮先是从 L8 到 L1 循环 10 次，再由 L1 到 L8 循环 10 次，之后再重复以上过程。读者可以把程序改一改，变成别的显示形式来观看效果。另外还可编写控制继电器与光电耦合器的程序。

每按一次 S1 复位开关，就相当于给电路上一次电。实际上，每按一次 S1 键，都使程序从 0000H 寻找它的入口地址。

7.1.2 按键与数码管静态显示实验

1. 实验电路描述

按键与数码管显示功能是单片机系统中最常用的信息输入和输出部件，同时也是人机对话中不可缺少的输入和输出设备。在和单片机构成应用系统的时候，按键通常有两种接法：一种叫做独立式按键；另外一种叫做行列式或者扫描式按键。在该例中通过独立式按键 S2、S3 来练习按键的用法；通过两位共阴极数码管练习 0~99 数字的显示方法。需特别注意如何查表和进行总线操作。其应用电路如图 7-2 所示。

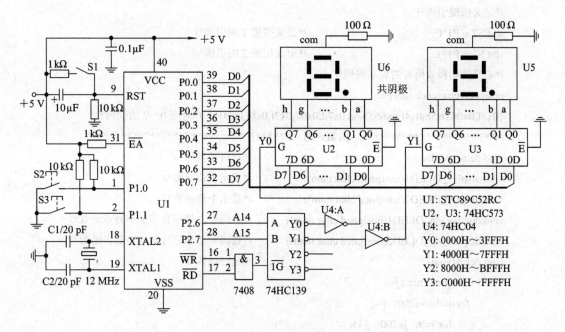

图 7-2　按键与显示实验电路

2. 编程实践

由图 7-2 可知，这种编程可通过总线的方法实现。为了编程获取硬件 U2 和 U3 的物理地址，可用两种方法定义：

(1) 用 XBYTE 定义：

```
#include <absacc.h>                    /*包含 XBYTE 的定义*/
#define LEDU2 XBYTE[0x3fff]           /*定义数码管 U2 的总线地址*/
#define LEDU3 XBYTE[0x7fff]           /*定义数码管 U3 的总线地址*/
LEDU2= 0x6f;                          /*给 LEDU2 赋 "9" 的代码 0x6f*/
LEDU3= 0x7f;                          /*给 LEDU3 赋 "8" 的代码 0x7f*/
```

(2) 用指针方法定义：

```
unsigned char xdata   *numbU2,*numbU3 ;   /*定义了两个指向外部地址的指针变量*/
numbU2=0x3fff;                        /*给指针变量 numbU2 赋地址*/
numbU2=0x7fff;                        /*给指针变量 numbU3 赋地址*/
*numbU2 = 0x6f;                       /*给 "*numbU2" 赋 "9" 的代码 0x6f*/
*numbU3 = 0x7f;                       /*给 "*numbU3" 赋 "8" 的代码 0x7f*/
```

要实现当 S1 有效时 U5 显示 "9"，当 S2 有效时 U6 显示 "8" 的功能，用 C51 编写源程序如下(用第(1)种方法)：

```
#include <reg51.h>                    /*51 头文件*/
#include <absacc.h>                   /*包含 XBYTE 的定义*/
#define   LEDU2 XBYTE[0x3fff]         /*定义数码管 U2 的总线地址*/
#define   LEDU3 XBYTE[0x7fff]         /*定义数码管 U3 的总线地址*/
```

```
/*定义按键引脚*/
sbit S2 = P1^0;                              /*定义按键 1 的引脚*/
sbit S3 = P1^1;                              /*定义按键 2 的引脚*/
/*定义共阴极数码管的显示编码*/
unsigned char code tab[] =
{0x3f,0x06,0x5b,0x4f,0x66,0x6d,0x7d,0x07,0x7f,0x6f,0x00};  /*对应 0~9 的代码*/
/********************** 函数声明 **********************/
void delay(void);                            /*延时函数*/
void display_DLED1(unsigned char num);       /*显示十位函数*/
void display_DLED2(unsigned char num);       /*显示个位函数*/
void display_dp_DLED1(unsigned char num);    /*数码管 1 显示数字加小数点函数*/
void display_dp_DLED2(unsigned char num);    /*数码管 2 显示数字加小数点函数*/
void delay(void)                             /*延时函数*/
    { unsigned char i,j;
        for(i=0; i<200; i--)
            for(j=0; j<200; j--);
    }
void display_DLED1(unsigned char num)        /*数码管 1 显示函数(十位)*/
    {
        LEDU2 = tab[num];                    /*查表赋代码*/
    }
void display_DLED2(unsigned char num)        /*数码管 2 显示函数(个位)*/
    {
        DLEDU3 = tab[num];                   /*查表赋代码*/
    }
/*数码管 1 显示数字加小数点函数*/
void display_dp_DLED1(unsigned char num)
    {
        LEDU2 = tab[num]|0x80;               /*用“或”的方法增加小数点*/
    }
    /*数码管 2 显示数字加小数点函数*/
void display_dp_DLED2(unsigned char num)
    {
        DLED2 = tab[num]|0x80;               /*用“或”的方法增加小数点*/
    }
void main(void)                              /*测试主函数*/
    {
        display_DLED1(10);                   /*清除数码管十位的内容*/
        display_DLED2(10);                   /*清除数码管个位的内容*/
```

```
        while(1)
        {
            if(S2==0)                                      /*按下按键 1 的功能*/
            { delay();                                     /*去除按键抖动*/
              display_DLED1(9);                            /*数码管 1 显示"9"*/
            }
            if(S3==0)                                      /*按下按键 2 的功能*/
            { delay();                                     /*去除按键抖动*/
              display_DLED2(8);                            /*数码管 2 显示"8"*/
            }
        }
    }
```

本程序有一个优点就是数码管显示清晰，这是因为 74HC573 具有锁存功能。这种显示的方式可以提高单片机的效率。如果在定时器中不断地执行显示函数，也可实现动态刷新。请读者用指针的方法实现上述程序并思考如何用定时的方法编写显示程序。

源程序经过编译，并固化到 STC89C52RC 中，加电(上电)后，会看到 U5 和 U6 显示"乱码"(不确定的值)，当按下 S2 时，U5 马上显示出"9"，当按下 S3 时，U6 马上显示"8"。当按下 S1 复位键时，两个数码管仍然显示"8"与"9"，而不显示"乱码"了。请读者思考这是为什么。若开一次机，则又有"乱码"出现。读者可适当修改程序，使开机显示"00"。

7.1.3　数码管动态显示实验

在智能仪器仪表设计中，为了简化硬件电路，通常将所有数码管(字)的段码线对应并联在一起，由 1 个 8 位器件驱动，形成段码线的多路复用，而各位的共阴极或共阳极的公共端分别由三极管控制，形成各位的分时选通。这样就形成了动态数码管显示电路。

1. 硬件电路描述

动态数码管显示电路如图 7-3 所示。图中共有 8 个共阴极数码管，段信号(a～h)通过 74LS273 和 2 kΩ 上拉电阻驱动。字信号(COM7～COM0)由 PNP 型三极管 8550 和译码器 74HC138 分时控制。

单片机 STC89C52 的 P0 口接 74LS273 的输入(D7～D0)，作为段码的信号。如果显示亮度不够，可在 74LS273 的输出端增加器件 7407 进一步驱动。译码器的输入信号由单片机的引脚 P2.2～P2.5 控制。这种设计在软件编程时，既可以用总线方法也可以用 I/O 方法。但为了提高单片机的执行效率，通过定时器自动刷新是常用的方法之一。

2. 软件编程

在编写动态显示程序时，可在单片机内部 SRAM 中设定 8 个单元为数据显示区，定时向显示电路刷新数据。为了保证显示效果，每个数码管的点亮时间至少需 1 ms，循环显示完 8 个数据一般不要大于 15 ms。用 C 语言实现的程序如下：

```
#include <reg52.h>                                        /*包含 52 资源定义头文件*/
sbit LEDCP=P2^1;                                          /*定义 74LS273 的数据口使能*/
```

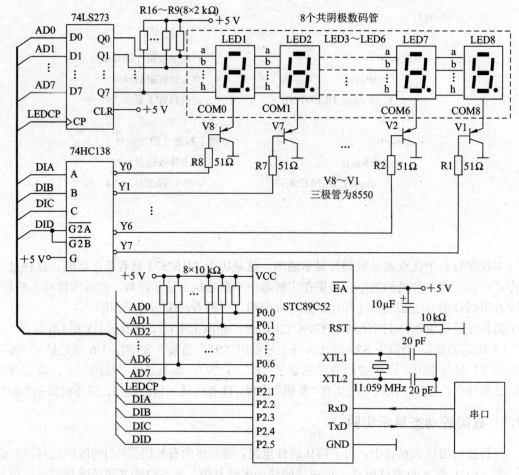

图 7-3　动态显示实验电路

```
sbit DIA=P2^2;                          /*定义 74HC138 译码器的 A*/
sbit DIB=P2^3;                          /*定义 74HC138 译码器的 B*/
sbit DIC=P2^4;                          /*定义 74HC138 译码器的 C*/
sbit DID=P2^5;                          /*定义 74HC138 译码器的片选 G2A*/
    /*定义共阴极数码管 1～8 的显示代码和不显示代码*/
unsigned char code daim[]=
        {0x3f,0x06,0x5b,0x4f,0x66,0x6d,0x7d,0x07,0x7f,0x6f,0x00};
unsigned char H_time0,L_time0;          /*定时器 T0 的定时初值*/
void Display_n(unsigned char DLY);      /*显示函数*/
void Display_y(unsigned char DLY);      /*显示函数*/
unsigned char idata LEDN[0x8];          /*定义显示数据区*/
void delay_s(unsigned char n)           /*短延时*/
    { unsigned char i;
    for(i=0; i<n; i++);
    }
```

```c
void delay_l(unsigned int n)                          /*长延时*/
    { unsigned int i;
     for(i=0; i<n; i++);
    }
void chshi_LED(void)                                  /*初始化*/
    { char  i;
            DIA=0; DIB=0; DIC=0; DID=1;
      LEDCP=0;
      for(i=0; i<8; i++) LEDN[i]=0;
    }
/*用定时器 T0 作为定时刷新数据*/
void Time_display(void) interrupt 1
    { TH0=H_time0;                                    /*晶振 11.0592 MHz，定时 15 ms 刷新*/
      TL0=L_time0;
      //Display_n(0x30);                              /*调用显示函数*/
      Display_y(0x30);
    }
void out_t0(void)                                     /*定时器 T0 初始化*/
    { float x;
      unsigned int idata y,z;
      TMOD=(TMOD&0x0F0)|0X01;                         /*T0 工作在定时 16 位方式下*/
      x=12/11.0592;                                   /*计算 1 个机器周期的时间*/
      y=15000/x;                                      /*计算定时 15 ms 的定时值*/
      z=65536-y;
      H_time0=z/256;                                  /*初值的高 8 位*/
      L_time0=z%256;                                  /*初值的低 8 位*/
      TH0=H_time0;
      TL0=L_time0;
      TR0=1;
    }
/*将数码管 1～8 全部显示，DLY 是延时时间*/
void Display_n(unsigned char DLY)
    { unsigned char i;
      DID=1; LEDCP=0; i=LEDN[0];                      /*第 1 位数据*/
      P0=daim[i];   LEDCP=1;
      DIA=0; DIB=0; DIC=0; DID=0;                     /*显示第 1 位*/
      LEDCP=0; delay_s(DLY);                          /*延时*/
      i=LEDN[1];   DID=1;                             /*第 2 位数据*/
      P0=daim[i];   LEDCP=1;
```

· 343 ·

```c
        DIA=1; DIB=0; DIC=0; DID=0;          /*显示第 2 位*/
        LEDCP=0; delay_s(DLY);               /*延时*/
        i=LEDN[2];  DID=1;                   /*第 3 位数据*/
        P0=daim[i]; LEDCP=1;
        DIA=0; DIB=1; DIC=0; DID=0;          /*显示第 3 位*/
        LEDCP=0; delay_s(DLY);               /*延时*/
        i=LEDN[3];  DID=1;                   /*第 4 位数据*/
        P0=daim[i]; LEDCP=1;
        DIA=1; DIB=1; DIC=0; DID=0;          /*显示第 4 位*/
        LEDCP=0; delay_s(DLY);               /*延时*/
        i=LEDN[4];  DID=1;                   /*第 5 位数据*/
        P0=daim[i]; LEDCP=1;
        DIA=0; DIB=0; DIC=1; DID=0;          /*显示第 5 位*/
        LEDCP=0; delay_s(DLY);               /*延时*/
        i=LEDN[5];  DID=1;                   /*第 6 位数据*/
        P0=daim[i]; LEDCP=1;
        DIA=1; DIB=0; DIC=1; DID=0;          /*显示第 6 位*/
        LEDCP=0; delay_s(DLY);               /*延时*/
        i=LEDN[6];  DID=1;                   /*第 7 位数据*/
        P0=daim[i]; LEDCP=1;
        DIA=0; DIB=1; DIC=1; DID=0;          /*显示第 7 位*/
        LEDCP=0; delay_s(DLY);               /*延时*/
        i=LEDN[7];  DID=1;                   /*第 8 位数据*/
        P0=daim[i]; LEDCP=1;
        DIA=1; DIB=1; DIC=1; DID=0;          /*显示第 8 位*/
        LEDCP=0; delay_s(DLY+0x5);           /*延时*/
        DID=1;                               /*关断显示*/
          }
void Display_y(unsigned char DLY)            /*只显示有效数据*/
    { unsigned char i;
        if(LEDN[0]!=0) i=LEDN[0];
        else i=10;                           /*不显示*/
        DID=1; LEDCP=0;
        P0=daim[i]; LEDCP=1;                 /*第 1 位数据*/
        DIA=0; DIB=0; DIC=0; DID=0;          /*显示第 1 位*/
        LEDCP=0; delay_s(DLY);               /*延时*/

        if((LEDN[0]||LEDN[1])!=0) i=LEDN[1];
        else i=10;                           /*不显示*/
```

```
LEDCP=0；DID=1；                              /*第 2 位数据*/
P0=daim[i]；LEDCP=1；
DIA=1；DIB=0；DIC=0；DID=0；                   /*显示第 2 位*/
LEDCP=0；delay_s(DLY)；                       /*延时*/

if((LEDN[0]||LEDN[1]||LEDN[2])!=0) i=LEDN[2]；
else i=10；                                  /*不显示*/
LEDCP=0；  DID=1；                            /*第 3 位数据*/
P0=daim[i]；LEDCP=1；
DIA=0；DIB=1；DIC=0；DID=0；                   /*显示第 3 位*/
LEDCP=0；delay_s(DLY)；                       /*延时*/

if((LEDN[0]||LEDN[1]||LEDN[2]||LEDN[3])!=0) i=LEDN[3]；
else i=10；                                  /*不显示*/
LEDCP=0；  DID=1；                            /*第 4 位数据*/
P0=daim[i]；LEDCP=1；
DIA=1；DIB=1；DIC=0；DID=0；                   /*显示第 4 位*/
LEDCP=0；delay_s(DLY)；                       /*延时*/

if((LEDN[0]||LEDN[1]||LEDN[2]||LEDN[3]||LEDN[4])!=0) i=LEDN[4]；
else i=10；                                  /*不显示*/
LEDCP=0；  DID=1；                            /*第 5 位数据*/
P0=daim[i]；LEDCP=1；
DIA=0；DIB=0；DIC=1；DID=0；                   /*显示第 5 位*/
LEDCP=0；delay_s(DLY)；                       /*延时*/

if((LEDN[0]||LEDN[1]||LEDN[2]||LEDN[3]||LEDN[4]||LEDN[5])!=0) i=LEDN[5]；
else i=10；                                  /*不显示*/
LEDCP=0；  DID=1；                            /*第 6 位数据*/
P0=daim[i]；LEDCP=1；
DIA=1；DIB=0；DIC=1；DID=0；                   /*显示第 6 位*/
LEDCP=0；delay_s(DLY)；                       /*延时*/

if ((LEDN[0]||LEDN[1]||LEDN[2]||LEDN[3]
        ||LEDN[4]||LEDN[5]||LEDN[6])!=0) i=LEDN[6]；
else i=10；                                  /*不显示*/
LEDCP=0；  DID=1；                            /*第 7 位数据*/
P0=daim[i]；LEDCP=1；
DIA=0；DIB=1；DIC=1；DID=0；                   /*显示第 7 位*/
```

```
        LEDCP=0; delay_s(DLY);                    /*延时*/

        i=LEDN[7]; LEDCP=0; DID=1;                /*第 8 位数据*/
        P0=daim[i]; LEDCP=1;
        DIA=1; DIB=1; DIC=1; DID=0;               /*显示第 8 位*/
        LEDCP=0; delay_s(DLY+0x5);                /*延时*/
        DID=1;                                    /*关断显示*/
    }
    void main(void)                               /*测试主函数*/
        { unsigned long x;                        /*定义显示变量*/
        out_t0();                                 /*定时器 T0 初始化*/
        chshi_LED();                              /*显示数据区初始化*/
        ET0=1;                                    /*开 T0 中断*/
        EA=1;                                     /*开总中断*/
        x=1234;                                   /*设定要显示的数据初值*/
        while(1)
            {LEDN[7]=x%10;                        /*分离显示数据*/
            LEDN[6]=x%100/10;
            LEDN[5]=x%1000/100;
            LEDN[4]=x%10000/1000;
            LEDN[3]=x%100000/10000;
            LEDN[2]=x%1000000/100000;
            LEDN[1]=x%10000000/1000000;
            LEDN[0]=x/10000000;
            delay_l(0x1000);                      /*长延时*/
            x=x+1;                                /*变化 x 的值*/
        }
    }                                             /*main 结束*/
```

在动态显示程序中，"Display_n(unsigned char DLY)"函数可显示全部数据，而
"Display_y(unsigned char DLY)"函数只显示有效位。函数中的 DLY 是点亮每一个数码管
所用的延时时间。动态定时为 15 ms 一次循环，读者可适当改变定时时间(改变 out_t0()函数
中的 y 值)来观看显示效果。

7.1.4 UART 串行通信接口实验

1. 实验电路描述

串行口通信是 51 系列单片机 CPU 的三大内部资源之一，使用串行口不仅可以实现单
片机与单片机、单片机与 PC 机、单片机与外部设备之间的数据交换，还可通过单片机的串
行口方便地进行 I/O 扩展。图 7-4 是用 STC89C51 单片机实现的最基本的串口实验电路。通

过该电路应完成串口方式 0 的操作。当 P2.0=1 时，可将数据用串口送到 74HC164 中，实现 I/O 的扩展；当 P2.0=0 时，可完成方式 1 或方式 3 的操作(例如，实现单片机与 PC 机或外部设备的通信)。

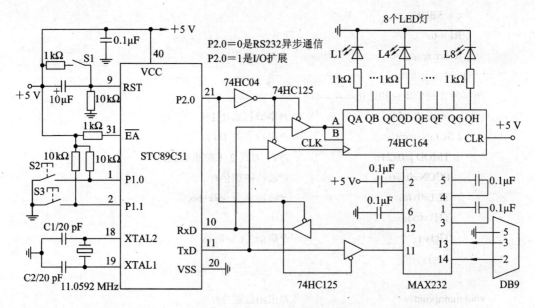

图 7-4　串口通信实验电路

2. 软件编程练习

实现串口方式 0 的 I/O 扩展练习和串口方式 1 或 3 的异步通信。当 S2 有效时进行 I/O 扩展，当 S3 有效时进行异步通信。相应的 C51 程序源代码如下：

```c
#include <reg51.h>
sbit S2=P1^0;                        /*定义 S2 按键*/
sbit S3=P1^1;                        /*定义 S3 按键*/
sbit sk=P2^0;                        /*定义 sk 的开关位置*/
void delay_s(unsigned char n)        /*短延时*/
    { unsigned char i;
      for(i=0; i<n; i++);
    }
/*------用串口发单个字符---------*/
void sendchar(unsigned char ch)
    { while(!TI);
    TI = 0;
    SBUF=ch;
    delay_s(0x04);                   /*延时*/
    TI=1;
    }
/*------用串口读单个字符---------*/
```

```c
unsigned char gethex(void)
    {char c;
    while (!RI);
    c = SBUF;
    RI = 0;
    return (c);                        /*返回数据*/
    }
/*----异步通信串口初始化---------*/
void uart_sbuf(void)                   /*串口初始化 1*/
    { SCON=0x50;                        /*串口方式 1*/
        TMOD |=0x21;                    /*T1 方式 2 (8 位重装式)*/
        PCON=0x80;                      /*波特率加倍*/
        TL1=0xfa;                       /*波特率为 9600 b/s*/
        TH1=0xfa;
        TR1=1;                          /*启动 T1 定时器*/
        TI=1;
    }
void main(void)                        /*主函数部分*/
    { unsigned char i,j;
        bit   sw=1;                     /*定义按键标志*/
        SCON=0x10;                      /*串口方式 0 初始化*/
        j=0x55;                         /*向 74HC164 发送的数据*/
        while(1)
        {
        if (S2==0)
            {sw=1;                       /*串口操作 74HC164 标志*/
            SCON=0x10;                   /*串口方式 0 初始化*/
            }
        if (S3==0)
            {sw=0;                       /*串口异步操作标志*/
            uart_sbuf();                 /*异步通信串口初始化*/
            }
        if (sw==1)
            {sk=1;                       /*是同步通信*/
            SBUF=j;                      /*向 74HC164 发送数据*/
            while(TI==0);                /*查询 TI=1？ */
            TI=0;
            j=~j;                        /*74HC174 的数据取反*/
            delay_s(0xff);               /*延时*/
            }
```

```
                if (sw==0)
                  { sk=0;                           /*是异步通信*/
                    i=gethex();                      /*从串口获取一个数据*/
                    sendchar(i);                     /*再将数据回送到串口*/
                  }
               }
        }                                            /*main 结束*/
```

按下 S2 是与 74HC164 的通信，数据为 0x55 和 0xaa。按下 S3 是异步通信。在异步通信时可借助 PC 机的串口调试工具，将波特率设为 9600 b/s，10 位数据格式。或用两个同样的电路板，使其波特率和程序一致，也能进行通信。在练习时，读者也可测试串口方式 3 和在其他波特率下的通信情况。

7.1.5 A/D 转换器接口与编程实验

1. 实验电路描述

在数据采集中 A/D(模/数)转换器是关键器件。目前，串行 A/D 转换器以引脚少、兼容性好而被广泛使用。TLC549 是性价比较高的逐次比较型 8 位串行 CMOS A/D 转换器，供电范围为+3～+6V，转换时间最长为 17 μs。TLC549 的工作时序如图 7-5(b)所示。芯片本身没有 A/D 转换结束信号，需要软件延时一段时间等待转换结束。转换周期典型值为 36 个时钟周期(最长为 17 μs)，$\overline{CS}$ 低电平有效。在 $\overline{CS}$ 变低后，最高有效位 D7 被自动放置在 DO 总线上，其余 7 位 D6～D0 在前 7 个 I/O CLOCK 的下降沿由时钟同步输出，第 8 个下降沿选择通道地址，DO 输出的数据是上次 A/D 转换的结果。

TLC549 与单片机的连接图如图 7-5(a)所示。REF− 是模拟负参考端，REF＋是模拟正参考端。在本实验中不考虑干扰等问题，直接将 REF−接地，REF＋接+5 V。模拟输入信号 U_x 经过两个 3 kΩ 电阻变换成−5～+5 V 的信号后输入到 A/D 转换器。

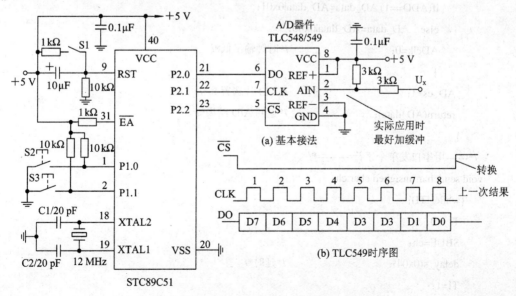

图 7-5   A/D 转换相关电路图

2. 软件编程练习

实现当 S2 按键有效时采集数据，当 S3 按键有效时停止采集。其源程序如下：

```
#include <reg52.h>              /*包含头文件*/
sbit S2=P1^0;                   /*定义 S2 按键*/
sbit S3=P1^1;                   /*定义 S3 按键*/
sbit ADO=P2^0;                  /*定义 A/D 数据线*/
sbit ADclk=P2^1;                /*定义 A/D 时钟线*/
sbit AD_cs=P2^2;                /*定义 A/D 片选信号*/
void delay_s(unsigned char n)   /*短延时*/
    { unsigned char i;
     for(i=0; i<n; i++);
    }
    /*-------- A/D 转换通用函数------------*/
unsigned char AD_conver(void)
    { unsigned char AD_data,i;
        ADO=1;                  /*置 A/D 数据线为输入*/
        AD_cs=1;                /*A/D 片选置高*/
        ADclk=0;                /*时钟输出 0*/
        AD_cs=0;                /*A/D 片选置低*/
        for(i=0; i<8; i++)
          {AD_data=AD_data<<1;
           ADclk=1;             /*时钟输出高*/
           delay_s(0x5);        /*延时*/
           if(ADO==1) AD_data=AD_data|0x01;
           else    AD_data=AD_data|0x00;
           ADclk=0;             /*时钟输出低*/
          }
        AD_cs=1;                /*A/D 片选置高*/
        return(AD_data);        /*返回 A/D 结果*/
    }
    /*------用串口发单个字符---------*/
    void sendchar(unsigned char ch)
       {while(!TI);
        TI = 0;
        SBUF=ch;
        delay_s(0x04);          /*延时*/
        TI=1;
       }
```

· 350 ·

```
/*----异步通信串口初始化---------*/
void uart_sbuf(void)                    /*串口初始化1*/
    { SCON=0x50;                        /*串口方式1*/
      TMOD |=0x21;                      /*T1设置为方式2*/
      PCON=0x80;
      TL1=0xfa;                         /*9.6 kb/s波特率*/
      TH1=0xfa;
      TR1=1;                            /*启动T1定时器*/
      TI=1;
    }
void main(void)                         /*测试主函数*/
    { unsigned char AD_numb;
      bit    sw=1;                      /*定义按键标志*/
      //uart_sbuf();                    /*异步通信串口初始化*/
      while(1)
      {
          if (S2==0) sw=0;              /*按键标志置高，开始采集*/
          if (S3==0) sw=1;              /*按键标志置低，停止采集*/
          if (sw==0)
              {AD_numb=AD_conver();     /*读A/D的结果*/
               delay_s(0x40);           /*延时*/
               //sendchar(AD_numb);     /*将数据发送到串口*/
              }
              if (sw==1) ;
      }
    }                                   /*main()结束*/
```

调试时可通过串口把 AD_conver()函数得到的值显示在电脑上。如本例中可以在 "AD_numb=AD_conver();"语句后加上一句"sendchar(AD_numb);"，就可以在串口调试工具软件中看到值了。当然别忘了初始化串口和设置波特率。

如果没有可调电源，可以采用下面的方法：按照本电路，当 U_x 端接地时在串口调试工具中得到的值应该为 0x80(十进制的 128)，断开时应该是 0xff(十进制的 255)。如果这两个值都对了，程序就没有问题。

7.1.6 D/A 转换器接口与编程实验

1. 实验电路描述

图 7-6(a)是常用的 D/A 转换器接口电路。D/A 器件采用串行 10 位 CMOS 器件 TLC5615，其输出为电压型，5 V 单电源供电，接口为三线制。其建立时间典型值为 12.5 μs；最大输出电压可达基准电压的 2 倍；低功耗，最大仅 1.75 mW。其时序如图 7-6(b)所示。

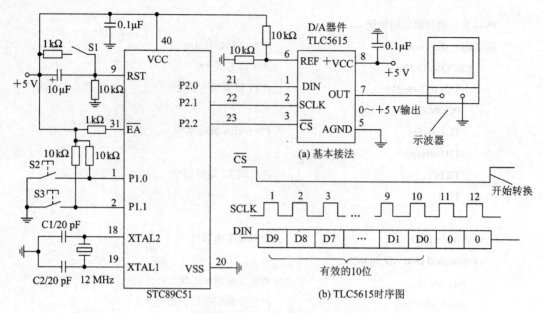

图 7-6　D/A 转换实验电路

由时序可知，当片选 $\overline{CS}$ 为低电平时，输入数据 DIN 由时钟 SCLK 同步输入，且最高有效位在前，低有效位在后。输入时 SCLK 的上升沿把串行输入数据 DIN 移入内部的移位寄存器，片选 $\overline{CS}$ 的上升沿把数据传送至 DAC 寄存器，并开始转换。DIN 输入的 12 位数据中，前 10 位为 TLC5615 输入的有效 D/A 转换数据，且输入时高位在前，低位在后，后两位必须写入数值为零的 LSB 位，因为 TLC5615 的 DAC 输入锁存器为 12 位宽。

通过 D/A 的实验，读者应能熟悉数字到模拟的转换过程，尤其是掌握用 C 语言中的各种数学库函数编程实现输出各种波形图的方法。

2. 软件编程练习

实现上电后产生方波。当 S2 有效时产生正弦波，当 S3 有效时产生三角波。

```
#include <reg51.h>              /*包含 51 资源定义头文件*/
#include <math.h>               /*包含数学库文件*/
sbit S2=P1^0;                   /*定义 S2 按键*/
sbit S3=P1^1;                   /*定义 S3 按键*/
sbit DAIN=P2^0;                 /*定义 D/A 数据线*/
sbit DAclk=P2^1;                /*定义 A/D 时钟线*/
sbit DA_cs=P2^2;                /*定义 A/D 片选信号*/
void delay_s(unsigned char n)   /*短延时*/
    { unsigned char i;
      for(i=0; i<n; i++);
    }
/*-----------D/A 转换通用函数-------------*/
void DA_conver(unsigned int DA_data)
    { unsigned   char i;
```

```
        unsigned   int idata DA;
        DA=DA_data & 0x3fff;                    /*屏蔽高位数据*/
        DA=DA<<2;                               /*将数据左移 2 位(最低 2 位添 00)*/
        DA_cs=1;                                /*D/A 片选置高*/
        DAclk=0;                                /*D/A 时钟置低*/
        DAIN=0;                                 /*D/A 数据线置低*/
        DA_cs=0;                                /*D/A 片选置低，开始启动 D/A*/
        for(i=0；i<16；i++)                     /*用 16 位格式操作*/
            { if((DA & 0x8000)==0x8000) DAIN=1;
              else DAIN=0;
              DAclk=1；delay_s(0x02);           /*送时钟*/
              DAclk=0；delay_s(0x02);           /*送时钟*/
              DA=DA<<1;                         /*数据左移 1 位*/
            }
        DA_cs=1;                                /*D/A 片选拉高，开始转换*/
        delay_s(0x20);                          /*延时*/
        }                                       /*D/A 转换结束*/
/*产生正弦波函数，幅度为 max*/
void zxian_fun(unsigned char max)
        {   float x,y；
            unsigned int DA；
            while(1)
             {
             for (x = 0；  x < (2 * 3.1415)；  x += 0.1)
               { y = sin (x)；                  /*计算正弦值*/
                 DA=max+5+y*max;                /*将双极性变成单极性*/
                 DA_conver(DA);                 /*D/A 变换，产生电压*/
                }
             if(S3==0) break;                   /*S3 有效退出*/
             }
        }                                       /*zxian_fun ()结束*/
              /*产生三角波函数，幅度为 max，步长为 step*/
void sanjiao_fun (unsigned int max,unsigned char step)
        {   unsigned int x；
            while(1)
            {
            for (x=1；  x<max；  x=x+step)       /*三角波的上升部分*/
                DA_conver(x);                   /*D/A 变换，产生电压*/
            for (x=max；  x>1；  x=x-step)       /*三角波的下降部分*/
```

```
                    DA_conver(x);                    /*D/A 变换，产生电压*/
                    if(k1==0) break;                 /*S2 有效退出*/
                    }
                }                                    /*sanjiao_fun ()结束*/
              /*产生方波函数，幅度为 max，占空系数为 numb*/
       void fangb_fun (unsigned int max,unsigned int numb)
              { unsigned int x；
                while(1)
                {
                for (x=0； x<numb； x++)             /*方波的高电平期间*/
                    DA_conver(max);                  /*D/A 变换，产生电压*/
                for (x=0； x<numb； x++)             /*方波的下降部分*/
                    DA_conver(1);                    /*方波的低电平期间*/
                    if((S2==0)||(S3==0)) break；     /*S2 或 S3 有效退出*/
                    }
                }                                    /*sanjiao_fun ()结束*/
       void main(void)                              /*测试主函数*/
           { //unsigned char DA_numb=0;
             char   flg=0x00;                        /*产生方波标志*/
             while(1)
                {
                if (S2==0) flg=0x10;                 /*产生正弦波*/
                if (S3==0) flg=0x20;                 /*产生三角波*/
                if (flg==0x10) zxian_fun(200);       /*调用正弦波函数*/
                   else if (flg==0x20) sanjiao_fun(500,5);  /*调用三角波函数*/
                      else fangb_fun (512,512);      /*产生方波*/
                }
             }                                       /*main 结束*/
```

调试时可先不输出波形，先输出一个特定的值，如 1 V，然后用万用表或者示波器检查是否正确，如果不正确就检查程序是否有问题。

7.1.7　I²C、SPI 接口实验

1. 实验电路描述

目前，对控制系统微型化的要求越来越高，为了达到此要求，首先要设法减少仪器所用芯片的管脚数。因此过去常用于并行总线接口方案的器件，因其管脚数多而不得不舍去，转而采用只需少量引脚的串行总线接口方案。I²C(Inter-Integrated Circuit，内部集成电路)和 SPI(Serial Peripheral Interface，串行外围接口)就是两种常用的串行总线接口。SPI 总线只需三根引线就可与外部设备相连，而 I²C 只需两根引线就可以和外设相连通信。

在图 7-7 所示实验电路中，将典型的 24C0x 系列 E^2PROM 存储器和 FM25C040 铁电存储器分别作为 I^2C 及 SPI 的接口器件。两种串行器件的结构和读/写方式均有差异。SPI 的传输速度比 I^2C 高很多。24C0x 系列存储器每个字节可擦/写 100 万次，数据保存时间大于 40 年，写入时具有自动擦除功能，可一次写入 16 字节。FM25C040 存储器不需要擦除就能快速读/写，数据保存时间大于 100 年。

读者通过此硬件接口和编程实验，能够深入了解 I^2C 和 SPI 的基本用法。

关于 I^2C 和 SPI 的详细说明请参考相关资料。

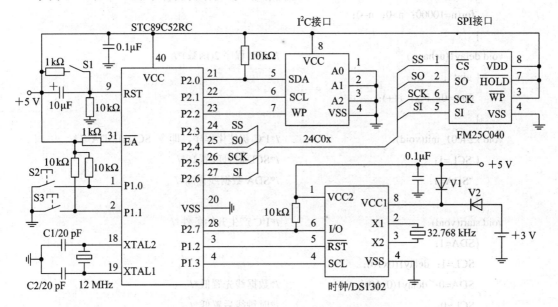

图 7-7　I^2C、SPI 和数字钟接口电路

2. 相关 C 源程序

1) I^2C 相关读/写程序

```
#include <reg51.h>                          /*包含 51 内核资源定义头文件*/
#include <intrins.h>                        /*包含字符串头文件*/
#define uchar unsigned char                 /*定义 uchar 关键字*/
#define uint unsigned int                   /*定义 uint 关键字*/
/*----- 如果读/写函数中发现有掉字符的情况，可加大延时 -------*/
sbit SDA= P2^0;                             /*定义数据线引脚*/
sbit SCL= P2^1；                            /*定义时钟线引脚*/
sbit WP = P2^2；                            /*定义写保护引脚*/
/*从 24C01 的地址 address 中读取一个字节数据函数说明*/
unsigned char x24c01_read(uchar address)；
/*向 24C01 的 address 地址中写入一字节数据 info 函数说明*/
void x24c01_write(uchar address,uchar info)；
void x24c01_init(void)；                     /*24C01 初始化函数说明*/
void delay1(uchar x)；                       /*延时函数说明*/
```

```c
void start(void);                        /*启动(开始)函数说明*/
void stop(void);                         /*停止函数说明*/
void writex(uchar j);                    /*内部写字节函数说明*/
unsigned char readx(void);               /*内部读字节函数说明*/
void clock(void);                        /*时钟函数说明*/
void delay(void)                         /*延时程序 1(函数)*/
    { unsigned int n;
      for(n=10000; n>0; n--);
    }
void delay1(uchar x)                     /*延时程序 2(函数)*/
    { uint i;
      for(i=0; i<x; i++);
    }
void x24c01_init(void)                   /*I²C 初使化程序，即令 SCL=1,SDA=1*/
    { SCL=1;                             /*SCL 时钟线置高*/
      SDA=1;                             /*SDA 数据线置高*/
    }
void start(void)                         /*I²C 产生开始条件*/
    {SDA=1;
     SCL=1; delay1(0x10);
     SDA=0; delay1(0x10);                /*数据线先置低*/
     SCL=0;                              /*时钟线后置低*/
    }
void stop(void)                          /*I²C 结束条件*/
    { SCL=0;
      SDA=0; delay1(0x5);
      SCL=1; delay1(0x5);                /*时钟线先置高*/
      SDA=1;                             /*数据线后置高*/
    }
void writex(uchar j)                     /*内部写字节函数*/
    { uchar i,temp;
      temp=j;
      for (i=0; i<8; i++)
        { SCL=0;
          SDA=(bit)(temp&0x80);          /*将高位送数据线*/
          SCL=1;
          temp=temp<<1;                  /*数据左移 1 位*/
        }
      SCL=0;
```

```
        SDA=1;
    }
uchar readx(void)                              /*内部读字节函数*/
    { uchar i,j,k=0;
      SCL=0;
      SDA=1;
      for (i=0; i<8; i++)
        { SCL=1;
          if(SDA==1) j=1;
             else j=0;
          k=(k<<1)|j;
          SCL=0;
        }
      return(k);
    }
void clock(void)                               /*时钟函数，内部函数*/
    { uchar i=0;
      SCL=1;
      while ((SDA==1)&&(i<255)) i++;
      SCL=0;
    }
uchar x24c01_read(uchar address)               /*从 address 中读取一个字节数据*/
    { uchar i;
      start();   writex(0xa0);
      clock();   writex(address);
      clock();   start();
      writex(0xa1);   clock();
      i=readx();   stop();
      delay1(50);
      return(i);
    }
/**24C01 的容量为 128×8 位；最大地址为 0x7F，向 address 地址中写入数据*/
void x24c01_write(uchar address,uchar info)
    { start();   writex(0xa0);
      clock();   writex(address);
      clock();   writex(info);
      clock();   stop();
      delay1(150);
    }
```

```c
void    main(void)                          /*测试用的主程序*/
    { unsigned char i;
    unsigned char ch[14]={"welcome to C51"};
    unsigned char temp[14];
    x24c01_init();                          /*24C01 初始化*/
    for(i=0; i<14; i++)                     /*把 ch 数组中的内容写进去*/
        { x24c01_write(i,ch[i]);
          delay();
        }
    for(i=0; i<14; i++)                     /*从 24C01 中读出数据*/
        temp[i]=x24c01_read(i);
    while(1);                               /*等待*/
    }
```

2) SPI 相关读/写程序

```c
/* 所用器件：FM25C040 铁电存储器*/
#include <reg51.h>                          /*包含 51 内核资源头文件*/
#include <intrins.h>                        /*含_nop_()；的头文件*/
    /*操作规则：时钟上升沿输入数据，时钟下降沿输出数据*/
sbit FM_CS = P2^3;                          /*定义铁电片选引脚*/
sbit FM_SO = P2^4;                          /*定义铁电数据输出引脚*/
sbit FM_SCK =P2^5;                          /*定义铁电时钟线引脚*/
sbit FM_SI = P2^6;                          /*定义铁电数据输入引脚*/
#define CSEnable { FM_CS=0; }               /*宏定义*/
#define CSDisable { FM_CS=1; }              /*宏定义*/
#define WREN 0x06                           /*定义写使能指令*/
#define WRDI 0x04                           /*定义写禁止指令*/
#define RDSR 0x05                           /*定义读状态寄存器指令*/
#define WRSR 0x01                           /*定义写状态寄存器指令*/
#define RDMD 0x03                           /*定义读存储器指令*/
#define WRMD 0x02                           /*定义写存储器指令*/
#define uchar unsigned char                 /*定义关键字 uchar*/
#define uint unsigned int                   /*定义关键字 uint*/
void delayNop(void)                         /*延时函数*/
    {char i;
     for(i=0; i<1; i++)   { _nop_(); }
    }
void FM040_init(void)                       /*SPI 总线初始化函数*/
    { FM_CS=1;
      FM_SI=1;
```

```
        FM_SO=1;
        FM_SCK=0;
    }
/********************************************************
**函数名称：SPIWrite
**功能：往 SPI 口发送一个数据
**参数：uchar x:要发送的数据
********************************************************/
void SPI0_WriteByte(uchar x)
    { uchar i,temp,x1,x2;
        temp =x;
        x1 =0x80;
        for(i=0；i<8；i++)
          { FM_SCK=0;
            x2=temp & x1;
            if (x2>0){FM_SI=1；}
                else{FM_SI=0；}
            FM_SCK=1;
            x1=x1>>1;                              /*数据右移 1 位*/
          }
    }
/********************************************************
**函数名称：SPIRead
**功能：从 SPI 读出一个数
**参数：无
**返回值：uchar:读出的数
********************************************************/
uchar SPI0_ReadByte(void)
    { uchar i,x1;
        x1=0;
        for(i=0；i<8；i++)
          { FM_SCK=0;
            FM_SCK=1;
            x1=x1<<1;
            if(FM_SO==1) {x1=x1|0x01；}
          }
        return x1;
    }
/********************************************************
```

```
      **函数名:  FM25C040_Write
      **功能:  写数据到 FM25C040
      **入口:  开始地址,长度,数据
      **出口:  输出成功与否标志,成功为 0,不成功为非 0
      **调用外部函数: SPI0_WriteByte(uchar);
      *****************************************************/
uchar FM25C040_Write(uint Addr,uint Length,uchar *Data)
      { uint   i;
        CSEnable;
        SPI0_WriteByte(WREN);                          /*写使能指令*/
        CSDisable;
        delayNop();
        CSEnable;
        SPI0_WriteByte(WRMD);                          /*写存储器指令*/
        SPI0_WriteByte(Addr>>8);                       /*高 8 位地址*/
        SPI0_WriteByte((uchar)(0x00ff&Addr));          /*低 8 位地址*/
        for(i=0; i<Length; i++)
          { SPI0_WriteByte(*Data);
             Data++;
            }
        CSDisable;
        delayNop();
        CSEnable;
        SPI0_WriteByte(WRDI);                          /*写禁止指令*/
        CSDisable;
        return 0;
      }

/*****************************************************
   **函数名:  FM25C040_Write_One
   **功能:  写单个数据到 FM25C040
   **入口:  地址,数据
   **调用外部函数: SPI0_WriteByte(uchar);
   *****************************************************/
void FM25C040_Write_One(uint Addr,uchar Data)
      { CSEnable;
        SPI0_WriteByte(WREN);                          /*写允许(使能)指令*/
        CSDisable;
        delayNop();
        CSEnable;
```

```
    SPI0_WriteByte(WRMD);                      /*写存储器指令*/
    SPI0_WriteByte(Addr>>8);                   /*高 8 位地址*/
    SPI0_WriteByte((uchar)(0x00ff&Addr));      /*低 8 位地址*/
    SPI0_WriteByte(Data);
    CSDisable;
    delayNop();
    CSEnable;
    SPI0_WriteByte(WRDI);                      /*写禁止指令*/
    CSDisable;
    }
/*********************************************************
 **函数名：FM25C040_Read
 **功能：从 FM25C040 读出数据
 **入口：开始地址，长度，读出数据的存储地址首址
 **出口：成功与否标志，成功为 0，不成功为非 0
 **调用外部函数：SPI0_WriteByte(uchar);   uchar SPI0_ReadByte(void);
 **********************************************************/
uchar FM25C040_Read(uint Addr,uint Length,uchar *Data)
    { uint i;
    CSEnable;
    SPI0_WriteByte(RDMD);                      /*读允许(使能)指令*/
    SPI0_WriteByte(Addr>>8);                   /*高 8 位地址*/
    SPI0_WriteByte((uchar)(0x00FF&Addr));      /*低 8 位地址*/
    for(i=0; i<Length; i++)
      { *Data = SPI0_ReadByte();
        Data++;
      }
    CSDisable;
    return 0;
    }
/*******************************************************
 **函数名：FM25C040_Read_One
 **功能：从 FM25C040 读出单个数据
 **入口：地址
 **出口：读出字节
 ******************************************************/
uchar FM25C040_Read_One(uint Addr)
    { uchar Data;
    CSEnable;
```

```
        SPI0_WriteByte(RDMD);                              /*读存储指令*/
        SPI0_WriteByte(Addr>>8);                           /*高 8 位地址*/
        SPI0_WriteByte((uchar)(0x00FF&Addr));              /*低 8 位地址*/
        Data = SPI0_ReadByte();
        CSDisable;
        return Data;
    }
/********************************************************
    **函数名：FM25C040_ReadStatus
    **功能：  写数据到 FM25C040
    **入口：  开始地址，长度，数据
    **出口：  输出成功与否标志，成功为 0，不成功为非 0
    **调用外部函数：SPI0_WriteByte(uchar);
********************************************************/
    uchar FM25C040_ReadStatus(void)
        { uchar   s;
        delayNop();
        CSEnable;
        SPI0_WriteByte(RDSR);                              /*读状态寄存器指令*/
        s = SPI0_ReadByte();
        CSDisable;
        return s;
        }
    void main(void)                                        /*测试程序*/
        { unsigned char i;
        unsigned char ch[14]={"welcome to C51"};
        unsigned char temp[14];
        FM040_init();
        for(i=0; i<14; i++)
        FM25C040_Write_One(i,ch[i]);
        for(i=0; i<14; i++)
            temp[i]=FM25C040_Read_One(i);
        while(1);
    }
```

通过本实验可以发现，FM25C040 的读/写速度比 24C01 快多了。测试时也可借助于串口工具实现。

7.1.8 数字钟接口实验

数字钟即时钟电路，在智能仪器仪表中被广泛使用。目前这类器件较多，它们的绝大部分功能是兼容的。

1. DS1302 实时时钟

DS1302 是一款高性能、低功耗的串行接口专用实时时钟芯片,附加 31 字节静态 RAM,采用串行接口与 CPU 进行同步通信,并可采用突发方式一次传送多个字节的时钟信号和 RAM 数据。实时时钟可提供秒、分、时、日、星期、月和年,一个月小于 31 天时可以自动调整,并具有闰年补偿功能。

该器件可设计成能在非常低的功耗下工作,消耗小于 1 μW 的功率便能保存数据和时钟信息。DS1302 是 DS1202 的升级产品,它除了具有 DS1202 基本的慢速充电功能外,还具有用于主电源和备份电源的双电源结构。

DS1302 用于数据记录,特别是在某些具有特殊意义的数据点的记录上,能实现数据与出现该数据的时间同步记录的功能。

DS1302 与单片机的接口电路参见图 7-7。

1) DS1302 的内部寄存器

DS1302 内部的"秒~年"寄存器地址(命令)及数据寄存器分配情况如表 7-1 所示。

表 7-1　内部资源分配

名　称	时钟命令字节(R/C=0)								数据字节							
秒	1	0	0	0	0	0	0	R/W	PH	10秒			秒			
分	1	0	0	0	0	0	1	R/W	0	10分			分			
时	1	0	0	0	0	1	0	R/W	12/24		10/A/P	时		时		
天	1	0	0	0	0	1	1	R/W	0	0	10天		天			
月	1	0	0	0	1	0	0	R/W	0	0	0	10月	月			
星期	1	0	0	0	1	0	1	R/W	0	0	0	0	0	星期		
年	1	0	0	0	1	1	0	R/W	10年				年			
保护	1	0	0	0	1	1	1	R/W	WP	0	0	0	0	0	0	0
充电	1	0	0	1	0	0	0	R/W	TC	TC	TC	TC	DS	DS	RS	RS
多字节	1	0	1	1	1	1	1	R/W	—							
存储器(RAM)地址命令(R/C=1)									数据字节							
RAM0	1	1	0	0	0	0	0	R/W	x	x	x	x	x	x	x	x
RAM0	1	1	0	0	0	0	1	R/W	x	x	x	x	x	x	x	x
⋮																
RAM30	1	1	1	1	1	1	0	R/W	x	x	x	x	x	x	x	x
多字节	1	1	1	1	1	1	1	R/W	—							

慢速充电寄存器控制 DS1302 的慢速充电特性。图 7-8 是简化的慢速充电原理电路。慢速充电选择位 7~4(TC)控制慢速充电器的电流。为了防止偶然事件发生,只有在 1010 模式下才能使慢速充电器工作,所有其他的模式将禁止慢速充电器工作。DS1302 上电时,慢速充电器被禁止。二极管选择位 DS(位 2、位 3) 选择是一个二极管还是两个二极管连接在 VCC1 与 VCC2 之间。如果 DS 为 01,那么选择一个二极管;如果 DS 为 10,则选择两个二

极管。如果 DS 为 00 或 11，那么充电器被禁止，与 TC 无关。RS 位(位 0、位 1)选择连接在 VCC1 与 VCC2 之间的限流电阻。

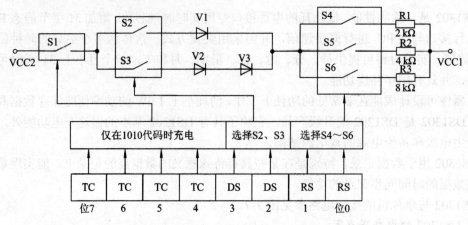

图 7-8　DS1302 可编程慢速充电电路

VCC1 是为 DS1302 提供的备用电源，一般可接 3 V 干电池或 3.6 V 蓄电池(以便充电)。

VCC2 是为 DS1302 提供的主电源，在这种运行方式中 VCC2 给芯片供电，并通过内部电路为备用电源充电，以便在没有主电源的情况下确保时间信息及数据不被破坏。

DS1302 由 VCC1 或 VCC2 两者中较大者供电。当 VCC2 大于 VCC1+0.2 V 时，VCC2 给 DS1302 供电。当 VCC2 小于 VCC1 时，DS1302 由 VCC1 供电。

2) 编程方法

用 C 语言实现图 7-7 电路功能的源程序代码如下：

```
#include <reg51.h>                                    /*包含头文件*/
sbit T_IO  = P2^7;                                    /*实时时钟数据线引脚*/
sbit T_RST = P1^2;                                    /*实时时钟复位线引脚*/
sbit T_CLK = P1^3;                                    /*实时时钟时钟线引脚*/
    /*函数声明*/
void RTInputByte(unsigned char d);                    /*输入 1 字节*/
unsigned char RTOutputByte(void);                     /*输出 1 字节*/
void W1302(unsigned char ucAddr, unsigned char ucDa); /*写入数据*/
unsigned char R1302(unsigned char ucAddr);            /*读取某地址的数据*/
void Set1302(unsigned char *pClock);                  /*设置时间*/
void Get1302(unsigned char curtime[]);                /*读取当前时间*/
    /*函数 RTInputByte()，写入 1 字节数据*/
void RTInputByte(unsigned char d)
    { unsigned char i;
    for(i=8;  i>0;  i--)
    { T_IO=(bit)(d&0x01);
      T_CLK = 0;  T_CLK = 1;  T_CLK = 0;   /*产生时钟*/
      d = d >> 1;                          /*数据右移 1 位*/
```

```
                    }
                }                                          /*RTInputByte()结束*/
    /*函数 RTOutputByte()，读取 1 字节数据*/
unsigned char RTOutputByte(void)
    { unsigned char i;
      unsigned char temp=0;
      for(i=8；i>0；i--)
        { temp=temp>>1；                                  /*数据右移*/
          if(T_IO==1) temp=temp|0x80;
          T_CLK = 0；T_CLK = 1；T_CLK=0；                 /*产生时钟*/
        }
      return(temp);                                       /*返回结果*/
    }
    /*函数 W1302()，写入数据函数*/
void W1302(unsigned char ucAddr, unsigned char ucDa)
    { T_RST = 0；T_CLK = 0；T_RST = 1；
      RTInputByte(ucAddr);                                /*地址，命令*/
      RTInputByte(ucDa);                                  /*写 1 字节数据*/
      T_CLK = 1；T_RST = 0；                              /*产生时钟*/
    }
    /*函数 R1302()，读取 DS1302 某地址的数据*/
unsigned char R1302(unsigned char ucAddr)
    { unsigned char ucData;
      T_RST = 0；T_CLK = 0；T_RST = 1；
      RTInputByte(ucAddr);                                /*地址，命令*/
      ucData = RTOutputByte();                            /*读 1 字节数据*/
      T_CLK = 1；T_RST = 0；                              /*产生时钟*/
      return(ucData);                                     /*返回结果*/
    }
/*函数 BurstW1302T()，写入时钟数据(多字节方式)*/
void BurstW1302T(unsigned char *pWClock)
    { unsigned char i;
      W1302(0x8e,0x00);                                   /*控制命令,WP=0,写操作*/
      T_RST = 0；T_CLK = 0；T_RST = 1；
      RTInputByte(0xbe);                                  /*时钟多字节写命令*/
      for (i = 8；i>0；i--)                               /*8 字节数据+1 字节控制*/
        { RTInputByte(*pWClock);                          /*写 1 字节数据*/
          pWClock++;
```

```c
                    }
                T_CLK = 1;  T_RST = 0;
            }
/*函数 BurstR1302T()，读取 DS1302 时钟数据*/
void BurstR1302T(unsigned char *pRClock)
    { unsigned char i;
        T_RST = 0;  T_CLK = 0;  T_RST = 1;
        RTInputByte(0xbf);                          /*多字节读命令*/
         for (i=8;   i>0;   i--)
            { *pRClock=RTOutputByte();              /*读 1 Byte 数据*/
              pRClock++;
             }
            T_CLK = 1;  T_RST = 0;
        }
/*函数 BurstW1302R()，写入数据(多字节方式)*/
void BurstW1302R(unsigned char *pWReg)
    { unsigned char i;
        W1302(0x8e,0x00);                           /*控制命令,WP=0,写操作*/
        T_RST = 0;  T_CLK = 0;  T_RST = 1;
        RTInputByte(0xfe);                          /*多字节写命令*/
        for (i=31;   i>0;   i--)
            { RTInputByte(*pWReg);                  /*写 1 字节数据*/
              pWReg++;
                 }
            T_CLK = 1;  T_RST = 0;
        }
/*函数 BurstR1302R()，读取 DS1302 寄存器数据*/
void BurstR1302R(unsigned char *pRReg)
    { unsigned char i;
        T_RST = 0;  T_CLK = 0;  T_RST = 1;
        RTInputByte(0xff);                          /*多字节读命令*/
        for (i=31;   i>0;   i--)
            { *pRReg = RTOutputByte();              /*读 1 字节数据*/
              pRReg++;
               }
        T_CLK = 1;  T_RST = 0;
        }
/*函数 Set1302()，设置初始时间*/
```

```
void Set1302(unsigned char *pClock)
    { unsigned char i;
      unsigned char ucAddr = 0x80;
      W1302(0x8e,0x00);                              /*控制命令,WP=0,写操作*/
      for(i =7;   i>0;   i−−)
         { W1302(ucAddr,*pClock);                    /*秒分时日月星期年*/
           pClock++;
           ucAddr +=2;
         }
      W1302(0x8e,0x80);                              /*控制命令,WP=1,写保护*/
    }
/*函数 Get1302()，读取 DS1302 当前时间*/
void Get1302(unsigned char ucCurtime[])
    { unsigned char i;
      unsigned char ucAddr = 0x81;
      for (i=0;   i<7;   i++)
         { ucCurtime[i] = R1302(ucAddr);             /*秒分时日月星期年*/
           ucAddr += 2;
         }
    }
void main(void)                                      /*测试程序*/
    { unsigned char Current_time[7];
      Get1302(Current_time);                         /*读取时间并保存*/
      while(1);
    }
```

2. M41T0 低成本实时时钟

M41T0 实时时钟是一个低功耗串行定时器。它内置 32.768 kHz 频率校准电路，8 个寄存器用于时钟/日历的功能，配置了二进制编码的十进制格式输出形式。地址和数据通过两线的双向总线连续传输，每次"读"或"写"时地址会自动增 1。年、月、日、星期、时、分、秒计数为 BCD 码输入/输出形式，有闰年补偿换算功能，接口与 I^2C 总线协议兼容。M41T0 采用 8 引脚 SOIC 封装，适合各种小型电子设备使用。

1) 器件的读/写模式

器件的读模式的顺序是：开始，写入"D0H"和"寄存器地址"；写入"D1"；读出"寄存器"数据 1、数据 2、…、数据 n，停止。

器件的写模式顺序是：开始，写入"D0H"和"寄存器地址"；写入"寄存器"数据 1、数据 2、…、数据 n，停止。

2) 寄存器的操作说明

M41T0 内部寄存器的地址与功能如表 7-2 所示。

表 7-2　M41T0 寄存器的地址与功能

寄存器 地址	数据位								功能、范围与格式 (输入/输出为BCD码)		
	D7	D6	D5	D4	D3	D2	D1	D0			
0	ST	10 秒			秒				秒	00~59
1	OF	10 分			分				分	00~59
2	CEB	CB	10 时		时				世纪/时	0~1/00~23
3	X	X	X	X	X	星期			星期	01~07
4	X	X	10 天		天				天	01~31
5	X	X	X	10月	月				月	01~12
6	10 年				年				年	00~99
7	OUT	0	X	X	X	X	X	X	控制	

表 7-2 中：ST 是停止位；CEB 是世纪使能位；CB 是世纪位；OUT 是输出电平；OF 是振荡器失效位；X 是无关位；0 是必须设为"0"位。

当 CEB 位被设置为"1"时，CB 位从"1"到"0"或从"0"到"1"的变化，都将锁定世纪的翻转。当 CEB 被设置为"0"时，将不锁定世纪的翻转。

初始上电后，OUT、OF 被设置成"1"，ST 位被设置成"0"。其他所有寄存器位在上电时处于任意状态。

当振荡器失效后，OF 被内部设置为"1"，这意味着振荡器停振或者计时停止，它能够用于判断时钟和日期数据的有效性。

第一次通电，OF 默认值为"1"状态；在 VCC 提供的电压不足以支持振荡器振荡时，ST 位会被置为"1"状态，表示停机。

3) 与单片机的接口

M41T0 与单片机的接口电路如图 7-9 所示。电路除 VCC(系统)供电外，还设计有"电池供电"电路，保证在系统掉电以后时钟能正常工作。时钟的"OUT"端连接有发光管，以表示"系统电源正常"。

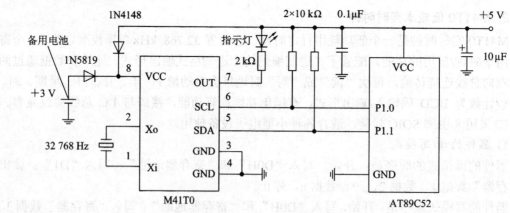

图 7-9　M41T0 的应用电路

2. 软件编程

对于图 7-9 所示应用电路，用 C51 实现的源代码如下：

```c
#include<reg52.h>                                    /*包含头文件*/
sbit      SDA=P1^1;                                  /*设置 I²C 数据读/写线*/
sbit      SCL=P1^0;                                  /*设置 I²C 时钟线*/
unsigned char Y[8];                                  /*定义全局变量*/
void Delay(void)                                     /*延时函数*/
    { unsigned char i;
       for (i=0；i<2；i++)；
    }
void wire_data(unsigned char m_data)                 /*写一个字节函数*/
    { unsigned char b,dat,ack;
        dat=m_data;                                  /*发送 8 位数据或 8 位地址*/
        for(b=0；b<8；b++)
        { if(dat & 0x80) SDA=1；                      /*高位在前*/
           else    SDA=0；                            /*先准备好数据*/
           Delay()；SCL=1；                           /*产生时钟*/
           Delay()；SCL=0；
           Delay()；dat<<=1；                         /*数据左移 1 位*/
        }
        SDA=1；Delay()；                              /*立即释放数据线*/
        SCL=1；
        if(SDA==0)    ack=0；                         /*接收 ACK*/
        else    ack=1；
        SCL=0；
    }
/*读一个字节函数，结果由 read_data()函数返回*/
unsigned char read_data( unsigned char x)
    { unsigned char b,datai2c;
       for(b=0；b<8；b++)
        { datai2c<<=1；
           Delay()；SCL=1；                           /*在 SCL 为高电平情况下读 SDA*/
           if(SDA==0)
             datai2c &=0xfe；                         /*datai2c 末位清 0*/
           else    datai2c |=0x01；                   /*datai2c 末位置 1*/
           SCL=0；                                    /*时钟线置低*/
        }
       if(x==0)                                       /*x=0 时，送 ACK 信号*/
        { SCL=0；Delay()；                            /*发送 NACK，通知从机停止发送*/
          SDA=1；Delay()；                            /*准备好数据*/
          SCL=1；Delay()；
          SCL=0；Delay()；
        }
       return(datai2c)；
```

```
        }                                      /*read_data()函数结束*/
/*写数据通用函数，数据由 m_data[]传递*/
void Write_M41T0_i2c(unsigned char m_data[])
    { unsigned char i;
        SDA=1; SCL=1;
        Delay(); SDA=0;
        Delay(); SCL=0;
        wire_data(0xd0);                       /*发送受控地址 0xD0*/
        wire_data(0x00);                       /*发送寄存器地址(秒地址)*/
        for(i=0; i<8; i++)
            wire_data(m_data[i]);              /*发送秒、分等 8 个数据*/
        SDA=0;                                 /*停止条件*/
        Delay(); SCL=1;
        Delay(); SDA=1;
    }                                          /*Write_M41T0_i2c()结束*/
    /*读数据通用函数，结果由 Read_M41T0_i2c()带回  *
void   Read_M41T0_i2c(unsigned char m_data[])
    { unsigned char i;
        SDA=1; SCL=1;                          /*开始条件*/
        Delay(); SDA=0;
        Delay(); SCL=0;
        wire_data(0xd0);                       /*发送受控地址 0xD0*/
        wire_data(0x00);                       /*发送寄存器地址(秒地址)*/
        SDA=1; SCL=1;                          /*重新开始一次*/
        Delay(); SDA=0;
        Delay(); SCL=0;
        wire_data(0xd1);                       /*发送读受控地址 0xD1*/
        for (i=0; i<6; i++)                    /*连续读 6 数据(有 ACK 信号)*/
        m_data[i]=read_data(0);
        m_data[6]=read_data(1);                /*读第 6 个数据(无 ACK 信号)*/
        SDA=0;                                 /*停止条件*/
        Delay(); SCL=1;
        Delay(); SDA=1;
    }                                          /*Read_M41T0_i2c()结束*/
/*初始化设为：2009 年 5 月 1 日、星期 4、8 时 18 分 8 秒，并点亮发光管*/
void Write_M41T0(void)
    { unsigned char Y[8]={0x8,0x18,0x8,0x4,0x1,0x5,0x9,0x80};
        Write_M41T0_i2c(Y);
    }
void Read_M41T0(void)                          /*读时钟(数据)*/
    { unsigned char Y[8];                      /*将数据存放在 Y[8]中*/
        Read_M41T0_i2c(Y);                     /*数据在 Y 数组中*/
```

```
        }
    void main (void)                      /*测试主函数*/
    {   Write_M41T0();                    /*初始化 M41T0*/
        Read_M41T0(void);                 /*数据在 Y[8]中*/
        while(1);
    }
```

7.1.9 微型打印机接口实验

1. 实验电路描述

单片机与微型打印机的接口是设计智能仪器仪表不可缺少的部分。目前，微型打印机的接口基本上采用同其他打印机相同的硬件标准，即与标准打印机的接口兼容的接口电路，既具有传统微型打印机的指令系统，又有 ESC/P 标准打印机的控制命令。TP-μP 打印机一般都采用 EPSON M150Ⅱ、M160、M164、M180、M183 等型号的点阵式打印头，可打印出 16×16、24×24 点阵的符号和汉字。

TP-μP 打印机的并口采用标准的打印机格式，即以 $\overline{STB}$、BUSY、$\overline{ACK}$ 和 8 位数据总线为特征的信号形式。这些信号的时序逻辑可以概括为：单片机先查询打印机的 BUSY 信号线的状态，如果 BUSY 为 0(打印机空闲)，则输出数据至数据总线，然后产生选通脉冲信号 $\overline{STB}$，将数据总线上的数据存入打印机的缓冲区；在打印机处理数据期间，BUSY 信号为高，此时单片机不可再发送数据；打印机将数据处理完毕后，BUSY 信号变成低电平，并发送应答脉冲信号 $\overline{ACK}$，表示此时可以接收新的数据。打印机的接口电路与信号的时序如图 7-10 所示。

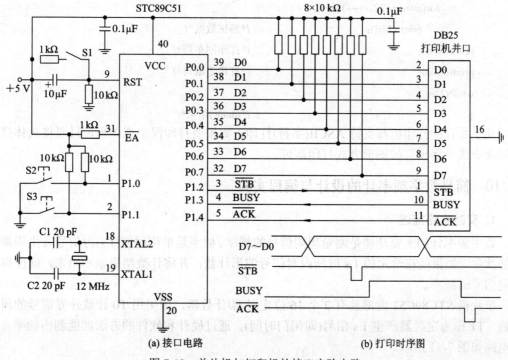

(a) 接口电路   (b) 打印时序图

图 7-10 单片机与打印机的接口实验电路

2. 相关实验程序

根据图 7-10(b)的时序，实现相关"打印"的 C 程序源代码如下：

```
#include<reg51.h>                        /*包含头文件*/
sbit   STB  = P1^2;                      /*定义打印机选通引脚信号*/
sbit   BUSY = P1^3;                      /*定义打印机忙信号引脚*/
sbit   ACK  = P1^4;                      /*定义打印机回答信号引脚*/
#define DATA   P0                        /*定义 P0 为数据口*/
unsigned char code ch[]={"welcome to this world!"};
void delay(unsigned int ms)              /*延时函数*/
    { while(ms--);  }
void print(unsigned char ch)             /*打印函数*/
    { while(BUSY==1);                    /*等待打印机空闲*/
      DATA=ch;                           /*输入数据*/
      STB=1;  STB=0;                     /*送选通(STB=0)信号*/
      delay(5);  STB=1;                  /*STB 信号变高*/
    }
void main(void)                          /*测试程序*/
    { unsigned char i;
      STB=1;
      BUSY=1;                            /*置 BUSY 为输入状态*/
      for(i=0;  i<22;  i++)
          print(ch[i]);                  /*测试数据*/
print(0x0d);                             /*打印回车符*/
print(0x0a);                             /*打印走纸符*/
while(1);
}                                        /*main()结束*/
```

几乎所有的打印机都支持 ASCII(字符)打印，如果要打印汉字或图形，只要将具体打印机的命令或"字模"按图形方式打印即可。

7.1.10 简易数字频率计的设计与编程实验

1. 实验电路描述

数字频率计的主要功能是测量周期信号的频率。频率是单位时间(1 s)内信号发生周期变化的次数。如果能在给定的 1 s 时间内对信号波形计数，并将计数结果显示出来，就能得到被测信号的频率。

单片机 STC89C52 内部具有 2 个 16 位定时器/计数器，如果用 T0 计数外界信号的周期次数，T1 作为定时器产生 1 s 信号(即闸门时间)，通过硬件和软件的方法就能测出频率。实验电路如图 7-11 所示。

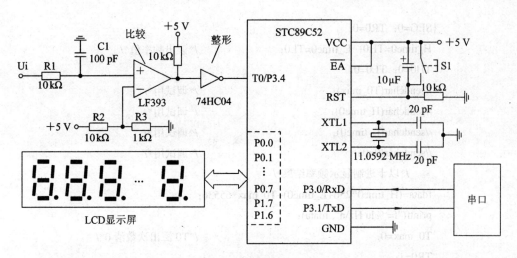

图 7-11　频率测量电路

2. 软件编程

本实验将 T1 设计成定时 1 s 的控制信号，采用中断方式，T0 用来计数，T2 产生 19.2 kb/s 的波特率，将所测频率送到串口(用串口调试工具观看)。C 源程序如下：

```
#include <reg52.h>                          /*包含 52 资源定义头文件*/
#include <stdio.h>                          /*包含标准输入/输出库函数头文件*/
unsigned char H_time1,L_time1；             /*计算 T1 的定时初值*/
unsigned char SEG；                         /*1 秒定时器*/
unsigned char H_time0,L_time0；             /*测出的频率值*/
unsigned char T0_max=0；                    /*T0 溢出计数器*/
void sendchar(unsigned char ch)；
void delay_s(unsigned char n)               /*短延时*/
    { unsigned char i；
     for(i=0；i<n；i++)；
    }
void delay_l(unsigned int n)                /*长延时*/
    { unsigned int i；
     for(i=0；i<n；i++)；
    }
    /*用定时器 T1 作为 1 秒定时器*/
void Time_display(void) interrupt 3
    { unsigned long fdata；
     TH1=H_time1；                          /*晶振的振荡频率为 11.0592 MHz，定时 50 ms 刷新
*/
     TL1=L_time1；
     SEG++；
     if(SEG>19)                             /*是否 20 次，即 20×50 ms=1 s*/
```

```
        {SEG=0; TR0=0;
         H_time0=TH0; L_time0=TL0;              /*读出频率值*/
         TH0=0; TL0=0;
         //sendchar(T0_max);                    /*调试用*/
         //sendchar(H_time0);                   /*调试用*/
         //sendchar(L_time0);                   /*调试用*/
         //sendchar(0x0a);                      /*调试用*/
              /*以十进制显示频率结果*/
         fdata=(H_time0*256+L_time0)+T0_max*65536;
         printf("f= %lu Hz\n", fdata);
         T0_max=0;                              /*T0 溢出次数清 0*/
         TR0=1;
        }
    }
    /*T0 中断函数,当计数超出 65 536 时,中断*/
void Time0_max(void) interrupt 1
    { T0_max++;                                 /*溢出增 1*/
      }
/*------定时器 0、1 初始化 -------*/
void out_t0_t1(void)                            /*定时器 T0、T1 初始化*/
    { float x;
      unsigned int idata y,z;
      TMOD=0x15;                                /*T1 工作在定时,T0 工作在计数*/
      x=12/11.0592;                             /*计算 1 个机器周期的时间*/
      y=50040/x;                                /*计算定时 50 ms 的定时值*/
      z=65536-y;
      H_time1=z/256;                            /*初值高 8 位*/
      L_time1=z%256;                            /*初值低 8 位*/
      TH1=H_time1;
      TL1=L_time1;
      TR1=1;
      }
    /*串口初始化,在 11.0592 MHz 时,波特率为 19.2 kb/s*/
void sbuf_t2(void)                              /*定时器 T2 初始化*/
    { T2CON=0x30;                               /*RCLK=1,TCLK=1,定时*/
      RCAP2H=0xff;                              /*初值高 8 位初值*/
      RCAP2L=0xee;                              /*初值低 8 位初值*/
      SCON=0x50;                                /*串口方式 1*/
      TR2=1;
```

```
            TI=1；
        }
    /*----用串口发单个字符---*/
    void sendchar(unsigned char ch)        /*调试函数*/
        {SBUF=ch；delay_s(0x04)；         /*延时*/
        while(TI==0)；
        TI = 0；
        }
    void main(void)                        /*测试主函数*/
    { out_t0_t1()；                        /*T0 初始化*/
        sbuf_t2()；                        /*串口初始化*/
        TH0=0；                            /*T0 清 0*/
        TL0=0；
        TR0=1；                            /*开始计数*/
        ET1=1；                            /*开 T1 中断*/
        ET0=1；                            /*开 T0 中断*/
        EA=1；                             /*开总中断*/
        SEG=0；                            /*50 ms 计数器清 0*/
        T0_max=0；                         /*T0 溢出清 0*/
        while(1)
        { delay_l(0x5000) ；               /*等待*/
        }
    }                                      /*main 结束*/
```

在频率测试程序中，函数"Time0_max(void)；"是 T0 中断函数，当计数器(TH0、TL0)溢出时，T0_max 变量增 1，表示被测频率大于 65 536 Hz。"Time_display(void)；"是 T1 产生 1 s 的中断函数。当 1 s 到达后，完成被测频率的输出并清除 T0_max、TH0 和 TL0 单元。"printf("f= %lu Hz\n", fdata)；"函数是以长整型十进制输出的。如果打开串口调试工具(波特率设为 19.2 kb/s，8 位数据)，则能看到被测频率范围为 1 Hz～100 kHz 的结果。

7.1.11　脉冲测宽电路与编程实验

1. 实验电路描述

在脉冲测宽或测速系统中，用单片机的定时器/计数器来测量是较好的方法。由 3.3 节 51 定时器的原理可知，当定时器工作在定时方式且 GATE 位设为"1"时，把被测量的信号加到 P3.2 脚(或 P3.3 脚)就能测出脉冲宽度。经过软件处理，还可将脉冲测宽应用到测速、测频等领域。

图 7-12 是一个典型的周期脉宽测量电路(如果只测量半个周期，应去掉 D 触发器)。加到 P3.2 脚的信号一定要整形滤波。如果被测信号是 TTL 电平，则可省去比较滤波电路，将输入直接连到 A 点(P3.2 脚)。如果幅度较小，还应适当放大处理。

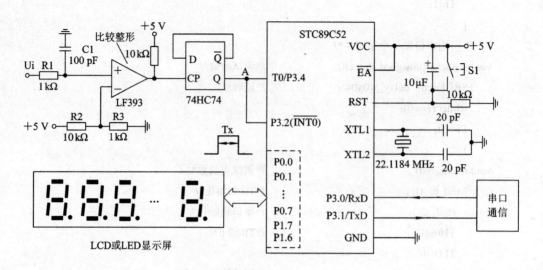

图 7-12　测量脉冲宽度的原理图

2. 软件编程

本实验中，T0 用来计数，外部中断(P3.2 脚)设成下降沿中断，若信号从上升沿开始到下降沿中断结束，则 TH0、TL0 的结果就是被测脉冲的宽度。为了调试方便，可用 T2 产生 38.4 kb/s 的波特率，将所测结果送到串口(用串口调试工具观看)。

此方法在低频率(1～100 Hz)时测量结果较准。如果频率较高，要获得高精度测量值只有提高晶振频率或选用单周期单片机。C 源程序如下:

```
#include <reg52.h>              /*包含 52 资源定义头文件*/
#include <stdio.h>              /*包含标准输入/输出库函数头文件*/
unsigned char H_time0,L_time0;  /*测出的脉宽值*/
unsigned char T0_max=0;         /*T0 溢出计数器*/
#define   TIMES   0.54252       /*定义每个周期的时间*/
void sendchar(unsigned char ch);
void delay_s(unsigned char n)   /*短延时*/
    {unsigned char i;
     for(i=0; i<n; i++);
    }
void delay_l(unsigned int n)    /*长延时*/
    { unsigned int i;
      for(i=0; i<n; i++);
    }
void Int0_read(void)   interrupt 0   /*用外部中断读取结果*/
    { unsigned long  fdata;
      float x;
      TR0=0;                     /*关掉 T0 计数*/
```

· 376 ·

```c
            ET0=0;
            H_time0=TH0;                        /*读出结果 TH0*/
            L_time0=TL0;                        /*读出结果 TL0*/
            TH0=0;  TL0=0;
            //sendchar(T0_max);                 /*调试*/
            //sendchar(H_time0);                /*调试*/
            //sendchar(L_time0);                /*调试*/
            //sendchar(0x0a);                   /*调试*/
              /*以十进制显示频率结果*/
            fdata=(H_time0*256+L_time0)+T0_max*65535;
            x=fdata*TIMES;                      /*标定时间单位: 微秒*/
            //x=1000000/x;                      /*计算频率*/
            printf("f= %f 微秒\n",x);
            T0_max=0;                           /*T0 溢出次数清 0*/
            TR0=1;
            ET0=1;
            }
    /*T0 中断函数, 当计数超出 65536 时, 中断*/
    void Time0_count(void) interrupt 1
        { T0_max++;                             /*溢出增 1*/
        }
     /*------定时器 0 初始化 --------*/
    void out_t0(void)                           /*定时器 T0 初始化*/
        { TMOD=(TMOD & 0xf0)|0x09;              /*T0 工作在定时方式*/
          TH0=0;
          TL0=0;
            TR0=1;                              /*打开 T0 计数软开关*/
          }
    /*串口初始化,在 22.1184 MHz 时, 波特率为 38.4 kb/s*/
        void sbuf_t2(void)                      /*定时器 T2 初始化*/
            { T2CON=0x30;                       /*RCLK=1,TCLK=1,定时*/
            RCAP2H=0xff;                        /*初值高 8 位*/
            RCAP2L=0xee;                        /*初值低 8 位*/
            SCON=0x50;                          /*方式 1*/
            TR2=1;
            TI=1;
            }
        /*----用串口发单个字符---*/
    void sendchar(unsigned char ch)             /*调试函数*/
```

```
            {SBUF=ch; delay_s(0x04);                    /*延时*/
             while(TI==0);
             TI = 0;
            }
        void main(void)                                 /*测试主函数*/
        { out_t0();                                      /*定时器 T0 初始化*/
          sbuf_t2();                                      /*串口初始化*/
          IT0=1;                                          /*下降沿触发中断*/
          EX0=1;                                          /*开 int0 中断*/
          ET0=1;                                          /*开 T0 中断*/
          EA=1;                                           /*开总中断*/
          T0_max=0;                                       /*T0 溢出计数器清 0*/
          while(1)
          { delay_l(0x5000);                              /*等待*/
          }
        }                                                /*main 结束*/
```

7.1.12 温度测量与控制实验

1. 实验电路描述

在测控仪表中，经常会测量温度和控制温度。由 Dallas 半导体公司生产的 DS18B20 型单线智能温度传感器属于新一代数字温度传感器,可广泛用于工业、民用、军事等领域的温度测量及控制。它具有体积小、接口方便、传输距离远等优点。

DS18B20 的性能特点有：①采用单总线专用技术，可通过串行口线或其他 I/O 口线与单片机接口，无需经过其他变换电路，直接输出被测温度值(9 位二进制数，含符号位)；②测温范围为−55～+125℃，测量分辨率为 0.0625℃；③内含 64 位经过激光修正的只读存储器 ROM；④适合各种单片机或系统机接口；⑤用户可分别设定各路温度的上、下限值；⑥内含寄生电源。

DS18B20 有 6 条控制命令，如表 7-3 所示。实验电路如图 7-13 所示。

表 7-3　DS18B20 的控制命令

指　令	约定代码	操 作 说 明
温度转换	44H	启动 DS18B20 进行温度转换
读暂存器	BEH	读暂存器(9 个字节)内容
写暂存器	4EH	将数据写入暂存器的 TH、TL 字节
复制暂存器	48H	将暂存器的 TH、TL 字节写到 E^2PROM 中
重新调 E^2PROM	B8H	把 E^2PROM 中的 TH、TL 字节写到暂存器的 TH、TL 字节
读电源供电方式	B4H	启动 DS18B20 发送电源供电方式的信号给主 CPU

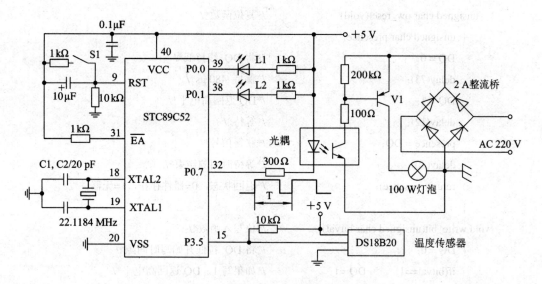

图 7-13　温度测量与控制实验电路

2. 软件编程

图 7-13 电路的软件分为温度测量与控制两部分。调用"Read_Temperature()"函数就可获得实时的温度值(浮点格式)。

本例中用 T0 定时器产生频率为 200 Hz 的 PWM 波形，以控制图中灯泡的亮度。其中 PWM_H 变量是 PWM 调整量，数据的增减应该与现场有关。程序源代码如下：

```
#include <reg52.h>                          /*包含 52 单片机头文件*/
sbit DQ =P3^5;                              /*定义 DS18B20 测量引脚*/
sbit RUN = P0^0;                            /*运行灯*/
sbit STOP =P0^1;                            /*停止灯*/
sbit  PWM=P0^7;                             /*定义控制引脚*/
#define  TIMES    (12/22.1184)              /*计算机器周期*/
#define  T_ZQ    5000                       /*5 ms(5000 µs)200 Hz*/
#define  step    20                         /*定义 PWM 调整步长*/
unsigned int PWM_H,PWM_L;                    /*定义 PWM 高与 PWM 低时常数*/
unsigned int PWM_T;                         /*定义 PWM 所需的频率周期*/
void count_T0H(void);                       /*计算 PWM 高电平时常数*/
void count_T0L(void);                       /*计算 PWM 低电平时常数*/
bit   T0_H_L=1;                             /*定义 PWM 高电平与 PWM 低电平标志*/
void delay(unsigned int seconds)            /*延时函数*/
    {unsigned int s;
    for(s=0; s<seconds; s++);
    }
/*下面是温度测量部分*/
```

```
unsigned char ow_reset(void)              /*复位函数*/
    { unsigned char presence;
      DQ = 0;                             /*将 DQ 线拉低*/
      delay(73);                          /*保持 480 μs*/
      DQ = 1;                             /*DQ 返回高电平*/
      delay(12);                          /*等待*/
      presence = DQ;                      /*获得信号*/
      delay(70);                          /*等待时间隙结束*/
      return(presence);                   /*返回状态, 0=器件存在, 1=无器件*/
    }
void write_bit(unsigned char bitval)      /*位写入函数*/
    { DQ = 0;                             /*将 DQ 拉低开始写时间隙*/
      if(bitval==1)       DQ =1;          /*如果写 1, DQ 返回高电平*/
      delay(15);                          /*在时间隙内保持电平值*/
      DQ = 1;                             /*延时 16 μs, delay(15)=150 μs*/
    }
void write_byte(unsigned char val)        /*字节写入函数*/
    { unsigned char i;
      unsigned char temp;
      EA=0;                               /*保证在读数据期间不能中断时序*/
      for(i=0; i<8; i++)                  /*写入字节, 每次写入一位*/
        {temp = val>>i;
         temp &= 0x01;
         write_bit(temp);
        }
      EA=1;
      delay(10);                          /*延时*/
    }
unsigned char read_bit(void)              /*位读取函数*/
    { unsigned char i;
      DQ = 0;                             /*将 DQ 拉低开始读时间隙*/
      DQ = 1;                             /*返回高电平*/
      for (i=0; i<10; i++);               /*延时 15 μs*/
      return(DQ);                         /*返回 DQ 线上的电平值*/
    }
unsigned char read_byte(void)             /*字节读取函数*/
    { unsigned char i;
      unsigned char value = 0;
```

```c
        EA=0;                              /*保证在读数据期间不能中断时序*/
        for(i=0; i<8; i++)                 /*每次读取一个字节*/
          { if(read_bit())
              value|=0x01<<i;              /*将其左移*/
            delay(40);                     /*延时*/
          }
        EA=1;
        return(value);                     /*返回结果*/
      }
#ifdef Read_ScratchPad
void Read_ScratchPad(void)                 /*读取暂存器中9个字节的数据*/
    {   int j;
        char pad[10];
        write_byte(0xBE);
        for (j=0; j<9; j++)  pad[j]=read_byte();
        pad[8],pad[7],pad[6],pad[5],pad[4],pad[3],pad[2],pad[1],pad[0]);
    }
#endif
float Read_Temperature(void)               /*读温度函数*/
    { unsigned char get[10];
      unsigned char temp_lsb,temp_msb;
      unsigned char k;
      float t;                             /*定义温度变量*/
      ow_reset();                          /*DS18B20 复位*/
      write_byte(0xCC);                    /*跳过 ROM*/
      write_byte(0x44);                    /*启动温度转换*/
      delay(60);                           /*延时*/
      ow_reset();                          /*DS18B20 复位*/
      write_byte(0xCC);                    /*跳过 ROM*/
      write_byte(0xBE);                    /*读暂存器*/
      for(k=0; k<9; k++) get[k]=read_byte();
      temp_msb = get[1];                   /*Sign byte + lsbit*/
      temp_lsb = get[0];                   /*Temp data plus lsb*/
      if(   temp_msb >= 0x08)              /*为负温度*/
        {temp_lsb = (~temp_lsb)+1;         /*取补运算*/
         temp_msb &= 0x07;
         temp_msb = (~temp_msb)+1;
         t=(-1)*(temp_msb*16+temp_lsb*0.0625);
```

```
                    }                          /*负温度数据处理部分*/
            else                               /*正温度值*/
                { t=temp_lsb*0.0625+temp_msb*16; }
        return t;                              /*返回摄氏温度值*/
    }
/*下面是用 T0 定时器产生的 PWM 程序部分*/
void PWM_times(void)    interrupt 1            /*产生 PWM 信号*/
    { if(T0_H_L==1)
        {count_T0H();                          /*计算 PWM 高电平时间*/
         PWM=1;                                /*PWM 输出高电平*/
        }
      else
        {count_T0L();                          /*计算 PWM 低电平时间*/
         PWM=0;                                /*PWM 输出低电平*/
        }
        T0_H_L=~T0_H_L;                        /*取反*/
    }
/*------定时器 T0 初始化 --------*/
void out_t0(void)                              /*定时器 T0 初始化*/
    { unsigned int PWM_T0;
      TMOD=(TMOD & 0xf0)|0x01;                 /*T0 工作在定时方式*/
      PWM_T=T_ZQ/TIMES;                        /*计算 PWM 周期 T*/
      PWM_T0=65536-(PWM_T/2);                  /*计算时常数*/
      TH0=PWM_T0/256;
      TL0=PWM_T0%256;
    }
void count_T0H(void)                           /*定时器 T_高电平的初始值*/
    { unsigned int T0G_H;
      T0G_H=65536-PWM_H;                       /*计算 PWM 高电平周期*/
      TH0=T0G_H/256;
      TL0=T0G_H%256;
    }
void count_T0L(void)                           /*定时器 T_低电平的初始值*/
    { unsigned int T0G_D;
      PWM_L=PWM_T-PWM_H;                       /*计算 PWM 低电平周期*/
      T0G_D=65536-PWM_L;
      TH0=T0G_D/256;
      TL0=T0G_D%256;
```

```
            }
    void main(void)                                /*测试主程序*/
    { unsigned int temp;                           /*暂存温度变量*/
        out_t0();                                  /*定时器 T0 初始化*/
        PWM_H=PWM_T/2;                              /*赋初值*/
        PWM_L=PWM_T-PWM_H;                          /*赋初值*/
        T0_H_L=1;                                   /*标志初值化*/
        TR0=1;                                      /*打开 T0 计数软开关*/
        ET0=1;                                      /*开 T0 中断*/
        EA=1;                                       /*开总中断*/
        while(1)
            { delay(0x1000);                        /*等待*/
              temp=ReadTemperature();               /*读温度*/
              if(temp<35)                           /*如果温度<35℃调整*/
                { PWM_H=PWM_H+step;                  /*模拟调整 PWM 宽度*/
                  if (PWM_H>(PWM_T-10)) PWM_H=0x5;
                  PWM_L=PWM_T-PWM_H;                 /*计算 PWN 低电平时间变量*/
                }
              else    if(temp>50)                   /*如果温度>50℃调整*/
                { PWM_H=PWM_H-step;                  /*模拟调整 PWM 宽度*/
                  if (PWM_H<0x10)    PWM_H=0x500;
                  PWM_L=PWM_T-PWM_H;                 /*计算 PWN 低电平时间变量*/
                }
              RUN=~RUN;                             /*运行灯指示*/
            }                                       /*While()end*/
    }                                               /*main()结束*/
```

本例的测试主程序通过采集温度值来判断是否调整灯泡亮度。调试时可将 DS18B20 温度传感器靠近灯泡进行。按主程序的方法，当温度小于 35℃时，调整增加亮度(温度)；当温度大于 50℃时，调整减小亮度(温度)。

7.2   综合实践指导

为了尽快提高读者的单片机综合实践能力，我们使用了 XD2008 学习板。该学习板能完成串口通信实验、外围中断实验、计数实验、点阵汉字(或图形)显示实验、I/O 实验、温度测量实验、A/D 转换实验、D/A 转换实验、外部存储器操作实验和总线接口实验等内容。如果读者需要相关硬件资料或软件资料(源程序代码)，可从 http://www.zjtechnology.cn 或 http://c8051f.com/down/网站获取。

XD2008 学习板的原理电路如图 7-14～图 7-17 所示。

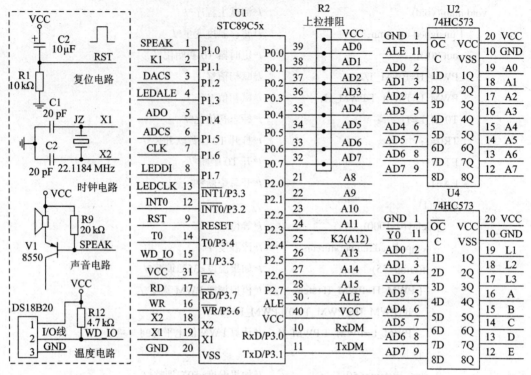

图 7-14　XD2008 实验电路(1)

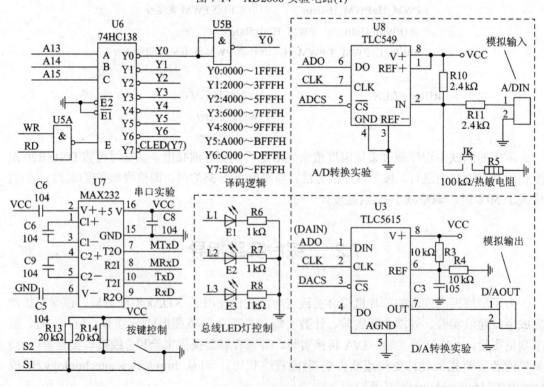

图 7-15　XD2008 实验电路(2)

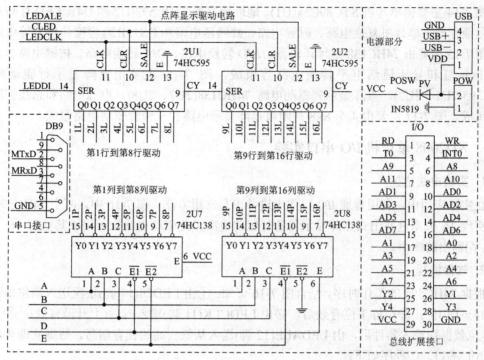

图 7-16 XD2008 实验电路(3)

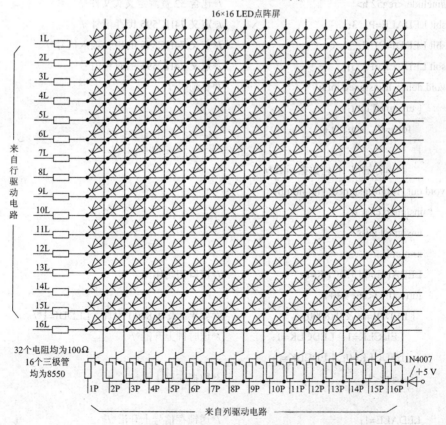

图 7-17 XD2008 实验电路(4)

图 7-14 主要由单片机 STC89C5x(U1)、地址锁存器 74HC573(U2 和 U4)、LED 灯与点阵列信号锁存器、单片机复位电路、时钟电路、蜂鸣器电路和 DS18B20 温度传感器等电路组成。图 7-15 主要由 74HC138 地址译码器、A/D 转换电路、D/A 转换电路、按键电路、总线操作指示灯和异步通信电平转换电路等组成。图 7-16 主要由点阵显示行驱动电路 74HC595(2U1、2U2)、点阵显示列驱动电路 74HC138(2U7、2U8)、电源电路和总线扩展接口等组成。图 7-17 主要由 4 个 8×8 共阳极点阵显示电路和三极管驱动电路组成。

7.2.1 XD2008 单片机 I/O 串口实验

1. 实验电路描述

在实际应用中，利用普通 I/O 口作串进并出是常用方法。图 7-16 中，两个 74HC595 级联可实现 16 位串进并出式点阵显示器的行驱动电路。此驱动电路也可用于其他有 16 个控制(数字)输出的应用。

2. 软件编程

根据 74HC595 的工作时序，结合图 7-16 可知：①由 LEDDI(14 脚)依次送入高位串行数据(D15～D0)位；②在每 1 位有效后，必由 LEDCLK(11 脚)输入时钟(上升沿有效)；③当对应 16 位数据均输入器件后，由 LEDALE(12 脚)送入从低到高的锁存信号，数据立即再现到 1L～16L 端口。C 程序如下：

```
#include <reg52.h>                      /*包含 52 资源定义头文件*/
sbit LEDALE=P1^3;                       /*定义 74HC595 锁存信号*/
sbit LEDDI=P1^7;                        /*定义 74HC595 的串行输入信号*/
sbit LEDCLK=P3^3;                       /*定义 74HC595 的时钟信号*/
void delay_l(unsigned int n)            /*长延时*/
  { unsigned int i;
    for(i=0; i<n; i++);
  }
     /*串行输出 16 位数据函数*/
void out_16bit(unsigned  int numb)
  { unsigned char i;
    unsigned int x;
    x=numb;
    LEDALE=0,LEDCLK=0;                  /*接口初始化*/
    for(i=0; i<16; i++)
      { LEDDI=(x & 0x8000);            /*如果 x & 0x8000 为真，LEDDI=1*/
        LEDCLK=1; LEDCLK=1;            /*送时钟上升沿*/
        LEDCLK=0; LEDCLK=0;
        x=x<<1;                        /*数据左移 1 位*/
      }
    LEDALE=1;                          /*送锁存信号上升沿*/
```

```
        LEDALE=0;
    }
void main(void)                          /*测试主函数*/
    { unsigned char xdata *Y0;           /*定义外部指针变量*/
    unsigned int x;
        unsigned char i,j=0;
        Y0=0x1000;                       /*将外部地址 1000H 赋给 Y0*/
        x=0x5555;
        while(1)                         /*在第 1～16 列上显示 x 的值，操作 U4*/
        { x=~x;                          /*x 数值取反*/
            for(i=0;  i<16;  i++)
            {out_16bit(x);               /*输出 x 的非*/
             j=i;  j<<=3;                 /*计算合理的列值*/
             *Y0=j;
             delay_l(0x4000);            /*延时*/
            }
        }                                /*while(1)结束*/
    }                                    /*main 结束*/
```

读者如果将"delay_l(0x4000)"延时函数中的 0x4000 改成 0x30，则可看到显示结果有所不同。

7.2.2　XD2008 单片机点阵汉字显示实验

1. 硬件电路描述

市面上已有很多点阵式 LED 显示器的产品，如广告活动字幕机、股票显示板、活动布告栏等。它的优点是可按需要的大小、形状、单色或彩色来组合，可与计算机或单片机系统连接，做各种广告性文字或图形显示。

点阵式 LED 显示器的种类可分为 5×7、5×8、6×8、8×8 等 4 种；而按 LED 发光变化的颜色来分，可分为单色、双色、三色；按 LED 的极性排列方式又可分为共阳极与共阴极。

本实验作为一种原理性的学习，采用 4 块 8×8 的共阳极单色点阵式 LED 组成 16×16 的点阵来显示汉字或图形。16×16 的点阵电路如图 7-17 所示。16 行驱动与 16 列译码电路如图 7-16 所示。2 片 74HC138 的译码输出控制图 7-17 中的三极管的 16 列。而 2 片 74HC595 连接起来作为 16 位数据的输出，控制图 7-17 中的 16 行。采用这种电路可以大大减少单片机 I/O 管脚的使用，而且可扩展更多的点阵驱动。

读者通过基本 LED 点阵屏的编程练习，可以掌握"静态"、"动态"和"滚屏"显示汉字或图形的方法，从中可以获得学习单片机的乐趣。

2. 软件编程

根据 XD2008 综合实验电路，用 C 语言实现的汉字静态及动态显示程序如下：

```
    #include <reg52.h>                   /*包含 52 资源定义头文件*/
```

```
#include <absacc.h>                              /*XBYTE 的头文件*/
sbit LEDALE=P1^3;                                /*定义 74HC595 锁存信号*/
sbit LEDDI=P1^7;                                 /*定义 74HC595 的串行输入信号*/
sbit LEDCLK=P3^3;                                /*定义 74HC595 的时钟信号*/
sbit S1=P1^1;                                    /*S1 按键输入脚*/
sbit S2=P2^4;                                    /*S2 按键输入脚*/
#define   Y0   XBYTE[0x1000]                     /*Y0 的口地址*/
unsigned char led123;                            /*定义 LED 灯变量*/
/*-----------有关汉字显示字模--------------*/
unsigned int code dis_numb1[16]={0x4000,0x4FFE,0x4814,0x4824,
    0x4844,0x7F84,0x4804,0x4804,0x4804,0x7F84,0x4844,0x4844,
    0x4844,0x4FFE,0x4000,0x0000};/*西*/
unsigned int code dis_numb2[16]={0x0101,0x0901,0x3101,0x2102,
    0x21E2,0x2F14,0xA514,0x6108,0x2114,0x2124,0x21C2,0x2103,
    0x2902,0x3100,0x2100,0x0000};/*安*/
unsigned int code dis_numb3[16]={0x0000,0x0000,0x1FF0,0x1220,
    0x1220,0x1220,0x1220,0xFFFC,0x1222,0x1222,0x1222,0x1222,
    0x1FF2,0x0002,0x000E,0x0000};/*电*/
unsigned int code dis_numb4[16]={0x0080,0x0080,0x4080,0x4080,
    0x4080,0x4082,0x4081,0x47FE,0x4880,0x5080,0x6080,0x4080,
    0x0080,0x0180,0x0080,0x0000};/*子*/
unsigned int code dis_numb5[16]={0x0820,0x4840,0x4980,0x4E00,
    0x7FFF,0x8A00,0x8920,0x0020,0x4420,0x3340,0x0040,0x0040,
    0xFFFF,0x0080,0x0080,0x0000};/*科*/
unsigned int code dis_numb6[16]={0x1080,0x1082,0x1101,0xFFFE,
    0x1200,0x1402,0x0002,0x1304,0x12C8,0x1230,0xFE30,0x1248,
    0x1384,0x1206,0x1004,0x0000};/*技*/
unsigned int code dis_numb7[16]={0x0400,0x0401,0x0402,0x0404,
    0x0408,0x0430,0x05C0,0xFE00,0x0580,0x0460,0x0410,0x040C,
    0x0406,0x0403,0x0402,0x0000};/*大*/
unsigned int code dis_numb8[16]={0x0200,0x0C40,0x0840,0x4840,
    0x3A40,0x2A40,0x0A42,0x8A41,0x7AFE,0x2B40,0x0A40,0x1840,
    0xEA40,0x4C40,0x0840,0x0000};/*学*/
unsigned int code dis_numbz0[]={
    0x0000,0x0000,0x0000,0x0000,0x0000,0x0000,0x0000,0x0000,
    0x0000,0x0000,0x0000,0x0000,0x0000,0x0000,0x0000,0x0000,/*不显示*/
    0x0000,0x0000,0x0000,0x0000,0x0000,0x0000,0x0000,0x0000,
    0x0000,0x0000,0x0000,0x0000,0x0FFA,0x0000,0x0000,0x0000,/*！*/
    0x0000,0x4040,0x4042,0x5F43,0x5264,0x5254,0x7E48,0x5248,
```

```c
0x5248,0x5254,0x7FD4,0x5272,0x5242,0x5F41,0x4041,0x4040,/*要*/
0x0000,0x1002,0x1002,0x1012,0x97D2,0x9552,0x9552,0x9552,
0xFFFE,0x5552,0x5552,0x5552,0x57D2,0x5012,0x1002,0x1002,/*重*/
0x0000,0x0004,0x0046,0x7ECC,0x5258,0x5220,0x53C8,0x5204,
0x5202,0x7FFF,0x0002,0x5800,0xC400,0x23FF,0x1100,0x0880,/*很*/
0x0000,0x0906,0x2941,0x3922,0x491C,0x0970,0xFF88,0x0484,
0x0482,0x0008,0x7C88,0x4488,0x47FC,0x4404,0x7CFC,0x0004,/*践*/
0x0000,0x2040,0x3040,0x2842,0x2047,0x2048,0x2050,0x6FE0,
0xA050,0x2948,0x2DC4,0x3242,0x2042,0x3041,0x0841,0x0000,/*实*/
0x0000,0x0000,0x0000,0x0000,0x0000,0x0000,0x0000,0x0000,
0x0000,0x0000,0x0000,0x0000,0x0000,0x0000,0x0000,0x0000};
unsigned int code dis_numbz[]={
0x0000,0x0000,0x0000,0x0000,0x0000,0x0000,0x0000,0x0000,
0x0000,0x0000,0x0000,0x0000,0x0000,0x0000,0x0000,0x0000,/*不显示*/
0x0000,0x2040,0x3040,0x2842,0x2047,0x2048,0x2050,0x6FE0,
0xA050,0x2948,0x2DC4,0x3242,0x2042,0x3041,0x0841,0x0000,/*实*/
0x0000,0x0906,0x2941,0x3922,0x491C,0x0970,0xFF88,0x0484,
0x0482,0x0008,0x7C88,0x4488,0x47FC,0x4404,0x7CFC,0x0004,/*践*/
0x0000,0x0004,0x0046,0x7ECC,0x5258,0x5220,0x53C8,0x5204,
0x5202,0x7FFF,0x0002,0x5800,0xC400,0x23FF,0x1100,0x0880,/*很*/
0x0000,0x1002,0x1002,0x1012,0x97D2,0x9552,0x9552,0x9552,
0xFFFE,0x5552,0x5552,0x5552,0x57D2,0x5012,0x1002,0x1002,/*重*/
0x0000,0x4040,0x4042,0x5F43,0x5264,0x5254,0x7E48,0x5248,
0x5248,0x5254,0x7FD4,0x5272,0x5242,0x5F41,0x4041,0x4040,/*要*/
0x0000,0x0000,0x0000,0x0000,0x0000,0x0000,0x0000,0x0000,
0x0000,0x0000,0x0000,0x0000,0x0FFA,0x0000,0x0000,0x0000,/*!*/
0x0000,0x0000,0x0000,0x0000,0x0000,0x0000,0x0000,0x0000,
0x0000,0x0000,0x0000,0x0000,0x0000,0x0000,0x0000,0x0000};
void delay_l(unsigned int n)              /*长延时*/
    { unsigned int i;
        for(i=0; i<n; i++);
    }
void delay_s(unsigned char n)             /*短延时*/
    { unsigned int i;
        for(i=0; i<n; i++);
    }
/*串行输出 16 位行数据函数*/
void display_r(unsigned int numb)
    { unsigned char i;
```

```c
            unsigned int x;
            x=~numb;                              /*数据取反*/
            LEDALE=0,LEDCLK=0;
            for(i=0; i<16; i++)
            { LEDDI= (x & 0x8000);
              LEDCLK=1; LEDCLK=1;
              LEDCLK=0; LEDCLK=0;
              x=x<<1;
            }
        Y0=led123 | 0x80;                         /*退出时关显示器 D=1*/
        LEDALE=1;
        LEDALE=0;
}
            /*正显示 16×16 点阵汉字*/
void disp_16rz(unsigned int numb[])
    { unsigned char y0data=0,abcd=0,i,j;
        for(i=0; i<16; i++)
            {display_r(numb[i]);                  /*送行数据*/
             j=abcd<<3;                           /*计算列的位置*/
             y0data=j |(led123 & 0x07);
             Y0=y0data;                           /*显示一列数据*/
             abcd++;                              /*列加 1*/
             delay_s(0x40);                       /*点亮时间*/
            }
        Y0=led123 | 0x80;                         /*退出时关显示器 D=1*/
    }
            /*反向显示 16×16 点阵汉字*/
void disp_16r(unsigned int numb[])
    {unsigned char y0data=0,abcd=0,i,j;
        j=15;
        for(i=0; i<16; i++)
            {display_r(numb[j]);                  /*送行数据*/
             abcd=abcd<<3;                        /*计算列的位置*/
             y0data=abcd |(led123 & 0x07);
             Y0=y0data;                           /*显示一列数据*/
             abcd=i+1;
             j--;                                 /*倒显示*/
        delay_s(0x40);
    }
```

```
    Y0=led123 | 0x80;                              /*退出时关显示器 D=1*/
    }
void dis_xd(unsigned char delay_n)                 /*连续显示汉字，按键退出*/
{ unsigned char n,i;
    unsigned int j;
    n=delay_n;
    j=0x300;                                       /*显示延时数据*/
    while (1)
        { led123=0x01；
        for(i=0；i<n；i++)
        {disp_16r(dis_numb1);                      /*显示"西"*/
         delay_l(j);
         if (S1==0) goto quit_xd1;                 /*按键退出*/
         }
        for(i=0；i<n；i++)
            {disp_16r(dis_numb2);                  /*显示"安"*/
        delay_l(j);
            if (S1==0) goto quit_xd1;              /*按键退出*/
        }
        for(i=0；i<n；i++)
            {disp_16r(dis_numb3);                  /*显示"电"*/
            delay_l(j);
            if (S1==0) goto quit_xd1;              /*按键退出*/
        }
        led123=0x02；
        for(i=0；i<n；i++)
            { disp_16r(dis_numb4);                 /*显示"子"*/
                delay_l(j);
                if (S1==0) goto quit_xd1;          /*按键退出*/
            }
        for(i=0；i<n；i++)
            {disp_16r(dis_numb5);                  /*显示"科"*/
            delay_l(j);
            if (S1==0) goto quit_xd1;              /*按键退出*/
            }
        for(i=0；i<n；i++)
            {disp_16r(dis_numb6);                  /*显示"技"*/
            delay_l(j);
            if (S1==0) goto quit_xd1;              /*按键退出*/
```

```
                    }
                led123=0x04;
                for(i=0; i<n; i++)
                    {disp_16r(dis_numb7);                    /*显示"大"*/
                    delay_l(j);
                    if (S1==0) goto quit_xd1;
                    }
                for(i=0; i<n; i++)
                    {disp_16r(dis_numb8);                    /*显示"学"*/
                    delay_l(j);
                    if (S1==0) goto quit_xd1;                /*按键退出*/
                    }
                led123=0x01;
            }
        quit_xd1:
        while(S1==0); delay_l(0x8000);
    }
/*----------动态显示图形函数-----------*/
void disp_phzR( unsigned int *num)                            /*正向显示 16×16*/
    {unsigned char y0data=0,abcd=0,i;
    for(i=0; i<16; i++)
        {display_r( *num);                                   /*正向显示*/
        abcd=abcd<<3;                                        /*计算列的位置*/
        y0data=abcd |(led123 & 0x07);
        Y0=y0data;                                           /*显示一列数据*/
        num++;
        abcd=i+1;
        delay_s(0x40);
        }
    Y0=led123 | 0x80;                                        /*关显示器*/
    }
/*---n 是延时数据 0~255------*/
void disp_7hz_R(unsigned char n)                             /*右移汉字*/
    {unsigned char i,k;
    unsigned int *p;
    while(1)
        {for(k=0; k<0x68; k++)                               /*7 个汉字*/
            { p= &dis_numbz[k];                              /*取列数据的地址*/
            for(i=0; i<n; i++)                               /*显示 n 次*/
```

```c
            {disp_phzR(p);                          /*显示一个汉字*/
              if(S1==0) goto quit_7hz;              /*S1 有效退出*/
              }
            led123=~led123;
          }
        }
    quit_7hz:
    while(S1==0); delay_l(0x8000);
  }
/*---n 是延时数据 0～255------*/
void disp_7hz_L(unsigned char n)                    /*左移汉字*/
  {unsigned char i,k;
   unsigned int *p;
   while(1)
     {for(k=0; k<0x68; k++)                         /*7 个汉字*/
        { p= &dis_numbz0[0x70-k];                   /*取列数据的地址*/
          for(i=0; i<n; i++)                        /*延时 n 次*/
            {disp_phzR(p);                          /*显示一个汉字*/
              if(S1==0) goto quit_7hz;
              }
            led123=~led123;
          }
        }
    quit_7hz:
    while(K1==0); delay_l(0x8000);
  }
void main(void)                                     /*测试主函数*/
    { dis_xd(0x40);                                 /*静态显示"西安电子科技大学"*/
    disp_7hz_R(13);                                 /*向右移动显示"实践很重要！"*/
    while(1)
    disp_7hz_L(13);                                 /*向左移动显示"实践很重要！"*/
    }                                               /*main 结束*/
```

在该实验中，汉字字模由"汉字字模软件"产生。在产生字模时，要选择按列刷新，高位数据在先，C51 格式。将产生的字模数据按顺序改造成整型(INT)类型。当然读者也可以将数据定义成 char 型，再进行相关函数的编写。如果读者熟悉指针，可以将列驱动器件 U4(74HC573)的片选地址(0000H～1FFFH)用指针变量操作，以体会指针就是地址的显示效果。

7.2.3 XD2008 单片机 A/D、D/A 综合实验

1. 硬件电路描述

XD2008 单片机实验板接有热敏电阻(R5)，当把 JK 短路时就可通过 TCL549 测试温度

的变化值。还可将 A/D 输入端的电压值与 D/A 输出端(D/AOUT)相连。此练习可综合实现 A/D、D/A 转换器的用法。

2. 软件编程

在编程时，通过 16×16 点阵屏显示 A/D 与 D/A 之值。用 16×16 点阵屏显示数字可采用 8×8 点阵，显示出"千、百、十、个"4 个数字。另外，通过 T0 中断可学习 C51 外部中断函数的用法。C 程序如下：

```
#include <reg52.h>                                    /*包含 52 资源定义头文件*/
#include <absacc.h>                                   /*XBYTE 的头文件*/
sbit LEDALE=P1^3;                                     /*定义 74HC595 锁存信号*/
sbit LEDDI=P1^7;                                      /*定义 74HC595 的串行输入信号*/
sbit LEDCLK=P3^3;                                     /*定义 74HC595 的时钟信号*/
sbit ADO=P1^4;                                        /*A/D 转换器输出脚*/
sbit ADCS=P1^5;                                       /*A/D 转换器片选脚*/
sbit CLK=P1^6;                                        /*A/D 与 D/A 转换器的时钟脚*/
sbit DAIN=P1^4;                                       /*D/A 转换器输入脚*/
sbit DACS=P1^2;                                       /*D/A 转换器片选脚*/
#define    Y0    XBYTE[0x1000]                        /*Y0 的口地址*/
unsigned char led123;                                 /*定义 LED 灯变量*/
void display_char(unsigned char n1,n2,n3,n4,point);   /*显示一列数据*/
unsigned char qs=0,bs=0,ss=0,gs=0;                    /*显示千、百、十、个 4 个数据*/
unsigned char pot=0;                                  /*小数点*/
unsigned char code d_num[]=                           /*定义 0~9 的字模代码*/
    {0x00,0x00,0x7c,0x82,0x82,0x82,0x7c,0x00,//0
    0x00,0x00,0x00,0x00,0xFE,0x00,0x00,0x00,//1
    0x00,0x00,0x72,0x92,0x92,0x92,0x4C,0x00,//2
    0x00,0x00,0x6C,0x92,0x92,0x92,0x00,0x00,//3
    0x00,0x00,0x10,0xFE,0x10,0x10,0xF0,0x00,//4
    0x00,0x00,0x8C,0x92,0x92,0xF2,0x00,0x00,//5
    0x00,0x00,0x0C,0x92,0x92,0x92,0x7C,0x00,//6
    0x00,0x00,0xFE,0x80,0x80,0x80,0x80,0x00,//7
    0x00,0x00,0x7C,0x92,0x92,0x92,0x7C,0x00,//8
    0x00,0x00,0x7C,0x92,0x92,0x92,0x60,0x00}; //9
void T0_func(void)    interrupt 1        /*T0 中断函数*/
    { display_char(qs,bs,ss,gs,pot);     /*显示数字*/
        TH0=0xA9; TL0=0X99;              /*12 ms 在 22.1184 MHz 时，时常数为 A999H*/
    }
void out_t0(void)                        /*定时器 T0 初始化*/
    {TMOD=(TMOD&0X0F0)|0X01;             /*T0 工作在定时 16 位方式*/
```

```
        TH0=0xA9; TL0=0X99;                    /*12 ms 在 22.1184 MHz 时，时常数为 A999H*/
        TR0=1;
    }
void delay_l(unsigned int n)                    /*长延时*/
    { unsigned int i;
        for(i=0; i<n; i++);
    }
void delay_s(unsigned char n)                   /*短延时*/
    { unsigned int i;
        for(i=0; i<n; i++);
    }
void display_r(unsigned int numb)               /*串行输出 16 位行数据函数*/
    { unsigned char i;
        unsigned int x;
        x=~numb;                                /*数据取反*/
    LEDALE=0,LEDCLK=0;
  for(i=0; i<16; i++)
    { LEDDI= (x & 0x8000);
        LEDCLK=1; LEDCLK=1;
        LEDCLK=0; LEDCLK=0;
        x=x<<1;
    }
    Y0=led123 | 0x80;                           /*退出时关显示器 D=1*/
    LEDALE=1;
    LEDALE=0;
}
    /*显示数字函数，其中 point 用来标识小数点，为 1 时显示，为 0 时不显示*/
void display_char(unsigned char n1,n2,n3,n4,point)
    { unsigned char k1,k2,j;
        unsigned int x;
        unsigned char y0data=0,abcd=0,y1,y2;
        k1=n2*8; k2=n4*8;
        if(point==0)
        {for (j=0; j<8; j++)
            {y1=d_num[k1+j];
             y2=d_num[k2+j];
             x=y1*256+y2;
             display_r(x);                      /*送行数据*/
             abcd=abcd<<3;
```

```c
                y0data=abcd |(led123 & 0x07);
                Y0=y0data;                    /*显示一列数据*/
                abcd=j+1;
                delay_s(0x40);
            }
        }
    else
        {for (j=0; j<8; j++)
            {if(j==0) y1=(d_num[k1+j])|0x2;
                else   y1=d_num[k1+j];
            y2=d_num[k2+j];
            x=y1*256+y2;
            display_r(x);                     /*送行数据*/
            abcd=abcd<<3;
            y0data=abcd |(led123 & 0x07);
            Y0=y0data;                        /*显示一列数据*/
            abcd=j+1;
            delay_s(0x40);
            }
        }
    k1=n1*8; k2=n3*8;
    abcd=8;
    for (j=0; j<8; j++)
        {y1=d_num[k1+j];
        y2=d_num[k2+j];
        x=y1*256+y2;
        display_r(x);                         /*送行数据*/
        abcd=abcd<<3;
        y0data=abcd |(led123 & 0x07);
        Y0=y0data;                            /*显示一列数据*/
        abcd=j+9;
        delay_s(0x40);
        }
    }
unsigned char adcon(void)                     /*A/D 变换函数*/
    {unsigned char i;
    unsigned char idata ad;
    ADCS=1; CLK=0; ADO=1;
    ADCS=0;
```

```
            ET0=0;
            for(i=0; i<8; i++)
                {ad=ad<<1;
                CLK=1; delay_s(0x02);
                if(ADO==1) ad=ad | 0x01;
                else    ad=ad | 0x00;
                CLK=0; delay_s(0x02);
                }
            ADCS=1;
            ET0=1;
            return(ad);
        }
void dacon(unsigned int x)                  /*D/A 转换函数*/
        { unsigned char i;
            unsigned int idata y;
            y=x & 0x3fff;
            y=y<<2;
            DACS=1; CLK=0; DAIN=0;
            DACS=0; ET0=0;
            for(i=0; i<16; i++)
                { if((y&0x8000)==0x8000) DAIN=1;
                else DAIN=0;
                CLK=1; delay_s(0x02);
                CLK=0; delay_s(0x02);
                y=y<<1;
                }
            DACS=1; ET0=1;
        }
void main(void)                             /*测试主函数*/
        { unsigned char ad;                 /*定义 ad 变量*/
            unsigned int z;
            float vot;
            led123=0x05;
            out_t0();                        /*T0 初始化*/
            ET0=1; EA=1;
            while(1)
                {ad=adcon();                 /*读 A/D 的值*/
                z=(1024/255)*ad;             /*标定成 D/A 的 10 位代码*/
                dacon(z);                    /*D/A 转换函数*/
```

```
        vot=(float) z/1024;
        vot=4.674*vot;                              /*计算出电压值*/
        z=vot*100;                                  /*将小数变整数*/
        qs=(z/1000);                                /*取出千位*/
        bs=(z%1000/100);                            /*取出百位*/
        ss=(z%100/10);                              /*取出十位*/
        gs=(z%10);                                  /*取出个位*/
        pot=1;                                      /*显示小数点*/
        delay_l(0x2000);                            /*延时*/
        led123=~led123;                             /*LED 灯在闪烁*/
    }
}                                                   /*main 结束*/
```

本例将 D/A 输出变成 A/D 输入引脚的电压值,同时读者还可以显示出温度或其他物理量,当然也可产生多种函数波形。另外,通过本例也练习了中断的用法。

7.2.4 XD2008 单片机秒表、报警综合实验

1. 实验目的

应用 XD2008 单片机学习板可以容易地实现秒表和报警功能。本实验给出了在多中断源申请中断时,优先级、中断函数和大数定时的编程方法。该电路板设有 16×16 的点阵显示屏和蜂鸣器,在时间超出 10 s 时将发出报警声(按 S1 键消除)。

2. 软件编程

设定 T0 为 16×16 点阵显示定时刷新中断源,T1 产生毫秒信号中断源,并结合软件实现秒计数的编程。完整的 C 程序如下:

```
#include <reg52.h>                                  /*包含 52 资源定义头文件*/
sbit LEDALE=P1^3;                                   /*定义 74HC595 锁存信号*/
sbit LEDDI=P1^7;                                    /*定义 74HC595 的串行输入信号*/
sbit LEDCLK=P3^3;                                   /*定义 74HC595 的时钟信号*/
sbit S1=P1^1;                                       /*定义 S1 按键引脚*/
sbit SPK=P1^0;                                      /*定义蜂鸣器引脚*/
unsigned char led123;                               /*定义 LED 灯变量*/
void display_char(unsigned char n1,n2,n3,n4,point); /*显示 4 个数字*/
unsigned char qs=0,bs=0,ss=0,gs=0;                  /*显示的千、百、十、个 4 个数据*/
unsigned char idata time[2],time_jz;                /*存放毫秒、秒时间变量*/
unsigned char pot=0;                                /*小数点*/
unsigned char xdata *Y0;                            /*定义外部指针*/
unsigned char code d_num[]=
        {0x00,0x00,0x7c,0x82,0x82,0x82,0x7c,0x00,//0
         0x00,0x00,0x00,0x00,0xFE,0x00,0x00,0x00,//1
```

```
          0x00,0x00,0x72,0x92,0x92,0x92,0x4C,0x00,//2
          0x00,0x00,0x6C,0x92,0x92,0x92,0x00,0x00,//3
          0x00,0x00,0x10,0xFE,0x10,0x10,0xF0,0x00,//4
          0x00,0x00,0x8C,0x92,0x92,0xF2,0x00,0x00,//5
          0x00,0x00,0x0C,0x92,0x92,0x92,0x7C,0x00,//6
          0x00,0x00,0xFE,0x80,0x80,0x80,0x80,0x00,//7
          0x00,0x00,0x7C,0x92,0x92,0x92,0x7C,0x00,//8
          0x00,0x00,0x7C,0x92,0x92,0x92,0x60,0x00}; //9
```
```
     /*----------T0 中断函数-----------*/
void T0_func(void)    interrupt 1
     { display_char(qs,bs,ss,gs,pot);              /*显示数字*/
        TH0=0xA9; TL0=0X99;                        /*12 ms 在 22.1184 MHz 时, 时常数为 A999H*/
     }
void out_t0(void)                                  /*定时器 T0 初始化*/
     {TMOD=(TMOD&0X0F0)|0X01;                      /*T0 工作在定时 16 位方式*/
        TH0=0xA9; TL0=0X99;                        /*12 ms 在 22.1184 MHz 时, 初值为 A999H*/
        TR0=1;
     }
void delay_l(unsigned int n)                       /*长延时*/
     { unsigned int i;
        for(i=0; i<n; i++);
     }
void delay_s(unsigned char n)                      /*短延时*/
     { unsigned int i;
        for(i=0; i<n; i++);
     }
void speak( unsigned int x)                        /*蜂鸣器函数*/
     { SPK=1;
        SPK=0; delay_l(x);
        SPK=1;
     }
void display_r(unsigned int numb)                  /*串行输出 16 位行数据函数*/
     { unsigned char i;
        unsigned int x;
        x=~numb;                                   /*数据取反*/
        LEDALE=0,LEDCLK=0;
        for(i=0; i<16; i++)
          { LEDDI= (x & 0x8000);
             LEDCLK=1; LEDCLK=1;
```

```
        LEDCLK=0; LEDCLK=0;
        x=x<<1;
    }
    *Y0=led123 | 0x80;                      /*退出时关显示器，D=1*/
    LEDALE=1;
    LEDALE=0;
}
/*显示数字函数，其中 point 是小数点，为 1 显示，为 0 不显示*/
void display_char(unsigned char n1,n2,n3,n4,point)
{ unsigned char k1,k2,j;
  unsigned int x;
  unsigned char y0data=0,abcd=0,y1,y2;
  k1=n2*8;  k2=n4*8;
  if(point==0)
    {for (j=0;  j<8;  j++)
        {y1=d_num[k1+j];
         y2=d_num[k2+j];
         x=y1*256+y2;
         display_r(x);                      /*送行数据*/
         abcd=abcd<<3;
         y0data=abcd |(led123 & 0x07);
         *Y0=y0data;                        /*显示一列数据*/
         abcd=j+1;
         delay_s(0x40);
        }
    }
  else
    {for (j=0;  j<8;  j++)
        {if(j==0) y1=(d_num[k1+j])|0x2;
         else    y1=d_num[k1+j];
         y2=d_num[k2+j];
         x=y1*256+y2;
         display_r(x);                      /*送行数据*/
         abcd=abcd<<3;
         y0data=abcd |(led123 & 0x07);
         *Y0=y0data;                        /*显示一列数据*/
         abcd=j+1;
         delay_s(0x40);
        }
```

```
            }
         k1=n1*8； k2=n3*8；
         abcd=8；
         for (j=0；j<8；j++)
            {y1=d_num[k1+j]；
             y2=d_num[k2+j]；
             x=y1*256+y2；
             display_r(x)；              /*送行数据*/
             abcd=abcd<<3；
             y0data=abcd |(led123 & 0x07)；
             *Y0=y0data；                /*显示一列数据*/
             abcd=j+9；
             delay_s(0x40)；
            }
      }
void out_t1(void)                        /*定时器 T1 初始化*/
    {TMOD=(TMOD&0x0f)|0x10；              /*T1 工作在定时 16 位方式*/
     TL1=0x00；TH1=0x4c；                 /*25 ms 在 22.1184 MHz 时，初值为 4C00H*/
     TR1=1；
    }
void T1_time(void)    interrupt 3        /*T1 中断函数产生毫秒信号*/
    { TL1=0x10；TH1=0x4c；                /*25 ms，初值为 4C00H*/
     time_jz++；                          /*时间标志增 1，到 4 次时即为 100 ms*/
     if(time_jz>3)
       {time_jz=0；
        time[0]++；                       /*0.1 s 增 1*/
        if(time[0]>99)
          { time[0]=0；
           time[1]++；                    /*秒增 1*/
           if((time[1]%10)>5)
           {time[1]=((time[1]/10))*10+10；
            time[1]= (time[1]/10)*10；
            }
           if ((time[1]/10)>9)
                time[1]=0；
           }
        }
           /*显示准备*/
     qs=time[1]/10；                      //千位
```

```
            bs=time[1]%10;                        //百位
            ss=time[0]/10;                         //十位
            gs=time[0]%10;                         //个位
            pot=1;
            }
        void main(void)                            /*测试主函数*/
            { bit flg=0;
                led123=0x05;
                Y0=0x1000;                         /*外部地址*/
                out_t0();                          /*T0 初始化*/
                out_t1();                          /*T1 初始化*/
                PT1=1;                             /*设 T1 中断优先级最高*/
                ET0=1;
                ET1=1;
                EA=1;
                while(1)
                {delay_l(0x4000);
                    /*判断是否大于 10 s*/
                    if ( (time[1]>0) || (time[0]>98) ) flg=1;
                    if(flg==1)
                    {speak(0x500);                 /*输出报警声*/
                        led123=~led123；ᅠ}
                    else led123=0x05;
                    if(S1==0) flg=0;               /*判断按键 S1 是否有效*/
                }
            }                                      /*main 结束*/
```

在本例中，如果读者将 T1 定时器变为秒、分及时定时显示，则只需修改部分软件(包括 40 次 25 ms 定时及六十进制时间显示等程序)即可。

7.2.5 XD2008 单片机温度测量、通信综合实验

1. 实验目的

UART 异步串口通信是常用的通信方式。要实现这种异步通信，第 1 必须设置波特率；第 2 必须设置通信方式。本实验的目的就是基于 XD2008 单片机实验板完成以下功能：①完成温度的实时测量；②用 T1 或 T2 设置波特率；③用串口的低层读/写操作实现通信；④用 C 函数库提供的标准函数实现通信；⑤掌握串口中断函数的编写方法；⑥掌握 STC89C5x 的 E²PROM 的使用方法。

2. 软件编程

作为综合例子，此程序的功能包括：① 当 PC 发送 0x5501 命令时，设置报警温度值；

② 当 PC 发送 0x5502 命令时，进行温度测量并回送温度值；③ 当 PC 发送 0x5503 时，连续回送温度值；④ 当 PC 发送 0x5504 时，停止回送温度值。C 程序如下：

```c
#include <reg52.h>                  /*包含 52 资源定义头文件*/
#include <stdio.h>                  /*包含标准的输入/输出库函数*/
sbit S1=P1^1;                       /*定义 S1 按键引脚*/
sbit SPK=P1^0;                      /*定义蜂鸣器引脚*/
sbit DQ=P3^5;                       /*DS18B20 I/O*/
sfr  ISP_DATA=0xE2;                 /*定义 E²PROM 的寄存器*/
sfr  ISP_ADDRH=0xE3;                /*定义 E²PROM 的寄存器*/
sfr  ISP_ADDRL=0xE4;                /*定义 E²PROM 的寄存器*/
sfr  ISP_CMD=0xE5;                  /*定义 E²PROM 的寄存器*/
sfr  ISP_TRIG=0xE6;                 /*定义 E²PROM 的寄存器*/
sfr  ISP_CONTR=0xE7;                /*定义 E²PROM 的寄存器*/
unsigned int cdx;                   /*定义串口接收命令变量*/
#define   EEADDS  0x2000            /*定义 E²PROM 地址*/
void delay(unsigned int n)          /*长延时*/
    { unsigned int i;
      for(i=0; i<n; i++);
    }
void delay_s(unsigned char n)       /*短延时*/
    { unsigned int i;
      for(i=0; i<n; i++);
    }
void speak( unsigned int x)         /*蜂鸣器函数*/
    { SPK=1;
      SPK=0;  delay(x);
      SPK=1;
    }
    /*下面是串口函数部分*/
void sendchar(unsigned char ch)     /*用串口发单个字符*/
    { while(!TI);
      TI = 0;
      SBUF=ch;
      delay_s(0x04);                /*适当做延时*/
      TI=1;
    }
unsigned char gethex (void)         /*用串口读单个字符*/
    {unsigned char c;
      while (!RI);
```

• 403 •

```c
        c = SBUF;
    RI = 0;
    return (c);
    }
                /*---串口中断函数--*/
void sbuf_read(void)    interrupt 4
    { unsigned char cd55,cd0x;
        if(RI==1)
            { cd55=SBUF;                              /*读串口数据*/
                RI=0;
                if(cd55==0x55)                        /*判断命令头*/
                    { while(RI==0);                   /*读命令*/
                        cd0x=SBUF;
                        RI=0;
                        cdx=cd55*256+cd0x;            /*合成命令*/
                    }
                }
        }
    /*----用 T1 产生波特率-----*/
void out_sbuf_T1(void)                                /*串口初始化*/
    { SCON=0x50;
        TMOD=(TMOD&0x0f)| 0x20;                       /*9.6 kb/s 波特率*/
        PCON=0x80;
        TL1=0xfa;
        TH1=0xfa;
        TR1=1;
        TI=1;
    }
    /*----用 T2 产生波特率-----*/
void out_sbuf_T2(void)                                /*定时器 T2 初始化*/
    { T2CON=0x30;                                     /*RCLK=1,TCLK=1,定时*/
        RCAP2H=0xff;                                  /*初值高 8 位，波特率为 38.4 kb/s*/
        RCAP2L=0xee;                                  /*初值低 8 位*/
        SCON=0x50;                                    /*方式 1*/
        TR2=1;
        TI=1;
    }
            /*下面是温度测量部分*/
unsigned char ow_reset(void)                          /*DS18B20 复位函数*/
```

```
    { unsigned char presence;
        DQ = 0;                                     /*将 DQ 线拉低*/
        delay(73);                                  /*保持 480 μs*/
        DQ = 1;                                     /*DQ 返回高电平*/
        delay(12);                                  /*等待存在脉冲*/
        presence = DQ;                              /*获得存在信号*/
        delay(70);                                  /*等待时间隙结束*/
        return(presence);                           /*返回存在信号*/
    }
void write_bit(unsigned char bitval)                /*位写入函数*/
    { DQ = 0;                                       /*将 DQ 拉低，开始写时隙*/
        if(bitval==1)
        DQ =1;                                      /*如果写 1，DQ 返回高电平*/
        delay(15);                                  /*在时间隙内保持电平值*/
        DQ = 1;                                     /*Delay 函数每次循环延时 16 μs*/
    }
void write_byte(unsigned char val)                  /*字节写入函数*/
    {unsigned char i;
     unsigned char temp;
     for(i=0; i<8; i++)
        {temp = val>>i;                             /*写入字节，每次写入一位*/
         temp &= 0x01;
         write_bit(temp);
        }
     delay(10);
    }
unsigned char read_bit(void)                        /*位读取函数*/
    {unsigned char i;
     DQ = 0;                                        /*将 DQ 拉低，开始读时隙*/
     DQ = 1;                                        /*回到高电平*/
     for (i=0;  i<10;  i++);                        /*延时 15 μs*/
     return(DQ);                                    /*返回 DQ 线上的电平值*/
    }
unsigned char read_byte(void)                       /*字节读取函数*/
    {unsigned char i;
     unsigned char value = 0;
     for(i=0; i<8; i++)
        { if(read_bit())                            /*读取字节，每次读取一个字节*/
          value|=0x01<<i;                           /*然后将其左移*/
```

```
        delay(40);
      }
    return(value);
  }
#ifdef Read_ScratchPad                      /*读暂存器*/
void Read_ScratchPad(void)
  {int j;
   char pad[10];
   write_byte(0xBE);
   for (j=0;  j<9;  j++)
     {pad[j]=read_byte();  }
   pad[8],pad[7],pad[6],pad[5],pad[4],pad[3],pad[2],pad[1],pad[0]);
  }
#endif
float Read_Temperature(void)                /*读取温度函数*/
  { unsigned char idata get[10];
    unsigned char idata temp_lsb,temp_msb;
    unsigned char idata k;
    float t;
    ow_reset();
    write_byte(0xCC);                       /*跳过 ROM*/
    write_byte(0x44);                       /*启动温度转换*/
    delay(60);
    ow_reset();
    write_byte(0xCC);                       /*跳过 ROM*/
    write_byte(0xBE);                       /*读暂存器*/
  for(k=0;  k<9;  k++)
  {get[k]=read_byte();  }
   temp_msb = get[1];                       /*Sign byte + lsbit*/
   temp_lsb = get[0];                       /*Temp data plus lsb*/
   if(temp_msb >= 0x08)
    {temp_lsb = (~temp_lsb)+1;              /*若为负温度，取补*/
     temp_msb &= 0x07;
     temp_msb = (~temp_msb)+1;
     t=(-1)*(temp_msb*16+temp_lsb*0.0625);
    }
   else
    {t=temp_lsb*0.0625+temp_msb*16;  }
      return t;
```

· 406 ·

```
                  }
                  /*下面是 E²PROM 操作部分*/
void wire_1byte (unsigned int eadd,unsigned char edata)    /*写入数据函数*/
    {unsigned char addh,addl;
        addh=eadd/256;                                      /*分离地址高 8 位*/
        addl=eadd%256;                                      /*分离地址低 8 位*/
        ISP_CONTR=(0x00|0x80);                              /*送等待时间，并允许*/
        ISP_CMD=0x02;                                       /*字节编程命令*/
        ISP_ADDRH=addh;                                     /*高 8 位地址*/
        ISP_ADDRL=addl;                                     /*低 8 位地址*/
        ISP_DATA=edata;                                     /*送数据*/
        EA=0;
        ISP_TRIG=0x46;                                      /*触发寄存器*/
        ISP_TRIG=0xB9;                                      /*立即执行*/
        delay_s(0x10);
        EA=1;
    }
unsigned char read_1byte (unsigned int eadd)               /*读出数据函数*/
    {unsigned edata;
      unsigned char addh,addl;
        addh=eadd/256;                                      /*分离地址高 8 位*/
        addl=eadd%256;                                      /*分离地址低 8 位*/
        ISP_CONTR=(0x00|0x80);                              /*送等待时间,并允许*/
        ISP_CMD=0x01;                                       /*字节读命令*/
        ISP_ADDRH=addh;                                     /*高 8 位地址*/
        ISP_ADDRL=addl;                                     /*低 8 位地址*/
        EA=0;
        ISP_TRIG=0x46;                                      /*触发寄存器*/
        ISP_TRIG=0xB9;                                      /*立即执行*/
        delay_s(0x10);
        edata=ISP_DATA;                                     /*读数据*/
        EA=1;
        return edata;
    }
void ERASE_EE( unsigned int eadd)                          /*扇区擦除函数*/
    {unsigned char addh,addl;
        addh=eadd/256;                                      /*分离地址高 8 位*/
        addl=eadd%256;                                      /*分离地址低 8 位*/
        ISP_CONTR=(0x00|0x80);                              /*送等待时间并允许*/
```

```
        ISP_CMD=0x03;                           /*扇区擦除命令*/
        ISP_ADDRH=addh;                         /*高 8 位地址*/
        ISP_ADDRL=addl;                         /*低 8 位地址*/
        EA=0;
        ISP_TRIG=0x46;                          /*触发寄存器*/
        ISP_TRIG=0xB9;                          /*立即执行*/
        delay_s(0x10);
        EA=1;
    }
void main(void)                                 /*测试主函数*/
    { float wd;
      unsigned char setwd,wdz;                  /*设置温度变量*/
      unsigned char xdata *Y0;
      unsigned char led123;
      Y0=0x1000; led123=0x05;
      out_sbuf_T1();                            /*串口初始化，波特率为 19.2 kb/s*/
      //out_sbuf_T2();                          /*定时器 T2 初始化,波特率为 38.4 kb/s */
      ES=1; EA=1;
      while(1)
          { if(cdx==0x5501)
            { while (RI==0);
              setwd=SBUF;                        /*读取温度设定值*/
              RI=0; ES=0;
              ERASE_EE(EEADDS);                  /*擦除 EEADDS 扇区*/
              wire_1byte(EEADDS,setwd);          /*写入 E²PROM 保存*/
              speak(0x800);
              cdx=0x5504;
              ES=1;
            }
          else if(cdx==0x5502)
              {wd=Read_Temperature();            /*测量温度值*/
               printf("wd=%f\n",wd);             /*输出温度值*/
               cdx=0x5504;                       /*停止测量*/
               speak(0x800);                     /*发声*/
              }
            else if (cdx==0x5503)
              { wd=Read_Temperature();           /*测量温度值*/
                ES=0;
                printf("wd=%f\n",wd);            /*输出温度值*/
```

```
            ES=1;
            wdz=read_1byte (EEADDS);
            if(wdz> (char)wd)
              {speak(0x800); }                    /*报警*/
            delay(0x50);
          }
          led123=～led123;                         /*运行灯闪烁*/
          *Y0=led123|0x80;
        }
      }                                            /*main 结束*/
```

在本例中，读者可以调用"out_sbuf_T2();"函数看看波特率为 38.4 kb/s 时的结果，也可编写 16×16 显示屏显示程序。

7.3 应 用 系 统

7.3.1 GSM/GPRS 无线通信模块的典型应用

1. 硬件与功能描述

GSM/GPRS 无线通信模块既可以作为手机通信工具，也可以作为数据通信平台。不管哪种应用，均需要单片机通过标准的 AT 命令加以控制。GTM900 无线模块是一款三频段 GSM/GPRS 的无线通信模块，它支持标准的 AT 命令及增强的 AT 命令，可提供丰富的语音和数据通信等多种功能，支持 800 MHz、900 MHz 和 1800 MHz 三种频率，三频自动选择，通过内部硬件的选择可支持 850 MHz 频段和 1900 MHz 频段。

GTM900 无线模块与 TC35i、MC35i 等通信模块基本兼容。

1) 性能与功能

(1) 提供标准 UART 通信接口，串口速率最大为 115.2 kb/s。

(2) 支持分组数据业务和 GPRS CLASS 10 协议。

(3) 支持标准 AT 命令集和扩展 AT 命令集。

(4) 提供 UART Audio SIM 卡和 Power Control ADC 接口。

(5) 支持高质量语音业务和 FR、EFR、HR 及 AMR 的语音编码。

(6) 支持无线数据业务、电路型数据业务和分组域数据业务。

(7) 支持短消息(MT、MO)功能。

(8) 支持来电显示、呼叫转移、呼叫前转、呼叫保持、呼叫等待和三方通话等业务功能。

(9) 支持组呼、点对点通信和私密呼叫等功能。

(10) 支持 TCP/IP 和 UDP/IP 协议。

(11) 模块电源：+3.3～+4.8 V(典型值为+4.0 V)。

(12) 信号电平：+1.85～+3.14 V。

(13) 空闲状态电流：4 mA(典型值)。

(14) 通话状态电流：250 mA(典型值)。

2) 模块内部结构与接口

GTM900 使用 AT 命令集，通过 UART 接口与外部 CPU 通信，主要实现无线发送、接收、基带处理、音频处理等功能。有了这种简单的串行接口，用户可实现各种通信链路。

GTM900 无线模块的接口是一个 40 脚的 FPC 连接器，引脚间距为 0.5 mm，线距为 0.5 mm，形状为单排弯式表贴带电缆锁紧结构。其引线如图 7-18 所示。接口信息含义见表 7-4。

GTM900 提供的天线接口为 GSC 焊盘形式，外接天线需要通过焊接的方式实现连接。用户也可以焊接 GSC 射频连接头，外接天线通过电缆连接到该连接器上。

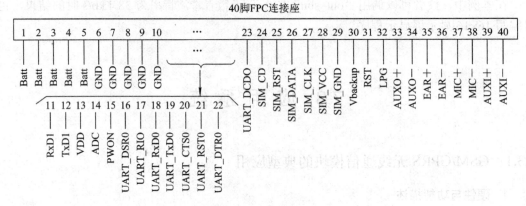

图 7-18　40 脚信号排列

表 7-4　40 脚信息

脚号	信息名称	I/O	接口电平	功 能 描 述	备注
1	Batt	I	4.0 V	模块供电电源	最大4.5 V
2	Batt	I	4.0 V	模块供电电源	最大4.5 V
3	Batt	I	4.0 V	模块供电电源	最大4.5 V
4	Batt	I	4.0 V	模块供电电源	最大4.5 V
5	Batt	I	4.0 V	模块供电电源	最大4.5 V
6	GND	I/O	—	工作参考地	—
7	GND	I/O	—	工作参考地	—
8	GND	I/O	—	工作参考地	—
9	GND	I/O	—	工作参考地	—
10	GND	I/O	—	工作参考地	—
11	红外串口的RxD1	O	3.0 V	串口的接收数据，用于调试	—
12	红外串口的TxD1	I	3.0 V	串口的发送数据，用于调试	—
13	VDD	O	3.0 V	输出模块正常启动指示信号	"1"有效
14	ADC	I	—	输入模拟数字采样信号(10位)	尚不支持
15	PWON信号	I	3.0 V	输入开机控制信号，低电平有效	

脚号	信息名称	I/O	接口电平	功能描述	备注
16	UART_DSR0	O	3.0 V	标识输出模块串口是否准备好	—
17	UART_RIO	O	3.0 V	输出串口的振铃指示信号	尚不支持
18	UART_RxD0	O	3.0 V	计算机的串口接收信号	—
19	UART_TxD0	I	3.0 V	计算机的串口发送信号	—
20	UART_CTS0	O	3.0 V	计算机的串口接收请求信号	—
21	UART_RTS0	I	3.0 V	计算机的串口发送信号	—
22	UART_DTR0	I	3.0 V	计算机串口是否准备好信号	—
23	UART_DCD0	O	3.0 V	输出载波检测信号	—
24	SIM_CD	I	3.0 V	输入SIM卡是否在位信号	尚不支持
25	SIM_RST	O	3.0 V	输出SIM卡复位信号	—
26	SIM_DATA	I/O	3.0 V	SIM卡数据输入/输出接口	—
27	SIM_CLK	O	3.0 V	输出SIM卡时钟信号	—
28	SIM_VCC	O	3.0 V	输出给SIM卡供电的信号	—
29	SIM_GND	I/O	0 V	SIM卡的接地信号	—
30	Vbackup	I	3.0 V	模块的备份电池	—
31	RST	I	—	复位信号	—
32	LPG	O	—	输出指示灯状态控制信号	—
33	AUXO+	O	—	第二路音频输出信号	—
34	AUXO-	O	—	第二路音频输出信号	—
35	EAR+	O	—	第一路音频输出信号	—
36	EAR-	O	—	第一路音频输出信号	—
37	MIC+	I	—	第一路音频输入信号	—
38	MIC-	I	—	第一路音频输入信号	—
39	AUXI+	I	—	第二路音频输入信号	—
40	AUXI-	I	—	第二路音频输入信号	—

3) 串行接口

UART 接口与外界进行串行通信，支持 3.0 V 电平输入和输出。UART 接口的信号除了 RxD0、TxD0 是高电平有效外，其余所有信号均为低电平有效。UART 接口支持可编程的数据宽度、可编程的数据停止位、可编程的奇/偶校验或者没有校验。UART 接口工作的最大速率为 115.2 kb/s，默认支持 9600 b/s 的速率。

UART 串行接口用到的信号有 UART_DCD0(23 脚，载波检测)、UART_RIO(17 脚，振铃指示)、UART_RTS0(21 脚，请求发送)、UART_TxD0(19 脚，发送数据)、UART_DSR0(16 脚，数据设备就绪)、UART_DTR0(22 脚，数据终端就绪)、UART_CTS0(20 脚，清除发送)和 UART_RxD0(18 脚，接收数据)8 个信号。除 UART_TxD0、UART_RxD0 信号之外，其余信号都可以接成固定电平。

4) SIM 卡接口

GTM900 可外接 3.0V 的 SIM 卡。SIM 卡接口信号有 SIM_CLK(27 脚，SIM 卡时钟信号)、SIM_RST(25 脚，SIM 卡复位信号)、SIM_DATA(26 脚，SIM 卡数据线)、SIM_VCC(28 脚，SIM 卡电源)、SIM_CD(24 脚，SIM 卡在位)和 SIM_GND(29 脚，SIM 卡的地)共 6 个信号。

5) RTC Backup 接口

RTC Backup 电路的主要作用是在模块外部的电源 VBAT 断开或掉电的情况下，能保持模块的实时时钟(Real Time Clock)。例如，GTM900 模块没有 VBAT 电源供电，此时如果外加"RTC Backup 电路"，GTM900 模块就能自动更新时间，直到外部的"RTC Backup 电源"耗尽。否则，GTM900 模块会在没有 VBAT 电源供电的情况下，停止更新时间信息。外接"RTC Backup 电源"的接口电压是 3.0 V，电流能力为 10 μA。GTM900 模块能自动地对外部的"RTC Backup 电源"进行充电。接入"RTC Backup 电源"的方法是在信号Vbackup(30 脚)上加入+3 V 的可充电电池。

6) Audio 接口

GTM900 提供两路音频输入/输出信号，两路信号均为差分信号。第一路信号有 EAR+(35脚，音频输出信号+端)、EAR–(36 脚，音频输出信号–端)、MIC+(37 脚，音频输入信号+端)和 MIC–(38 脚，音频输入信号–端)。第二路信号有 AUXO+(33 脚，音频输出信号+端)、AUXO–(34 脚，音频输出信号–端)、AUXI+(39 脚，音频输入信号+端)和 AUXI–(40 脚，音频输入信号–端)。

其中第一路音频输入/输出通道的性能更加良好，配置更加灵活和方便。因此，如果仅使用一路音频通道，此音频通道优选。听筒方式连接时，无需外加音频放大器。如果同时需要两路音频通路，例如在固定台上，通常推荐的连接方式如下：第一路音频通道用做听筒通道，第二路音频通道用做免提通道。这时，第二路音频通道需要外加音频放大器进行放大，靠近音频放大器的前后需进行射频滤波。

由于四路音频信号均是差分对信号，因此需要平行等距离地进行 PCB 走线，走线长度尽量短，两边滤波电路尽量对称，两差分信号间尽量靠近外加包地处理。输出音频差分对信号与输入音频差分对信号通过地的方式有效隔开，同时需要远离电源、射频和天线等电路。

7) LPG 接口

LPG 接口输出不同的信号给指示灯，能指示模块的不同工作状态。其外接指示电路如图 7-19 所示。

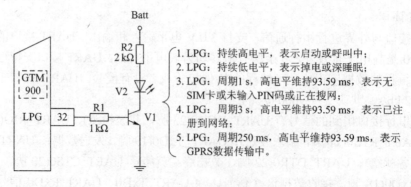

图 7-19　LPG 状态指令电路

8) 电源接口

GTM900 模块的电源标准值应为 4.0 V/2 A，最小+3.3 V，最大+4.8 V，波纹要尽可能小。

2. 系统组成与 AT 命令

GTM900 通信模块与 SIM 卡、UART、CPU 、语音、按键、LCD 和电源管理等组成的系统框图如图 7-20 所示。如果只用 GTM900 无线传输数据(通过 TCP/IP、UDP/IP 协议或短信)，则可省去语音、键盘和 LCD 等部分。

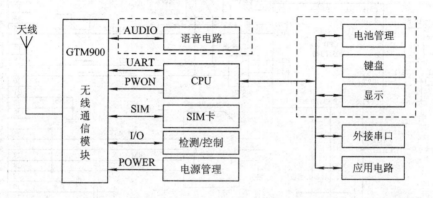

图 7-20　系统组成框图

在 UART 接口的支持下，GTM900 通信模块通过软件用 AT 命令就可实现所有的操作。一般来讲，AT 命令包括"设置命令"、"测试命令"、"查询命令"和"执行命令"四种类型(关于 AT 命令的详细介绍可查阅其他资料)。

3. 应用举例与编程

目前，在车载导航、GPS 定位和远程数据传输等应用中，往往通过 GTM900 无线模块(或 TC35i、MC35、SIM300D)实现"数据"的远程通信。图 7-21 所示为将现场的"温度信息"和其他"物理信息"由 C8051 单片机实时处理，通过"GTM900 无线模块"实现远程测量和传送的电路。

在这个应用中，还可通过 SW1 与 SW2 的开关位，将 GTM900 设置成直接由 PC 机控制的"无线"传输设备。

只要"手机"能够通信的地方，这种测量传输就能够使用。

下面是通过"短信方式"和"GPRS 上网方式"，使用 AT 命令完成"点对点"通信的函数编程：

```
#include "C8051F340.h"            /*C8051F340 的头文件*/
#include <string.h>               /*使用了 strlen()函数*/
sbit PWON = P0^1;                 /*GTM900 复位管脚*/
                                  /*设置 PDU 模式，发送短信用*/
unsigned char code Command_CMGF[]={"AT+CMGF=0\r"};
                                  /*设置短信接收模式*/
unsigned char code Command_CNMI[]={"AT+CNMI=2,2\r"};
                                  /*直接显示短信内容*/
```

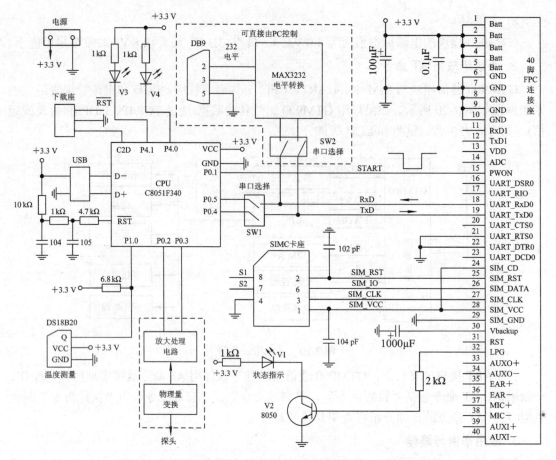

图 7-21　GTM900 的应用电路

```
unsigned char code Command_ATE0[]={"ATE0\r"};                /*关回显*/
unsigned char code Command_CMGS[]={"AT+CMGS="};              /*发送长度*/
unsigned char code Command_CMGR[]={"AT+CMGR="};              /*读第几条短信*/
unsigned char code Command_CMGD[]={"AT+CMGD="};              /*删除第几条短信*/
unsigned char code Command_CGDCONT[]={"AT+CGDCONT=1,\"IP\",\"CMWAP\"\r"};
                 /*连接到 WAP 网上，若要连接到互联网上用"CMNET"*/
unsigned char code Command_ETCPIP[]={"AT%ETCPIP\r"};         /*进入 TCPIP 功能*/
unsigned char code Command_IPOPEN[]={"AT%IPOPEN=\"TCP\",\"010.000.000.172
\",23\r"};                 /*以 TCP 方式连接到 10.0.0.172:23 上面*/
unsigned char code Send_SMS_Number[]={"13500000000"};        /*目的手机号码*/
unsigned char SMS_Change_Number[13];     /*转换格式后保存的手机号码*/
void System_Init(void)                    /*关闭看门狗和使用内部晶振*/
    { PCA0MD &= ~0x40;                    /*关闭看门狗*/
      OSCICN  |= 0x03;                    /*使用内部晶振，不分频*/
    }
void Port_Init(void)                      /*端口配置*/
```

```
    {P0MDIN = 0x3f;                        /*晶振端口为模拟量*/
     P0SKIP = 0xCf;                        /*使 P0.4、P0.5 作为串口 0 的管脚*/
     P0MDOUT = 0x00;
     XBR0    = 0x01;
     XBR1    = 0x40;                       /*串口 0 允许*/
    }
void OSCILLATOR_Init(void)                 /*系统时钟选择*/
    {unsigned int i;
     OSCXCN = 0x67;                        /*晶体振荡方式，12 MHz*/
     for(i = 0;   i < 1000;   i++);        /*延时 1 ms*/
     while (!(OSCXCN & 0x80));             /*等待晶体振荡稳定*/
     CLKSEL = 0x01;                        /*系统时钟切换至外部振荡器*/
     OSCICN = 0x00;                        /*关闭内部振荡器*/
    }

/**************UART0 初始化函数***************/
void UART0_Init(void)                      /*使用外部晶振 22.1184 MHz，速率为 9600 b/s*/
    { TMOD &= 0x0f;                        /*选择 T1 工作模式*/
     TMOD |= 0x20;
     SCON0 = 0x10;
     CKCON = 0x00;                         /*系统时钟/12*/
     TH1    = 160;                         /*sysclk/(256-th1)*0.5=baud..160:9600 b/s 64:4800 b/s*/
     TR1    = 1;
    }
void DelayUs(unsigned int u)               /*短延时函数*/
    { unsigned int i;
     while(u--)
     for(i=0;  i<1000;  i++);
    }
void DelayMs(unsigned int m)               /*长延时函数*/
    { while(m--)
      DelayUs(1000);
    }
void SMSsendbyte(unsigned char p)          /*发送一个字节*/
    { SBUF0=p;
     while(TI0==0);
     TI0=0;
     DelayUs(1);
    }

/*-----------------------------------------------
```

功能：把 00H 到 0FH 的十六进制数转换为 ASCII 码

入口参数：十六进制数据

返回参数：转换后的 ASCII 码(0AH～0FH 转换后得到大写字母)

--*/

```c
unsigned char toASCII(unsigned char ch)
    {if( (ch>=0x00)&&(ch<=0x09) )
        ch+=0x30;
    else if( (ch>=0x0A)&&(ch<=0x0F) )
        ch+=0x37;                        /*按大写字母发送*/
    return(ch);
    }
```

/*--

功能：把一个字节的数以 PDU 格式发送

入口参数：十六进制数据

返回参数：无

--*/

```c
void toPDU_Send(unsigned char ch)
    { unsigned char a,b;
        a=ch/16;
        b=ch%16;
        SMSsendbyte(toASCII(a));
        SMSsendbyte(toASCII(b));
    }
void SMSsendstring(unsigned char *p)        /*发送字符串*/
    { unsigned int len,i;
     len=strlen(p);
     for(i=0; i<len; i++)
        SMSsendbyte(p[i]);
    }
/****等待 GTM900 返回回答命令，ch 为一个字节的命令****/
void WaitGTM900(unsigned char ch)
    {   do{
            while(RI0==0);
            RI0=0;
        }
            while(SBUF0!=ch);
    }
void GPRS_connect(void)                   /*GPRS 连接方式*/
    {
```

```
        SMSsendstring(Command_IPOPEN);        /*这里采用 TCP 方式，模块还支持 UDP 方式连接*/
        WaitGTM900('T');                       /*等待模块返回"CONNECT"回答命令*/
    }
/*------------------------------------------------
功能：GTM900 初始化——PDU 模式，短信接收模式为直接写串口，配置网络
指令：ATE0 回车
     AT+CMGF=0 回车
     AT+CNMI=2,2 回车
     AT+CGDCONT=1,"IP","CMWAP"回车
     AT%ETCPIP 回车
----------------------------------------------*/
void SMSInit(void)
{    PWON = 0;
    DelayMs(10);
    PWON = 1;                                  /*复位脉冲：低电平延时 10 ms 左右*/
    WaitGTM900('T');                           /*等待^SYSSTART*/
    DelayMs(20);                               /*模块进入正常工作前需延时*/
                                               /*发送初始化指令：*/
    SMSsendstring(Command_ATE0);               /*关闭回显*/
    WaitGTM900('K');
    DelayUs(100);
     SMSsendstring(Command_CMGF);              /*设置 PDU 模式*/
    WaitGTM900('K');
    DelayMs(6);
    SMSsendstring(Command_CNMI);               /*设置短信接收模式*/
    WaitGTM900('K');
    DelayMs(6);
    SMSsendstring(Command_CGDCONT);            /*上网方式*/
    WaitGTM900('K');
    DelayUs(100);
    SMSsendstring(Command_ETCPIP);
    WaitGTM900('K');
    DelayUs(100);
}
/*------------------------------------------------
功能：把 PDU 格式还原为 HEX 码
入口参数：pdu_H、pdu_L 分别为 PDU 格式的高位和低位
返回参数：转换后的 HEX 格式的数
----------------------------------------------*/
```

```c
unsigned char PDU_to_HEX(unsigned char pdu_H,unsigned char pdu_L)
    { unsigned char a,b;
    if(pdu_H>='A')
        a=(pdu_H-'A'+10)*16;
    else a=(pdu_H-'0')*16;
    if(pdu_L>='A')
        b=(pdu_L-'A'+10);
    else b=(pdu_L-'0');
    return(a+b);
    }
/*-----------------------------------------------
功能:        正常顺序的字符串转换为两两颠倒的字符串,
            若长度为奇数,补'F'凑成偶数
            如: "13512345678" --> "3115325476F8"
入口参数:    Snum: 源字符串指针, Dnum: 目标字符串指针
            SnumLength: 源字符串长度
返回参数:    目标字符串长度
-----------------------------------------------*/
int GsmInvertNumbers(* Snum, * Dnum, SnumLength)
unsigned char* Snum, unsigned char* Dnum, unsigned char SnumLength;
    { unsigned char i;
    unsigned char DnumLength;               /*目标字符串长度*/
    unsigned char ch;                       /*用于保存一个字符*/
    DnumLength = SnumLength;                 /*复制串长度*/
    for(i=0;  i<SnumLength; i+=2)            /*两两颠倒*/
        {ch = *Snum++;                       /*保存先出现的字符*/
         *Dnum++ = *Snum++;                  /*复制后出现的字符*/
         *Dnum++ = ch;                       /*复制先出现的字符*/
         }
    if(SnumLength & 1)                       /*源串长度是奇数吗? */
        {*(Dnum-2) = 'F';                    /*补'F'*/
         DnumLength++;                       /*目标串长度加 1*/
         }
    *Dnum = '\0';                            /*输出字符串加个结束符*/
    return DnumLength;                       /*返回目标字符串长度*/
    }
/***短信形式发送"测试"两个字到目的手机号码上***/
void Send_SMS(void)
    {SMSsendstring(Command_CMGS);            /*发送短信的命令头*/
```

```
        SMSsendstring("19\r");
        /*发送"测试"这两个中文，占 4 个字节，加上系统的 15 个字节*/
        WaitGTM900('>');                         /*等待模块返回 '>'*/
        DelayUs(20);
        SMSsendstring("0011000D9168");
        GsmInvertNumbers(Send_SMS_Number,SMS_Change_Number,11);    /*号码格式转换*/
        SMSsendstring(SMS_Change_Number);        /*要发送的目的手机号码*/
        SMSsendstring("0008FF04");                /*最后的"04"表示要发送四个字节*/
        SMSsendstring("6D4B8BD5");                /*PDU 格式，内容为"测试"*/
        DelayUs(100);
        SMSsendbyte(0x1A);                        /*<Ctrl-z>符*/
        WaitGTM900('K');                          /*等待发送成功*/
    }
void main(void)                                   /*测试函数*/
    { System_Init();
        Port_Init();                              /*端口初始化*/
        OSCILLATOR_Init();                        /*晶振初始化*/
        UART0_Init();                             /*串口 0 初始化*/
        SMSInit();                                /*短信初始化*/
        Send_SMS();                               /*短信发送函数。发送"测试"两个字到指定号码*/
        GPRS_connect();                           /*GPRS 连接，以 TCP 方式连接到 10.0.0.172:23 上*/
        /*连接成功后，就可以用 AT%IPSEND 与对方通信了*/
        /*格式为 AT%IPSEND=<data>*/
        /*通信完后可用 AT%IPCLOSE=1 命令关闭此连接*/
    //如果读者想接收短信或者接收 GPRS 数据，建议在串口 0 中断中去处理，这里略
        while(1);                                 /*等待*/
    }
```

7.3.2　高性能 GPS 模块与单片机的典型应用

1. GPS 模块的总体描述

GPS 是全球卫星定位系统(Global Positioning System，GPS)的英文缩写。GPS 利用导航卫星进行测时和测距，以构成全球定位系统，能提供全天候的定位、授时、测速功能。

GPS 已被广泛应用于航天、航空、航海、运输、测量、勘探等诸多领域。随着大规模集成电路的发展和定位功能需求的增多，GPS 已经开始更多地嵌入移动手持设备、消费电子产品中，如汽车电子、掌上电脑、蜂窝电话、数码相机、便携式 DVD 播放器等。

GPS 系统主要分为三个部分：其一是卫星，用于提供定位信息；其二是控制系统，用于维护卫星的正常运转，保证卫星的正常状态；其三是接收机，即 GPS 模块或一般用户所使用的部分。其定位原理是将地球分为 12 个横切面，每个横切面上有两颗定位卫星，互成 180°的夹角，因而站在地球上任一点的人，头顶上总有 12 颗定位卫星。卫星与卫星之间的

距离、坐标和角度是已知的，卫星和人之间的距离是可测量的。根据几何原理，通常接收机只要接收到 3 颗卫星的信息便可确定二维坐标即经纬度，接收到 4 颗卫星的信息便可确定海拔高度。

目前卫星网络(多达 27 颗)运行于非同步、近地轨道并覆盖全球，保证了定位系统的运行。而 GPS 接收机至少需要锁定 4 颗星，才能提供定位信息。这些卫星广播或发送的长系列码(或数字组合)称为伪随机码。GPS 接收机可通过已知的卫星伪随机码、光速以及保持卫星位置的查询表等参数，计算出卫星的传输时间，再将传输时间转为距离。在多个卫星(大于 4)的条件下，通过求解三角方程就可以计算出 GPS 接收机的位置，即用户的位置。

1) GPS 的组成框图

GPS 芯片是由一块射频集成电路、一块数字信号处理电路和标准嵌入式 GPS 软件构成的。射频集成电路用于检测和处理 GPS 射频信号，数字信号处理电路用于处理中频信号，标准嵌入式 GPS 软件用于搜索和跟踪 GPS 卫星信号，并根据这些信号求解用户的坐标和速度。GPS 系统一般是无线手持设备，汽车、便携式计算设备以及一些 GPS 专业产品。如图 7-22 所示是手持式 GPS 系统结构框图。

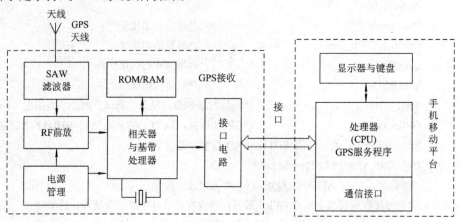

图 7-22 手持式 GPS 系统结构框图

2) 新一代 GPS 的特点

以三代 GPS 为代表的主要芯片(模块)有以下特点：

(1) 定位时间快。无论冷启动、温启、热启，重捕时间均快 5～30 s(与二代相比)。

(2) 高感度。即在高楼、树荫、桥下、遮挡、隧洞、窗口、车内，甚至车底盘下仍可很快锁定 4 颗以上卫星。一般有点天空就可定位。

(3) 抗干扰性能好。在高压线、电场、磁场、高速动态、微波、手机、同频干扰的环境下仍能正常工作。

(4) 功耗低。降低了功耗，甚至有睡眠状态(静态不工作)，可以节电，提高产品的待机时间。

(5) 性价比高。体积小，重量轻，可以扩大更多的应用范围和领域。实际上三代芯片的价格与二代的基本相同，甚至更低，但功能提高很多。

(6) 硬件/软件的融合。整个设计基于 GPS 接收器前端，软件获取 GPS 前端接收器的输出和卫星定位信息，然后下载卫星星历，利用新技术进行信号处理，提取卫星信号，产生有效的定位信息。

2. GPS 模块的数据格式

目前国际上较流行的 GPS 模块(OEM 板或芯片)不管是哪一种,均提供 UART 串行接口。模块的数据格式也是标准的。

GPS 模块的数据输出格式是以美国国家海洋电子协会(National Marine Electronics Association)的 NMEA 0183 ASCII 码接口协议为基础的。此协议可在不同的 GPS 导航设备中建立统一的 RTCM 标准,是目前 GPS 接收机上使用最广泛的协议。大多数常见的 GPS 接收机、GPS 数据处理软件、导航软件都遵守或者至少兼容这个协议。

GPS 模块的传输速率可自定义,缺省波特率为 4800 b/s。

1) NMEA 0183 输入语句

NMEA 0183 输入语句用以完成模块参数的设置。所有的语句必须以 $PFST 开头,以 <CR><LF>来结束,也就是 ASCII 字符"回车"(十六进制的 0D)和"换行"(十六进制的 0A)。最后的校验码*hh 是用于做奇偶校验的数据。在通常使用时,它并不是必需的。但当周围环境中有较强的电磁干扰时,则推荐使用校验码。hh 代表了"$"和"*"之间所有字符的按位异或值(不包括这两个字符)。

(1) 海拔高度援助模式的设置。如果设置海拔高度援助模式有效,即用户可以自己输入一个预知的海拔高度,这样就可以在 3 颗卫星的情况下实现 3D 定位。海拔高度援助模式的默认值是无效的,即用内部的海拔高度。

海拔高度援助模式的设置格式是:

$PFST, ALTAID, <n>, <x.x>

其中,<n>是援助模式: 0 无效,1 有效;<x.x>是用户输入的海拔高度,单位是米。

例如: $PFST,ALTAID,1,34.2 表示输入的援助海拔高度为 34.2。$PFST,ALTAID,0 表示用默认海拔高度。

(2) 波特率的配置。波特率的设置格式是:

$PFST, CONF, 21, <m>

其中,<m>是要设的波特率,单位是 b/s。例如: $PFST, CONF, 21, 9600 表示波特率设为 9600 b/s。

(3) 接收机初始化设置。接收机初始化设置语句可以为 GPS 接收机提供初始化位置和时间的信息,从而帮助捕获 GPS 卫星。接收机收到这条语句后将重新开始搜索卫星。其格式为:

$PFST,INITAID,<time>,<date>,<lat>,<N/S>,<long>,<E/W>,<altitude>

其中,<time>是 UTC 时间,格式为 hhmmss.dd(时分秒);<DATE>是 UTC 日期,格式为 ddmmyy(日月年);<lat>是纬度,格式为 ddmm.mmmm(度分);<N/S>是纬度 N(北半球)或 S(南半球);<long>是经度 dddmm.mmmm(度分);<E/W>是经度 E(东经)或 W(西经);<altitude>是海拔高度 1~5 位数,单位是米。

例如: $PFST,INITAID,131500.78,100102,6016.3075,N,02458.3817,E,40 表示: 时间为 13:15:00.78 (UTC);日期是 10 Jan-2002;纬度是 6016.3075;N 是北半球;经度是 02458.3817;E 是东经;海拔高度是 40 m。

又例如：$PFST,INITAID, ,6016.3075,N,02458.3817,E(只有位置)。内容可省，但"逗号"不能省。

(4) 输出语句和波特率的更改。输出语句和波特率的更改设置格式是：

  $PFST,NEMA,\<mask>,\<speed>

其中，\<mask>是输出格式的数字和：GSV 格式是 0x0001，GSA 格式是 0x0003，ZDA 格式是 0x0004，PPS 格式是 0x0010，FOM 格式是 0x0020，GLL 格式是 0x1000，GGA 格式是 0x2000，VTG 格式是 0x4000，RMC 格式是 0x8000；\<speed>是波特率(是 200 b/s、2400 b/s、4800 b/s、9600 b/s、19 200 b/s、57 600 b/s、115 200 b/s 之一)。

例如，$PFST，NMEA，7003，4800 表示输出 GLL、GGA、VTG、GSA 和 GSV 格式，波特率为 4800 b/s。

(5) 恢复出厂输出语句和波特率设置。格式：

  $PFST，RESTORE

(6) 休眠模式设置。如果在导航期间进入睡眠模式，唤醒后将继续导航；如果在空闲期间进入睡眠模式，唤醒后将继续进入空闲模式。

睡眠模式设置的格式是：

  $PFST,SLEEP,\<ssss>,\<mmmm>

其中，\<ssss>是进入睡眠模式后的定时唤醒时间，最大为 4 292 967 s，约 49 天 17 小时；\<mmmm>是唤醒源，如果省略，将从 UART 口或 I/O 脚唤醒。

例如，$PFST，SLEEP，900 表示 900 秒(15 分)后由 UART 口唤醒。

2) NMEA 0183 输出语句

NMEA 0183 输出语句定义了 GPS 模块的数据输出格式。其输出一般有 GSV、GSA、ZDA、PPS、FOM、GLL、GGA、VTG 和 RMC 9 种格式的定位信息。常用的几种格式为：

(1) GPS 定位信息(GGA)。输出数据格式：

  $GPGGA，\<1>，\<2>，\<3>，\<4>，\<5>，\<6>，\<7>，\<8>，\<9>，M，\<11>，\<12>*hh\<CR>\<LF>

格式中"\< >"的含义是：

\<1>表示 UTC 时间：hhmmss.ddd(时分秒)；

\<2>表示纬度：ddmm.mmmm(度分)格式(前面的 0 也将被传输)；

\<3>表示纬度方向：N(北半球)或 S(南半球)；

\<4>表示经度：dddmm.mmmm(度分)格式(前面的 0 也将被传输)；

\<5>表示经度方向：E(东经)或 W(西经)；

\<6>表示 GPS 的状态：0=未定位，1=定位；

\<7>表示正在使用的卫星数量：(00~12)(前面的 0 也将被传输)；

\<8>表示水平精度因子：0.5~99.9；

\<9>表示海平面高度：−9999.9~99999.9；

\<10>表示地球椭球面相对大地水准面的高度；

\<11>差分时间：从最近一次接收到差分信号开始的秒数，如果不是差分定位，此项将为空；

\<12>表示差分站 ID 号：000~123。

例如，$GPGGA,084053.039,6016.3051,N,02458.3735,E,0,00,0.5,46.6,M,18.2,M,,*5D。

(2) 当前卫星信息(GSA)。输出数据格式：

$GPGSA,<1>,<2>,<3>,<3>,<3>,<3>,<3>,<3>,<3>,<3>,<3>,<3>,<3>,<3>,<4>,<5>,<6>
*hh<CR><LF>

格式中"<>"的含义是：

<1>表示模式，M=手动，A=自动；

<2>表示定位类型。1=没有定位，2=2D 定位，3=3D 定位；

<3>表示 PRN 码(伪随机噪声码)，即正在用于解算位置的卫星号(01～32，前面的 0 也将被传输)；

<4>表示 PDOP 位置精度因子：0.5～99.9；

<5>表示 HDOP 水平精度因子：0.5～99.9；

<6>表示 VDOP 垂直精度因子：0.5～99.9。

例如，$GPGSA,A,3,06,10,15,16,21,25,30,,,,,,2.1,1.2,1.8*38

(3) 可见卫星信息(GSV)。输出数据格式：

$GPGSV,<1>,<2>,<3>,<4>,<5>,<6>,<7>,…,<4>,<5>,<6>,<7>*hh<CR><LF>

格式中"<>"的含义是：

<1>表示 GSV 语句的总数目；

<2>表示本句 GSV 语句数目；

<3>表示可见卫星的总数：00～12，前面的 0 也将被传输；

<4>表示 PRN 码(伪随机噪声码)：01～32，前面的 0 也将被传输；

<5>表示卫星仰角：00～90 度，前面的 0 也将被传输；

<6>表示卫星方位角：000～359 度，前面的 0 也将被传输；

<7>表示载噪比 C/No：00～99 dB-Hz，没有跟踪到卫星时为空，前面的 0 也将被传输。

注：<4>,<5>,<6>,<7>信息将按照每颗卫星进行循环显示，每条 GSV 语句最多可以显示 4 颗卫星的信息。其他卫星信息将在下一序列的 NMEA 0183 语句中输出。

例如：

$GPGSV,4,1,14,03,66,207,50,08,09,322,44,11,01,266,42,14,00,155,00*79

$GPGSV,4,2,14,15,41,088,48,17,21,083,44,18,57,087,51,21,57,173,50*78

$GPGSV,4,3,14,22,05,203,00,23,52,074,49,26,17,028,44,27,00,300,00*79

$GPGSV,4,4,14,28,32,243,00,31,48,286,00*70

(4) 推荐定位信息(RMC)。输出数据格式：

$GPRMC,<1>,<2>,<3>,<4>,<5>,<6>,<7>,<8>,<9>,<10>,<11>,<12>*hh<CR><LF>

格式中"<>"的含义是：

<1>表示 UTC 时间：hhmmss.ddd(时分秒)格式；

<2>表示定位状态：A=有效定位，V=无效定位；

<3>表示纬度：ddmm.mmmm(度分)格式(前面的 0 也将被传输)；

<4>表示纬度方向：N(北半球)或 S(南半球)；

<5>表示经度：dddmm.mmmm(度分)格式(前面的 0 也将被传输)；

<6>表示经度方向：E(东经)或 W(西经)；

<7>表示地面速率：000.0～999.9 节，前面的 0 也将被传输；

<8>表示地面航向：000.0～359.9 度，以真北为参考基准，前面的 0 也将被传输；

<9>表示 UTC 日期：ddmmyy(日月年)格式；

<10>表示磁偏角：000.0～180.0 度，前面的 0 也将被传输；

<11>表示磁偏角方向：E(东)或 W(西)；

<12>表示模式指示：A=自主定位，N=数据无效。

例如：

$GPRMC,095035.091,A,6016.3066,N,02458.3832,E,1.08,210.6,131204,6.1,E,A*0A

(5) 地面速度信息(VTG)。输出数据格式：

$GPVTG,<1>,T,<2>,M,<3>,N,<4>,K,<5>*hh<CR><LF>

格式中"<>"的含义是：

<1>表示以真北为参考基准的地面航向：000～359 度，前面的 0 也将被传输；

<2>表示以磁北为参考基准的地面航向：000～359 度，前面的 0 也将被传输；

<3>表示地面速率：000.0～999.9 节，前面的 0 也将被传输；

<4>表示地面速率：0000.0～1851.8 km/h，前面的 0 也将被传输；

<5>表示模式指示：A=自主定位，N=数据无效。

例如，$GPVTG,202.6,T,208.7,M,0.38,N,0.7,K,A*0D。

(6) 定位地理信息(GLL)。输出数据格式：

$GPGLL,<1>,<2>,<3>,<4>,<5>,<6>,<7>*hh<CR><LF>

格式中"<>"的含义是：

<1>表示纬度：ddmm.mmmm(度分)格式(前面的 0 也将被传输)；

<2>表示纬度方向：N(北半球)或 S(南半球)；

<3>表示经度：dddmm.mmmm(度分)格式(前面的 0 也将被传输)；

<4>表示经度方向：E(东经)或 W(西经)；

<5>表示 UTC 时间：hhmmss.ddd(时分秒)格式；

<6>表示定位状态：A=有效定位，V=无效定位；

<7>表示模式指示：A=自主定位，N=数据无效。

例如，$GPGLL,6016.3073,N,02458.3817,E,090110.010,A,A*61。

(7) UTC 时间和日期信息(ZDA)。输出数据格式：

$GPZDA,<1>,<2>,<3>*hh<CR><LF>

格式中"<>"的含义是：

<1>表示 UTC 时间：hhmmss.ddd(时分秒)格式；

<2>表示 UTC 日期：dd,mm,yyyy(日月年)格式；

<3>表示时区设置：xx,yy(分钟,小时)。

例如，$GPZDA,061724.046,17,04,2003,00,00*61。

3. GPS 模块的应用与编程

目前，GPS 接收模块应用非常广泛，图 7-23 是 GPS 在"汽车定位系统"中的典型应用。图中，GPS 模块用来接收卫星定位信息并将数据通过串口送入 C8051F340 单片机的 UART1

接口。单片机除了完成 GPS 信息的获取外，还把"定位信息"及"车载信息"由 UART0
口，通过手机通信模块发送到监控中心，以便在相关地图上再现"地理位置"。

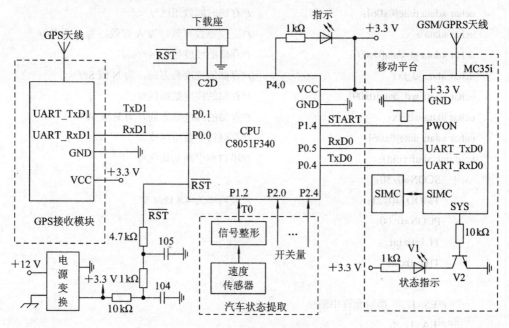

图 7-23　GPS 模块的应用

GPS 接收模块只要处于工作状态就会源源不断地把 GPS 定位信息(NEMA 0183 语句)通过串口传送到单片机中。其发送到计算机的数据主要由帧头、帧尾和帧内数据组成。根据数据帧的不同，帧头也不相同，主要有"$GPGGA"、"$GPGSA"、"$GPGSV"以及"$GPRMC"等。这些帧头标识了后续帧内数据的组成结构，各帧均以回车符和换行符作为帧尾，标识一帧的结束。对于"车载定位"所关心的定位数据，如经纬度、速度、时间等均可以从"$GPRMC"帧中获取，即：

$GPRMC,<1>,<2>,<3>,<4>,<5>,<6>,<7>,<8>,<9>,<10>,<11>,<12>*hh<CR><LF>

其中，"<>"中的含义见 NEMA 0183 语句。

至于其他几种帧格式，除了特殊用途外，平时并不常用，虽然接收机也在源源不断地向主机发送各种数据帧，但在处理时一般只对"$GPRMC"帧进行数据的提取处理。如果情况特殊，需要从其他帧获取数据，处理方法也是完全类似的。由于帧内各数据段由逗号分割，因此在处理缓存数据时一般通过搜寻 ASCII 码"$"来判断是否是帧头，在对帧头的类别进行识别后再通过对所经历逗号个数的计数来判断当前正在处理的是哪一种定位导航参数，并作出相应的处理。

下面是用 C51 实现的"GPS 定位信息"的获取程序：

```
#include <reg52.h>
sbit sw1=P2^0;                        /*定义开关量 1 引脚*/
sbit sw2=P2^1;                        /*定义开关量 2 引脚*/
sbit start=P1^4;                      /*定义 GPRS 启动引脚*/
#define uchar unsigned char
```

```
#define JSMAX 0x2000                          /*定义超时量*/
uchar xdata x_data[80];                       /*接收 GPS 数据区*/
uchar xdata time[0x06];                       /*存储时间数组区*/
uchar idata a_v;                              /*定位是否有效，为 A 有效，为 V 无效*/
uchar xdata jd_data[0x09];                    /*存储的经度数组区*/
uchar idata jd_fx;                            /*存储的经度数方向，为 N 或 S*/
uchar xdata wd_data[0x09];                    /*存储的纬度数组区*/
uchar idata wd_fx;                            /*存储的纬度数方向，为 E 或 W*/
uchar xdata date[0x06];                       /*存储日期数组区*/
void out_sbuf(void)                           /*串口和中断初始化*/
    {   SCON=0x50;
        TMOD |=0x21;                          /*波特率为 4.8 kb/s */
        PCON=0x00;
        TL1=0xfa;
        TH1=0xfa;
        TR1=1;
        /*ES=1;   串口允许中断*/
        /*EA=1；*/
    }
void delay_s(unsigned char k)                 /*短延时函数，k 是时常数*/
    { unsigned char i;
      for (i=0; i<=k; ++i);
    }
/*------由串口发单个字符---------*/
void sendchar(uchar ch)
    { SBUF=ch;
      while(TI==0);
      TI = 0;
      delay_s(10);                            /*延时*/
    }
    /*有条件地读一个字符*/
uchar gethex_H(void)                          /*超时退出*/
    { unsigned int i=0;
      uchar c=0;
      while((RI==0)|(i<JSMAX))  i++;           /*超时增 1*/
      c = SBUF;
      RI = 0;
      return(c);
}
```

```
/*----------接收$GPRMC 一帧数据---返回 0 正确，返回 1 出错----------*/
    uchar get_data(void)                    /*接收的数据在 x_data[]中*/
      { uchar i,c_char;
        c_char=gethex_H();                  /*接收帧头 "$" */
        x_data[0]=c_char;
        if (c_char != '$')   goto end_getdata;
        c_char=gethex_H();                  /*接收帧头 "G" */
        x_data[1]=c_char;
        if (c_char != 'G')   goto end_getdata;
        c_char=gethex_H();                  /*接收帧头 "P" */
        x_data[2]=c_char;
        if (c_char != 'P') goto end_getdata;
        c_char=gethex_H();                  /*接收帧头 "R" */
        x_data[3]=c_char;
        if (c_char != 'R') goto end_getdata;
        c_char=gethex_H();                  /*接收帧头 "M" */
        x_data[4]=c_char;
        if (c_char != 'M') goto end_getdata;
        c_char=gethex_H();                  /*接收帧头 "C" */
        x_data[5]=c_char;
        if (c_char != 'C') goto end_getdata;
        i=5;
        while( (c_char != 0x0D)|(c_char != 0x0A) )
          { c_char=gethex_H();              /*接收数据，如果不等于 "回车换行"，则继续读*/
            i++;
            x_data[i]=c_char;
          }
        return 0;
    end_getdata:
        return 1;
      }
/*分离数据时，如果数据完整，则返回 0，否则返回 1*/
/*在数据分离完整的情况下，数据存储在全局变量中*/
    uchar Read_data(void)                   /*从 x_data[]中分离数据*/
      { uchar i,j,k;
        i=0;
        while ( x_data[i] != ',')           /*寻找第 1 个逗号*/
        {i++;  }
        k=i+1;                              /*指向下一个数据*/
```

```
for(j=0; j<6; j++)
    time[j]=x_data[k+j];                /*hhmmss 分离出的时间*/
i=k+j+1;                                /*指向下一个数据*/
while( x_data[i] != ',')                /*寻找第 2 个逗号*/
{i++; }
k=i+1;
a_v=x_data[k];                          /*存储定位标志 A 或 V */
if(a_v=='V') goto cl_date;              /*如果定位无效则只有日期数据*/
i=k+1;
while( x_data[i] != ',')                /*寻找第 3 个逗号*/
{i++; }
k=i+1;
for(j=0; j<9; j++)
    wd_data[j]=x_data[k+j];             /*存储纬度 ddmm.mmmm*/
i=k+j+1;
 while( x_data[i] != ',')               /*寻找第 4 个逗号*/
{i++; }
k=i+1;
wd_fx=x_data[k];                        /*存储纬度的方向*/
i=k+1;
while( x_data[i] != ',')                /*寻找第 5 个逗号*/
{i++; }
k=i+1;
for(j=0; j<10; j++)
    wd_data[j]=x_data[k+j];             /*存储经度 dddmm.mmmm*/
i=k+j+1;
while( x_data[i] != ',')                /*寻找第 6 个逗号*/
{i++; }
k=i+1;
jd_fx=x_data[k];                        /*存储经度的方向*/
i=k+1;
while( x_data[i] != ',')                /*寻找第 7 个逗号*/
{i++; }
k=i+1;
while( x_data[i] != ',')                /*寻找第 8 个逗号*/
{i++; }
k=i+1;
while( x_data[i] != ',')                /*寻找第 9 个逗号*/
{i++; }
k=i+1;
```

```
        for(j=0; j<6; j++)
          date[j]=x_data[k+j];              /*存储 ddmmyy(日月年)*/
        return 0;
    cl_date:
        i=k+1; j=0;
        while(j != 7)
          {
            if(x_data[i]== ','){j++; i++; }
            else i++;
          }
        k=i+1;
        for(j=0; j<6; j++)
          date[j]=x_data[k+j];              /*存储 ddmmyy(日月年)*/
        return 1;                           /*表示只有日期和时间*/
}
/*主函数部分是通过循环接收 GPS 数据*/
void main(void)
{uchar numb;
out_sbuf();                                 /*串口初始化*/
EA=0;                                       /*关中断*/
while(1)
  {while(get_data() == 0)                   /*检索 GPS 数据---(RMC)*/
    { numb=Read_data();                     /*分离数据*/
      /*if(numb==0) send_numb(); 通过 GPRS 发送数据*/
    }
  }
}                                           /*main()结束*/
```

附录A 51系列单片机相关器件封装

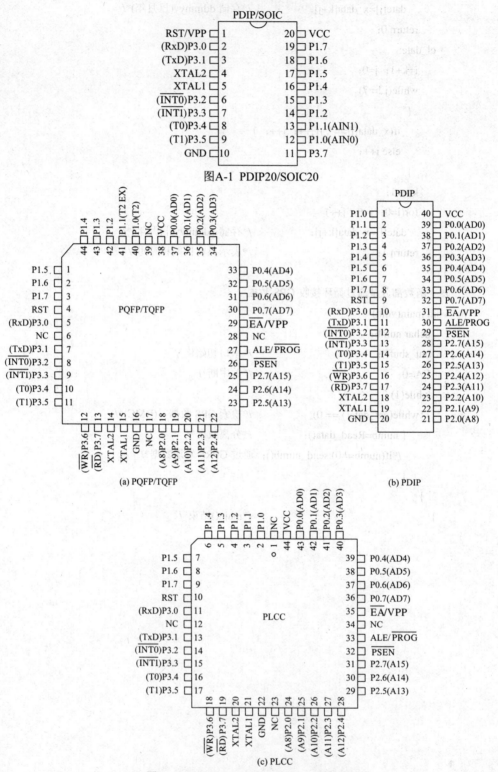

图A-1 PDIP20/SOIC20

(a) PQFP/TQFP

(b) PDIP

(c) PLCC

图A-2 PDIP40、PQFP40/TQFP40和PLCC40

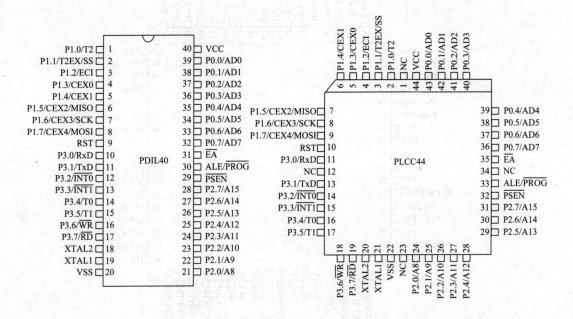

(a) PDIL

(b) PLCC

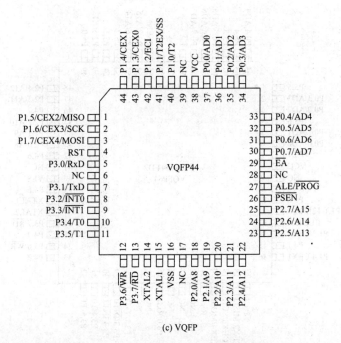

(c) VQFP

图A-3 PDIL40、PLCC44和VQFP44

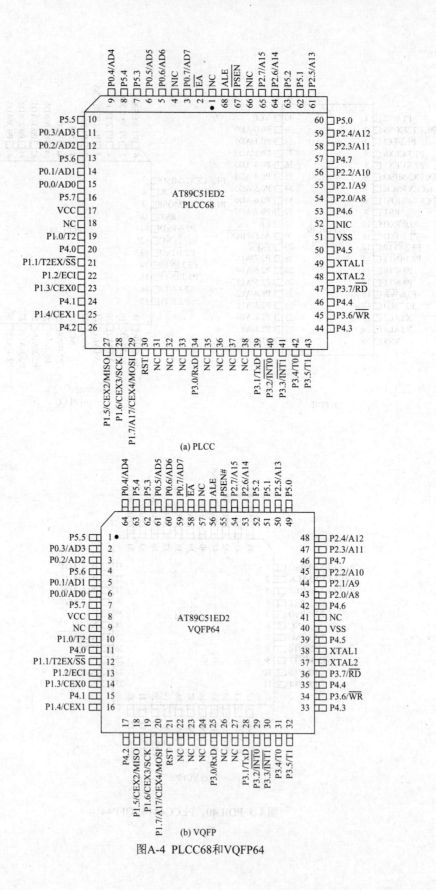

(a) PLCC

(b) VQFP

图A-4 PLCC68和VQFP64

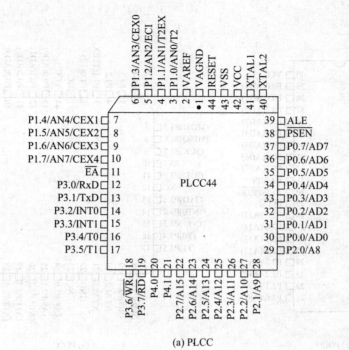

(a) PLCC

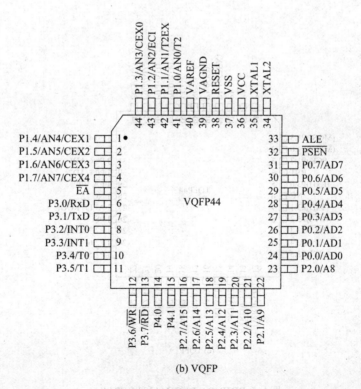

(b) VQFP

图A-5 PLCC44和VQFP44

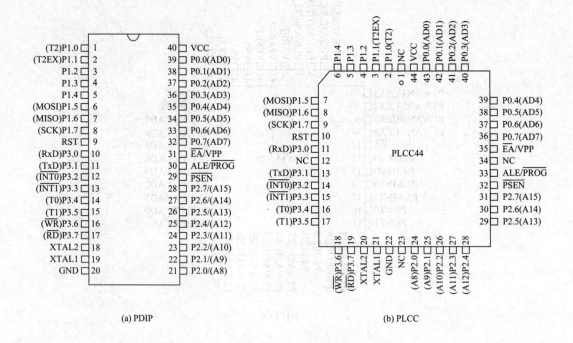

(a) PDIP

(b) PLCC

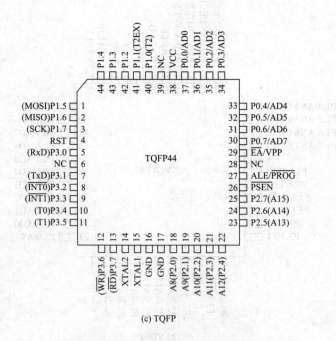

(c) TQFP

图A-6 PDIP40、PLCC44和TQFP44

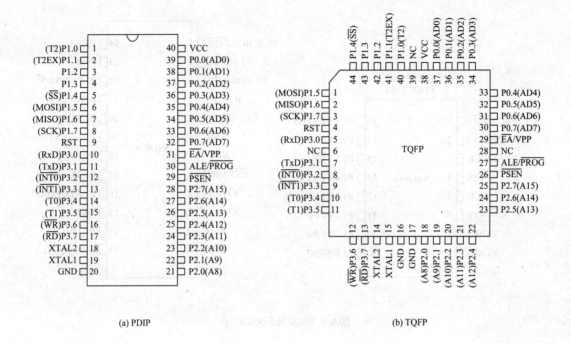

(a) PDIP

(b) TQFP

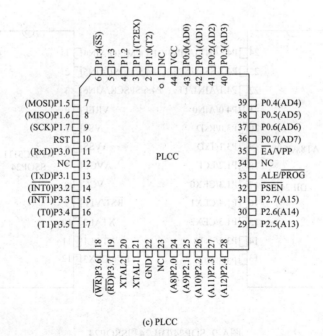

(c) PLCC

图A-7 PDIP40、TQFP44和PLCC44

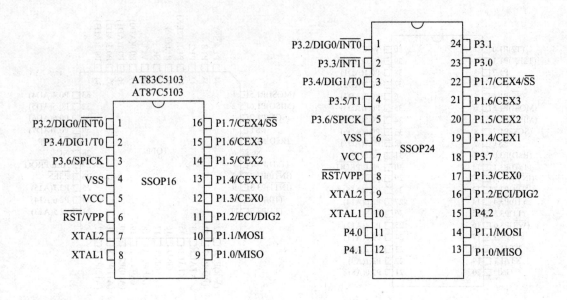

图A-8 SSOP16和SSOP24

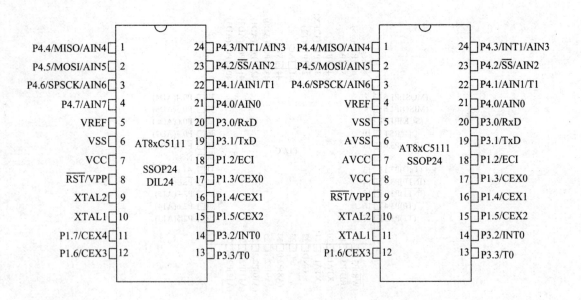

图A-9 SOP24/DIL24和SSOP24

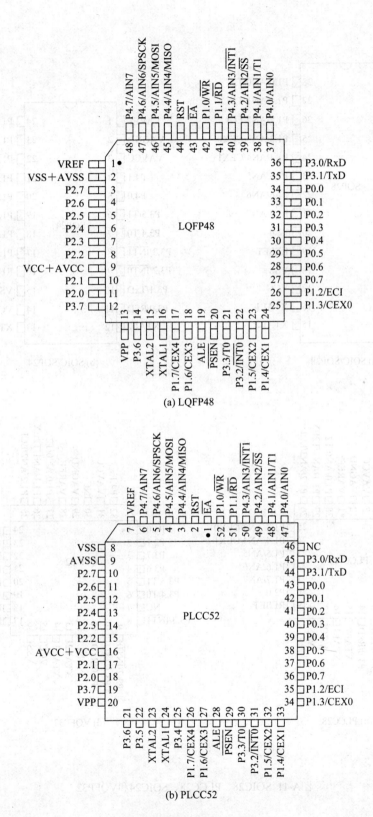

(a) LQFP48

(b) PLCC52

图A-10 LQFP48和PLCC52

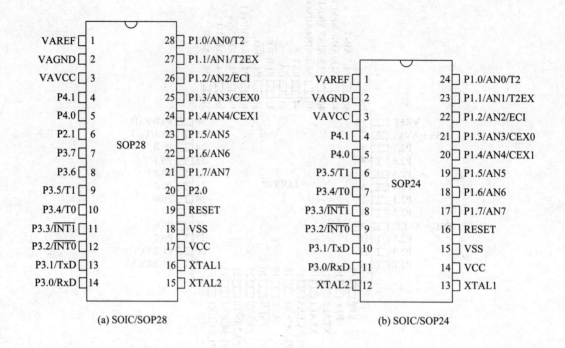

(a) SOIC/SOP28

(b) SOIC/SOP24

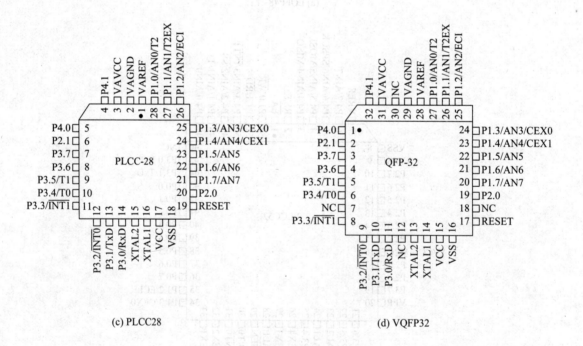

(c) PLCC28

(d) VQFP32

图A-11 SOIC28、PLCC28、SOIC24和VQFP32

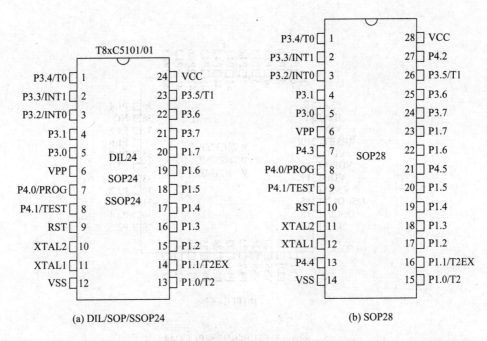

图A-12 DIL24/SOP24/SSOP24和SOP28

W78E378E			PDIP40		
W78C378E	P4.1	1		40	P4.2
W78C374E	P4.0(HFI)	2	PDIP32	39	P4.3
	P3.5(ADC4，T0)	3	1	32	38	P3.6(ADC5，T1)
	P1.1(DAC1)	4	2	31	37	P1.2(DAC2)
W78E378	P1.0(DAC0)	5	3	30	36	P1.3(DAC3)
W78C378	P3.4(VOUT)	6	4	29	35	P1.4(DAC4)
W78C374	P3.3(HOUT)	7	5	28	34	P1.5(DAC5)
	HIN	8	6	27	33	P1.6(DAC6)
	VIN	9	7	26	32	P1.7(DAC7)
	$\overline{RESET}$	10	8	25	31	P2.0(DAC8)
	VDD	11	9	24	30	P2.1(DAC9)
	VSSA	12	10	23	29	P2.2(DAC10)
	OSCOUT	13	11	22	28	P2.3(Hclamp)
	OSCIN	14	12	21	27	P2.4(ADC0)
	P3.2($\overline{INT0}$)	15	13	20	26	P2.5(ADC1)
	P3.1(SCL)	16	14	19	25	P2.6(ADC2)
	P3.0(SDA)	17	15	18	24	P2.7(ADC3)
	VSS	18	16	17	23	P3.7(ADC6)
	P4.7(HFO)	19		22	P4.4(SCL2)
	P4.6	20		21	P4.5(SDA2)

(a) PDIP32/40

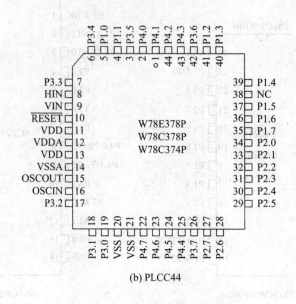

(b) PLCC44

图A-13 PDIP40/32和PLCC44

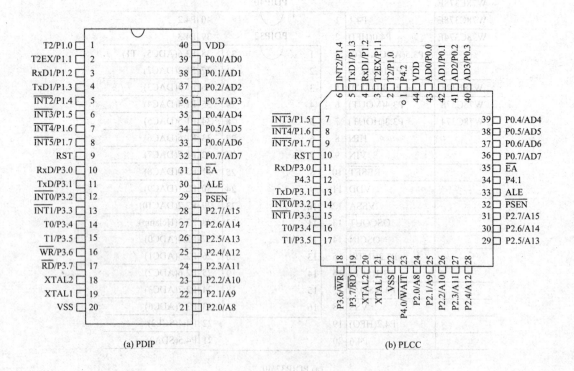

(a) PDIP

(b) PLCC

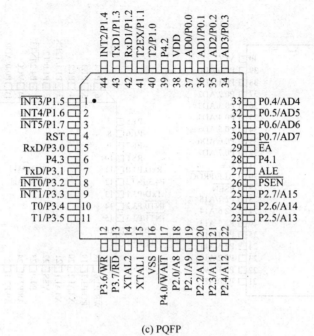

(c) PQFP

图A-14 PDIP40、PLCC44和PQFP44

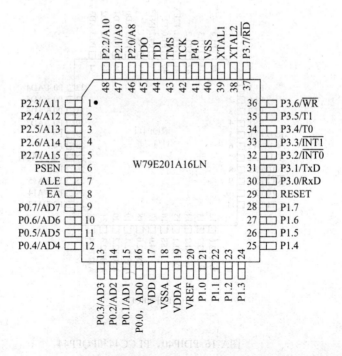

图A-15 LQFP48

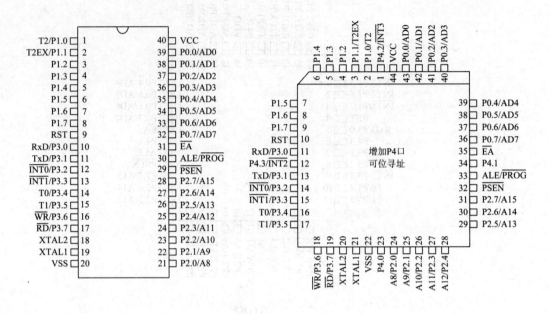

(a) PDIP

(b) PLCC

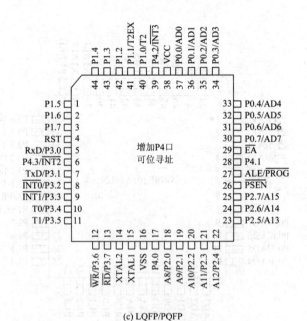

(c) LQFP/PQFP

图A-16 PDIP40、PLCC44和PQFP44

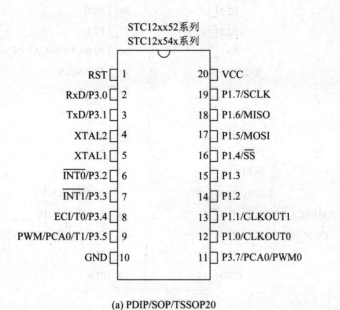

(a) PDIP/SOP/TSSOP20

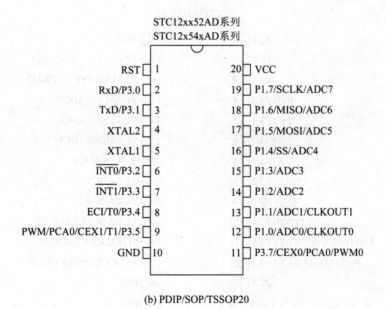

(b) PDIP/SOP/TSSOP20

图A-17 PDIP/SOP/TSSOP20

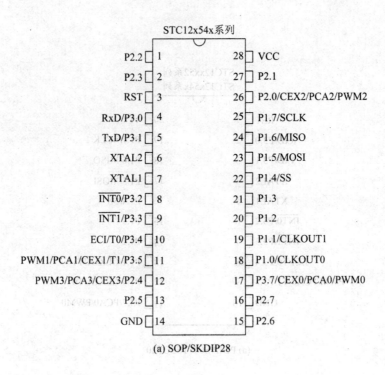

(a) SOP/SKDIP28

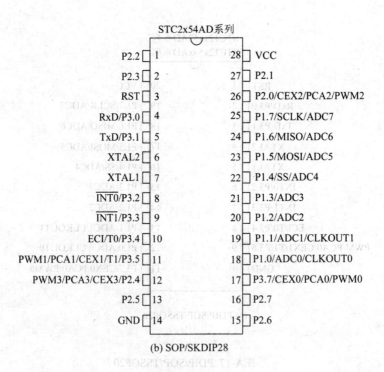

(b) SOP/SKDIP28

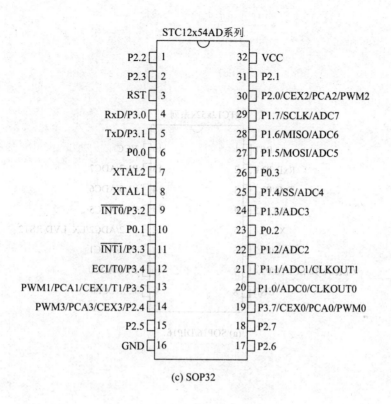

(c) SOP32

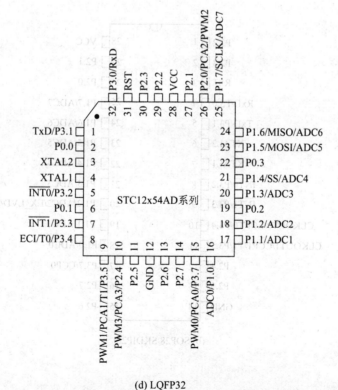

(d) LQFP32

图A-18 PDIP/SOP/TSSOP20、SOP/SKDIP28和SOP/LQFP32

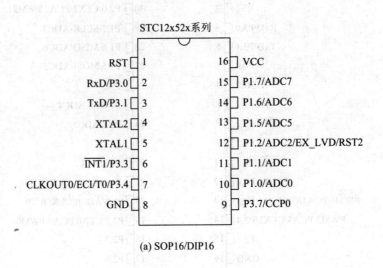

(a) SOP16/DIP16

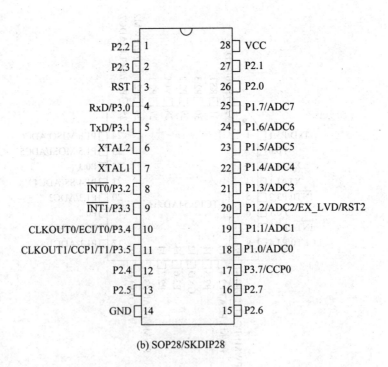

(b) SOP28/SKDIP28

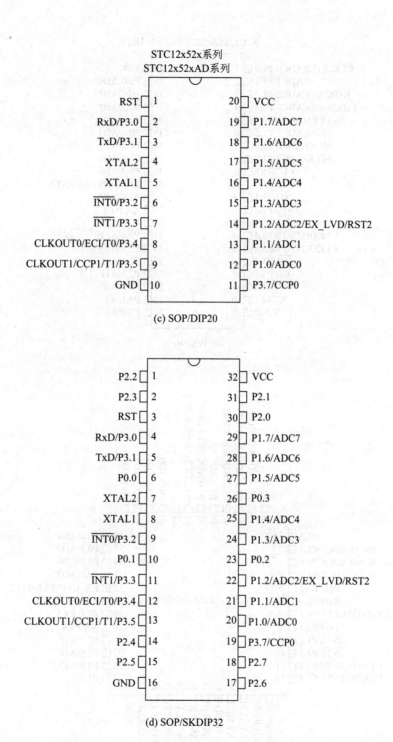

(c) SOP/DIP20

(d) SOP/SKDIP32

图A-19 SOP/DIP16、SOP/SKDIP28、SOP/DIP20和SOP/SKDIP32

STC12x5AxS2系列(2个UART)

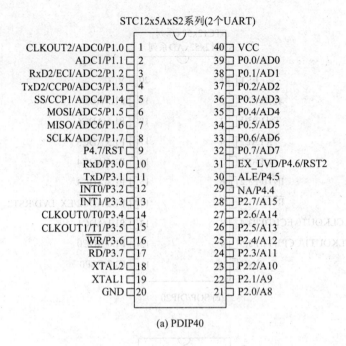

(a) PDIP40

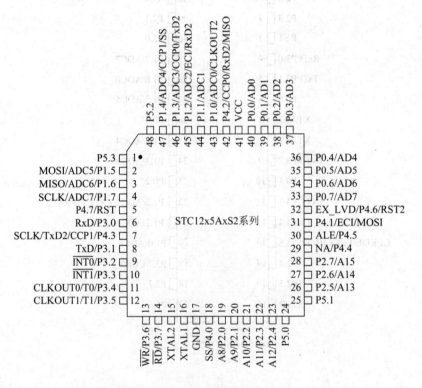

(b) LQFP48

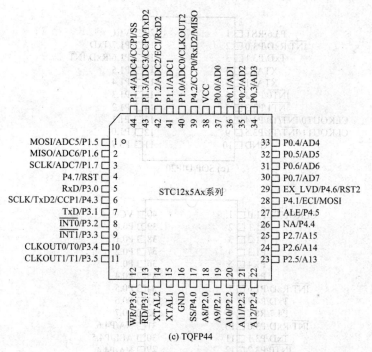

图A-20 PDIP40、LQFP44和TQFP44

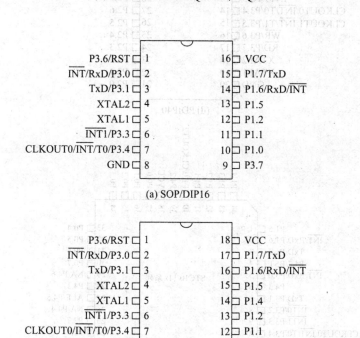

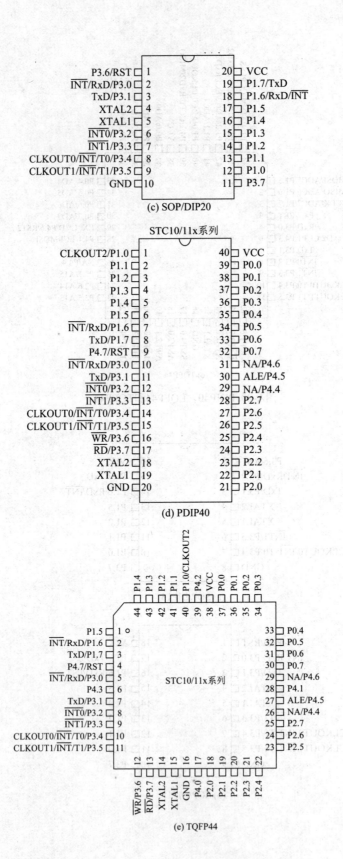

(c) SOP/DIP20

STC10/11x系列

(d) PDIP40

(e) TQFP44

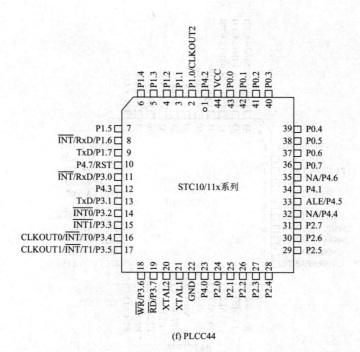

(f) PLCC44

图A-21 SOP/DIP16、SOP/DIP18、SOP/DIP20、PDIP40、LQFP/PLCC44

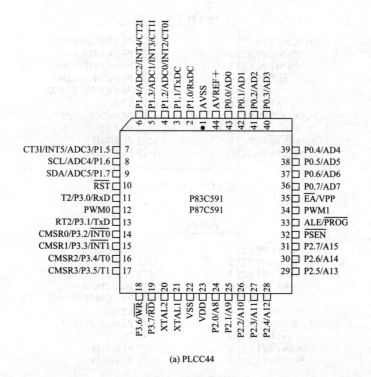

(a) PLCC44

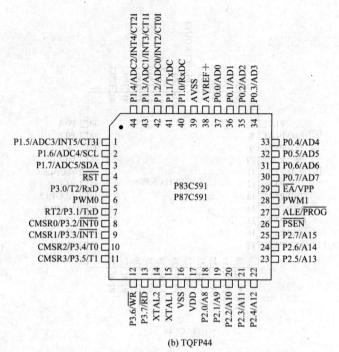

(b) TQFP44

图A-22 PLCC/TQFP44

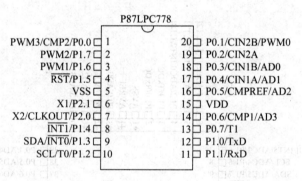

图A-23 TSSOP20

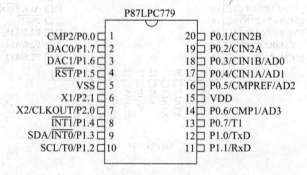

图A-24 TSSOP20

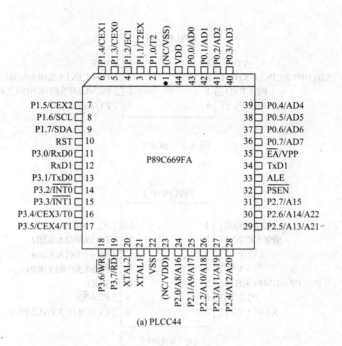

(a) PLCC44

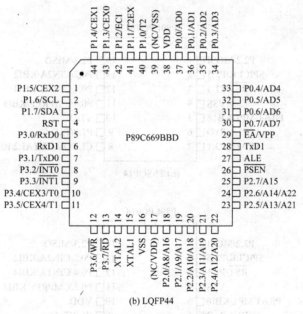

(b) LQFP44

图A-25 PLCC/LQFP44

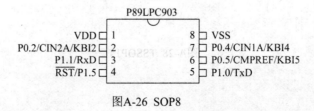

图A-26 SOP8

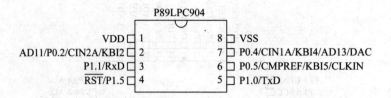

图A-27 SOP8

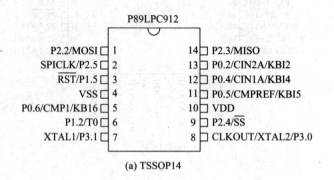

(a) TSSOP14

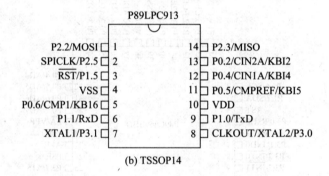

(b) TSSOP14

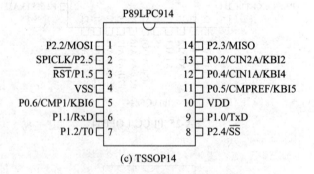

(c) TSSOP14

图A-28 TSSOP14

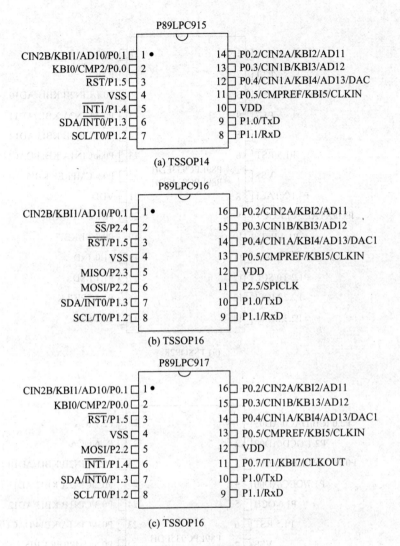

P89LPC915

CIN2B/KBI1/AD10/P0.1	1	14	P0.2/CIN2A/KBI2/AD11
KBI0/CMP2/P0.0	2	13	P0.3/CIN1B/KBI3/AD12
$\overline{RST}$/P1.5	3	12	P0.4/CIN1A/KBI4/AD13/DAC
VSS	4	11	P0.5/CMPREF/KBI5/CLKIN
$\overline{INT1}$/P1.4	5	10	VDD
SDA/$\overline{INT0}$/P1.3	6	9	P1.0/TxD
SCL/T0/P1.2	7	8	P1.1/RxD

(a) TSSOP14

P89LPC916

CIN2B/KBI1/AD10/P0.1	1	16	P0.2/CIN2A/KBI2/AD11
$\overline{SS}$/P2.4	2	15	P0.3/CIN1B/KBI3/AD12
$\overline{RST}$/P1.5	3	14	P0.4/CIN1A/KBI4/AD13/DAC1
VSS	4	13	P0.5/CMPREF/KBI5/CLKIN
MISO/P2.3	5	12	VDD
MOSI/P2.2	6	11	P2.5/SPICLK
SDA/$\overline{INT0}$/P1.3	7	10	P1.0/TxD
SCL/T0/P1.2	8	9	P1.1/RxD

(b) TSSOP16

P89LPC917

CIN2B/KBI1/AD10/P0.1	1	16	P0.2/CIN2A/KBI2/AD11
KBI0/CMP2/P0.0	2	15	P0.3/CIN1B/KB13/AD12
$\overline{RST}$/P1.5	3	14	P0.4/CIN1A/KBI4/AD13/DAC1
VSS	4	13	P0.5/CMPREF/KBI5/CLKIN
MOSI/P2.2	5	12	VDD
$\overline{INT1}$/P1.4	6	11	P0.7/T1/KBI7/CLKOUT
SDA/$\overline{INT0}$/P1.3	7	10	P1.0/TxD
SCL/T0/P1.2	8	9	P1.1/RxD

(c) TSSOP16

图A-29 TSSOP14/TSSOP16

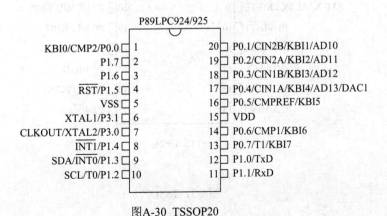

P89LPC924/925

KBI0/CMP2/P0.0	1	20	P0.1/CIN2B/KBI1/AD10
P1.7	2	19	P0.2/CIN2A/KBI2/AD11
P1.6	3	18	P0.3/CIN1B/KBI3/AD12
$\overline{RST}$/P1.5	4	17	P0.4/CIN1A/KBI4/AD13/DAC1
VSS	5	16	P0.5/CMPREF/KBI5
XTAL1/P3.1	6	15	VDD
CLKOUT/XTAL2/P3.0	7	14	P0.6/CMP1/KBI6
$\overline{INT1}$/P1.4	8	13	P0.7/T1/KBI7
SDA/$\overline{INT0}$/P1.3	9	12	P1.0/TxD
SCL/T0/P1.2	10	11	P1.1/RxD

图A-30 TSSOP20

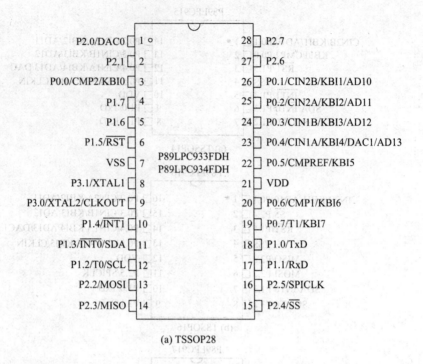

(a) TSSOP28

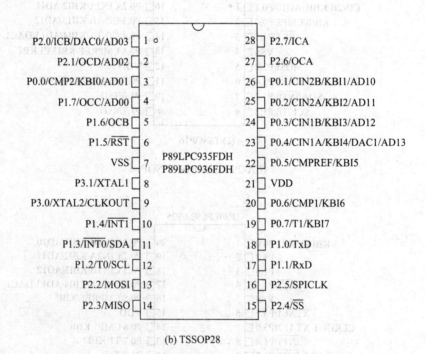

(b) TSSOP28

图A-31 TSSOP28

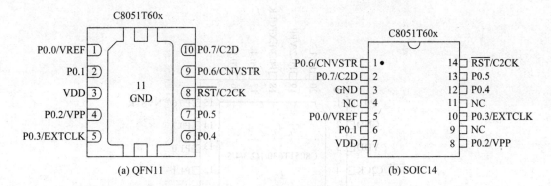

图A-32 QFN11和SOIC14

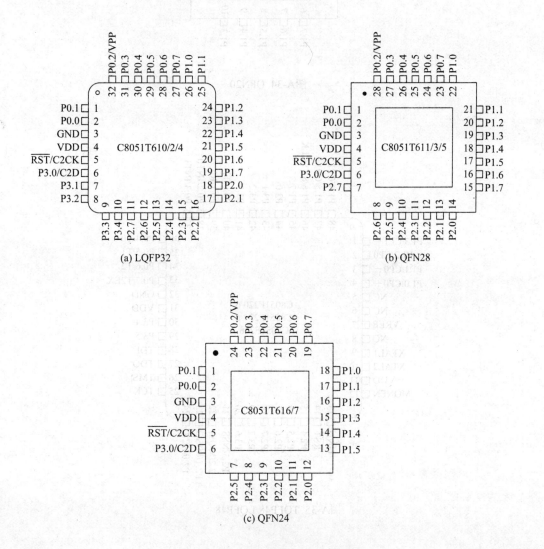

图A-33 LQFP32、QFN28和QFN24

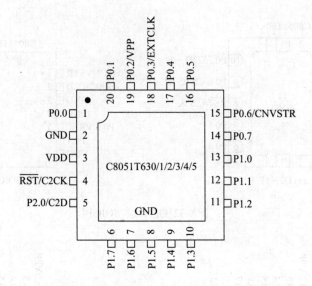

图A-34 QFN20

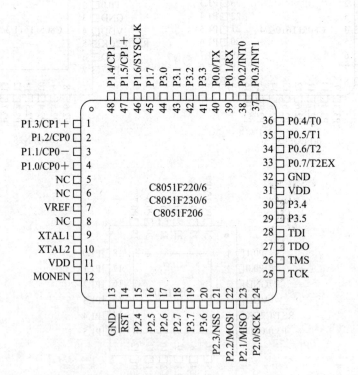

图A-35 TQFP48/LQFP48

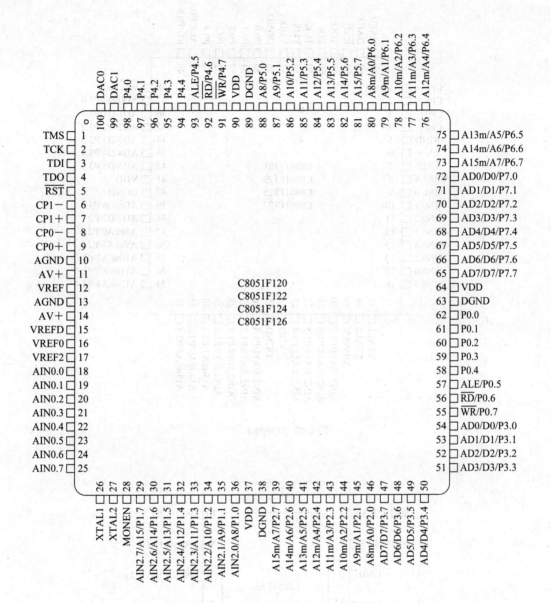

图A-36 TQFP100/LQFP100

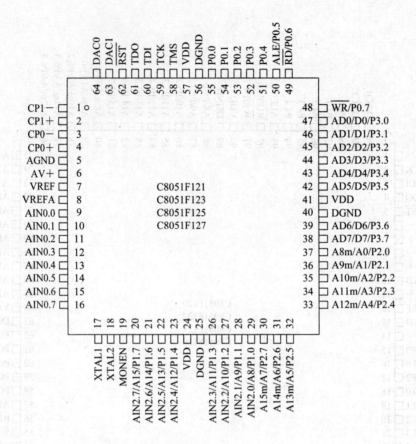

图A-37 TQFP64

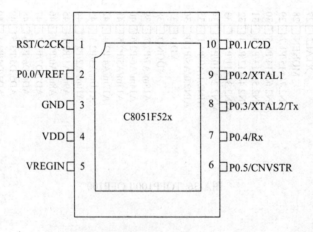

图A-38 QFN10

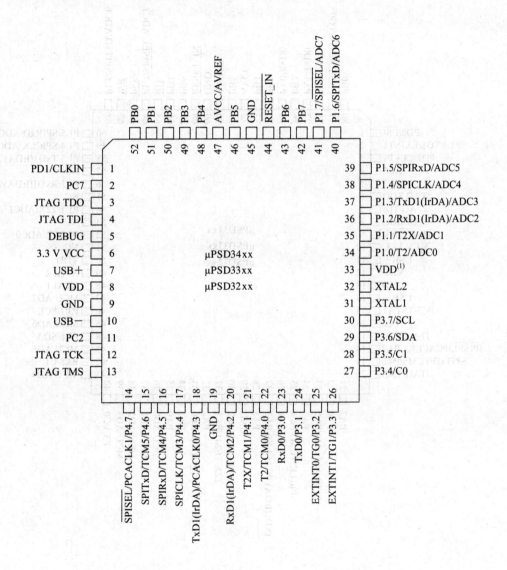

Pin labels (top, pins 52–40):
PB0 (52), PB1 (51), PB2 (50), PB3 (49), PB4 (48), AVCC/AVREF (47), PB5 (46), GND (45), RESET_IN (44), PB6 (43), PB7 (42), P1.7/SPISEL/ADC7 (41), P1.6/SPITxD/ADC6 (40)

Left side (pins 1–13):
PD1/CLKIN — 1
PC7 — 2
JTAG TDO — 3
JTAG TDI — 4
DEBUG — 5
3.3 V VCC — 6
USB+ — 7
VDD — 8
GND — 9
USB− — 10
PC2 — 11
JTAG TCK — 12
JTAG TMS — 13

Center:
μPSD34xx
μPSD33xx
μPSD32xx

Right side (pins 39–27):
39 — P1.5/SPIRxD/ADC5
38 — P1.4/SPICLK/ADC4
37 — P1.3/TxD1(IrDA)/ADC3
36 — P1.2/RxD1(IrDA)/ADC2
35 — P1.1/T2X/ADC1
34 — P1.0/T2/ADC0
33 — VDD(1)
32 — XTAL2
31 — XTAL1
30 — P3.7/SCL
29 — P3.6/SDA
28 — P3.5/C1
27 — P3.4/C0

Bottom (pins 14–26):
SPISEL/PCACLK1/P4.7 (14), SPITxD/TCM5/P4.6 (15), SPIRxD/TCM4/P4.5 (16), SPICLK/TCM3/P4.4 (17), TxD1(IrDA)/PCACLK0/P4.3 (18), GND (19), RxD1(IrDA)/TCM2/P4.2 (20), T2X/TCM1/P4.1 (21), T2/TCM0/P4.0 (22), RxD0/P3.0 (23), TxD0/P3.1 (24), EXTINT0/TG0/P3.2 (25), EXTINT1/TG1/P3.3 (26)

(a) TQFP52

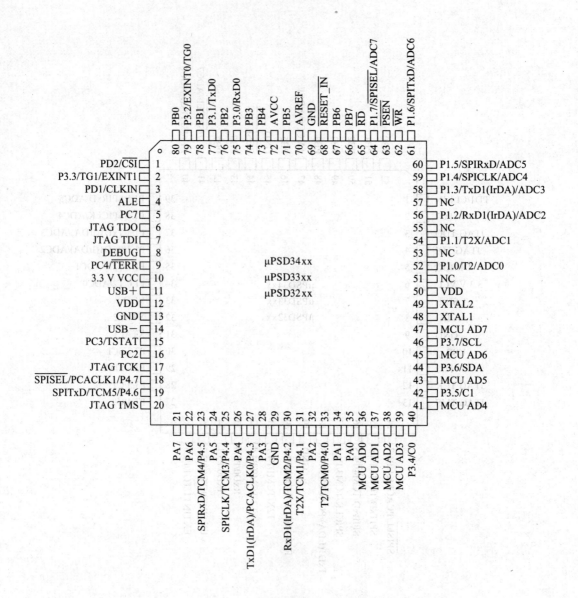

(b) TQFP80

图A-39 TQFP52和TQFP80

附录B AVR系列单片机相关器件封装

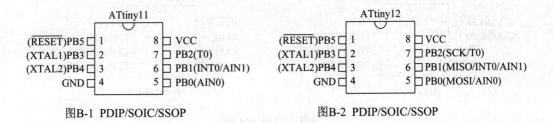

图B-1 PDIP/SOIC/SSOP

图B-2 PDIP/SOIC/SSOP

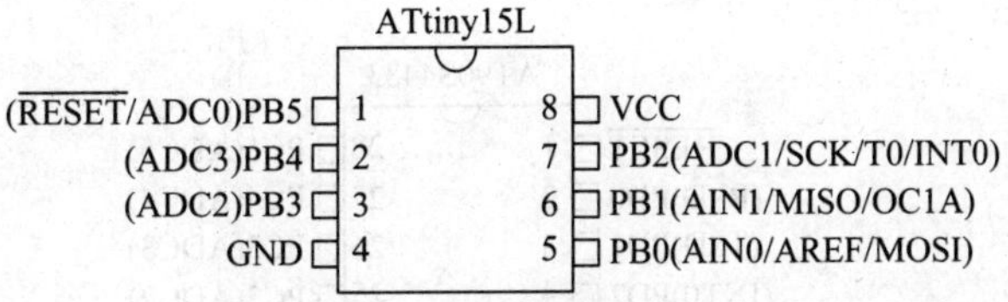

图B-3 PDIP/SOIC

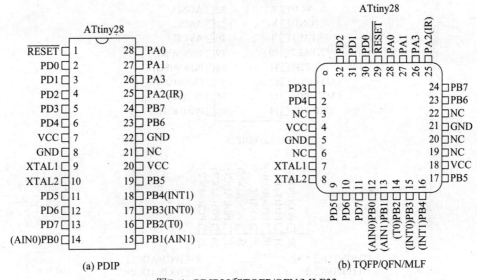

(a) PDIP

(b) TQFP/QFN/MLF

图B-4 PDIP28和TQFP/QFN/MLF32

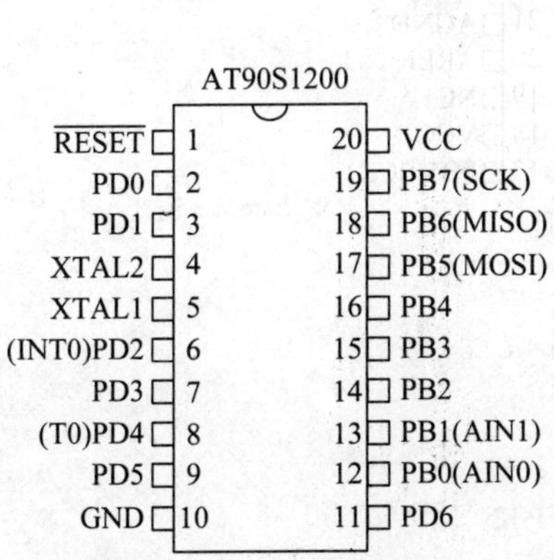

图B-5 PDIP/SOIC/SSOP20

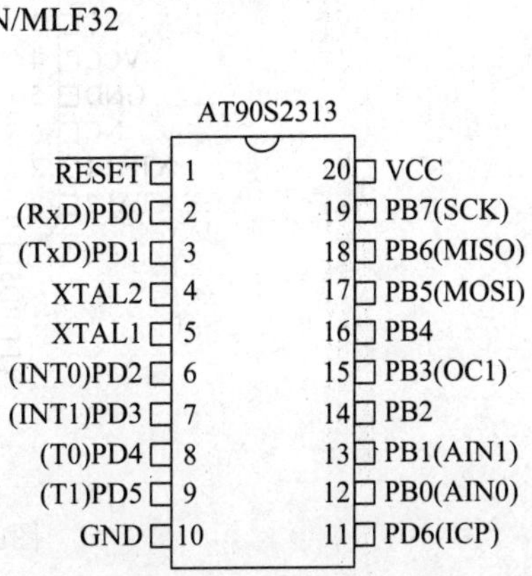

图B-6 PDIP/SOIC20

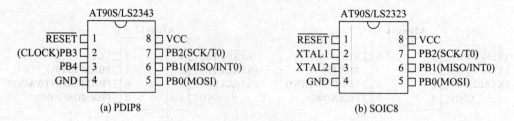

图B-7 PDIP8/SOIC8

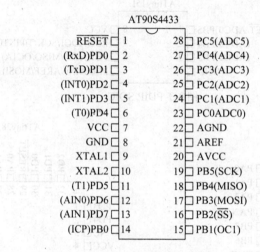

(a) PDIP28

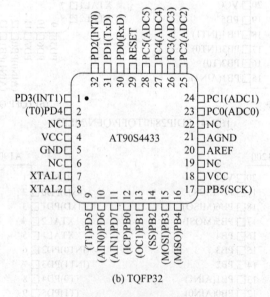

(b) TQFP32

图B-8 POIP28和TQFP32

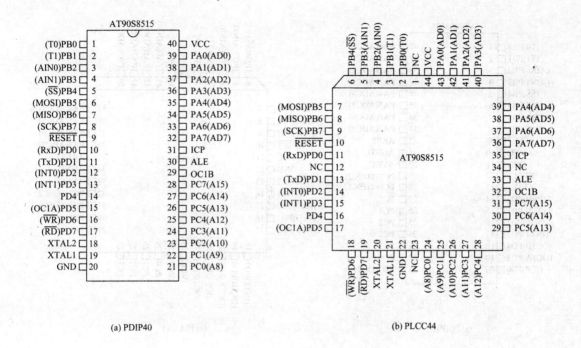

(a) PDIP40

(b) PLCC44

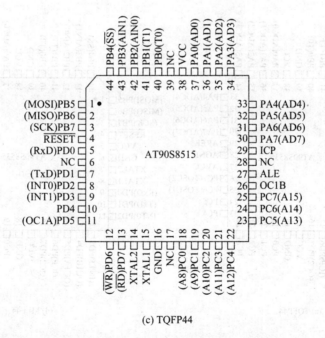

(c) TQFP44

图B-9 PDIP40和PLCC/TQFP44

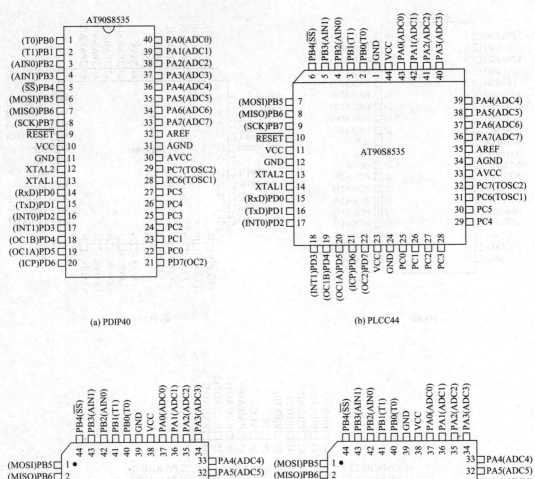

(a) PDIP40

(b) PLCC44

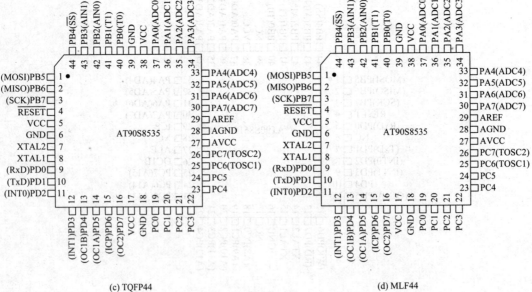

(c) TQFP44

(d) MLF44

图B-10 PDIP40和PLCC/TQFP/MLF44

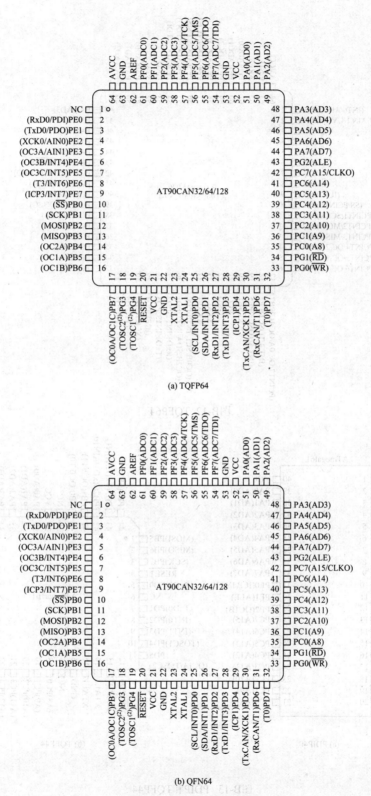

(a) TQFP64

(b) QFN64

图B-11 TQFP64和QFN64

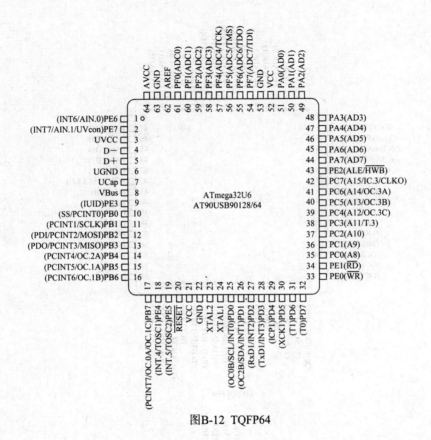

图B-12 TQFP64

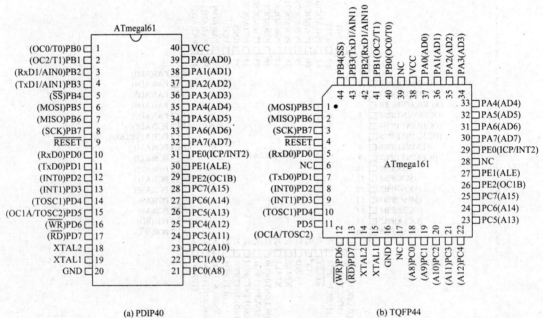

(a) PDIP40　　　　　　　　　　　　　(b) TQFP44

图B-13 PDIP和TQFP44

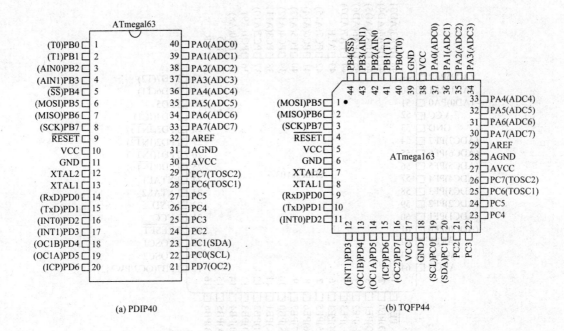

(a) PDIP40

(b) TQFP44

图B-14 PDIP40和TQFP44

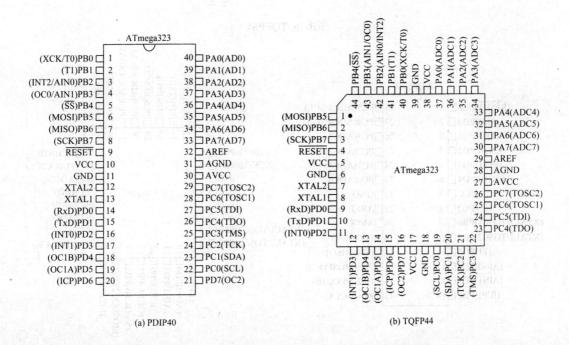

(a) PDIP40

(b) TQFP44

图B-15 PDIP40和TQFP44

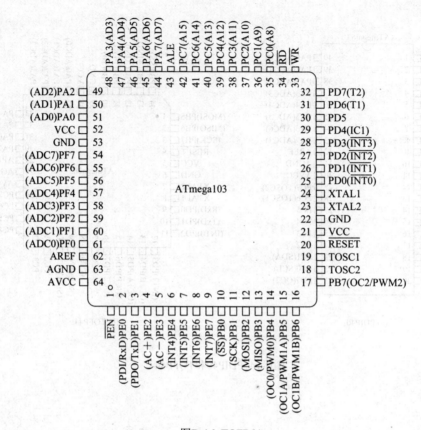

图B-16 TQFP64

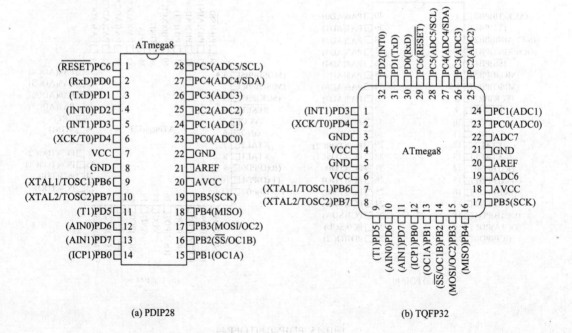

(a) PDIP28

(b) TQFP32

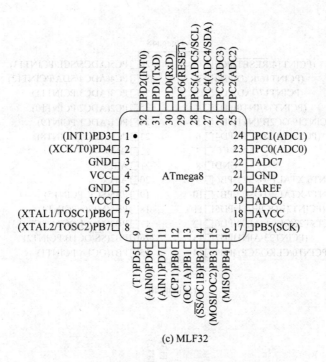

(c) MLF32

图B-17 PDIP28、TQFP32和MLF32

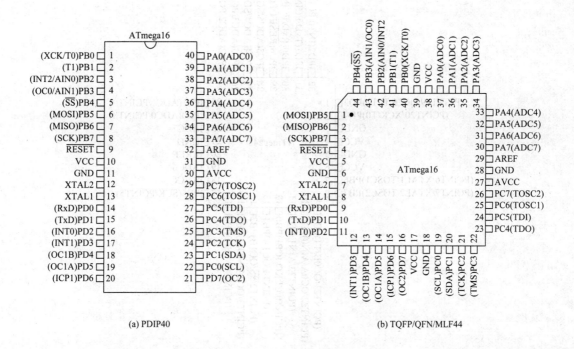

(a) PDIP40

(b) TQFP/QFN/MLF44

图B-18 PDIP40和TQFP/QFN/MLF44

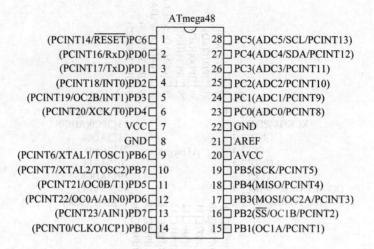

(a) PDIP40

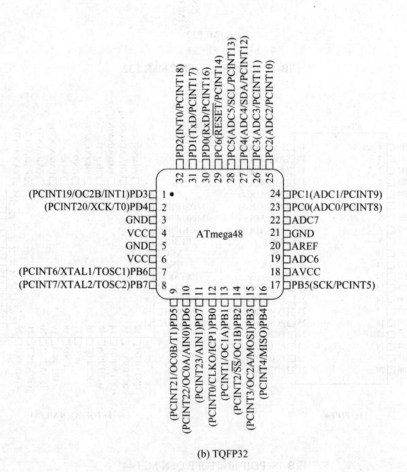

(b) TQFP32

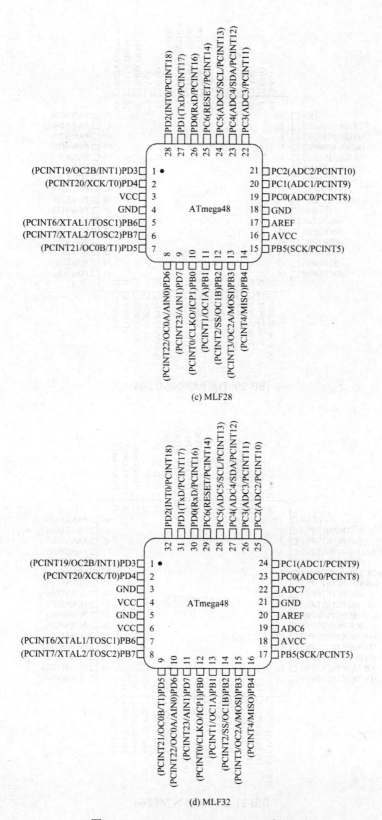

(c) MLF28

(d) MLF32

图B-19 PDIP28、TQFP32、MLF28和MLF32

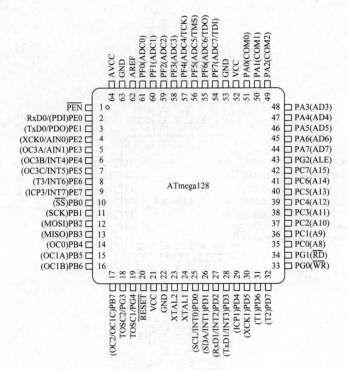

图B-20 TQFP/QFN/MLF64

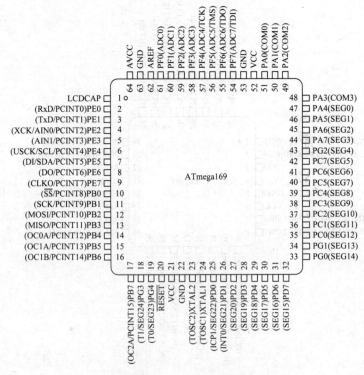

图B-21 TQFP/QFN/MLF64

附录C MSP430系列单片机相关器件封装

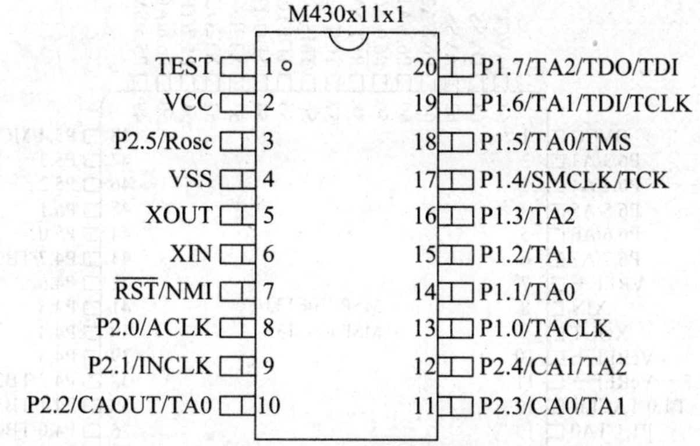

M430x11x1

TEST	1○	20	P1.7/TA2/TDO/TDI
VCC	2	19	P1.6/TA1/TDI/TCLK
P2.5/Rosc	3	18	P1.5/TA0/TMS
VSS	4	17	P1.4/SMCLK/TCK
XOUT	5	16	P1.3/TA2
XIN	6	15	P1.2/TA1
$\overline{RST}$/NMI	7	14	P1.1/TA0
P2.0/ACLK	8	13	P1.0/TACLK
P2.1/INCLK	9	12	P2.4/CA1/TA2
P2.2/CAOUT/TA0	10	11	P2.3/CA0/TA1

图C-1 SOIC20/TSSOP20

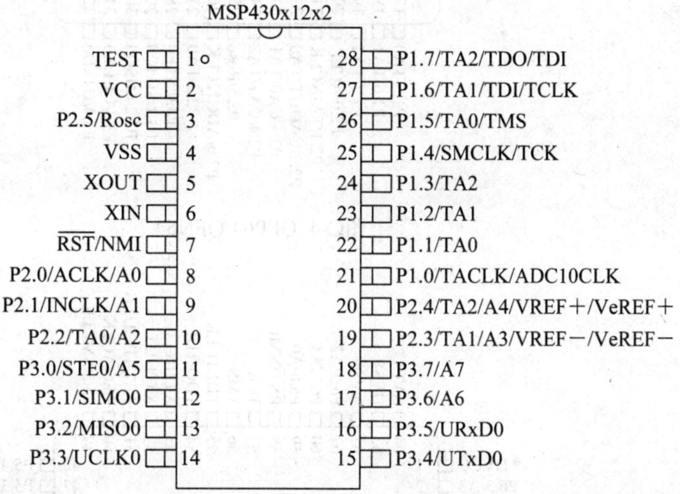

MSP430x12x2

TEST	1○	28	P1.7/TA2/TDO/TDI
VCC	2	27	P1.6/TA1/TDI/TCLK
P2.5/Rosc	3	26	P1.5/TA0/TMS
VSS	4	25	P1.4/SMCLK/TCK
XOUT	5	24	P1.3/TA2
XIN	6	23	P1.2/TA1
$\overline{RST}$/NMI	7	22	P1.1/TA0
P2.0/ACLK/A0	8	21	P1.0/TACLK/ADC10CLK
P2.1/INCLK/A1	9	20	P2.4/TA2/A4/VREF+/VeREF+
P2.2/TA0/A2	10	19	P2.3/TA1/A3/VREF−/VeREF−
P3.0/STE0/A5	11	18	P3.7/A7
P3.1/SIMO0	12	17	P3.6/A6
P3.2/MISO0	13	16	P3.5/URxD0
P3.3/UCLK0	14	15	P3.4/UTxD0

图C-2 SOIC20/TSSOP20

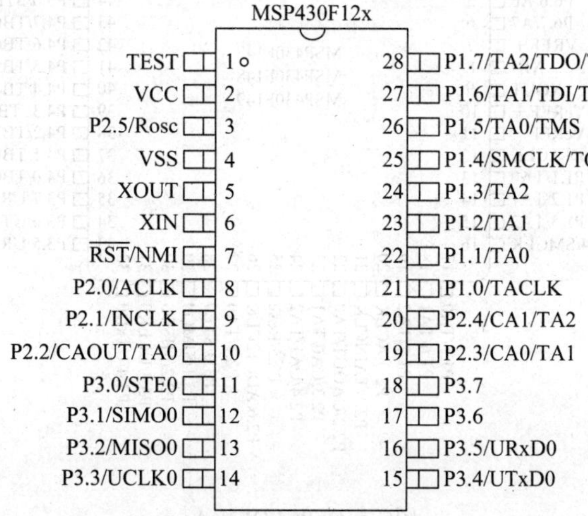

MSP430F12x

TEST	1○	28	P1.7/TA2/TDO/TDI
VCC	2	27	P1.6/TA1/TDI/TCLK
P2.5/Rosc	3	26	P1.5/TA0/TMS
VSS	4	25	P1.4/SMCLK/TCK
XOUT	5	24	P1.3/TA2
XIN	6	23	P1.2/TA1
$\overline{RST}$/NMI	7	22	P1.1/TA0
P2.0/ACLK	8	21	P1.0/TACLK
P2.1/INCLK	9	20	P2.4/CA1/TA2
P2.2/CAOUT/TA0	10	19	P2.3/CA0/TA1
P3.0/STE0	11	18	P3.7
P3.1/SIMO0	12	17	P3.6
P3.2/MISO0	13	16	P3.5/URxD0
P3.3/UCLK0	14	15	P3.4/UTxD0

图C-3 SOIC28/TSSOP28

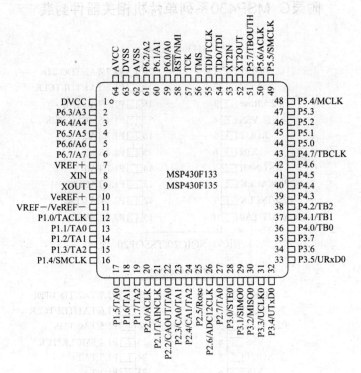

图C-4 QFP64/QFN64

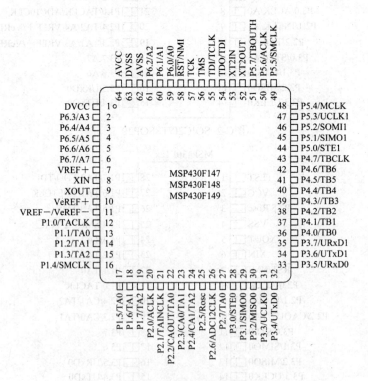

图C-5 QFP64/QFN64

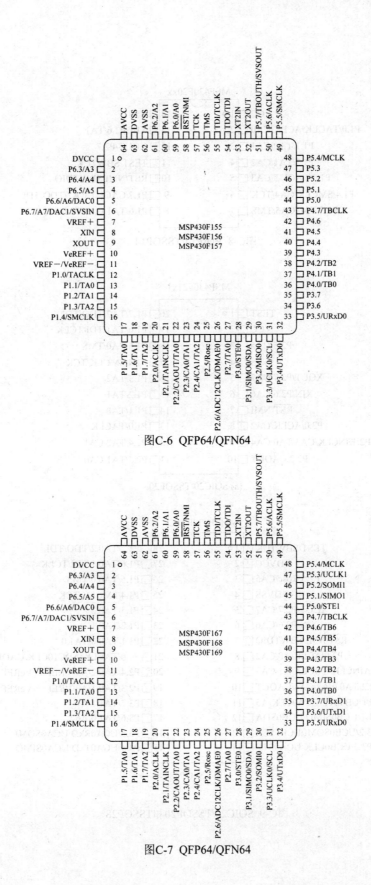

图C-6 QFP64/QFN64

图C-7 QFP64/QFN64

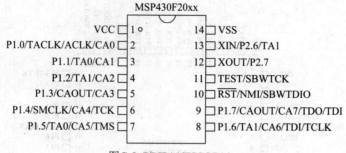

图C-8 PDIP14/TSSOP14

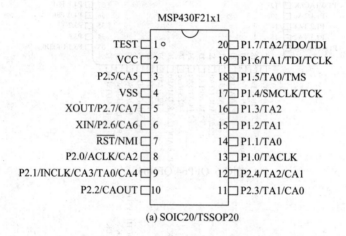

(a) SOIC20/TSSOP20

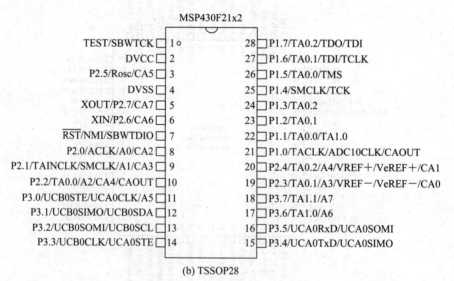

(b) TSSOP28

图C-9 SOIC20/TSSOP20和TSSOP28

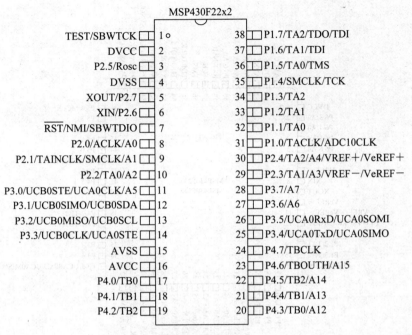

图C-10 TSSOP38

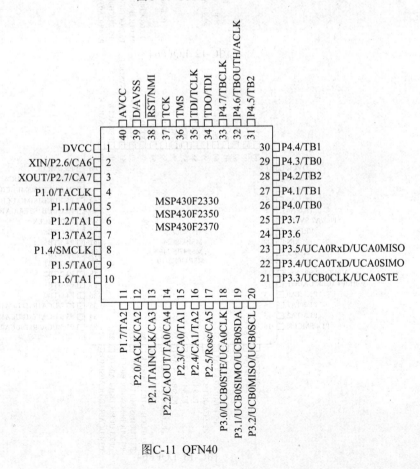

图C-11 QFN40

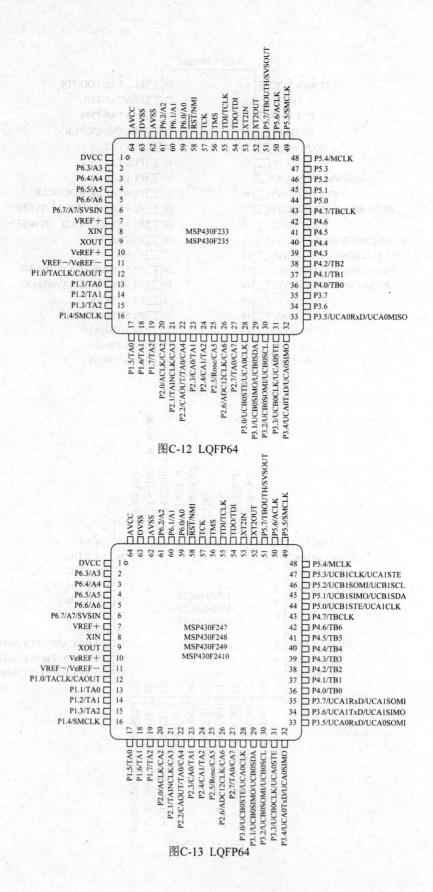

图C-12 LQFP64

图C-13 LQFP64

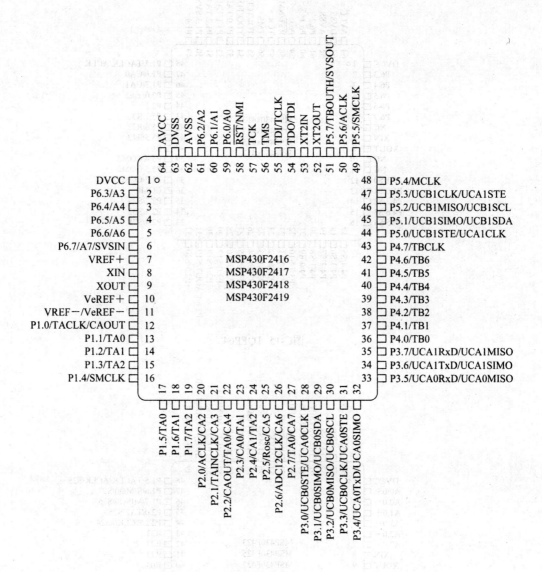

图C-14 LQFP64

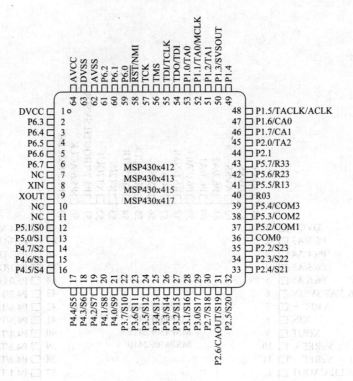

图C-15 TQFP64

Pin labels (top, pins 64–49): AVCC, DVSS, AVSS, P6.2, P6.1, P6.0, RST/NMI, TCK, TMS, TDI/TCLK, TDO/TDI, P1.0/TA0, P1.1/TA0/MCLK, P1.2/TA1, P1.3/SVSOUT, P1.4

Left side:
DVCC 1
P6.3 2
P6.4 3
P6.5 4
P6.6 5
P6.7 6
NC 7
XIN 8
XOUT 9
NC 10
NC 11
P5.1/S0 12
P5.0/S1 13
P4.7/S2 14
P4.6/S3 15
P4.5/S4 16

Center: MSP430x412 / MSP430x413 / MSP430x415 / MSP430x417

Right side:
48 P1.5/TACLK/ACLK
47 P1.6/CA0
46 P1.7/CA1
45 P2.0/TA2
44 P2.1
43 P5.7/R33
42 P5.6/R23
41 P5.5/R13
40 R03
39 P5.4/COM3
38 P5.3/COM2
37 P5.2/COM1
36 COM0
35 P2.2/S23
34 P2.3/S22
33 P2.4/S21

Bottom (pins 17–32): P4.4/S5, P4.3/S6, P4.2/S7, P4.1/S8, P4.0/S9, P3.7/S10, P3.6/S11, P3.5/S12, P3.4/S13, P3.3/S14, P3.2/S15, P3.1/S16, P3.0/S17, P2.7/S18, P2.6/CAOUT/S19, P2.5/S20

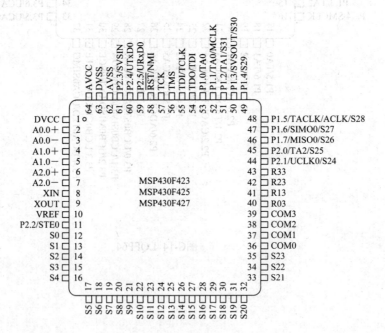

图C-16 LQFP64

Pin labels (top, pins 64–49): AVCC, DVSS, AVSS, P2.3/SVSIN, P2.4/UTxD0, P2.5/URxD0, RST/NMI, TCK, TMS, TDI/TCLK, TDO/TDI, P1.0/TA0, P1.1/TA0/MCLK, P1.2/TA1/S31, P1.3/SVSOUT/S30, P1.4/S29

Left side:
DVCC 1
A0.0+ 2
A0.0− 3
A1.0+ 4
A1.0− 5
A2.0+ 6
A2.0− 7
XIN 8
XOUT 9
VREF 10
P2.2/STE0 11
S0 12
S1 13
S2 14
S3 15
S4 16

Center: MSP430F423 / MSP430F425 / MSP430F427

Right side:
48 P1.5/TACLK/ACLK/S28
47 P1.6/SIMO0/S27
46 P1.7/MISO0/S26
45 P2.0/TA2/S25
44 P2.1/UCLK0/S24
43 R33
42 R23
41 R13
40 R03
39 COM3
38 COM2
37 COM1
36 COM0
35 S23
34 S22
33 S21

Bottom (pins 17–32): S5, S6, S7, S8, S9, S10, S11, S12, S13, S14, S15, S16, S17, S18, S19, S20

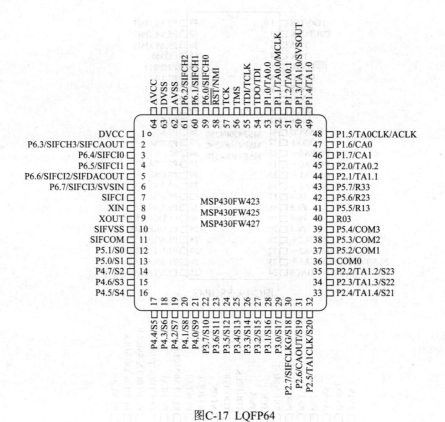

图C-17 LQFP64

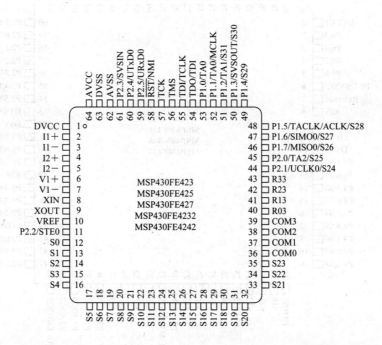

图C-18 LQFP64

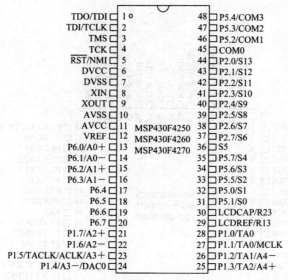

图C-19 SSOP48

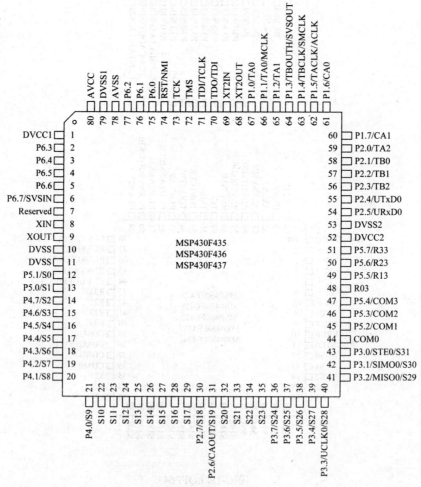

图C-20 LQFP80

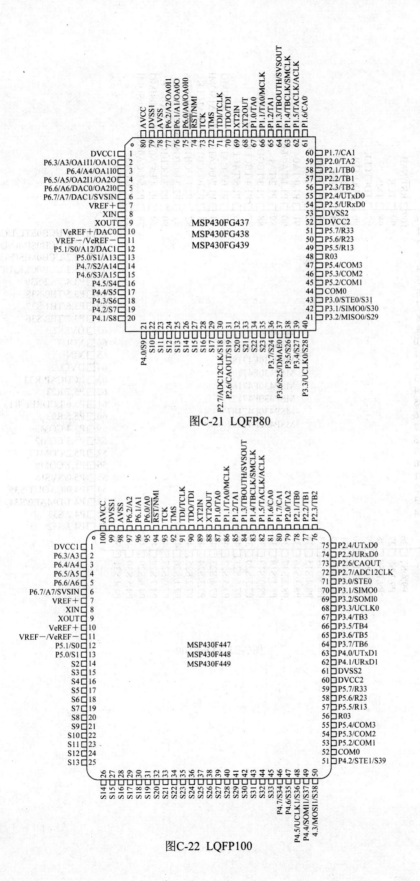

图C-21 LQFP80

图C-22 LQFP100

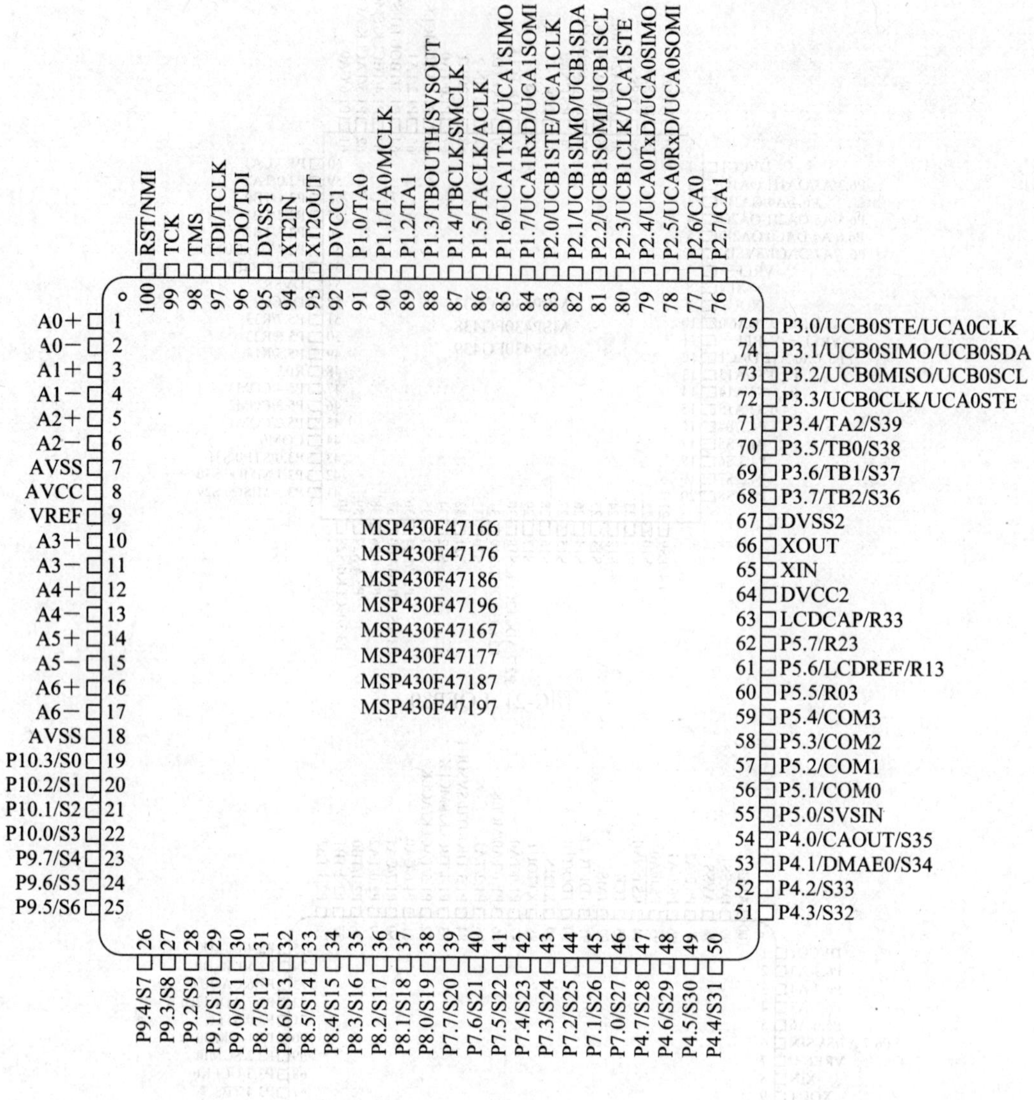

LQFP100 引脚图 MSP430F47166/47176/47186/47196/47167/47177/47187/47197

Left side (pins 1–25):
- 1 A0+
- 2 A0−
- 3 A1+
- 4 A1−
- 5 A2+
- 6 A2−
- 7 AVSS
- 8 AVCC
- 9 VREF
- 10 A3+
- 11 A3−
- 12 A4+
- 13 A4−
- 14 A5+
- 15 A5−
- 16 A6+
- 17 A6−
- 18 AVSS
- 19 P10.3/S0
- 20 P10.2/S1
- 21 P10.1/S2
- 22 P10.0/S3
- 23 P9.7/S4
- 24 P9.6/S5
- 25 P9.5/S6

Center labels:
MSP430F47166
MSP430F47176
MSP430F47186
MSP430F47196
MSP430F47167
MSP430F47177
MSP430F47187
MSP430F47197

Right side (pins 51–75):
- 51 P4.3/S32
- 52 P4.2/S33
- 53 P4.1/DMAE0/S34
- 54 P4.0/CAOUT/S35
- 55 P5.0/SVSIN
- 56 P5.1/COM0
- 57 P5.2/COM1
- 58 P5.3/COM2
- 59 P5.4/COM3
- 60 P5.5/R03
- 61 P5.6/LCDREF/R13
- 62 P5.7/R23
- 63 LCDCAP/R33
- 64 DVCC2
- 65 XIN
- 66 XOUT
- 67 DVSS2
- 68 P3.7/TB2/S36
- 69 P3.6/TB1/S37
- 70 P3.5/TB0/S38
- 71 P3.4/TA2/S39
- 72 P3.3/UCB0CLK/UCA0STE
- 73 P3.2/UCB0MISO/UCB0SCL
- 74 P3.1/UCB0SIMO/UCB0SDA
- 75 P3.0/UCB0STE/UCA0CLK

Top side (pins 100–76):
- 100 RST/NMI
- 99 TCK
- 98 TMS
- 97 TDI/TCLK
- 96 TDO/TDI
- 95 DVSS1
- 94 XT2IN
- 93 XT2OUT
- 92 DVCC1
- 91 P1.0/TA0
- 90 P1.1/TA0/MCLK
- 89 P1.2/TA1
- 88 P1.3/TBOUTH/SVSOUT
- 87 P1.4/TBCLK/SMCLK
- 86 P1.5/TACLK/ACLK
- 85 P1.6/UCA1TxD/UCA1SIMO
- 84 P1.7/UCA1RxD/UCA1SOMI
- 83 P2.0/UCB1STE/UCA1CLK
- 82 P2.1/UCB1SIMO/UCB1SDA
- 81 P2.2/UCB1SOMI/UCB1SCL
- 80 P2.3/UCB1CLK/UCA1STE
- 79 P2.4/UCA0TxD/UCA0SIMO
- 78 P2.5/UCA0RxD/UCA0SOMI
- 77 P2.6/CA0
- 76 P2.7/CA1

Bottom side (pins 26–50):
- 26 P9.4/S7
- 27 P9.3/S8
- 28 P9.2/S9
- 29 P9.1/S10
- 30 P9.0/S11
- 31 P8.7/S12
- 32 P8.6/S13
- 33 P8.5/S14
- 34 P8.4/S15
- 35 P8.3/S16
- 36 P8.2/S17
- 37 P8.1/S18
- 38 P8.0/S19
- 39 P7.7/S20
- 40 P7.6/S21
- 41 P7.5/S22
- 42 P7.4/S23
- 43 P7.3/S24
- 44 P7.2/S25
- 45 P7.1/S26
- 46 P7.0/S27
- 47 P4.7/S28
- 48 P4.6/S29
- 49 P4.5/S30
- 50 P4.4/S31

图C-23 LQFP100

参 考 文 献

[1] 杨振江，等. 单片机原理与实践指导. 北京：中国电力出版社，2008.

[2] 杨振江，等. 流行集成电路程序设计与实例. 西安：西安电子科技大学出版社，2009.

[3] 苏家健，等. 单片机原理及应用技术. 北京：高等教育出版社，2004.

[4] 张毅刚，等. 单片机原理及应用. 北京：高等教育出版社，2004.

[5] http: //www.atmel.com/

[6] http: //www.ti.com/

[7] 杨正忠，等. AVR 单片机应用开发指南及实例精解. 北京：中国电力出版社，2008.

[8] 李智奇，等. MSP430 系列超低功耗单片机原理与系统设计. 西安：西安电子科技大学出版社，2008.

[9] 沈建华，等. MSP430 系列超低功耗单片机原理与实践. 北京：北京航空航天大学出版社，2008.

[10] 刘文涛. C51 程序设计. 北京：原子能出版社，2004.

[11] 徐爱钧，等. 单片机高级语言 C51 Windows 环境编程与应用. 北京：电子工业出版社，2001.

[12] 任万强，等. 单片机原理与应用. 北京：中国电力出版社，2006.

[13] 曹磊. MSP430 单片机 C 程序设计与实践. 北京：北京航空航天大学出版社，2007.

参考文献

[1]
[2]
[3]
[4]
[5] http://www.atmel.com/
[6] http://www.ti.com/
[7]
[8]
[9]
[10]
[11]
[12]
[13]